普通高等教育农业农村部"十三五"规划教材
全国高等农林院校"十三五"规划教材
国家精品资源共享课教材
国家精品课程系列教材
中国农业教育在线数字课程配套教材

农业昆虫学

Agricultural Entomology

第 三 版

洪晓月 主编

中国农业出版社

图书在版编目（CIP）数据

农业昆虫学 / 洪晓月主编 . —3 版 . —北京：中国农业出版社，2017.3（2024.6重印）
普通高等教育农业部"十二五"规划教材　全国高等农林院校"十二五"规划教材　国家精品资源共享课教材　国家精品课程系列教材
ISBN 978-7-109-23035-4

Ⅰ.①农… Ⅱ.①洪… Ⅲ.①农业害虫-昆虫学-高等学校-教材 Ⅳ.①S186

中国版本图书馆 CIP 数据核字（2017）第 129723 号

中国农业出版社出版
（北京市朝阳区麦子店街 18 号楼）
（邮政编码 100125）
责任编辑　李国忠　宋美仙

三河市国英印务有限公司印刷　新华书店北京发行所发行
2002 年 5 月第 1 版　2017 年 3 月第 3 版
2024 年 6 月第 3 版河北第 6 次印刷

开本：787mm×1092mm　1/16　印张：27.5
字数：660 千字
定价：68.50 元

（凡本版图书出现印刷、装订错误，请向出版社发行部调换）

第三版编写和审稿人员

主　　编　洪晓月
副 主 编　施祖华　张青文　杨益众　张宏宇　李桂亭
　　　　　陆永跃　文礼章

编写单位和人员

南京农业大学	洪晓月	李元喜	薛晓峰	孙荆涛
浙江大学	施祖华	娄永根	余　虹	
中国农业大学	张青文	刘小侠	蔡青年	李　贞
扬州大学	杨益众	杜予州	杨国庆	苏宏华
华中农业大学	张宏宇	华红霞	王小平	吴　刚
安徽农业大学	李桂亭	江俊起	林华峰	李世广
华南农业大学	陆永跃	张茂新	岑伊静	冼继东
湖南农业大学	文礼章	曾爱平	杨中侠	
浙江农林大学	徐志宏			
江西农业大学	肖海军			
上海交通大学	刘志诚			

审　　稿　南京农业大学　丁锦华（主审）
　　　　　浙江大学　　　程家安
　　　　　华南农业大学　曾　玲
　　　　　扬州大学　　　祝树德
　　　　　安徽农业大学　尹楚道

第一版编写和审稿人员

主　　编　丁锦华　苏建亚
副 主 编　施祖华　洪晓月　杨益众　张宏宇　吴菊芳
　　　　　李桂亭　余映波
编修单位和人员
　　　　　南京农业大学　　　　　丁锦华　苏建亚　胡春林　洪晓月
　　　　　扬州大学农学院　　　　杨益众　杜予州　祝树德
　　　　　安徽农业大学　　　　　李桂亭　陈树仁　林华峰　徐学农
　　　　　华中农业大学　　　　　张宏宇　李绍勤　华红霞
　　　　　上海交通大学农学院　　吴菊芳
　　　　　浙江大学农学院　　　　施祖华　徐志宏　娄永根
　　　　　湖南农业大学　　　　　余映波
审　　稿　尹楚道　陆自强　韩召军

第二版编写和审稿人员

主　　编	洪晓月	丁锦华			
副 主 编	施祖华	曾　玲	张青文	杨益众	
	张宏宇	李桂亭	文礼章		

编写单位和人员

南京农业大学	洪晓月	丁锦华	胡春林	李元喜
浙江大学	施祖华	娄永根	徐志宏	余　虹
华南农业大学	曾　玲	张茂新	陆永跃	
中国农业大学	张青文	刘小侠	蔡青年	
扬州大学	杨益众	杜予州	祝树德	黄东林
华中农业大学	张宏宇	李绍勤	蔡万伦	
安徽农业大学	李桂亭	林华峰	李世广	江俊起
湖南农业大学	文礼章	曾爱平	杨中侠	
江西农业大学	薛芳森			
上海交通大学	施婉君			

审　　稿

浙江大学	程家安
南京农业大学	韩召军
华南农业大学	张维球
安徽农业大学	尹楚道
扬州大学	陆自强

第三版前言

南京农业大学主编的面向21世纪课程教材和国家精品课程系列教材《农业昆虫学》(第二版)自2007年8月出版以来,在国内许多高等院校普遍使用,得到了广泛的好评,教材获得了江苏省精品教材荣誉称号,并且作为重要组成部分,成功获得2013年江苏省教学成果奖二等奖。南京农业大学主持的农业昆虫学课程成功入选第一批国家精品资源共享课,该教材起到了很好的辅助作用。

这些荣誉的获得,辛勤劳动的教材编写者和精心编校的中国农业出版社相关工作人员功不可没。他们认真负责的态度和精益求精的作风让第二版教材在教学活动和课程建设中发挥了非常重要的作用。

教材出版10年来,农业、农村和农业昆虫发生了很大的变化:①种植制度改革和种植结构的调整,例如水稻种植区内,双季稻种植模式的缩小和一季稻种植模式的扩大,南方水稻害虫大螟在山东等地开始为害小麦和玉米等;棉花种植区内,新疆棉花种植面积迅速扩大和传统棉花种植区黄河流域和长江流域棉花种植面积不断缩小、转基因抗虫棉的广泛种植使棉铃虫转移为害其他寄主如玉米、花生等;农业生产形式和防治的变化,例如政府倡导的农村规模化生产和经营以及农业机械化程度的提高、农村青壮年进城务工和农村劳力老年化现象十分严重、经济较发达地区的统防统治扩大、无人机应用于害虫防治等,所有这些变化都会影响农作物种植和农作物害虫的发生、为害和防控。②10年来,农业昆虫研究的新成果不断涌现,我国农业昆虫学者在国外发表的研究论文也是成长最快的10年,每年发表的SCI研究论文在各国学者中名列前茅,在飞蝗、棉铃虫、棉盲蝽、稻飞虱、红蜘蛛(叶螨)、烟粉虱、水稻螟虫等害虫的研究领域取得了国际领先的研究成果。在国内核心期刊上发表的研究论文也得到了很大的发展。③10年来,国家颁布了许多关于害虫测报的国家标准和技术规范;农业部依据《中华人民共和国食品安全法》,公布了国家禁用和限用的农药名录,其中禁止生产销售和使用的农药达41种,限制使用的农药达19种。新的《农药管理条例》2017年2月由国务院通过,2017年6月起施行。因此急需一本反映时代变化和昆虫学研究新进展的新版教材。

在第三版的修订过程中，我们力求反映当代农业昆虫学研究的最新成果和进展，务必使用准确、科学、最新的结论；全面介绍国家关于农药使用和预测预报技术的法律规定、标准和技术规范，体现权威性和可靠性；在教材编写体例上遵循第二版的风格，保持一种优秀的传统和特色。

第三版教材的编写得到南京农业大学昆虫学系韩召军、翟保平、胡春林、刘向东等老师和扬州大学黄东林老师等鼎力相助，以及南京农业大学昆虫学系研究生吴俨、李同浦、谢康的帮助，在此表示衷心的感谢，尤其要感谢胡春林老师提供封面昆虫图片。

由于作者学识和理解水平有限，加上时间仓促，教材中一定会存在错误和不妥之处，恳请国内各位同行和广大读者批评指正，以期再版时修订和完善。

《农业昆虫学》第三版编写组

2017年2月于南京卫岗

注：本教材于2017年12月被列入普通高等教育农业部（现更名为农业农村部）"十三五"规划教材［农科（教育）函〔2017〕第379号］。

第一版前言

《农业昆虫学》一书是经教育部批准的全国高等教育"面向21世纪课程教材",是植物保护专业的主干课程,也是农学类各专业的专业课程,过去我国出版过多种统编教材,对推动教学工作发挥了积极的作用。但鉴于我国幅员辽阔,农业害虫种类繁多,同一害虫在不同地区的发生又各有不同,加之新的研究成果不断涌现,害虫防治理论和技术也随着学科的交叉渗透向更高的层次发展。因此为适应教学的需要,我们曾于1991年出版了一本由长江中下游地区5所高等农业院校协作编写的《农业昆虫学》教材,并一直沿用至今。

原教材主编为丁锦华,副主编为尹楚道、林冠伦、徐冠军、沈允昌。参加编写的单位和人员为南京农业大学丁锦华、程遐年、徐秀媛、徐国民;江苏农学院林冠伦、陆自强、杭三保、杨益众;安徽农学院尹楚道、潘锡康、嵇美全、陈树仁;华中农业大学徐冠军、杨志慧、荣秀兰、薛东;上海农学院沈允昌、马恩沛、吴菊芳、黄荣根、顾启明。然而,随着岁月的流逝,原书不少参编同志,有的年事已高,有的因学校体制的变更,工作有变动,所以这次出版的教材征得原各参编单位和新增参编单位的同意,重新组织人员在原教材的基础上进行增删修订而成。

教材遵循参编单位多年实施的教学计划,本着贯彻少而精的原则,在篇幅上进行了大量压缩,同时在内容上又增加了能反映出近10年农业昆虫学科研究的新成果和害虫发生的新动向,力求使教材具有科学性、先进性、实用性、通用性和地域性的特点,为提高教学质量,充分发挥教材在教学中作为知识载体的作用,通过学习能掌握农业昆虫学的基本原理和害虫防治的新技术,起到举一反三、触类旁通的作用。

本教材分上、下两篇共15章。上篇为农业昆虫学基础,包括绪论、昆虫的外部形态和内部器官、昆虫生物学、昆虫分类、昆虫生态、害虫调查和预测预报、害虫综合治理;下篇为农作物害虫,包括地下害虫,水稻、麦类、杂粮、大豆、棉花、蔬菜、果树和仓库害虫,对每类作物害虫选择有重要经济意义的或具有代表性的种类,分别介绍其发生规律、预测预报和防治方法。

教材编写以植物保护专业和农学类专业为主要对象。体例上按农学类专业的要求分上篇（总论）和下篇（各论）两部分，农作物害虫部分则按照植物保护专业教学大纲进行编写。因此可作为目前高等农业院校有关专业开设《农业昆虫学》课程的通用教材，使用时可按教学要求，结合本地的实际情况选讲其中部分内容。

这次教材的修订得到南京农业大学植物保护学院吴耀清副院长的关心和浙江大学应用昆虫研究所的支持，在此表示衷心的感谢。

本教材纳入了教育部"面向21世纪课程教材"出版计划，但由于时间仓促，许多问题考虑不周，教材中一定会存在不少缺点，将有待我们在教学实践中加以发现，同时希望大家提出宝贵意见，以便在下次修订时加以改正。

《农业昆虫学》编写组

2001年7月

第二版前言

　　南京农业大学主编的面向21世纪课程教材《农业昆虫学》（南方本）自2002年5月出版以来，在许多高校普遍使用，得到了广泛的好评。2005年该教材的主编单位在此教材的基础上，结合农业昆虫学课程建设的其他方面成就，申报国家精品课程获得成功，这是同类型课程中第一个获得如此高的荣誉；同年南京农业大学在此教材的基础上，结合该校昆虫学其他3门课程建设成就，申报获得了江苏省教学成果二等奖；2006年该教材又获得了江苏省精品教材荣誉称号。这些荣誉的获得，归功于教材编写者的辛勤劳动。由于他们认真负责的态度和精益求精的作风，才得以使该教材在教学和课程建设中发挥出重要的作用。

　　我们也清醒地意识到，随着国内农业院校课程体系的改革，农业昆虫学课程在不少高校正面临新的问题：①原教材的通用性问题：第一版分为上篇（通论）和下篇（各论）两部分，适用于植物保护和非植物保护专业。但是现在许多农业院校植物保护专业的普通昆虫学课程得到加强，第一版教材的上篇（普通昆虫学部分）对植物保护专业学生来说是多余的；而非植物保护专业取消了农业昆虫学课程，转而学习植物保护学通论类课程。②原教材的地域性问题：原教材主要内容取材侧重于长江中下游地区，适合该地区的高等农业院校使用，虽注明为南方教材，但并不包括我国华南和西南地区发生的许多重要害虫。因此把它作为南方本农业昆虫学教材，有名不副实之嫌。③学生来源和就业全国化问题：目前使用该教材的许多高等农业院校学生来自全国各地，分配就业也在全国范围内。因此有必要打破原教材适用地区的局限性，介绍全国各地发生的主要害虫，扩大学生的知识面和拓宽他们的思路，为将来从事植物保护工作打下坚实的基础。④农业害虫发生的地域扩大化问题：虽然许多害虫的发生具有地域性的特点，在某一地区发生比较重，在别的地区发生比较轻。但是，随着全球气温变暖以及人类活动的影响，不少昆虫的分布范围和发生为害区域在逐渐扩大，需要我们用前瞻性的眼光介绍一些目前只在局部地区发生的农业昆虫。基于上述认识，我们认为有必要在原来教材的基础上，着手编写一本适用于植物保护专业的全国通用的农业昆虫学教材。

这次第二版教材的编写和修订，除原有的参编单位外，特地邀请了国内南、北地区有代表性的华南农业大学和中国农业大学参加，以发挥他们在农业昆虫研究方面的优势。在编写过程中，我们广泛听取各高校任课教师的意见，投诚了要求、目标和大纲，落实了详细的编写任务。要求在取材方面，尽量引用准确、科学的结论，内容要反映当代农业昆虫学研究的最新进展，力求使教材更能体现目前国内农业昆虫学教学和科研的前沿水平。新教材以植物保护专业为对象，体例上做了较大的调整，删除第一版中上篇的内容，增加了甘蔗害虫一章，按照作物的种类分章介绍。包括绪论、害虫调查与预测预报、害虫综合治理、地下害虫、水稻害虫、小麦害虫、杂粮害虫、大豆害虫、棉花害虫、蔬菜害虫、果树害虫、甘蔗害虫和仓储害虫等内容。对每类作物害虫选择重要的种类，分别介绍其形态特征、发生规律、预测预报和防治方法。书后还分章列出重要的参考文献，便于进一步阅读。各地农业院校在使用时，可根据教学计划和要求，结合本地区农业害虫发生的实际情况，选讲其中部分内容。

第二版教材的编修得到南京农业大学教务处和南京农业大学植物保护学院吴耀清、刘向东、张春玲、王秋霞、薛晓峰、宋子伟、张开军等老师和研究生的鼎力相助，在此表示衷心的感谢。

由于编修者学识和理解水平有限，加上时间仓促，教材中一定会存在不少错误和不妥之处，恳请国内各位同行和广大读者批评指正，以期再版时修订和完善。

《农业昆虫学》第二版编写组
2006年12月于南京紫金山麓

目 录

第三版前言
第一版前言
第二版前言

绪论 ·· 1

第1章 害虫调查和预测预报 ········· 3

1.1 害虫类别和虫害形成机制 ········ 3
　1.1.1 害虫类别 ···················· 3
　1.1.2 虫害形成机制 ················ 5
1.2 害虫的调查 ························ 7
　1.2.1 害虫的田间分布型 ·········· 7
　1.2.2 害虫调查取样方法 ·········· 8
　1.2.3 害虫田间调查的常用
　　　　抽样方法 ···················· 9
　1.2.4 害虫调查取样的单位
　　　　和数量 ····················· 10
　1.2.5 害虫调查结果计算 ········· 11
1.3 害虫的预测预报 ················· 12
　1.3.1 害虫预测预报的类型 ······ 12
　1.3.2 害虫发生期预测 ··········· 12
　1.3.3 害虫发生量预测 ··········· 15
1.4 害虫预测预报的发展与展望 ··· 17
思考题 ································· 17

第2章 害虫综合治理 ················· 18

2.1 害虫综合治理的概念 ··········· 18
　2.1.1 害虫综合治理的发展历程 ··· 18
　2.1.2 害虫综合治理的基本要点 ··· 19
　2.1.3 害虫综合治理的3个
　　　　基本观点 ·················· 19
2.2 害虫综合治理的经济学原理 ······ 20
　2.2.1 害虫对作物的经济为害和
　　　　作物受害损失的估计 ······· 20
　2.2.2 经济损害允许水平和
　　　　经济阈值 ··················· 21
2.3 害虫综合治理的主要措施 ······ 22
　2.3.1 植物检疫 ··················· 22
　2.3.2 农业防治 ··················· 23
　2.3.3 生物防治 ··················· 25
　2.3.4 物理机械防治 ·············· 27
　2.3.5 化学防治 ··················· 28
2.4 害虫综合治理方案制订的
　　原则与展望 ····················· 33
思考题 ································· 35

第3章 地下害虫 ······················· 36

3.1 蛴螬 ······························· 37
　3.1.1 暗黑鳃金龟 ················ 37
　3.1.2 华北大黑鳃金龟 ············ 41
　3.1.3 铜绿丽金龟 ················ 43
3.2 蝼蛄 ······························· 45
　3.2.1 东方蝼蛄 ··················· 45
　3.2.2 单刺蝼蛄 ··················· 47
3.3 地老虎 ···························· 49
　3.3.1 小地老虎 ··················· 49
　3.3.2 黄地老虎 ··················· 53
　3.3.3 大地老虎 ··················· 55
3.4 金针虫 ···························· 56
　3.4.1 沟金针虫 ··················· 56
　3.4.2 细胸金针虫 ················ 59

3.5 种蝇 ·············· 60
   3.5.1 形态特征 ·········· 60
   3.5.2 发生规律 ·········· 61
   3.5.3 防治方法 ·········· 61
思考题 ················ 62

第4章 水稻害虫 ············ 63

4.1 稻蓟马 ·············· 64
   4.1.1 形态特征 ·········· 64
   4.1.2 发生规律 ·········· 65
   4.1.3 虫情调查和预测预报 ··· 66
   4.1.4 防治方法 ·········· 66
4.2 稻象甲与稻水象甲 ······ 66
   4.2.1 形态特征 ·········· 67
   4.2.2 发生规律 ·········· 68
   4.2.3 防治方法 ·········· 71
4.3 三化螟 ·············· 72
   4.3.1 形态特征 ·········· 72
   4.3.2 发生规律 ·········· 73
   4.3.3 虫情调查和预测预报 ··· 76
   4.3.4 防治方法 ·········· 77
4.4 二化螟 ·············· 77
   4.4.1 形态特征 ·········· 78
   4.4.2 发生规律 ·········· 79
   4.4.3 虫情调查和预测预报 ··· 81
   4.4.4 防治方法 ·········· 81
4.5 大螟 ················ 82
   4.5.1 形态特征 ·········· 82
   4.5.2 发生规律 ·········· 83
   4.5.3 虫情调查和预测预报 ··· 84
   4.5.4 防治方法 ·········· 84
4.6 台湾稻螟 ············ 85
   4.6.1 形态特征 ·········· 85
   4.6.2 生活史和习性 ······ 86
   4.6.3 防治方法 ·········· 87
4.7 稻纵卷叶螟 ·········· 87
   4.7.1 形态特征 ·········· 87
   4.7.2 发生规律 ·········· 88
   4.7.3 虫情调查和预测预报 ··· 91
   4.7.4 防治方法 ·········· 92
4.8 直纹稻弄蝶 ·········· 92
   4.8.1 形态特征 ·········· 92
   4.8.2 发生规律 ·········· 93
   4.8.3 虫情调查和预测预报 ··· 94
   4.8.4 防治方法 ·········· 94
4.9 褐飞虱 ·············· 94
   4.9.1 对水稻的为害 ······ 95
   4.9.2 形态特征 ·········· 95
   4.9.3 发生规律 ·········· 96
   4.9.4 虫情调查和预测预报 ·· 100
   4.9.5 防治方法 ········· 100
4.10 白背飞虱 ··········· 101
   4.10.1 形态特征 ········ 102
   4.10.2 发生规律 ········ 103
   4.10.3 虫情调查和预测预报 · 106
   4.10.4 防治方法 ········ 106
4.11 灰飞虱 ············ 107
   4.11.1 形态特征 ········ 107
   4.11.2 发生规律 ········ 108
   4.11.3 虫情调查和预测预报 · 109
   4.11.4 防治方法 ········ 110
4.12 水稻叶蝉 ·········· 110
   4.12.1 形态特征 ········ 111
   4.12.2 发生规律 ········ 111
   4.12.3 防治方法 ········ 113
4.13 中华稻蝗 ·········· 114
   4.13.1 形态特征 ········ 114
   4.13.2 发生规律 ········ 115
   4.13.3 防治方法 ········ 116
4.14 稻瘿蚊 ············ 116
   4.14.1 形态特征 ········ 116
   4.14.2 发生规律 ········ 117
   4.14.3 防治方法 ········ 118
4.15 稻黑蝽 ············ 118
   4.15.1 形态特征 ········ 119
   4.15.2 发生规律 ········ 119
   4.15.3 防治方法 ········ 120
4.16 稻蝼蛄 ············ 120

| 4.16.1 形态特征 …………………… 120
| 4.16.2 发生规律 …………………… 121
| 4.16.3 防治方法 …………………… 122
| 思考题 ………………………………… 122

第5章 小麦害虫 …………………… 123
  5.1 麦蚜 …………………………… 124
      5.1.1 形态特征 …………………… 125
      5.1.2 发生规律 …………………… 125
      5.1.3 虫情调查和预测预报 ……… 127
      5.1.4 防治方法 …………………… 128
  5.2 麦螨 …………………………… 128
      5.2.1 形态特征 …………………… 128
      5.2.2 发生规律 …………………… 129
      5.2.3 螨情调查和预测预报 ……… 131
      5.2.4 防治方法 …………………… 131
  5.3 黏虫 …………………………… 131
      5.3.1 形态特征 …………………… 132
      5.3.2 发生规律 …………………… 133
      5.3.3 虫情调查和预测预报 ……… 136
      5.3.4 防治方法 …………………… 137
  5.4 小麦吸浆虫 …………………… 138
      5.4.1 形态特征 …………………… 138
      5.4.2 发生规律 …………………… 140
      5.4.3 虫情调查和预测预报 ……… 142
      5.4.4 防治方法 …………………… 143
  5.5 麦叶蜂 ………………………… 144
      5.5.1 形态特征 …………………… 144
      5.5.2 发生规律 …………………… 145
      5.5.3 虫情调查和预测预报 ……… 145
      5.5.4 防治方法 …………………… 145
  思考题 ………………………………… 146

第6章 杂粮害虫 …………………… 147
  6.1 东亚飞蝗 ……………………… 147
      6.1.1 蝗区 ………………………… 148
      6.1.2 形态特征 …………………… 148
      6.1.3 发生规律 …………………… 150
      6.1.4 虫情调查和预测预报 ……… 153

      6.1.5 防治方法 …………………… 153
  6.2 玉米螟 ………………………… 154
      6.2.1 形态特征 …………………… 155
      6.2.2 发生规律 …………………… 155
      6.2.3 虫情调查和预测预报 ……… 157
      6.2.4 防治方法 …………………… 158
  6.3 条螟 …………………………… 159
      6.3.1 形态特征 …………………… 159
      6.3.2 发生规律 …………………… 160
      6.3.3 防治方法 …………………… 161
  6.4 高粱蚜 ………………………… 161
      6.4.1 形态特征 …………………… 161
      6.4.2 发生规律 …………………… 162
      6.4.3 虫情调查和预测预报 ……… 162
      6.4.4 防治方法 …………………… 163
  6.5 甘薯天蛾 ……………………… 163
      6.5.1 形态特征 …………………… 163
      6.5.2 发生规律 …………………… 164
      6.5.3 虫情调查和预测预报 ……… 165
      6.5.4 防治方法 …………………… 165
  6.6 甘薯麦蛾 ……………………… 165
      6.6.1 形态特征 …………………… 166
      6.6.2 发生规律 …………………… 166
      6.6.3 防治方法 …………………… 167
  6.7 草地螟 ………………………… 167
      6.7.1 形态特征 …………………… 168
      6.7.2 发生规律 …………………… 168
      6.7.3 虫情调查和预测预报 ……… 170
      6.7.4 防治方法 …………………… 171
  6.8 粟灰螟 ………………………… 172
      6.8.1 形态特征 …………………… 173
      6.8.2 发生规律 …………………… 173
      6.8.3 虫情调查和预测预报 ……… 175
      6.8.4 防治方法 …………………… 176
  6.9 甘薯小象甲 …………………… 176
      6.9.1 形态特征 …………………… 177
      6.9.2 发生规律 …………………… 177
      6.9.3 防治方法 …………………… 178
  6.10 马铃薯块茎蛾 ……………… 179

  6.10.1　形态特征 …………………… 180
  6.10.2　发生规律 …………………… 180
  6.10.3　防治方法 …………………… 181
 思考题 ………………………………………… 182

第7章　大豆害虫 ………………………… 183

 7.1　大豆食心虫 ………………………… 184
  7.1.1　形态特征 ……………………… 184
  7.1.2　发生规律 ……………………… 185
  7.1.3　虫情调查和预测预报 ………… 187
  7.1.4　防治方法 ……………………… 188
 7.2　豆荚螟 ……………………………… 189
  7.2.1　形态特征 ……………………… 189
  7.2.2　发生规律 ……………………… 190
  7.2.3　虫情调查和预测预报 ………… 193
  7.2.4　防治方法 ……………………… 193
 7.3　豆秆黑潜蝇 ………………………… 194
  7.3.1　形态特征 ……………………… 194
  7.3.2　发生规律 ……………………… 195
  7.3.3　虫情调查和预测预报 ………… 197
  7.3.4　防治方法 ……………………… 197
 7.4　豆天蛾 ……………………………… 198
  7.4.1　形态特征 ……………………… 198
  7.4.2　发生规律 ……………………… 199
  7.4.3　虫情调查和预测预报 ………… 200
  7.4.4　防治方法 ……………………… 201
 思考题 ………………………………………… 201

第8章　棉花害虫 ………………………… 202

 8.1　蜗牛和蛞蝓 ………………………… 204
  8.1.1　形态特征 ……………………… 204
  8.1.2　发生规律 ……………………… 205
  8.1.3　调查和预测预报 ……………… 206
  8.1.4　防治方法 ……………………… 206
 8.2　棉蚜 ………………………………… 207
  8.2.1　形态特征 ……………………… 207
  8.2.2　发生规律 ……………………… 208
  8.2.3　虫情调查和预测预报 ………… 210
  8.2.4　防治方法 ……………………… 211

 8.3　朱砂叶螨 …………………………… 212
  8.3.1　形态特征 ……………………… 213
  8.3.2　发生规律 ……………………… 214
  8.3.3　螨情调查和预测预报 ………… 215
  8.3.4　防治方法 ……………………… 216
 8.4　绿盲蝽和中黑盲蝽 ………………… 216
  8.4.1　形态特征 ……………………… 217
  8.4.2　发生规律 ……………………… 218
  8.4.3　虫情调查和预测预报 ………… 220
  8.4.4　防治方法 ……………………… 220
 8.5　棉红铃虫 …………………………… 221
  8.5.1　形态特征 ……………………… 221
  8.5.2　发生规律 ……………………… 222
  8.5.3　虫情调查和预测预报 ………… 224
  8.5.4　防治方法 ……………………… 224
 8.6　棉铃虫 ……………………………… 225
  8.6.1　形态特征 ……………………… 226
  8.6.2　发生规律 ……………………… 227
  8.6.3　虫情调查和预测预报 ………… 229
  8.6.4　防治方法 ……………………… 230
 8.7　棉小造桥虫 ………………………… 231
  8.7.1　形态特征 ……………………… 232
  8.7.2　发生规律 ……………………… 232
  8.7.3　防治方法 ……………………… 233
 8.8　棉卷叶野螟 ………………………… 233
  8.8.1　形态特征 ……………………… 234
  8.8.2　发生规律 ……………………… 234
  8.8.3　防治方法 ……………………… 235
 8.9　棉叶蝉 ……………………………… 235
  8.9.1　形态特征 ……………………… 235
  8.9.2　发生规律 ……………………… 236
  8.9.3　防治方法 ……………………… 237
 8.10　棉蓟马 …………………………… 237
  8.10.1　形态特征 …………………… 238
  8.10.2　发生规律 …………………… 238
  8.10.3　防治方法 …………………… 239
 8.11　金刚钻 …………………………… 240
  8.11.1　形态特征 …………………… 240
  8.11.2　发生规律 …………………… 241

8.11.3 防治方法 …………………… 242
思考题 …………………………………… 243

第9章 蔬菜害虫 …………………… 244

9.1 菜蚜 …………………………… 245
9.1.1 形态特征 …………………… 245
9.1.2 发生规律 …………………… 246
9.1.3 虫情调查和预测预报 ……… 248
9.1.4 防治方法 …………………… 248

9.2 菜粉蝶 ………………………… 249
9.2.1 形态特征 …………………… 249
9.2.2 发生规律 …………………… 250
9.2.3 虫情调查和预测预报 ……… 252
9.2.4 防治方法 …………………… 252

9.3 菜蛾 …………………………… 253
9.3.1 形态特征 …………………… 253
9.3.2 发生规律 …………………… 253
9.3.3 虫情调查和预测预报 ……… 255
9.3.4 防治方法 …………………… 255

9.4 甜菜夜蛾 ……………………… 256
9.4.1 形态特征 …………………… 256
9.4.2 发生规律 …………………… 257
9.4.3 防治方法 …………………… 258

9.5 斜纹夜蛾 ……………………… 258
9.5.1 形态特征 …………………… 258
9.5.2 发生规律 …………………… 259
9.5.3 防治方法 …………………… 260

9.6 菜螟 …………………………… 260
9.6.1 形态特征 …………………… 260
9.6.2 发生规律 …………………… 261
9.6.3 防治方法 …………………… 262

9.7 黄曲条跳甲 …………………… 262
9.7.1 形态特征 …………………… 262
9.7.2 发生规律 …………………… 263
9.7.3 虫情调查和预测预报 ……… 264
9.7.4 防治方法 …………………… 265

9.8 茄二十八星瓢虫和马铃薯瓢虫 … 265
9.8.1 形态特征 …………………… 266
9.8.2 发生规律 …………………… 266
9.8.3 虫情调查和预测预报 ……… 267
9.8.4 防治方法 …………………… 268

9.9 斑潜蝇类 ……………………… 268
9.9.1 形态特征 …………………… 269
9.9.2 美洲斑潜蝇的发生规律 …… 270
9.9.3 美洲斑潜蝇的虫情调查和预测预报 …………………… 271
9.9.4 美洲斑潜蝇的防治方法 …… 272

9.10 豆野螟 ………………………… 272
9.10.1 形态特征 …………………… 272
9.10.2 发生规律 …………………… 273
9.10.3 虫情调查和预测预报 ……… 275
9.10.4 防治方法 …………………… 275

9.11 黄守瓜 ………………………… 276
9.11.1 形态特征 …………………… 276
9.11.2 发生规律 …………………… 276
9.11.3 防治方法 …………………… 277

9.12 烟粉虱 ………………………… 278
9.12.1 形态特征 …………………… 278
9.12.2 生物型 ……………………… 279
9.12.3 发生规律 …………………… 280
9.12.4 虫情调查和预测预报 ……… 281
9.12.5 防治方法 …………………… 282

9.13 温室白粉虱 …………………… 284
9.13.1 形态特征 …………………… 284
9.13.2 发生规律 …………………… 285
9.13.3 虫情调查和预测预报 ……… 286
9.13.4 防治方法 …………………… 286

9.14 侧多食跗线螨 ………………… 286
9.14.1 形态特征 …………………… 287
9.14.2 发生规律 …………………… 287
9.14.3 防治方法 …………………… 289

9.15 猿叶甲 ………………………… 289
9.15.1 生活史和习性 ……………… 289
9.15.2 防治方法 …………………… 290

9.16 棕榈蓟马 ……………………… 290
9.16.1 生活史和习性 ……………… 290
9.16.2 防治方法 …………………… 291

9.17 瓜绢螟 ………………………… 291

9.17.1 生活史和习性 …… 291
9.17.2 防治方法 …… 291
9.18 长绿飞虱 …… 292
9.18.1 生活史和习性 …… 292
9.18.2 防治方法 …… 292
思考题 …… 293

第10章 果树害虫 …… 294

10.1 大蓑蛾 …… 294
10.1.1 形态特征 …… 295
10.1.2 发生规律 …… 295
10.1.3 防治方法 …… 296
10.2 黄刺蛾 …… 296
10.2.1 形态特征 …… 297
10.2.2 发生规律 …… 297
10.2.3 防治方法 …… 298
10.3 盗毒蛾 …… 298
10.3.1 形态特征 …… 298
10.3.2 发生规律 …… 299
10.3.3 防治方法 …… 300
10.4 顶梢卷叶蛾 …… 300
10.4.1 形态特征 …… 300
10.4.2 发生规律 …… 301
10.4.3 虫情调查和预测预报 …… 302
10.4.4 防治方法 …… 302
10.5 蚧类 …… 302
10.5.1 桑盾蚧 …… 303
10.5.2 矢尖盾蚧 …… 304
10.5.3 吹绵蚧 …… 305
10.5.4 朝鲜球坚蚧 …… 306
10.5.5 蚧类防治 …… 307
10.6 星天牛 …… 308
10.6.1 形态特征 …… 308
10.6.2 发生规律 …… 309
10.6.3 防治方法 …… 310
10.7 葡萄透翅蛾 …… 310
10.7.1 形态特征 …… 311
10.7.2 发生规律 …… 311
10.7.3 虫情调查和预测预报 …… 312

10.7.4 防治方法 …… 312
10.8 食心虫 …… 313
10.8.1 梨小食心虫 …… 313
10.8.2 桃蛀果蛾 …… 318
10.8.3 桃蛀螟 …… 320
10.9 柑橘螨类 …… 323
10.9.1 柑橘全爪螨 …… 323
10.9.2 柑橘始叶螨 …… 326
10.9.3 橘皱叶刺瘿螨 …… 327
10.9.4 柑橘瘤瘿螨 …… 329
10.10 落叶果树叶螨 …… 330
10.10.1 山楂双叶螨 …… 330
10.10.2 二斑叶螨 …… 333
10.10.3 苹果全爪螨 …… 336
10.11 柑橘潜叶蛾 …… 338
10.11.1 形态特征 …… 338
10.11.2 发生规律 …… 339
10.11.3 虫情调查和预测预报 …… 339
10.11.4 防治方法 …… 340
10.12 橘小实蝇 …… 340
10.12.1 形态特征 …… 341
10.12.2 发生规律 …… 342
10.12.3 虫情调查和预测预报 …… 342
10.12.4 防治方法 …… 343
10.13 亚洲柑橘木虱 …… 344
10.13.1 形态特征 …… 344
10.13.2 发生规律 …… 345
10.13.3 防治方法 …… 346
10.14 荔枝蒂蛀虫 …… 346
10.14.1 形态特征 …… 347
10.14.2 发生规律 …… 347
10.14.3 虫情调查和预测预报 …… 350
10.14.4 防治方法 …… 351
10.15 荔枝蝽 …… 352
10.15.1 形态特征 …… 352
10.15.2 发生规律 …… 353
10.15.3 虫情调查和预测预报 …… 354
10.15.4 防治方法 …… 354
10.16 荔枝瘤瘿螨 …… 355

10.16.1 形态特征 …… 356	11.5.1 形态特征 …… 382
10.16.2 发生规律 …… 356	11.5.2 发生规律 …… 383
10.16.3 防治方法 …… 357	11.5.3 防治方法 …… 383
10.17 龟背天牛 …… 358	思考题 …… 384

10.17 龟背天牛 …… 358
- 10.17.1 形态特征 …… 358
- 10.17.2 发生规律 …… 358
- 10.17.3 防治方法 …… 359

10.18 杧果横线尾夜蛾 …… 359
- 10.18.1 形态特征 …… 360
- 10.18.2 发生规律 …… 360
- 10.18.3 防治方法 …… 361

10.19 香蕉假茎象甲 …… 361
- 10.19.1 形态特征 …… 362
- 10.19.2 发生规律 …… 362
- 10.19.3 虫情调查和预测预报 …… 363
- 10.19.4 防治方法 …… 364

思考题 …… 365

第11章 甘蔗害虫 …… 366

11.1 甘蔗螟虫 …… 366
- 11.1.1 二点螟 …… 367
- 11.1.2 黄螟 …… 368
- 11.1.3 白螟 …… 369
- 11.1.4 发生与环境的关系 …… 371
- 11.1.5 虫情调查和预测预报 …… 372
- 11.1.6 防治方法 …… 372

11.2 蔗龟 …… 375
- 11.2.1 形态特征 …… 375
- 11.2.2 发生规律 …… 376
- 11.2.3 防治方法 …… 377

11.3 甘蔗绵蚜 …… 377
- 11.3.1 形态特征 …… 377
- 11.3.2 发生规律 …… 378
- 11.3.3 防治方法 …… 379

11.4 甘蔗蓟马 …… 380
- 11.4.1 形态特征 …… 380
- 11.4.2 发生规律 …… 381
- 11.4.3 防治方法 …… 381

11.5 甘蔗粉蚧 …… 382

第12章 仓储害虫 …… 385

12.1 玉米象 …… 386
- 12.1.1 形态特征 …… 386
- 12.1.2 发生规律 …… 387

12.2 谷蠹 …… 388
- 12.2.1 形态特征 …… 388
- 12.2.2 发生规律 …… 389

12.3 锯谷盗 …… 389
- 12.3.1 形态特征 …… 390
- 12.3.2 发生规律 …… 390

12.4 长角扁谷盗 …… 391
- 12.4.1 形态特征 …… 391
- 12.4.2 发生规律 …… 393

12.5 赤拟谷盗 …… 393
- 12.5.1 形态特征 …… 393
- 12.5.2 发生规律 …… 394

12.6 豆象 …… 395
- 12.6.1 形态特征 …… 395
- 12.6.2 发生规律 …… 396

12.7 麦蛾 …… 397
- 12.7.1 形态特征 …… 397
- 12.7.2 发生规律 …… 398

12.8 印度谷螟 …… 398
- 12.8.1 形态特征 …… 399
- 12.8.2 发生规律 …… 399

12.9 粉斑螟蛾 …… 400
- 12.9.1 形态特征 …… 400
- 12.9.2 发生规律 …… 400

12.10 书虱 …… 401
- 12.10.1 嗜卷书虱 …… 401
- 12.10.2 其他种类书虱 …… 402

12.11 粉螨类 …… 403
- 12.11.1 腐食酪螨 …… 403
- 12.11.2 其他种类粉螨 …… 404

12.12　仓储害虫的综合治理……………… 404
　　12.12.1　检疫防治……………… 404
　　12.12.2　仓库结构与卫生条件…… 405
　　12.12.3　物理机械防治…………… 405
　　12.12.4　化学防治……………… 407
　　12.12.5　生物防治……………… 409
思考题………………………………… 411

主要参考文献……………………………………………………………………… 412

绪 论

农田有害动物包括节肢动物门昆虫纲的昆虫和蛛形纲的螨类、软体动物门的蜗牛和蛞蝓，以及脊椎动物门的害鸟和老鼠等，但其中绝大部分是昆虫。为害农作物的昆虫和螨类通常被称为害虫。

农业害虫是人类从事农业生产活动的产物。这是因为栽种作物的单一化，为某些植食性昆虫提供了丰富的食料条件，同时削弱了天敌对有害生物的自然控制作用，再加上一些栽培管理措施为某些种类创造了适生环境，这样就使这种昆虫得以超常量发生，给农业生产带来严重的经济损失。这类昆虫，就成了害虫。人类为了自身的生存，必须从虫口夺粮，从此也就开始了害虫的防治工作。农业昆虫学就是人类在与害虫长期斗争中发展起来的一门学科。

(1) 农业昆虫学的性质和任务 农业昆虫学是研究与农业有关昆虫的发生规律、控制和利用的原理和方法的学科，是昆虫学的一门分支学科，也是一门具有广泛理论基础的应用学科。广义的农业昆虫应该包括益虫和害虫两个方面，但这里主要指的是害虫，通常还附带害螨和软体动物在内。

农业昆虫学主要研究农田生态系中有害昆虫和害螨的生物学特性、种群数量变动与周围生物和非生物环境因子的关系，同时又研究寄主受害后的反应，包括经济损失、补偿能力和抗虫机制，以便提出以生态学为基础的综合治理策略和配套措施，以期达到控害、高产、优质和维护优良生态环境的目的。

由此可见，农业昆虫学研究的内容是复杂的，任务也十分艰巨。它不仅关系到人类生存的主要食物来源，而且影响环境质量。因此农业害虫的防治工作也必将会越来越受到全社会的关注和重视。

(2) 农业昆虫学的内容及与其他学科的关系 农业昆虫学是理论性和实践性都很强的一门综合性学科，在学科的发展过程中已经形成了自己的体系。其内容包含害虫种类的识别、地理分布、为害特性、作物受害后反应、害虫生物学特性及发生与环境条件的关系、预测预报和防治方法等。可见要比较成功地解决一种害虫的防治问题，就必须进行多方面的研究，而要学好农业昆虫学这门课，也必须具备广泛的与此有关的基础理论知识、专业基础知识和其他农业科学知识。随着害虫综合治理综合度向高、深层次发展，又必须用系统工程的方法来进行害虫的科学管理，害虫的计算机优化管理系统也将会逐步实现，这就使农业昆虫学与环境学、社会学、经济学、决策学、计算机等发生了愈来愈密切的联系。

(3) 害虫防治的历史和现状 我国在农业害虫防治的研究和应用方面具有悠久历史，远在3 000年前就已经和蝗虫、螟虫进行了斗争。例如唐代农民创造了"挖沟治蝗"的方法；宋朝制定了世界上最早的治虫法规；1 600多年前，我国广东农民就应用黄猄蚁（*Oecophylla smaragdina* Fabricius）来防治柑橘害虫，这也是世界上应用以虫治虫最早、最成功的事例；2 200年前已经应用砷剂、汞剂、藜芦来毒杀害虫；公元前1世纪的《氾胜之书》中关于谷种的处理也是世界上药剂浸种最早的记载。

我国害虫防治作为昆虫学科的系统研究，始于1911年，当时在北京中央农业试验场成立了病虫害科，以后在江苏成立了治螟考察团（1917年）和上海南汇县（现为浦东新区）内成立了棉虫研究所（1921年），1922年和1924年又相继在江苏和浙江成立了昆虫局，并出版了《浙江省昆虫局年刊》和《昆虫与植病》两种刊物，为我国农业昆虫学的发展奠定了基础。

中华人民共和国成立后，我国农业昆虫学事业发展迅速。经过几十年的努力，培养了大批从事植物保护工作的人才，从中央到地方建立和健全了植物保护和植物检疫的组织机构，害虫的防治也取得了举世瞩目的成就，许多历史上难以解决的害虫（如东亚飞蝗、三化螟、小麦吸浆虫等）得到有效的控制，尤其是从20世纪60年代开始，相继对黏虫、褐飞虱、白背飞虱、稻纵卷叶螟、小地老虎等具有迁飞性的害虫进行了系统深入的研究，在迁飞规律、迁飞的生理和生态机制、迁飞的监测预警和防治的对策与技术等方面，均取得了重大成果。最近10年来，我国农业昆虫工作者在飞蝗、稻飞虱、棉铃虫、棉盲蝽、红蜘蛛（叶螨）、水稻螟虫等重要害虫的发生动态、遗传机制、灾变机制等方面取得了令人瞩目的成就，研究成果相继发表在国际顶尖的《Nature》和《Science》等杂志上。此外，我国广大植物保护工作者围绕害虫综合治理的研究，在高效、低毒、低残留农药的开发、生物农药的研制、抗虫品种的选育（包括转基因抗虫品种）、天敌的利用、高新技术在预测预报中的应用、综合治理指标的制定以及喷药器械的改进等方面，都取得显著的进展，提高了我国害虫综合治理的科学水平，为农业生产的发展作出了贡献。

我国的害虫防治工作虽然取得了不少成就，但是随着农业产业结构调整、耕作栽培制度和种植方式的变化，品种的更换，农药的更新换代以及农村体制改革等方面的影响，农作物害虫的发生情况也相应出现了新的变化。因此老的问题解决了，新的问题又会层出不穷。例如水稻耕作制度的改革，会引起水稻害虫种类的演替，褐飞虱最近几年的回升、水稻螟虫的大发生等；棉盲蝽、叶螨、草地螟、东亚飞蝗、小麦吸浆虫等一些害虫猖獗发生；一些外来入侵的有害生物（例如烟粉虱、稻水象甲、橘小实蝇等）有分布扩大和为害加重的趋势；专化性内吸剂开始使用效果很好，连续使用则会导致害虫抗药性的发展等。这就意味着，害虫的防治是一项长期的、复杂而又艰巨的工作，任重而道远，需要害虫防治工作者刻苦学习，努力工作，以推动我国农业昆虫学事业的发展，为在新世纪实现可持续控害减灾，推进农业现代化作出应有的贡献。

第1章 害虫调查和预测预报

农业害虫的调查和预测预报，依赖于害虫类别的恰当划分和科学的害虫调查方法。只有选用了科学的害虫调查方法，才有可能获得准确的数据，提高预测预报的准确性。

1.1 害虫类别和虫害形成机制

不同的害虫类别，虫害形成的机制往往不同，相同的害虫类别，虫害形成的机制往往相近。

1.1.1 害虫类别

害虫的类别，有多种分类方法。农业害虫都是植食性昆虫，根据其取食作物种类的多寡，可分为多食性害虫、寡食性害虫和单食性害虫；根据其取食作物的类别，可分为水稻害虫、小麦害虫、杂粮害虫、大豆害虫、棉花害虫、果树害虫、蔬菜害虫、甘蔗害虫、仓储害虫等；根据其取食作物的部位，可分为食叶性害虫、食茎秆性害虫、食根性害虫（地下害虫）等；根据害虫的口器，可分为刺吸式害虫、咀嚼式害虫、锉吸式害虫、吸果害虫等；根据害虫迁飞与否，可分为迁飞性害虫和非迁飞性害虫。另外，也可用生物学分类方法对害虫进行分类，例如鞘翅目害虫、鳞翅目害虫、半翅目害虫等。

1.1.1.1 根据害虫取食作物种类的多寡分类

根据害虫取食作物种类的多寡，一般将其分为多食性害虫、寡食性害虫和单食性害虫。在已知的约31万种植食性昆虫中，约25%为多食性，其余为寡食性或单食性。

(1) 多食性害虫 这类害虫的寄主范围相当广泛，可取食多科的多种植物。例如棉铃虫的幼虫可取食20多科200多种植物，玉米螟的幼虫可取食40科181属200种以上植物。斜纹夜蛾的幼虫可取食99科290多种植物，棉蚜可取食74科285种植物，谷蠹几乎可取食所有仓储产品。

(2) 寡食性害虫 这类害虫的寄主范围一般较窄，通常仅取食1科或其近缘科内的植物。例如菜青虫仅取食十字花科的白菜、甘蓝、萝卜、油菜等，以及与十字花科亲缘关系相近的木樨科植物；小菜蛾仅取食属于十字花科的39种植物；直纹稻苞虫仅取食水稻、茭白及稗草、游草等几种禾亚科的作物和杂草；白背飞虱仅取食水稻、小麦、甘蔗、高粱、粟、茭白及稗草、游草、看麦娘等禾亚科的作物和杂草。

(3) 单食性害虫 这类害虫的寄主范围单一，仅取食1种植物。例如褐飞虱和三化螟仅取食水稻，豌豆象只取食豌豆，蚕豆象只取食蚕豆。

1.1.1.2 根据害虫取食作物的类别分类

本教材根据害虫取食作物的类别,将其分为水稻害虫、小麦害虫、杂粮害虫、大豆害虫、棉花害虫、果树害虫、蔬菜害虫、甘蔗害虫和仓储害虫;资料上常见的还有中药材害虫、花卉害虫、烟草害虫、桑树害虫、茶树害虫、森林害虫等。果树害虫、蔬菜害虫、杂粮害虫、中药材害虫、花卉害虫、森林害虫、仓储害虫等通常还可进一步细分,例如果树害虫可分为苹果害虫、葡萄害虫、梨害虫、桃害虫、柑橘害虫、山楂害虫、荔枝害虫、香蕉害虫等。根据害虫取食作物的类别划分的方法,仅表明某种作物上有多少种害虫,或者表明某种害虫可以取食某种作物。例如我国有稻纵卷叶螟、直纹稻弄蝶、褐飞虱、灰飞虱、中华稻蝗、稻水象甲、稻象甲、白背飞虱、三化螟、二化螟、大螟、稻瘿蚊、稻螟蛉等 250 多种水稻害虫可取食水稻,但并不表明这些害虫不取食水稻以外的植物,其中的绝大部分可以取食多种植物。

1.1.1.3 根据害虫取食作物的部位分类

根据害虫取食作物的部位,将其主要分为食叶性害虫、食茎秆性害虫、食根性害虫(地下害虫),还可分出食花性害虫和食果性害虫等。

(1) 食叶性害虫 这类害虫以取食叶片为主。其中口器为咀嚼式的害虫,致使被害叶片出现孔洞、缺刻等,严重时叶片被全部食完,例如黏虫、麦叶蜂、菜粉蝶、棉小造桥虫、棉大卷叶螟、多种刺蛾、天蛾、叶甲等的幼虫、蝗虫的成虫和若虫、金龟子的成虫等多为食叶性害虫;口器为刺吸式的害虫,以吸取叶片的汁液为食,被害叶片常黄化、萎蔫、卷缩等,严重时叶片可枯死,如多种蚜虫、烟粉虱、棉叶蝉、桃叶蝉等。

(2) 食茎秆性害虫 食茎秆性害虫以取食茎秆为主。其中口器为咀嚼式的害虫,通常钻蛀到茎秆内,例如三化螟、二化螟、大螟、天牛、吉丁虫等的幼虫多钻蛀到茎秆内取食。口器为刺吸式的害虫,以吸取作物的汁液为食,被害部位形成斑点、坏死,严重时形成枯死,甚至成片死亡,例如褐飞虱、白背飞虱、黑尾叶蝉等以及吹绵蚧等介壳虫多在茎秆上取食。

(3) 食根性害虫(地下害虫) 食根性害虫的为害期或终身在土壤中生活,以根部为食,被害作物的营养运输受到抑制,造成植株枯黄或死亡,例如蝼蛄、蛴螬、金针虫、根蛆、葡萄根瘤蚜等。

(4) 食花性害虫和食果性害虫 食花性害虫和食果性害虫以取食繁殖器官为主,例如棉花红铃虫、棉铃虫、大豆食心虫、桃小食心虫、梨小食心虫等的幼虫以及盾蚧等介壳虫后期多为害果实,鳞翅目吸果蛾科的部分成虫吸食果实。

1.1.1.4 根据害虫的口器分类

根据害虫的口器,将其主要分为刺吸式害虫和咀嚼式害虫,还可分为锉吸式害虫、吸果害虫。

(1) 刺吸式害虫 刺吸式害虫口器为刺吸式,以吸取作物的汁液为食,致使作物的生理受损,被害叶片常黄化、萎蔫、卷缩等,植株常出现畸形、斑点、卷缩等,例如飞虱、叶蝉、蚜虫、粉虱、介壳虫、红蜘蛛等。

(2) 咀嚼式害虫 咀嚼式害虫还可分为啃食害虫、钻蛀害虫和食根害虫。

①啃食害虫 啃食害虫多为食叶性害虫,少数啃食嫩头、嫩茎、花蕾、嫩果等。

②钻蛀害虫 钻蛀害虫还可再分为蛀叶害虫、蛀茎害虫、蛀花害虫、蛀果害虫等。蛀叶害虫不多,主要是鳞翅目潜蛾科、细蛾科的幼虫,例如桃潜蛾、旋纹潜叶蛾、金纹细蛾等。蛀茎害虫蛀食植物的茎干、枝条等造成蛀孔,使作物因此枯萎而死亡,如三化螟、二化螟、

大螟、条螟、葡萄透翅蛾、天牛、吉丁虫等的幼虫。蛀花害虫和蛀果害虫以取食繁殖器官为主，如红铃虫、棉铃虫、大豆食心虫、桃小食心虫、梨小食心虫的幼虫等。

③食根害虫　食根害虫取食作物的根系，例如稻象甲、稻水象甲、水稻食根叶甲的幼虫等。

(3) 锉吸式害虫和吸果害虫　这些类型的害虫不多，锉吸式害虫为蓟马，吸果害虫主要为鳞翅目吸果蛾科的部分成虫。

1.1.1.5　根据害虫迁飞与否分类

根据害虫迁飞与否，将其分为迁飞性害虫和非迁飞性害虫。迁飞性害虫的种类较少，我国研究较多的农业害虫为24种，例如褐飞虱、白背飞虱、黏虫、稻纵卷叶螟、东亚飞蝗等。迁飞性害虫发生的范围通常比较大，例如褐飞虱除我国外，还分布于南亚、东南亚、太平洋岛屿、日本、朝鲜半岛、澳大利亚等。一般常见害虫都是非迁飞性害虫。

1.1.1.6　用生物学分类方法对害虫进行分类

采用生物学分类方法，可将害虫分为鞘翅目害虫、鳞翅目害虫、双翅目害虫、半翅目害虫、直翅目害虫等。同一类别的害虫通常有相似的特点，例如半翅目害虫均为刺吸为害，直翅目害虫及鞘翅目的成虫均为啃食为害，鳞翅目、双翅目害虫通常仅幼虫为害而成虫不为害甚至可能有益。

1.1.2　虫害形成机制

虫害是造成农业减产的主要原因之一。多数害虫具有较强的环境适应能力，世代周期短，繁殖系数高，世代重叠严重。由于它们的种类多、数量大、为害重，常给农业生产带来很大影响，造成作物产量降低，品质下降。据统计，世界主要粮食作物每年因害虫为害造成的损失在 1.19×10^8 t 以上。害虫对经济作物的为害缺乏统计，但据资料表明一般在 $10\% \sim 60\%$。

害虫取食、生长发育、繁殖后代都必须依赖寄主。不同寄主及其不同发育阶段对害虫生长发育的有利程度不同，对害虫的引诱力不同，导致害虫在不同寄主间迁移、增殖，甚至在一定条件下暴发成灾。植物为避免自身器官被害虫取食或减轻害虫取食的程度而演化出的重要防御策略之一是植物及其器官有特定的形态构造和理化特性，其中最重要的是按器官组织和细胞分布的化学成分。但是植物的这些特征也是昆虫辨识适宜食物和活动场所的标志。植物群落作为昆虫的栖境为害虫提供食物和庇护场所，植物群落组成不同对害虫获取食物的难易、天敌的捕食效率以及害虫逃避非生物因素制约的能力有不同影响。一般认为植物群落组成越复杂，昆虫群落越复杂，害虫大发生的机会越少。然而农作物的群落组成通常比较单一，经常一种作物甚至同一品种大片连种，为害虫暴发成灾提供了相当有利的条件。

害虫在长期进化的过程中形成的特点，在条件适宜时即可暴发成灾。有些害虫对生态条件有极强的适应性（包括对资源和空间的适应），种群质量高。其在整个生长季节里，无时不存在、无时不发生，没有不食的绿色植物，在特大发生态势下，行为和生活习性会发生适应性变化，并有强的抗逆力和抗药性，在整个生态区域内，成为一个害虫发生的海洋。例如棉铃虫存在于多种作物田中，在高密度情况下能进行不规则的多向性迁飞，行为发生改变，亦能够裸露为害造成灾难性的后果。金龟子成虫和幼虫均可为害植物，成虫严重为害果树、林木的叶片并广泛扩散，幼虫在土中隐蔽为害，例如为害花生时会造成大幅度减产甚至绝产。斜纹夜蛾、甜菜夜蛾食性极广，几乎每种作物田都可严重发生，由于抗逆性、抗药性极强，往往在大的生态范围内暴发成灾。有些害虫在不同的生态区域可以远距离辗转为害，古书上记载这类害虫神出鬼没，来去无踪，处处无家又处处为家。生态学上称之为同期突发现象，在大发生的年份，短时间内造成相当大的破坏。这类害虫的种群特点可以概括为3句话：空间开放性，时间递推性，数量相关性。个性特点为：飞翔力强，生殖滞育或发育同型，与气象条件关系密切。例如东亚飞蝗、褐飞虱、白背飞虱、小地老虎、黏虫等都属于这类害虫。有些害虫个体小、世代周期短、繁殖力强、内禀增长率高，它们适应临时的、多变的、不稳定的环境。其特点为数量急剧上升和迅速下降，易产生抗性、易再猖獗并传播作物病害。这类害虫就是形成小虫子大灾害的那一类害虫，其典型代表为蚜虫、粉虱和螨类等。有些害虫大发生的频次有明显的时间周期性，每隔一定的时间阶段（几年至几十年）大发生1次或数次，例如直纹稻苞虫每隔5年左右发生1次，小麦吸浆虫隔10~15年连续发生3~5年。

  有些害虫在自然控制作用下，一般种群数量少，不会形成为害，但这类害虫有极大的生物潜能（生存潜能和生物潜能），在生态系中有特定的功能与地位，具有变为主要害虫的潜在能力。当自然控制因素（特别是生物因素）受到破坏时，它们的数量就会剧增，造成严重为害。例如柑橘吹绵蚧，当主要天敌澳洲瓢虫大量死亡时，它就会暴发成灾。又如为害山楂的苜蓿红蜘蛛，原来一直处于低水平状态，但由于人为的原因，使其天敌（食螨瓢虫、捕食螨、食虫蝽等）受到严重伤害，苜蓿红蜘蛛就成了山楂上的主要害虫。

  许多害虫的为害方式为其生长发育提供了相当有利的条件。这类害虫在发生为害阶段，其为害的虫态多潜藏在植物体内、土中或身体上有保护物。有些害虫钻蛀在作物的茎秆、枝条、叶柄及果实里，例如三化螟、二化螟、大螟、玉米螟、棉铃虫、食心虫、天牛等。有些害虫将作物的叶、花等器官卷缀成虫苞，在其内为害，例如稻纵卷叶螟、稻螟蛉、棉大卷叶螟、苹小卷叶蛾等。有些害虫的幼虫钻潜在叶片组织内为害，例如桃潜蛾、旋纹潜叶蛾、金纹细蛾、美洲斑潜蝇等。有些害虫危在害时分泌植物激素，刺激作物组织不正常生长，形成瘿或瘤，例如葡萄根瘤蚜、秋四脉绵蚜、梨瘿华蛾、菊花瘿蚊、一些瘿螨等。有些害虫为害期间生活在地下，例如蝼蛄、蛴螬、金针虫等地下害虫；地蛆类害虫在土中钻蛀作物的地下根茎。有些害虫的幼虫结一个长囊形的茧，为害时负囊而行，如蓑蛾类；顶梢卷叶蛾先将果树新梢的嫩叶缀合成一个虫苞，在虫苞的中央再结一个茧质虫袋，身藏其中，探出头为害。有些害虫分泌临时性覆盖物，例如沫蝉会分泌泡沫覆盖身体，负泥虫幼虫常吐出一些泥水覆盖在背上；梨卷叶绵蚜为害后叶片反卷成伪瘤，里面的绵蚜分泌棉絮状物覆盖其体。

  有些害虫的形态特征为其逃避敌害提供了条件。例如介壳虫类体上几乎终生覆盖着介壳，毒蛾、灯蛾等的幼虫体上覆盖长毛，天蛾的幼虫生长1个显著的尾角，菜青虫的体色几乎与其生存的环境一致。

  检疫性害虫是一特殊的群体，在分布区域（疫区）严重发生为害，但扩散能力有限，自然状态下能够进行空间隔离，仅仅靠人们的农事活动和商业活动传播。然而，一旦传入到新的区域，由于天敌少，种群常处于失控状态，暴发成灾，为害剧烈，损失惨重；一旦大面积发生，很难根治。例如美国白蛾、美洲斑潜蝇传入我国后连续几年为害都十分严重。

  针对目标害虫进行的各种防治措施对昆虫群落特别是天敌群落的数量结构影响显著，这种影响既包括直接杀灭害虫和天敌，也包括通过食物网中的相互作用对天敌昆虫群落的间接破坏。特别是高毒农药的使用，可短期内控制害虫的为害，但由于对天敌昆虫群落的破坏，可导致一部分害虫的严重发生或再猖獗。

农业生态的不断变化，种植业结构的不断调整，害虫抗药性的产生及种质的变异，也可导致一部分害虫的严重发生或再猖獗。再则，在治理实践中，存在治理策略不正确，技术体系不全面，治标不治本的现象，甚至带来很大的负面影响。

1.2 害虫的调查

农业害虫的预测预报和防治，都必须通过田间的实际调查取得科学数据，用于说明害虫的种类组成、发育进度、分布区域的大小、发生期的早晚、发生量的多少、作物受害程度的轻重、防治效果等。

害虫调查是积累资料的主要方法之一，调查时必须明确调查的目的和内容，采取科学的调查方法，才有可能获得准确的数据。害虫的调查包括害虫种群密度的调查和害虫监测抽样调查，前者是表征种群数量及其在时间、空间上分布的一个基本统计量，分为绝对密度和相对密度。绝对密度是指一定面积或容积内害虫的总数，这在实际研究或测报中不可能直接查到。因此通常人们通过一定数量的小样本取样（例如每株、每平方米、每千克等）来推算绝对密度，或一定的取样工具（例如诱捕器、扫网等）的虫数，这也称为相对密度。常用的相对密度调查方法有直接观察法、诱捕或拍打法、扫网法、吸虫器法和标记回捕法。本章不详细介绍这些容易理解或者在前期教学中可能已经介绍过的方法，重点介绍害虫监测抽样的调查方法。

1.2.1 害虫的田间分布型

害虫种群田间分布型常因种类、虫期、虫口密度的不同而有变化，同时还受地形、土壤、寄主植物种类、栽培方式、农田小气候等外界条件的影响。因此进行害虫田间取样调查，必须根据不同的分布型选择相适应的取样方式，这样才能使取样具有代表性。农作物害虫或其为害植株在田间的分布型，通常可以分为随机分布和聚集分布两类。

1.2.1.1 随机分布

在呈随机分布的种群内，个体独立地、随机地分配到可利用的单位中去，每个个体占据空间任何一点的概率相等，任一个体的存在决不影响其他个体的分布（图1-1a）。三化螟成虫在秧田的分布或卵块在本田内的分布，玉米螟卵块在田间的分布，都属这种分布型。对于随机分布型，可采用五点取样法、对角线取样法和棋盘式取样法。

1.2.1.2 聚集分布

聚集分布的个体做不随机分布，呈疏松不均匀的分布，通常由若干个个体组成一定的核心。最常见的聚集分布有核心分布和嵌纹分布两种（图1-1b、c）。

(1) 核心分布 核心分布的害虫或其为害状在田间分布呈不均匀状态，个体形成许多小集团或核心，并自这些小核心向四周做放射状扩散蔓延，核心与核心之间是随机分布的，核心内常是较密集的分布（图1-1b），例如三化螟和玉米螟幼虫及被害植株的分布等。对这种不随机分布型，样点数量要稍多一些，每个取样点要稍小一点。可采用棋盘式或平行线式取样法。

(2) 嵌纹分布 嵌纹分布又称为负二项分布。害虫在田间分布疏密相间，密集程度极不均匀，故呈嵌纹状（图1-1 c）。这种分布型通常是由很多密度不同的随机分布混合而成，或由核心分布的几个核心联合而成，例如棉花朱砂叶螨前期在棉田边行的分布。对于嵌纹分布型，可采用Z字形取样法。

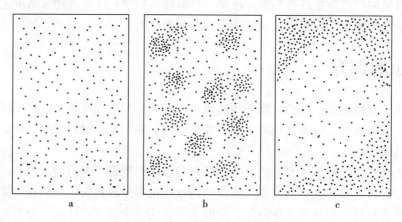

图1-1 昆虫种群田间分布型
a. 随机分布 b. 核心分布 c. 嵌纹分布

1.2.2 害虫调查取样方法

由于各种害虫的生物学特性不同，它们的发生为害有其各自的规律性，即使同种害虫的不同虫期也有各自的分布特点，因此进行害虫调查时必须根据它们的分布特点，选择有代表性的各种类型田，采取适宜的取样方法，选取一定形状与数量的样点，使取样调查的结果反映害虫在田间发生为害的实际情况，做到从局部推测全体。

取样调查是田间实际调查最基本的方法。取样就是从调查对象的总体中抽取一定大小、形状和数量的单位（样本），以用最小的代价（人力和时间）来达到最大限度地代表这个总体的目的。常用调查取样有分级取样、分段取样、典型取样和随机取样。

1.2.2.1 分级取样

分级取样（又称为巢式取样）是一种一级级重复多次的随机取样。首先从总体中取得样本，然后再从样本里取得亚样本，以此类推，可以持续下去取样。例如在害虫预测预报工作中，每日检查黑光灯（或白炽灯）下诱集的害虫，若虫量太多，无法全部数点，则可采用这种分级取样法，选取其中的一半，或在选取的一半中再选取一半，然后计算。

1.2.2.2 分段取样

当总体中某一部分与另一部分有明显差异时，就表示总体里面有阶层。对于这样的总体通常采用分段取样法（又称为阶层取样、分层取样），即从每一段里分别随机取样或顺次取样，最后加权平均。例如棉株现蕾后调查棉田蚜量时，选择有不同代表性田块，每块田5点取样，每点固定10株，每株取上、中、下各1片叶，调查记载各叶片上蚜虫数量，蚜量以百株三叶计，最后折算成百株蚜量。

1.2.2.3 典型取样

典型取样又称为主观取样，是在总体中主观选定一些能够代表全群的作为样本。这种方法带有主观性，但当已经相当熟悉和了解全群的分布规律时，采用这种取样方式能节省人力和时间,但要避免人为因素带来的误差。

1.2.2.4 随机取样

随机取样又称为概率取样,在总体中取样时,每个样本有相同的被抽中的概率,将总体中 N 个样本标以号码1、2、…、N,然后利用随机数表抽出 n 个不同的数码为样本。随机取样完全不许参与任何主观性,而是根据田块面积的大小,按照一定的取样方法和间隔距离选取一定数量的样本单位。一经确定就必须严格执行,而不能任意地加大或减少,也不得随意变更取样单位。随机取样的取样过程必须遵循概率法测,步骤烦琐,除试验研究工作外,很少使用。

1.2.3 害虫田间调查的常用抽样方法

实际上,分级取样、分段取样等,在具体落实到最基本单元时(某田块、田块中某地段等),都要采用随机取样法进行调查。常用于害虫田间调查的抽样方法有5点式、对角线式、棋盘式、平行跳跃式和Z字形等(图1-2)。

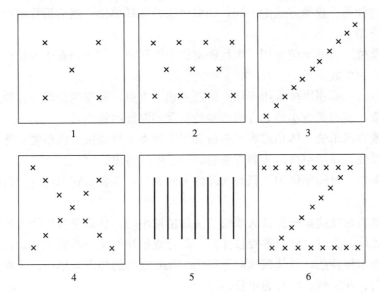

图1-2 田间调查取样法

1.5点式抽样 2.棋盘式抽样 3.单对角线式抽样 4.双对角线式抽样 5.平行跳跃式抽样 6.Z字形抽样

1.2.3.1 5点式抽样法

5点式抽样法适用于密集或成行的植物、害虫分布为随机分布的种群,可按一定面积、一定长度或一定植株数量选取5个样点。这种方法比较简便,取样数量比较少,样点可以稍大,适合较小或近方形田块。5点式抽样法是害虫调查中应用最普遍的取样方式。

1.2.3.2 对角线式抽样法

对角线式抽样法适用于密集的或成行的植株、害虫分布为随机分布的种群,分单对角线和双对角线两种。此法在田间对角线上,各采取等距离的地点作为取样点,与5点式取样相似,取样数较少,每个样点可稍大。

1.2.3.3 棋盘式抽样法

棋盘式抽样法适用于密集的或成行的植株、害虫分布为随机或核心分布的种群。具体做法是,将田块划成等距离、等面积的方格,每隔1个方格在中央取1个样点,相邻行的样点交错分布。这种方法适合于田块较大或长方形田块，取样数目可较多，调查结果比较准确，但较费工。例如黏虫田间幼虫密度调查、玉米螟幼虫数量及为害程度调查都采用此法。

1.2.3.4 平行跳跃式抽样法

平行跳跃式抽样法适合于成行栽培的作物、害虫分布成核心分布的种群。具体做法是，在田间每隔若干行调查1行，一般在短垄的地块可用此法；若垄长时，可在行内取点。这种方法样点较多，分布也较均匀，例如稻螟幼虫调查。

1.2.3.5 Z字形抽样法

此法适用于嵌纹分布的害虫，如大螟幼虫、棉红叶螨的调查。

1.2.4 害虫调查取样的单位和数量

1.2.4.1 取样单位

每个样点的形状和统计观察的单位即取样单位。进行害虫田间调查，必须根据害虫种类、虫态、作物种类、栽培方式的不同，选取合适的取样单位，然后折算成一定单位内的虫数。常用的单位如下。

(1) 长度单位 长度单位常用于生长密集的条播作物。例如调查小麦黏虫时，可调查若干米长度麦行中的虫数。

(2) 面积单位 面积单位常用于调查地面或地下害虫，密集的、矮生作物上的害虫，或密度很低的害虫，例如调查小地老虎的卵和幼虫及湖滩地的蝗虫等。

(3) 体积或容积单位 体积或容积单位常用于调查木材害虫、储粮害虫等。

(4) 质量单位 质量单位用于调查粮食、种子中的害虫。

(5) 时间单位 时间单位用于调查活动性大的害虫，例如观察单位时间内经过、起飞或捕获的虫数。

(6) 以整株或植株的某一器官为单位 例如植株小时，计算整株植物上的虫数；如果植株太大，不易整株调查时，则只调查植株的一部分或植株的某一器官。例如调查木槿上棉蚜卵数，只需调查木槿枝条，以从顶端向下量 16.5 cm 以内的枝条为单位；调查棉花生长后期的害虫，常以蕾、花、铃、叶片为单位。

(7) 诱集物单位 例如灯光诱虫，以一定的灯种，一定的光度，一定时间内诱集的虫数为计算单位；糖醋液诱集黏虫和地老虎，性诱剂诱芯诱集甜菜夜蛾和斜纹夜蛾，黄色盘诱集蚜虫，以每一个诱捕器为单位；草把诱蛾、诱卵，则以草把为单位。

(8) 网捕单位 一般是用口径 30 cm 的捕虫网，网柄长为 1 m，以网在田间来回摆动 1 次，称为 1 网单位。

1.2.4.2 取样数量

在调查某一对象时，若取样过少，会使调查结果不准确；取样过多，又浪费人力与时间。为保证取样质量和节约人力，必须确定适宜的取样数量。

取样数量即样本数量（在一个田块中所取样点的多少），主要根据调查田块的大小、地形、作物生长整齐度、田块周围环境、害虫的田间分布型以及虫口密度来确定。面积小、地形一致、作物生长整齐、四周无特殊影响、随机分布型昆虫，取样时可少取一些样点；反之，样点宜多些。一般虫口密度大时，样点数可适当少一些，每个样点可大一些；反之则应适当增加样点数，每个样点可小一些。时间及人力许可时尽可能多取些样。

1.2.5 害虫调查结果计算

1.2.5.1 虫口密度

根据所调查对象的特点，统计在一定取样单位内出现的数量。凡属可计数性状，调查后均可折算成一定单位内的虫数或受害数。例如调查螟虫卵块，折算成每公顷卵块数；调查棉红铃虫在籽花中含虫数，折算为每千克籽花含虫量；调查植株上虫数常折算成百株虫数。凡数量不易统计时，可将一定数量范围划分成一定的等级，一般只要粗略估计虫数，然后以等级表示即可。例如棉蚜蚜情划分等级为：0级为百叶0头，1级为百叶1~10头，2级为百叶11~50头，3级为百叶50头以上。

1.2.5.2 作物受害情况

通常用被害率、被害指数或损失率来表示作物受害情况。

(1) 被害率 被害率表示作物的株、秆、叶、花、果实等受害的普遍程度，这里不考虑每株（秆、叶、花、果等）的受害轻重，计数时同等对待。

$$被害率 = \frac{被害株（秆、叶、花、果）数}{调查总株（秆、叶、花、果）数} \times 100\%$$

(2) 被害指数 许多害虫对植物的为害只造成植株产量的部分损失，植株之间受害轻重程度不等，用被害率表示并不能说明受害的实际情况，因此往往用被害指数表示。在调查前先按受害轻重分成不同等级，然后分级计数，代入下面公式。

$$被害指数 = \frac{各级值 \times 相应级的株（秆、叶、花、果）数的累积值}{调查总株（秆、叶、花、果）数 \times 最高级值} \times 100$$

(3) 损失率 被害指数只能表示受害轻重程度，但不直接反映产量的损失。产量的损失以损失率表示。

$$损失率 = 损失系数 \times 被害率$$

$$损失系数 = \frac{健株单株产量 - 被害株单株产量}{健株单株产量} \times 100\%$$

1.2.5.3 田间药效试验结果计算

(1) 防治效果 先根据小区药效试验结果，计算各处理的虫口减退率，其计算公式为

$$虫口减退率 = \frac{防治平均虫量 - 防治后平均虫量}{防治前平均虫量} \times 100\%$$

由于害虫数量变化不仅与施药有关，还受自然死亡及其他因素的影响；蚜虫、螨及蓟马等类害虫繁殖速度快，施药后短期内虫量会上升，对照区虫量在繁殖后可能比防治前增加，因此调查计算防治效果时，必须与对照比较进行校正，其计算公式为

$$校正防治效果 = \frac{防治区虫口减退率 \pm 对照区虫口增加或减退率}{1 \pm 对照区虫口增加或减退率} \times 100\%$$

式中，"±"表示对照区虫口增加时用"+"，减少时用"-"。

(2) 保苗效果 对于生活隐蔽的害虫，很难调查防治前后的数量变化，常以作物受害程度的变化来衡量药效。若以被害率来表示被害程度，则以保苗效果表示药效，其计算公式为

$$保苗效果 = \frac{对照区被害率 - 防治区被害率}{对照区被害率} \times 100\%$$

若以被害指数表示被害程度，用被害指数代替上式中的被害率，即可计算出防治效果。

1.3 害虫的预测预报

害虫预测预报是通过实际调查取得数据，根据害虫发生规律结合当地有关历史资料，进行综合分析，对害虫未来的发展动态做出判断，并及时发出情报，用于指导防治前的各项准备工作，掌握害虫防治的主动权。

害虫预测预报是以昆虫生态学为理论基础，根据在不同时间和空间条件下，害虫生物学特性和环境因素之间相互关系的变化，来揭示害虫的发生和为害趋势。

1.3.1 害虫预测预报的类型

1.3.1.1 根据测报内容分类

根据测报的内容可分为下面4种。

(1) 发生期预测 发生期预测是指预测害虫某虫期或虫龄的发生和为害的关键时期，对具有迁飞、扩散习性的害虫，预测其迁出或迁入本地的时期，以确定防治适期。

(2) 发生量预测 发生量预测是指预测害虫的发生数量或田间虫口密度，根据拟定的防治指标，确定是否需要防治和防治规模的大小。

(3) 为害程度预测 为害程度预测是在发生量预测的基础上，结合农作物品种和生育期，对作物受害程度和产量损失做出估计。

(4) 分布预测 分布预测是指预测害虫的分布或发生面积，以便根据害虫发生的时间和密度，确定防治的田块和安排防治的先后顺序。

1.3.1.2 根据预测时间长短分类

根据预测时间的长短，可以分为下面3种。

(1) 短期预测 短期预测是指从害虫前一个虫期预测后一个虫期的发生期和发生量，以指导当前的防治，预测的时间一般只有几天到十多天。例如根据三化螟卵块发育进度，预测蚁螟盛孵期。

(2) 中期预测 中期预测是指依据前一代的虫情，预测下一世代各虫期的发生动态，为近期防治部署做好准备，时间一般在1月以上，但具体时间的长短，依预测对象世代历期的长短而定，例如1年发生1代的害虫，其预测期限可长达1年。

(3) 长期预测 长期预测是指根据越冬后或年初某种害虫的有效虫口基数、作物布局、气象预报资料等的综合分析，展望其全年发生动态，为制定全年防治计划提供依据，预测时间常在1个季度以上，甚至跨年。例如根据三化螟越冬虫口基数和存活率，结合当地水稻栽培制度，对全年的螟害程度做出估计。

1.3.1.3 本地预测和异地预测

害虫预测预报的类别还可以根据虫源性质，分为以本地虫源为依据的本地预测和以外地虫源为依据的异地预测。异地预测用于迁飞类害虫，主要是根据害虫的迁飞规律，由虫源地提供发生基数、发育进度和迁出期，结合迁飞地当时的天气形势，分析降虫条件，预测发生时期和为害趋势。

1.3.2 害虫发生期预测

发生期预测是根据某种害虫防治对策的需要，预测某个关键虫期出现的时期，以确定防治的有利时期。在害虫发生期预测中,常将各虫态的发生时期分为始见期、始盛期、高峰期、盛末期和终见期。预报中常用的是始盛期、高峰期和盛末期,其划分标准分别为出现某虫期总量的16%、50%和84%。害虫发生期预测常用的方法有以下几种。

1.3.2.1 发育进度法

此法根据田间害虫发育进度,参考当时气温预测,加相应的虫态历期,推算以后虫期的发生期。这种方法主要用于短期测报,准确性较高,是目前我国群众性预测预报常用的一种方法。

(1) 历期法 通过对前一虫期田间发育进度,如化蛹率、羽化率、孵化率等的系统调查,当调查到其比例达始盛期、高峰期和盛末期时,分别加上当时气温下各虫期的历期,即可推算出后面某一虫期的发生时期。例如系统剥查某地第1代二化螟化蛹进度,得出始盛期为7月21日,高峰期为7月25日,盛末期为7月31日,已知当地蛹的历期为8 d,用历期法就可预测第1代二化螟的发蛾始盛期为7月29日,高峰期为8月2日,盛末期为8月8日。预测式为

二化螟发蛾始盛期(高峰期、盛末期)=蛹始盛期(高峰期、盛末期)+蛹历期

上式若再加上产卵前期和卵历期,就可分别预测第2代幼虫孵化始盛、高峰和盛末期。

(2) 分龄分级法 历期法只考虑害虫某虫态或虫龄的发育进度,而未考虑种群内其他的虫态(龄)。分龄分级法则是通过对害虫做2~3次田间发育进度调查,仔细进行卵分级、幼虫分龄、蛹分级,并分别计算其所占比例(%),再从后往前累加其比例(%),当累加值达到始盛期(16%)、高峰期(50%)和盛末期(84%)标准之一时,将起算日加上该虫态或虫龄至成虫羽化的历期,即可推算出下一代成虫的出现期,即始盛期、高峰期和盛末期。这种预测方法多适用于各虫态发育历期较长昆虫,如果各虫态历期较短,则用历期预测法和分龄分级预测法的预测准确性相差不大。目前,全国测报站广泛应用害虫的分龄分级法做出短中期预测,均获得良好效果,预测质量有明显提高。

例如某地7月5日剥查一年二熟制前季稻第1代三化螟幼虫和蛹的发育进度,总虫数为102头,按标准将幼虫分龄、蛹分级后整理列出(表1-1),预测第1代发蛾始盛、高峰和盛末期。

表1-1 双季前作稻第1代三化螟幼虫和蛹的发育进度调查

项目	幼虫						蛹								蛹壳(羽化率)
	1龄	2龄	3龄	4龄	预蛹	小计	1级	2级	3级	4级	5级	6级	7级	小计	
虫数	1	2	4	8	12	27	18	23	17	8	5	3	1	75	0
比例(%)	0.98	1.96	3.92	7.84	11.76		17.65	22.55	16.67	7.84	4.90	2.94	0.98		0
累计比例(%)	99.99	99.01	97.05	93.13	85.29		73.53	55.88	33.33	16.66	8.82	3.92	0.98		0

表1-1中,4级蛹累计比例达16.66%(包括蛹壳)构成第1代发蛾期始盛期虫源。计算方法为

发蛾始盛期=7月5日+0.5 d(4级蛹折半)+3.6 d(5级蛹到羽化的平均天数)=7月9日

预蛹期累计百分率达85.2%,构成发蛾盛末期的虫源。同样按上法计算,即

发蛾盛末期＝7月5日＋1 d（预蛹期折半）＋9 d（蛹期）＝7月15日

而发蛾高峰期的推算，从表1-1可以看出，3级蛹累计百分率为33.33%，距累加比例50%尚差16.67%，如加上前一蛹级（2级蛹）则又超过50%，为55.88%，因此在计算时从2级蛹取出16.67%以补足到累计比例达50%来计算。其计算方法为

$$\text{发蛾高峰期} = 7月5日 + \frac{16.67\%}{22.55\%} \times 1.2 \text{ d （2级蛹历期）} + 6 \text{ d （3级蛹发育到羽化的平均天数）}$$
$$= 7月12日$$

式中，$\frac{16.67\%}{22.55\%} \times 1.2$ 为2级蛹中再有73.92%发育至3级蛹所需要的天数。

用分龄分级法预测，幼虫分龄和蛹分级的标准及各虫态历期，可参考有关害虫预测预报资料。由于此法分得很细，所以预测的准确性也很高，而且不必定期检查发育进度，只需选定在化蛹盛期调查1～2次，就可同时预测几个主要发生期，对多峰性的害虫，还可测出各峰次出现的时期。

(3) 期距法 期距通常是指各虫期出现的始盛、高峰和盛末期相间隔的时间距离。各虫期的间隔可以是同代间的，也可以是上下代之间的。期距法是从当地多年系统调查的历史资料中总结出的经验值或历史平均值，是代表田间害虫群体的发育进度，比较符合实际情况，但应用上有地区的局限性。此法简便易行，而且具有一定准确性。例如江苏盐城市的大丰、东台等地，棉红铃虫第1代虫害花高峰与第2代产卵高峰期期距为17～20 d，可在半月前做出防治适期的预报，误差一般在2 d之内。

计算历年期距平均值要有多年积累的资料，其中最好包括早发、中发和迟发情况下的历史资料，并要算出平均值的标准差，以反映平均值的变异程度，得出早发、中发和迟发年的期距，在预测时综合本年度气候、苗期等情况，选用相似年期距做出预报。

1.3.2.2 有效积温法

在适宜害虫发生的季节里，害虫的发育速度与温度有一定关系。当测得害虫某虫期（或虫龄）的发育起点温度（C）和有效积温（K）时，可根据当地历年同期的平均温度，综合气象预报，利用积温公式，推算出完成该虫期（或虫龄）所需要的天数，预报下一虫期（或虫龄）发生的时期。

例如某年在江苏扬州市用稻草把诱黏虫卵，得知产卵高峰日为4月8日，在自然变温下，测得卵的发育起点温度为8.2 ± 0.4 ℃，有效积温为67 d·℃，产卵期间的平均温度为16 ℃，预测幼虫孵化高峰日。代入有效积温预测式 $N = K/(T-C)$，得

$$N \text{（卵期）} = 67/(16 - 8.2 \pm 0.4) = 8.2 \sim 9.1 \text{ d}$$

$$\text{幼虫孵化高峰日} = 4月8日 + 8 \sim 9 \text{ d}$$

即幼虫孵化高峰日为4月16—17日。

1.3.2.3 物候法

物候是指自然界各种生物活动随季节变化而出现的现象。自然界生物，或由于适应生活环境，或由于对气候条件有着相同的要求，形成了彼此间的物候联系。因此有可能通过多年的观察记载，找出害虫发生（或为害时期）与寄主或某些生物的发育阶段或活动之间的联系，并以此作为生物指标，推测害虫的发生和为害时间。

害虫与寄主植物的物候联系，是在长期演化过程中，经适应生活环境遗留下来的一种生

物学特性。这在一化性害虫中表现得尤为突出。例如小麦吸浆虫的发生和为害,与小麦生育阶段是相适应的;木槿发芽正好是棉蚜越冬卵的孵化期等。害虫与其他生物间的物候联系,往往表现为一种间接的相关,或是巧合现象。例如湘西花垣地区多年观察证明,"蝌蚪见,桃花开"是二化螟越冬幼虫的始蛹期,"油桐开花,燕南来"是化蛹盛期等。

应用物候预测,必须通过多年观察验证,注意小气候环境的影响,而且不同物种之间的物候联系,具有严格的地域性,不能随便搬用。

1.3.2.4 卵巢发育分级预测法

此法通过系统解剖雌虫,按卵巢发育分级标准分级统计,以群体卵巢发育进度预测田间产卵盛期和2龄、3龄幼虫盛发的防治适期。例如上海市川沙县(现浦东新区)稻区,在7月下旬至8月中旬第3代稻纵卷叶螟成虫发生期,每2 d剖查1次雌蛾卵巢级别,然后根据4级卵巢发育高峰期加期距3 d,预测第3代卵高峰,其结果比用赶蛾法准确性高。此法已应用于地下害虫(金龟甲)、棉铃虫、黏虫、小地老虎等的预测。

对迁飞性害虫的卵巢发育进度的分析,还可判断该代成虫是否将迁出或者是否为迁入虫源。因为将迁出的雌虫卵巢级别始终处于幼嫩阶段(1~2级),而迁入虫源一出现即处于2级以上。

1.3.3 害虫发生量预测

发生量预测就是预测害虫的发生程度或发生数量,用于确定是否有防治的必要。害虫的发生程度或为害程度一般分为轻、中偏轻、中、中偏重、大发生和特大发生6级。常用预测方法有以下几种。

1.3.3.1 有效虫口基数及增殖率预测法

通过对上一代虫口基数的调查,结合该虫的平均生殖力和平均存活率,可预测下一代的发生量。常用下式计算繁殖数量。

$$P = P_0 \left[e \cdot \frac{f}{m+f} \cdot (1-M) \right]$$

式中,P 为下一代的发生量,P_0 为上一代虫口基数,e 为每雌平均产卵数,f 为雌虫数,m 为雄虫数,M 为各虫期累积死亡率。

例如某地秋蝗残蝗密度为0.5头/11 m²,雌虫占总虫数的45%,产卵的雌虫占90%,每雌平均产卵240粒,越冬死亡率为55%,预测来年夏蝗蝗蝻密度。代入上公式,得

夏蝗蝗蝻密度=0.5/11×[(240×90%)×45%×(1−55%)]=1.99(头/m²)

也有用有效虫口基数和增殖率公式预测的,其公式为

$$N_{n+1} = N_n R_0$$
$$N_{n+1} = N_n I$$

式中,R_0 为增殖率,N_n 为基数,I 为种群数量趋势指数。

此法的计算十分简单,但其关键在于获得可靠的增殖率(或变异系数)。这需要经过多年或多点的调查统计,获得其平均数及标准差,才能有良好的预测效果。

1.3.3.2 气候图预测法

对以气候为数量变动主导因素的害虫,可以通过绘制气候图,找出各年季节性气候变动对其发生量的影响,从而进行发生量的预测。

绘制气候图是以月（旬）总降水量或相对湿度为一条坐标轴，月（旬）平均温度为另一条坐标轴，将某种害虫发生期的各月（旬）的降水量或相对湿度及温度在图上标点，并依次将各点用实线相连，形成一个多边不规则形的封闭曲线图，然后分析不同发生程度年份的模式气候图，再以当年气象预报或实际资料绘制成气候图，与历史上的各种模式图比较，就可以做出当年害虫可能发生趋势的估计。

1.3.3.3 聚点图预测法

聚点图预测法又称为散点图预测法。这种方法与气候图预测法有相似之处。气候图法仅用于发生程度的定性分析和预报，而聚点图法可总结和量化出与发生程度有关的气候指标，这些指标不仅包含有平均数附近的常年发生情况，而且概括出远离平均值的异常发生的量化指标。具体方法包括下面几个步骤：a. 首先总结归纳出历年害虫各世代种群发生数量的资料。b. 选择一定的气候因素，例如平均温度、最高温度、最低温度及发生天数为 x，降水量、雨日、相对湿度为 y，以 x 和 y 组合绘制二维平面坐标图，并画出各因素在坐标上的平均值线条作为坐标轴，这样就组成了 4 个象限，如依气温 T 与相对湿度 RH 为例，第一象限为 $T>\bar{T}$，$RH<\overline{RH}$；第二象限为 $T>\bar{T}$，$RH>\overline{RH}$；第三象限为 $<\bar{T}$，$>\overline{RH}$，第四象限为 $<\bar{T}$，$<\overline{RH}$；然后标出各年各世代发生期间实际发生的对应于二因素的位点。c. 将相同发生程度的各年份或世代的位点范围划定起来，以获得各发生程度年份或世代的二因素量化值。

1.3.3.4 经验指数预测法

经验指数是在分析影响害虫发生的主导因子的基础上，进一步根据历年资料统计分析得来的，用以估计害虫未来的数量消长趋势。

(1) 温雨系数或温湿系数 害虫适生范围内的平均相对湿度（或降水量）与平均温度的比值，称为温湿系数（或温雨系数）。

例如北京地区根据 7 年资料分析，影响棉蚜季节性消长的主导因子为月平均气温和相对湿度，其温湿系数为

$$温湿系数 = \frac{5\,d\,平均相对湿度}{5\,d\,平均气温}$$

当温湿系数为 2.5～3.0 时，棉蚜将猖獗为害。

(2) 天敌指数 分析当地多年的天敌及害虫数量变动的资料，并在实验中测试后，用下式求出天敌指数。

$$P = X / \sum(y_i e_{yi})$$

式中，P 为天敌指数，X 为当时每株蚜虫数，y_i 为当时平均每株某种天敌数量，e_{yi} 为某种天敌每日食蚜量。

在华北地区，当 $P \leqslant 1.67$ 时，此棉田在 4～5 d 后棉蚜虫口将受到天敌抑制，而不需防治。

1.3.3.5 形态指标预测法

具有多型现象的害虫，可以其型的变化作为指标来预测发生量。例如无翅若蚜多于有翅若蚜及飞虱短翅型数量上升时，则预示着种群数量即将增加；反之，则预示着种群数量下降。又如华北地区的棉蚜，当有翅成蚜和若蚜占总数的 38%～40%（肉眼观察为 30% 左右）时，7～10 d 后，蚜群即将扩散迁飞。再如江苏太仓市病虫测报站总结出 9 月上中旬褐飞虱

第 3 代成虫盛发期，如果短翅型占 60% 以上，每百穴有虫 10 头以上，则第 4 代将有可能大发生。

害虫体质量等的变化亦可作为指标来预测发生量。一般情况下，害虫的体质量能反映其对环境的适应力。如果种群由体质量大的个体组成，由于体质量大的个体组成的种群，特别是越冬虫态，往往表现出强的繁殖力和存活率，未来就可能发生重。

害虫发生量预测方法很多，上述方法比较简单，适合基层使用，但预测精度较低。还有些方法，例如相关回归预测、种数系统模型等方法则较复杂，需在经验预测和实验预测资料的基础上，用计算机进行大量计算，准确性也相对高一些。

1.4 害虫预测预报的发展与展望

目前，在害虫调查和预测预报的手段上采用了许多新技术。例如利用红外夜视器，可方便地观察夜出性害虫的行为及迁飞习性等；地球卫星遥感探测农作物害虫发生的面积、种类和密度等，例如联合国粮食与农业组织的非洲大陆环境变化实时监测系统（ARTEMIS）、坦桑尼亚农业部的黏虫灾变预警系统等；用昆虫雷达监测迁飞性昆虫的迁飞动态，例如澳大利亚国防学院（Australian Defense Force Academy，ADFA）两部昆虫监测雷达（insect monitoring radar，IMR），用于监测澳洲棉铃虫和澳大利亚疫蝗；利用计算机网络技术快速、准确地传递、交换预测预报数据和发布虫情预报信息等，这些技术在害虫灾变预警和指导害虫防治中发挥了重要作用。

害虫的预报方法则大致经历了经验预测、实验预测、统计预测和信息预测 4 个发展阶段。本章前面介绍的预测方法均属于经验预测和实验预测。统计预测兴起于 20 世纪 80 年代，主要基于概率和多因子线性相关原理，在经验预测和实验预测资料的基础上，利用数学手段（例如回归分析、逐步判别、平稳随机序列、多维时间序列、模糊数学、灰色系统等），进行一定范围内预测因子的筛选和建模。20 世纪 90 年代发展起来的信息预测主要包括管理信息系统、决策支持系统、专家系统、地理信息系统等，随着各门学科的发展和各种相关信息的完善，使信息预测法成为当前国内外研究的热点，其应用前景非常广阔。随着经验预测和实验预测资料的进一步积累，害虫调查和预测预报技术的进一步完善，预测预报的准确性将会越来越高。

思 考 题

1. 常见的昆虫田间分布型有哪几种？与取样方法有何关系？
2. 害虫的预测预报可分为哪几种类型？
3. 害虫发生期预测常用的方法有哪些？你认为哪一种方法预测的准确性较高，为什么？
4. 你如何看待雷达等新技术在害虫预测预报中的应用前景？

第 2 章

害虫综合治理

很早以前，人们就致力于寻找一种理想的防治害虫的方法。19 世纪末，美国从澳大利亚引进澳洲瓢虫防治吹绵蚧获得成功，这引起了人们对生物防治的极大兴趣。此后，许多国家都开展生物防治研究，想以此作为最理想的防治方法。但像澳洲瓢虫那样突出的例子并不很多。到 20 世纪 40 年代，由于化学工业的发展，人工合成了有机杀虫剂。因杀虫剂对害虫防治效果显著、使用方便、价格便宜等因素，一时间化学农药就成为防治害虫的主要手段。但经长期大量使用后，化学农药产生的副作用越来越明显，例如化学农药引起人畜中毒、污染环境造成公害、害虫产生抗药性，以及化学农药大量杀伤有益生物，使害虫失去控制，导致害虫的再猖獗和次要害虫上升为主要害虫等多种弊病。人们终于从历史的经验中得出结论：任何依赖单一方法要想解决害虫的防治问题都是不可能的。于是，从 20 世纪 60 年代中期开始在国际上兴起一种新的害虫防治对策，这就是害虫综合治理（integrated pest management，IPM）。

2.1 害虫综合治理的概念

2.1.1 害虫综合治理的发展历程

害虫综合治理是以生态学为基础，针对单一依靠化学防治出现的问题而采取的防治对策，它是在 20 世纪 50 年代初提出的协调防治的基础上逐渐发展起来的。协调防治虽然侧重于各项防治措施的协调应用，已经蕴含着综合治理的朴素因素，但直到 20 世纪 60 年代后才赋予生态学和系统分析的观点。

20 世纪 50—60 年代，学术界在使用有害生物综合防治（integrated pest control，IPC）和害虫综合治理这 2 个术语上，曾有过较长时间的争论。20 世纪 70 年代以后，学术界普遍认为这 2 个术语的内涵相同，是一个等同的概念。目前在绝大多数文献中多以害虫综合治理的形式出现。在这 2 个术语的使用上出现争论并不奇怪，这是因为害虫综合治理本身是一个复杂的系统工程，涉及的对象多，因子及其相互关系错综复杂，其定义很难用简短的概括性语言来表达，各学者所使用的定义一般都含有大量的术语，而这些术语本身通常又是一些概念，对这些学术概念，学者间在认识上又存在一定的差异。

有关害虫综合治理的定义很多，在英文文献中可以找到近 70 种不同的版本，但没有一种是大家所公认的。

1967 年联合国粮食及农业组织（FAO）在罗马召开的"有害生物综合治理"会议上，提出的害虫综合治理定义是"综合治理是对有害生物的一种管理系统，依据有害生物的种群动态及与环境的关系，尽可能协调运用一切适当的技术和方法，使有害生物种群控制在经济损害允许水平之下。"

Rabb（1972）给害虫综合治理下的定义是"明智地选用各种防治方法，以保证获得有益的经济、生态和社会效果。"这个定义虽对策略提得太笼统，但首次简明扼要地提出害虫综合治理所要保证获得的 3 个方面的效益。

我国于 1974 年召开了综合防治学术讨论会，总结了国内外的经验与成就，在此基础上，于 1975 年春在原农林部召开的全国植物保护工作会议上，确定了"预防为主，综合防治"作为植物保护工作的方针，指出："以预防作为贯彻植物保护方针的指导思想，在综合防治中，要以农业防治为基础，因地、因时制宜，合理运用化学防治、生物防治、物理防治等措施，达到经济、安全、有效地控制病虫为害的目的。"

1986 年 11 月中国植物保护学会和中国农业科学院植物保护所在成都联合召开了第二次农作物病虫害综合防治学术讨论会，提出综合防治的含义是："综合防治是对有害生物进行科学管理的体系，它从农业生态系统总体出发，根据有害生物与环境之间的相互联系，充分发挥自然控制因素的作用，因地制宜地协调应用必要的措施，将有害生物控制在经济损害允许水平之下，以获得最佳的经济、生态和社会效益。"近些年，我国的植物保护理念已由"预防为主，综合防治"转向"实现可持续植物保护""绿色植保"。

2.1.2　害虫综合治理的基本要点

尽管大家给害虫综合治理下的定义以及对害虫综合治理的具体内涵的理解上不尽一致，但大家对害虫综合治理所包含的基本思想是公认的。害虫综合治理的基本要点有以下几个。

a. 害虫综合治理的基础哲学是容忍哲学，共存哲学。认为没有必要彻底消灭害虫，只要把害虫控制在经济损害允许水平以下即可。保留一点害虫可以成为害虫天敌的食料，维持生态的多样性和遗传的多样性，以达到利用自然因素调节害虫数量的目的。

b. 在对待化学防治的态度上，害虫综合治理主张节制用药，只有在不得已的情况下才采取化学防治措施。因化学防治同自然防治不协调，有杀死天敌的副作用。

c. 害虫综合治理强调充分发挥自然因素对害虫的调控作用，十分重视作物自身的耐害补偿能力和生物防治。

d. 害虫综合治理认为，害虫只有在为害所造成的经济损失大于防治费用时才有必要采取防治措施，以达到成本低、收益高的目的。

e. 害虫综合治理着重以生态学为原则作为指导害虫防治的策略，强调保护生态环境和维持优良的农田生态系。

2.1.3　害虫综合治理的 3 个基本观点

综上所述，害虫综合治理包含了下述 3 个基本观点。

（1）生态学观点　害虫防治要根据作物-害虫-天敌关系、昆虫之间的关系以及它们与非生物环境因素间的关系，充分发挥自然因素（包括作物自身的耐害、补偿能力，生物防治作用物等）对害虫的控制作用，在保证农业高产增收的同时，有利于建立最优的农业生态系统，促进和培养环境资源。

（2）经济学观点　选择运用防治措施要因地制宜，讲求实效，节省工本，以达到最佳防治效果，取得最大的经济效益。除一些检疫性、需要扑灭的害虫外，对于大多数害虫没有必要也不可能做到彻底消灭，只有在害虫为害造成的损失大于防治费用时才有必要采取防治措施。

(3) 社会学观点 害虫综合治理所采取的措施，在考虑生态效益和经济效益的同时，还要考虑社会效益，强调主张节制使用化学农药，在确保人畜安全的同时，最大限度地减少化学农药对环境的副作用，以达到社会长期持续稳定发展。

根据以上3个基本观点，害虫综合治理并不过分强调预期的防治效果或短期效应，而是比较注重长期的累积效应，在防治技术上也重视各种防治措施的协调运用。

2.2 害虫综合治理的经济学原理

2.2.1 害虫对作物的经济为害和作物受害损失的估计

2.2.1.1 害虫为害与作物受害损失的关系

人们防治农业害虫，是因为这些害虫对农作物造成了经济损害。害虫对农作物的经济为害包括直接的、间接的、即时的和后继的多种，但通常所说的虫害所致的损失，主要是产量的减少和品质的降低。当品质降低不大、可以忽略不计时，通常仅指对产量的影响。

作物的产量构成因素因作物种类而异，害虫对作物的为害程度也因害虫种类和密度而不同。作物经济损失与害虫为害之间，虽然总体上呈正相关，但从害虫为害某种作物的全过程来看，或是从不同作物的受害情况来看，它并不总是呈直线关系。作物产量与害虫种群密度之间可能会出现如图2-1所示的3种情况：a. 产量随害虫密度增加呈直线下降；b. 在较低密度下，作物表现出补偿作用，产量保持稳定，随后产量随害虫密度增加呈曲线下降；c. 在较低密度下，作物表现出超补偿作用，产量较无虫害时反而增加，随后产量随害虫密度增加呈曲线下降。实际上，作物产量与害虫

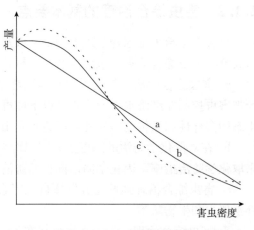

图2-1 作物产量与害虫密度之间的3种关系

为害之间的关系是相当复杂的，在特定的作物-害虫组合中上述3种情况可能会同时出现，如在某种密度下作物的这一生长期表现出a种情况，而在另一生长期又表现出b种或c种情况。因此在估计害虫为害造成的损失时，除少数直接为害作物的收获部分或为害造成作物整株死亡的之外，还应从各方面综合考虑。根据害虫的为害程度、为害方式，运用合理的统计方法，力求得出符合客观实际的结论。

2.2.1.2 作物产量损失的估计方法

常用的产量损失测定方法是，测定健株、受害株的产量，调查被害株的比例，计算损失比例，估计未受害时的单位面积产量，最后求出单位面积实际产量损失。虽然产量损失受作物品种、播种季节、土壤类型、施肥水平、害虫为害时期和强度的影响很大，但通过合理的试验设计和田间试验，还是可以做出比较客观的估计的。常用的产量估计方法包括小区试验

法、田间调查法和模拟害虫为害法。

(1) 小区试验法 通过人为控制害虫发生数量，造成不同的受害程度，最后统计作物受害程度与害虫数量或作物产量与害虫数量等的关系，最后做出产量损失的估计。其害虫发生数量控制的方法包括人工接虫法和药剂控制法。

(2) 田间调查法 在田间虫害发生不普遍的情况下，分别寻找害虫为害程度不同的地段或受害植株和未受害植株，分别进行测产和比较，在测定平均产量的基础上，估算出损失率。

(3) 模拟害虫为害法 根据作物种类、害虫为害特点，进行模拟。例如人工剪叶模拟食叶性害虫的为害，人工摘蕾、人工摘铃模拟棉铃虫对棉花花蕾、铃的为害等。

损失估计通常建立在产量减少的基础上，但有时由于害虫影响，导致产品品质下降、收获期推迟、价格降低等所造成的经济损失比产量减少所造成的更大。

2.2.2 经济损害允许水平和经济阈值

在害虫综合治理中，应用化学农药防治害虫，不仅要预测害虫的发生期、发生量和为害程度，还必须制订出害虫的防治指标，否则就有可能在害虫数量偏高或偏低的时候采取措施，从而造成经济损失或浪费，并导致环境污染等恶果。

2.2.2.1 经济损害允许水平

在商品经济社会中，农业生产的高度商品化促使人们在害虫防治中必须考虑防治成本与经济效益问题。为了解决这个问题，在防治指标的研究中产生了经济损害允许水平的概念。

经济损害允许水平（economic injury level，EIL）概念最早由 Stern 等（1959）定义为"引起经济损失的最低害虫密度"。后来的研究者又从不同的角度表达，例如从经济学观点出发，将此概念描述为"有害生物在那种密度下的防治成本超过了经济阈限时所致的损失"，以后又发展为"有害生物的某个侵害水平，其防治效益刚好超出防治成本。"可见经济损害允许水平具有两种含义：a. 人们可以容忍的作物受害而引起的产、质量损失水平，亦即指作物因虫害造成的损失与防治费用相等时的作物受损程度（经济损失量或损失率）；b. 与经济损失允许水平相对应的害虫密度，即经济损失允许密度。目前这个概念已被人们普遍理解和接受，并作为研究防治指标的理论依据。

2.2.2.2 经济阈值

经济阈值（economic threshold，ET）又称为防治指标，其含义是："采用防治措施阻止害虫种群密度增长，以免达到经济损害允许水平的虫口密度"（Stern 等，1959）。经济阈值和经济损害允许水平相对应，除可用密度表示外，也可用作物受损的程度来表示。因此可将经济阈值定义为"害虫防治适期的虫口密度、为害量或为害率达此标准应采取防治措施，以防止为害损失超过经济损害允许水平"。由以上概念可以推论，经济阈值是较经济损害允许水平低的种群密度或受损程度，这样可以保证所采取的防治措施，在虫口数量尚未达到经济损害允许水平之前就能发挥作用，可避免害虫为害造成损失后再进行防治的被动局面。

由于害虫为害、作物受损和防治费用三者关系的复杂性，经济损害允许水平和经济阈值不只是害虫种群密度（或作物受害程度）的函数，还受其他许多变量的影响，即所谓经济损害允许水平和经济阈值的多维性，且影响经济损害允许水平和经济阈值的变量均是随时间而变化的，因此经济损害允许水平和经济阈值又是动态的。这种动态性既表现在作物受害程度、产量损失、害虫种群密度等方面,还表现在随产品市场价格和防治费用而波动的关系上。

虽然经济阈值的概念早在20世纪50年代末就已被提了出来,60年代就被普遍接受,但对于经济阈值所涉及的参数进行定性和定量的描述直到20世纪70年代才出现。有关经济阈值,至今虽有很多模型,但目前为大众所普遍接受的一般模型为

$$ET = \frac{C_C}{E_C \times Y \times P \times Y(R) \times S_C} \times C_F$$

式中,C_C 为防治费用(元/hm²),包括农药费、人工费和器械折旧费等;E_C 为防治效果(%);Y 为未受害时的单位面积产量(kg/hm²);P 为作物价格(元/kg);$Y(R)$ 为平均每头害虫为害作物造成的减产率;S_C 为害虫的存活率;C_F 为社会-经济因子,也称为临界因子,用于衡量强调的重点是产量还是环境质量,其值通常为1~2。

从上述模型中可以看出,要求出经济阈值(ET),其先决条件是要有害虫密度和作物产量损失关系的信息,即模型中的 $Y(R)$ 值。正如前述,影响 $Y(R)$ 值的因素很多,而其他各项虽然也可不断变化,但都相对地容易获得。防治费用和作物产品价格,甚至防治效果和害虫的存活率可随区域而表现出差异,从而使求得的经济阈值出现差异,这就是经济损害允许水平和经济阈值表现出的地域性。

随着研究的深入,同时考虑作物不同时期特定虫期的动态经济阈值和不同防治方法的多重经济阈值,以及多种害虫或多种虫态的多维经济阈值也在不断地提出。

2.3 害虫综合治理的主要措施

2.3.1 植物检疫

植物检疫是由国家颁布具有强制约束力的植物检疫法规,并建立专门机构进行工作,目的在于禁止或限制危险性病、虫、杂草人为地从国外传入国内,或从国内传到国外,或传入以后限制其在国内传播、并尽力清除,以保障农业生产的安全发展。害虫的分布具有明显的区域性,各地发生的害虫不尽相同,但能扩大其分布范围。某种害虫,在其原产地往往由于天敌制约、植物的抗虫性以及其他长期发展起来的农业防治措施所影响,其发生和为害性常不足以引起人们的重视,但一旦传入新的区域以后,因缺乏上述控制因素有可能生存下来,以至蔓延为害而难以控制。例如蚕豆象,就是在抗日战争期间随日本军队从马料中传入我国的;又如美国白蛾在20世纪80年代传入我国后,在山东、陕西等地成为威胁林业和果树生产的危险性害虫,最近两年在北京、天津等华北地区为害日益严重,直接影响2008年北京的"绿色"奥运会。这种事例在历史上还可以举出很多。因此为了促进农业生产的发展,必须做好植物检疫工作。

植物检疫可分为对外检疫和国内检疫两类。

对外检疫可分为进口检疫和出口检疫两种。其目的是为了防止随植物及其产品输入国内尚未发现或虽有发现但分布不广的植物检疫对象,以保护国内农业生产,并履行国际义务,按输入国的要求,禁止危险性病、虫、杂草自国内输出,以满足对外贸易的需要,维护国际信誉。对外检疫由国家在对外港口、国际机场以及其他国际交通要道设立专门的检疫机构,对进出口及过境物资、运载工具等进行检疫和处理。

国内检疫是防止国内已有的危险性病、虫、杂草从已发生的地区蔓延扩散。国内检疫由各省、直辖市、自治区农业厅（局）内的植物检疫机构会同交通、邮政及有关部门，根据政府公布的国内植物检疫条例和检疫对象，执行检疫，采取措施，使局部地区发生的检疫对象不再扩散，甚至将其消灭在原发地。

植物检疫对象是指可人为地随种子、苗木、农产品和包装物等运输，做远距离传播的且有危险性的病、虫和杂草。确定植物检疫对象首先要了解国内外病、虫、杂草的种类、分布和为害情况，因此调查研究和情报资料的收集是开展植物检疫工作的基础。

植物检疫工作是根据国家或省区颁布的植物检疫法规（令）中明确规定的植物检疫对象、任务和措施，并设置专门的机构来执行。其内容有严格的法规性，故植物检疫又称为法规防治。

植物检疫工作具有相对独立性，但又是整个植物保护体系中不可分割的一个重要组成部分。它能从根本上杜绝危险性病、虫、杂草的来源和传播，也是最能体现贯彻"预防为主，综合防治"植物保护工作方针的，尤其是在当今交通发达、国际贸易往来频繁以及旅游业兴起的时代，植物检疫任务越来越重，植物检疫工作就显得更为重要。

2.3.2 农业防治

农业防治是在有利于农业生产的前提下，通过改变耕作栽培制度、选用抗（耐）虫品种、加强保健栽培管理以及改造自然环境来抑制或减轻害虫的发生。

2.3.2.1 农业防治的理论基础

农田生态系是由栽培植物（寄主）、害虫和环境因素（生物因素和非生物因素）3个最基本的要素组成的。寄主植物是害虫赖以生存和繁殖的物质基础，又是害虫的栖息场所，它在农田生态系中和害虫互为环境条件，同时二者又受到周围共同环境的影响。当环境条件适宜于害虫发生时，就会形成猖獗为害，否则害虫种群的发生就会受到抑制。

农业防治是从农业生态系的总体观念出发，以作物增产为中心，有意识地运用各种栽培技术措施，从而创造出有利于农作物生产和天敌发展而不利于害虫发生的条件，把害虫控制在经济损失允许水平以下。这就是农业防治的理论依据和出发点。

2.3.2.2 农业防治对害虫的防治作用

农业防治采用的各种措施除直接杀灭害虫外，主要是恶化害虫的营养条件和生态环境，调节益虫与害虫的比例达到压低虫源基数、抑制其繁殖率或使其生存率下降的目的。农业防治作用大体可分为以下几种类型。

(1) 直接杀灭害虫 例如利用三化螟以老熟幼虫在稻桩中越冬的薄弱环节，在春季化蛹后羽化前，提早春耕灌水，可淹死虫蛹；利用棉铃虫有趋向幼嫩部位和嫩叶表面产卵的习性，结合棉花整枝、打去顶心和边心，可消灭虫卵和初孵幼虫；在土中化蛹或越冬的害虫，可采取冬耕或中耕压低虫源基数。

(2) 切断食物链 对多化性害虫，如果各代发生期都有适宜的寄主食物，或具备虫源田和桥梁田寄主，则有利于生活史的连续，虫量积累到一定数量后，就会造成严重为害，如其中某个世代缺少寄主或营养条件不适，则发生量就会受到抑制。因此可以通过改革耕作制度或调整作物布局达到控制害虫的作用。例如云南保山、潞江一年四季种棉花，金刚钻在各类棉田猖獗发生，采用种一季棉花的种植制度后，截断了它们的食物链，就迅速扭转了该地金刚钻严重为害的局面。棉花朱砂叶螨从早春杂草寄主上繁殖后侵入棉田为害，因此清除早春寄主杂草成为防治棉花朱砂叶螨的重要措施之一。

(3) 耐害和抗害作用 作物为适应害虫为害而产生耐害性、抗虫性等防御性特性，其机制是多方面的，除了形态结构、物候等因素外，主要是由自身的生理生化特性所决定的。培育和推广抗虫品种发挥自身因素对害虫的调控作用，是最经济有效的防治措施。目前我国在害虫综合治理中，已培育出一批多抗（抗病虫）的品种，在生产上加以利用。可以预计，随着科学技术的发展，利用基因重组技术培育抗虫品种，将会在今后的害虫综合治理中发挥重大的作用。

此外，通过合理密植、加强科学的肥水管理等作物丰产保健措施，也可以增强作物本身的防御机制。

(4) 避害作用 害虫为害与作物生育期也有密切关系。例如三化螟在水稻分蘖期和孕穗至始穗期最易侵入，圆秆拔节期和孕穗期是相对的安全期。在防治实践上，可以通过调节移栽期，使蚁螟孵化盛期与易受害的生育期错开，从而可达到避过螟害、减轻受害的目的。菜心野螟在秋萝卜上喜产卵于3~5片真叶的菜苗上，如能适当调整播种期使3~5片真叶期和菜心野螟成虫产卵期不相遇，则可显著减轻菜心野螟的为害。

(5) 诱集作用 诱集作用是利用害虫对寄主的嗜好程度或对不同生育期和长势的选择性，在作物行间种植诱集作物或设置诱集田，把害虫吸引到小范围内加以集中消灭。

(6) 恶化害虫生境 恶化害虫生境最成功的例子是在东亚飞蝗发生地，通过兴修水利、稳定水位、开垦荒地、扩种水稻等措施，改变了蝗区发生的环境条件，使千年蝗患得到了有效控制。

其他栽培管理措施也可起到恶化害虫生境的作用。例如稻飞虱发生期，结合水稻栽培技术的要求，进行排水搁田，降低田间湿度，在一定程度上可减少发生量。

(7) 创造天敌繁衍的生态条件 诸如作物的合理布局、按比例或条带种植、棉麦套种、棉田种植油菜等，造成作物和害虫的多样性，可起到以害（虫）繁益（虫），以益控害的作用。这些都是行之有效的保护和利用天敌的重要措施。

综上所述，农业防治对害虫的防治作用是十分明显的。农业生产过程中所采取的各项耕作栽培管理措施，只要因虫、因作物、因条件制宜，都有可能用来防治某些种类的害虫，但农业防治必须服从作物增产的要求，与各种农事活动协调配合，并根据具体情况采取相应对策。

2.3.2.3 农业防治的评价

农业防治是综合治理的基础，是贯彻预防为主的主动措施，其优点是可以把害虫消灭在农田以外或为害之前。由于结合作物丰产栽培技术，不需增加防治害虫的劳力和成本，农业防治可充分利用害虫生活史中的薄弱环节（例如越冬期、不活动期）采取措施，收益显著。例如选用抗虫品种、改变耕作制度和改造生态环境等，对某些害虫可起到彻底地控制作用，这是其他防治办法难以做到的。农业防治有利于天敌生存，无污染环境的弊病，符合生态防治的要求。

但是农业防治同其他防治措施一样，也不是万能的，也有一定的局限性。因害虫种类不同，贯彻某项措施，对某种害虫有效，但往往又会引起另一些害虫的回升，例如推广中抗褐飞虱的品种"汕优6号"等会引起白背飞虱种群的发展；所用措施有明显的地域性；作为应急措施，在害虫暴发时往往显得无能为力。

2.3.3 生物防治

狭义的生物防治是指利用天敌昆虫防治害虫。随着科学技术的发展，人们认识的进步，其内涵不断扩大。当今普遍接受的广义生物防治概念是指利用某些生物或生物代谢产物来控制害虫种群数量，以达到压低或消灭害虫的目的。生物防治的特点是对人畜安全，对环境污染极少，有时对某些害虫可以达到长期抑制的作用，而且天敌资源丰富，使用成本较低，便于利用。但生物防治也有其缺点。例如杀虫作用缓慢，不如化学杀虫剂速效；多数天敌对害虫的寄生或捕食有选择性，范围较窄；多种害虫同时并发时利用一种天敌难以奏效；天敌的人工繁殖技术难度较高，能用于大量释放的天敌昆虫种类不多，而且其防治效果常受地域条件、气候条件的影响。但生物防治是一项很有发展前途的防治措施，是害虫综合治理的重要组成部分。

生物防治主要包括以虫治虫、以菌治虫，以及其他有益生物、昆虫激素等利用几个方面。

2.3.3.1 天敌昆虫的利用

以其他昆虫作为食料的昆虫称为天敌昆虫，也称为食虫昆虫。

(1) 天敌昆虫的类别 天敌昆虫可分为捕食性和寄生性两大类。

①捕食性天敌昆虫 捕食性天敌昆虫分属于18目近200科，其中用于生物防治效果较好且常见的种类有瓢虫、草蛉、食蚜蝇、食虫虻、蚂蚁、食虫蝽、胡蜂、步甲等。捕食性天敌昆虫一生一般要捕食很多昆虫，体型一般较其猎物大，捕获后即咬食虫体或刺吸其体液。捕食性天敌昆的成虫和幼虫均营自由生活，其猎物通常也相同。

②寄生性天敌昆虫 寄生性天敌昆虫分属于5目近90科，大多数种类属膜翅目和双翅目，前者称寄生蜂，后者称寄生蝇。寄生性天敌昆虫一般一生仅寄生于1个对象，其虫体较寄主体小，以幼虫期寄生于寄主体内或体外，最后寄主随天敌幼虫的发育而死亡，寄生天敌昆虫的成虫营自由生活。我国目前利用寄生性天敌昆虫最成功的事例是利用赤眼蜂防治多种鳞翅目害虫。

(2) 利用天敌昆虫防治害虫的主要途径

①自然天敌昆虫的保护利用 自然界天敌昆虫的种类和数量很多，但它们常受到不良环境条件（例如气候、生物）及人为因素的影响，因而不能充分发挥对害虫的控制作用。因此必须通过改善或创造有利于自然天敌昆虫发生的环境条件，促进其繁殖发展。保护利用天敌的基本措施有：a. 采取一些安全保护措施，例如草束诱集、引进室内蛰伏等，保证天敌安全越冬，则可以增多早春天敌数量；b. 必要时补充寄主，使其及时寄生繁殖，这具有保护和增殖两方面的意义；c. 注意处理害虫的方法，因为在获得的害虫体内通常有寄生性天敌昆虫，因此应该妥善处理，例如采用卵寄生蜂保护器、蛹寄生昆虫保护笼或其他形式的保护器来保护天敌昆虫；d. 合理用药，避免农药杀伤天敌昆虫。

②大量繁殖和饲养释放天敌昆虫 用人工方法在室内大量繁殖饲养天敌昆虫，然后在需要时释放到田间或仓库中去，以补充自然界天敌昆虫数量的不足，促使害虫在尚未大量发生为害之前就受到天敌昆虫的抑制。尤其是从国外或外地引进的天敌更需先进行人工繁殖，以扩大数量，再行释放。天敌昆虫的大量繁殖与饲养释放，最重要的是要使天敌昆虫能在当地建立种群，这样才能达到持续控制害虫的效果。天敌昆虫饲养繁殖释放的方法，因种类而

异。其基本环节是：寄主或饲料的选择及大量准备；天敌昆虫的大量繁殖；必要时冷藏以积累数量；适时释放。释放包括淹没式释放和接种性释放。淹没式释放通过向作物上释放大量的捕食性、寄生性天敌或病原微生物来达到控制害虫的目的。其特点是主要依靠释放天敌的当代来控制害虫，见效快，作用期短，一般适用于病原微生物和易大量饲养的天敌昆虫。接种性释放通过向作物上释放少量的捕食性、寄生性或病原微生物，以建立一个永久的种群，从而达到长期控制害虫的目的。其特点是依靠释放天敌的后代来控制害虫，较适用于室内大量饲养成本高、难度大的天敌昆虫。国内在这方面已有很多成功事例，例如利用饲养释放赤眼蜂防治玉米螟、松毛虫、甘蔗螟虫等，利用红铃虫金小蜂防治越冬红铃虫幼虫；利用平腹小蜂防治荔枝蝽等，利用胡瓜新小绥螨防治柑橘红蜘蛛等。目前国际上有130余种天敌昆虫已经商品化生产，其中主要种类为赤眼蜂、丽蚜小蜂、草蛉、瓢虫、小花蝽、捕食螨等。这些天敌在害虫的综合治理中发挥了重要作用。

③移殖和引进外地天敌昆虫 从国外引进或从外地移殖有效天敌昆虫来防治本地害虫，这在生物防治历史中是一种经典的方法。早在19世纪80年代，美国从澳大利亚引进澳洲瓢虫控制了美国柑橘产区的吹绵蚧。我国20世纪40年代从浙江永嘉移殖大红瓢虫到湖北，并再度移殖到四川，取得了防治吹绵蚧的良好效果。又如我国于20世纪50年代自苏联引进日光蜂与胶东地区日光蜂杂交，提高了生活力和适应性，从而控制了烟台等地苹果绵蚜的为害。移殖引进外地天敌昆虫防治本地害虫的成功事例虽然不少，但其成功率并不太大，一般在20%左右。因此要做好这方面的工作，必须首先做好天敌的调查研究。

2.3.3.2 病原微生物的利用

利用昆虫病原微生物或其代谢产物来防治害虫称为微生物防治，或称为以菌治虫。近代微生物的研究发展很快，微生物产品已普遍采用工厂化生产。以菌治虫的方法简便，效果一般较好，已引起国内外广泛重视和利用。

昆虫病原微生物的种类很多，主要包括细菌、真菌和病毒3大类。此外还包括少数的原生动物、立克次体、线虫等。

(1) 昆虫病原细菌的利用 昆虫病原细菌种类很多，生产上应用最多的是芽孢杆菌属的种类。它能产生毒素，经昆虫吞食后通过消化道侵入体腔而引起病害。被细菌感染的昆虫死后体躯软化，变色，失去原形，内腔液化，带黏滞性，具有臭味。最常用的是苏云金芽孢杆菌（Bt），其制剂有乳剂和粉剂两种，用于防治棉花、蔬菜、果树等作物上的多种鳞翅目害虫。

现代分子生物学技术的发展，为细菌杀虫剂的应用增添了活力。目前国内已成功地将苏云金芽孢杆菌的杀虫基因转入多种植物体内，构建了具有杀虫活性的工程作物，例如转基因的抗虫棉、抗虫稻、抗虫玉米等，已在生产上得到了推广应用。

(2) 昆虫病原真菌的利用 全世界已知虫生真菌达800余种，我国已报道的有150种左右。真菌通过昆虫体壁侵入虫体，大量增殖，并以菌丝穿出体壁，产生孢子。死虫虫体僵硬，呈白色、绿色或黄色。昆虫真菌病在温暖高湿条件下易于流行。

我国生产和使用的真菌杀虫剂有蚜霉菌、白僵菌、绿僵菌等。目前应用最多的是白僵菌，加工剂型有油剂、乳剂、颗粒剂、可湿性粉剂、黏胶制剂等，广泛用于防治松毛虫、玉米螟、食心虫、豆荚螟、蛴螬等。

(3) 昆虫病毒的利用 昆虫病毒有核型多角体病毒、质型多角体病毒、颗粒体病毒等。已发现 1690 余种昆虫病毒。昆虫通过取食带有病毒的食物，接触病虫体或其排泄物而感染。感染病毒的昆虫表现为食欲减退、行动迟缓、腹足紧抓植株枝梢、身体下垂而死。病虫体色变浅或呈蓝色，皮肤脆弱易破裂，但无臭味。

自 1973 年美国的美洲棉铃虫核型多角体病毒杀虫剂（Elcar）问世以来，目前至少有 10 个商品病毒杀虫剂已登记注册。在我国有 20 多种昆虫病毒杀虫剂已进入大田试验和生产示范，其中应用面积较大的有棉铃虫核多角体病毒、油桐尺蠖核多角体病毒、茶毛虫核多角体病毒、斜纹夜蛾核多角体病毒、菜粉蝶颗粒体病毒、小菜蛾颗粒体病毒等。目前病毒杀虫剂的剂型有可湿性粉剂、乳剂、乳悬剂、水悬剂等。

(4) 杀虫素的应用 某些放线菌产生的代谢产物对昆虫和螨类有毒杀作用。这类抗生素称为杀虫素或杀虫抗生素。常见的杀虫素有阿维菌素、杀蚜素、浏阳霉素、多杀菌素等。生产上，阿维菌素可用于防治多种害螨和昆虫，多杀菌素则是目前防治抗性小菜蛾、甜菜夜蛾等最有效的替代品种。

其他害虫病原微生物的利用，还有利用昆虫微孢子虫防治蝗虫，利用 DD-136 线虫防治玉米螟和行道树蛀干天牛幼虫等。

2.3.3.3 其他有益动物的利用

其他有益动物包括鸟类、两栖类及蜘蛛和捕食螨等。鸟类是多种农林害虫和害鼠的捕食者，啄木鸟、灰喜鹊等能捕食果树和林木的多种害虫。家养雏鸭是捕食稻田飞虱和叶蝉的能手，鸡可捕食大量棉花晒花时掉落在地面的红铃虫幼虫。保护益鸟要采取人工挂巢招引，禁止捕猎。两栖类中的蛙类和蟾蜍是田间鳞翅目害虫、象甲、蝼蛄、蛴螬等害虫的捕食者，自古以来就受到人们的保护。农田蜘蛛有百余种，田间密度可高达每公顷 150 万头，分布广泛，对稻田飞虱、叶蝉及棉蚜、棉铃虫的捕食作用很明显。近年来各地都注意捕食螨的保护利用。以螨治螨是目前果树和棉田害螨防治的重要措施。对于其他有益生物，目前还是以保护利用为主，使其在农业生态系中充分发挥其治虫作用。

2.3.4 物理机械防治

应用各种物理因子（例如光、电、色、温湿度等）及机械设备来防治害虫的方法，称为物理机械防治法。其内容包括简单的人工捕捉和尖端的科学技术，例如应用红外线、超声波、高频电流、高压放电、原子能辐射等。

物理机械防治的特点是其中一些方法具有特殊的作用（红外线、高频电流），能杀死隐蔽为害的害虫；原子能辐射能消灭一定范围内害虫的种群；多数没有化学防治所产生的副作用。但是物理机械防治需要花费较多的劳力或巨大的费用，有些方法对天敌也有影响。

2.3.4.1 人工器械捕杀

可根据害虫的生活习性，使用一些比较简单的器械捕杀。例如用拍板和稻束捕杀稻弄蝶，用粘虫兜捕杀黏虫，用铁丝钩捕杀树干中的天牛幼虫等。

2.3.4.2 诱集和诱杀

可利用害虫的趋性或其他习性进行诱集，然后加以处理，也可以在诱捕器内加入洗衣粉或杀虫剂及设置其他装置（如高压诱虫灯）直接杀死害虫。

(1) 灯光诱杀 可利用害虫的趋光性进行诱杀。广泛应用于害虫诱集或诱杀的光源是

20 W黑光灯，波长为365 nm。黑光灯可与性诱剂结合或在灯旁加高压电网，或与20 W日光灯并联，能提高诱杀效果。新近研发成功的频振式杀虫灯等，对害虫诱集效果比黑光灯好。

(2) 潜所诱集 可利用害虫的潜伏习性，造成各种适合场所引诱害虫来潜伏，然后及时消灭。如树干束草或包扎麻布诱集梨星毛虫、梨小食心虫、苹果蠹蛾等越冬幼虫。

(3) 黄板诱杀 利用蚜虫、白粉虱、美洲斑潜蝇等的趋黄习性，可设置黄色粘虫板进行诱杀。

2.3.4.3 阻隔法

可根据害虫的生活习性，设计各种障碍物，防止害虫为害或阻止其蔓延。例如对果树的果实进行套袋，可以防止蛀果害虫产卵为害；在树干上涂胶或刷白，可以防治树木害虫；在粮仓内粮囤表面覆盖草木灰、糠壳、惰性粉等，可阻止仓储害虫侵入为害等；利用网纱覆盖防止蚜虫为害菜苗，既有减轻蚜害的效果又有预防病毒病发生的作用；在十字花科蔬菜的苗床四周和上方挂银色薄膜带，具有避蚜防病的效果。

2.3.4.4 利用温度和湿度杀虫

利用高温低湿或低温冷冻杀死害虫的方法，多用于防治储粮害虫。例如粮食烘干、夏季暴晒，几乎对所有的储粮害虫都有杀死作用。用开水浸泡蚕豆种30 s或豌豆种25 s可以直接杀死其中的蚕豆象或豌豆象。用双层草席包围密闭储藏的豆粒，可利用囤内缺氧条件杀死豌豆象。在北方冬季可打开粮仓门窗或将粮食搬置仓外，利用外界低温杀死仓储害虫。还可利用红外线产生的高热来防治仓库害虫等。

2.3.4.5 利用高频电流、放射能、激光等防治害虫

利用高频电流在物质内部产生的高温，可以消灭隐蔽为害的害虫，例如防治储粮害虫、木材害虫等。应用放射热防治害虫有两个方面作用：a. 直接杀死害虫；b. 应用放射能对昆虫生殖腺的生理效应，造成雄性不育，然后把不育雄虫释放到田间，使其与自然界雌虫交配，造成大量不能孵化的卵，以压低虫口密度。通过若干代连续处理，就能将害虫的虫口密度压到相当低的程度。美国在利用放射不育法对防治羊皮螺旋蝇和棉红铃虫方面，已经在小范围内获得成功。利用激光防治害虫是新近发展起来的。据国外报道，用波长为450～500 nm的激光可杀死螨类和蚊虫。加拿大用一台大光斑激光器或10～20台小光斑激光器排成一排，照射一块大田，可以杀死田间所有害虫。根据害虫表皮色素选择适当的激光波长，可以选择性地杀死害虫和避免对天敌的杀伤，如配合使用鼓风机，使害虫暴露出来，还可提高杀虫效果。

近年来，国外也有人应用红外线烘烤防治竹蠹等钻蛀害虫。远红外线是一种电磁波，应用的波长为3～1 000 μm，其中数十微米波长范围内的电磁波又称为热红外线，当远红外线作用处理材料和害虫时，被作用物质内部分子发生强烈电磁共振，释放出热能，当温度达到害虫的致死高温时，虫体即因大量失水，蛋白质和酶受到破坏而死亡。

2.3.5 化学防治

化学防治就是利用化学农药杀虫剂来杀灭害虫。其优点是杀虫谱广，作用快，效果好，使用方便，不受地区和季节性局限，适于大面积机械化防治。在目前及今后相当长的一段时间内，化学防治仍然是害虫综合治理的一个重要手段。但化学防治也存在缺点，如保管使用

不慎，会引起人畜中毒、污染环境和造成公害；长期大量使用农药还会引起害虫的抗药性，并杀伤天敌，还会导致次要害虫上升为主要害虫和某些害虫的再猖獗。因此要注意合理用药、节制用药，研制高效、低毒、低残留并具有选择性的农药。同时要考虑改进农药剂型和使用技术，以便尽可能减少其不良影响。

2.3.5.1 农药的基本知识

农药是指用于防治农林作物及其产品等免受有害生物为害，具有直接杀灭作用的化学药剂。按防治对象，农药可分为杀虫剂、杀螨剂、杀菌剂、除草剂、杀线虫剂、杀鼠剂等。杀虫剂是农药中的一大类，按其化学结构可分为无机杀虫剂和有机杀虫剂。有机杀虫剂按其来源又可分成天然有机杀虫剂、植物性杀虫剂和人工合成杀虫剂。本教材主要涉及杀虫剂和杀螨剂。

(1) 杀虫剂的杀虫作用 根据杀虫剂进入害虫体内的途径可分为胃毒剂、触杀剂、内吸剂及熏蒸剂 4 大类。

①胃毒剂 胃毒剂是害虫吃了以后中毒死亡的药剂，适用于防治咀嚼式口器害虫。这种药剂喷在植物表面或拌在饵料上，随害虫取食进入消化道，被中肠吸收进入体腔，经血液循环至全身，引起中毒。

②触杀剂 触杀剂是与虫体接触后，使害虫中毒致死的药剂。这类药剂必须喷在虫体上或在植物表面，药剂接触虫体后，通过其表皮进入体内，引起中毒死亡。

③内吸剂 内吸剂是指药剂能被植物吸收，并传导至植物体内各部位，害虫吞食或刺吸有毒植物汁液后中毒死亡。内吸剂适于防治刺吸式口器害虫。

④熏蒸剂 熏蒸剂以气体状态通过害虫呼吸系统进入虫体，使其中毒死亡。

实际上，药剂的杀虫作用并不一定是单一的。例如乐果就具有内吸、触杀和胃毒作用，敌敌畏具有熏蒸和触杀作用，敌百虫具有胃毒和触杀作用。而驱避剂、拒食剂、不育剂、引诱剂等又是通过其他作用方式减轻虫害或消灭害虫的。

(2) 农药的加工剂型 工厂制造出来未经加工的农药原粉或原油称为原药。由于大多数原药不能直接溶于水，在单位面积上使用量又很少，所以原药必须加入一定量的助剂（例如填充剂、湿润剂、溶剂、乳化剂等），加工成含有一定有效成分，一定规格的剂型。常用的剂型有下列几种。

①粉剂 粉剂（DP）由工业原粉与填充剂（如高岭土、瓷土、陶土等惰性粉）按一定比例混合，经机械磨碎而成。其细度要求 95% 能通过 200 号筛目。例如 2.5% 敌百虫粉含敌百虫原粉 2.5 份，惰性粉 97.5 份。粉剂适用于喷粉、拌种、撒毒土、土壤处理等。

②可湿性粉剂 可湿性粉剂（WP）是工业原粉与填充剂及少量湿润剂按一定比例混合，经机械磨碎而成。细度要求 99.5% 能通过 200 号筛目（孔径为 75 μm）。可湿性粉剂能均匀而稳定地悬浮在水中，使喷洒的药液湿润展布于植物和虫体表面。例如 10% 灭多威可湿性粉剂、10% 吡虫啉可湿性粉剂，可用于喷雾、泼浇、拌种、撒毒土等。

③乳油 乳油（EC）是工业原油与乳化剂按一定比例溶解在有机溶剂中（如苯、二甲苯等）。乳油是透明溶液，加水稀释后成为均匀一致、稳定的乳状液。乳化剂是表面活性物质，其作用是使溶解了原油的溶剂呈极小的油滴均匀分布在水中，喷洒在植物和虫体上，具有极好的湿润展布和黏着性能。例如 4.5% 高效氯氰菊酯乳油、25% 毒死蜱乳油、40% 乐果乳油等，适用于喷雾、泼浇、涂茎、拌种、撒毒土等。

④颗粒剂 颗粒剂（GR）是用煤渣、土粒、砖粒等细颗粒作为载体，吸附一定量的药剂所制成，例如3%辛硫磷颗粒剂、5%氯氰菊酯颗粒剂等。颗粒剂的直径一般为250～600 μm，适用于灌玉米心叶防治玉米螟、拌种、秧田施药及土壤处理等。

⑤悬浮剂 悬浮剂（SC）为固体原药经砂磨机湿法研磨，使其成为直径为0.5～5.0 μm的微粒，再与水及一系列助剂（例如湿润剂、分散助悬剂、增稠剂、消泡剂、防冻剂等）混合，使混合物能均匀地分散在水中形成稳定的分散体系，例如20%毒死蜱微胶囊悬浮剂、20%米螨（虫酰肼）悬浮剂、10%高效氯氟菊酯微囊悬浮剂。悬浮剂的使用方法同乳油。

⑥水分散性粒剂 水分散性粒剂（WG）是将农药原药、分散剂、湿润剂、崩解剂、消泡剂、黏结剂、防结块剂等助剂以及少量填料，通过湿法或干法粉碎，使之微细化后，再通过喷雾干燥、造粒制成。水分散性粒剂是在可湿性粉剂和悬浮剂基础上发展起来的，克服了二者的缺陷，是目前发展势头较快的剂型之一。例如25%阿克泰水分散性粒剂、3%印楝素水分散性粒剂，适用于喷雾。

⑦水剂 能直接溶于水的原药都能制成水剂（AS），在加工时常加入少量黏着剂或使用前加入少量中性皂，以提高湿润展布性能和黏着力。常用的有25%杀虫双水剂、0.36%苦参碱水剂等，适用于喷雾、泼浇、撒毒土等。

目前生产上使用的其他剂型还有丸剂（PS）、拌种剂（DS）、可溶性液剂（SL）、缓释剂等。

2.3.5.2 常用杀虫剂类型

杀虫剂的使用已有两个世纪的历史，但在20世纪40年代前，用的药品大多数是无机物（例如巴黎绿、砷酸铅、砷酸钙等）和天然植物杀虫剂（除虫菊、鱼藤、烟草等）。其中只有除虫菊素和烟碱是神经毒剂，其余大多数是呼吸毒剂。自1939年人工合成滴滴涕（DDT）并发现可以防治害虫后，杀虫剂进入到有机合成农药的新时代，人们称之为第2代农药。它的特点是杀虫范围广，效果好，生产、运输、储藏和使用方便，因此大受欢迎。有机合成杀虫剂包括有机氯、有机磷、氨基甲酸酯、沙蚕毒素类、拟除虫菊酯、灭幼脲类、杂环类等。以后又发展出昆虫生长、行为调节剂类农药，例如保幼激素类似物、抗蜕皮激素和性外激素（有人称为第3代农药）及早熟素等。

(1) 有机氯杀虫剂 这是一类化学分子结构中含有氯原子的有机化合物，其中，六六六和滴滴涕是我国20世纪80年代前用来防治农作物害虫的主要品种。这类药剂大多性质稳定，脂溶性强，水溶性差，易被土壤吸附，不易分解，用于防治害虫杀虫谱广，但对蚜虫和螨类防效差，对害虫表现有强烈的触杀和胃毒作用，药效长，对人畜急性毒性较低。但生物降解代谢很慢，可通过生物富集和食物链在生物体内累积，其中不少品种还有致癌、致畸和致突变的作用。因此此类农药（例如六六六、滴滴涕、七氯、氯丹、毒杀酚等）都已明令禁止生产使用，只有硫丹、三氯杀螨醇等少数品种仍在使用，但我国不允许在茶树上使用三氯杀螨醇。

(2) 有机磷杀虫剂 这是1945年以后发展起来的一类含磷酸酯结构的有机杀虫剂，也具有杀螨作用。目前全世界有机磷杀虫剂的品种有100余种，我国生产的有30多种。这类杀虫剂化学性质不稳定，易水解，易氧化；对害虫广谱、高效，作用方式多样，例如触杀、胃毒、熏蒸、内吸等；化学结构变化复杂，品种多，适用范围广；毒性差异大，例如辛硫磷、敌百虫毒性很低,而对硫磷、甲拌磷为剧毒品种。但总的来说,有机磷杀虫剂毒性偏高。与有机氯,特别是与拟除虫菊酯类杀虫剂相比,害虫对有机磷杀虫剂的抗性发展较缓慢。有机磷杀虫剂大多数品种无选择毒性,对天敌杀伤力强。

目前有机磷杀虫剂主要品种有90%敌百虫晶体、80%敌敌畏乳油、45%马拉硫磷乳油、40%乐果乳油、50%辛硫磷乳油、75%乙酰甲胺磷可溶性粉剂、40%毒死蜱乳油、40%甲基异柳磷乳油、20%三唑磷乳油等。我国不允许在蔬菜、果树、茶叶、中草药上使用甲胺磷、甲基对硫磷、对硫磷、久效磷、甲拌磷、磷胺、甲基异柳磷、内吸磷等19种高毒农药(中华人民共和国农业部公告199号,2002年)。

(3) 氨基甲酸酯类杀虫剂 氨基甲酸酯是在甲酸酯类化合物中碳原子所连接的氢原子被氨基取代的化合物。这类杀虫剂大多数品种对温血动物和鱼类低毒,在自然界易分解,不留残毒,不易污染环境,但少数品种为剧毒,例如克百威(呋喃丹)、涕灭威等在我国不允许在蔬菜、果树、茶叶和中草药上使用;大多数品种作用迅速,持效期短,选择性强,杀虫作用以触杀为主。但也有兼具多种作用的品种,对叶蝉、飞虱、蓟马等防治效果好,而对螨类及介壳虫无效,一般对天敌较安全。不同结构类型的品种,其生物活性和防治对象差异很大。例如含萘环的甲萘威杀虫谱广,含苯并呋喃的克百威杀虫谱更广,还能杀线虫,而且具有强内吸性,但含杂环的抗蚜威却只能防治蚜虫。

目前常用氨基甲酸酯类杀虫剂品种有25%甲萘威(西维因)可湿性粉剂、50%抗蚜威可湿性粉剂、3%克百威颗粒剂、20%丁硫克百威乳油、75%硫双灭多威(拉维因)可湿性粉剂、20%灭多威(万灵)乳油、90%灭多威可湿性粉剂等。

(4) 沙蚕毒素类杀虫剂 这是一类以沙蚕毒素为先导化合物开发的仿生杀虫剂。这类杀虫剂对害虫具有触杀、胃毒及内吸作用,广泛用于粮食、蔬菜、果树、茶叶等作物害虫的防治。其杀虫谱广,对人畜及鱼类等水生动物毒性低,但对蜜蜂、家蚕毒性大,作用机制独特,未发现与其他类型杀虫剂产生交互抗性,在动植物体内及环境中易降解,对环境较安全。

目前常用沙蚕毒素类杀虫剂品种有25%杀虫双水剂、90%杀虫单可溶性粉剂、95%巴丹可溶性粉剂等。

(5) 拟除虫菊酯类杀虫剂 这是一类以天然除虫菊素为先导化合物开发成功的人工合成杀虫剂。这类杀虫剂的特点是广谱,对绝大多数农林害虫、卫生害虫都有良好防治效果,对鳞翅目幼虫和蚜虫的效果尤为突出,但连续使用也易导致害虫产生抗性,故需与其他农药轮换使用;高效,田间用量很低;作用迅速,击倒快;对哺乳动物低毒,因而使用安全,但对蜜蜂、鱼类及天敌昆虫毒性大,施药时应远离桑园、河流和养蜂场,也不能在稻田使用;具强烈的触杀和胃毒作用,无内吸作用,使用时以叶面喷洒为主,很少用于土壤处理或种子处理。我国不允许在茶树上使用氰戊菊酯。

生产上常用拟除虫菊酯类杀虫剂品种有5%和10%氯氰菊酯乳油、20%氰戊菊酯乳油、2.5%溴氰菊酯乳油、20%甲氰菊酯乳油、5%氟氯氰菊酯乳油、2.5%和10%联苯菊酯乳油等。后面3个品种还具有良好的杀螨活性。

(6) 灭幼脲类杀虫剂 这是20世纪70年代发展起来的一类取代苯基甲酰基脲类化合物。其原药多为晶体,难溶于水,可溶于极性溶剂。灭幼脲类杀虫剂选择性强,对人畜低毒,对眼睛和皮肤有一定的刺激作用,药效迟缓,处理成虫时,具有抑制产卵和使卵不孵化的作用。其作用机理是抑制昆虫表皮中几丁质的合成，导致昆虫蜕皮时不能形成新表皮，因而害虫的生长和变态受阻，导致死亡或形成畸形虫体。多数灭幼脲类杀虫剂品种对鳞翅目幼虫效果好，触杀作用强的品种可用于防治刺吸式口器害虫（同翅目、半翅目害虫）和螨类。施药要求均匀周到，并在低龄幼虫期施药，严禁在桑园及其附近使用，以免家蚕因取食被农药污染的桑叶而中毒死亡。

灭幼脲类杀虫剂主要药剂品种有25%噻嗪酮可湿性粉剂、5%氟啶脲可分散液、5%氟啶脲乳油、5%定虫隆乳油、5%伏虫脲（农梦特）乳油、25%灭幼脲悬浮剂、10%灭蝇胺乳剂等。

(7) 杂环类杀虫剂 近10多年来，杀虫剂发展中最突出的成就是许多杂环化合物被开发成超高效杀虫剂，其中氮杂环在新型杀虫杀螨剂中占有主要地位。杂环类杀虫剂的特点是化学结构、作用机制新颖，不易与现有杀虫剂产生交互抗性；对害虫高效，对抗性害虫种群也有很好的防治效果；对哺乳动物毒性低或中等，使用安全，对害虫天敌也较安全，有利于害虫综合治理。

目前生产上使用的有含吡啶基团的10%吡虫啉可湿性粉剂和5%啶虫脒乳油、含三唑环的25%唑蚜威乳油、含吡唑环的5%氟虫氰（锐劲特）悬浮剂、含吡咯环的10%除尽（虫螨腈）悬浮剂等。

(8) 熏蒸杀虫剂 熏蒸剂是一类能挥发成气体通过气管系统进入体内毒杀害虫的药剂，主要用于仓库、温室和植物检疫中熏杀害虫。其特点是杀虫作用快，能消灭隐藏的害虫和螨类，但对人畜高毒，要特别注意安全使用。

常用熏蒸杀虫剂品种有22%敌敌畏烟剂、溴甲烷、氯化苦、磷化铝等。

2.3.5.3 杀螨剂

杀螨剂是指专门用来防治螨类的一类选择性的有机化合物。这类药剂化学性质稳定，可与其他杀虫剂混用，药效期长，对人畜、植物和天敌都很安全，但杀螨作用缓慢，螨类对有机氯杀螨剂也会产生抗药性。

常用杀螨剂品种有20%双甲脒乳油、15%哒螨酮（灵）乳油、20%哒螨酮可湿性粉剂、20%三氯杀螨醇乳油、5%噻螨酮（尼索朗）乳油、73%克螨特（炔螨特）乳油、50%溴螨酯乳油、25%单甲脒盐酸盐水剂等。

2.3.5.4 化学农药的合理使用

害虫综合治理从策略上强调发挥自然因素对害虫的调控作用，但不排斥化学防治作为综合治理的一种手段，特别是对于暴发性害虫，化学防治往往是唯一的应急措施。关键是如何合理地使用，以达到安全、有效、协调其与利用天敌的矛盾和延缓害虫抗药性产生的目的。

我国已先后制定了《农药安全使用标准》（GB 4285—1989）和《农药合理使用准则》（GB/T 8321）（该准则至今已包括9个部分）。农药的合理使用，简单地可从下面3个方面加以考虑。

(1) 安全与防治效果 使用农药时，首先必须了解农药的性能、剂型和使用方法，以及防治对象和注意事项。尤其在应用高毒农药时，要严格按照安全防护措施进行操作。使用时注意作物安全间隔期，特别是在果树、蔬菜上使用时更应严格掌握，以免引起公害。同时，还要了解农作物对药剂的反应，防止作物产生药害。

为保证化学防治效果，应根据害虫的种类，选用适当的农药种类，并根据害虫的发生特点和药剂的性能，掌握防治适期，以达到事半功倍的效果。

(2) 保护和利用天敌　害虫和天敌是共居于一个统一体中的一对矛盾的两个方面。它们相互依存，又相互制约，并在一定的条件下相互转化。杀虫剂对害虫和天敌的影响取决于药剂本身及其使用技术。如果杀虫剂对害虫杀伤力大，对天敌的影响较小，则天敌的抑制作用就会明显地表现出来，否则害虫就会失去控制而暴发成灾。解决化学防治与保护利用天敌的矛盾，可以通过以下途径加以调节和缓和。

①选择合适药剂　忌用杀虫谱广的农药，尽量考虑选用对天敌杀伤力小的选择性农药。例如用噻嗪酮（扑虱灵）防治稻飞虱，用昆虫生长调节剂防治黏虫、菜青虫等，用杀螨剂防治农业害螨等。

②改进药剂使用方法　例如用毒土法撒施、内吸剂涂茎、辛硫磷根区施药、药剂点心等代替常规喷雾、喷粉法，可减轻对天敌的影响。但不能随意搬用，要因虫、因药剂种类而异，总的原则是既要保证提高总体防治效果，又要确保减少农药的副作用。此外，还可采取点片防治、抽条防治等方法，以便创造有利于天敌繁殖的生态条件。

③按新的防治指标施药　过去的防治指标多是按经验或按化学防治的要求提出的，因此指标偏严，用药过早，防治面积偏大。新的防治指标是从害虫综合治理的要求出发，经过为害损失率测定，充分利用某些作物的耐害补偿能力而制定的。例如华北棉区棉蚜和第2代棉铃虫的防治指标一般放宽了3倍，长江流域棉区第1代红铃虫可以不治，按新的防治指标，普遍减少了化学防治的面积和次数，既节省了工本，又有利于天敌种群的发展。

其他还可通过使用有效低浓度、考虑保护天敌因素的防治指标和防治适期等途径，尽可能将对天敌的影响降到最低限度。

(3) 防止和延缓害虫产生抗药性　杀虫剂能杀死害虫，害虫对杀虫剂通过自然选择作用和在遗传上产生抗性基因，亦能形成抗药性的品系。为防止和延缓害虫产生抗性，可采取下列对策。

①轮换使用农药　在一地区连年使用单一的杀虫剂，是导致害虫产生抗药性的主要原因。因此必须注意轮换使用农药，特别是轮换使用具有不同杀虫机制的农药，例如用有机磷与氨基甲酸酯类农药交替使用等。拟除虫菊酯类农药是高效杀虫剂，但害虫易产生抗药性，更不能用作当家农药。

②正确掌握农药使用浓度和防治次数　随意提高农药使用浓度和增加防治次数，是加速害虫产生抗药性的另一主要原因，因而要避免为强求高效而盲目用药的现象，做到严格按要求配药，不达防治指标不轻易用药。

③对抗性害虫换用没有交互抗性的农药　例如棉叶螨对有机磷农药产生抗性后，应换用选择性的杀螨剂；对拟除虫菊酯类杀虫剂产生抗性的棉蚜和棉铃虫等，可用灭多威防治等。

④合理混合农药　研究表明，50%增效磷与磷胺、氧化乐果等有机磷农药1∶1混用具有增效作用，以及喷洒复配杀虫剂，可以提高杀虫效果，减少单剂农药用量，也是当前克服和延缓抗药性产生的一条有效途径。

⑤节制用药　克服农药万能思想，实施害虫综合治理。

2.4　害虫综合治理方案制订的原则与展望

害虫综合治理作为一种有害生物的管理体系有一个逐步发展、改进的过程，无论防治对象是一种害虫还是一种作物上的多种害虫。对于后者，要形成一个较完善的综合治理体系，一般要经过以下几个阶段：a. 调查作物地害虫种类，确定主要防治对象以及需要保护利用的重要天敌类群；b. 测定主要防治对象种群密度与为害损失的关系，确定科学的、简便易行的经济阈值（或防治指标）；c. 定量研究主要防治对象和主要天敌的生物学、发生规律、相互作用及其与各种环境因子之间的关系，明确害虫种群数量变动规律，提出控制为害的方法；d. 在进行单项防治方法试验的基础上，提出综合治理的措施组合，力求符合"安全、有效、经济、简便"的原则，先进行试验，再示范验证后予以推广；e. 根据科学研究不断提供的新信息和方法，以及推广过程中所获得的经验，进一步改进和完善治理体系，使害虫综合治理从单一作物上的单种害虫、多种害虫水平，向整个农业生态系统中的多种害虫甚至所有病、虫、草种类的水平发展。

害虫综合治理的概念自 20 世纪 60 年代形成后，其内涵不断得到充实，至今仍有不少讨论。强化生物因子的害虫治理、以生态学为基础的害虫治理、全系统管理、大范围的害虫综合治理系统、全部种群治理、害虫种群生态调控等概念的提出，充分表明各国政府、机构组织和有关学者对害虫综合治理的关注。近 10 年在各国提倡实施的可持续发展战略给害虫综合治理注入了新的活力，而高新技术的发展又为害虫综合治理提供了新的机遇。

1992 年里约热内卢联合国环境与发展大会以来，可持续发展战略已被公认为人类社会发展的正确战略。为适应农业的可持续发展，1995 年 7 月在荷兰海牙召开的第 13 届国际植物保护大会提出"可持续的植物保护造福于全人类"，认为害虫管理必须服从可持续农业生产的需要，与其他农事操作协调配合，强调从保护作物扩展到保护农业生产体系，通过综合优化，建立起一个可持续的害虫管理体系，从而对害虫综合治理提出了更高和更明确的目标。

从害虫综合治理的基本思想可以看出，害虫综合治理实际上是一种害虫可持续控制的战略，它是农业甚至整个社会可持续发展的一个重要组成部分。可持续发展战略为害虫综合治理的研究和实施提供了广阔的天地，而害虫综合治理的成功实施又将促进可持续发展。

高新技术，尤其是分子生物学技术和信息技术的迅速发展和应用，给害虫综合治理的发展提供了许多前所未有的机遇。近 10 多年，转 Bt 基因抗虫植物种类迅速增加，并已从实验室走向田间，得到适度的推广应用。除 Bt 基因外，许多来源于植物的抗虫基因的转入表达研究也取得了实质性进展，这些基因包括蛋白酶抑制基因（例如丝氨酸蛋白酶抑制基因、硫醇蛋白酶抑制基因）、几丁质酶基因等。转 Bt 基因作物毒素表达量也在不断提高。转基因抗虫植物与化学杀虫剂等技术相比，使用简便、高效，只要使用得当，无疑是害虫综合治理中一项理想的技术。基因工程技术应用于新型生物农药的研制也已取得重要进展，通过重组的昆虫杆状病毒和重组的 Bt，使得杀虫谱扩大，杀虫活性增高。

信息技术的迅速发展给害虫综合治理的研究和实施提供了许多新的工具。通过遥感监测、全球定位系统和地理信息系统，可以对遥感信息、地理信息和气象信息进行整合和综合分析，建立迁飞性害虫发生和为害的信息识别模式，揭示害虫种群区域发生的规律。互联网的普及和多媒体技术的发展使害虫综合治理知识和技术的转播、培训更为方便、快速。

实施害虫综合治理是一项涉及政府、商业部门、科研部门、农技推广部门、生产者、消费者、农民等社会方方面面的系统工程，而农民则是防治措施的最终执行者，这就要求害虫综合治理的实施必须强调多部门的配合。随着环境保护和人类安全意识的不断加强，社会各界对害虫综合治理愈加关注，这将极大地推动害虫综合治理的发展和实施。

思 考 题

1. 为什么说害虫综合治理是针对化学防治采取的防治对策？它的基本要点有哪些？
2. 经济损害允许水平和经济阈值各是什么？它们在害虫综合治理中有何重要意义？
3. 总结植物检疫、农业防治、生物防治、物理机械防治和化学防治对害虫的防治作用。这些方法各有何优缺点？
4. 如何协调化学防治与生物防治的矛盾？
5. 安全合理使用化学农药应从哪些方面加以考虑？

第 3 章
地 下 害 虫

　　地下害虫是指活动为害期或主要为害虫态生活在土中的一类害虫。我国已记载的地下害虫约 324 种，隶属于 7 目 38 科，包括蛴螬、蝼蛄、地老虎、金针虫、根蛆、白蚁、蟋蟀、根蜡、根蚜、根粉蚧、拟地甲、根象甲、根叶甲、根天牛、弹尾虫等。其中以前 4 类发生面积最广，为害程度最大，其他类群在局部地区有时也能造成较大的为害。

　　地下害虫发生的特点是：分布遍及全国各地，在农田、林地、果园、草原和高尔夫球场等均有发生，而以长江以北各地发生较严重；多数种类的生活周期和为害期很长，寄主种类复杂，且多在春秋两季为害，主要为害植物的种子、地下部及近地面的根茎部；发生与土壤环境和耕作栽培制度的关系极为密切；化学防治主要采用药剂拌种、土壤处理、毒饵、毒水浇灌等方法。

　　我国地下害虫的发生曾有几度起伏。20 世纪 50 年代，蝼蛄、蛴螬、金针虫和地老虎十分猖獗，其中蝼蛄在华北地区为害极重，常导致毁种重播，后经用六六六为主体的大面积化学防治，虫口密度大为减少。20 世纪 70 年代，蝼蛄为害已基本得到控制，金针虫和地老虎仅在局部地区发生严重，唯蛴螬在很大范围内普遍上升，成为大害。20 世纪 80 年代后，推广使用辛硫磷、甲基异柳磷等取代六六六进行大面积防治后，对控制地下害虫为害起到明显的效果。90 年代以来，随着农业产业结构的调整和水利设施条件的不断改善，农田生态系有了新的变化，地下害虫的发生情况是：蛴螬为害仍居首位；沟金针虫在河南、河北、甘肃、陕西等地为害有加重的趋势，尤其是在陕西关中平原扩大水浇地面积后，喜湿的细胸金针虫逐渐演替为优势种群，成为潜在性的威胁。随着地膜覆盖面积扩大以及设施农业的逐渐推广，使土温增高，蝼蛄和金针虫的活动为害期也提早。韭蛆（韭菜迟眼蕈蚊）（*Bradysia odoriphaga* Yang et Zhang）在北方各地以及四川、湖北、浙江、江苏等地为害韭菜比较严重，造成韭菜减产和农药残留超标。新的地下害虫也时有发生，例如麦沟牙甲（*Helophorus auriculatus* Sharp）在河南鲁山、南召和嵩县的高山河谷两岸以幼虫为害麦苗根部，新黑地珠蚧（*Neomargarades niger* Green）在东部花生产区为害花生根部，这些新发现的或过去报道较少的地下害虫的发生趋势，值得引起进一步重视。

　　目前，地下害虫的防治仍以化学防治占主要地位，但生物防治研究也发展迅速，特别是昆虫病原线虫在地下害虫防治中的应用已取得了很大的进展。地下害虫天敌种类虽多，但我国正在试验中的仅有卵孢白僵菌、乳状芽孢杆菌、线虫等。今后应大力开展地下害虫天敌种类的调查和引进，研究其保护和利用的可能性。同时，还需开发农业防治和其他配套防治技术，以提高综合治理的水平。

3.1 蛴螬

蛴螬是鞘翅目金龟甲总科幼虫的总称，是地下害虫中分布最广、种类最多、为害也最重的一大类群。我国已记载的蛴螬约1800种，其中为害农、林、牧草的蛴螬有110种以上，南北方均有发生，而且一地常有多种混合发生，全国以黄淮海地区发生面积最大。长江中下游各地旱作地区以及河南、山东、河北等地，为害较重的是暗黑鳃金龟（Holotrichia parallela Motschulsky）、铜绿丽金龟（Anomala corpulenta Motschulsky）和华北大黑鳃金龟[H. oblita (Faldermann)]；华南和西南地区发生较普遍的主要有卵圆齿爪鳃金龟（H. ovata Chang）、华南大黑鳃金龟（H. sauteri Moser）、红脚异丽金龟（A. cupripes Hope）、铜绿丽金龟等；内蒙古大针矛草原上优势种包括东方绢金龟（Serica orientalis Motschulsky）、弓斑常丽金龟[Cyriopertha arcuata (Gebler)]以及黑皱鳃金龟[Trematodes tenebrioides (Pallas)]。

蛴螬主要为害麦类、玉米、高粱、薯类、豆类、花生、棉花、蔬菜、甜菜、甘蔗等大田作物，或取食萌发的种子和嫩根，或咬断麦苗根茎，咬断处切口整齐，或直接咬食花生嫩果和马铃薯、甘薯、甜菜的块茎和块根，也为害果树、林木的幼苗以及牧场和草坪的草类根部。蛴螬对农作物的为害，既造成减产，又因产生的虫孔容易引起病菌的侵染和进一步的间接为害。成虫大多食害果树、林木和作物的叶片，也会造成损失。

此外，蛴螬还可为害近年来兴起的草坪业，使得草坪在短时间内出现失绿、萎蔫，甚至大面积斑秃和成片死亡，不仅降低了草坪的观赏价值，还造成严重的经济损失。

3.1.1 暗黑鳃金龟

3.1.1.1 形态特征（图3-1的1~3）

(1) **成虫** 体长17~22 mm，长椭圆形。体多黑褐色，光泽不明显，被黑色或黄褐色绒毛和蓝灰色闪光粉层。前胸背板最宽处位于侧缘中间，前缘具沿并布有成排纤毛；前侧角钝角形，后侧角直角形，后缘无沿。前足胫节外侧具3齿，中齿明显靠近顶齿，内方距相对于中、基齿之间，稍近基齿。鞘翅两侧缘几乎平行，近后部稍膨大。腹部腹板具青蓝色丝绒色泽。

(2) **卵** 长约2.5 mm，宽约2.2 mm，白色稍带黄绿色光泽，孵化前可透见幼虫体节和上颚。

(3) **幼虫** 老熟幼虫体长35~45 mm；头部前顶毛每侧1根，位于冠缝旁；胸腹部乳白色；臀节腹面仅有钩状刚毛，三角形分布；肛门孔三裂。

(4) **蛹** 体长20~25 mm。尾节三角形，二尾角呈锐角岔开。

3.1.1.2 发生规律

(1) **生活史和习性** 暗黑鳃金龟在江苏、安徽、河南、山东、河北等地1年发生1代，多以3龄老熟幼虫越冬，少数以成虫越冬。幼虫在土中越冬深度平均为23.14 cm，越冬成虫入土深度为8~28 cm，平均为16 cm。越冬幼虫至翌年化蛹前一直停留在土室中，一般春季不为害，4月底至5月初始蛹，5月中下旬为化蛹盛期，5月下旬或6月初始见成虫，6月中旬至7月盛发，高峰期为7月中旬，8月下旬后逐渐减少，9月绝迹。成虫产卵盛期在7月上中旬，幼虫7月中下旬盛孵，8月中下旬发育至3龄进入为害盛期，主要为害花生、大豆、甘

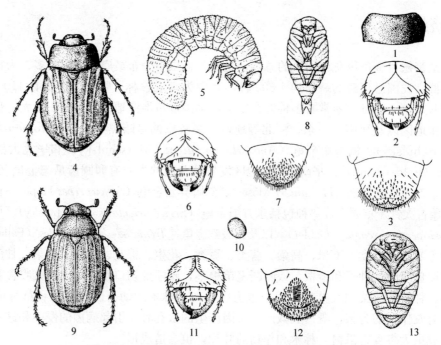

图3-1 暗黑鳃金龟、华北大黑鳃金龟和铜绿丽金龟
1～3. 暗黑鳃金龟（1. 成虫前胸背板 2. 幼虫头部正面 3. 幼虫臀节腹面）
4～8. 华北大黑鳃金龟（4. 成虫 5. 幼虫 6. 幼虫头部正面 7. 幼虫臀节腹面 8. 蛹）
9～13. 铜绿丽金龟（9. 成虫 10. 卵 11. 幼虫头部正面 12. 幼虫臀节腹面 13. 蛹）

薯和秋播麦苗。9月中旬前后，老熟幼虫开始下移越冬。以成虫越冬的，翌年4月下旬以后出土，5月下旬灯下始见。各地虫态历期见表3-1。

表3-1 暗黑鳃金龟各虫态历期（d）

观察地点	卵期	幼虫期			蛹期	成虫期	世代历期
		1龄	2龄	3龄			
河北沧州	—	20.1	19.3	270.0	20	40～60	355.4
山东高密	8～13	17.0	17.0	280.5	20	—	365
江苏赣榆	10.8	18.9	15.8	249.5	17.4	57.1	369.5
安徽合肥	8.6	15.6	17.4	232.2	21.5	60	355.3

成虫羽化后在土中潜伏13～15 d（蛰伏期），待鞘翅硬化后才出土活动。黄昏时出土，有隔日出土习性，趋光性强，成虫在天气闷热和雨后发生较多，食性杂，有假死和群集习性，20:00—21:00时活动最盛，先在灌木和短小的榆、杨树上交配，22:00后群集于高大乔木上彻夜取食，直到黎明，先坠落到树下，稍停片刻后，便展翅飞向覆盖度较大的花生、大豆、甘薯地里入土潜藏。

雌虫交尾后5～7 d产卵，产卵深度为3～17 cm，平均为10 cm。单雌产卵量平均为40粒。成虫喜食榆、杨、槐、柳、桑、梨、苹果等乔木树叶，也偶尔取食玉米和大豆叶。幼虫有自相残杀习性。

(2) 发生与环境条件的关系　暗黑鳃金龟是目前为害严重的地下害虫,在河南、安徽、山东、江苏等地局部地区暴发成灾,其发生量取决于耕作栽培制度、越冬基数、气候和土壤条件以及天敌等因素。

① 耕作栽培制度　随着农村经济结构调整和品种布局的改变,经济作物的种类和面积大幅度增加,复种指数逐年提高,保护地蔬菜、瓜果、大豆、花生种植面积不断扩大,虫源田和媒介田增多,为金龟子成虫和幼虫(蛴螬)提供了充足且适宜的生存场所和食料。例如江苏、河南、安徽的部分花生产区轮作方式为春花生—冬小麦—夏甘薯二年三熟制,长期旱作,寄主适宜,有利于暗黑鳃金龟完成世代发育和虫量积累。近年来大面积推广的免耕、浅耕、地膜覆盖等栽培技术,有利于蛴螬的越冬和发育,导致虫口基数增加,为害逐年加重。

② 土壤条件　土壤温度、湿度、理化性状等与蛴螬活动和发生程度关系密切。凡土层厚、较湿润、有机质含量高的肥沃中性土壤,蛴螬发生普遍;反之,则轻。一般背风向阳地的蛴螬虫量高于迎风背阴地,坡地高于平地。

③ 气候条件　根据河南和安徽的资料,最近几年冬春气候变暖,而且4—5月干旱无雨,有利于蛴螬的越冬和羽化;7—8月雨水较多,有利于蛴螬的发生。据江苏赣榆县20世纪24年气象资料分析,7月成虫产卵和幼虫孵化期的降水量和降水强度对发生量影响很大。7月15—25日降水量少于100 mm,土壤水分适宜,蛴螬发生严重;降水量超过100 mm,土壤含水量高,幼虫死亡率高,则发生为害就轻。因此可将7月降水量作为暗黑鳃金龟幼虫发生程度预报的参考。

④ 生态环境　林果类种植面积扩大,为成虫栖息和补充营养提供了条件,有利于暗黑鳃金龟的发生。近10年来,随着退耕还林政策实施及城市绿化建设,耕地内种植杨树等不断增多,城市园林植物、地被材料也不断丰富,这不仅为成虫提供了充足的食物,有利于大量繁殖,还增加了防治困难。

⑤ 天敌　蛴螬的天敌有寄生性天敌和捕食性天敌,前者主要有盗蝇、黑土蜂、寄生蝇、线虫等,后者主要有食虫虻、鸟类、刺猬、虎甲、青蛙、蟾蜍等。此外,白僵菌、绿僵菌、黏质沙雷氏杆菌等土壤中的病原微生物也是蛴螬的致病菌。天敌对其发生有一定的影响。

3.1.1.3　虫情调查和预测预报

(1) 垂直活动调查　选择有代表性的田块,每块田取样2～4点,每点面积为0.25 m²,分层挖查,分层可分为10 cm以上、11～20 cm、21～30 cm和31 cm以下,分别记载各层虫数。一般10 d查1次,同时记载土壤温、湿度、作物生育期、农事活动等情况。

(2) 化蛹进度调查　将上年秋季从各类型田采集的大量蛴螬,饲养于观察圃,从4月20日开始抽查,化蛹前期每2～3 d查1次,始盛期后每天查1次,每次不少于30头,统计化蛹进度。

(3) 灯光诱测　每年从4月1日开始,用20 W黑光灯或100 W白炽灯,每日诱集成虫,至10月底结束,掌握成虫的消长情况、发生期和发生量。

(4) 剖查卵巢发育进度　自成虫始见期开始至发生末期为止,隔日解剖灯下诱集或田间采集的雌虫,每次剖查20头左右,分别统计各级卵巢所占比例。当灯下虫量进入盛发期,卵巢发育达3级时，即为防治适期。暗黑鳃金龟卵巢分级标准见表3-2。

表3-2 暗黑鳃金龟卵巢分级标准

级别		卵巢发育特征
1级	乳白色透明期	卵巢尚未发育，整个卵巢无色透明，黏合在一起
2级	卵黄沉积期	卵巢小管内可见乳黄色长椭圆形的卵细胞
3级	卵熟待产期	卵巢管内有成熟卵粒，卵巢管柄开始膨大
4级	产卵始盛期	卵巢管内有1~2粒成熟卵，但管内出现空隙
5级	产卵高峰期	卵巢管内成熟卵少，排列疏松，有空段
6级	产卵盛末期	卵巢管萎缩，管内无卵或残存少数卵细胞

(5) 防治适期预测 暗黑鳃金龟的防治适期为成虫出土高峰至产卵始盛期，应用化蛹进度调查，其预测式为

成虫出土高峰期＝化蛹高峰期＋蛹历期＋成虫蛰伏期（15 d）

成虫产卵始盛期＝化蛹始盛期＋蛹历期＋成虫蛰伏期＋产卵前期（23 d）

黄淮海花生、大豆产区，作物生长期防治幼虫的适期为盛孵末期，其预测式为

幼虫盛孵末期＝化蛹盛末期＋蛹期＋成虫蛰伏期＋产卵前期＋卵期

或　　　　幼虫盛孵末期＝成虫出土盛末期＋产卵前期＋卵期

山东经验认为，夏大豆开花以前，暗黑鳃金龟幼虫2龄初期是防治的关键时期。江苏灌云植物保护站提出暗黑鳃金龟灯下成虫高峰期到1龄幼虫盛期，即防治适期的期距为16~18 d。

3.1.1.4 防治方法

首先要掌握暗黑鳃金龟当地的发生期，采取播种期防治和作物生长期防治相结合，防治成虫和防治幼虫相结合的策略，进行综合治理。

(1) 农业防治 农业防治的主要措施有：a. 有条件的地区实行旱改水或水旱轮作，例如二年三熟用三麦—水稻—春花生轮作制，一年二熟用水稻—三麦—夏花生—三麦轮作方式；b. 春花生茬冬季深耕翻土，幼虫盛孵期适时灌水；c. 在田边、地头、村边和沟渠附近的零星空地种植蓖麻，诱集并毒杀金龟甲；d. 使用充分腐熟的农家肥等。

(2) 化学防治 化学防治指标（江苏）为每公顷有蛴螬（包括卵）量，玉米田为500头以上，大豆田为2 500头以上，花生田为1 500头以上（每公顷产量1 875 kg）或2 400头以上（每公顷产量3 000 kg），麦田1 500头以上。

① 防治成虫 喷雾用75％辛硫磷乳油1 000~1 500倍液或拟除虫菊酯类农药3 000~5 000倍液，在成虫盛发期喷洒于农田及四周喜食的寄主上。药枝诱杀可用50~100 cm长的新鲜榆、杨等树枝，枝叶浸没于75％辛硫磷乳油50倍液中，浸泡5~6 h，然后于傍晚前插入田间，每公顷150~450枝，或用加拿大杨、刺槐等树叶，每公顷放150~225小堆，喷洒40％氧化乐果乳油800倍液。

② 防治幼虫

A. 播种期土壤处理：结合播前整地，每公顷选用3％甲基异柳磷颗粒剂、5％辛硫磷颗粒剂22.5~37.5 kg、15％毒死蜱颗粒剂9.6 kg、10％吡虫啉可湿性粉剂350 g拌细土450 kg，均匀撒布于田间，浅犁翻入土中或撒入播种沟内。

B. 药剂拌种：可用50%辛硫磷乳油100 mL或40%甲基异柳磷乳油50 mL加水5 L，拌小麦、玉米种子50 kg。40%乐果乳油100 mL加水5 L，可拌花生种80 kg或小麦种40～60 kg或大豆60 kg或玉米种60 kg。此外，辛硫磷微囊悬浮剂和毒死蜱微囊悬浮剂对蛴螬均有较好的防治效果和花生保果效果，能做到花生播种时一次施药防控全季为害。

C. 作物生长期防治：在冬小麦拔节初期发现有蛴螬为害或防治花生、大豆田蛴螬，可每公顷用50%辛硫磷乳油3.75 L拌细土375～450 kg，或10%吡虫啉可湿性粉剂350 g拌细土450 kg顺垄条施；也可以每公顷用48%毒死蜱乳油3.00～3.75 L加水11 250 L围根泼浇。需要注意的是，用毒土或颗粒剂时，最好趁雨前和雨后土壤潮湿时施下，如天旱不下雨，则需灌溉或松土，以延长药效，提高防治效果。

(3) **物理防治** 利用成虫的趋光性进行灯光诱杀，如用黑绿单管双光灯诱杀效果比黑光灯好，尤其对铜绿丽金龟的效果更好。山东省花生研究所研发的暗黑鳃金龟的性引诱剂和配套诱捕器，对引诱雄成虫有较好效果。

(4) **生物防治** 线虫、白僵菌、绿僵菌、芽孢乳状菌、土蜂等生物因子在蛴螬的防治上均有应用，效果较显著。例如应用小卷蛾线虫防治蛴螬，每公顷用5.55×10^{10}头，防治效果达100%；在春季或秋季低温时用格氏线虫，在夏季高温时用异小杆线虫防治蛴螬均能取得良好防效。一般应用线虫防治地下害虫时，以施入土中为佳，也可与基肥混用。利用芽孢乳状菌、布氏白僵菌和卵孢白僵菌防治蛴螬，均取得明显的效果。此外，国内外研究表明10多种土蜂寄生蛴螬，特别是臀钩土蜂寄生率高达48%。

(5) **人工捕捉** 可利用暗黑鳃金龟成虫假死性进行人工捕捉；对蛴螬也可采取犁后拾虫的办法。

3.1.2 华北大黑鳃金龟

3.1.2.1 形态特征（图3-1的4～8）

(1) **成虫** 体长17～22 mm，长椭圆形，黑褐色，有光泽。前胸背板侧缘外突，前缘中部呈弧形凹陷。前足胫节外侧具3齿，内侧有1距，后足胫节有2端距。两鞘翅会合处呈纵线隆起，隆起向后渐扩大，每鞘翅上尚有3条隆线。臀节侧面观，臀板隆凸顶点近后缘，顶端圆尖，前臀节腹板的三角形凹坑较狭。雄性外生殖器阳基侧突下突分叉，一粗一细。

(2) **卵** 长2.0～2.7 mm，长椭圆形，乳白色，表面光滑。孵化前卵壳透明，可辨幼虫体节和上颚。

(3) **幼虫** 老熟幼虫长37～45 mm。头部赤褐色有光泽，每侧具前顶毛3根，其中2根位于冠缝侧，1根位于额缝侧。其余特征同暗黑鳃金龟。

(4) **蛹** 长约20 mm，椭圆形，初黄白色，后变橙黄色。腹部末端有叉状尾角1对；末节腹面雄蛹有3个毗连的瘤状突，雌蛹无。

此外，在东北地区发生的东北大黑鳃金龟（*H. diomphalia* Bates）以及在华南地区发生的华南大黑鳃金龟（*H. sauteri* Moser）在形态、发生规律、虫情调查和防治上与华北大黑鳃金龟有相似之处。顾耘等认为，东北大黑鳃金龟是华北大黑鳃金龟的次异名，为无效名。

3.1.2.2 发生规律

(1) 生活史和习性 华北大黑鳃金龟在浙江慈溪1年1代，以3龄幼虫越冬；在主要发生区黄淮海地区多为2年发生1代，以成虫或幼虫为主交替越冬，但越冬成虫早产的卵，在食料条件丰富的情况下，少数1年可完成1代。越冬成虫当4月10 cm土温在15℃左右开始出土，4月下旬灯下始见，出土高峰期为5月上中旬，产卵盛期为5月下旬至6月上中旬，幼虫6月上旬始孵，孵化盛期为6月中下旬，幼虫为害盛期在7月下旬至10月中旬，10月底3龄幼虫则向深土层移动，进入越冬，越冬深度在土下11～34 cm。翌年4月上旬气温达14℃左右，越冬幼虫上升为害麦苗和春播作物，6月中旬进入预蛹期，6月下旬开始化蛹，7月中旬成虫羽化，至10月上旬结束。当年羽化的成虫仍在蛹室内潜伏，直接进入越冬（图3-2）。各地各虫态历期见表3-3。

年度	1~3月			4月			5月			6月			7月			8月			9月			10月			11—12月		
	上	中	下	上	中	下	上	中	下	上	中	下	上	中	下	上	中	下	上	中	下	上	中	下	上	中	下
第1年	(≡)	(≡)	(≡)	≡	≡	≡	≡	≡	≡	≡	≡	≡	≡	≡	≡	≡	≡	≡									
												△	△	△	△	△	△	△	△	△	△						
														(+)	(+)	(+)	(+)	(+)	(+)	(+)	(+)	(+)	(+)	(+)	(+)	(+)	(+)
第2年	(+)	(+)	(+)	+	+	+	+	+	+	+	+	+	+	+	+	+	+	+									
								·	·	·	·	·	·	·	·	·											
										—	—	—	—	—	—	—	—	—									
												=	=	=	=	=	=	=	=	=	=	=	=				
															≡	≡	≡	≡	≡	≡	≡	≡	≡	≡	(≡)	(≡)	(≡)

图3-2 华北大黑鳃金龟生活史（安徽合肥）

+成虫 ·卵 —、=、≡示1、2、3龄幼虫 △蛹 （ ）越冬态

表3-3 华北大黑鳃金龟各虫态历期（d）

观察地点	卵期	幼虫期			蛹期	成虫期	世代
		1龄	2龄	3龄			
河北沧州	16.4	25.8	28.1	307.0	19.5	345.5	715.3
安徽合肥	14.6	25.1	53.0	337.7		305.7	751.9
江苏赣榆	14.7	26.6	37.2	316.8	17.7	282.0	695.0

成虫于傍晚出土活动，20:00—21:00活动最盛，22:00后逐渐减少，趋光性和飞翔力弱，活动范围一般不出虫源地，主要在田埂、沟边、地头等非耕地上。因此虫量分布相对集中，常在局部地区形成连年为害的老虫窝。成虫白天和晚上均产卵，但以晚上为主。卵分散产于卵室内，可见产卵孔，产卵深度多为10～15 cm，每次产卵3～5粒，多者10余粒，单雌平均产卵38.7粒。

成虫有假死性，喜食杨树、豆类等叶片。幼虫具自相残杀习性，主要为害小麦、玉米、花生、大豆、甘薯、药材等，也可为害林、果树木的根部。华北大黑鳃金龟幼虫为害有大小年之分，即以幼虫越冬为主的年份，翌年春季麦田和春播作物受害重；以成虫越冬为主的年份，翌年春季成虫发生多，幼虫少，为害轻，但成虫经产卵繁殖后，幼虫为害夏作物和秋作物重。因此群众总结出“拉春不拉秋，拉秋不拉春”的为害规律。江苏赣榆灯诱记录表明，成虫奇数年份发生量比偶数年份显著多。

(2) 发生与环境条件的关系 华北大黑鳃金龟是局部地区发生较重的虫种。形成常年为害区的生态环境特点是土地利用率低，田埂、地头非耕地面积占的比例大；宿根性和越年生的杂草（例如小蓟、芝麻菜、山红草等）较多；一般林木稀少，仅生长有少量的刺槐、杨树等。

淮北地区长期旱作，轮作方式稳定，一般为小麦—大豆—小麦，华北大黑鳃金龟多产卵于麦田，小麦收割后即播种大豆，为幼龄蛴螬提供了丰富的食料条件，极有利于其生长发育。在花生产区，春花生—小麦—夏甘薯二年三熟轮作制，也有利于其完成 2 年 1 代的生活周期。

气候条件中，降水量是影响蛴螬发生的关键因素。例如河北沧州地区，在每平方米 3 头以上的虫量基础上，若 5 月上中旬干旱无雨，发生为害重；1 次降雨 10 mm 左右，发生为中等或中等偏重；若 1 次降雨超过 30 mm，则为中等或中等偏轻发生。河北农业大学在保定的调查发现，在华北大黑鳃金龟出土盛期，成虫的发生量与气象因子关联度最大的是平均相对湿度，其次是日平均温度和降水量。

3.1.2.3 虫情调查和预测预报

(1) 成虫定点系统调查 华北大黑鳃金龟趋光性弱，灯诱不能反映出成虫消长情况。调查时可选择非耕地田埂 1～2 条（100～200 m 长）或定田边 60 m^2，作为系统调查点，从 3 月下旬开始至 4 月底结束，每天 20:00—21:00 观察记载活动的成虫数，或拾虫分雌雄记数，当性比接近 1∶1 时，即为成虫出土高峰期。防治适期为成虫发生始盛期至成虫高峰期。

(2) 剖查雌虫卵巢发育进度 华北大黑鳃金龟雌虫卵巢的剖查方法和卵巢发育分级标准参阅暗黑鳃金龟。当卵巢发育出现 3 级时，即可确定为防治的最佳时期。

(3) 发生趋势观测 河北沧州地区农业科学研究所提出发生趋势预测的方法是"双春单秋看趋势，虫量降水定程度"。即单数年幼虫越冬比例占 90% 以上时，翌春（双数年）幼虫为害严重，小麦播种时已羽化为成虫，因此秋季幼虫为害轻，形成春重秋轻的局面；而双数年以成虫越冬为主的年份，则情况相反，为春轻秋重。所谓"虫量降水定程度"，是指在一定虫量基础上，可根据 5 月上中旬降水量预测为害轻重的程度。

3.1.2.4 防治方法

华北大黑鳃金龟采取以防治成虫为主幼虫为辅的策略。可通过减少非耕地面积，掌握成虫防治适期，在田埂地头喷洒农药，或在花生播种时将毒土在整地前撒入，消灭正在出土的或飞来产卵的成虫，同时又兼治上年越冬的幼虫，能收到明显的保苗效果。

华北大黑鳃金龟的防治指标和具体防治方法可参考暗黑鳃金龟。

3.1.3 铜绿丽金龟

3.1.3.1 形态特征（图 3-1 的 9～13）

(1) 成虫 体长 18～21 mm，头部、前胸背板、小盾片和鞘翅铜绿色，具闪光；头和前胸背板色较深；前胸背板密生刻点，侧缘黄色，前缘角尖锐，后缘角圆钝，最宽处位于两后角之间。胸足基节和腿节黄褐色，胫节和跗节深褐色。前足胫节外侧具 2 齿，对面生 1 棘刺；前足和中足的大爪分叉，后足的大爪不分叉。鞘翅每侧具 4 条纵肋。腹部腹板灰白或黄白色。

(2) 卵 初产时椭圆形，长约 1.8 mm，乳白色，孵化前几呈圆形，卵壳表面光滑。

(3) 幼虫 老熟幼虫长 30～33 mm。头部前顶毛每侧 8 根，形成 1 纵列。臀节腹面具刺毛 2 列，每列由 13～14 根组成，两列刺尖交叉或相遇，钩毛分布于刺毛列周围。肛门孔横裂。

(4) 蛹 体长 18～22 mm，长椭圆形，稍弯曲；土黄色。臀节腹面半椭圆形，雄蛹具 4 裂的瘤状突起；雌蛹较平坦，无瘤状突起。

3.1.3.2 发生规律

(1) 生活史和习性 铜绿丽金龟在各地 1 年发生 1 代，以幼虫越冬。在江苏、安徽等地，越冬幼虫翌年 3 月下旬至 4 月上旬上升活动为害，4 月下旬开始进入预蛹期，5—6 月化蛹，化蛹盛期为 5 月下旬；成虫 5 月下旬始见，6 月中旬盛发，8 月上旬终见；卵期自 6 月中旬至 8 月中旬，产卵盛期为 6 月下旬至 7 月上旬，幼虫盛孵期为 7 月上旬至 7 月中旬，8 月下旬大部分幼虫达 3 龄，10 月下旬后开始向土壤深层迁移越冬，越冬分布深度为 9～35 cm，平均为 23 cm。各地各虫态历期见表 3-4。

表 3-4 铜绿丽金龟各虫态历期（d）

观察地点	卵期	幼虫期			蛹期	成虫期	世代历期
		1 龄	2 龄	3 龄			
河北沧州	10	25	23.1	279	9	30	373.1
江苏赣榆	12.8	28.7	23.0	268	10.8	24.9	368.2
安徽合肥	7～11	20	28	265	10	30	1 年

成虫羽化后 3 d 出土，发生期较整齐，高峰明显而集中。黄昏出土后多群集在杨、柳、梨等树上先交配后取食，后半夜虫量渐减，黎明潜回土中。成虫食量大，严重为害时，树木叶片常被食尽，是杨、柳、苹果、梨、核桃、丁香、海棠、杏、葡萄等林木果树的重要害虫。

成虫有假死性，飞翔力和趋光性强。据安徽省农业科学院在肥西县的试验，在 3 种主要的金龟甲中，铜绿丽金龟趋光性最强。雌成虫出土后平均 10.8 d 开始产卵，卵分批散产在果树、林木树根周围或作物根际土壤内，入土深度为 3～10 cm。每雌平均产卵 40 粒，以夜晚产下的为主，占总卵量的 60.7%。成虫适宜活动的气温为 25 ℃以上，低温和雨天很少活动，以闷热的夜晚发生量多，活动最盛。

幼虫在 7—8 月以 1～2 龄为主，食量较小，为害较轻；9 月多为 3 龄幼虫，食量大，为害重，越冬后翌年春季幼虫继续为害，形成春秋两季为害高峰。幼虫老熟后，在土下 20～30 cm 深处做土室化蛹。最近几年，该幼虫还在广东深圳亚热带高尔夫球场严重为害草坪〔草种为狗芽根（*Cynodon dactylon*）〕，是当地 4 种优势蛴螬种之一，主要集中为害食源最为丰富的上中层土壤空间（0～5 cm 和 5～10 cm），它咬断根系、拱起土丘，从而引起草坪秃斑和大片死亡。

(2) 发生与环境条件的关系 铜绿丽金龟成虫产卵和幼虫对土壤湿度要求较高。适宜卵孵化的温度为 25 ℃，土壤含水量为 8%～15%；适宜幼虫活动为害的土温（10 cm）为 23.3 ℃，土壤含水量为 15%～20%。在淮北，以果林和水稻混种地区，铜绿丽金龟发生的数量较多。

3.1.3.3 虫情调查和预测及防治方法

铜绿丽金龟的虫情调查和预测及防治方法参阅暗黑鳃金龟。

3.2 蝼蛄

蝼蛄属直翅目蝼蛄科，我国记载有 6 种，发生普遍为害重的有东方蝼蛄（*Gryllotalpa orientalis* Burmeister）和单刺蝼蛄（*G. unispina* Saussure）2 种。东方蝼蛄曾经长期被称为非洲蝼蛄，发生遍及全国；单刺蝼蛄也曾被称为华北蝼蛄，分布于北纬 32°以北地区。蝼蛄的主要为害区是在黄淮海平原旱作地区，为害的作物种类多，包括禾谷类、豆类、薯类、棉、麻、甜菜、烟草、蔬菜以及果树、林木的种子和幼苗等。东方蝼蛄在南方还为害甘蔗和稻田边行灌水线以上栽种的水稻。

蝼蛄以成虫和若虫在土中取食刚播下的种子、种芽和幼根，也咬断幼苗根茎、蛀食薯类的块根和块茎。幼苗根茎被害部呈麻丝状，这是判断蝼蛄为害的重要特征。此外，蝼蛄在近地面活动开挖的隧道，常使幼苗的根系与土壤分离，使之失水干枯。在蝼蛄发生为害盛期，常造成缺苗断垄，严重影响农业生产。

3.2.1 东方蝼蛄

3.2.1.1 形态特征（图 3-3 的 1~3）

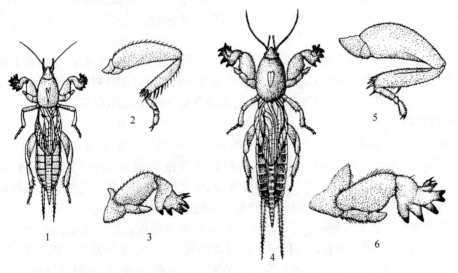

图 3-3 东方蝼蛄和单刺蝼蛄
1~3. 东方蝼蛄（1. 成虫 2. 后足 3. 前足）
4~6. 单刺蝼蛄（4. 成虫 5. 后足 6. 前足）

(1) 成虫 雌虫体长 31~35 mm，雄虫体长 30~32 mm。体淡灰褐色，密生细毛。头圆锥形，暗黑色。前胸背板卵圆形，背面中央有长约 5 mm 的凹陷。前翅黄褐色，伸及腹部长度之半。后翅卷折如尾状，伸出腹端。前足特化为开掘足，后足胫节背侧内缘有棘 3~4 个。腹部纺锤形，背面黑褐色，腹面暗黄色，末端有较长的尾须 1 对。

(2) 卵 椭圆形，初产时长约 2.8 mm，宽 1.5 mm；孵化前长约 4 mm，宽约 2.3 mm。卵初产时乳白色，后变黄褐色，孵化前暗紫色。

(3) 若虫 共 8～9 龄，初孵时乳白色，腹部红色或棕色，2～3 龄以后体色接近于成虫。初龄若虫体长 4 mm 左右，末龄若虫体长 24～28 mm。后足胫节有棘 3～4 个。

3.2.1.2 发生规律

(1) 生活史和习性

①生活史　东方蝼蛄以成虫和若虫越冬，在华中地区、长江流域及其以南各地 1 年发生 1 代，例如在江西南昌和四川成都平原，越冬成虫 3—4 月恢复活动，4—5 月产卵；越冬若虫 5—6 月羽化为成虫，7 月仍有羽化。在华北、东北、西北以及华东北部地区 2 年左右完成 1 代，例如在江苏徐州地区 2 年完成 1 代，越冬成虫 5 月开始产卵，产卵盛期为 6—7 月，当年孵化的若虫发育至 4～7 龄后，在 40～60 cm 深土中越冬，至翌年春夏季再蜕皮 2～4 次，羽化为成虫；当年少数羽化的成虫可产卵，大部分越冬后在第 3 年 5—6 月产卵。而在河南郑州完成 1 世代的时间为 387～418 d，越冬成虫 4—10 月产卵，单雌产卵平均 62 粒；卵期在 5—9 月平均为 22.4 d；若虫多为 7～8 龄，少数为 6 龄和 9 龄，个别有 10 龄，若虫历期为 130～335 d，成虫寿命因羽化迟早而不同，平均历期为 114.5～251.0 d。

②年活动期　据张治体等在河南省观察，东方蝼蛄全年在土中的升降和为害活动，可以分为下面 4 个时期。

A. 越冬休眠期：11 月上旬（立冬）平均气温与 20 cm 深土温分别下降至 11.94 ℃和 11.25 ℃时起，至翌年 2 月下旬初，成虫和若虫停止活动，头部向下，1 洞 1 虫，在土下 40～60 cm 处越冬。

B. 苏醒为害期：2 月上旬（立春）气温和土温回升到 5 ℃左右时，越冬若虫和成虫开始上升活动。气温稳在 9～10 ℃时，田间出现为害。4 月上旬（清明）至 5 月下旬（小满），土温上升到 14.9～26.5 ℃，是越冬成虫和若虫越冬后为害的最重时期，主要为害返青麦苗和春播作物幼苗。

C. 越夏繁殖为害期：6—8 月，气温平均为 23.5～29 ℃，土温达 23～33.5 ℃，此时蝼蛄向土下活动，进入产卵盛期，也是卵室和洞穴离地面较近的时期，卵室平均深度为 11.6 cm，洞穴平均深度为 15.2 cm。此时，蝼蛄对夏播作物幼苗为害严重，尤以雨后和灌水后 2～3 d 为害最甚，是施用毒饵防治的有利时期。

D. 秋播作物暴食为害期：8 月（立秋）以后，气温降低，新羽化的成虫和当年孵化的若虫已达 3 龄以上，均待取食，以促进生长发育并储备营养，为抵抗寒冷做越冬准备，故为害秋播麦苗严重。11 月上旬（立冬）后停止为害，一般在 40～60 cm 深处越冬。

③习性　成虫白天潜伏在土下隧道或洞穴中，夜间外出取食、交尾，以 21：00 至凌晨 3：00 活动最盛。成虫有较强的趋光性，可以利用这种习性进行预测预报和诱杀，黑光灯和高空测报灯均有较好效果。成虫还有趋牛马粪和未腐熟的有机物的习性，因此作物苗床或施用未腐熟的有机肥，易招引蝼蛄为害。

雌虫产卵对地点有明显的选择性。多集中产在沿河两岸、池塘和沟渠附近腐殖质较多的地方。卵室扁圆形，平均入土深度为 11.6 cm，雌虫在卵室周围 33 cm 左右土中另做窝隐蔽。

(2) 发生与环境条件的关系　蝼蛄在土中的垂直活动，主要受到温度、湿度和食料条件的影响。

土壤湿润有利于蝼蛄活动。10～20 cm 深处土壤含水量超过 20％时，活动为害最盛；低于 15％时，活动减弱。水浇地或适量降雨后常加重为害。但雨水过多，土壤水分达饱和时，也影响正常活动。

蝼蛄的分布和密度还与土壤类型有关。最适宜的是盐碱土，其次是壤土，黏土上蝼蛄发生较轻。

北方蔬菜区早春苗床内的菜苗及阳畦、地膜覆盖地移栽的蔬菜，因温度比一般露地高，蝼蛄的活动和为害时间也较早。

3.2.1.3　虫情调查和预测预报

蝼蛄调查的目的主要是了解在土中的垂直活动、为害时期、虫口的分布密度等，以便准确地掌握虫情，指导防治工作。

(1) 垂直活动调查　选在当地有代表性的田块，每块田取 2～4 点（如虫量过少，可适当增加样点数，并选择有蝼蛄活动标志的地点取样），每点 1 m^2，分层挖土调查，一般可分为 0～15 cm、16～34 cm、35～45 cm 和 46 cm 以下数层进行，分别统计虫数。每 10 d 调查 1 次，在春、夏、秋播种季节可酌情增加次数。

(2) 目测法调查　东方蝼蛄早春上升到土面活动，在洞顶壅起一小堆新鲜虚土或有较短的虚土隧道。在 10:00 以前，可通过调查地表新隧道条数确定虫量。

3.2.1.4　防治方法

(1) 农业防治　有条件的地区，实行水旱轮作。施用充分腐熟的有机肥。

(2) 灯光诱杀　尤以温度高、天气闷热、无风的夜晚灯光诱杀效果最好。

(3) 挖巢灭卵　在产卵盛期结合夏锄，发现产卵洞孔后，再向下深挖 5～10 cm，即可挖到卵，还能捕到成虫。

(4) 化学防治　发生严重的地区，可以结合播种进行药剂防治。也可以在蝼蛄上升活动为害时开展药剂防治。

①药剂拌种　药剂拌种防治东方蝼蛄的具体做法参照暗黑鳃金龟。

②毒饵诱杀　春季蝼蛄已上升至表土层 20 cm 左右，或旬平均气温稳定在 9 ℃以上，返青麦苗出现少数被害时，即应及时采用毒饵进行诱杀。可用 40％甲基异柳磷乳油 50～100 mL，兑适量水后与 5 kg 炒香的麦麸、豆饼或米糠混合均匀，制成毒饵；或 40％乐果乳油 500 mL 或 90％敌百虫晶体 0.5 kg，加水 5 L，拌 50 kg 毒饵。毒饵每公顷施用 22.5～37.5 kg。

秋季耕地时毒饵在最后 1 次耕翻后施下，然后耙平播种。春季麦苗返青时施用，应根据气温高低和蝼蛄活动情况灵活掌握。气温低，蝼蛄在表土下活动，最好开沟施或开穴点施；气温高，蝼蛄在土面活动，可于傍晚将毒饵（毒谷）撒在土面上，也能收到较好的防治效果。

3.2.2　单刺蝼蛄

3.2.2.1　形态特征（图 3-3 的 4～6）

(1) 成虫　雌虫体长 45～50 mm，雄虫体长 39～45 mm。单刺蝼蛄形似东方蝼蛄，但体黄褐至暗褐色，前胸背板中央有 1 个心脏形暗红色斑点。后足胫节背侧内缘有棘 1 个或消失。腹部近圆筒形，背面黑褐色，腹面黄褐色，尾须长约为体长之半。

(2) 卵 椭圆形，初产时长 1.6～1.8 mm，宽 1.1～1.3 mm；孵化前长 2.4～2.8 mm，宽 1.5～1.7 mm。卵初产时黄白色，后变黄褐色，孵化前深灰色。

(3) 若虫 若虫共 13 龄，初孵时乳白色，后变浅黄色，2 龄后黄褐色，5～6 龄后基本与成虫同色。若虫初孵时体长 4～5 mm，13 龄时体长 41 mm。后足胫节有棘 0～2 个。

(4) 雌雄区别 雌虫体较大，腹部第 7 节大而长，第 9 节大部分为第 8 节所遮盖，前翅纵脉不角状弯曲；雄虫体较小，腹部 9 节各节明显，前翅纵脉角状弯曲。

3.2.2.2 发生规律

(1) 生活史和习性 单刺蝼蛄 3 年左右完成 1 代，以成虫和若虫在土中越冬。在河南郑州，越冬成虫 5—7 月交配，6—8 月产卵繁殖，卵期平均为 17.1 d，当年孵化的若虫发育至 8～9 龄越冬，翌年再蜕皮 3～4 次，越冬后于第 3 年羽化为成虫。若虫在当地有 12 龄，平均历期为 736 d；成虫平均寿命为 378 d，完成 1 代共需 1 131 d。在安徽砀山和合肥，完成 1 代的历期为 963.8～1 128.6 d，越冬成虫 5 月上旬开始产卵，产卵盛期为 6 月下旬至 8 月中旬，产卵末期为 9 月下旬，卵期为 17～29 d，平均 21.6 d，若虫期为 456～789 d，平均为 658.5 d；若虫经 2 年越冬后羽化为成虫的盛期出现在 6 月上旬至 7 月中旬，当年羽化的成虫经越冬后交配产卵，雌雄成虫平均历期分别为 448.5 d 和 283.7 d，单雌产卵 58～1 072 粒，平均 367.9 粒。

雌虫产卵于卵室内，对地点有明显的选择性。卵多产在轻盐碱地内缺苗断垄的土壤内及干燥向阳的地埂畦堰附近，而禾苗茂密、荫蔽之处产卵少，在山坡干旱地区，多集中产在水沟两旁、过水道和雨后积水处，卵室入土深为 15～25 cm，入口与隧道相连。成虫有趋光性，但因身体笨重，飞翔力较差，扑灯时落在灯下地面较多。

(2) 发生与环境条件的关系 单刺蝼蛄一年中活动规律和为害情况，主要受土壤温、湿度和食物因素的影响。在黄淮海地区，当 20 cm 土温高于 8.5 ℃时，单刺蝼蛄便开始从越冬深处上升活动，土温在 13～26 ℃时多活动于 25 cm 以上土层，土温在 13 ℃以下时便开始下降越冬。土壤湿润有利于单刺蝼蛄的活动，为害也较重。一般土壤含水量 22%～27% 最适合单刺蝼蛄的活动。单刺蝼蛄为害的主要时期在作物播种期和幼苗期，随着作物的长大，作物的受害也越来越轻，这与单刺蝼蛄喜食幼嫩作物的习性有关。

3.2.2.3 虫情调查和预测预报

单刺蝼蛄虫量调查可用直接目测法和铲表土目测法。

(1) 直接目测法 单刺蝼蛄出洞前在地面活动留有 10 cm 左右的新鲜虚土隧道，在春季和秋季播种前后蝼蛄活动期，于 10:00 以前，查看地表新隧道条数，确定虫量。根据江苏、河北的经验，地表有 2 条隧道，土中就有 1 头蝼蛄。地表 2 条隧道中，1 条为顶土、排淤、透气道，其特征是较短，或为虚土圆堆，隧道较小；另 1 条为活动取食道，隧道较长，为绳索形，隧道片较大。隧道宽 3 cm 以下的多为若虫；3～5.5 cm 的宽的隧道中多为成虫。

(2) 铲表土目测法 将隧道片下 7 cm 左右的原表土铲去，可见 1 洞，再深挖一定深度，便可将虫挖出。凡洞口为扁圆形，洞口直径约 2 cm 的为雌成虫；洞口圆形，直径约 1.5 cm 的为雄成虫。

单刺蝼蛄垂直活动调查参阅东方蝼蛄。

3.2.2.4 防治方法

单刺蝼蛄的防治方法参见东方蝼蛄。

3.3 地老虎

地老虎为鳞翅目夜蛾科切根夜蛾亚科的幼虫,别名地蚕、土蚕、切根虫,是我国地下害虫中的一个重要类群,目前已知为害作物的大约有20种。为害比较严重的主要有小地老虎 [*Agrotis ypsilon* (Rottemberg)]、黄地老虎 [*A. segetum* (Schiffermüller)] 和大地老虎 (*A. tokionis* Butler) 3种,其中以小地老虎分布最广、为害最重;黄地老虎目前在新疆、西藏、江苏和山东等地的局部地区发生较多;大地老虎常年种群密度较稀,仅在小生境下造成为害。

3.3.1 小地老虎

小地老虎是世界性害虫,在我国分布遍及各地,但以雨水丰富、气候湿润的长江流域、东南沿海发生最重,西南、西北地区的河谷地带以及北方的地势低洼、沿河、沿湖的滩地亦是常年遭受为害的地区。小地老虎为多食性害虫,江苏调查,其可为害60多种植物,主要为害春播棉花、玉米、高粱、瓜类、蔬菜、烟草、绿肥等作物的幼苗,造成缺苗断垄,在果园苗圃,也为害苗木。近年来,在华北地区小地老虎有上升趋势,例如2008年在山西大发生,全省9市26县(区)共发生约 $3.467 \times 10^5 \ hm^2$;2012年再度严重发生,发生程度仅次于2008年。

3.3.1.1 形态特征(图3-4)

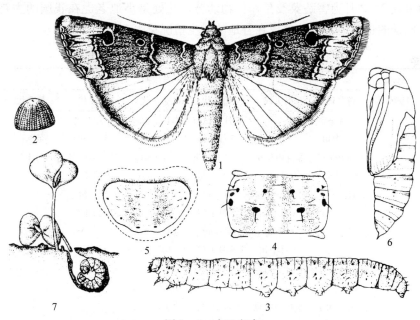

图3-4 小地老虎

1. 成虫 2. 卵 3. 幼虫 4. 幼虫第4节背面
5. 幼虫末节背板(刚毛略去) 6. 蛹 7. 棉苗被害状

(1) 成虫 体长 16~23 mm，翅展 42~52 mm。雌蛾触角丝状；雄蛾触角双栉状，分支渐短，仅达触角长度之半，其余丝状。前翅前缘及外横线至中横线，有时直达内横线黑褐色，肾状纹、环状纹和楔状纹位于其中，各斑环以黑边，在肾状纹外边有 1 个明显的尖端向外的楔形黑斑，在亚外缘线上则有 2 个尖端向内的楔形黑斑，3 个黑斑相对。后翅灰白色，脉及边缘带黑褐色。

(2) 卵 馒头形，直径约 0.6 mm，高约 0.5 mm，表面有纵横隆线。卵初产时乳白色，后变黄褐色，孵化前灰褐色，顶端现黑点。

(3) 幼虫 老熟幼虫体长 37~50 mm，暗褐色。体表粗糙，密布大小不一的黑色颗粒。腹部第 1~8 节背面有 4 个毛片，后方的 2 个较前方的 2 个大 1 倍左右。臀板黄褐色，有 2 条深褐色纵带。各龄幼虫可根据体长和头壳宽度加以区分。

(4) 蛹 体长 18~24 mm，红褐色或暗褐色，具光泽。腹部第 4~7 节背板基部有刻点，在背面的大而色深，两侧的很小，腹部具臀刺 1 对。

3.3.1.2 发生规律

(1) 生活史和习性 小地老虎为迁飞性害虫，在我国的越冬北界为 1 月 0 ℃等温线或北纬 33°一线。在南岭以南的 1 月 10 ℃等温线以南地区，可终年繁殖；南岭以北 1 月 4 ℃等温线以南的地区，可以少量幼虫和蛹越冬；1 月 0 ℃等温线与 4 ℃等温线之间的江淮区，越北越冬的虫口密度越低，甚至难以发现。

小地老虎在我国 1 年发生 1~7 代，发生世代自南向北呈阶梯式逐渐下降。在南岭以南的 1 年发生 6~7 代区，幼虫冬春为害小麦、油菜、绿肥、蔬菜等作物，此处为国内的虫源地。南岭以北黄河以南的 1 年发生 4~5 代区是我国的主要为害区，以第 1 代幼虫在 4—6 月为害春播作物幼苗。1 年发生 2~3 代区大致位于黄河以北及西北海拔 1 600 m 以上的地区，以第 2 代幼虫在 7—8 月为害蔬菜及旱作作物幼苗，此处是小地老虎在我国的主要越夏场所和秋季向南回迁的虫源地。小地老虎在各地的发生情况见表 3-5。

表 3-5 小地老虎在我国各地的 1 年发生代数和发蛾期

地区	1年发生代数	发蛾期						
		越冬代	第1代	第2代	第3代	第4代	第5代	第6代
广西南宁	7	1月至3月中旬	4月中旬	5月下旬至6月上旬	6月下旬至7月中	8月上旬至下旬	9月中旬至下旬	11月上旬至下旬
福建福州	6	1月上旬至2月中旬	3月中旬至4月上旬	5月下旬至6月中旬	6月下旬至7月上旬	7月中旬至10月下旬	11月上旬至12月上旬	
重庆	5	3月上旬至5月上旬	4月上旬至5月中旬	5月中旬至6月下旬	7月下旬至8月下旬	8月下旬至10月上旬		
江苏南京	5	3月上旬至5月中旬	5月下旬至6月中旬	7月中旬至8月下旬	8月下旬至9月中旬	10月中旬至下旬		
河南郑州	4	3月上旬至4月下旬	5月下旬至7月上旬	7月中旬至8月中旬	9月上旬至10月上旬			
陕西汉中	4	3月上旬至4月中旬	5月中旬至7月上旬	7月中旬至8月中旬	9月下旬至10月下旬			
山西大同	3	4月中旬至6月中旬	7月上旬至8月上旬	8月中旬至9月上旬				

(续)

地区	1年发生代数	发蛾期						
		越冬代	第1代	第2代	第3代	第4代	第5代	第6代
内蒙古呼和浩特	3	3月下旬至5月中旬	6月中旬至8月中旬	8月中旬至10月下旬				
黑龙江嫩江	2	5月初至6月中旬	6月下旬至7月下旬					

长江中下游小地老虎1年发生4~5代，属第1代多发型。在江苏地区，小地老虎常年在3月上旬至4月下旬发蛾，其间出现2个高峰，第1高峰在3月中下旬，第2高峰在4月上中旬，有的年份在5月上旬还有1个小高峰，5月中下旬终见。发蛾高峰出现后4~6 d，田间相应出现卵峰，产卵盛期为3月下旬至4月上旬，此时卵历期为11~13 d。田间幼虫始见于4月初，4月上中旬幼虫盛孵，4月中下旬发育至2~3龄，4月底至5月上旬进入4~5龄为害盛期。幼虫通常6龄，平均温度为17.5℃时幼虫历期为40 d。老熟幼虫5月中下旬在土内筑土室化蛹，21~23℃下蛹期平均为18~19 d，6月下旬开始羽化。第1代成虫寿命为8~14 d，产卵前期约为5 d，羽化后的成虫陆续迁出，蛾量表现突减，此后各代在田间很少发现。

小地老虎成虫昼伏夜出，喜取食甜酸味的液体、发酵物、花蜜、蚜虫排泄物等作为补充营养，对黑光灯和镓钴灯趋性强。雌蛾产卵量大，一生可产800~1 000粒，多的在2 000粒以上，卵散产或数粒散聚在一起。小地老虎产卵多选择粗糙的或多毛的表面，田间主要产在土块上、地面缝隙内、土面根须和草棒上及多种杂草（例如小蓟、小旋花、灰菜、泥胡菜、一年蓬等）幼苗叶片的反面，绿肥田则产在鲜草层下的土面或植物残体上。幼虫取食活动因龄期而异，1~2龄幼虫昼夜活动，在植物幼苗的心叶间或叶背上啃食叶肉，留下一层表皮，也咬食成小孔洞或缺刻；3龄后白天潜伏在表土下，夜出活动为害，咬断嫩茎，将嫩头拖入土穴内取食；4~6龄为暴食期，其食量占幼虫期总食量的97%以上。幼虫有假死性，一遇震惊，就蜷缩成环形，3龄以上有相互残杀习性。

(2) 发生与环境条件的关系 小地老虎发生数量和为害程度受虫源基数、迁入虫量和各种环境因素影响。

①温度 小地老虎适宜温度为18~26℃，适宜相对湿度为70%。高温对其生长发育极为不利，30℃左右即出现蛹体质量减轻、成虫羽化不健全、产卵量下降和初孵幼虫死亡率增加的现象。相对湿度小于45%时，幼虫孵化率和存活率都很低。因此在第1代为害区，6月羽化的成虫在高温来临前，即向北方迁移，以回避不良气候，寻觅适生场所，保持种群的延续。

②降水量和土壤湿度 雨水影响小地老虎的生境。凡上年秋季雨水较多，邻湖及河滩地内涝积水的农田，因退水后种植，耕作粗放，土壤湿度大，田间杂草丛生，翌年有利于小地老虎的产卵和繁殖，所以发生较干旱丘陵地区为重，但在低龄幼虫期雨水偏大，雨日过多，幼虫死亡率亦高，且土壤湿度大，易助长昆虫病害的流行。

土壤含水量影响成虫产卵和幼虫的生长发育，最适宜发生的土壤含水量为10%~20%，疏松的砂壤土易于透水排水，发生较重黏土和砂土为重。

③茬口和植被 从棉作类型看，紫云英埋青或留种套种棉田及苕子茬棉田，幼虫发生密

度比白茬棉、麦套棉和蚕豆茬棉田高，受害也重。耕作粗放，杂草丛生的田块，虫量发生亦多。转基因抗虫棉影响小老虎的生长发育和繁殖，且双价棉的影响较大。

④天敌 小地老虎的天敌有金星步甲、甘蓝夜蛾拟瘦姬蜂、夜蛾瘦姬蜂、螟蛉绒茧蜂、黏虫缺须寄蝇、夜蛾土蓝寄蝇、伞裙追寄生蝇、饰额短须寄生蝇，此外，还有虻、蚂蚁、蚜狮、螨、蟾蜍、鼬鼠、鸟类及若干细菌、真菌、颗粒体病毒等。

3.3.1.3 虫情调查和预测预报

(1) 成虫诱测 小地老虎成虫诱测方法主要有诱蛾器诱测、灯光诱测和诱捕雌蛾调查发育进度。诱蛾器诱测是从当地平均气温稳定在5℃开始，至越冬代成虫终止期止，每天早晨检查诱捕到的雌雄蛾量。灯光诱测是从越冬代成虫起，到末代成虫终止期止，记载诱捕到的蛾量。诱捕雌蛾调查发育进度是从早春诱捕到越冬代成虫开始到成虫末期，每3 d检查1次，每次抽查20头，不足20头全部检查。此外，传统的办法是用糖、醋、酒混合液（白酒125 g、水250 g、红糖375 g、醋500 g，并加入少许农药，常用的是敌百虫）和黑光灯监测种群动态。

当迁入代蛾进入发蛾高峰日时，加当时气温下的卵期、1龄幼虫期和2龄幼虫期的半数，即为2龄幼虫高峰期（防治适期）。也可根据当地历年资料的分析，用期距法预测，例如江苏和山东地区，迁入代第1次蛾峰至防治适期的天数为29～31 d。

(2) 诱卵预测 可用棕丝束诱卵，也可用棕片诱卵，还可采用淘土的方法查卵。当查出产卵高峰日后，按历期法或发育积温法预测防治适期。

(3) 查幼虫龄期和虫量 从卵孵化开始，对不同类型作物选代表性田块，每隔2～3 d调查1次，每次随机取样9点，样点大小为33 cm×33 cm，检查样点内土面、植物残体、作物上的卵和幼虫数，当1龄和2龄幼虫占70%以上，其中2龄占40%，虫量达防治指标时，应立即进行防治。

3.3.1.4 防治方法

小地老虎的防治应根据各地为害时期，因地制宜，采取以农业防治和化学防治相结合的综合措施。

(1) 农业防治

①精耕细作、除草灭虫 小地老虎的幼虫和蛹在土壤中生活，在各种农作物播种或移栽之前，对土地进行精耕细作，可以有效地抑制地老虎的发生。有条件的地区，对冬闲田和空田进行翻耕晒白，可以杀死土中幼虫和蛹。杂草是小地老虎产卵的场所，也是幼虫向作物转移为害的桥梁，因此春播前或在作物苗期，清除田内外杂草，可消灭部分虫、卵。

②实行轮作和灌水 在有条件的地区，实行水旱轮作，并结合苗期灌水，可以淹死部分幼虫和蛹。

(2) 诱杀防治

①诱杀成虫 结合防治黏虫，用糖醋酒诱杀液或甘薯、胡萝卜等发酵液诱杀小地老虎成虫，也可以用性引诱剂进行诱杀。

②诱捕幼虫 用泡桐叶或莴苣叶放置于田间，翌日清晨到田间捕捉小地老虎幼虫。对高龄幼虫也可在清晨到田间检查，如发现有断苗，拨开附近的土块，进行捕杀。

(3) 化学防治 田间小地老虎卵孵化80%或者2龄幼虫盛期为防治适期。对不同龄期的幼虫，应采用不同的施药方法，幼虫3龄前用喷雾、喷粉或撒毒土进行防治；3龄后，田间出现断苗，可用毒饵或毒草诱杀。

防治指标各地不完全相同，例如山东省规定的指标，棉花、甘薯田为有虫（卵）0.5头（粒）/m²，玉米、高粱田为有虫（卵）1头（粒）或百株有虫2～3头/m²；安徽省规定的指标，棉花、玉米、甘薯等春播作物为有虫（卵）0.5头（粒）/m²。

①喷雾　每公顷可选用50%辛硫磷乳油750 mL、48%毒死蜱乳油900～1 200 mL、2.5%功夫菊酯乳油300～450 mL、2.5%溴氰菊酯乳油300～450 mL、10%氯氰菊酯乳油300～450 mL、90%敌百虫晶体750 g，兑水750 L喷雾。喷药适期为幼虫3龄盛发前。

②毒土或毒沙　可选用2.5%溴氰菊酯乳油90～100 mL、50%辛硫磷乳油500 mL、40%甲基异柳磷乳油500 mL，加水适量，喷拌细土50 kg配成毒土，每公顷300～375 kg顺垄撒施于幼苗根际。

③毒饵或毒草　一般虫龄较大时可采用毒饵诱杀。可选用90%敌百虫晶体0.5 kg或50%辛硫磷乳油500 mL，加水2.5～5.0 L，喷在50 kg碾碎炒香的棉子饼、豆饼或麦麸上，于傍晚在受害作物田间每隔一定距离撒一小堆，或在作物根际附近施，每公顷用75 kg。也可毒草防治，用90%敌百虫晶体0.5 kg，拌铡碎的鲜草75～100 kg，每公顷用225～300 kg。用毒饵法施放小卷蛾斯氏线虫（线虫剂量为40 000条/株）防治小地老虎也有一定的效果。

3.3.2　黄地老虎

黄地老虎在我国分布比较广，20世纪60年代以前，主要为害区集中在年雨水较少的西北地区，尤以新疆发生最为严重；70年代以后，江淮和华北地区的种群数量上升，与小地老虎混合为害；80年代以后在新疆为害逐年减轻，90年代以后在新疆农田已成为次要害虫。

黄地老虎为多食性害虫，为害大麦、小麦、豌豆、玉米等各种农作物、牧草及草坪草，还为害藜、野燕麦等多种杂草。黄老虎为害时期不同，多以第1代幼虫为害春播作物的幼苗造成损失最严重，常切断幼苗近地面的茎部，使整株死亡，造成缺苗断垄，甚至毁种。在长江流域秋季播种的冬油菜区，黄地老虎往往与小地老虎混合发生，对油菜出苗和齐苗造成影响。

3.3.2.1　形态特征（图3-5）

(1) **成虫**　体长14～19 mm，翅展32～34 mm，黄褐色。雌蛾触角丝状，雄蛾触角双栉状，分枝达2/3处，其余丝状。前翅黄褐色，散布小褐点，各横线多不明显，肾状纹、环状纹和楔状纹清晰，中央暗褐色，翅外缘亦暗褐色。后翅白色。

(2) **卵**　半球形，直径约0.5 mm。卵壳表面有纵脊纹16～20条。

(3) **幼虫**　老龄幼虫体长33～43 mm，黄褐色，有光泽。体表多皱纹，颗粒不显著。腹部各节体背前后各有毛片2个，大小相似；臀板由中央黄色纵条划分为2块黄褐大斑。

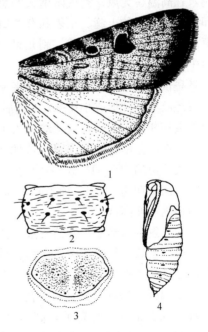

图3-5　黄地老虎
1. 成虫前翅和后翅　2. 幼虫第4腹节背面
3. 幼虫末节背板（刚毛略去）　4. 蛹

(4) 蛹 体长 15~20 mm。第 4 节腹节背面中央有稀小不明显的刻点,第 5~7 腹节刻点小而多,背面和侧面的大小相似。

3.3.2.2 发生规律

(1) 生活史和习性 黄地老虎在我国不同区域的年发生代数不同,在东北地区、内蒙古河套地区、河北坝上、新疆北部、西藏拉萨等地 1 年发生 2 代,在新疆南部、甘肃河西、河北、陕西和北京 1 年发生 3 代,在黄淮及华东沿海地区 1 年发生 4 代,以老熟幼虫和少量蛹在绿肥田、麦田等土内越冬。

开春后,黄地老虎的越冬幼虫开始为害,大多数地区第 1 代幼虫为害春播作物幼苗,为害期在 5—6 月。黄地老虎在华北一年内春秋两季为害,春季为害比秋季重。黄地老虎在新疆北部 5 月中下旬化蛹,6 月上中旬进入化蛹盛期,5 月下旬至 6 月初幼虫大量孵化,6 月中下旬为害玉米蔬菜等作物。幼虫共有 6 龄,1~2 龄在幼苗上为害,2~3 龄潜入地下为害幼根。老熟幼虫 11 月中下旬入土 7~10 cm 筑土穴越冬。在新疆南部阿拉尔垦区,越冬代在 4 月 10 日至 6 月 8 日羽化,第 1 代在 6 月 10 日至 7 月 30 日羽化,第 2 代在 8 月 1 日至 9 月 30 日羽化,全年蛾量高峰期在每年的 6、8、9 月。黄地老虎在江苏和山东 1 年发生 3~4 代,越冬幼虫翌年 3 月中旬化蛹,4 月上旬见蛾,蛾卵盛期在 5 月上中旬,幼虫大量孵化在 5 月中旬,为害盛期比小地老虎迟,在 5 月下旬至 6 月上旬,越冬代蛾终见期为 6 月上旬,发蛾期超过 50 d。以后各代发蛾高峰分别出现在 7 月中旬、9 月中旬与 10 月下旬,直到 11 月下旬还能见到成虫产卵。

黄地老虎的成虫白天躲避在近根部的叶片下面,或在土块及其他覆盖物之下。夜间活动,尤其 21:00—23:00 活动较频繁。成虫活动、飞翔受温度、降雨、风速和月亮的圆缺影响,在高温、无风、空气湿度大的黑夜最活跃。越冬代成虫喜趋向大葱和芹菜的花蜜取食,卵散产于湿润的土缝、土表和杂草田内(新疆地区),或散产于作物根茬、草棒上及多种杂草(例如婆婆纳、小旋花、刺儿菜、小蓟、苍耳等)的叶背上(江苏等地),在有芝麻的棉田中多产在芝麻上。成虫对糖醋液及其他发酵液的趋性很强,对黑光灯也有极强的趋性。幼虫具昼伏夜出习性;初孵幼虫为害玉米、高粱时,啃食叶肉;1~2 龄幼虫咬成小孔或缺刻,有时还咬穿心叶形成小排孔;2 龄后多在表土下蛀入根茎部,造成枯心苗;为害棉苗时则爬至顶端切断嫩头取食,老熟幼虫入土化蛹。

据在江苏南通地区观察,黄地老虎越冬代成虫寿命为 4.7~8.5 d;产卵前期为 2.8 d,第 1 代卵历期为 5~10 d,平均为 6.5 d;幼虫多数 6 龄,少数 7 龄,6 龄前各龄历期为 4~5 d,6 龄历期为 8.6 d,预蛹期为 3.1 d,幼虫全期 32.0 d;蛹期为 15~16 d。以后各代各虫态历期随温度高低而异。

(2) 发生与环境条件的关系 黄地老虎通常以第 1 代幼虫为害最重。第 1 代发生程度受越冬虫源基数、气候条件、食物、耕作制度、作物种植布局、天敌等因素的影响。越冬基数高,越冬死亡率低,翌年发蛾量就高,田间幼虫种群密度大。冬前的寄主营养状况、土壤条件等影响越冬基数。黄地老虎在东部沿海地区属偶发性害虫,第 1 代幼虫为害程度与越冬基数和幼虫越冬虫龄有关,高龄幼虫越冬的虫量多,来年春季发蛾量就大。越冬代蛾盛发期受 3—4 月平均气温的影响,高于 10 ℃时发蛾盛期在 4 月下旬至 5 月上旬;若低于 10 ℃时则延迟到 5 月中旬。黄地老虎不耐高温,成虫繁殖力在 20 ℃左右最强,28 ℃时仅 20% 成虫交配产卵,32 ℃时成虫不产卵。通常第 2 代发生时正值炎夏季节,田间发生数量很少，因此东部沿海地区年度间种群变动规律还有待进一步探讨。吕昭智等通过分析多年资料发现，黄地老虎在新疆的越冬代种群数量与当年度覆雪天数（1月1日至4月初）呈显著负相关，而与冬季最大积雪厚度和秋冬季（11月至翌年4月）积雪天数相关不显著。

黄地老虎的不同虫态均有天敌，以幼虫和蛹期天敌种类多，寄生率高。例如绒茧蜂（*Apanteles* spp.）和侧沟茧蜂（*Microplitis* spp.）是幼虫的寄生性天敌，驼姬蜂（*Goryphus* spp.）、棘领姬蜂（*Therion* spp.）、华丽膝芒寄蝇（*Gonia ornata*）和黑长须寄蝇（*Peleteria rubescens*）是蛹期的优势天敌。

3.3.2.3 虫情调查和预测预报

黄地老虎的测报宜采用黑光灯诱蛾、淘土法查卵，用期距法预测防治适期，具体办法参见小地老虎的虫情调查和预测。

3.3.2.4 防治方法

黄地老虎的防法方法参见小地老虎的防治方法。

3.3.3 大地老虎

大地老虎在我国分布较普遍，但主要发生在长江下游沿岸地区，幼虫春季为害棉花、蔬菜、瓜类等作物，为害时咬断幼苗，造成缺苗，发生量不大，仅在有利于越冬生境附近的农田造成为害。

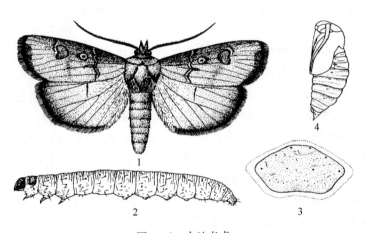

图 3-6　大地老虎
1. 成虫　2. 幼虫　3. 幼虫末节背板（刚毛略去）　4. 蛹

3.3.3.1 形态特征（图 3-6）

(1) **成虫**　体长 20～30 mm，翅展 42～52 mm，暗褐色。雌蛾触角丝状，雄蛾触角双栉状，分枝长，向端部渐短，几达末端。前翅暗褐色，前缘区大部及中室暗黑色；各横线为双条曲线，有时不明显；肾状纹及环状纹明显，围以黑褐色边，肾状纹外侧为 1 条不规则的黑纹。

(2) **卵**　半球形，高约 1.5 mm，宽约 1.8 mm。

(3) **幼虫**　老熟幼虫体长 41～61 mm，黄褐色。表皮多皱纹，颗粒不明显，腹部各节背面前 2 个毛片等于或略小于后 2 个毛片；臀板深褐色，密布龟裂状皱纹。

(4) 蛹 体长 23~24 mm。第 4~7 腹节基部密布刻点，第 5~7 腹节刻点环体一周，背面和侧面刻点大小相似，气门下方无刻点，臀棘 1 对。

3.3.3.2 发生规律

(1) 生活史和习性 大地老虎在我国各地均 1 年发生 1 代。在江苏南京，大地老虎以 2~4 龄幼虫在田埂、杂草丛及冬绿肥田表土下越冬，翌年 3 月初气温达 8~10 ℃ 时开始活动取食，5 月上旬进入暴食期，5 月中旬后温度达 20.5 ℃ 时老熟幼虫开始滞育越夏，至 9 月中旬化蛹，10 月上中旬羽化为成虫。

大地老虎的成虫在室内用糖水饲养，平均寿命为 11.6 d。大地老虎对黑光灯有趋性，每雌平均产卵 991 粒，多散产于土表或幼嫩的杂草茎上，常几粒或十几粒散聚在一起。卵期在自然条件下为 11~24 d；幼虫多数 7 龄，少数 8 龄或 9 龄；4 龄前不入土，常在草丛间啮食叶片；4 龄后白天潜伏于表土下，夜出活动为害，12 月间进入越冬期，越冬期如气温升至 6 ℃ 以上，仍能少量取食。幼虫全期为 308 d，蛹期为 26~35 d。

(2) 发生与环境条件的关系 大地老虎有滞育越夏习性，时间长达 4 月，由于盛夏气候干热，体内水分消耗多，尤其是受到螨的寄生，加上其他因素，滞育期间的自然死亡率很高，这是种群在长江下游难以发展的主要原因。

3.3.3.3 防治方法

大地老虎的防治方法参见小地老虎的防治方法。

3.4 金针虫

金针虫为鞘翅目叩甲科的幼虫，是我国重要的地下害虫。我国记载有 600~700 种或以上，为害农作物的主要种类有沟金针虫（*Pleonomus canaliculatus* Faldermann）、细胸金针虫（*Agriotes subvittatus* Motschulsky）（=*A. fuscicollis* Miwa）、褐纹金针虫（*Melanotus caudex* Lewis）和宽背金针虫［*Selatosomus latus*（Fabricius）］4 种。在台湾，蔗叩头虫（*M. tamsuyensis* Bates）是有名的甘蔗害虫，多在山边、高旱地，或无灌溉条件的砂质土壤的蔗田发生，数量很多，使蔗芽萌发减少或幼苗死亡。在四川西部主要有暗褐金针虫（*Selatosomus* sp.）。在黑龙江哈尔滨及克山一带，兴安金针虫［*Herminius dahuricus*（Motschulsky）］较普遍，主要为害小麦和大豆。在新疆，条纹金针虫［*A. lineatus*（L.）］发生普遍，为害冬麦和玉米，严重时受害率达 51.5%，死苗达 32.8%。

3.4.1 沟金针虫

沟金针虫是亚洲大陆特有的种类，在我国分布于辽宁、内蒙古、甘肃、青海、河北、山西、山东、陕西、江苏、安徽、河南等地，主要发生在长江以北的平原旱地，在有机质较缺乏而土质较疏松的砂壤土地区。沟金针虫食性广，为害禾谷类、薯类、豆类、蔬菜、甜菜、胡麻及林木等幼苗，春季咬食刚发芽的种子、幼根及茎的地下部分，食茎时先咬成缺刻，再沿茎向上钻蛀至表土为止，致使幼苗整株枯死，造成缺苗断垄，秋季还蛀食马铃薯、甜菜、胡萝卜等的块茎和块根，为害亦重。

3.4.1.1 沟金针虫的形态特征（图 3-7）

(1) 成虫 体长 14~17 mm。雄虫体型瘦狭，背面扁平深褐色，密被金黄色细毛；头扁，头顶中央低凹，密生明显刻点。雌虫体较扁平，前胸发达，背面半球形隆起，前狭后宽，宽大于长，密布刻点，中央有极细小的纵沟。雄虫触角12节，丝状，长达鞘翅末端，有后翅。雌虫触角11节，略呈锯齿状，长约为前胸长的2倍，后翅退化。

(2) 卵 椭圆形。长约0.7 mm，宽约0.6 mm，乳白色。

(3) 幼虫 老熟幼虫体长20～30 mm，金黄色，具黄色细毛；前头部和口器暗褐色。头扁平，上唇三叉状突起。体节宽大于长，背面中央有1条细纵沟。尾节背面凹入近圆形，并密布较粗刻点，两侧缘隆起，每侧有3个齿状突起，尾端分叉，并略向上弯曲，每叉内侧各有1个小齿。

(4) 蛹 体长15～22 mm。前胸背板隆起半圆形，前缘及后缘角各有1对剑状长刺，中胸较后胸短。足腿节与胫节并叠，与体躯略成直角。腹部末端瘦削，尾端自中间裂开，有刺状突起。初蛹淡绿色，后渐变深色。

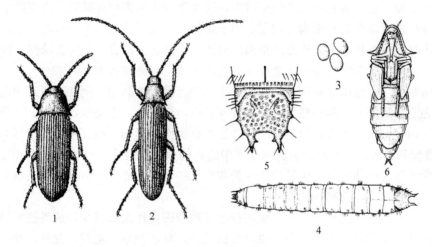

图3-7 沟金针虫
1. 雄成虫 2. 雌成虫 3. 卵 4. 幼虫 5. 幼虫腹部末端 6. 蛹

3.4.1.2 发生规律

(1) 生活史和习性 沟金针虫2～3年或更长时间完成1个世代，以成虫和幼虫在土中越冬。由于生活历期长，土壤环境复杂多变，田间幼虫发育不整齐，因而世代重叠。据钟启谦和魏鸿钧观察，沟金针虫在北京地区3年多完成1代，其幼虫期长达1150 d。越冬幼虫于8月上旬至9月上旬先后化蛹，蛹期为16～20 d。田间9月初成虫开始羽化，当年不出土而在土中越冬，翌年春3—4月越冬成虫开始活动，以4月上旬为最盛，4月中旬后田间很少发现，寿命约为220 d。成虫4月中旬至6月初产卵，卵期约为35 d。幼虫6月全部孵出，新孵幼虫以上旬最多。另据吴铱等研究，沟金针虫在河南鄢城2年多完成1代。越冬幼虫8月下旬开始化蛹，9月中旬成虫初见。越冬成虫在2月下旬便出土活动，3月中旬至4月中旬为盛期，4月下旬绝迹。幼虫5月初始孵，5月上中旬为孵化盛期。由上面可以看出，沟金针虫在两地完成1世代所需时间相差1年以上，但在安徽和陕西也发现饲养的沟金针虫幼虫，有的3～4年，甚至5年仍有未化蛹者。因此沟金针虫的发生世代可能存在多态现象。

沟金针虫的成虫白天潜伏在土块下或杂草中，傍晚外出活动交尾；有假死性，无趋光性。雌虫行动迟钝，不能飞翔；雄虫活跃，能做短距离飞翔。雌虫交配后，将卵产在土下

3～7 cm深处，卵散产，每雌产卵可达200余粒，卵粒小，常粘有土粒，难以发现。

(2) 发生与环境条件的关系 沟金针虫的活动与土壤温度、土壤湿度和栽培制度的关系极为密切。

①土温 根据魏鸿钧等在安徽临泉的系统研究，沟金针虫在2月中下旬10 cm土温为5.7℃时，已有63.7%上升到10 cm土层内；3—4月土温为7.5～16.5℃，大部分幼虫活动在表土层，为害返青麦苗和春播作物幼苗；5月中旬后气温升高，土温达30℃以上，金针虫向深土层移动；9月以后又向上迁移，11月中旬后再度下移至10～30 cm深处越冬。沟金针虫在土中活动随土温季节性变化而上下移动，春秋两次上移形成全年的为害盛期，夏季高温及秋末和冬季低温来临后，则下移进行越夏和越冬。

②土壤含水量 沟金针虫较适应于干燥疏松的土壤中生活，适宜的土壤含水量一般为15%～18%。在干旱平原区，若秋雨充足，土壤湿度提高，有利于沟金针虫的化蛹和羽化，秋季羽化率增加，意味着越冬老熟幼虫减少，则翌年春季为害程度减轻。春季雨水多，墒情好，对沟金针虫活动有利，则为害加重，因土壤湿度大能促使幼虫上升至浅土层，但雨水过多，土壤水分呈饱和状态，能迫使幼虫向深处活动，可暂停取食，使为害减轻。因此春季灌水可减轻沟金针虫的为害，灌水还能促进小麦的生长，提高耐害力。

③栽培制度 栽培制度对沟金针虫的发生消长有很大的影响。例如陕西武功地区，过去耕作制度为三年四熟或一年一熟，水利条件改善后，旱地变成水浇地，基本上实现了一年二熟制，由于沟金针虫个体大，行动迟缓，易受农事操作的影响，改变耕作制度后特别是6—8月秋田管理和灌水，对老龄沟金针虫在土中的化蛹和成活极为不利，因此20世纪70年代以来，原为该地区优势种的沟金针虫出现种群衰落的现象。此外，新开荒地虫口多，但随着种植时间的延长，虫口有减少的趋势。

近年来在山东、河南调查发现，免耕技术导致农田耕作次数减少，旋耕技术导致土壤耕层较浅，这些耕作方式减少了对金针虫的机械杀伤，从而积累了虫源。此外，在一些纯农业地区，随着农村青壮年外出务工，剩下老弱病残在农村务农，耕作质量下降，导致耕作粗放，杂草丛生，甚至出现荒地，为金针虫提供了良好的滋生环境。

3.4.1.3 虫情调查和预测预报

春季当金针虫上升至表土层10 cm左右，返青麦苗开始发现少数被害时，即应及时发出预报。当幼虫上升到表土层2～3 cm，为害麦苗时，即为春季防治沟金针虫的适期。防治指标为每平方米3～5头。

3.4.1.4 防治方法

由于沟金针虫世代历期长，成虫行动迟缓，在原地交配产卵，扩散蔓延有相当的局限性，只要采取措施压低虫口密度后，短期内就难以回升。沟金针虫的防治以土壤施药及药剂拌种保苗为主，结合采用有效的农业防治措施。

(1) 农业防治 小麦秋播前进行深耕细耙；产卵化蛹期结合中耕除草，将卵翻至土表，暴晒致死，或机械杀死虫蛹；小麦收割后立即浅耕灭茬；因地制宜选择棉、麻、豆类等直根作物与小麦、玉米须根作物轮作；施用腐熟的农家肥；春季为害时结合小麦生育期需要进行灌水，可减轻沟金针虫的为害。

(2) 化学防治 可采用药剂拌种、土壤处理和药水浇灌的办法，具体可参见暗黑鳃金龟的防治方法。

3.4.2 细胸金针虫

3.4.2.1 形态特征（图3-8）

(1) **成虫** 体长8~9 mm。体细长，暗褐色，密被灰色短毛，有光泽。触角红褐色，第2节球形。前胸背板略带圆形，长大于宽。鞘翅长约头胸部长的2倍，具9条纵列刻点。足赤褐色。

(2) **卵** 圆形，长0.5~1.0 mm，乳白色。

(3) **幼虫** 有11龄，末龄幼虫体长23 mm。体细长，圆筒形，色淡黄，有光泽。尾节圆锥形，近基部的背面两侧各有1个褐色圆斑，背面有4条褐色纵纹。

(4) **蛹** 体长8~9 mm，初蛹时乳白色，后黄色。羽化前复眼黑色，口器淡褐色，翅芽灰黑色。

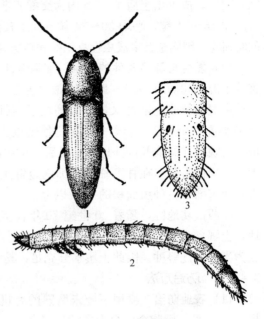

图3-8 细胸金针虫
1. 成虫 2. 幼虫 3. 幼虫末节
(仿魏鸿钧等，1989)

3.4.2.2 发生规律

(1) **生活史和习性** 细胸金针虫在陕西武功地区多为2年1代。由于该虫有世代多态现象，也有3年或1年、4年完成1代的。细胸金针虫以成虫和幼虫在土下20~40 cm处越冬。越冬成虫3月上中旬。当10 cm土层温度平均达7.6~11.6 ℃，气温达5.3 ℃时开始出土活动；4月中下旬土温平均为15.6 ℃，气温为13 ℃左右时进入活动盛期，6月中旬为活动末期。细胸金针虫在甘肃武威地区3年完成1代，也有2年或4~5年完成1代者，主要以幼虫越冬，少数为成虫越冬。越冬幼虫2月下旬向上移动，3月下旬至4月上旬移至表土层，经1个月的取食，老熟幼虫5月上旬进入预蛹期，5月20日左右始蛹，6月上中旬为化蛹盛期，8月中旬终见。成虫5月下旬始见，6月下旬为羽化盛期，7月中旬开始产卵，7月下旬为产卵盛期，8月下旬产卵终止。幼虫孵出后，多数经3年左右老熟化蛹。部分8月下旬后当年羽化的成虫，未经交配产卵，即在避风向阳的隐蔽处越冬，翌年4—5月中午出土活动，5月上旬开始产卵，6月上旬孵化为幼虫，越冬成虫寿命为270 d。在河南北部地区，细胸金针虫多数为2年完成1代，少数3年完成1代，以成虫和幼虫在土中越冬，但以幼虫越冬为主。越冬幼虫3月上旬恢复活动，为害返青小麦，以3月下旬至4月上旬为最严重，6月中旬化蛹，蛹盛期在7—8月，成虫羽化后当年不出土，于翌年3月中旬出蛰，4月上旬为发生盛期并大量产卵。各虫态历期见表3-6。

表3-6 细胸金针虫各虫态历期（d）

地点	卵			幼虫			蛹			成虫			全世代平均
	最短	最长	平均	最短	最长	平均	最短	最长	平均	最短	最长	平均	
陕西咸阳	19	36	26	405	487	454.4	10	19	13.4	199.5	316.5	261.5	754.9
甘肃武威	8	30	14	491	1490	958.5	11	22	15	30	68	40~50	1 027.5~1 037.5

成虫昼伏夜出，有强叩头反跳能力和假死性，略具趋光性，并对腐烂发酵气味有趋性，常群集在烂草堆下和土块下。成虫夜晚取食，喜食小麦叶片，常取食叶肉幼嫩组织，仅剩纤维和表皮。成虫出土后1～2 h内为交配盛期，可多次交配。雌虫产卵于土下3～7 cm处，每雌产卵16～74粒，平均30～34粒。幼虫较耐低温，春季上升为害的时间早，秋季下降越冬的时间晚。细胸金针虫成虫性喜钻蛀和转株为害，食料缺乏时，有取食其蛹和互相残杀习性。

(2) 发生与环境条件的关系 细胸金针虫适生于偏碱和潮湿黏重的土壤中。适宜活动为害的土温（10 cm）为7～22 ℃，最适土温为17 ℃，土温高于24 ℃即向深土层迁移。细胸金针虫对水分或土壤含水量有较高的适应性，成虫产卵适宜的土壤含水量为13%～19%，以15%左右为最适，春雨多的年份使幼虫为害加重，为害持续的时间也长。河南范县一带群众反映，在湖滨及低洼地洪水过后，黄河沿岸冲积地短期积水，对细胸金针虫的发生不但无害，反而有利。在甘肃临洮，细胸金针虫在水浇地小麦、玉米田普遍发生，造成严重损失，受害面积占种植面积的30%以上。

陕西武功地区，随着20世纪70年代宝鸡峡水利工程竣工后，大面积旱地改造为水浇地，土壤含水量大大增加，黏性增大，造成沟金针虫逐年减少，喜湿的细胸金针虫便逐渐演变为当地的优势种。因此土壤水分充足，是细胸金针虫发生和为害的一个极为重要的条件。

3.4.2.3 防治方法

(1) 农业防治 麦田不施未腐熟的有机肥料和秋季休闲对细胸金针虫有一定的防治效果。4—5月，细胸金针虫尚未大量产卵前，在麦田畦埂堆放杂草，第2天捕捉堆下成虫。

(2) 化学防治 细胸金针虫的化学防治参见沟金针虫的化学防治。

3.5 种蝇

种蝇[*Delia platura* (Meigen)]，又名灰地种蝇，属双翅目花蝇科，世界性广布种，我国各地均有分布。种蝇的寄主种类广，主要为害棉花、黄瓜、大白菜、萝卜、豆类、韭葱类等作物。种蝇以幼虫（根蛆）在土中食害发芽的种子或植物的根茎部，棉花受害后，常导致缺苗断垄。在北方地区，葱地种蝇[*D. antiqua* (Meigen)]是圆葱、大蒜、大葱和韭菜的重要地下害虫，尤其是大蒜受害最重。

3.5.1 形态特征

种蝇的形态特征见图3-9。

(1) 成虫 体长4～6 mm，灰黄色。雄虫两复眼在单眼三角区的前方几乎相接；触角芒较触角全长还长；前翅基背毛极短小，不及盾间沟后的背中毛长的1/2；后足胫节的内下方，生有稠密、末端稍弯曲而等长的短毛。雌虫复眼间的距离约为头宽的1/3；中足胫节的外上方有1根刚毛。

(2) 卵 长椭圆形，长约1.6 mm，透明而带白色。

(3) 幼虫 老熟幼虫体长8～10 mm，乳白色略带黄色。头部极小；腹部末端有7对不分叉的肉质突起，第1对与第2对突起等高，第5对与第6对几乎等长。

(4) 蛹 体长4～5 mm，宽约1.8 mm，圆筒形，黄褐色，两端略带黑色，前端稍扁平，后端圆形并有7对突起。

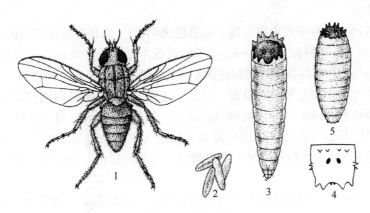

图3-9 种 蝇
1.成虫 2.卵 3.幼虫 4.幼虫腹部末端 5.蛹

3.5.2 发生规律

(1) 生活史和习性 种蝇在北方地区1年发生3代，以蛹在土中越冬。成虫于3—4月（北京）或4月下旬至5月上旬（山西大同）羽化。成虫寿命，雌虫为10～79 d，雄虫为10～39 d。成虫喜在晴朗干燥的天气活动，早晚隐蔽在土块缝隙中，产卵前取食花蜜和蜜露，对腐烂的有机质有很强的趋性。卵多产在比较潮湿的有机肥料附近的土缝下，也可产在近地面作物的子叶上。每雌产卵量为20～150粒，卵期为2～4 d。

种蝇的幼虫共分3龄。幼虫孵化后，钻入播下的种子，食害胚乳，1粒种子可有种蝇幼虫（根蛆）10余头，也可钻入植物的幼根、嫩茎为害。在山西大同，第1代幼虫5月至6月上旬主要为害甘蓝、白菜等十字花科的采种株，以及苗床的黄瓜幼苗和豆类发芽的种子等；第2代幼虫6月下旬至7月中旬为害洋葱、韭菜、蒜等；第3代幼虫9月下旬到10月中旬为害洋葱、韭菜、大白菜、秋萝卜等。一年中以春季第1代幼虫发生数量多，夏季最少，秋季有时也多。幼虫在15～25 ℃时历期为7～16 d，在被害株附近入土约7.5 cm处化蛹，蛹期为20 d以上。

种蝇在江西彭泽1年发生5代，一般以蛹越冬。越冬蛹于早春2月中下旬开始羽化为成虫，3月下旬达到羽化高峰；越冬代成虫产卵前期为7～11 d，一般每头雌蝇可产卵20～160粒，第1代卵期为3～6 d；3月中旬始见幼虫为害，4月中下旬为害最严重，为害棉花、各种蔬菜、豆类等农作物的种子和幼苗。幼虫喜欢生活在潮湿、疏松、有机质多的土壤中。化蛹深度一般在7 cm左右。

(2) 发生与环境条件的关系 种蝇对高温敏感，当气温超过35 ℃时，卵大量死亡，幼虫不能存活，蛹也不能羽化。凡施用未腐熟有机肥或粪肥撒落在土面的田块，因能引诱成虫大量产卵而受害重。

3.5.3 防治方法

(1) 农业防治 清除田间被害作物和腐烂植株；大白菜、萝卜等作物收获后及时进行深耕；施用充分腐熟的有机肥料，注意深施，撒施均匀，不要露于土面，以防止招引成虫前来产卵。

(2) 化学防治

①成虫期防治　在种蝇成虫盛发期，每公顷选用90％敌百虫晶体900 g、50％马拉硫磷乳油900 mL、48％毒死蜱乳油600 mL、2.5％溴氰菊酯乳油300 mL、1.8％阿维菌素乳油300 mL，兑水900 L，喷洒在植株周围地面和根际附近，隔7～10 d后再喷1次，共治2次。

②防治幼虫　在作物播种或定植前，每公顷选用3％甲基异柳磷颗粒剂60 kg、3％氯唑磷（米乐尔）颗粒剂60 kg、5％丙线磷（益舒宝）颗粒剂30 kg，撒入播种沟内。在作物生长期内，当幼虫刚开始发生为害，田间发现个别虫害株时，选用90％敌百虫晶体1 000倍液、48％毒死蜱乳油2 000倍液、50％辛硫磷乳油2 000倍液、40％乐果乳油1 500～2 000倍液灌根。

山西省农业科学院总结出大同地区洋葱种蝇的无公害综合防治技术为：轮作倒茬→清洁田园→顶凌种植→黄色板诱杀→小苗大量出土后1.8％虫螨克（有效成分为阿维菌素）或10％吡虫啉粉剂1 500～2 000倍液喷施→小鳞茎、管状叶形成期和茎叶生长向鳞茎迅速膨大期后每公顷用50％辛硫磷乳油1.5 kg随水灌根，结合1.8％虫螨克或10％吡虫啉粉剂1 500～2 000倍液喷施，既可实现洋葱无公害生产，又可实现比传统模式增产、增收。

思 考 题

1. 我国常见地下害虫有哪几类？地下害虫的发生为害有何特点？
2. 华北大黑鳃金龟为害为什么有大小年之分？
3. 地下害虫的化学防治主要有哪几种方法？并举例说明。
4. 试比较小地老虎和黏虫在发生上有何相似之处。
5. 近年来地下害虫发生有什么新变化？

第 4 章

水 稻 害 虫

水稻是我国的主要粮食作物,全国大多数省份都有种植。水稻害虫是影响水稻产量提高的重要因子。据联合国粮食与农业组织估计,在亚洲水稻害虫为害造成的稻谷损失约 30%;2005 年和 2006 年,稻飞虱在华南、江南、西南、长江流域、江淮稻区大发生,发生面积分别达 2.4×10^7 hm^2 次和 2.78×10^7 hm^2 次;稻纵卷叶螟在华南、江南、长江流域以及江淮和西南部分稻区发生严重,年发生面积达 1.93×10^7 hm^2 次,均比 20 世纪 90 年代增加了 40%以上,造成的产量损失占水稻病虫害总损失的 50%以上。水稻害虫种类多,我国已有记载的在 250 种以上,水稻生长过程中每个阶段均会遭受不同种类的为害。例如食害稻种的有稻水蝇和稻摇蚊,食害根的有稻根叶甲、稻象甲,钻蛀茎秆的有大螟、二化螟、三化螟、稻秆蝇、稻瘿蚊等,刺吸茎叶的有褐飞虱、白背飞虱、灰飞虱、黑尾叶蝉、白翅叶蝉等,锉吸的有稻蓟马等,食害叶片的有稻苞虫类、稻纵卷叶螟、稻螟蛉、黏虫、稻负泥虫、稻蝗等,在穗部刺吸为害的有稻黑蝽、稻褐蝽等。

水稻害虫按虫源性质可分为异地虫源害虫和本地虫源害虫两大类型。

异地虫源害虫即迁飞性害虫,在我国越冬的范围很窄,大部分稻区初发世代的虫源系从南方迁入繁殖,秋季又自北向南回迁。这类害虫需要通过种群的季节性迁移,在不同的发生区依靠世代的延续完成生活史循环。其发生特点是:虫源的迁入和迁出具有同期突增和突减现象,各发生区互为虫源地,发生面积大,大发生的频率高,易暴发成灾,如褐飞虱、白背飞虱、黏虫、稻纵卷叶螟等。

本地虫源害虫是能在当地越冬完成年生活史的害虫,例如稻螟类、稻蝗、稻象甲等。这类害虫又称为定居性害虫。

我国不同稻区自然条件各不同,栽培制度复杂,品种繁多,各稻虫的习性各异,各因素交错结合,形成多种多样的水稻害虫生境,决定了各稻区水稻害虫的种类组成及其优势种,但水稻栽培制度的改革、品种的更新、气候的变化、农药品种的更新换代、天敌的盛衰等,都会导致稻田生态系统的变化,从而引起水稻害虫种类组成的变化和种群的演替。

当前我国水稻害虫发生的动向是:迁飞性害虫尤其是褐飞虱仍然是为害最为严重的害虫,本地虫源害虫相对地处于次要地位,一些已被控制或原来为害不重的害虫(例如稻蝗、稻象甲、稻黑蝽等)有抬头的趋势,白背飞虱在全国范围内虫量显著上升,三化螟、二化螟在局部地区有回升现象,新入侵的稻水象甲也有蔓延的趋势。

经多年的攻关,我国水稻害虫的综合治理基本上形成了各大稻区配套的综合治理体系。其共同的原则是:在研究害虫种群动态规律和作物耐害补偿功能基础上,以选用抗性品种为主体,加强保健栽培管理,放宽防治指标,辅以科学使用农药与天敌的协调防治,达到控害、高产和保护生态环境的目的。

在水稻害虫综合治理关键性技术的研究中，我国已育成的抗褐飞虱品种有"浙丽1号""南粳37""镇粳88""南京14""威优64""秀水620"等，抗稻螟品种有"镇稻2号""连粳1号"等；在转基因抗螟虫、抗飞虱的育种研究中，也已取得了重大突破。在农药方面引进与开发出了高效、安全的噻嗪酮、吡虫啉、锐劲特等，为防治稻飞虱和稻螟提供了新的手段。

随着水稻害虫综合治理关键性技术的开发和利用，大大地提高和简化了治理防治的配套和协调技术，基本上形成了一个具有中国特色的综合治理的新体系。

4.1 稻蓟马

为害水稻的蓟马，以稻蓟马［*Stenchaetothrips biformis*（Bagnall）］和稻管蓟马（禾谷蓟马）［*Haplothrips aculeatus*（Fabricius）］发生最为普遍，其次还有花蓟马（台湾蓟马）［*Frankliniella intonsa*（Trybom）］、禾蓟马（*F. tenuicornis* Uzel）、端带蓟马（端大蓟马）（*Taeniothrips distalis* Karny）等，均属缨翅目，其中稻蓟马、花蓟马、禾蓟马和端带蓟马属蓟马科，而稻管蓟马属管蓟马科。张维球经过考证和研究，认为我国稻蓟马沿用的学名 *Thrips oryzae* Williams、*Chloethrips oryzae*（Williams）应更正为 *Stenchaetothrips biformis*（Bagnall）。本教材重点介绍稻蓟马。

稻蓟马在我国主要分布在江淮流域以南各地。20世纪70年代初期推广一年三熟制，扩大了迟熟早稻，稻蓟马的为害逐年上升，以致"小虫成大灾"。80年代中期以后，一些地区随着一年二熟制和一年三熟制面积的压缩，或冬小麦、绿肥面积减少，化学除草剂大面积推广，减少了越冬及早春寄主，稻蓟马发生面积缩小，为害下降，但仍是局部地区秧田的重要害虫。据方海维等（2004）报道，稻蓟马在安徽省桐城市1997年前为次要害虫，主要在晚熟早稻和单季稻秧田、双晚秧田零星发生，发生程度1级以下。但自1998年以来，其为害加剧，部分年份暴发成灾，已成为晚熟早稻、单季稻以及再生稻大田初期的主要害虫，特别是一季稻田发生较重。

稻蓟马是水稻秧苗3叶期至分蘖期的害虫，以成虫和1～2龄若虫刮破稻叶表皮，吸食汁液，被害叶面先是出现黄白色小斑点，后叶尖失水纵卷，严重受害时，秧苗成片枯焦，状如火烧；本田受害，严重影响返青和分蘖，生长受阻，发育不良。

稻蓟马除为害水稻外，还取食麦类、玉米及李氏禾、看麦娘、早熟禾、稗、马唐、双穗雀稗等多种禾本科杂草。

4.1.1 形态特征

稻蓟马的形态特征见图4-1。

(1) 成虫 体长1.0～1.3 mm，黑褐色。头近似正方形，触角7节。前胸背板发达，后缘角各有1对长鬃。前翅翅脉明显，上脉鬃10根，其中端鬃3根。雌虫第8～9腹节有锯齿状产卵器。

(2) 卵 肾形，长0.26 mm，宽0.11 mm，微黄色，半透明，孵化前可透见两个红色眼点。

(3) 若虫 有4龄。1龄若虫白色透明，复眼红色，头胸部与腹部等长。2龄若虫淡黄色，复眼褐色，无翅芽。3龄若虫米黄色，翅芽明显，触角向两侧弯曲。4龄若虫淡褐色，触角向后翻，翅芽伸至第6~7腹节。3~4龄若虫不取食，但能活动，称为分别前蛹和蛹。

4.1.2 发生规律

（1）生活史和习性 稻蓟马在华南稻区1年发生近20代，终年繁殖为害；在江淮稻区1年发生10~14代，以成虫在麦类、李氏禾、看麦娘、早熟禾等禾本科植物的心叶中或基部青绿的叶鞘间越冬。在湖北荆州，越冬成虫3月上旬开始在新萌发的李氏禾上取食和产卵，4

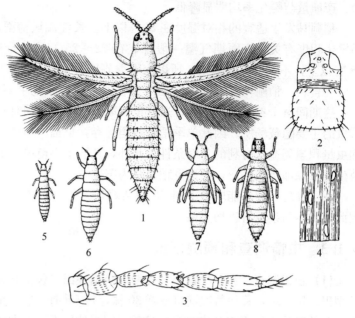

图4-1 稻蓟马
1. 成虫 2. 头和前胸 3. 触角 4. 水稻叶片内的卵
5~8. 1~4龄若虫

月上中旬出现第1代若虫盛期；4月下旬前后秧苗露青后，成虫即迁入秧田为害；5月上中旬出现第2代若虫盛期，主要为害早稻和早播中稻秧苗；5月下旬至6月初出现第3代若虫盛期，主要为害迟栽早稻、早栽中稻及迟播中稻秧苗；6月上中旬虫量剧增，6月下旬达全年虫量高峰，7月上旬虫量开始下降，此时主要为害迟栽中稻及晚稻秧苗；7月中旬前后，水稻进入圆秆拔节期，气温上升至28℃以上，虫口急剧下降。晚秋水稻收割前，转移至越冬寄主上繁殖，11月底至12月初，成虫进入越冬状态。

稻蓟马成虫和若虫都怕光和干旱，喜欢湿润环境。成虫白天隐藏在纵卷的叶尖或心叶内，早晚或阴天爬至叶面活动。稻蓟马有孤雌生殖和有性生殖两种方式，但以孤雌生殖为主。成虫羽化后1~2 d开始产卵，2~8 d盛产。在平均温度24.7℃时，每雌平均产卵93粒。卵散产于叶片正面脉间组织内，对光观察，见到叶片上有针尖大小的半透明黄色小亮点，即为稻蓟马卵。稻蓟马产卵有趋向嫩绿稻苗和嫩心叶的习性。秧田秧苗露青（1叶1心期）开始着卵，3叶期卵量激增，4~5叶期卵量最高，6叶期后卵量开始下降。卵粒主要分布于心叶下第2叶，心叶下第1叶和第3叶次之。杂交稻叶片宽厚，特别吸引稻蓟马产卵，落卵量比常规稻高。

初孵若虫多藏匿于心叶卷缝和叶腋内取食，随后分散到嫩叶上为害，导致叶尖失水纵卷。在卷叶内若虫发育至3龄即停止取食，但仍能爬行，至4龄才终止活动。

（2）发生与环境条件的关系

①气候 稻蓟马发育的最适温度为20~25℃，耐低温能力较强，但不耐高温，特别是持续高温。暖冬有利于稻蓟马越冬和早春繁殖。由春至夏，日平均气温自11℃左右渐升至25℃左右时，稻蓟马种群数量与日俱增，升至21~22℃以后，进入田间盛发为害期，此段时间内，凡稻苗嫩绿的田块，稻蓟马的虫口一直较高；气温超过28℃，雌虫比例、成虫寿

命、产卵量与孵化率均明显降低。

稻蓟马发生适宜的相对湿度在80%以上。长江流域梅雨出现的早迟和持续时间与稻蓟马发生程度有关，梅雨期气温一般稳定在22～25℃，一旦梅雨期结束，气温随即上升至28℃以上，不利其生长繁殖，所以梅雨季节长的年份，稻蓟马发生为害较重。

②食料　稻蓟马有追逐幼嫩稻苗为害的习性，因此主要发生在水稻秧苗期和本田分蘖期，这期间由于不断抽出新叶，适宜于其取食和产卵，同时心叶的喇叭口又是其成虫及初孵若虫的主要隐蔽场所。因此单季稻与双稻并存，早稻、中稻和晚稻混栽，为稻蓟马转移为害和虫量积累创造了有利的食料条件。此外，凡插植小苗秧、嫩秧、密植、深灌、氮肥多、禾苗生长嫩绿郁闭的稻田，易诱发稻蓟马为害。

现已发现稻蓟马能取食3科58种杂草，尤其喜食李氏禾，终年可在杂草上辗转繁殖，因此其发生与杂草有密切关系。

4.1.3　虫情调查和预测预报

(1) 秧田调查　在早稻秧田3叶期，晚稻秧田（包括直播稻）2叶期开始调查。对主要类型田定田1块，每块每次随机取样30株，每5 d查1次，记载每株上的成、若虫数和心叶下2叶的卵量。秧田查到成虫高峰日后，按当地气温下的卵历期，推算卵孵化高峰期，参考秧苗叶龄，预报各类型秧田的防治适期。

(2) 本田调查　按不同稻作类型，对主要类型田定1块，在发现叶尖初卷时开始调查，记载成虫、若虫和卵的数量。同时，查20丛的卷叶株率。本田查到卷叶株率达5%以上，初卷叶尖平均每叶总虫量4～5头时，参照历史资料，预报防治类型田和适期。

4.1.4　防治方法

(1) 农业防治　品种合理布局，避免单季稻与双季稻混栽，使水稻生育期一致，以恶化稻蓟马的食料条件。冬季结合积肥，铲除田边、沟边杂草，减少越冬虫源和早春繁殖的中间寄主。

(2) 化学防治　重点防治秧田和分蘖期稻田。

①药剂拌种　选用30%噻虫嗪悬浮剂2～3 mL/kg、40%噻虫嗪·溴氰虫酰胺96 g/100 kg拌种，对稻蓟马的防治效果能达到90%以上。35%丁硫克百威种子处理干粉剂12～18 g/kg拌种，15～20 d后的防治效果能达到89%。许小龙等发现，用70%吡虫啉种子处理可分散粉剂按100 kg种子有效成分用量70～560 g对种子包衣处理时，秧田期对稻蓟马的控制效果为91%～99%，保苗效果在95%以上，持续期在20 d以上。

②秧田或本田药剂喷雾　可选用50%辛硫磷乳油、50%杀螟松乳油、50%马拉硫磷乳油，其中任一种1 500倍液，每公顷喷药液750～900 kg，效果均好。或者每公顷选用25%杀虫双水剂2.25 L、10%吡虫啉可湿性粉剂375 g，兑水900 L喷雾或兑水225 L弥雾。

4.2　稻象甲与稻水象甲

稻象甲（*Echinocnemus squameus* Billberg）和稻水象甲（*Lissorhoptrus oryzophilus* Kuschel）属鞘翅目象甲科。稻象甲在我国分布北起黑龙江，南至海南岛，西抵甘肃、四川、云南和西藏，东达沿海各地和台湾；在国外分布于日本和东南亚。稻象甲在20世纪50年代曾是江西、湖南、湖北等省的主要水稻害虫之一，但在60～70年代只是零星发生，为害症状常被误为缺肥或赤枯病所致。70年代末80年代初以来，随着农业生产技术的改革，尤其是停止使用有机氯农药以来，该虫种群数量在长江流域及以南稻区有回升趋势。稻水象甲最早在美国密西西比河流域发现，起源于美国东部原野和山林，1959年在美国加利福尼亚州水稻产区发现。目前，该虫已在中国、日本、韩国、朝鲜、加拿大、墨西哥、古巴、多米尼加、哥伦比亚、圭亚那、北非、危地马拉、哥斯达黎加等国家和地区发生。在我国，稻水象甲于1988年5月在河北省唐海县一农场首次发现，现已扩大到北京、天津、河北、辽宁、山东、台湾、浙江、福建、吉林、安徽、湖南等23个省份的343个县、市、区、旗，受害水稻面积达 5.5×10^5 hm^2，并且正以每年10～15 km的速度从疫区向周围扩散。稻水象甲已成为我国某些稻区的重要害虫之一，属中华人民共和国进境植物检疫性有害生物。

稻象甲和稻水象甲成虫为害叶片，幼虫为害根系，以幼虫为害严重、损失大。稻象甲成虫以管状喙咬食秧苗茎叶，受害轻的心叶抽出后呈现一排小孔，重者造成断心断叶，引起缺苗缺丛。稻水象甲成虫取食水稻嫩叶，沿叶脉啃食一面表皮（主要是上表皮）和叶肉，仅留另一面表皮造成纵向白色细短条斑，经风吹雨打，条斑可变成褐色穿孔。在水稻抽穗灌浆期，成虫还能为害穗部，造成虫伤谷粒和秕谷。这两种象甲的幼虫主要为害稻根。稻根被害后轻者稻株叶尖发黄，生长停滞，影响长势，以后虽可抽穗，但成熟不齐；严重的则致分蘖率降低，植株矮缩甚至枯死，成穗株率和每穗粒数减少，甚至不能抽穗，秕谷增多，千粒重和碾米率降低，最终导致减产。

稻象甲的寄主植物除水稻外，还有麦类、玉米、稗、李氏禾、看麦娘等禾本科植物及油菜、棉花、瓜类、番茄、甘蓝等。稻水象甲的寄主植物较广，共有8科98种植物，其中能完成生活史的有6科30种。在这些寄主植物中，以禾本科和莎草科植物为主，最喜欢的寄主是水稻，其次是李氏禾、双穗雀稗、茅草等。

4.2.1 形态特征

稻象甲和稻水象甲的形态特征见图4-2。

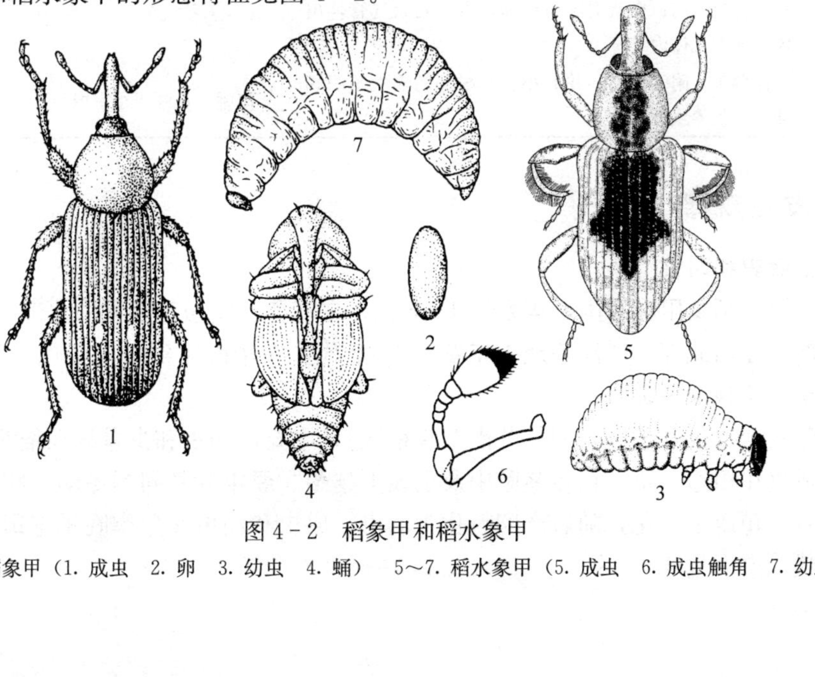

图4-2 稻象甲和稻水象甲

1～4. 稻象甲（1. 成虫 2. 卵 3. 幼虫 4. 蛹） 5～7. 稻水象甲（5. 成虫 6. 成虫触角 7. 幼虫）

稻象甲和稻水象甲的形态特征比较见表4-1。

表4-1 稻水象甲与稻象甲的形态特征比较

	稻水象甲	稻象甲
体长、宽	长约3 mm，宽约1.5 mm	长约5 mm，宽约2.3 mm
体表	密被灰色圆形鳞片，鳞片间无缝隙；前胸背板中间和鞘翅中间基半部为深褐色，形成一个状似广口瓶的暗斑；鞘翅近端部无灰白色斑	密被灰色椭圆形鳞片，鳞片间隙明显；前胸中间两侧和鞘翅中间6个行间的鳞片为深褐色，行间近端部各有1个长圆形灰白斑
喙	喙长约为宽的2倍，圆筒形，背面较拱圆，端部不明显变宽，喙长短于前胸长	喙长超过宽的3倍，圆筒形，背腹面扁平，端部变宽；喙长几乎等于前胸长
额	额（两眼间距）宽于喙宽	额窄于喙宽
触角	红褐色，着生于喙中间之前，触角沟斜且端部从背面可见；柄节端部膨大；索节6节，第1节球形，第2节细小，棒节愈合为一节，基部光滑仅端部密生茸毛	红褐色，着生于喙近端部，触角沟直且从背面不易看见；柄节端部膨大；索节7节，第1节棒形，第2节略细，棒分节明显，触角被覆毛和细茸毛
前胸	长宽之比约为6:7，前缘中间向前略弯；鞘翅宽为前胸宽的1.45～1.55倍	长宽之比约为5:7，前缘中间向后略弯；鞘翅宽为前胸宽的1.25倍左右
小盾片	看不见	圆形，十分明显，覆盖鳞片
鞘翅	长为宽的1.6倍以下，肩角较突出，鞘翅两侧平行，行纹不明显，行间有若干不很明显的瘤突	长为宽的1.5倍左右，肩角较圆，鞘翅两侧平行，行纹（刻点行）明显，行间无瘤突
足	前足和后足胫节正常；中足胫节扁而弯，内外缘均有1排长条毛；跗节3不呈二叶状，跗节4较明显	前足、中足和后足胫节均正常，三足胫节内缘均有1排刚毛，但外缘无毛；跗节3宽，二叶状，跗节4藏于3之中
卵	长圆柱形，略弯	椭圆形
幼虫	细长，老熟幼虫体长约为10 mm；体壁近乎透明，因体内充满脂肪体而呈白色；头部褐色，无足；腹部第2～7节背中线两侧各有1个脊状突起，每个突起内伸出1条与主气管相连的角状气管，气管顶端形成钳状的特化气门；脊状突起可伸缩，带动角状气管伸出体外或缩入体内	老熟幼虫体长约为8 mm，体肥胖多皱褶，稍向腹面弯曲；头部褐色；无足；腹部第2～7节也有角状气管，但脊状突起不明显
蛹	做薄茧，附于根部，并有小孔与根部的输气组织相通，以供给虫体呼吸	离蛹，化蛹于土室内

4.2.2 发生规律

(1) 生活史和习性

①稻象甲 稻象甲在我国1年发生1～2代，在江苏、安徽和湖北中北部1年发生1代，在湖北南部、江西北部、浙江等地1年发生1～2代，在华南1年发生2代。各代成虫发生期均与秧苗及移栽期一致。

在1年发生1代发生区（例如苏南单晚稻区），主要以幼虫和少量蛹在稻茬根须间越冬，也有少量成虫在田边杂草、稻茬茎腔中及土表下越冬。翌年5月间越冬幼虫相继化蛹，5月下旬至6月上旬成虫羽化，随后产卵孵化为幼虫。成虫和幼虫在单季晚稻本田内为害，7月上旬越冬代成虫大量死亡。

稻象甲在浙江省双季稻区1年2代，主要以成虫和幼虫越冬。据1989年调查，越冬代成虫3月初开始活动，4月中旬达到高峰，早稻出苗后迁至秧田为害，移栽后迁入本田为害并产卵。据永康县定田系统调查，早稻移栽后9～12 d（5月5日左右）出现成虫高峰，15～17 d进入卵量高峰，24～27 d（5月19日左右）为孵化高峰，6月下旬开始化蛹，第1代成虫于7月中旬前后开始羽化，在早稻收割翻耕前部分羽化成虫迁离田间，未能化蛹和羽化的幼虫和蛹随翻耕灌水后逐渐死亡。晚稻田移栽后，稻象甲成虫迁回田间，迅速达到成虫高峰，移栽后10 d左右达卵量高峰，16 d左右为卵孵化高峰，9月上旬为高龄幼虫高峰，10月上中旬为化蛹高峰，10月上旬开始羽化，10月中旬达到羽化高峰，11月上旬停止化蛹羽化，11月中下旬以成虫和幼虫进入越冬状态。

稻象甲成虫多在早、晚活动，晴朗的白天多潜藏在植株丛中或土缝等处，活动能力弱，有潜泳、钻土、喜甜味、假死、趋暗避光、日潜夜出等习性。在田间呈符合负二项的聚集分布。卵多产于稻苗基部叶鞘上，产卵时用喙咬1个小孔，每孔产卵3～5粒，多者10粒以上，在稻苗基部叶鞘浸水情况下，能潜入水中产卵，卵在水中能正常生长发育。幼虫孵化后，沿稻株潜入土中，取食幼嫩根须，有时一丛稻根中常聚居数十以至百余头幼虫。老熟幼虫在稻根附近做土室化蛹。幼虫在长期浸水田中不能化蛹，但一旦离水，老熟幼虫即能化蛹。蛹耐水浸，但发育速率比不浸水的慢，而且蛹死亡率随浸水时间延长而增加。

夏秋间稻象甲各虫态历期。卵期为5～6 d，幼虫期为60～70 d，蛹期为6～10 d，越冬虫态历期可长达200 d以上。

②稻水象甲 稻水象甲在北方单季稻区1年发生1代，而在浙江、台湾等双季稻区1年可发生2代，其发生世代和发育阶段与早稻、晚稻生长发育同步，与水稻的耕作制度密切相关，主要为害早稻。稻水象甲在各地都以成虫滞育状态越冬，越冬场所大多在山上草地、地坎田边、房前屋后等处的杂草下表土及稻草堆、稻田稻茬等，越冬时有群集现象。

浙江1年发生2代区，当春季气温回升后，越冬成虫解除滞育并开始取食杂草，4月下半月开始陆续迁入早稻秧田或待插田及水沟边杂草上，4月底至5月上旬早稻插秧后迁入本田，取食稻苗后，卵巢开始发育，同时飞行肌消解。第1代卵盛期为4月底至5月上旬，第1代幼虫期从5月中上旬至7月上旬，高峰期在6月中上旬；第1代蛹5月底始见，高峰期出现在6月中下旬；第1代成虫于6月中旬始见，6月下旬至7月上旬达到高峰。第1代成虫全部生殖滞育，待飞行肌发育完成后，绝大部分迁入越夏、越冬场所，只有少量落入晚稻秧田的个体和晚稻插秧时尚未迁走的田内成虫，构成晚稻第2代虫源，占收割前残留虫量的5%～8%。第2代幼虫期从8月上旬到9月底，8月下旬见蛹。晚稻本田内的第2代成虫于8月下旬始见，9月中旬达到高峰。自9月下旬至10月中旬，成虫陆续迁往越冬场所滞育越冬。

稻水象甲行两性生殖，亦可孤雌生殖。成虫有迁飞、趋光、趋嫩、群居、潜泳、钻土、抱团、假死等习性。稻水象甲趋光性方面，对黑光灯、日光灯、白炽灯都有趋性，其中尤以对黑光灯和日光灯并联的趋性强。迁飞性方面，成虫有季节性迁飞习性，在双季稻区有春季、夏季和秋季3次迁飞。一次飞行距离可达4 km以上；越冬成虫，如遇20～27℃适宜气温和3～4级顺风，则远程传播可达100 km以上。稻水象甲在稻田内主要通过游泳扩散。成虫有很强的耐饥饿、耐窒息能力，在没有空气和食物的条件下，不管是干燥还是浸水，成虫均能存活 20～50 d。一天中，成虫啃食叶片的时间主要在 9:00 之前和 17:00 以后，中间时间主要是为避开高温和长波强光，在水中生活。成虫产卵时潜入水下，卵单个地产在水下叶鞘内侧中脉附近组织内，一处可产 8～40 粒，纵向成行整齐排列，表面不见产卵痕迹。在一植株上，以下面第 2、3 叶鞘居多。每雌一生可产卵 28～286 粒，一般 20～30 粒。初孵幼虫先取食叶鞘内侧组织，然后咬穿叶鞘（外侧可见咬出的虫孔），爬落入土至根部取食为害。幼虫共 4 龄，1～2 龄幼虫蛀食根部组织，留下管状表皮；3～4 龄幼虫咬食根系。稻水象甲成虫、卵和幼虫在田间均呈聚集分布，分布的基本成分为个体群，聚集强度具密度依赖性。幼虫老熟后，先找到 1 根有活力的稻根，在根上咬 1 个小孔，使之与稻根的输气组织相连以利于虫体呼吸，然后围绕小孔结茧化蛹。茧结在根上，附着牢固，植株拔出时一般不脱离。蛹在茧内发育为成虫后，咬 1 个椭圆形羽化孔外出。稻水象甲卵期约为 7 d，幼虫期约为 30 d，蛹期为 5～14 d。

(2) 发生与环境的关系　稻象甲和稻水象甲种群数量的波动，与田间管理技术、作物品种、天敌、使用农药的种类等有极为密切的关系。

①田间管理技术　冬种作物及田间杂草为稻象甲提供了丰富的食料和越冬场所，因此冬种作物面积大、田间杂草及稻桩大量存在，则有利于稻象甲过冬，虫源基数增大。此外，免耕或少耕播种、化学除草代替耘耥除草等轻型栽培技术，由于减少了对幼虫和蛹的机械损伤，也将使稻象甲越冬基数大增，从而加重稻象甲的为害。

稻田翻耕灌水、排水及土壤含水量对稻象甲和稻水象甲幼虫、蛹的存活及化蛹羽化都有很大影响。稻象甲和稻水象甲对水分的要求，刚好相反。稻田长期浸水、含水量高不利于稻象甲存活、化蛹和羽化，而对稻水象甲则非常有利。据浙江调查，绿肥田翻耕灌水后 49 d，稻象甲的幼虫死亡率达 100%。晚稻移栽期由于气温高，幼虫死亡快，翻耕灌水后 14 d 稻象甲的幼虫即全部死亡。土壤含水量与化蛹羽化的关系试验表明，稻象甲幼虫在土壤含水量 40% 以上时不能化蛹，至 37% 左右时才能化蛹，并且其化蛹羽化率随含水量的下降而提高。稻水象甲对水的要求很高，一生不能离开水，缺水情况下严重影响其取食以及生长、发育与繁殖，即使在滞育情况下，干燥环境亦使成虫难以长期存活。如若成虫产卵前期缺水超 16 d，产卵受到明显抑制，繁殖力大大降低；产卵中期缺水超 8 d，产卵同样受抑制，繁殖力大幅度降低。氮肥水平对稻水象甲的虫口密度有明显的影响。随着氮肥使用量的增加，稻水象甲的幼虫量呈直线上升。

移栽期不同，也会造成田间稻象甲和稻水象甲发生量较大的差异。据浙江省调查，稻象甲在早插田重于迟插田，绿肥田早稻受害重于春花田早稻。对稻水象甲而言，早稻早插田发生量大于迟插田，其原因是越冬后成虫从解除滞育到取食到水稻的间隔时间越长，对稻水象甲的生长发育繁殖越不利；早稻收割与晚稻栽插间隔时间长的晚稻田块的发生量要低于间隔时间短的田块，因为间隔时间长使得第 1 代成虫大量地迁出稻田。

②品种　早稻中早熟品种改为迟熟品种，则将增加稻象甲第 2 代的虫源，主要是由于早稻收割时间延迟，使得早稻收割后翻耕灌水的灭虫作用减弱。不同水稻品种对稻水象甲的抗性存在明显差异。不仅稻水象甲对不同品种造成的为害程度不同，而且稻水象甲在不同品种上的繁殖能力亦有显著差异。稻水象甲成虫取食可溶性蛋白质含量越高的品种，其产卵量越多。另据辽宁省农业科学院植物保护研究所报道，选用晚熟品种较选用早熟品种受害轻，其原因是早熟品种的孕穗期正值幼虫为害高峰期，而晚熟品种刚好避开了这个敏

感期。

③农药种类 有机氯农药对稻象甲特别有效，禁用后改用杀虫双和有机磷类杀虫剂，对稻象甲的兼治作用大为降低，这也是各地稻象甲种群数量逐渐回升的主要原因之一。

④天敌 据浙江省田间观察，稻象甲越冬成虫和蛹可被白僵菌等自然寄生，寄生率达20%以上。另据河南省郑州市植保植检站的室内研究结果，芫菁夜蛾线虫对稻象甲幼虫具较强的致病力。对稻水象甲报道的天敌种类不多，捕食性天敌主要可能有鸟类、蛙类和蜘蛛；在寄生性天敌方面，目前只发现寄生性真菌和线虫，并且只寄生成虫期。寄生性真菌有金龟子绿僵菌（*Metarhizium anisopliae*）、球孢白僵菌（*Beauveria bassiana*）和琼斯多毛菌（*Hirsutella jonesii*），寄生性线虫有索科（Merithid）线虫和夜蛾斯氏线虫（*Steinernema feltiae*）。但这些天敌在自然情况下，对稻水象甲的控制作用不明显。

4.2.3 防治方法

在防治上应采用"降低虫口基数，治成虫控幼虫"的策略，具体做法上应以农业防治为基础，结合应用物理防治、生物防治与化学防治的综合治理措施。

(1) 加强检疫 稻水象甲在我国被列为二类检疫对象，可随稻草及其制品等传播，应禁止从疫区输入；凡属用寄主植物做填充材料的，也应仔细检验。

(2) 农业防治 结合农业生产技术，创造不利于稻象甲和稻水象甲生活的环境，达到除虫和压低虫源的目的。

a. 冬季清除田边杂草，减少越冬虫源。

b. 改变种植方式。推行旱育秧和无纺布旱育秧，有条件的地方可与玉米等旱作物质轮作，这可以大量降低虫口数量。

c. 选育抗性品种。

d. 调整播种期，适当推迟早稻的播种期，可减轻稻象甲和稻水象甲的为害。

e. 加强田间管理。在稻象甲为害地区，晚稻收割后要抓紧耕翻，减少冬季免耕面积，早春及时沤田，多犁多耙，尽量减少越冬虫源。早稻6月、晚稻10月中旬至11月初水稻生长后期，在化蛹期间保持田间适量浸水，或浅水勤灌，以创造不利化蛹和羽化的条件。

在稻水象甲发生区，适当减水栽培可减轻幼虫的为害。在幼虫发生期排干稻田里的水20 d以上，可抑制幼虫发育。在肥料方面，合理施肥，尤其是不偏施氮肥，可降低稻水象甲种群密度，减轻水稻的受害程度。

(3) 物理防治 利用稻象甲成虫喜食甜物的习性，在越冬成虫开始盛发时，用糖醋草把或用甘薯、瓜类切成3 cm × 1 cm薄片，于傍晚散放于稻象甲活动处，翌晨集中捕杀。糖醋液以酒、水、糖、醋的比例为1∶2∶3∶4诱集效果最好。对稻水象甲可利用其趋光性，在越冬代成虫始盛期，日落后在稻田附近架设诱集灯（黑光灯或日光灯），集而杀之。此外，育秧时可使用防虫网全程覆盖，防止越冬代成虫迁入为害。在拔秧移栽时，可通过清洗秧根，降低秧苗上携带幼虫的数量。

(4) 生物防治 金龟子绿僵菌的一些菌株对稻水象甲有很高的致病率，在稻水象甲的成虫怀卵期，每公顷用金龟子绿僵菌10^{14}个孢子喷雾防治，13 d后对成虫的防治效果达92.5%。球孢白僵菌YS30菌株在每平方米$5×10^9$个孢子使用量的情况下，对稻水象甲成虫的田间防治效果可以达到40%~60%。此外，有条件的地方可以采用稻鸭共生技术控稻水象甲的为害。有研究表明，每公顷稻田放养 225 只鸭对稻水象甲成虫的控制效果可达 92.6%。

(5) 化学防治　防治水稻两种象甲宜采用"治成虫控幼虫、治早稻保晚稻"的策略。防治成虫在盛发产卵前施药效果最好，防治幼虫应抓住孵化高峰用药。稻象甲成虫和幼虫的防治指标早稻分别为百丛 20 头和百丛 27 头，晚稻分别为百丛 25 头和百丛 37 头。稻水象甲越冬成虫的防治指标为早稻百丛 30 头。

①防治成虫的药剂　稻水象甲每公顷可选用 20% 丁硫克百威乳油 750 mL、10% 吡虫啉可湿性粉剂 150 g、2% 阿维菌素乳油 300 mL、30% 阿维·杀虫单可湿性粉剂 900 g、10% 阿维·氟酰胺悬浮剂 675 mL、48% 毒死蜱乳油 1 500 mL、5% 氯虫苯甲酰胺悬浮剂 180 g 等。稻象甲每公顷可选用 10% 吡虫啉可湿性粉剂 150 g、25% 辛氰乳油 450 mL、40.7% 毒死蜱乳油 900~1 500 mL、40% 氰戊菊酯乳油 150 mL。以上药剂任选一种兑水 750 L 喷雾，可交替使用。

②防治幼虫的药剂　稻水象甲每公顷可选用 5% 丁硫克百威颗粒剂 37.5~45.0 kg、40% 氯虫·噻虫嗪水分散粒剂 375 g。稻象甲每公顷可选用 5% 甲基异柳磷颗粒剂 15.0~22.5 kg、3% 克百威颗粒剂 15.0~22.5 kg、3% 米乐尔颗粒剂 30 kg、3% 呋喃丹颗粒剂 30~45 kg、10% 辛硫磷颗粒剂 45~60 kg。以上药剂拌细沙或细土 300 kg，均匀撒施于稻田。

4.3　三化螟

三化螟 [*Scirpophaga incertulas* (Walker)] 属鳞翅目螟蛾总科草螟科，为东南亚和我国长江流域及以南稻区的重要害虫，在我国分布北界为山东烟台附近。三化螟为单食性害虫，以幼虫蛀茎为害，分蘖期形成枯心，孕穗至抽穗期形成枯孕穗和白穗，若转株为害还能形成虫伤株。

三化螟在 20 世纪 50—60 年代曾经是我国影响水稻生产的最大害虫，但自 70 年代后，三化螟为害逐年下降为次要地位，到 70 年代后期 80 年代初，仅在华南稻区为害较重，在苏南稻区种群几乎绝迹。但自 80 年代中期以后，三化螟在长江中下游沿江地区种群数量又有回升，为害程度日趋严重，继而又成为水稻生产上发生量较大的钻蛀性害虫。

4.3.1　形态特征

三化螟的形态特征见图 4-3。

(1) 成虫　雌蛾体长 10~13 mm，翅展 23~28 mm，体淡黄色；前翅黄白色，中央有 1 个小黑点；腹部末端有一撮黄褐色绒毛。雄蛾体长 8~9 mm，翅展 18~22 mm，体灰色；前翅淡灰褐色，中央黑点不明显，自翅尖指向后缘近中部有 1 条暗黑色斜纹，外缘有 7~9 个小黑点。

(2) 卵　卵块长椭圆形，中央稍隆起，表面盖有黄褐色绒毛。卵块中常有 3 层卵粒。卵初产时乳白色，渐变淡褐色，后变灰色，将孵化时黑色。

(3) 幼虫　多数 4 龄，个别 5 龄。初孵幼虫称为蚁螟，头宽 0.2~0.25 mm，体灰黑色，第 1 腹节有 1 个白色环，1 龄后期胸部青灰色，腹部淡黄色。2 龄头宽 0.3~0.46 mm，体黄白色，第 1 腹节白环消失，前中胸背板间有 1 对纺锤形隐斑。3 龄头宽 0.44~0.70 mm，体黄绿色,前胸背板后缘中线两侧各有1个扇形斑,背面正中背血管清晰可见。4龄头宽0.65~1.18 mm,体黄绿色,前胸背板后缘中线两侧各有1个新月形斑;腹足趾钩21~27个,排列成单序环。5龄腹足趾钩29~32个。

(4) 蛹 雄蛹体长约12 mm,较细瘦,初为灰白色,后转黄绿色,将羽化时变为黄褐色。前翅伸达第4腹节后缘,中足伸达第5腹节,后足伸达第7~8节。雌蛹体长约15 mm,较粗大,腹部末端圆钝,中足接近前翅,后足伸至第6腹节。

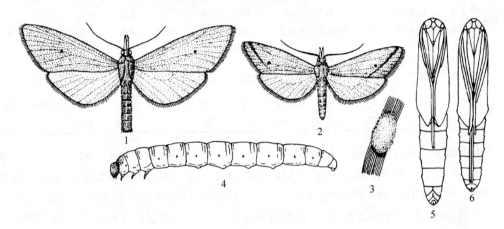

图4-3 三化螟
1. 雌成虫 2. 雄成虫 3. 卵块 4. 幼虫 5. 雌蛹 6. 雄蛹

4.3.2 发生规律

(1) 生活史和习性 三化螟原以江苏、浙江一带1年发生3代而得名。实际上在我国各地,随着温度的变化1年发生2~7代不等。即使是在江苏,如果早春回暖早,8月和9月上中旬气温偏高,就会有部分3代幼虫发育为局部的第4代。

三化螟以老熟幼虫在稻桩内滞育越冬。三化螟幼虫在南京滞育的临界光周期为13 h 45 min(8月23日前后),感应虫是3~4龄幼虫。当秋季临界光周期出现时,已进入预蛹的可以羽化进入下一代,而处于4龄以前的幼虫,因对临界光周期比较敏感,就进入滞育期。所以临界光周期出现前,幼虫虫龄的大小与年世代数密切相关。长江中下游三化螟各代发蛾期见表4-2。

表4-2 长江中下游三化螟蛾发生期

地点	越冬代			第1代			第2代			第3代		
	始见	盛发	终见	始见	盛发	终见	始见	盛发	终见	始见	盛发	终见
江苏南京	5月中旬	5月下旬	6月上旬	7月初	7月上中旬	7月下旬	7月末	8月中下旬	9月中下旬	9月上旬	9月中下旬	10月初
安徽芜湖	5月上旬	5月中旬	6月下旬	6月下旬	6月末至7月上旬	7月末	7月下旬	8月上旬	8月下旬	8月末至9月上旬	9月上中旬	10月初
浙江温州	4月下旬	5月上旬	5月中旬	6月中旬	6月下旬	7月中旬	8月上旬	8月下旬	9月上旬	9月中旬	10月下旬	

（续）

地点	越冬代			第1代			第2代			第3代		
	始见	盛发	终见	始见	盛发	终见	始见	盛发	终见	始见	盛发	终见
湖北武昌	4月下旬	5月上中旬	5月下旬	6月中旬	6月下旬至7月上旬	7月中旬	7月中旬	7月下旬至8月上旬	8月中旬	8月上旬	9月上旬	9月下旬
江西南昌	4月下旬	4月末至5月上旬	5月下旬	6月中旬初	6月中旬下	7月上旬	7月下旬	7月下旬	8月下旬	8月下旬	9月上旬	10月中旬
湖南长沙	4月下旬	5月上旬	5月下旬	6月中旬	6月下旬	7月上旬	7月下旬	7月下旬至8月上旬	8月下旬	8月中下旬	9月上旬	10月中旬
上海	5月上旬	5月中下旬	6月上中旬	7月初	7月上中旬	7月末	8月初	8月下旬	9月上旬	9月上旬	9月中下旬	10月上旬

　　三化螟越冬幼虫在春季温度回升到16 ℃左右时开始化蛹，17～18 ℃时开始羽化。羽化多在晚间，白天静伏在稻丛间，黄昏开始活动，以19:00—20:00活动最盛。成虫羽化后当晚即开始交尾，次日产卵。产卵历期为2～6 d，羽化后2～3 d内产卵最多，每雌可产1～7块卵，平均2～3块，每卵块含卵50粒左右并逐代增加。卵块多产于叶片上，秧苗期产在离叶尖6～10 mm的叶片正面，分蘖期多产在稻棵外围第3～4叶片背面，圆秆拔节到抽穗期多产在稻棵外围第2～4叶片背面。

　　三化螟雌蛾产卵有明显的选择性。凡生长嫩绿茂密，处于分蘖、孕穗至露穗初期的稻田，或施氮肥较多的稻田，卵块密度大。成虫有强烈的趋光性，气温在20 ℃以上，风力3级以下，闷热无月光的黑夜趋光最盛。

　　三化螟卵多在清晨和上午孵化。初孵蚁螟先在稻株上爬行一段时间，然后多数爬至叶尖，吐丝随风飘散至周围稻株蛀茎为害。从孵化到蛀入需时30～50 min，超过50 min就难以蛀入。蚁螟的蛀入成功率与水稻生育期密切相关，秧苗期蚁螟都在稻苗下部近水面叶鞘脉间较柔软处蛀入，少数从叶鞘缝隙侵入。苗龄小，脉间距离狭窄，蚁螟必须咬破维管束方能侵入，侵蛀时间长，侵入率低；苗龄大，则侵蛀时间较短，侵入成功率较高；秧田移栽期，因稻苗有返青过程，不利于幼虫的蛀入；在分蘖期，植株组织柔软，叶鞘包裹疏松，蚁螟易于侵入形成枯心；圆秆拔节期有多层叶鞘紧包茎秆，组织较坚硬，蚁螟侵入困难；孕穗至破口露穗期，只有剑叶鞘包住穗苞，比较柔嫩，蚁螟容易从剑叶鞘或合缝处钻入，先蛀食花蕊，穗抽出后，幼虫发育至2龄，从小穗中爬出，下行至穗颈基部蛀入，形成白穗；水稻抽穗后，茎秆组织硬化，蚁螟就不易侵入。因此水稻在生长发育过程中，分蘖期和孕穗至破口露穗期是蚁螟易于侵入的危险期，其余生育期为相对安全期。因此螟害的轻重取决于蚁螟盛孵期与水稻最易受害生育期相吻合的程度。在栽培技术上，可以通过调整水稻品种布局和适时播种、适期移栽等措施，水稻使最易受害的生育期与蚁螟盛孵期错开，达到栽培避螟的目的。

　　三化螟幼虫咬孔蛀入稻茎后，在分蘖期取食幼嫩而呈白色的组织，将心叶咬断，使心叶纵卷而逐渐凋萎枯黄。1头幼虫可造成3～5个枯心苗。1个卵块孵化出的幼虫可造成的枯心苗数：第1代为10～20根，第2代为30～50根，第3代为40～60根，由此形成枯心塘。

在穗期幼虫取食稻茎内壁组织，咬断维管束，致使水分和养料不能向上输送，侵入后 5 d 左右便形成白穗，侵入后约 8 d 便大量出现白穗，1 头幼虫能造成 1~2 根白穗，同一卵块孵出的幼虫可造成 30~40 根白穗，形成白穗团。幼虫转移为害次数与营养、栖息条件有关，条件差时转株次数多。三化螟一生可转株为害 1~3 次，以 3 龄幼虫转株较为普遍。幼虫老熟后移至稻茎基部近水面处或土下 1~2 cm 的稻茎中，先咬掉茎秆内壁留下一层薄膜后经过预蛹，然后化蛹。

江苏各代卵的历期：21 ℃时（第 1 代）为 12~13 d，28 ℃时（第 2~3 代）为 7~8 d。幼虫各龄历期在 23~29 ℃时，1~4 龄分别为 5 d、5 d、7 d 和 11 d，预蛹期为 2 d，共 30 d；在 29~35 ℃时分别为 4.3 d、3.8 d、4.3 d 和 7.2 d，预蛹期为 1 d，共 20.6 d。各代蛹的历期，越冬代在平均 20 ℃时为 20 d，第 1 代在 27 ℃时为 8.7 d，第 2 代在 29 ℃时为 8 d。

(2) 发生与环境条件的关系 三化螟的发生受气候、水稻栽培制度、品种、天敌等因素的综合影响，其中水稻栽培制度是决定三化螟发生量和为害程度的关键因子，气候主要影响发生期和最后一代（局部世代）数量的多少，天敌对发生数量也有重要的抑制作用。

①气候因素 三化螟发生期的迟早常受气候因素的支配。春季 16 ℃以上日平均温度的出现期与越冬代始蛾期相符合。春季温度回升早，越冬代蛾始见期即早，反之则迟。同一地区，由于年度间春季温度变化较大，越冬代蛾始见期早发与迟发年可相差 10 d 以上，以后各代成虫始见期和盛期的迟早均与前一代发生期间气温的高低有关。气温的高低亦影响秋季局部世代的发生。春季雨水多少关系到越冬后幼虫及蛹的存活率，如果 4—5 月干旱少雨，则死亡率低，全年的发生基数就大。江苏 8—9 月第 3 代三化螟发生时，如天气闷热、多雾，对发生为害极为有利，田间白穗发生就会加重。

②栽培制度 三化螟发生数量与水稻栽培制度的关系极为密切。水稻是三化螟唯一的寄主和栖息场所，不同的栽培制度不仅影响蚁螟的蛀入成功率，而且涉及有效虫源田和世代转化的桥梁田，从而决定了三化螟种群的盛衰和为害程度的轻重。

水稻栽培制度演变的历史经验表明，水稻栽培制度由单纯改向复杂时，三化螟代代都有适宜生存繁殖的寄主，发生量就增多，为害加重；栽培制度由复杂改为单纯时，则在世代发生过程中，缺少适于三化螟发生的条件，种群数量就会受到抑制，为害就轻。以江苏太湖稻区为例，20 世纪 50 年代，全区以单季中稻为主；三化螟发生轻，以后引种早稻和晚稻形成混栽局面，螟害以三化螟为主。60 年代全区以单季晚稻为主，发蛾早的被淘汰，且秧田里所孵化的蚁螟在秧苗移栽过程中死亡率很高，这样第 1 代蛾量下降，第 2 代蛾量增长也不大，加之晚栽后抽穗期又与三代蚁螟盛孵期不吻合，避过了螟害的危险期，三化螟种群又衰退。60 年代后期，由于大力发展双季稻和三熟制，形成了早稻、中稻、晚稻混栽和单季稻、双季稻并存的局面，三化螟各代都有良好的繁育环境，种群又开始激增；但当双季稻和三熟制面积达 80%左右和随着大麦和元麦面积的扩大，收割耕翻时间提早，越冬幼虫和蛹来不及化蛹与羽化，就被耕翻入土，浸水死亡，有效虫源大为减少，后又因前季稻收割时，大部分二代三化螟尚处于幼虫、蛹阶段，也因耕翻入土，能转化为第 2 代蛾的比例很少，如此往复数年后，三化螟发生数量就愈来愈少，甚至绝迹。70 年代后期以来，太湖稻区又逐渐恢复了单季晚稻，形成单季稻和双季稻混栽局面，1985 年以后，由于水稻品种的变更和进一步扩大粳稻面积，在太湖稻区和江淮稻区形成中粳、晚粳和粳、籼稻混栽局面，还有一些地区开始实施小苗移植并推广免耕法，也有利于幼虫越冬，因而种群数量又开始回升，扩展的面积也越来越大。

③品种和栽培技术　水稻品种涉及三化螟食物的品质和数量、生育期的长短等，这些都对三化螟种群的消长起一定的促控作用。一般粳稻比籼稻、杂交稻比常规籼稻有利于三化螟的生长发育。品种结合一定的栽培制度，对三化螟种群的盛衰起决定性作用。不同栽培技术也会影响三化螟的发生与为害。一般返青早、生长嫩绿的稻田，卵量多，螟害重。施肥不当，例如追肥过多过迟，常造成水稻发棵和生长期拉长，抽穗不整齐，很容易碰上蚁螟侵入，因而加重螟害。近些年江苏稻区种植的粳稻品种大多生育期偏长，则利于三化螟的发生。

④天敌　三化螟天敌种类很多，卵期主要有稻螟赤眼蜂、长腹黑卵蜂、等腹黑卵蜂、螟卵啮小蜂等。稻螟赤眼蜂的自然寄生率逐代增加，最高可达47.5%，对抑制晚稻三化螟有重要作用。幼虫寄生蜂有姬蜂和茧蜂两类。病原微生物真菌（白僵菌）是引起早春幼虫死亡的重要因子。捕食性天敌有青蛙、蜻蜓、步甲、隐翅虫、瓢虫、蜘蛛等。

4.3.3　虫情调查和预测预报

(1) 幼虫和蛹的发育进度调查　从各代三化螟化蛹始盛期开始，到羽化盛末期结束，每隔3～5 d查1次，按各类型田拔取一定数量的被害株，每次剥查活虫数应在50头以上，分别记载幼虫龄期、蛹级和蛹壳数。

(2) 卵块密度和发育进度的系统调查　卵块密度的调查于每代发蛾始盛期开始，每2～3 d查1次，至发蛾盛末期结束，查孵化进度要查至全代孵化完毕。每代按类型田分别选择有代表性田1～2块，每块固定500～1 000丛。将每次调查所获的卵块连稻根拔起，除计算卵块密度外，还应分不同类型田将未孵化卵株集中移栽在稻田一角，每天下午观察1次卵的孵化进度，分类型田计算当天孵化率和全代孵化率。也可在各代产卵盛期采回一定数量的卵块，在室内观察卵的发育进度，按历期法预测孵化盛期。

(3) 两查两定

①防治枯心　防治枯心的两查两定是：查卵块孵化进度，定防治适期；查卵量，定防治对象田。查卵块孵化进度方法同前。如果防治1次，适期掌握在孵化高峰前1～2 d；如果防治2次，第1次在孵化始盛期，隔5～7 d后再用第2次药。查卵量应根据县（市）测报站预报成虫盛发高峰后2～3 d开始调查，对处于分蘖期和圆秆拔节初期的稻田，每类型田查2块，每块田查66.7 m²，每3 d查1次，直到卵块密度不再增加为止，按单位面积卵块数确定普治和挑治对象田。

防治指标已由每公顷900块卵放宽到1 500～1 800块卵。另据福建研究报道，在每公顷6 000 kg产量水平下，早稻孕穗末期、始穗期和抽穗期的防治指标分别为每公顷1 260块卵、1 470块卵和1 710块卵块；晚稻分蘖期、孕穗末期、始穗期和抽穗期防治指标分别为每公顷1 335块卵、1 380块卵、1 620块卵和890块卵。各地应根据具体情况如产量水平、防治技术和要求，掌握适宜于本地区的防治指标。

②防治白穗　防治白穗的两查两定是：查水稻破口露穗情况，定防治适期；查水稻孕穗抽穗情况，定防治对象田。根据县测报站预报的螟卵盛孵期，在防治对象田内调查不同类型田的水稻破口露穗情况，在螟卵盛孵期内，按早破口早用药，迟破口迟用药的原则，逐块落实防治时间。防治对象田的确定，系按品种和水稻生育期划分类型，每类型查2～3块田，

用对角线取样,每点查 5 丛,分别记载孕穗、破口和出穗株数,凡在螟卵盛孵期前齐穗的,以及螟卵盛孵末期后孕穗不到 10% 的稻田,可不必防治;而将在螟卵盛孵期内,孕穗超过 10%,抽穗不到 80% 的田块,列为防治对象田。

4.3.4 防治方法

控制三化螟为害,宜采取"防、避、治"相结合的防治策略。主要措施如下。

(1) 农业防治

①调整耕作制度和合理安排作物布局 例如秋播规划时,把绿肥田、留种田和迟熟夏熟作物田尽量安排在旱作田和虫口密度小的晚稻田,以减少越冬基数。在同一稻区内避免早稻、中稻、晚稻并存,以切断三化螟的虫源田和桥梁田。调节栽秧期,采用抛秧法,使易遭蚁螟为害的生育阶段与蚁螟盛孵期错开,可避免或减轻受害。

②选用种子和调整播种、栽植期 选用纯种,适当调整播种、栽植期,可缩短或避过易受害的生育期,以减轻螟害。

③春耕灌水 在越冬幼虫化蛹期,及时春耕灌水,实施机具旋耕,淹没稻根数天,可杀死虫和蛹。如果对冬作田、绿肥田灌跑马水,不仅有利于作物生长,而且还能杀死大部分越冬螟虫。

(2) 人工、物理防治 过去在螟蛾发生期曾大面积采用点灯诱蛾、人工采卵、拔除枯心和白穗、拾毁外露稻根等人工防治方法,对压低螟害能起到一定的作用。对于白穗较多的田块,在收割时应尽可能低地割稻(最好是齐泥割稻)。

(3) 化学防治 目前化学药剂仍是防治三化螟的主要手段。防治枯心可施用 3% 呋喃丹颗粒剂,每公顷用 22.5~37.5 kg,拌细土 225 kg 撒施后,田间保持 3~5 cm 浅水层 4~5 d。防治白穗需在卵的盛孵期和破口吐穗期,采用早破口早用药,晚破口迟用药的原则,在破口露穗达 5%~10% 时,施第 1 次药,每公顷用 25% 杀虫双水剂 2 250~3 000 mL 或 50% 杀螟松乳油 1 500 mL、40% 氧化乐果加 50% 杀螟松乳油 150 mL,拌湿润细土 225 kg 撒入田间,也可用上述杀虫剂兑水 6 000 kg 泼浇或兑水 900~1 125 kg 喷雾。如果三化螟发生量大,蚁螟的孵化期长或寄主孕穗、抽穗期长,应在第 1 次药后隔 5 d 再施 1~2 次,方法同上。在桑稻混栽区,为保证养蚕的安全,及对杀虫双等药剂产生抗药性地区,每公顷可改用 20% 三唑磷乳油 13.5 L 或 50% 杀螟威乳油 22.5 L,兑水 13 500 L 喷雾,还可使用三唑磷与阿维菌素的复配剂。以前防治螟虫常用的锐劲特自 2009 年 7 月 1 日起禁用,其替代产品主要有 10% 稻腾悬浮剂(由 6.7% 氟虫双酰胺和 3.3% 阿维菌素混配而成)和 20% 氯虫苯甲酰胺悬浮剂。

(4) 生物防治 三化螟的生物防治参照后文介绍的稻纵卷叶螟的生物防治。

4.4 二化螟

二化螟[*Chilo suppressalis* (Walker)]属鳞翅目螟蛾总科草螟科,是我国水稻上的常发性害虫。广泛分布于亚洲温带和亚热带稻区;在我国分布北起黑龙江,南抵海南省,东自台湾,西至新疆的昌吉和乌鲁木齐,但以长江流域及以南各地的丘陵山区发生较重。二化螟寄主除水稻外,还有茭白、野茭白、玉米、甘蔗、稗、游草等禾本科植物,早春越冬幼虫还能为害麦苗、蚕豆、油菜、绿肥等。为害水稻形成枯鞘、枯心、白穗、枯孕穗、虫伤株等症状。

中华人民共和国成立初期，二化螟曾经是我国广大稻区发生严重的稻虫，后由于水稻改制和品种改良，曾出现几度起伏，但自 20 世纪 70 年代中期之后，全国大面积推广杂交水稻，在江淮稻麦二熟区，二化螟一直是稻螟中的优势种群。

4.4.1 形态特征

二化螟的形态特征见图 4-4。

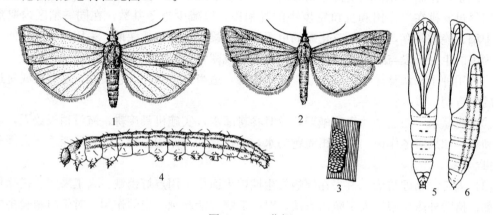

图 4-4 二化螟
1. 雌成虫 2. 雄成虫 3. 卵块 4. 幼虫 5. 雄蛹腹面 6. 雄蛹侧面

(1) 成虫 雄蛾体长 10～12 mm，翅展 20～25 mm；头胸部灰黄褐色；前翅近长方形，黄褐或灰褐色，翅面散布褐色小点，中央有紫黑色斑点 1 个，其下方另有斜形排列的 3 个同色小斑点，外缘有 7 个小黑点；后翅白色，近外缘渐带淡黄褐色；腹部瘦小。雌蛾体长 12～15 mm，翅展 25～31 mm；头、胸部及前翅黄褐色；前翅翅面褐色小点很少，没有紫黑色斑点，但外缘有 7 个小黑点；后翅白色，有绢丝般光泽；腹部粗肥。

(2) 卵 扁平，椭圆形，鱼鳞状单层排列。卵块长椭圆形，覆盖有透明胶质物。卵初产时乳白色，后渐变茶褐色，近孵化时黑色。

(3) 幼虫 通常 6 龄，也有 5 龄和 7 龄的。2 龄以上幼虫腹部背面有暗褐色纵线 5 条，老熟幼虫腹足具趾钩 51～56 个，列成三序全环或缺环。各龄幼虫特征见表 4-3。

表 4-3 二化螟各龄幼虫形态特征

龄期	体长（mm）	头宽（mm）	体色、体线
1	1.7～2.8	0.25～0.28	体黄白色；无背线
2	2.9～4.2	0.35～0.47	体黄白色；开始出现浅褐色细背线
3	7.0～7.8	0.41～0.68	体淡黄褐色；背线细，淡褐色
4	9.2～11.8	0.65～0.94	体淡黄褐色；背线明显，褐色
5	16.2～19.3	1.07～1.36	体淡褐色；背线较粗，暗褐色
6	19.7～29.8	1.36～1.58	体淡褐色；背线粗，暗褐色或紫褐色

(4) 蛹 体长 11~17 mm，圆筒形。初淡黄色，背线可见 5 条棕色纵纹，后变红褐色，纵纹消失。第 10 腹节末端宽阔，后缘波浪形，两侧有 3 对角突，后缘背面有 1 对三角突起。

4.4.2 发生规律

(1) 生活史和习性 二化螟在我国 1 年发生 1~5 代，在东北中部和内蒙古中南部 1 年发生 1~2 代，在黄淮流域 1 年发生 2 代，在长江流域（例如江苏、安徽、河南、湖北及浙江北部）1 年发生 2~3 代，在浙江和湖北中南部、江西、湖南等地 1 年发生 3~4 代，在福建南部、广西中南部和广东 1 年发生 4 代，在海南则 1 年发生 5 代。同一地区，二化螟的发生代数和发生时期除受海拔高度影响外，还与水稻栽培制度和品种类型密切相关。

二化螟以 4~6 龄幼虫越冬。越冬环境复杂，除主要在稻桩和稻草中越冬外，还有在茭白遗株、三棱草及杂草中越冬的。在稻桩和稻草中的越冬比例，与割稻高低、水稻品种成熟期及秋季雨水多少有关。秋雨多，幼虫向根部迁移慢，稻草中越冬的虫数就多。越冬幼虫抗逆性强，冬季耐低温，春季耐雨湿，迁移能力强，冬耕春灌对其影响较小。未成熟的越冬幼虫，春季还能从越冬场所中爬出，蛀入麦类作物、蚕豆和油菜的茎秆中为害。由于二化螟越冬虫龄不一，越冬场所小气候环境复杂，越冬幼虫化蛹、羽化的时间很不整齐。一般在茭白中越冬的化蛹、羽化最早，其次是稻桩，再次是春暖侵入夏熟作物的，在稻草、田埂杂草中越冬的化蛹、羽化为最迟。各越冬场所的羽化期依次相隔 10~20 d，所以越冬代蛾发生期常持续 2 月左右，其间常出现多个蛾峰。

二化螟发育起点温度比较低，故每年发生时期比较早。越冬幼虫一般在 11 ℃时开始化蛹，在 15~16 ℃时羽化。江苏太湖稻区，越冬代螟蛾 4 月中下旬始见，5 月盛发，常有多次高峰；第 1 代蚁螟盛孵期在 5 月下旬至 6 月下旬，第 1 代蛾盛期在 7 月中下旬；第 2 代蚁螟盛期在 7 月下旬至 8 月上旬。在常年仅发生 2 代的稻区，该代幼虫为害后就进入越冬态，如出现局部的第 3 代，则第 2 代螟蛾在 8 月底至 9 月中旬产下第 3 代的卵。

二化螟成虫的习性，大致与三化螟相似，白天静伏在稻丛和杂草中，夜晚活动。二化螟成虫趋光性强，对黑光灯更为敏感。灯下诱得雌蛾较雄蛾多，且多数是未产过卵的雌蛾。成虫羽化后，当晚或次晚交尾，再经过 1 d 左右开始产卵。每雌蛾产卵 2~3 块，每块含卵数，第 1 代平均为 38.7 粒，第 2 代平均为 82.6 粒。雌蛾喜在叶色浓绿及粗壮高大的稻株上产卵，在杂交稻上产卵比常规稻多，水稻生育期中以处于分蘖期和孕穗期的产卵最多。着卵部位因水稻生育期而不同，秧苗至分蘖期多数产在第 1~3 叶片正面离叶尖 3~6 cm 处；分蘖后期至抽穗期，绝大多数卵产在离水面 7~10 cm 的第 2 叶鞘上。

蚁螟孵出后大部分沿稻叶向下爬行或吐丝下垂，从心叶、叶鞘缝隙或叶鞘外蛀孔侵入，先群集在叶鞘内取食内壁组织，秧苗小时，则小股分散为害，受害叶鞘 2~3 d 后变色，7~10 d 后枯黄，此时称为枯鞘期。叶鞘枯死后，叶片亦随之枯萎，发生倒叶，漂浮在水面上。枯鞘是二化螟为害的最初症状，枯鞘期是防治的有利时机。幼虫发育至 2 龄后，开始蛀食稻茎，再形成枯心、枯孕穗、白穗和虫伤株。幼虫侵入率与水稻生育期关系不大。如食料不足，幼虫则分散转株为害。在天气干燥缺水、稻株生长受阻时，幼虫转移频繁，为害加重。

幼虫老熟后，在茎秆内或叶鞘内侧化蛹，越冬幼虫在稻桩、稻草、夏熟作物的茎秆内化蛹。在稻田内化蛹的部位，常随着水位高低而升降，这表明化蛹时有亲水和需要高湿的习性。蛹期生理转化旺盛，耗氧量大，灌水淹没会造成蛹的大量死亡。

在25～30℃恒温条件下的各虫态历期，卵为5.8～9.1 d，幼虫为30.5～44.4 d，蛹为6.6～9.0 d，成虫为5.8～9.1 d。幼虫各龄在自然变温条件下的历期，见表4-4。

表4-4 二化螟幼虫各龄历期（d）（浙江宁波）

代次	1龄	2龄	3龄	4龄	5龄	6龄	7龄	平均温度（℃）
第1代	5.0	4.1	4.1	5.0	8.2	10.2	13.7	23.1
第2代	3.1	3.1	3.0	4.9	8.2	7.9		30.5
	3.1	3.2	3.3	4.4	7.4	8.2		28.7
第3代	3.0	2.7	5.2	6.2	6.3	5.8		30.3
	3.5	2.6	3.1	3.8	5.6			27.8

(2) 发生与环境条件的关系

①气候因素 二化螟生长发育的最适温度为23～26℃，最适相对湿度为85%～100%。幼虫抗寒能力强，但抗高温能力弱，夏季高温干旱，温度超过30℃，对幼虫发育不利。稻田水温连续几天在35℃以上，幼虫死亡率达80%～90%。7—8月如遇台风暴雨，田间积水较深，可淹死大量的幼虫和蛹。春季气候温暖、湿度正常的年份，越冬幼虫死亡率低，发生期早，数量多。如果春季低温多湿，就会推迟发生期，蛹期遇寒流侵袭，则增加死亡率，使为害减轻。

②耕作制度 我国水稻栽培制度的变化表明，栽培制度由单纯改向复杂时，二化螟种群趋向衰退；耕作制度由复杂改为单纯，则相对地有利于二化螟的发生。20世纪70年代中后期以来，全国大面积推广杂交稻，江淮北部稻区淘汰了双季稻，以及近几年全国大部分地区推行稻麦二熟制，稻作制度趋向简单，二化螟种群数量呈快速上升趋势。

③水稻品种 二化螟为害程度与水稻品种特性有关。在籼稻与粳稻并存的稻区，受害程度籼稻大于粳稻；一个卵块孵出的幼虫所造成的枯心苗数，籼稻比粳稻多1倍以上。从水稻形态学和生理特性来看，一般是有芒稻重于无芒稻；叶片长而宽、高秆、分蘖多的品种，受害程度大于叶片狭而短、矮秆、分蘖中等的品种；茎秆表面光滑、茎粗而组织疏松的品种，较茎秆坚硬、维管束排列密集、茎腔直径小的品种受害重。此外，水稻体内淀粉含量高，米粒带香味的稻种，受害也重；稻株细胞中含草酸、苯甲酸和水杨酸多的品种，则具有抗螟性。杂交稻具有长势旺、株高、茎粗、叶宽大、叶色浓绿、茎秆含硅量低的特点，既吸引二化螟成虫产卵，又有利于幼虫的侵蛀和成活，同时营养条件好，取食杂交稻的幼虫、蛹体质量增加，成虫繁殖力强。因此扩种杂交稻是引起二化螟虫量上升的重要原因之一。

④栽培管理 偏施氮肥，植株生长旺盛，能诱集二化螟多产卵，还能使虫体质量增加，提高繁殖势能，使为害加重。浅水勤灌，稻苗生长健壮，幼虫转株为害少，能减轻为害程度。如果田间脱水干裂，可促使幼虫转株为害，从而加重为害程度。

⑤天敌 天敌对二化螟的数量消长起到一定的抑制作用。其中以卵寄生蜂为最重要，主要种类有稻螟赤眼蜂、拟澳洲赤眼蜂、松毛虫赤眼蜂、等腹黑卵蜂等。其他寄生于幼虫和蛹

的天敌有多种姬蜂、寄生蝇、线虫等。有些地区，白僵菌和黄僵菌对降低越冬幼虫密度也能起很大的作用。

4.4.3　虫情调查和预测预报

(1) 幼虫、蛹发育进度调查　剥查越冬代时幼虫和蛹发育进度，一般以剥查稻桩、稻草为主，其余越冬场所如构成有效虫源量多的年份或地区，也必须进行剥查，以确定越冬代发蛾的峰次和峰期。越冬代每次剥查活虫数不得少于30头。稻田剥查应以有代表性的主要虫源田为调查对象。由于不同被害株内幼虫发育进度不一，调查时要根据不同为害状比例拔取被害株。如果被害株内虫数较多，虫龄一致，则作1头记载；若虫龄不一，则各记1头。此时每次剥查的虫数不得少于50头，被害株不少于100株。根据剥查结果，应用分龄分级预测法预测成虫的发生盛期。

(2) 两查两定

①防治枯鞘枯心　防治枯鞘、枯心的两查两定如下。

A. 查卵块孵化进度，定防治适期：在发蛾高峰时，根据水稻品种、移栽期划分类型田，每类型选有代表性的田块2~3块，每块采取多点平行取样法查300~500丛，每隔2~3 d查1次，连查3次。每次将查到的有卵株连根拔起，移栽到田边或盆罐中，每天下午观察1次孵化情况，以确定孵化进度。化学防治适期掌握在卵孵化高峰后至枯心形成前。

B. 查枯鞘团或枯鞘率，定防治对象田：在卵块孵化高峰期开始调查。查枯鞘团，每块田查一定面积，计算单位面积为害团数。查枯鞘采用多点平行取样，每块田查200穴，并查20丛株数，计算枯鞘率。当查到每公顷有枯鞘团900个以上，或第1代早稻枯鞘率7%~8%，常规中稻5%~6%，杂交稻3%~5%；第2代枯鞘率0.6%~1%时，列为防治对象田。

②防治虫伤株　防治虫伤株的两查两定如下。

A. 查发蛾情况，预测卵块孵化进度，定防治适期：根据幼虫、蛹发育进度调查或灯下发蛾情况，推算卵块孵化进度，掌握在卵孵化高峰后5~7 d用药。

B. 查虫情与苗情配合情况，定防治对象田：凡螟卵孵化始盛期到水稻成熟不到半个月的早熟早稻，可不必防治，相隔15 d以上始熟的中熟、迟熟早稻，要挑治上一代残留虫口较高（每公顷4 500头以上）、生长嫩绿的早稻，或用上述调查方法，调查中心凋萎虫伤株数量，在螟卵孵化始盛期，每公顷查到中心凋萎虫伤株750个点的田块，定为防治对象田。

4.4.4　防治方法

(1) 农业防治　二化螟的农业防治包括消灭越冬虫源和灌水灭虫、蛹两项措施。

a. 拾毁稻桩，铲除茭白残株，用作沤肥。3月底前将剩余稻草作燃料或粉碎作饲料，或从基部17 cm左右铡下，加以处理，以减少越冬虫源基数。

b. 双季前作稻要随割随运，收割后及时耕翻灌水，防止幼虫转移为害后季稻。

c. 在第1代幼虫化蛹初期，根据水稻生长情况，先放干田水2~3 d或灌浅水，降低化蛹部位，然后灌10~15 cm深水，保持3~4 d，可使蛹窒息而死。

d. 合理安排冬作物，晚熟小麦、大麦、油菜、留种绿肥要注意安排在虫源少的晚稻田中，以减少越冬基数。

(2) 化学防治 化学防治是当前控制二化螟为害的重要措施。防治策略因具体虫情而不同,江苏目前是采用"狠治第1代,决战第2代"的策略。防治第1代以早栽大田和中稻秧田为主。防治1次时,应在螟卵孵化高峰后5~6 d施药。大发生年份应防治2次,第1次在卵孵化高峰前1~2 d施药,隔6~7 d或在卵孵高峰后5 d再喷第2次药。在1~3代为害重地区,采取狠治第1代,挑治第2代,巧治第3代的策略。第1代以打枯鞘团为主;第2代挑治迟熟早稻、单季杂交稻、中稻;第3代主防杂交双季稻和早栽连作晚稻田的螟虫。生产上在早稻、晚稻分蘖期或晚稻孕穗、抽穗期螟卵孵化高峰后5~7 d,枯鞘丛率5%~8%或早稻每公顷有中心为害株1 500株或丛害率1.0%~1.5%或晚稻被害团高于1 500个的化学防治时可用药防治。当前适用的农药同三化螟。

4.5 大螟

大螟[*Sesamia inferens* (Walker)]又名稻蛀茎夜蛾,属鳞翅目夜蛾科,在国外分布于东南亚产稻国家,在我国分布北限为陕西周至、河南信阳、安徽合肥、江苏淮安,大致在江淮之间的中北部。大螟的寄主有稻、麦、玉米、甘蔗、油菜、薄荷、香蕉、稗、芦苇等。大螟的为害状与二化螟的为害状相似。在20世纪50—60年代,大螟仅在稻田边零星发生,随着水稻栽培制度的变化,特别是双季稻区推广杂交稻以后,发生数量上升,90年代中后期大螟种群上升较快,为害加重,成为水稻的主要害虫之一。山东省2013年之前无大螟为害小麦的报道,2013年在聊城、菏泽、淄博、德州等地先后发现大螟为害小麦和玉米。

4.5.1 形态特征

大螟的形态特征见图4-5。

(1) 成虫 体长12~15 mm,翅展27~30 mm。头胸部淡黄褐色,腹部淡黄色。前翅长方形,淡褐黄色,翅中部从翅基至外缘有明显的暗褐色纵纹,此线上下各有2个小黑点。后翅银白色。雄蛾触角栉齿状,雌蛾触角丝状。

(2) 卵 扁球形,顶部稍凹,直径0.5 mm,高0.3 mm,表面有放射状细隆线。卵块带状,排列成2~4行。卵初产时乳白色,后变淡黄色、淡红色至黑色。

(3) 幼虫 老熟幼虫体长约30 mm,体粗壮。头红褐色,胴部淡黄色,背面带紫红色。腹足趾钩12~15个,列成中带。

(4) 蛹 体长13~18 mm,初期乳白色,渐变黄褐色、褐色,将羽化时全体赤黑色。头部覆白粉。左右翅芽有一段相接,足不伸出翅芽,腹部末端有4个突起。

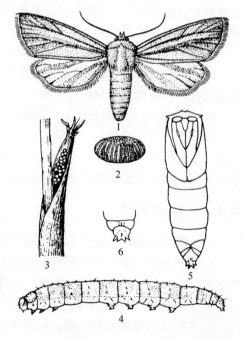

图4-5 大螟
1. 成虫 2. 卵 3. 产在叶鞘内的卵 4. 幼虫
5. 雌蛹 6. 雌蛹腹部末端

4.5.2 发生规律

(1) 生活史和习性 大螟在江苏、浙江、上海和安徽1年发生3~4代,在江西、湖北和湖南1年发生4代,在福建1年发生4~6代,在台湾1年发生5~7代,以幼虫在水稻、茭白、芦苇的根部或三棱草的球茎内越冬,在江西、广西等地也有报道能以蛹越冬。

大螟在江苏常年发生3~4代,以3龄以上的幼虫越冬。未老熟的幼虫早春气温上升到10℃时开始活动,为害大小麦、油菜、蚕豆、绿肥等越冬作物,幼虫老熟后,多数爬出被害作物的茎秆,在附近的土下或根茬中化蛹,少数留在茎秆中化蛹,当气温达15℃时开始羽化为成虫。由于不同水稻茬口的越冬虫龄不一致,会形成田间世代重叠现象。

越冬代成虫4月中下旬始见,5月上中旬盛发,6月上中旬终见,一般有2~3个蛾峰,发蛾期长达50 d左右。早发年份,越冬成虫先在田边禾本科杂草的叶鞘上产卵,卵5月中下旬孵化,5月下旬迁至早稻田内为害;迟发年份,越冬成虫主要在早稻田边水稻上产卵,卵5月下旬盛孵,幼虫6月为害,造成枯心、虫伤株和枯孕穗。在水稻与春玉米夹种地区,越冬代蛾大多在春玉米田产卵,卵主要产在基部第2叶鞘内,初孵幼虫3 d内群聚在叶鞘内为害,尔后扩散蛀入心叶,造成枯心。

第1代成虫6月下旬初见,7月上中旬盛发,7月下旬终见。卵主要产在杂交稻、中熟粳稻、中熟籼稻、早栽单晚和双晚稻秧田,7月中下旬盛孵,幼虫在7月下旬至8月上旬为害,造成枯鞘和枯心。

第2代成虫8月初始见,8月中下旬至9月上旬盛发,有3~4个发蛾高峰,主峰期在8月下旬,10月上旬终见,发蛾期长达60 d以上。卵主要产在杂交稻、迟熟中粳、单晚稻上,8月下旬至9月上中旬盛孵,幼虫在9月上中旬为害,造成白穗、枯孕穗和虫伤株。本代是为害杂交稻和常规中稻的主要世代,也是江苏沿江沿海部分地区近几年水稻后期白穗的主要成因。

第3代成虫于9月上旬始见,9月底至10月上旬盛发,11月上旬终见,发蛾期30 d以上,对晚稻可造成一定的影响。

成虫羽化在19:00—20:00,羽化后,白天栖息在杂草丛中或稻丛基部,20:00—21:00开始活动。大螟成虫趋光性不及二化螟和三化螟,扑灯盛期在23:00至凌晨1:30。各代成虫的趋光性也不一样,第1代和第4代成虫上灯率较高,第2代和第3代成虫处于高温期而趋光性均弱;雌蛾性外激素对第2代和第3代雄蛾的诱集能力亦较差。因此灯诱或性诱在高温季节往往反映不出成虫的消长动态。

雌蛾产卵前期为2~3 d。成虫喜产卵于秆高茎粗、叶鞘包裹疏松的稻株上,以孕穗期和刚齐穗的稻苗上卵量最多,圆秆拔节期次之,分蘖期最少。卵主要产在水稻叶鞘内侧,多数产在距叶枕3 cm以内。分蘖期多产在自下而上第1~4片叶鞘内侧,其中以第2叶鞘内最多,其次是第3叶鞘;孕穗至抽穗期多产在剑叶鞘(穗苞)及倒二叶的叶鞘内。在杂交稻上,圆秆拔节期卵主要产在第2叶鞘内,其次为第1叶鞘和第3叶鞘;孕穗至抽穗期,卵主要产在第2叶鞘内,其次是第4叶鞘和穗苞内。在春玉米田,大螟喜产卵于茎粗1~2 cm、5~7叶龄的叶鞘内侧,松散的叶鞘很少产卵。

大螟产卵有明显的趋边和趋稗习性。水稻圆秆到孕穗期,卵多产于田边,穗期则向田中心扩散,但田边卵量仍较多。玉米田及杂交稻制种田父本上的卵量则全田分布。一般靠近宅边、路边的卵量亦多。在有稗的稻田,卵块多数产在稗上,以第3叶鞘内侧为最多,稗上的卵量也是田边大于田中央。

在水稻上，大螟雌虫产卵有逐代增加的趋势，第1代每只雌蛾平均产卵2块，每块有卵60.5粒；第2代每雌产卵4块，每块有卵140粒；第3代每雌产卵4.4块，每块有卵150粒。取食杂交稻的大螟每块卵粒比常规稻约多40粒。成虫寿命在日平均温度22℃时为6 d左右，在26～28℃时为3～4 d。卵历期，在19～22℃时12～13 d，在23～25℃时为7～8 d，在26～29℃时为5～6 d。

幼虫多数为6龄，少数7龄。初孵幼虫先群集在叶鞘内取食，3～5 d后造成枯鞘，发育至2～3龄开始分散蛀入稻茎。孵化后10～13 d，幼虫进入3龄，出现大量枯心，以后幼虫频繁转株为害，直至孵化后20 d左右，枯心才停止发展。孕穗期产在剑叶内的卵，幼虫孵化后先在穗苞内为害幼穗，抽穗后幼虫爬出，钻入穗茎形成白穗；产在中部叶鞘内的卵，幼虫孵化后即在叶鞘内取食2～3 d，后向上转移，从破口处侵入穗茎，已抽穗的稻株，幼虫直接从剑叶鞘上钻孔侵入穗茎，形成白穗和虫伤株。幼虫历期，平均温度24.4℃时为34 d，在26.6℃时为27 d，在29.1℃时为24 d。

幼虫老熟后移至下部叶鞘内或稻丛间化蛹，少数化蛹在枯孕穗或稻茎中。在玉米田内，幼虫多在枯心或虫伤株叶鞘内化蛹，少数在健株叶鞘内化蛹。预蛹期为2 d，蛹期，在18.2～21.1℃时为17～22 d，在26.5℃时为9.7 d，在28～29℃时为7～8 d。

(2) 发生与环境条件的关系 大螟的繁殖为害与水稻栽培制度和品种布局关系最为密切。据江苏武进县的资料分析，20世纪70年代前后大螟发生量是随着双季稻、三熟制水稻面积的扩大而成倍增加。另据江苏滨海报道，20世纪90年代以来，尤其是1997年后，旱育秧迅速增加，这种新技术的应用，加重了第1代大螟在稻田的为害。在水稻与春玉米混种区和与茭白、芦苇混种的湖区，因有利于大螟世代的连续和虫量的积累，发生较重。就水稻类型而言，一般杂交稻受害重于常规稻，糯、粳稻重于籼稻。

此外，一般杂草寄主多的丘陵山区比平原地区为害重，水旱轮作地区发生量也较多，杂交稻插花种植比连片种植区发生为害严重。

4.5.3 虫情调查和预测预报

做好两查两定工作，其主要内容和方法如下。

(1) 查卵块孵化进度，定防治适期 利用成虫趋稗产卵习性，在田边1 m内，每隔1～3 m，栽2穴稗，诱集大螟产卵。在成虫始盛期前开始调查，掌握卵量消长情况和孵化进度。防治枯心适期在蚁螟高峰后2～3 d，需防治2次的，第1次在卵孵高峰前2 d用药，隔6～7 d再用第2次药。孕穗和抽穗期防治白穗，在蚁螟盛孵后2～4 d用药，或结合生育期，在破口抽穗时防治。

(2) 查零星枯心苗，定防治对象田 在卵孵化高峰前后，按水稻类型选有代表性的田块调查，凡查到田边1 m宽的范围内，平均每10 m^{2}有1个枯心团的列为防治对象田，不到1个的作为挑治对象田。

4.5.4 防治方法

(1) 农业防治

①冬季铲除杂草寄主，压低越冬基数　发生期在产卵高峰后及时清除田埂杂草，或在幼

虫孵化高峰后 1~3 d 用药狠治一遍，以防幼虫转移到稻田为害。

近几年大螟回升，发生程度较重时，有必要对稻田周边的蔬菜、玉米、茭白等进行防治，减轻害虫基数。

②田边栽稗诱卵　在卵块盛孵后 5~7 d，幼虫分散前拔除稗株并销毁，以及拔除田边 1 m 内的稗草，防治效果较好。

③剪除受害株　在幼虫扩散前将受害株剪除，并销毁。

(2) 化学防治　由于大螟发生期长，峰次多，不易做到适时防治，发生量大时，每代防治 1 次难以奏效，需视虫情多次防治。在防治策略上，以治边行为主，第 3 代和第 4 代可结合其他害虫兼治，发生重的可重点挑治，加强破口期防治控制为害。

在大螟卵孵盛期用药，用 12% 甲维·氟虫双酰胺水剂 300 g/hm² 基本可控制全代为害。5% 阿维菌素乳油、5% 甲维盐水剂、40% 毒死蜱乳油对水稻大螟的防治效果也较好，对水稻生长安全，且成本适中，在生产上可作为常规性药剂，作为防治大螟的主要轮换药剂。

4.6　台湾稻螟

台湾稻螟（*Chilo auricilius* Dudgeon）属鳞翅目螟蛾总科草螟科。它和二化螟近似，且常与二化螟混合发生，因此易相混淆。台湾稻螟在国外分布于东南亚各地，例如菲律宾、泰国、缅甸、印度尼西亚、印度等地，在我国分布于福建、台湾、广东、广西、湖南等地，江苏（苏州望亭）曾有发现。

台湾稻螟的寄主除水稻外，还有甘蔗、玉米、小麦、高粱、粟等。受害水稻亦发生变色茎、枯鞘、枯心苗和白穗等症状。

4.6.1　形态特征

台湾稻螟的形态特征见图 4-6。

(1) 成虫　雄蛾体长 6.5~8.5 mm，翅展 18~23 mm。头、胸部黄褐色，常有暗褐色点；腹部灰褐色。触角略呈栉齿形。前翅黄褐色，散布暗褐色鳞片，中央有隆起而具金属光泽的深褐色斑 4 个，排列呈＞形（右翅），各斑块上常有光泽的银色及金黄色鳞片；在外横线部位，有暗褐色鳞片所形成的宽带，其外侧连接 1 条银条线纹；亚外缘线部位有黑褐色点列，外缘有 7 个小黑点；缘毛具金黄色光泽。后翅淡黄褐色，缘毛略银白色。雌蛾比雄蛾大，体长 9.2~11.9 mm，翅展 23~28 mm，触角丝状；前翅颜色和斑纹似雄蛾，但中央部分的隆起斑较雄蛾小，颜色亦较淡；其他各处点纹也不如雄蛾明显；

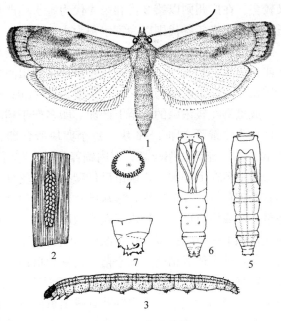

图 4-6　台湾稻螟
1. 成虫　2. 卵块　3. 幼虫　4. 幼虫腹足趾钩　5. 蛹背面
6. 雌蛹腹面　7. 雌蛹腹部末端腹面

后翅与雄蛾相似。

(2) 卵 扁平椭圆形，长 0.67～0.85 mm，宽 0.45～0.56 mm。初产时白色，翌日浅黄色，后转灰黄色，孵化前 1～2 d 现暗黑色斑点（幼虫的头及前胸盾）。卵块外盖胶质物，卵粒呈鱼鳞状排列，构成较明显的纵行，通常为 1～3 行，偶或可多至 5 行。

(3) 幼虫 老熟幼虫体长 16～25 mm。头部暗红色至黑褐色；胸腹部呈不鲜明的白色，间或淡黄色或带淡褐色。体背面具 5 条纵线，即背线、亚背线和气门上线。

(4) 蛹 体长 9～16 mm，初化时黄色，背面有 5 条棕色纵纹；其后体色渐深，黄褐色至深褐色，纵纹渐消失。额略向下凹，从背面看似截断状，颊在左右两边各形成 1 个近似三角形的突起。中胸气门呈两个扁形的耳状突起。腹部第 5～7 节背面近前缘各有 1 横列齿状小突起；臀棘显著，背面具 4 刺，作半环形排列，腹面具 2 刺，短而直，其上无毛。

4.6.2 生活史和习性

台湾稻螟在各地均以老熟幼虫在稻桩内、甘蔗残茇中过冬；在广州虽在迟熟晚稻遗株内见到 2～3 龄幼虫，但至次春，多数陆续死亡。台湾稻螟在湖南江永 1 年约发生 3 代，在福建福州 1 年发生 4 代，在广东的广州和潮汕 1 年发生 4～5 代，在广西百色 1 年发生 5～6 代。台湾稻螟在广州 1 月下旬化蛹，2 月中旬已有个别羽化，羽化常较当地三化螟为早。1 年发生世代重叠，自 3 月中下旬至 11 月中下旬均能看到成虫，12 月上旬仍有少数蛹和蛾。各代盛蛾期大致为：3 月下旬至 4 月下旬、5 月中旬至 6 月中旬、6 月下旬至 8 月中旬、8 月下旬至 10 月上旬、10 月下旬至 11 月中下旬。在广西百色，各代盛蛾期分别在 4 月中下旬、6 月上中旬、7 月中下旬、8 月中下旬、9 月中下旬、10 月下旬至 11 月上旬。幼虫为害严重期，各地稍有不同，例如在广东潮汕 4～6 月稻上较多，7～8 月甘蔗上较多，9—11 月稻上又较多。在广州则以第 2 代和第 4 代为害水稻严重。在广西百色，第 1 代和第 2 代多集中在玉米上，下半年各代则以为害水稻为主。

台湾稻螟成虫羽化以晚间为多，少数在清晨羽化。羽化当晚或翌晚交尾，交尾翌日夜间产卵。成虫具趋光性，但比三化螟弱，往往田间螟蛾密度虽高而灯下蛾量不多，雌蛾趋光性比雄蛾强。成虫寿命为 2～5 d，一般为 3～4 d；产卵前期为 1～2 d。

成虫喜在较浓绿的稻苗上产卵。卵多产于稻叶正面，也有产于叶背面，极少数产于叶鞘上。每头雌蛾可产卵 4～6 块。每个卵块所含卵粒数，少的 7～8 粒，多的百余粒，一般为 30 粒左右。卵孵化率较高，室内饲养几乎全部孵化。卵期为 2～7 d，以 5 d 为普遍。

幼虫多在上午孵出，孵出后借爬行或吐丝悬垂而分散，然后在稻株离土面或水面2.5 cm 左右处咬孔侵入叶鞘组织，或从叶片伸展处的缝隙侵入叶鞘内，先集中为害叶鞘组织，然后钻至心叶或拔节后的茎秆内，在其内取食内壁组织。在孕穗期幼虫亦取食嫩穗；在出穗期，多在穗颈下一节咬孔侵入；在灌浆后期穗粒充实后，仍有幼虫侵入。这样，随着水稻生育期的不同，依次造成枯鞘、枯心苗、白穗、虫伤株等症状。幼虫很活泼，一再咬孔外出，一生至少转移 3～4 次。幼虫食量很大，被食害的稻茎内壁损伤很严重，被害稻株穿孔很多，孔呈方形，周围黄白色，常自穿孔处排出黄白色虫粪。幼虫有群聚习性，不仅初孵化幼虫在一株内有数头以至数十头，有时高龄幼虫也有群聚于一稻株的习性。台湾稻螟在田间以湿润的环境发生较多。幼虫有 4～5 龄的，以 5 龄为多，个别幼虫可达 7 龄。各代幼虫期为 23～32 d，平均约为 30 d。

老熟幼虫在稻茎内化蛹，亦有在叶鞘内化蛹。蛹无茧，幼虫吐丝若干条以保持蛹的位置，但亦有不吐丝的。化蛹前幼虫在稻茎内壁上造成一个椭圆形的羽化孔，且将羽化孔附近内壁咬成横而深的环状。将羽化时，将盖着羽化孔的稻茎表皮顶破，有时蛹体一半突出羽化孔外，成虫羽化后，蛹壳仍保留在此位置。在福建福州第1代蛹期平均为5.1 d，第2代蛹期为5 d，第3代蛹期为7 d。在广东潮汕地区第1代蛹期平均为7.9 d，第2代蛹期为6.5 d，第3代蛹期为7 d，第4代蛹期为10.2 d，第5代蛹期为10.6 d。恒温条件下（广州）的蛹期，在15℃时为20 d，在20℃时为13～14 d，在30℃时为6～7 d。

4.6.3 防治方法

台湾稻螟的防治方法参考三化螟的防治方法。

4.7 稻纵卷叶螟

稻纵卷叶螟（*Cnaphalocrocis medinalis* Güenée）属鳞翅目螟蛾总科草螟科，是东南亚和东北亚为害水稻的一种迁飞性害虫；在我国除新疆和宁夏分布情况不明外，其他各稻区均有发生。此虫20世纪60年代前仅在局部地区偶发为害，其后发生面积和为害程度逐年增加；20世纪70年代以来，在全国主要稻区大发生的频率明显增加，尤其是2003—2004年，在江苏、安徽、浙江、上海、湖北、重庆等地连续大发生，数量之大、为害周期之长、波及范围之广，乃历史罕见，严重威胁水稻生产。2003年以来，我国稻纵卷叶螟的发生日益严重，年发生面积超过 2.0×10^7 hm^2，年损失粮食 7.6×10^5 t。

稻纵卷叶螟在自然条件下，其寄主除水稻外，很难发现取食完成世代的其他植物。

稻纵卷叶螟以幼虫吐丝纵卷叶尖为害，为害时幼虫躲在苞内取食上表皮和绿色叶肉组织，形成白色条斑，受害重的稻田一片枯白，严重影响水稻产量。

4.7.1 形态特征

稻纵卷叶螟的形态特征见图4-7。

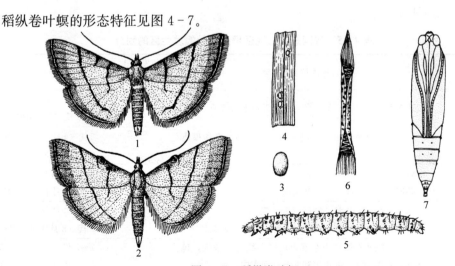

图4-7 稻纵卷叶螟
1. 雌成虫 2. 雄成虫 3. 卵 4. 稻叶上的卵 5. 幼虫 6. 稻叶被害状 7. 蛹

(1) 成虫 体长 7～9 mm，翅展 12～18 mm，黄褐色，前翅和后翅的外缘有黑褐色宽边；前翅前缘暗褐色，有 3 条黑褐色横线，中横线短，不伸达后缘；后翅有黑褐色横线 2 条。雄蛾体较小，前翅前缘中央有 1 个黑色毛簇组成的眼状纹，前足跗节基部生有 1 丛黑毛，停息时，尾部常向上翘起。雌蛾体较大，停息时尾部平直。

(2) 卵 近椭圆形，长约 1 mm，宽 0.5 mm，扁平，中央稍隆起，卵壳表面有网状纹。初产时乳白色，孵化前淡黄褐色。被寄生的卵黑褐色。

(3) 幼虫 通常 5 龄，少数 6 龄，各龄特征如下。

1 龄幼虫：体长 1.7 mm，头黑色，体淡黄绿色，前胸背板中央黑点不明显。

2 龄幼虫：体长 3.2 mm，头淡褐色，体黄绿色，前胸背板前缘和后缘中部各出现 2 个黑点，中胸背板隐约可见 2 毛片。

3 龄幼虫：体长 6.1 mm，头褐色，体草绿色，前胸背板后缘的 2 个黑点转变为 2 个三角形黑斑，中胸和后胸的背面斑纹清晰可见，尤以中胸更为明显。

4 龄幼虫：体长 9 mm，头暗褐色，体绿色，前胸背板前缘的 2 个黑点两侧出现许多小黑点连成括号形，中胸和后胸的背面斑纹黑褐色。

5 龄幼虫：体长 14～19 mm，头褐色，体绿色至黄绿色，老熟后带橘红色泽，前胸背板有 1 对黑褐色斑；中胸和后胸的背面各有 8 个毛片，分成二排，前排 6 个，后排 2 个。

(4) 蛹 体长 7～10 mm，长圆筒形，末端较尖细，臀棘明显突出，有 8 根钩刺，各腹节背面的后缘隆起。初化蛹时为淡黄色，后转红棕至褐色。

4.7.2 发生规律

(1) 稻纵卷叶螟的生活史和习性 稻纵卷叶螟在我国的发生世代从南向北递减，在海南省陵水 1 年发生 10～11 代，在黑龙江 7 月平均气温 22 ℃等温线附近可完成 1 个世代。稻纵卷叶螟在我国东半部地区的越冬北界为 1 月平均 4 ℃等温线，相当于北纬 30°一线。依据稻纵卷叶螟在我国东半部地区的发生代数、主害代为害时期、越冬情况及水稻栽培制度等，可以区划为 5 个发生区，其中江岭区由于早稻栽插成熟期和虫源迁出期不同，又可分为岭北和江南 2 个亚区（表 4-5）。

表 4-5 我国东半部地区稻纵卷叶螟发生区的划分

发生区域		地理位置	1 年发生世代数	多发代及为害时期
南海周年为害区		大陆南海岸线以南，包括海南岛、雷州半岛等地	9～11	1～2 代（2—3 月） 6～8 代（7 月中旬至 9 月）
岭南区		从南海岸线至南岭山脉，包括两广南部、台湾和福建南部	6～8	2 代（4 月下旬至 5 月中旬） 6 代（8 月底至 9 月初）
江岭区	岭北亚区	南岭山脉至北纬 29°，包括广西北部、福建中部和北部、湖南、江西、浙江中部和南部	5～6	2 代（6 月） 5 代（8 月下旬至 9 月中旬）
	江南亚区	北纬 29°至长江以南，包括湖南、江西和浙江三省北部、湖北、安徽和江苏的南部，上海，浙江杭嘉湖地区	5～6	2 代（6 月中旬至 7 月上旬） 5 代（8 月底至 9 月中旬）
江淮区		沿长江至陕西秦岭到山东泰沂山区一线之间地区，包括江苏、安徽和湖北的中部和北部，河南中南部	4～5	2～3 代（7—8 月）或 2、4 代（7 月、9 月）
北方区		泰沂山区到秦岭一线以北，包括华北、东北各地	1～3	2 代（7 月中旬至 8 月）

我国东半地区稻纵卷叶螟的迁飞方向与季风环流同步进退，即春夏季随着高空西南气流逐代逐区北移，秋季又随着高空盛行的东北风大幅度南迁，从而完成周年的迁飞循环。在不同发生区，亦可看出虫源的迁出和迁入呈现南北衔接和演替的现象，表现为迁出区蛾量的突减和迁入区蛾量的突增。迁入区根据迁入虫量的多少，又可分为主降区和波及区。主降区通常即代表一个发生区，迁入的虫量大，蛾峰明显，是构成当地主害代的重要虫源。波及区迁入的虫量少，蛾峰不明显，反映了各地初发世代虫源的迁入。我国从海南岛到辽东半岛，每年3—8月出现6次同期突增现象，反映了5个代次的北迁实况，秋季8月底至10月自北向南有3次回迁（表4-6）。

表4-6 稻纵卷叶螟在我国东半部的迁飞规律

迁飞次序	迁飞时间	主要迁出区	主降区	波及区
第1次北迁	3月中下旬至4月上中旬	国外	南岭以南区域	岭南区
第2次北迁	4月中下旬至5月中下旬	国外及我国南海区	岭南区、岭北亚区	江南亚区、江淮区南中部
第3次北迁	5月下旬至6月中旬	岭南区	江岭区	江淮区
第4次北迁	6月下旬至7月中下旬	岭北亚区	江淮区	北方区
第5次北迁	7月下旬至8月中旬	江南亚区、江淮区南部	江淮区北部、北方区中南部	北方区北部
第1次回迁	8月下旬至9月上中旬	北方区、江淮区北部	江岭区和岭南区	
第2次回迁	9月下旬至10月上旬	南岭以北各稻区	迁出大陆以外，或部分岭南地区	各地有过境停留现象
第3次回迁	10月中下旬至11月	长江以南各稻区	迁出大陆以外	各地有过境停留现象

包云轩等利用2000—2012年中国稻纵卷叶螟灯诱数据，分析了我国水稻主产区稻纵卷叶螟迁入的主要特征，发现：a. 这13年中，我国稻纵卷叶螟的迁入大多在3月初始见，3—8月为北迁期，从南到北先后在华南、西南、江岭、江淮稻区出现迁入峰；9—11月为南迁期，从北到南先后迁入江淮、江岭、华南稻区并出现相应的迁入峰，10月底至11月初为终见期。b. 水平气流是稻纵卷叶螟远距离北迁的主要运载动力，925 hPa上南方稻区一致的偏南气流对稻纵卷叶螟北迁极为有利；三维流场的起伏，特别是垂直气流的强弱变化对迁飞高度的变化起重要的作用。c. 下沉气流和降水是稻纵卷叶螟降落的关键动力因素，二者都对降虫有明显影响。

每年春夏季节，各地主害代发生期逐代北移，主害代后大量迁出。由于我国南方稻区基本上种植双季稻而北方稻区种植单季稻，稻纵卷叶螟各地主害代基本上与水稻孕穗抽穗期相吻合，从而形成了稻纵卷叶螟在南方稻区的双峰为害型和北方稻区的单峰为害型。

稻纵卷叶螟在江苏徐州1年发生4代。5月底至6月20日第1代蛾源从岭南区波及迁入，蛾量极少，田间第1代幼虫仅少量发生。第2代蛾源发生期为6月21日至7月20日，少量由第1代繁殖而来，主要虫源来自岭北亚区，徐州为波及区的主要地带，第2代幼虫在分蘖、拔节期为害。第3代蛾源发生于7月21日至8月15日，部分为当地第2代发育而来，但主要还是从江岭区（江南亚区）迁入，徐州处于主降区范围之内，多数年份是主发世代，第3代幼虫在孕穗抽穗期为害［但2003年7月22日前后即出现五（3）代的第1个迁入峰，明显早于常年］。第4代蛾源发生在8月15日以后，基本上由本地繁殖而来，因极大部分迁出，故第4代幼虫发生很少。本区南部1年发生4～5代。常年6—7月梅雨出现第2代迁入高峰，蛾量大，产卵高峰为7月中旬，幼虫为害高峰在7月下旬，水稻处于分蘖末期至拔节初期；第3代发生在7月下旬至8月上中旬，产卵高峰在8月中旬，幼虫为害高峰在8月下旬，水稻处于抽穗期，因发生期间天敌数量剧增，部分蛾羽化后迁出，虽然蛾量大，田间幼虫量常少于第2代，但如遇天气阴雨，居留的和补充迁入的蛾量多，则发生就重。第3代幼虫在抽穗期主要为害剑叶和倒2叶，因此较少的虫量能造成较重的为害。

稻纵卷叶螟在湖北荆州1年发生4～5代。常年5月中旬田间始见成虫，6月10日前为第1代蛾源发生期，第1代幼虫为害早稻，发生量少。第2代蛾源6月10日至7月10日发生，虫源以迁入为主，第2代幼虫为害中稻，是主要为害世代。第3代蛾源在7月10日至8月10日发生（2003年蛾峰在7月22日，比2002年早21 d；蛾量为1 184头，为历年最高），7月中旬有外来虫源，7月下旬至8月上旬多为本地虫源本地繁殖，第3代幼虫为害迟熟中稻和双季晚稻。第4代蛾源在8月10日至9月10日发生，幼虫主要为害双季晚稻。第5代蛾源在9月10日后发生，虫源大部分外迁，一般很少发生为害。

稻纵卷叶螟成虫昼伏夜出，白天多隐藏在植株丛中，一遇惊动，即做短距离飞翔。成虫有趋光性，对金属卤素灯趋性最强，并喜吸食植物的花蜜和蚜虫的蜜露作为补充营养。雌成虫喜选择生长嫩绿处于圆秆拔节期和幼穗分化期的稻田产卵。在26～28℃时，每雌平均产卵100粒以上，最多能产200～300粒。卵多为单粒散产，少数有几粒连在一起。卵多产在植株中上部叶片背面，尤以倒2～3叶为最多。

稻纵卷叶螟初孵幼虫一般先爬入水稻心叶或附近的叶鞘内，也有钻入旧虫苞内啃食叶肉，形成针头大小的白色透明小点。幼虫2龄开始在叶尖吐丝纵卷成小虫苞，此时称为束叶期。幼虫3龄后开始转苞为害。4～5龄幼虫食量猛增，其食叶量占幼虫总食叶量的94%。幼虫一生可为害5～7叶，多的达9～10叶。幼虫生性活泼，当剥开卷叶时，即迅速倒退跌落。老熟幼虫经1～2 d预蛹期，吐丝结薄茧化蛹。化蛹部位，分蘖期多在基部枯黄叶片及无效分蘖上，抽穗期则在叶鞘内或稻株间为多，蛹体多数头部向上，距地面5～6 cm。各虫态历期见表4-7。

表4-7 稻纵卷叶螟各虫态发育历期 (d)

（引自江苏徐州地区农科所，1975）

代次	峰次	卵期	幼虫期							预蛹	合计	蛹期	成虫期			全世代
			1龄	2龄	3龄	4龄	5龄	6龄	7龄				产卵前期	雌蛾	雄蛾	
第1代		5.0	5.3	3.3	2.9	4.1	4.7			1.5	21.8	8.8	4.0	4.4	3.6	38.2～39.0
第2代	1峰	3.5	2.5	2.5	2.5	2.9	4.4			1.0	15.8	7.2	3.0	4.5	3.5	29.5～30.5
	2峰	3.5	2.3	1.8	2.7	3.2	4.9			1.1	16.0	7.4	3.4	4.3	4.1	30.9～31.1
第3代	1峰	3.8	3.3	2.2	2.3	2.7	4.8	5.0		1.0	20.3	8.2	3.6	5.9	3.7	35.8～38.0
	2峰	4.3	3.1	2.1	2.3	3.5	5.6	6.0		1.2	23.8	7.8	6.2	12.2	5.1	47.2～54.3
第4代	1峰	3.8	3.1	3.3	2.7	2.9	6.9	7.4	10.5	1.5	38.3	15.9	11.5	16.4	15.8	85.3～85.9
	2峰	5.5	5.2	5.7	5.2	10.6	34.0									

（2）发生与环境条件的关系 稻纵卷叶螟有南北往返迁飞的特性，对迁入区来说，迁入蛾量的多寡和迁入后的气候条件是影响发生轻重的前提，水稻生育状况、天敌等因素则关系到当年田块间受害程度的轻重。例如2004年安徽巢湖市居巢区由于受南方虫源基数高的影响，五（3）代迁入虫量大，7月中下旬迁入盛期日均蛾量达3.38万头/hm^2，迁入盛期持续

10 d；此时当地单季晚稻正处于孕穗期，有利于产卵繁殖为害；对水稻生产造成严重威胁。江苏、重庆等地2003年、2004年稻纵卷叶螟大发生都有这样的特点：迁入时期早，迁入虫量大，成虫峰期长，发生范围广，发生程度重。

①耕作制度　20世纪60年代后，东南亚大力推广矮秆、早熟、高产的水稻品种。矮秆阔叶品种的育成和推广，提高了复种指数，我国南方稻区也进行了大规模的水稻改制，北方旱作区扩种了水稻，以及杂交水稻的大面积推广，加上随之而来的高肥密植的栽培措施，为该虫南北往返迁飞和种群发展创造了极有利的条件。

②品种及栽培管理　不同水稻品种间，一般叶色深绿宽软的比叶色浅淡质地硬的受害重，矮秆品种比高秆品种受害重，晚粳比晚籼受害重，杂交稻比常规稻受害重。同一品种，幼虫取食分蘖至抽穗期的成活率高，有利于发育。在栽培措施方面，偏施氮肥或施肥过迟，造成禾苗徒长和披叶，同时植株含氮量高易诱蛾产卵，并有利于幼虫结苞为害，也能使为害加重。

③气候条件　稻纵卷叶螟的生长发育需适温高湿，适宜的温度为22～28℃，适宜的相对湿度在80%以上。发育期间阴雨多湿有利于稻纵卷叶螟的发生，高温干旱或低温均对稻纵卷叶螟发育不利，例如成虫在29℃以上，相对湿度80%以下，雌蛾交配率低，基本不产卵，幼虫孵化率亦受到影响。初孵幼虫在日最高温度超过35℃，相对湿度低于80%时，很快就死亡。气温低于22℃时，幼虫常潜伏于心叶内，取食活动迟缓。此外，在蛾源迁入期间，锋面降雨天气还有利于迁入蛾源的降落，因此雨日多，迁入的虫量大。

④天敌　稻纵卷叶螟的天敌有80余种，各虫期都有天敌寄生或捕食。寄生性天敌，卵期有拟澳洲赤眼蜂、稻螟赤眼蜂和松毛虫赤眼蜂，幼虫期有稻纵卷叶螟绒茧蜂、螟蛉绒茧蜂、扁股小蜂等，蛹期有寄生蝇、姬蜂、广大腿蜂。捕食性天敌有青蛙、蜻蜓、豆娘、蜘蛛、隐翅虫、步甲等。其中常见优势种为拟澳洲赤眼蜂、稻纵卷叶螟绒茧蜂和草间小黑蛛，对稻纵卷叶螟的控制作用最大。

4.7.3　虫情调查和预测预报

(1) 成虫及雌蛾发育进度调查

①田间赶蛾　调查于主害代及其上一代常年始蛾期前1周开始，至当代蛾盛期结束为止。隔天上午9:00以前进行1次。选有代表性的3种类型田各1块，合计3块，每块田调查面积50～100 m²或以上。手持长2 m的竹竿沿田埂逆风缓慢拨动稻丛中上部，用计数器计数飞起的蛾数。蛾数激增日为始盛期，当查到蛾量明显下降时，即以蛾量最多的那天，定为发蛾高峰日，再加上以后各虫态的历期预报防治适期，但如是迁入代，因雌虫卵巢发育级别大都进入3级以上，一般在迁入的当天或第2天就进入产卵盛期，所以不需要加产卵前期；如是本地繁殖的虫源为主，则需加产卵前期。

②雌蛾卵巢解剖　在主害代及其上一代蛾的主要峰期，结合田间赶蛾进行，剖查2～3次。在赶蛾的各类型田块中用捕虫网采集雌蛾20～30头，带回室内当即解剖，镜检卵巢级别和交配率。

(2) 卵、幼虫种群消长及发育进度调查　各代产卵高峰期开始，隔2 d查1次，至3龄幼虫期为止。选取不同生育期和好、中、差3种长势的主栽品种类型田各1～2块，定田观测。采用双行平行跳跃式取样，每块田查 10 点，每点 2 丛。调查有效卵、寄生卵、干瘪卵、卵壳和各龄幼虫数。

4.7.4 防治方法

稻纵卷叶螟的防治应以农业防治为基础，通过合理使用农药，协调化学防治与保护和利用自然天敌的矛盾，将害虫密度控制在经济损害允许水平之下。

(1) 农业防治 合理施肥，防止前期猛发旺长、后期贪青迟熟，促使水稻生长发育健壮、整齐和适期成熟，提高耐虫力或缩短易受害期。适当调节搁田时期，降低幼虫孵化期的田间湿度，或在化蛹高峰期灌深水 2～3 d，均可收到较好的防治效果。

(2) 生物防治 施用生物农药 Bt 制剂，每公顷用 Bt 可湿性粉剂或 Bt 乳剂（每克或每毫升含 100 亿活芽孢）1.5～2.25 kg，兑水 900 L 常规喷雾。

(3) 化学防治 考虑到水稻孕穗至抽穗期受害损失大于分蘖期，现提出的防治指标是：第 2 代为分蘖期百丛有虫（卵）150～200 头（粒），第 3 代孕穗期为百丛有虫（卵）100～150 头（粒）。防治适期为 2 龄幼虫高峰期。

药剂种类和用量参考三化螟的化学防治。

4.8 直纹稻弄蝶

直纹稻弄蝶（*Parnara guttata* Bremer et Grey）俗名稻苞虫、直纹稻苞虫，属鳞翅目弄蝶科，是我国水稻上间歇性局部大发生的害虫。直纹稻弄蝶在国外分布于印度、斯里兰卡、日本、朝鲜、俄罗斯（西伯利亚）等国水稻产区；在我国除新疆和宁夏以外，各地均有分布，淮河流域以南发生较普遍。直纹稻弄蝶的寄主有水稻和茭白及稗草、游草等杂草。以幼虫结叶成苞，在苞内取食稻叶，影响光合作用和妨碍抽穗。

4.8.1 形态特征

直纹稻弄蝶的形态特征见图 4-8。

(1) 成虫 体长 16～20 mm，翅展 36～40 mm。体和翅黑褐色，有金黄色光泽。后翅反面黄褐色。前翅有 7～8 枚排成半环状的白斑；后翅有 4 个白斑，直线排列。

(2) 卵 半球形，直径 0.9 mm，高 0.6 mm，顶端平且中部稍下凹，表面有六角形刻纹。卵初产时淡绿色，后变褐色，孵化前紫黑色。

(3) 幼虫 老熟幼虫两端细小，中间肥大，纺锤形。头正面中央有 W 形褐纹。前胸收窄如颈状。前胸背面有直线形黑横线。胸部和腹部绿色，体表密布小颗粒，各节后半部有 4～5 条横皱纹。

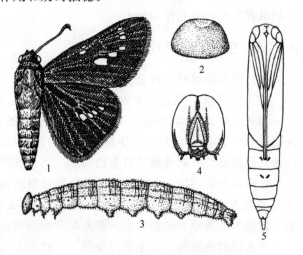

图 4-8 稻弄蝶
1. 成虫 2. 卵 3. 幼虫 4. 幼虫头部正面 5. 蛹

(4) 蛹 圆筒形，体长 22 mm。头平尾尖，体黄褐色。第 5~6 腹节腹面各有 1 个倒八字形褐纹。体表有白粉，外有白色薄茧。

4.8.2 发生规律

(1) 生活史和习性 直纹稻弄蝶在我国 1 年发生 2~8 代，在东北地区 1 年发生 2 代，在河北和山东 1 年发生 3 代，在河南 1 年发生 3~4 代，在陕西 1 年发生 4 代，在江苏和安徽 1 年发生 4~5 代，在广西、广东南部和海南 1 年发生 6~8 代；在南方稻区以老熟幼虫在背风向阳的游草等杂草中结苞越冬，在黄河以北地区还可以蛹在杂草丛或稻桩间越冬。在北方稻区，第 1 代发生于芦苇等杂草上，第 2 代开始转入稻田为害水稻，在河南和陕西，以 7 月中下旬的第 2 代和 8 月中下旬至 9 月上旬的第 3 代为害中稻和晚稻最为严重。在华南 6~7 代区，全年以 8—9 月发生的第 4 代和第 5 代虫量最大，主要为害晚稻。在江苏太仓，越冬代成虫出现在 5 月上中旬，第 1 代约在 6 月中旬左右羽化，第 2 代约在 7 月下旬盛发，第 3 代成虫发生于 9 月上中旬，以 7 月下旬至 8 月中旬第 3 代幼虫为害最重，主要为害单季晚稻、早栽常规中稻和杂交稻。根据河南南阳、安徽金寨、江苏徐州等地虫情资料，当地植物保护技术人员判断本地初始虫源来自外地，可能主要由南方迁入。

直纹稻弄蝶的成虫白天活动，喜吸食瓜类、棉花、向日葵、芝麻、野菊、千日红的花蜜。多在上午 6:00—9:00 羽化，羽化 1~4 d 后交配，交配后 1~3 d 产卵。卵多散产于稻叶背面，正面也有，一般每叶产卵 1~2 粒，多的 6~7 粒。每雌一生产卵 100~200 粒，多者 300 粒。成虫产卵对水稻生育期有明显的选择性，以处于分蘖期生长旺盛的稻株着卵最多，圆秆拔节期的着卵较少。产卵期因温度而异，16~18 ℃时为 5.2 d，22~24 ℃时为 4.1 d，28~30 ℃时为 2.6 d。

直纹稻弄蝶的初孵幼虫先取食卵壳，然后爬至稻叶端部吐丝将叶卷成筒状。虫龄越大，结叶越多。幼虫白天躲在苞内取食，傍晚或阴雨天则爬出苞外取食稻叶，1 头幼虫一生可为害 10 片叶子以上。幼虫 3 龄前食量不大，4 龄后激增；5 龄幼虫进入暴食期，食量占幼虫总食量的 86%。幼虫有更换虫苞的习性。老熟幼虫在苞内或爬至稻丛基部植株间吐丝结薄茧化蛹。

(2) 发生与环境条件的关系

①气候 直纹稻弄蝶发生的适宜温度为 24~30 ℃，适宜相对湿度为 75% 以上。冬季和早春温度高低以及 6—7 月降水量这两个因子会影响直纹稻弄蝶的发生程度。一般认为，1—3 月气候温暖，平均相对湿度高，当年有大发生的可能。6—7 月降水量和降雨日数多，特别时晴时雨，有利于其发生；若高温干旱，则发生少。

②苗情 成虫盛发期处于分蘖期的稻苗着卵多，受害重。近年来，各地扩大麦茬稻，发展杂交稻，7 月正处于分蘖期，成虫盛发期苗情适宜，是导致虫情加重的主要原因。

③植被、水稻品种和栽培管理 一般山区、稻棉或与旱作物夹种的地区，直纹稻弄蝶的为害较重，其原因是成虫有充足的蜜源植物供卵发育，因此繁殖率高。不同水稻品种因叶色、生育期等影响成虫产卵和幼虫的成活率，因而表现不同的受害程度。氮肥施用量增加，亦是导致虫情加重的因素之一。

④天敌 直纹稻弄蝶天敌种类较多，其中卵寄生性天敌有稻螟赤眼蜂、拟澳洲赤眼蜂、松毛虫赤眼蜂、黑卵蜂等，幼虫和蛹的寄生性天敌主要有螟蛉悬茧姬蜂、弄蝶凹眼姬蜂、

广黑点瘤姬蜂、螟蛉绒茧蜂、弄蝶绒茧蜂、稻苞虫鞘寄蝇、黄角鞘寄蝇等。捕食性天敌主要有多种蜘蛛、步甲、猎蝽、蛙类等。天敌是控制直纹稻弄蝶发生的不可忽视的重要因素。

4.8.3 虫情调查和预测预报

(1) 调查成虫活动数量，预测幼虫发生期 利用成虫嗜食花蜜习性，设置花圃诱集成虫。花圃内选种引诱力强的植物，例如千日红、马缨丹、芝麻、布荆等。群众性测报在第2代和第3代成虫发生期，选当地开花的蜜源植物（例如棉田、瓜田等），在成虫白天活动时间内，每天定时观察0.5～1.0 h内飞翔的成虫数，以历期法预测幼虫防治适期（2龄）。成虫出现高峰至产卵高峰的期距，6月下旬为4～5 d，7月下旬为2 d，8月中下旬为3～6 d。

(2) 两查两定

①查虫量，定防治田块 在成虫出现高峰后2～5 d，选不同生育期和长势的稻田1～2块，每块田查5点，每点查水稻5～10穴，共查25～50穴，隔2～3 d查1次，共查2次。凡达防治标准的田块，定为防治对象田。

②查幼虫龄期，定防治适期 选分蘖期产卵多的稻田，固定面积，每3 d查1次，共查2～3次。当查到1～2龄幼虫占调查总数90%左右，或2～3龄幼虫占孵化幼虫总数50%左右时，即为化学防治适期。

(3) 防治指标 分蘖期防治指标为百丛有2～3龄幼虫数，杂交稻为41头，常规稻为36头；孕穗期防治指标为百丛有2～3龄幼虫数，杂交稻为33头，常规稻为25头。

4.8.4 防治方法

(1) 化学防治 可选用80%敌敌畏乳油、50%杀螟松乳油、50%辛硫磷乳油，每公顷用1.0～1.5 L，兑水900 L喷雾。因幼虫傍晚时出苞取食或换苞，因此喷药最好在傍晚进行。阴天全天均可进行。

(2) 生物防治 从成虫产卵始盛期起，每隔3～4 d释放拟澳洲赤眼蜂1次，每次每公顷15万～30万头，连续3～4次，可兼治稻纵卷叶螟；每公顷用Bt制剂1.5 kg（每克含活芽孢100亿），加洗衣粉375 g，兑水900 L喷雾。

(3) 人工防治 幼虫发生密度不高或虫龄较大时，可人工剥虫苞，捏死虫、蛹，或用拍板、鞋底拍杀幼虫。

4.9 褐飞虱

褐飞虱 [*Nilaparvata lugens* (Stål)] 属半翅目飞虱科，有远距离迁飞习性，是我国和许多亚洲国家当前水稻上的首要害虫。褐飞虱在国外分布于南亚、东南亚、太平洋岛屿、日本、朝鲜半岛和澳大利亚；在我国除黑龙江、内蒙古、青海、新疆外其他各地均有分布，北界为吉林通化、延边地区，大致在北纬42°左右；西界为甘肃兰州，西藏墨脱也有分布记录，常年在长江流域及其以南地区暴发频繁。1987年、1991年、1997年、2005年和2006年褐飞虱在我国特大暴发，屡屡令人猝不及防而损失惨重，其中1991年不仅南方稻区出现大面积虱烧，过去很少发生的北方稻区也受害惨重，仅冀东沿渤海湾周围地区就有

10 000 hm² 以上稻田绝收；2005 年和 2006 年在长江流域各地大发生，尤其在湖北、湖南、江西、安徽、江苏、上海等地发生范围广、程度重、为害时间长，造成较大的经济损失，如 2006 年在江苏省发生 $4.05×10^6$ hm²，迁入早、峰次多、短翅型成虫出现早、田间虫量高、全省大暴发，尤其是 8 月 27 日至 9 月 3 日全省出现了历史罕见的迁入虫量，最高的张家港峰日单灯诱虫高达 79.09 万头，南京市城区也出现了大量的褐飞虱。2007—2015 年全国发生面积分别为 $1.573033×10^7$ hm² ($2.359955×10^8$ 亩)、$1.264915×10^7$ hm² ($1.893722×10^8$ 亩)、$1.049913×10^7$ hm² ($1.567487×10^8$ 亩)、$1.261217×10^7$ hm² ($1.891826×10^8$ 亩)、$1.146012×10^7$ hm² ($1.719018×10^8$ 亩)、$1.456303×10^7$ hm² ($2.184455×10^8$ 亩)、$1.395253×10^7$ hm² ($2.092879×10^8$ 亩)、$1.152233×10^7$ hm² ($1.728349×10^8$ 亩) 和 $1.036966×10^7$ hm² ($1.555449×10^8$ 亩)。发生程度多数年份为 3 级（中等发生）。

4.9.1 对水稻的为害

褐飞虱为单食性害虫，只能在水稻和普通野生稻上取食和繁殖后代，对水稻的为害主要表现在以下几方面。

(1) 直接刺吸为害　褐飞虱以成虫和若虫群集于稻丛基部，刺吸茎叶组织汁液。虫量大受害重时引起稻株瘫痪倒伏，俗称冒穿，导致严重减产或失收。

(2) 产卵为害　褐飞虱产卵时刺伤稻株茎叶组织，形成大量伤口，促使水分由刺伤点向外散失，同时破坏输导组织，加重水稻的受害程度。

(3) 传播或诱发水稻病害　褐飞虱不仅是传播水稻草状丛矮病（grass stunt）和齿叶矮缩病（ragged stunt）的虫媒，也有利于水稻纹枯病、小球菌核病的侵染为害。褐飞虱取食时排泄的蜜露因富含各种糖类、氨基酸类，覆盖在稻株上，极易招致煤烟病菌的滋生。

4.9.2 形态特征

褐飞虱的形态特征见图 4-9。

(1) 成虫　有长、短两种翅型和深浅两种色型，长翅型连翅体长 3.6~4.8 mm，短翅型体长 2.5~4.0 mm。褐飞虱成虫体黄褐或褐色至黑褐色，具油状光泽；头顶近方形，额近长方形，中部略宽，触角稍伸出额唇基缝，后足基跗节外侧具 2~4 根小刺。前翅黄褐色透明，翅斑黑褐色；短翅型前翅伸达腹部第 5~6 节；后翅均退化。雄虫阳基侧突似蟹钳状，端部呈尖角状向内前方突出；雌虫产卵器基部两侧，第 1 载瓣片的内缘基部突起呈半圆形。

(2) 卵　产在叶鞘和叶片组织内，排列成一条，称为卵条。卵粒香蕉形，长约 1 mm，宽 0.22 mm，卵帽高大于底宽，顶端圆弧，稍露出产卵痕，露出部分近短椭圆形，粗看似小方格，清晰可数。卵初产时乳白色，渐变淡黄至锈褐色，并出现红色眼点。

(3) 若虫　分 5 龄，各龄特征如下。

1 龄：长 1.1 mm，黄白色，腹部背面有 1 倒凸形浅色斑纹，后胸显著长于中胸，中后胸后缘平直，无翅芽。

2 龄：长 1.5 mm，初期体色同 1 龄，倒凸形斑内渐现褐斑；后期体黄褐至暗褐色，倒凸形斑渐模糊。翅芽不明显，后胸稍长，中胸后缘略向前凹。

3龄：长2.0 mm，黄褐色至暗褐色，腹部第4～5节有1对较大的浅色斑纹，第7～9节的浅色斑呈山字形。翅芽已明显，中后胸后缘向前凹成角状，前翅芽尖端不到后胸后缘。

4龄：长2.4 mm，体色斑纹同3龄。斑纹清晰，前翅芽尖端伸达后胸后缘。

5龄：长3.2 mm，体色斑纹同3～4龄。前翅芽尖端伸达腹部第3～4节，前后翅芽尖端相接近，或前翅芽稍超过后翅芽。

4.9.3 发生规律

(1) 生活史

①越冬　褐飞虱仅在我国两广南部、福建和云南南部以及台湾、海南等冬春温暖地区越冬，有少量虫态在再生稻、落谷苗上可过冬。越冬北界大体在1月10 ℃等温线或北纬25°，也能以水稻在冬季能否存活作为褐飞虱在当地越冬的生物指标。根据褐飞虱在我国的越冬分布可划分为下述3个区域。

A. 终年繁殖区：此区在北纬19°以南的海南省南部。

B. 少量越冬区：此区在北回归线两侧，自海南省中部（北纬19°以北）至北纬25°。又以北纬21°左右为界限划分为常年稳定越冬区（北纬21°以南）与间歇越冬区。

C. 不能越冬区：此区在北纬25°以北的我国广大稻区，无越冬虫源。

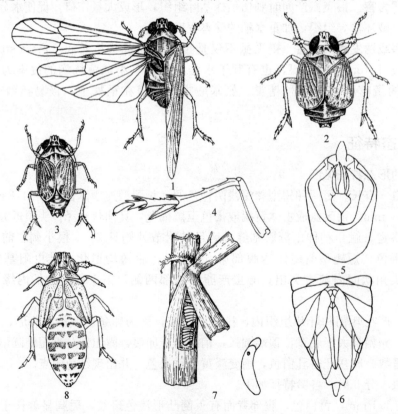

图4-9　褐飞虱
1. 长翅型成虫　2. 短翅型雌成虫　3. 短翅型雄成虫　4. 后足放大　5. 雄性外生殖器
6. 雌性外生殖器　7. 水稻叶鞘内的卵块及卵的放大　8. 5龄若虫

②迁飞　褐飞虱抗寒力弱，各虫态无滞育越冬的特性，在北纬25°以北我国中北部广大稻区，冬季因低温不能越冬；北回归线附近地区，冬春温暖年份，虽能以多种虫态在田间残留的再生稻或落谷苗上存活过冬，但这少量当地过冬虫源，也因春耕耙地，最后残存的有效虫源基数甚微；终年繁殖区的范围和虫量亦很有限。因此我国每年初次发生的虫源，主要是由亚洲大陆南部的中南半岛向北迁飞而来。褐飞虱在我国东半部的迁飞路径是：在3月下旬至5月，随西南气流由中南半岛等热带终年发生地迁入，主降在珠江流域、闽南等地，在早稻上繁殖2代后，于6月早稻黄熟时，产生大量长翅型成虫向北迁飞，主降在南岭南北，波及长江以南；7月上中旬从南岭南北稻区迁入长江流域，并波及淮河流域；7月下旬至8月上旬，长江以南双季早稻成熟时，迁到江淮间和淮北稻区；8月下旬至9月上旬淮北与江淮单季中稻成熟时开始随南向气流向南回迁；9月下旬至10月上旬，由江淮间和长江中下游稻区向更南地区回迁。

褐飞虱季节性南北往返迁飞与水稻黄熟有明显关系。水稻临近黄熟即产生大量长翅型成虫向外迁出。我国水稻黄熟收割自南向北顺次推迟，迁飞也依次同步进行。从迁飞的气象条件分析，由于我国地处季风气候带，季节性的大气环流，是使其能够随着高空气流的携带做远距离迁移的动力。即春夏季由于副热带高压北推，褐飞虱随北向或东北向气流逐代逐区向北迁移；秋季由于大陆高压的南进，它又随南向气流向南回迁。

③发生世代及区划　褐飞虱在我国1年发生1～12代，大体上自南向北地理纬度每增加2°，1年发生代数减少1代。根据褐飞虱各地发生世代数、虫源的迁入和迁出情况、水稻栽培制度以及我国有关气候与昆虫区划，可将其划分为以下8个发生区。

A. 琼南12代区：此区包括海南省五指山分界岭以南的崖县、陵水、乐东等地。

B. 琼雷10～11代区：此区包括海南省中部和北部及雷州半岛中南部。

C. 两广南部8～9代区：此区包括广西南部、广东南部沿海及珠江流域、福建南部沿海地区、台湾中南部和云南南部。

D. 南岭6～7代区：此区包括广东和广西的北部、湖南和江西两省南部、贵州南部、福建中南部。

E. 岭北5代区：此区包括湘江、赣江中下游、福建和贵州的北部、浙江南部。

F. 沿江江南4～5代区：此区包括湖南和江西的北部、湖北南部、浙江中北部、四川东南部、江苏和安徽的南部及沿江地区。

G. 江淮3代区：此区包括江苏和安徽的中北部、湖北北部、河南南部及陕西南部。

H. 淮北1～2代区：此区包括淮河以北至东北南部广大地区。

褐飞虱在长江中下游地区1年发生4代左右，以江苏、安徽沿江稻区为例，迁入虫源常年始见于6月下旬，早发年在6月中旬，迟发年在7月上旬。迁入后，在单季晚稻田可增殖4代，由于世代重叠，难以将田间某时期查获的虫态，划归为某个具体的生物学世代，因此按种群发展动态过程，可分为4个阶段：a. 少量迁入期，在6月下旬至7月中旬，水稻处于分蘖期，虫源由两广南部和岭南区波及迁入，迁入虫量少，灯下虫峰不明显，田间难查获；b. 大量迁入期，在7月下旬至8月上旬，水稻处于分蘖末至拔节初期，虫源由岭北和沿江江南稻区迁入，本地属主降区，迁入虫量大、峰次多，田间易查获；c. 稳定增长期，在8月中旬至9月上旬，水稻处于拔节至孕穗期，褐飞虱进入定居繁殖期，短翅型成虫增多，种群稳定上升；d. 种群高峰和长翅型成虫迁出期，在9月上旬至10月上旬，水稻处于抽穗灌浆期，种群数量剧增，达全年虫量最高峰，此后，羽化的长翅型成虫随高空气流逐日南迁。

在江淮稻区，单季中籼稻和杂交稻本田可增殖3代，8月中旬后虫量上升，主要受害期为8月中旬至9月上旬，以迟熟中稻受害较重。

(2) 生活习性 长翅型褐飞虱起迁移扩散作用，短翅型褐飞虱则定居繁殖。短翅型雌成虫的繁殖势能比长翅型高，表现为产卵前期短，历期长，产卵量高。因此短翅型的增多是种群即将大量繁殖发生的预兆。水稻植株的营养条件是促使褐飞虱翅型分化的主导因素，虫口密度、光和温度亦有影响。3龄若虫是翅型分化的临界龄期，当低龄若虫取食分蘖至拔节初期的稻株时，因含氮量高，有利于短翅型的分化，因此短翅型成虫在孕穗期大量出现，并经繁殖1代后，就在穗期形成田间虫量的最高峰，这就是褐飞虱在水稻穗期暴发成灾的原因。稻株抽穗扬花以后，植株含糖量渐增，碳、氮比改变，长翅型比例则上升，至水稻黄熟期因植株衰老，食料的营养下降，虫口密度往往又过高，羽化出的成虫几乎全部为长翅型。浙江大学张传溪团队揭示了褐飞虱翅型分化的分子机理，发现褐飞虱两个胰岛素受体（NIlnR1和NIlnR2）基因通过调控NllFOXO的活性分别控制了长翅型和短翅型的发育。NIlnRl通过激活NlPI3K-NlAkt信号级联诱导长翅型飞虱产生，如果这条通路被抑制，则诱导短翅型飞虱产生。与NIlnRl相反，NIlnR2是这条通路的负调控因子，抑制这条通路诱导长翅型飞虱产生。

长翅型成虫有趋光性，因此灯诱可作为迁入预测的方法。成虫迁入多都趋向分蘖盛期、生长嫩绿的稻田定居繁殖。成虫和若虫都聚集在稻丛基部栖息取食，若虫在离水面3 cm左右处；成虫栖息与取食部位略高，在离水面3~6 cm。成虫迁出时，先爬到稻株上部叶片或穗上，然后主动向上空飞去。夏季或初秋一般于日出前或日落后起飞，为晨暮双峰型；晚秋起飞受温度下降所限制，一般都集中在暖和的下午起飞，为日间单峰型。

雌虫羽化后通常有3~5 d的产卵前期，开始产卵后再经过几天才达产卵盛期。雌成虫寿命，在25 ℃时为22 d，在17~20 ℃时长达30 d；产卵盛期历时10~15 d，产卵高峰期通常持续6~10 d。雌成虫产卵量通常为300~600粒，最多达1 000粒以上。卵成条产在稻株组织内，产卵痕第1天不明显，2~3 d后出现褐条斑。褐飞虱的产卵部位随稻株老嫩而转换，在青嫩或拔节期的稻株上，卵多产在叶鞘的肥厚部分，在老的稻株上也有产在叶片基部中脉组织内。据太仓县测报站观察，总卵量的91.2%~94.4%产在自下而上的第2~4叶鞘或叶片上，产在叶片上的卵多集中在叶片的正面。因此进行田间查卵时，应根据水稻生育期和稻株老嫩来确定取样部位。

若虫历期因温度而异，详见表4-8。雄若虫的历期稍短于雌若虫，雄成虫的寿命亦短于雌成虫。田间雌成虫因天敌捕食，平均寿命为8~9 d。

表4-8 褐飞虱各龄若虫在不同温度下的历期

（原江苏太仓县测报站）

日平均温度（℃）	平均温度（℃）	若虫历期（d）					
		1龄	2龄	3龄	4龄	5龄	若虫全期
29.7~30.6	30.3	3.0	2.0	2.1	1.9	2.9	11.9
28.2~28.7	28.5	2.8	2.3	2.3	2.4	3.0	12.8

(续)

日平均温度（℃）	平均温度（℃）	若虫历期（d）					
		1龄	2龄	3龄	4龄	5龄	若虫全期
27.6~28.0	27.8	2.9	2.8	2.3	2.5	3.2	13.7
25.7~26.6	26.2	3.3	3.0	2.4	2.7	3.4	14.8
22.5~23.4	22.7	3.8	3.2	2.7	3.0	4.1	16.8
21.0~22.1	21.4	3.8	4.1	3.5	4.0	5.8	21.2
17.3~21.5	18.9	4.7	4.3	5.2	6.0	8.2	28.4

(3) 发生与环境条件的关系 褐飞虱成虫迁入的时期和数量是影响发生程度的关键因子，迁入早、数量多则多为大发生，反之则轻。在一定的迁入虫量基础上，配合适宜的气候条件、水稻品种和生育期，能促使其大量繁殖，田间小气候更直接影响其发生为害的轻重，天敌数量对田间种群消长也起一定的促控作用。

①气候因素　褐飞虱喜温湿，生长与繁殖的适宜温度为20~30℃，最适温度为26~28℃，适宜相对湿度在80%以上。长江中下游地区，梅雨期长，或梅雨后有台风倒槽，有利于褐飞虱的迁入，迁入后，褐飞虱灾变的气候条件为"盛夏不热，晚秋不凉，夏秋多雨"，其量化指标是：盛夏季节（7月11日至8月10日）日最高温度≥32℃的天数愈少，晚秋9月下旬平均温度≥22℃则有利于褐飞虱的增殖。相反，盛夏高温（日平均温度＞30℃）对褐飞虱有明显的抑制作用，高温持续的时间越长，抑制作用越强；晚秋日平均温度＜17.5℃，则能严重影响到其生存和为害。

②栽培制度　水稻栽培制度是影响褐飞虱发生的重要因素。20世纪60年代后，亚洲热带稻区推广了矮秆早熟品种，实现二季改三季，褐飞虱种群得以周年连续发展，增加了北迁的虫口基数，同时我国南方稻区扩大双季稻和山区单季稻的面积，北方实行大面积旱改水，为褐飞虱提供了充足的食料条件，促使种群持续不断地增长，又为回迁到终年繁殖区提供了大量虫源。正是这种大范围的水稻改制，为褐飞虱远距离南北往返迁飞创造了有利种群发展的空间和时间条件，导致褐飞虱上升为亚洲水稻上第一大害虫，并经常暴发成灾。

从局部地区看，不同水稻栽培制度对褐飞虱种群的影响不同。例如太湖稻区种植双季稻，褐飞虱迁入后，在双季早稻上只能繁殖1~2代，为害轻，一般不需要防治，而且早稻收获时，由于农事操作，种群受到抑制，在双季晚稻上因栽插迟，也只能繁殖2~3代；而在单季晚稻田，由于虫源迁入早，生长期长，可增殖3~4代，迁入主峰又适逢分蘖至拔节期，适宜短翅型成虫的发生，田间种群发展快，穗期主害代的虫量比双季晚稻高，为害也重。因此太湖稻区（例如苏南和上海）由双季稻改种单季晚稻后，更加有利于褐飞虱种群的发展。

③品种　不同水稻类型的品种，由于抗性水平、生育期、农艺性状、栽插期等原因，褐飞虱的发生量有很大的差异。例如南方双季早稻迟熟品种受害比早熟品种重，江淮稻区迟熟中稻也比早熟和中熟中稻受害重，太湖稻区单季晚稻比双季晚稻受害重。就水稻品种而言，通常杂交稻受害重于常规稻，粳稻重于籼稻，矮秆品种重于高秆品种。

④栽培技术　稻田长期深水漫灌，偏施氮肥，引起稻株生长过旺，叶色浓绿，田间荫蔽

湿度大，温度变幅小，同时体内游离氨基酸含量高，这样的生境条件极有利于褐飞虱的发生，即使是轻发生年也会出现严重为害的田块。

⑤天敌　褐飞虱的天敌种类很多，对发生量有很大的抑制作用，在采取有效措施保护天敌的稻田，天敌常成为控制其发生为害的重要因素。

A. 卵期天敌：褐飞虱卵期常见的寄生性天敌有稻虱缨小蜂、拟稻虱缨小蜂、褐腰赤眼蜂和柄翅小蜂。其中稻虱缨小蜂是卵寄生蜂中的优势种，一般寄生率为5%～15%，高的达80%以上。褐飞虱卵的捕食性天敌主要有黑肩绿盲蝽，成虫和若虫都能吸食飞虱卵内物质。据观察，1头黑肩绿盲蝽成虫1天吸食褐飞虱卵10粒以上，1头若虫也可吸食7粒，一生可食飞虱卵200粒。

B. 若虫和成虫期天敌：褐飞虱若虫和成虫期常见的寄生性天敌有稻虱螯蜂、线虫等，捕食性天敌有印度长颈步甲、黑尾长颈步甲、青翅蚁形隐翅虫、八斑瓢虫、狭臀瓢虫、稻红瓢虫、尖钩宽黾蝽、蜘蛛类等。

4.9.4　虫情调查和预测预报

褐飞虱属远距离迁飞性害虫，除了进行常规预测预报外，搞好异地测报亦十分重要。

(1) 异地测报　根据褐飞虱迁出地的发生迟早、发生程度、发育进度、防治情况、水稻成熟期等，预报迁入地区的迁入时期、迁入量及当年的发生为害趋势。在我国东部地区常年可进行3次迁飞预报；第1次在6月上旬，预报两广南部早稻上长翅型成虫迁出期、迁出量和主降区；第2次在7月上中旬，预报南岭地区早稻上长翅型成虫迁出期、迁出量和主降地；第3次为回迁预报，时间在9月上旬，预报江淮单季中稻区的迁出期和南方单季晚稻和后季稻褐飞虱的迁入与发生为害趋势。

(2) 两查两定　其具体方法和内容如下。

①查虫龄，定防治适期　在各地主害代田间成虫高峰出现后（例如江苏沿江与江淮稻区中稻于8月上旬、晚稻于8月下旬）系统调查有代表性的类型田1～2块，每隔2～3 d抽查1次，每块田用直线跳跃式取样或5点取样，共查25～50丛。调查时，将涂有虫胶或机油的白搪瓷盘（33 cm×45 cm）斜放在稻丛基部用手迅速击拍稻丛，计数落于搪瓷盘的各虫态或各龄若虫数。当查到田间以2～3龄若虫为主时，即为防治适期。

②查虫口密度，定防治对象田　当田间1～2龄若虫明显增多时，即进行普查，达防治指标时，列为防治对象田。褐飞虱的经济损害允许水平为5%，确定主害代的防治指标是：每穴虫量为8～12头，压前控后的前代控制指标为每穴0.5～1.0头。

4.9.5　防治方法

褐飞虱的防治，应在选用抗性品种、加强水肥管理、准确掌握虫情的基础上，及时合理地使用与保护天敌相协调的化学防治。

(1) 农业防治　结合农村大面积丰产方与农业适度规模经营，做到水稻合理布局，连片种植，便于集中统一防治，防止飞虱扩散转移。在栽培技术上，要抓好水浆管理，适时搁田，后期干干湿湿，避免深浸漫灌和稻田长期积水。肥料管理上要施足基肥，合理追肥，促控适当，防止封行过早，贪青倒伏。

(2) 培育与推广抗性品种　利用抗虫和耐虫品种，是当前防治褐飞虱最经济有效的措施。目前，在长江中下游地区已育成和推广的抗褐飞虱品种有"南京14""镇粳88""中优早1号""威优64""南粳37""秀水620""沪粳抗1号""水源290"等，可因地制宜地推广使用。但褐飞虱是一种具有极强的适应品种抗性能力的害虫，在抗性品种上经受强大的选择压力后，容易产生新的能适应该寄主抗性的生物型，从而影响抗性品种对褐飞虱种群发展的持续控制作用。因此对褐飞虱生物型进行监测成为当前利用抗性品种防治褐飞虱的一项重要工作。

(3) 保护利用天敌 褐飞虱各虫期的天敌有数十种之多，应加强保护和利用。尤其是在化学防治中应注意采用选择性药剂，调整用药时间，改进施药方法，减少用药次数，以避免大量杀伤天敌，使天敌充分发挥对褐飞虱的抑制作用。此外，广东、福建、湖南、湖北等地，试验推广稻田放鸭食虫，对褐飞虱的防治可收到显著效果。

(4) 化学防治 根据水稻品种类型和虫情发展情况，分别采用压前控后或狠治主害代的防治策略，选用噻嗪酮、吡蚜酮、噻虫嗪、吡虫啉及其复配制剂与氨基甲酸酯类农药交替轮换使用。创新性杀虫剂亩旺特的有效成分是螺虫乙酯，具有很强的内吸作用，对防治刺吸式口器害虫如飞虱等有很好的效果。

在低龄若虫始盛至高峰期，每公顷用10%吡虫啉可湿性粉剂225～300 g或25%噻嗪酮可湿性粉剂450～600 g，兑水900 L常规喷雾或兑水300 L弥雾。氨基甲酸酯类药剂可选用叶蝉散、速灭威、混灭威等。值得注意的是，2006年以来我国局部地区褐飞虱对吡虫啉已产生较高抗性；2009年全国农业技术推广服务中心建议暂停使用吡虫啉防治褐飞虱；2015年全国农业技术推广服务中心在20个省、直辖市、自治区监测发现，褐飞虱对吡虫啉产生了高水平抗性，抗性倍数都在1 000以上。

使用触杀药剂时，必须注意将药液或药粉喷洒到稻丛基部飞虱栖息为害部位，才能提高防治效果。

(5) 生态控制 据浙江省农业科学院在浙江金华的实践，以应用抗性水稻品种、调整播种期、田边留草、冬季种植绿肥、稻田养鸭、间作茭白、田埂或田块插花种植显花植物（芝麻和大豆）等为基础的褐飞虱生态控制技术，提高了稻田生态系统的服务功能，可有效地控制褐飞虱的为害，且农药使用量减少80%以上。

4.10 白背飞虱

白背飞虱［*Sogatella furcifera* (Horváth)］属半翅目飞虱科，是当前我国水稻上主要的迁飞性害虫之一。白背飞虱在国外分布于日本、朝鲜、东南亚和南亚、太平洋岛屿及澳大利亚北部；在我国除新疆外，各稻区均有发生。在我国，20世纪70年代以前白背飞虱仅在西南及闽北发生频次高，80年代以来，由于东南亚和我国南方稻区大面积推广种植抗褐飞虱而不抗白背飞虱的IR系列和杂交稻品种，该虫在我国各稻区的发生面积和大发生频率明显增加，对水稻的为害日趋严重。不仅成为早稻上的害虫，而且亦在一季中稻和连作晚稻的前中期造成严重为害。2000—2015年，全国发生面积多达$6.7 \times 10^5 \sim 1.33 \times 10^6$ hm²，发生程度多在2级（偏轻发生）至3级（中等发生）。白背飞虱的为害方式与褐飞虱相似，严重时可造成死秆倒伏。

白背飞虱还能传播南方水稻黑条矮缩病毒（Southern rice black-streaked dwarf virus）.

该病毒于 2001 年由华南农业大学周国辉在广东省首次发现，2008 年被正式鉴定为南方水稻黑条矮缩病毒新种。2009 年首次在越南北部和中国南方稻区多地暴发成灾，损失惨重，其中我国广东、广西、湖南、江西、海南、浙江、福建、湖北和安徽 9 个水稻主产省份确定明显发病，发病面积超过 3.0×10^5 hm^2，很多田块失收。2010 年我国华南、江南、西南南部和长江中下游 13 个省份发病，发病面积 1.37×10^6 hm^2，发病县点 532 个，尤其是江南早稻、中稻、晚稻混栽稻区发病最重。2011 年以来，由于各地加大了预防和综合治理力度，病害流行为害有所减轻。2011—2015 年各年的发病面积依次为 3.204×10^5 hm^2、5.621×10^5 hm^2、2.321×10^5 hm^2、1.113×10^5 hm^2、2.1×10^5 hm^2。分析认为，中南半岛的越南中北部和红河平原是影响我国江南、华南大部分稻区病害流行的主要毒源地，我国南岭以南部分稻区是影响江南和华南大部分稻区病害流行的次要毒源地，云南南部低热河谷区主要是西南稻区的毒源地，并可向江南和华南扩散。

据室内饲养观察，白背飞虱能在稗、看麦娘、早熟禾等多种禾本科植物上完成世代发育，但水稻为其最适宜的寄主。在自然条件下，除水稻外，普通野生稻可能是白背飞虱重要的越冬寄主。

4.10.1　形态特征

白背飞虱的形态特征见图 4-10。

(1) 成虫　长翅型连翅体长 3.8～4.6 mm，短翅型体长 2.5～3.5 mm。头顶长方形，显著突出于复眼前方；额侧脊直，以端部 1/3 处为最宽。雄虫大部分黑褐色，雌虫大部分淡黄褐色。头顶除端部两侧脊间、前胸背板和中胸背板中域黄白色，前胸背板复眼后方各有 1 个暗褐斑，中胸背板侧区黑褐色，雌虫略浅。头顶端半两侧脊间和颜面雄虫黑褐色，雌虫黄褐色；胸部腹面及腹部雄虫黑褐色，雌虫黄褐色，仅腹背有黑褐斑。前翅淡黄褐色，透明，有时翅端具烟褐晕，翅斑黑褐色。

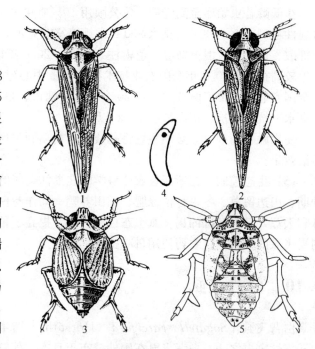

图 4-10　白背飞虱
1. 长翅型雌成虫　2. 长翅型雄成虫
3. 短翅雌成虫　4. 卵　5. 第 5 龄若虫

(2) 卵　长 0.8 mm，宽 0.2 mm，新月形，初产时乳白色，后变黄色并出现红色眼点。卵帽高大于底宽，向端部渐细，在产卵痕中不外露或稍露出尖端。

(3) 若虫　共 5 龄，近橄榄形。头尾较尖，落水后后足向两侧平伸成一字形。有深浅两种色型。1 龄若虫体长 1.1 mm，灰褐或灰白色，腹背有清晰的丰字形浅色斑纹，后胸后缘平直。2 龄若虫体长 1.3 mm，灰褐或淡灰色，第 3～4 腹节淡褐色，后胸后缘两侧略向后延伸，中间稍向前凹入。3 龄若虫体长 1.7 mm，灰黑与乳白色相嵌；胸部背面有灰黑色不规则斑纹,边缘清晰;第3~4腹节背面各有1对乳白色三角形斑,第6腹节背面有浅色横带,翅芽明显出现。4龄若虫体长2.2 mm,前翅芽伸达后胸后缘,其余形态特征同3龄若虫。5龄若虫体长2.9 mm,前翅芽超过后翅芽的尖端,其余形态特征同4龄若虫。

4.10.2 发生规律

(1) 生活史和习性

①越冬与迁飞　白背飞虱冬春季分布或安全过冬的温度与生物指标都和褐飞虱大致相似,但耐寒力较强,越冬地区范围稍广。白背飞虱在海南岛南部和云南最南部地区可周年繁殖,无滞育或休眠现象。白背飞虱的越冬北界暖冬年份在北纬26°左右,大致在云南省无量山以南,沿广西与贵州交界的红水河,东部沿南岭山脉经江西南部和福建中部地区,以最冷月极端低温在0℃左右,再生稻和落谷苗冬季存活区为限。个别暖冬年份在北纬27°左右的福建建阳、四川米易县一些特殊小生境中也能查获零星存活过冬虫源。白背飞虱在冬季生存区内,由于天敌种类和数量多,加之耕作的淘汰,冬后残存虫量甚少,每年春夏季发生的初始虫源主要是从南方迁入;在北纬26°以北的地区不能越冬,每年初发虫源则全由外地迁入。

与褐飞虱相似,从国外迁入我国的白背飞虱大致可分为两支,一支由缅甸伊洛瓦底平原和泰北凭借西南季风迁入,主降地区为云南西南边境的局部地区;另一支来自越南中南部和中部、老挝万象平原和沙湾拿吉及泰国东北部,主迁峰虫源来自越南红河三角洲,主降地区为我国东部稻区。在我国,白背飞虱迁入虫源由南向北依次推延。3月中下旬长翅成虫即随西南或偏南气流迁入我国珠江流域和云南红河州,成为早稻上的主要虫源。此后,随着西南气流的加强,向北迁飞的范围与虫量不断扩大和增加。4月上中旬白背飞虱迁至南岭地区,包括两广北部、湖南和江西的南部、贵州和福建中部,4月中下旬达北纬29°左右,5月中旬可越过北纬30°。5月下旬至6月中旬我国大陆南部早稻近成熟,开始有白背飞虱虫源迁出,此时,在长江中下游地区的浙江北部、江苏南部和上海市郊在6月上中旬,江苏和安徽的江淮之间地区在6月中下旬,淮北地区在6月下旬至7月初,灯下和田间均可见迁入成虫。这次北迁可达北纬35°。6月下旬至7月初南岭地区早稻成熟时白背飞虱虫源可迁至华北和东北南部,例如辽宁盘锦在6月下旬至7月上旬,吉林通化在7月上中旬均可见虫。常年8月下旬后,我国季风转向,北方稻区迁出白背飞虱虫源在东北气流运载下向南回迁,对南方双季晚稻穗期为害有一定影响。白背飞虱迁飞能力比褐飞虱强,在迁飞个体中具备再迁飞能力的个体占29%左右。因此在条件适宜的情况下,进入迁入区的一些白背飞虱个体有可能继续外迁。

白背飞虱初次迁入各地的始见期比褐飞虱早,迁出期不完全受水稻生育期所控制,各代长翅型成虫均有向外迁出的特性,因此各地迁入和迁出的峰次频繁,形成比较复杂的局面,但各地都是以成虫迁入后田间第2若虫高峰构成主要为害世代,主害代羽化的成虫即为各地的主要迁出世代。白背飞虱体质量小比褐飞虱轻,因此迁飞的高度较高,距离也较远。

②世代及发生期　白背飞虱在我国南岭以南1年发生7~11代,在广东东部和福建1年发生6~8代,在湖南、四川和湖北交界处1年发生5~7代,在浙江黄岩1年发生5代,在

长江中下游1年发生4代左右,在云南、贵州北部和淮河流域以北1年发生2~4代。各地从始见虫源迁入到主要为害期,一般历时50~60 d,主迁入峰迁入后10~20 d,或经繁殖1代后,即为主害代田间第2若虫为害高峰期。我国从南到北的主要为害时期,两广南部及云南最南部为5月中下旬,两广中部和云南南部为6月上中旬,广西北部、江西南部、贵州和福建中南部为6月中下旬,四川盆地东部、贵州东北部、湖南中南部和西部、福建北部、浙江南部、江西中部等为7月上中旬,湖北中南部以及湖南、江西、浙江等的中北部为7月中下旬,江苏和安徽的中南部为7月下旬至8月上中旬,淮河以北和四川盆地西南、陕西、甘肃等地为8月中下旬至9月上旬。白背飞虱是在水稻中期为害的害虫,常与灰飞虱和褐飞虱交替混合发生,在各地主要为害早稻和中稻,但在南方双季稻区,除5—6月早稻上出现1个为害高峰外,在9月间晚稻穗期还有1个为害高峰,形成全年双峰为害型。

白背飞虱在长江中下游沿江两岸常年可发生4代,例如在江苏南部地区,长翅型成虫6月上中旬始见迁入,一般将7月15日前迁入的划为第1代虫源,7月16日至8月10日发生的成虫划为第2代虫源,第2代虫源虽有本地第1代繁殖而来,但仍有外地迁入虫源,迁入主峰一般出现在7月中旬前后,主害代田间第2若虫高峰早发年在7月底8月初,迟发年可延至8月中旬,主要为害分蘖至抽穗期的中稻和单季晚稻,以杂交稻和常规迟熟中稻受害最重,主害代羽化出的第3代虫源(8月中旬至9月上旬)多数向外迁出,仅少量留在当地繁殖。因此白背飞虱在稻田的种群发展动态是:7月初前后虫量少,7月中下旬虫量激增,7月底至8月中旬虫量达高峰,8月下旬虫量下降,此时褐飞虱种群数量呈上升趋势。

③生活习性 各代白背飞虱的长翅型比例高,一般在80%以上;在虫口密度低,雨水多和水稻拔节孕穗期,有一定数量的短翅型雌虫出现,但短翅型雄虫一般少见。白背飞虱成虫全天均可羽化,成虫羽化后第2天即能交配,雌成虫长翅型和短翅型的交配前期分别为1.40~2.06 d 和 1.30~1.98 d。交配全天均可进行,高峰在下午的14:00—17:00和后半夜0:00—5:00,雌成虫一生只交配1次,雄成虫可交配1~3次。雌虫产卵前期,长翅型比短翅型的稍长;产卵历期个体间不一,多数为10~15 d,以前5 d产卵量最多。成虫产卵有明显的选择性,喜在生长茂密嫩绿的水稻上产卵,分蘖株上落卵量高于主茎。产卵量随水稻生育期而异,以孕穗、分蘖期产卵最多,黄熟期和3叶期产卵最少。每头雌虫产卵量因温度、光照而不同,在25 ℃时为133粒,在28 ℃时为326粒,在30 ℃为116粒,温度超过33 ℃则不怀卵;室内8 h短光照下的产卵量为自然光照11 h的2.1倍。取食水稻不同生育期的产卵量亦不相同。长翅型与短翅型雌成虫的总产卵量无明显差异,但两种产卵的时间特征不同:短翅型产卵高峰到来时间较早,前期的产卵量比例较高。卵成条产于叶鞘或叶片基部中脉组织内,产于叶片反面的卵条数明显地多于叶片正面的,前者约占叶片总卵条数的97.4%;每块卵有数粒至10多粒,成单行排列。白背飞虱在水稻茎秆上的产卵部位要高于褐飞虱的。

白背飞虱成虫和若虫多生活在稻丛基部叶鞘上,栖息部位比褐飞虱高,稻穗乳熟后,常迁移到剑叶主脉上和穗部取食。成虫有趋光、离株飞翔和迁飞习性。据观察,同在水稻乳熟期发育的若虫,羽化后分别接入分蘖期、孕穗期、蜡熟、黄熟期的水稻,成虫迁出的比例,黄熟期为73.6%,蜡熟期为38.4%,孕穗期为23.9%,分蘖期为7.0%。成虫飞离稻株的时间受光照度的影响,在20 ℃以上的气温下,清晨和黄昏5~100 lx的光照度迁飞比率最大,每日呈弱光双峰型。

白背飞虱若虫多在 4:00—8:00 孵出，受惊后即横爬至稻株另一面，惊动大时则跳离。大龄若虫和成虫不耐拥挤，在若虫密度稍高的情况下，即产生长翅型成虫迁出。

白背飞虱在室内不同恒温条件下饲养的各虫态历期见表 4-9。

表 4-9 白背飞虱在不同恒温条件下各虫态发育历期

温度（℃）	卵期（d）	若虫期（d）						成虫期（d）			产卵前期
		1龄	2龄	3龄	4龄	5龄	全期	雌	雄	平均	
15	23.1	10.7	8.0	10.0	11.3	15.7	55.7	23.2	19.3	21.3	10.7
20	12.0	5.1	4.3	4.1	4.3	6.1	23.9	18.3	16.9	17.6	6.0
25	7.4	3.6	2.5	3.3	3.6	3.8	16.8	18.4	15.6	17.1	4.9
28	6.4	2.5	2.0	2.1	3.0	3.0	12.6	21.6	19.0	20.3	4.4
30	5.5	—	—	—	—	—	11.3	12.5	11.6	12.0	4.2

(2) 发生与环境条件的关系 白背飞虱的发生与迁入虫量、气候、水稻品种和生育期、栽培管理技术有密切关系。迁入虫量是左右主害代发生程度的重要基础，而决定种群发展的关键因子是食料和气候条件。

①迁入虫量 迁入虫量是白背飞虱能否大发生的前提，凡迁入虫源数量多，迁入期间多下沉气流，则降虫量大，发生就重，反之发生就轻。

②气候条件 白背飞虱发生的最适温度为 22～28 ℃，最适相对湿度为 80%～90%；成虫产卵以 28 ℃ 为最适；若虫在 25～30 ℃ 成活率最高；温度超过 30 ℃ 或低于 20 ℃，对成虫产卵和若虫生存均有不利影响。

成虫迁入期雨日多，降水量较大，有利于降虫、产卵和若虫孵化；高龄若虫期天气干旱，可加重对稻株的为害。因此在江苏南部稻区，在凡夏初多雨、盛夏突然干旱时，白背飞虱发生为害较重。

③水稻品种和生育期 白背飞虱对不同品种的为害程度存在明显的差异。取食抗虫品种的表现为若虫成活率低，历期延长，成虫寿命缩短，产卵量下降，不产卵的个体增多。例如一些粳稻品种（例如"春江06"）具有杀卵作用，其中苯甲酸苄酯是主要的杀卵物质。至今，已在水稻品种中定位了至少 16 个抗白背飞虱的主效基因，但还没有 1 个被克隆鉴定。种植感虫品种对虫口增殖有利。例如 20 世纪 70 年代以来，东南亚各国和我国大面积推广抗褐飞虱而不抗白背飞虱的"IR26""IR36"和杂交稻"汕优6号""南优6号""威优6号""威优64""汕优63"等，是导致 80 年代后白背飞虱种群上升的主要原因。但利用抗性品种与敏感品种混栽，亦能明显抑制白背飞虱的发生。一般白背飞虱在不同类型水稻上的为害程度的次序为糯稻＞籼稻＞粳稻，籼稻中的杂交稻重于常规稻。

白背飞虱降落后，对生境具有明显的选择性。凡生长茂密、叶色浓绿、田间较阴湿的稻田虫量趋集最多。大面积推广杂交稻，不仅有利于白背飞虱的定居，而且其上白背飞虱的繁殖能力也高于常规中稻和单季晚粳上，所以白背飞虱的发生为害程度常随着大范围内扩大杂交稻的种植面积而上升。同一品种的不同生育期因食料差异而影响白背飞虱的种群增殖力。成虫产卵量以取食分蘖到拔节期的最多，其次是取食孕穗期的，取食抽穗灌浆期的最少；成虫羽化率和短翅型成虫比例以取食圆秆拔节期的为最高。水稻各个生育期的虫口增长率，随着水稻生育期的进程而减少。分蘖期对白背飞虱的生存和繁殖最有利，穗期特别是蜡熟和黄熟期最为不利。田间各代成虫繁殖力是第1代＞迁入代＞第2代，亦与水稻所处的生育期有关。在江苏、安徽等地以中稻为主的稻麦两熟区，迟熟中稻由于较适宜白背飞虱的繁殖，同时受害期长，因而受害较早熟中稻为重。

④栽培管理技术　多施或偏施氮肥，可增加稻株内的游离氨基酸含量，为白背飞虱生长发育提供丰富的氮素营养物质，同时能促使稻株徒长、叶色浓绿和茎秆幼嫩，导致白背飞虱侵入的虫量也多。施用一定量磷钾肥，有利于白背飞虱发生，但当磷钾肥施用量达到一定水平后，则抑制白背飞虱发生。与施用化肥相比，施用有机肥能明显降低白背飞虱卵孵化率、若虫存活率以及成虫产卵量，并提高白背飞虱的天敌数量，最后导致白背飞虱种群增长能力下降。密植和长期浸水的稻田，增加了田间荫蔽度，提高了小生境的湿度，也有利于白背飞虱虫口的增殖。因此合理密植和合理配施化肥和有机肥可以减轻白背飞虱的为害，而多施和偏施氮肥又长期浸水的稻田，则白背飞虱为害重。

不适当地使用农药亦可能导致白背飞虱为害加重。例如在水稻生长前期使用三唑磷，不仅对蜘蛛、黑肩绿盲蝽等捕食性天敌具较强的杀伤作用，而且会刺激白背飞虱的繁殖，降低稻株的抗虫性，从而加重白背飞虱的为害。近年来的研究还发现，白背飞虱的抗药性比褐飞虱强，并且发展快。因此防治白背飞虱必须合理地交替使用农药。此外，杀菌剂与除草剂亦能通过改善水稻对白背飞虱的营养或降低天敌作用，从而有利于白背飞虱种群的发展

⑤天敌　白背飞虱的天敌种类很多，和褐飞虱基本相同。其中具有明显抑制作用的有寄生于卵的稻虱缨小蜂，吸食卵液的黑肩绿盲蝽，寄生于若虫和成虫的螯蜂、蚻螨、头蝇、线虫、白僵菌等，捕食性天敌蜘蛛、隐翅虫类等。

4.10.3　虫情调查和预测预报

白背飞虱主害代稻田第2若虫高峰期的虫量，主要决定于近期迁入（第2代虫源）与前期迁入（第1代虫源）在稻田繁殖的虫量。因此白背飞虱两查两定的时间可掌握在常年主迁入峰迁入前开始进行，长江中下游地区一般为7月上旬。根据灯下或田间出现的成虫峰用历期推算法做防治适期的近期预测；也可以累积资料，分析迁入虫量、降水量、温度及天敌因素与主害代虫量的相关性，作为白背飞虱发生程度的中期和短期预测的依据。

白背飞虱的两查两定的方法可参考褐飞虱的虫情调查和防测的两查两定。

4.10.4　防治方法

白背飞虱的防治应贯彻以选育推广抗（耐）虫品种、加强水稻健身栽培以及充分保护和利用有益生物为优选策略，当需要时，则适时合理地应用与低毒高效的选择性农药相结合的综合治理体系。

推广抗（耐）虫品种是降低白背飞虱种群增长速率，控制白背飞虱为害最经济有效的措施。鉴于我国目前栽培的水稻品种抗白背飞虱的极少，为了有效地抑制白背飞虱种群的发展，及早地筛选抗源并引入杂交稻和常规稻中的抗虫育种工作是十分重要的。对于已有的抗虫品种或组合应因地制宜地加以推广应用，例如"浙丽1号""南京14""丽湘早5号""协优9308""协优413""春江06""威优35""威优64""湘早籼3号""种中86-44""赣早籼28"等。

白背飞虱的防治适期为主害代 2～3 龄若虫高峰期，但在大发生年及常年重发区，宜采取药治迁入峰成虫和主害代低龄若虫高峰相结合的防治策略，即第 1 次防治在第 2 代虫源成虫迁入峰后至产卵前，第 2 次在主害代 2～3 龄若虫高峰期。白背飞虱主害代为害高峰期一般为 15 d 左右，就是特大发生年也只有 20～25 d，因此掌握防治适期施 1～2 次药，即可控制为害。

若以 3％～5％的产量损失为经济损害允许水平，主害代化学防治指标，杂交稻孕穗后期每穴为 8～10 头，破口抽穗期为 10～15 头；常规中稻破口期为 6～8 头，抽穗灌浆期为 10 头左右。策略性防治前代成虫高峰期（第 2 代迁入虫源）田间虫量为每穴 1 头。以上防治指标，可供参考使用。防治的具体方法可参考褐飞虱的防治，但使用药剂方面有所差异。对于白背飞虱，每公顷施 10％吡虫啉可湿性粉剂 300 g，仍有很好防治效果。

4.11 灰飞虱

灰飞虱 [*Laodelphax striatellus* (Fallén)] 属半翅目飞虱科，广泛分布于古北区和东洋区，在我国分布遍及全国各地，但以长江流域及北方稻区发生较多。灰飞虱是 3 种稻飞虱中发生最早的一种，主要为害早稻和中稻的秧田和本田分蘖期的稻苗，除以成虫、若虫刺吸为害外，还传播病毒病害，例如在华东主要传播水稻黑条矮缩病和条纹叶枯病，在华北和西北主要传播小麦丛矮病和玉米矮缩病。其传毒为害所造成的损失远大于直接刺吸为害。2000 年以来，由灰飞虱传播的水稻条纹叶枯病在江淮稻区发生日益严重，是江苏省 1999 年以来水稻最为严重的水稻病害之一，年均发病面积超过 6.0×10^5 hm^2，2000—2003 年生产上每年都出现发病率在 50％以上甚至绝收的重病田，2006 年稻田灰飞虱累计发生 3.41×10^6 hm^2 次，给江苏水稻安全生产和农民生计带来了重大影响。灰飞虱除为害水稻外，还为害麦类作物。例如 2006 年在江苏省，麦田灰飞虱特大发生，第 1 代虫量在 300～450 万头/hm^2，比 2005 年同期高 30％～300％。2006 年以来，水稻黑条矮缩病在江苏、浙江、山东、河南等稻区大面积发生，造成了较大的经济损失。

灰飞虱传播的玉米粗缩病近年来呈暴发和流行扩大趋势，在山东、江苏、河北、河南等黄淮地区和华北地区夏玉米种植区已演变为玉米生产上的重要病害，对玉米造成了极大的为害。例如山东省该病害的发生面积：2005 年为 1.65×10^5 hm^2，2006 年为 1.98×10^5 hm^2，2007 年为 2.27×10^5 hm^2，2008 年为 8.0×10^5 hm^2，2009 年 7.4×10^5 hm^2，2010 年为 2.4×10^5 hm^2。发病较重的田块病株率一般为 20％～30％，个别地块可达 70％～80％，严重地块甚至绝收。

灰飞虱其他寄主植物有稗、游草、双穗雀稗、看麦娘、结缕草、蟋蟀草、千金子、白茅等多种禾本科杂草。

4.11.1 形态特征

灰飞虱的形态特征见图 4-11。

(1) 成虫 长翅型连翅体长 3.5～4.0 mm，短翅型体长 2.4～2.6 mm。头顶四方形，额侧脊弧形，以中部最宽。头顶端半两侧脊间、面部和胸部侧板黑褐色。头顶后半、前胸背板、中胸翅基片、额和唇基的脊、触角及足均淡黄褐色。雄虫中胸背板黑色；雌虫中胸的中域淡黄色，两侧具暗褐色宽条斑。雄虫腹部黑褐色；雌虫腹部背面暗褐色，腹面黄褐色。前翅淡黄褐色，透明，脉与翅面同色，翅斑黑褐色。

(2) 卵 长 0.78 mm，宽 0.21 mm。卵帽底宽大于高，顶端钝圆，在产卵痕中露出呈念珠状。

(3) 若虫 多为 5 龄，长椭圆形，落水后足向后斜伸成八字形。1 龄和 2 龄若虫体长分别为 1.0 mm 和 1.2 mm，乳白色至淡黄色，腹部背面无斑纹，或有不明显的浅灰色横条纹；2 龄若虫体两侧色较深，翅芽不明显。3～5 龄若虫体长分别为 1.5 mm、2.0 mm 和 2.7 mm，体灰褐色；胸部背面有不规则形的灰色斑纹，边缘界线不清晰；腹部背面两侧色较深，中央色浅；第 3～4 节各有 1 个浅色八字形斑纹，第 6～8 节背面中央具模糊的浅横带；翅芽明显。

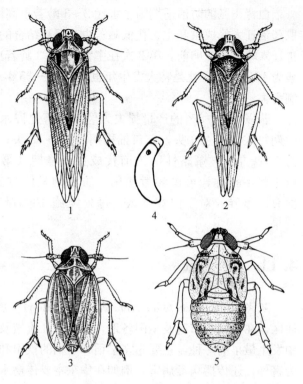

图 4-11 灰飞虱
1. 长翅型雌成虫 2. 长翅型雄成虫
3. 短翅型雄成虫 4. 卵 5. 若虫

4.11.2 发生规律

(1) 生活史和习性 灰飞虱在吉林 1 年发生 3～4 代，在华北地区 1 年发生 4～5 代，在长江中下游地区 1 年发生 5～6 代，在浙江东阳 1 年发生 6 代，在福建 1 年发生 7～8 代。灰飞虱在南部稻区（例如广东等地）无越冬现象，冬季仍继续为害小麦，其他地区均以 3～4 龄若虫在麦田、绿肥田、杂草根际、落叶下及土缝内越冬。近年来稻套麦种植面积在江苏越来越大的形势下，稻桩而不是麦田成为灰飞虱的主要越冬场所。越冬若虫当气温高于 5 ℃时，能爬到寄主上取食，早春旬平均气温 10 ℃左右时开始羽化为成虫，12 ℃左右达羽化高峰。

灰飞虱在江苏南部和上海地区 1 年发生 6 代。越冬若虫一般于 3 月中旬至 4 月上中旬羽化为成虫，产卵于三麦、绿肥田的看麦娘及其他禾本科杂草上，4 月下旬孵化，第 1 代若虫仍留在原越冬寄主上生活，部分侵入附近的早稻秧田为害；5 月下旬至 6 月上旬羽化为第 1 代成虫，时值麦收季节，遂大量迁移到早稻秧田和本田、单季中稻和晚稻的秧田产卵繁殖。第 2 代若虫 6 月上中旬孵化，6 月下旬至 7 月上旬羽化为成虫，主要为害早稻和中稻及单季晚稻本田初期。第 3 代若虫 7 月上中旬孵化，7 月下旬至 8 月上旬羽化为成虫，主要为害早稻本田后期、单季中稻和晚稻的本田。第 4 代若虫 8 月上中旬孵化，8 月下旬至 9 月上旬羽化为成虫，为害单季晚中稻。第 5 代若虫 9 月上中旬孵化，9 月下旬至 10 月上旬羽化为成虫；第 6 代若虫于 10 月上中旬孵化，以第 5 代迟孵化的幼虫及第 6 代若虫，在水稻收割前转移到三麦、绿肥田及杂草地越冬。

灰飞虱具长、短两种翅型。越冬代若虫羽化出来的成虫短翅型占多数；第 1 代成虫长翅型成虫占绝对优势，这时灰飞虱也由越冬寄主迁飞扩散到稻田繁殖为害。在江苏和浙江的单季稻和双季稻地区，成虫大致有 3 次扩迁过程，第 1 次从麦田或其他越冬寄主向稻田迁飞，这次迁飞起着将病毒从越冬寄主传到水稻上的桥梁作用；第 2 次从秧田向本田迁飞；第 3 次从前季稻向后季稻迁飞。秧田和本田初期是灰飞虱传毒为害的主要时期，也是化学防治的关键时机。

灰飞虱有趋食禾本科杂草的习性，其寄主常随季节性变化而转移。灰飞虱有趋光、趋嫩绿和趋边行的习性，在秧田和刚移栽的本田均以边行虫口密度最高。成虫在稻田内可在稗上产卵，单株稗上的卵量往往高于水稻；在麦田，看麦娘上的卵量亦高于麦株。

灰飞虱雌虫产卵前期，在 26～29.8 ℃时为 4～6 d，短翅型比长翅型短 1.0～1.5 d。雌虫产卵量一般为数十粒至百余粒，短翅型的多于长翅型。以越冬代成虫产卵最多，平均每雌产 200 粒以上。卵数粒成行产于稻株下部叶鞘和叶片基部中脉两侧的组织内，抽穗后也有产在穗轴腔内的。越冬代雌虫在小麦和杂草上，卵多产于离地面 2～15 cm 高度的叶鞘组织中。若虫在稻田多栖息于离水面 3～6 cm 处，抽穗后也有若虫移至植株中上部和穗上。在主要发生世代，卵历期（23～25 ℃）为 6～9 d，若虫历期（25～28 ℃）为 16～17 d；成虫历期为 6～12 d，越冬代成虫历期可达 30 d 以上，短翅型的历期长于长翅型，雌虫又长于雄虫。

(2) 发生与环境条件的关系

①耕作和栽培技术　扩大冬小麦面积，小麦与单季中稻和晚稻连作地区，或冬小麦—双季稻与单季中稻和晚稻混栽区，因寄主条件适宜，有利于灰飞虱的发生。施用氮肥过多，稀播稀植，小株或单株插秧，稻苗生长嫩绿，分蘖多，最易诱集成虫产卵和导致病毒病的发生。20 世纪 80 年代以来，小麦免（少）耕耕作方式的推广，为灰飞虱越冬提供了非常有利的条件，越冬虫量明显增多。近年秸秆禁烧全量还田后，灰飞虱越冬环境进一步优化，促进了冬后虫量的快速回升。

②气候　灰飞虱耐寒怕热，最适宜的温度为 23～25 ℃，温度超过 30 ℃时成虫寿命短，死亡率增加。在苏南地区，灰飞虱第 1 代和第 2 代发生的迟早和数量，取决于 1—3 月越冬期间的气候条件。凡冬、春气候温暖，少雨干旱，−5 ℃特殊低温持续时间短，有利于第 1 代和第 2 代的发生。灰飞虱发生为害期的 5—6 月气温适宜，种群密度增加快；7 月中下旬进入高温干旱的盛夏，田间虫口数量迅速下降；秋后气温降低，种群又有回升，但因寄主不适，故为害轻微。因此灰飞虱在长江中下游主要在初夏 5—6 月发生最重。

③天敌　灰飞虱天敌种类与稻田其他两种飞虱相同，以螯蜂、线虫、稻虱缨小蜂对种群的抑制作用最大。此外，还发现有捕食螨，其体呈鲜红或橘红色，可捕食 2～3 龄若虫。

4.11.3　虫情调查和预测预报

(1) 查成虫迁飞高峰期，定防治适期　成虫迁入高峰的调查时间为第 1 代成虫羽化前，例如江苏南部为 5 月中下旬，选麦田、晚稻秧田各 1～2 块，每块田采用 5 点取样，麦田和秧田每点查 0.25 m² (50 cm×50 cm)，本田每点查 10 穴，用搪瓷盘或面盆拍查，每隔 3～5 d 查 1 次。麦田虫数减少最多或稻田虫数增加最多的那天，就是成虫迁飞高峰期，再加产卵前期和卵历期，即可预测第 2 代若虫孵化高峰期。

(2) 查虫量，定防治田块 调查的目的为查第 1 代成虫迁入稻田虫量和第 2 代若虫孵化数量，例如江苏南部稻区，前者调查时间一般在 5 月下旬到 6 月初，后者调查时间一般在 6 月上中旬，调查对象田为单晚秧田，或其他稻作类型田。调查方法同预报。当本田平均每 10 穴有成虫 5 头以上或若虫 40 头以上，秧田每平方米有成虫 40 头以上或若虫 80 头以上时，列为防治对象田。

4.11.4 防治方法

灰飞虱主要是传播病毒为害，在水稻病毒病流行地区，以治虫防病为目的，采取"狠治第 1 代，控制第 2 代"的防治策略。化学防治的关键时机要抓住第 1 代和第 2 代成虫迁飞高峰期以及第 2 代和第 3 代若虫孵化高峰期，将灰飞虱集中消灭在秧田期和本田初期。应大力推进统防统治。

(1) 农业防治 在水稻条纹叶枯病发生地区，推广抗耐条纹叶枯病优质高产品种；采取机插秧、小苗抛栽等轻型栽培技术，无纺布或防虫网覆盖秧田；大力推广机械浅旋耕技术，既符合轻型栽培的发展趋势，又可压低灰飞虱的越冬基数。

(2) 化学防治 灰飞虱的化学防治参见褐飞虱化学防治。

4.12 水稻叶蝉

水稻叶蝉是泛指为害水稻的半翅目叶蝉科害虫。我国为害水稻的叶蝉已记录 76 种，常见的有 20 余种。长江中下游地区对水稻为害较大的是黑尾叶蝉 [*Nephotettix cincticeps* (Unler)] 和白翅叶蝉 [*Empoasca subrufa* (de Motschulsky)]，其次是电光叶蝉（*Deltocephalus dorsalis* Motschulsky）；广东、广西、云南、四川等则以二点黑尾叶蝉（*N. impicticeps* Ishihara）为优势种；黑龙江稻田内叶蝉主要种类有 5 种，其中以大青叶蝉（*Tettigella virids* L.）数量最多。现着重介绍黑尾叶蝉及白翅叶蝉。

黑尾叶蝉的寄主有水稻、小麦、玉米、甘蔗、茭白、看麦娘、早熟禾、稗、李氏禾等禾本科植物，以成虫和若虫群集稻丛基部刺吸汁液，消耗稻株养料和水分，破坏输导组织，被害稻株形成棕褐色伤斑，苗期和分蘖期可致全株发黄、枯死；抽穗、成熟期可致茎秆基部发黑，烂秆倒伏。黑尾叶蝉在刺吸取食的同时传播水稻矮缩病毒（RDV）、水稻黄矮病毒（RTYV）及水稻黄萎病毒。黑尾叶蝉 20 世纪 60—70 年代在江苏省连续几年重发生，后因吡虫啉等药的大面积使用而得到有效控制，此后一般不单独使用药剂控制，只在防治稻飞虱时用药兼治。近年来，由于褐飞虱对吡虫啉产生了较强的抗性，水稻生产上吡虫啉使用面积显著减少，加上后期稻飞虱发生较轻，用药减少，黑尾叶蝉的发生因此有上升趋势。近年来在江苏发生范围不断扩大，2008 年在苏州虎丘、无锡锡山、镇江丹阳、南通海安、盐城盐都等地水稻上发生重，2009 年在苏南、沿江及里下河地区部分田块发生量大，2010 年在苏南、沿江、沿海等地发生严重。

白翅叶蝉寄主与黑尾叶蝉相似。成虫和若虫刺吸水稻叶片汁液，被害叶片起初出现零星小白点，随后出现长短不一的白色斑纹，并逐渐变为褐色，叶绿素逐渐丧失。受害严重的叶片干枯，整株枯死，穗期受害影响抽穗，秕谷增加。

4.12.1 形态特征

水稻叶蝉的形态特征见图4-12。

4.12.1.1 黑尾叶蝉

(1) 成虫 体长4.5～6.0mm，头冠复眼间有1条黑色横带。雄虫体腹面及腹部背面皆黑色，前翅端部1/3亦黑色，其余鲜绿色。雌虫体腹面淡褐色，腹背灰褐色，前翅端部淡黄褐色。

(2) 卵 长约1mm，长椭圆形，稍弯曲。

(3) 若虫 有5龄。1～2龄若虫体长1.2～2.0mm，黄白色，复眼有红色和红褐色。3龄若虫体长1.0～2.5mm，淡黄绿色，复眼赤褐色，复眼间有八字形褐斑，前翅微现翅芽。4龄若虫体长2.5～2.8mm，黄绿色，复眼棕黑色，前翅芽伸至第1腹节，后翅芽伸至第2腹节。5龄若虫体长3.5～4.0mm，黄绿色，复眼棕色，中后胸背板各有1个倒八字形褐斑，前翅芽覆盖过后翅芽，并伸至第3腹节。

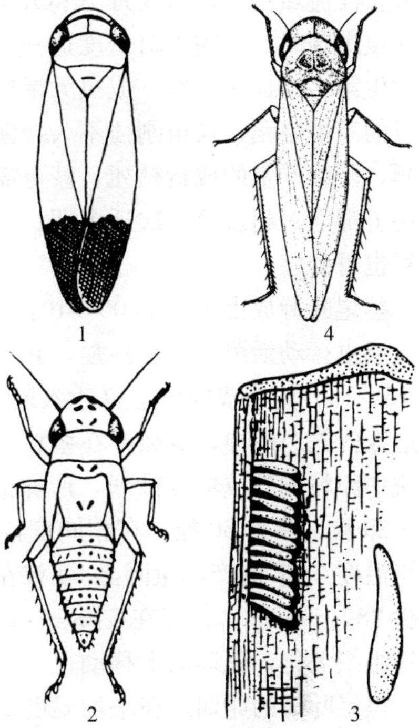

4.12.1.2 白翅叶蝉

(1) 成虫 体长3.5mm，头胸部及小盾片橙黄色。前翅膜质半透明，被有白色蜡质物，故白色，有虹彩。腹部背面暗褐色，腹面及足黄色。

(2) 卵 长约0.65mm，乳白色，前端尖细，后端钝圆。

(3) 若虫 有5龄。末龄若虫体长2.5mm，淡黄绿色，胸部各节背面两侧有烟褐色斑纹，除1龄若虫外，这些斑纹上还散布许多淡黄褐色圆点。体表多刺毛。

图4-12 黑尾叶蝉和白翅叶蝉
1～3. 黑尾叶蝉（1. 成虫 2. 若虫
3. 卵及叶鞘内卵块） 4. 白翅叶蝉成虫

4.12.2 发生规律

4.12.2.1 生活史和习性

(1) 黑尾叶蝉 黑尾叶蝉1年发生的世代数自北向南递增，在河南信阳和安徽阜阳1年发生4代，在江苏南部、上海和浙江北部以1年发生5代为主，江西南昌和湖南长沙以1年发生6代为主，在福建福州和广东曲江以1年发生7代为主，在广东广州以1年发生8代为主，田间世代重叠。黑尾叶蝉多以4龄若虫和少量3龄若虫及成虫在绿肥田、冬种作物田、田埂、沟边等的禾本科杂草上越冬，冬春主要寄主为看麦娘和早熟禾。越冬期间如气温达12.5℃以上，越冬虫仍可活动取食。越冬若虫在次年早春旬平均气温10℃以上，或候平均气温在13℃以上，一般在3月下旬到4月上旬，便陆续开始羽化，各地各代成虫发生期因早春气温回升的迟早而不同。4—5月是黑尾叶蝉第1次迁飞扩散期，越冬成虫从越冬寄主迁至早稻秧田和本田，构成以后各代发生的基数，也是将毒源传播到水稻上的关键时期。

长江流域稻区，从6月下旬开始，田间虫口迅速上升，7月中旬至8月上旬，第2~3代成虫出现时，田间虫口密度达一年中最高峰，此时早稻相继成熟，营养条件恶化，黑尾叶蝉发生第2次迁飞扩散，成虫大量迁入双季晚稻秧田、本田及单季晚稻大田为害，特别是栽得早的双季晚稻，秧苗刚插不久，便诱来大量叶蝉取食，受害常从边行开始，逐渐向田中间蔓延，受害严重的成行枯死，甚至需要翻耕重栽。这次迁移无论在虫口数量上还是刺吸传毒为害上都大大超过第1次迁飞期。9月以后，虫量逐渐减少，但遇秋季高温干旱年份，迟熟晚稻也可受害。

黑尾叶蝉成虫多在7:00—10:00羽化，白天栖息于稻丛中下部，早晚可到上部叶片为害。成虫行动活泼，趋光性强，并有趋嫩绿习性，故生长嫩绿的2~3叶嫩秧期及本田移栽后10~15 d内为成虫的主要迁入期，也是传播病毒的关键时期。雌虫卵块大多产在水稻叶鞘边缘内侧组织中，少数产在茎秆组织中，也能在稗、看麦娘、李氏禾等杂草叶鞘内产卵。卵块中卵粒倾斜成单行排列，产卵处外表有隆起的斑块，2~3 d后变为褐色。每块卵有卵11~20粒，多者30粒。在相同食料条件下，平均温度21.6 ℃时每雌产卵量为200粒左右，平均温度28 ℃时产卵量降至50粒左右。带矮缩病毒的叶蝉雌虫比无病毒雌虫个体产卵量可减少28%~68%。卵多在5:00—11:00孵化。若虫有群集习性，喜在稻丛基部活动，随着植株组织老化，逐渐向上移动。

黑尾叶蝉的卵期，在平均温度24~25 ℃时为8~11 d；若虫期，在26~28 ℃时为17~20 d；成虫寿命，在25~27 ℃时平均为13~14 d，越冬成虫寿命可达120~170 d。雌虫产卵前期一般为5~8 d，但温度过高反而延长。

(2) 白翅叶蝉 白翅叶蝉在我国中南部稻区1年发生3~6代，世代重叠，在湖南和浙江1年发生3代，在福建和重庆1年发生4代。白翅叶蝉以成虫在小麦田、绿肥田及田边、沟边、塘边的游草、看麦娘等杂草丛中越冬。白翅叶蝉越冬期间，天气晴朗，气温在11 ℃以上时，仍能在寄主上活动取食。4月上中旬白翅叶蝉陆续迁入早稻秧田为害，以后逐渐扩散或秧苗带卵到早中稻本田。湖南长沙调查，各代若虫的发生期，第1代在5月下旬至6月中下旬，第2代在7月下旬至8月中下旬或9月上旬，第3代在9月下旬至11月，以双季晚稻受害最重。浙江以6—9月，尤其8—9月白翅叶蝉虫口密度最大，主要为害早稻后期、单季中稻和晚稻及双季晚稻前期。

白翅叶蝉成虫多在上午羽化，行动活泼，善飞，受到惊动即横行躲避或飞跃它处。成虫平时多在稻株上部叶片取食，温度稍低或刮风下雨时则栖息于稻丛下部，有极强的趋嫩绿和趋光习性，喜群集。成虫羽化后需补充营养才能交配产卵，产卵前期和产卵期均较长。据湖南长沙观察，第1代和第2代产卵前期分别为25.2 d和21.9 d；产卵期，越冬代平均为31.0~31.5 d，第1代平均为50.1~51.8 d，第2代平均为22.5~30.6 d。成虫一般在白天产卵，卵散产于水稻叶片中脉两侧组织的空腔内，分蘖期大多产于稻株基部的第1~2叶片，抽穗期以第3叶为主，每叶有卵3~5粒。越冬代每雌产卵45~60粒，第1代每雌产卵55~60粒，第2代每雌产卵30粒左右。若虫以8:00前后孵化最多，多群集在稻叶的背面取食，活动和迁移能力不强，受惊即爬至叶面或落水。

4.12.2.2 发生与环境条件的关系

(1) 气候 冬季气温偏高，有利于水稻叶蝉越冬，次年虫口基数大，是大发生的基础。

黑尾叶蝉发生最适温度为 28 ℃，最适宜相对湿度为 75%～90%，夏秋晴热，干旱少雨的年份，有利于发生。但超过 30 ℃ 的持续高温条件，又会影响黑尾叶蝉的繁殖和存活率。

白翅叶蝉发育最适温度为 25～28 ℃，最适相对湿度为 85%～90%，抗寒力较弱，若虫在 20 ℃ 以下，会大量死亡。凡 5—6 月雨水较多，8—9 月温度偏高，雨水适中，可能大发生。

（2）栽培制度和栽培技术 凡冬种作物面积大，或耕作粗放，杂草多，存在大量有效越冬场所的地方，水稻叶蝉越冬基数就较大。

早稻、中稻和晚稻混栽地区，或品种布局造成成熟期不一致的地区，桥梁田多，食料丰富，各代成虫可互相辗转迁移扩散，有利于水稻叶蝉发生。偏施氮肥，使稻株生长嫩绿，易诱集水稻叶蝉产卵为害。

（3）天敌 水稻叶蝉的天敌种类很多，其中控制作用较大的有十余种。卵期寄生蜂主要有褐腰赤眼蜂（*Paracentrobia andoi* Ishii）、长突寡索赤眼蜂（*Oligosita shibuyae* Ishii）、黑尾叶蝉缨小蜂（*Gonatocerus* sp.）等，早稻前期以缨小蜂为主，早稻后期以褐腰赤眼蜂为主，稻叶蝉卵粒被各种天敌昆虫寄生的自然寄生率最高可达 90% 以上，常年平均可达 31%～86%。若虫和成虫期的天敌主要有黑尾叶蝉螯蜂、黑肩绿盲蝽、蜘蛛类、蛙类等。

（4）转 Bt 基因水稻 周霞等（2005）以转 Bt 基因水稻"克螟稻 1 号"和"克螟稻 2 号"及其亲本"秀水 11"为材料，研究了转 Bt 基因水稻上黑尾叶蝉种群的表现。田间种群动态调查表明，转 Bt 基因水稻"克螟稻 2 号"上的黑尾叶蝉的种群数量比其母本"秀水 11"高 0.5～1.0 倍或以上。室内试验结果表明"克螟稻 1 号"上取食的黑尾叶蝉和"克螟稻 2 号"上的相比，二者在卵、若虫发育历期、雌成虫寿命、产卵量、产卵持续时间及种群内禀增长力方面均存在明显的差异。其中取食"克螟稻 1 号"的黑尾叶蝉的雌成虫寿命、产卵量、产卵持续时间均显著长于或高于以"秀水 11"为食的黑尾叶蝉。以"克螟稻 1 号"和"克螟福 2 号"为食的黑尾叶蝉的净生殖率为以"秀水 11"为食的黑尾叶蝉的 4～8 倍。

4.12.3 防治方法

稻叶蝉的防治应采取农业防治、保护天敌和化学防治相结合的措施。栽培上选用抗虫品种，实行宽行窄株栽插，适时适量施肥，浅水灌溉，适时晒田，防止过早封行与贪青。生物防治上应注意合理用药，保护蜘蛛、寄生蜂等天敌，养鸭防虫等。成虫盛发期还可进行灯光诱杀。化学防治，应在低龄若虫盛发期进行。

根据黑尾叶蝉对水稻直接为害并传播病毒病的特点，在防治上，应以治虫防病为目标，抓好早稻、中稻和晚稻秧田及连作晚稻本田期防治。

（1）农业防治 调整作物布局，使稻田连片种植，避免混栽，减少桥梁田。及时翻耕绿肥田，清除春花田的看麦娘等杂草，以减少越冬虫源。选用抗病品种，搞好品种合理布局，迟熟早稻和早栽晚稻尽量采用抗性强的品种。

（2）化学防治 防治指标，早稻秧田平均每 33 cm² 有虫 1 头以上，晚稻秧田每 33 cm² 有虫 2 头以上时用药防治。早插早稻前期平均每丛有成虫 1 头以上，早稻抽穗前后平均每丛有成虫和若虫 10～15 头或以上，晚稻本田初期平均每丛有虫 1 头以上。防治适期为 2～3 龄若虫高峰期。

每公顷可选用 25% 仲丁威乳油 1.5～3.0 L、50% 速灭威乳油 1.5 L、25% 噻嗪酮可湿性粉剂 450~600 g、10%吡虫啉可湿性粉剂 225~300 g。上述任一药剂兑水 750 L 常规喷雾，或兑水 300 L 弥雾，保持田间有 3~7 cm 深的水层。或每公顷用 25%的扑虱灵（优乐得）可湿粉剂 375~450 g 或 10%叶蝉散（灭扑威）可湿粉剂 3 000~3 750 g 加水 750 L 喷雾。

4.13 中华稻蝗

中华稻蝗[*Oxya chinensis* (Thunberg)]属直翅目斑腿蝗科，在国外分布于东南亚各地；在我国各稻区几乎均有分布，以长江流域和黄淮稻区发生较重，但近几年在辽宁中部、黑龙江富裕、陕西关中等地有发生加重的报道。中华稻蝗除为害水稻外，尚为害玉米、高粱、棉花、豆类及芦苇等禾本科和莎草科多种植物。中华稻蝗成虫和若虫均能取食水稻叶片，造成缺刻，并可咬断稻穗，影响产量。

4.13.1 形态特征

中华稻蝗的形态特征见图 4-13。

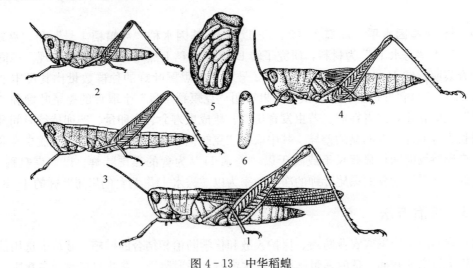

图 4-13 中华稻蝗
1. 雌成虫　2. 1 龄若虫　3. 3 龄若虫　4. 5 龄若虫　5. 卵块　6. 卵粒

(1) 成虫 体长 30~37 mm，黄绿色或黄褐色，有光泽。头部两侧在复眼后各有黑褐色纵带 1 条，直至前胸背板后缘为止，头大；颜面略向后倾斜；颜面隆起宽，两侧缘近乎平行，具明显的纵沟。头顶宽短，复眼间头顶的宽度等于或略窄于触角间颜面隆起的宽度。触角丝状，超过前胸背板后缘。复眼卵形。前胸背板宽平，中隆线明显，无侧隆线；3 条横沟都明显，后横沟位于中部之后。前翅绿色，较长，常到达或刚超过后足胫节的中部；后翅褐色，顶端部分较暗。后足股节匀称；胫节具内端刺和外端刺。雄性肛上板宽三角状，平滑，无纵沟。雌性下生殖板长方形，后缘具 4 个齿；产卵瓣长，上产卵瓣和下产卵瓣的外缘具细齿，下产卵瓣基瓣片的内腹缘具刺。

(2) 卵 卵囊茄形，长约 12 mm，宽约 8 mm，褐色。卵囊表面膜质，顶部有卵囊盖。囊内有上、下两层排列不规则的卵粒，卵粒间填以泡沫状胶质物，每卵囊含卵 10~40 粒。卵粒长约 3 mm，宽约 1 mm，中央略弯曲，一端略粗，深黄色。

(3) 若虫 多为6龄,又称为蝗蝻。各龄蝗蝻可依据体长、触角节数及翅芽发育情况加以区分。1龄若虫长6~8 mm,触角13节,无翅芽。2龄若虫体长9.5~12.0 mm,触角14~17节,翅芽不明显。3龄若虫体长13.5~15.0 mm,触角18~19节,翅芽明显,翅脉隐约可见,前翅芽略呈三角形,后翅芽圆形。4龄若虫体长17.0~26.8 mm,触角20~22节,前翅芽向后延伸,狭长而端尖,后翅芽下后缘钝角形,伸过腹部第1节前缘。5龄若虫体长23.5~30.0 mm,触角24~27节,翅芽向背面翻折,伸达腹部第1~2节。6龄若虫绿色,体长约32 mm,触角26~29节,前胸背板后伸,较头部为长,两翅芽已伸达腹部第3节中间,后足胫节有刺10对,末端具有2对叶状粗刺,产卵管背、腹瓣明显。

4.13.2 发生规律

(1) 生活史和习性 中华稻蝗在长江流域及北方地区1年发生1代,在南方地区1年发生2代,均以卵在土表层越冬。在江苏、安徽和浙江,越冬卵于5月中下旬陆续孵化,6月初至8月中旬田间各龄若虫重叠发生。7月中旬至8月中旬羽化为成虫,9月中下旬为成虫产卵盛期,9月下旬至11月初成虫陆续死亡。在鲁南地区和陕西西安,越冬卵于5月上旬陆续孵化,7月中旬有成虫出现,8月上中旬为羽化盛期,9月中下旬产卵最多,10月中下旬成虫开始大量死亡。在辽宁中部,若虫期为5月上旬至8月上旬,大约90 d;成虫期为8月上旬至10月下旬,大约70 d;8月中旬至9月下旬交尾产卵,成虫产卵后相继死亡。山西大学研究发现,中华稻蝗各种群因为秦岭山脉的隔离造成了南北方种群形态特征差异,可以划分为南方组、北方组和1个过渡种群,体型较大、后腿股节较宽的中华稻蝗更有利于在高海拔环境生存。成虫多在早晨羽化,在性成熟前活动频繁,飞翔力强,以8:00—10:00和16:00—19:00活动最盛,对白光和紫光有明显趋性。刚羽化的雌成虫需经10 d天以上才达到卵巢完全发育的性成熟期,并进行交尾。成虫可交尾多次,交尾时多在晴天,以午后最盛。交尾时雌虫仍可活动和取食。成虫交尾后经20~30 d产卵,产卵环境以湿度适中、土质松软的田埂两侧最为适宜;产卵入土深度一般为1.5~2.0 cm,每次产卵1 h;每头雌成虫平均产卵4.9块,每块一般有卵20~56粒,在食料不足时产卵量显著减少。成虫嗜食禾本科和莎草科植物,其次为十字花科、豆科、苋科、藜科等。1头中华稻蝗一生可取食稻叶410 cm^2,其中若虫占59%。低龄若虫在孵化后有群集生活习性,取食田埂沟边的禾本科杂草,3龄以后开始分散,迁入秧田食害秧苗,水稻移栽后再由田边逐步向田内扩散,4~5龄若虫可扩散到全田为害,7—8月当水稻处于拔节孕穗期是中华稻蝗大量扩散为害期。

(2) 发生与环境条件的关系

①气候条件 据浙江义乌市分析,近年当地气温偏高、干旱和少雨给中华稻蝗大发生创造了有利条件。如2003年蝗虫生育期(5—9月)气温比常年高1.8℃,这期间的降水量比历年同期减少290 mm;卵越冬期(2003年10月至2004年4月)平均气温比常年高1.1℃,此间的降水量比常年同期减少170.4 mm。中华稻蝗发生面积日趋扩大,2004年达400 hm^2。

②稻田生态环境 随着经济建设发展,特色工业园开发和旧村改造征用了大量土地,有些并没有很好利用而闲置,加上不少地方农民弃耕抛荒。这些荒地为蝗虫的栖息提供了安全的场所。另据江苏泗洪县观察:a. 沿湖低洼地区田埂湿度大,适宜稻蝗产卵,其发生密度

高于一年二熟的岗埝稻区；b. 田埂边发生重于田中间，因蝗蝻多就近取食，且田埂日光充足，有利其活动；c. 老稻田发生重，新稻田发生轻，因老稻田卵块密度高，基数大，田埂湿度大，环境稳定，有利其发生。

4.13.3 防治方法

(1) 化学防治 宜采取秧田联防和大田适期施药防扩散的防治策略。中稻区5月底至6月初在秧田田埂统一施药，杀死初孵若虫。6月上中旬水稻移栽后由田边向田内5 m范围内施药，杀死初迁入本田的低龄若虫。化学防治指标：分蘖期每丛有虫1.2头，孕穗抽穗期每丛有成虫1头。防治药剂每公顷可选用50%辛硫磷或40%氧化乐果乳油1 L、25%杀虫双水剂3 L。上述药剂兑水150 L弥雾或兑水750 L用手动喷雾器喷雾。此外，在北京地区协调应用蝗虫微孢子虫（*Nosema locustae*）和卡死克（1∶2）防治中华稻蝗，取得一定的持续控制效果。

(2) 其他方法 复耕荒地；冬春压埂、铲埂及翻埂，破坏越冬场所；若虫集中田边荒地时放鸭啄食；人工网捕及打捞田中浪渣，消灭卵囊；保护利用青蛙和鸟类等，均可因地制宜加以应用。

4.14 稻瘿蚊

稻瘿蚊（*Orseolia oryzae* Wood-Mason）属双翅目瘿蚊科，在国外分布于南亚和东南亚；在我国分布于北纬26°以南的稻区，包括广东、广西、海南、台湾、云南等省、自治区，以及福建、江西、湖南、贵州等省南部。2000年浙江嘉兴首次发现稻瘿蚊为害。

稻瘿蚊的寄主以水稻为主，也取食普通野生稻和李氏禾。稻瘿蚊以幼虫在水稻秧苗期和分蘖期侵入生长点为害，使生长点不能发育。稻苗受害初期无症状，中期基部膨大成大肚秧，后期叶鞘愈合成管状伸出，称为标葱。分蘖期受害对产量影响最大，重者不能抽穗。稻瘿蚊在20世纪70年代以前主要在山区和丘陵区的水稻上发生，以后逐步蔓延到平原稻区，现已成为南方各稻区的重要水稻害虫。广东雷州半岛田间调查发现，标葱率一般达1.4%~8.2%，局部重害田块达15%~21%，可致稻谷减产5%~10%。

4.14.1 形态特征

稻瘿蚊的形态特征见图4-14。

(1) 成虫 雌成虫体长约4 mm，雄成虫体长约3 mm。复眼黑色，触角黄色。前翅膜质透明，翅脉4支。雌虫淡红色，腹部纺锤形。雄虫淡黄红色，腹部

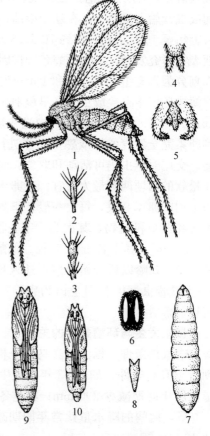

图4-14 稻瘿蚊
1. 雌成虫 2. 雄成虫触角 3. 雌成虫触角
4. 雌成虫腹部末端 5. 雄成虫腹部末端 6. 卵
7. 幼虫 8. 幼虫叉状骨 9. 雌蛹 10. 雄蛹

细瘦，末端山字形。

(2) 卵 长椭圆形，长约0.43 mm，表面光滑，初产时乳白色，后期紫红色。

(3) 幼虫 有3龄。1龄幼虫体长0.78 mm，蛆形，眼点位于第3节背面中央后端。2龄幼虫体长1.3 mm，纺锤形，两端稍钝，眼点位于第2节背面中央后端。3龄幼虫体长约3.3 mm，眼点位于第2节背面中央前端，第2节腹面有红褐色的Y形胸片。

(4) 蛹 体长4 mm左右，雄蛹浅橙黄色，雌蛹淡红色至红褐色。头部有额刺1对，刺端分叉，内长外短；前胸背面前缘有背刺1对。雌蛹后足伸至第5腹节，雄蛹后足伸至第7腹节。

4.14.2 发生规律

(1) 生活史和习性 稻瘿蚊在广东1年发生6~8代，在广西1年发生7~8代，在湖南江永1年发生6代，以1龄幼虫在李氏禾、野生稻上越冬。稻瘿蚊第1~2代发生数量少，为害早稻轻；第3代数量激增，为害中稻和单季晚稻秧田；第4~6代数量多，为害迟熟中稻和晚稻。第2代以后世代重叠，第3~6代中，每个世代均有可能造成严重为害。

稻瘿蚊成虫夜间羽化。雄蚊羽化后不久即飞翔寻偶交配，可交配3~8次，交配后当晚或次日死亡，平均寿命为12 h。雌蚊只交配1次，交配后第2晚开始产卵，产卵期为1~2 d，平均寿命为36 h。卵散产，每雌产卵量约160粒，成虫对嫩秧苗有趋性，卵多产于近水面的嫩叶背面，少数产在叶鞘上，每处1~3粒。卵期在主害代（第3~6代）均为3 d。成虫有趋光性，且大多是已交配未产卵的雌虫，因此诱虫灯下雌虫出现的高峰日就是大田产卵高峰日。成虫白天多栖息在稻株基部，飞翔力弱，常借风力传播，故近虫源田的顺风田比逆风标葱多。

稻瘿蚊幼虫多在黎明前孵化，初孵幼虫必须借助露水才能向下爬行，经叶鞘间隙下行至基部，侵入生长点取食为害，整个过程需2~3 d。只有侵入生长点的幼虫才能正常发育。幼虫侵入生长点后，稻苗发育受到抑制，经2~4 d，在生长点周围的叶鞘间形成虫室。幼虫孵化后经5~7 d，进入2龄，2龄初期，叶鞘开始愈合；中后期生长点完全被破坏，葱管形成，被害症状明显，可以分为甲、乙、丙3种类型。甲型即大肚秧，葱管尚未抽出，被害状表现为无心叶或心叶缩短，顶叶角度增大，叶色暗绿，叶质变硬，节间缩短，分蘖增加，茎基部膨大。乙型葱管为葱管已伸出叶鞘，幼虫已老熟化蛹，但成虫尚未羽化。丙型葱管有羽化孔，成虫已羽化。稻株幼穗形成后，幼虫侵入率极低。幼虫期为14~18 d，其中1龄为5~7 d，2龄为4~5 d，3龄为3~4 d，预蛹为2 d，蛹期为5~7 d。蛹开始羽化前，扭动蛹体从葱管基部上升至顶端，然后用额刺刺1个羽化孔，钻出羽化。当丙型葱管达20%时，是成虫盛发期。

(2) 发生与环境条件的关系

①气候 稻瘿蚊喜温暖湿润，不耐干旱，适宜温度为25~29 ℃，适宜相对湿度在80%以上。冬春温暖、夏秋雨日多和降水量大，适合于稻瘿蚊的生长发育。亦即5—8月降雨多，8—9月常大发生；5—8月干旱，则发生较轻。成虫盛发期遇阴雨、浓雾、重雾天气则下代发生重。例如湖南省江永县1987年是稻瘿蚊大发生年，该年的气候条件是：5月降水量达328.2 mm，6、7两个月雨日达31 d，8月降水量为109.7 mm，6—8月月平均温湿系数大于3，为3.102 5。

②耕作制度与栽培技术　稻瘿蚊取食幼嫩稻株，因此耕作制度复杂，单季稻与双季稻混栽地区，由于单季稻起桥梁作用，各世代都能获得适宜的食料，有利于稻瘿蚊的繁殖、累积和转移，并增加越冬数量。

稻瘿蚊的侵入率高低与育秧方式关系很大，以湿润育秧的嫩秧侵入率最高，而旱育秧的侵入率则很低。移栽迟、晚稻寄秧、品种迟熟，都使植期延长，有利于其发生；近年采用的小苗抛秧方式，秧质嫩，稻瘿蚊幼虫易侵入为害。

③品种　水稻品种的感虫性和分蘖补偿能力，直接影响稻瘿蚊的发生和为害。糯稻特别感虫。据广西报道，20 世纪 80 年代中期推广的 27 个杂交稻组合及 21 个亲本均对稻瘿蚊表现敏感。这些品种幼苗组织松软，分蘖力强，分蘖时间长，适宜于幼虫侵入为害的危险期长达 20 d 以上。为此，广东、广西等地已开展多年的抗虫育种工作，初步育成了"抗蚊 1 号""抗蚊 2 号""抗蚊青占"等抗性品系。

④天敌　稻瘿蚊的天敌主要是寄生蜂，我国已查明的有 3 科 6 种，其中以稻瘿蚊黄柄黑蜂（寄生卵和幼虫）和黄斑长距旋小蜂为主，在晚稻秧田和本田的寄生率常可达 80%。

4.14.3　防治方法

(1) 农业防治　铲除越冬的中间寄主游草、再生苗、落谷苗等，以减少越冬虫源。改革栽培制度，同一栽培区应尽量统一播插（抛）期，做到水稻生育期基本一致，消灭桥梁田。推广抛秧栽培技术，可以错开第 4 代稻瘿蚊成虫盛发期。拔除带虫被害苗（标葱）。

(2) 化学防治　化学防治策略是"压 3 代，控 4 代；治秧田，保本田"。施药防治必须在水稻幼穗形成之前进行；药剂宜以颗粒剂为主，因颗粒剂药效持续时间长，对天敌安全，用法简便，又不受气候影响。

①药剂拌种　每公顷可选用 3% 氯唑磷颗粒剂 15 kg、8% 噻嗪·毒死蜱颗粒剂 18.75～22.50 kg、1.8% 阿维菌素乳油 150～300 mL，拌土 150～225 kg 均匀撒施。

②喷雾处理　在幼虫孵化高峰期，每公顷可选用 48% 毒死蜱乳油 3 750～4 500 mL、5% 丁烯氟虫腈悬浮剂 1 005～1 500 mL、10% 吡虫啉可湿性粉剂 450～600 g，兑水 50～60 L 均匀喷雾。

4.15　稻黑蝽

稻黑蝽［*Scotinophora lurida* (Burmeister)］又名黑稻蝽，俗称黑色乌龟、臭屁虫等，属半翅目蝽科，在国外分布于斯里兰卡、印度及东南亚一带；在我国广泛分布于淮河以南的华东、华中、华南各地分布北界不过淮河，最北为江苏江都、安徽合肥、湖北竹山、河南信阳，南迄海南省，西到四川、云南、贵州，东达江苏、浙江、福建沿海和台湾，长江以南密度较大。

稻黑蝽除为害水稻外，还为害小麦、玉米、甘蔗、豆类、粟（谷子）、茭白等作物，以及多种禾本科杂草。稻黑蝽以成虫和若虫刺吸稻株汁液。水稻苗期被害后，出现黄斑、枯心，严重时整丛枯死。抽穗开花时，稻黑蝽吸食嫩穗或谷粒乳浆，造成秕谷、白穗或使米质变坏。

稻黑蝽在我国早有成灾记录。早在 1929 年，江苏江都、宝山等县曾猖獗成灾，1936 年广东番禺等亦曾严重发生。至中华人民共和国成立初期,在我国的有害稻蝽类中,属优势种。进入20世纪60年代后,由于有机氯等农药的普遍使用,以及铲草修埂工作做得较好,虫口密度显著下降。70—80年代,除少数山区的一些抽穗特早的避风田仍偶有受害严重的情况外,多数地区已控制其为害。90年代以来,稻黑蝽开始回升,近年为害加重,已成为局部地区水稻上的主要害虫。

此外,水稻上还有稻绿蝽[*Nezara viridula* (L.)]、稻棘缘蝽[*Cletus punctiger* (Dallas)]、稻褐蝽[*Niphe elongata* (Dallas)]等蝽类害虫,它们主要分布于南方稻区,在局部地区造成为害。

4.15.1 形态特征

稻黑蝽的形态特征见图4-15。

(1) 成虫 雄虫体长4.5~8.5 mm,雌虫体长9.0~9.5 mm;体宽4.0~5.5 mm;椭圆形,黑褐或灰黑色,表面粗硬,无光泽。触角5节,前胸背板两侧角向两侧横向突出,呈短刺状。背腹面隆起程度几乎相等,小盾板大,呈舌形,长度几乎达腹部末端,但宽度不能完全盖住腹侧。

(2) 卵 高约1 mm,直径0.78 mm,杯形,顶端有圆盖,盖周围有1圈小刺,小刺共40~45个。卵壳表面有极微细的六角形网纹和小点刻,外被白粉。卵初产时淡青色,后变淡红褐色,孵化前为暗绿色。

(3) 若虫 形似成虫,触角4节,有5个龄期,初孵时卵圆形,体红褐色。1龄若虫长约1.3 mm,头胸褐色,复眼鲜红色,腹部黄褐色至红褐色,节缝红色,腹背有红褐色区。2龄若虫体长约2 mm,头胸大部黄褐色至暗褐色,腹背暗褐色,部分散生小红点,

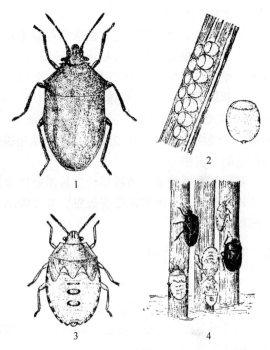

图4-15 稻黑蝽
1. 成虫 2. 卵和卵块 3.5龄若虫
4. 在稻茎近水面部分为害状

节缝红色,中间有白色条纹;复眼红黑色。3龄若虫体长约3.3 mm,头胸大部淡褐色或褐色,腹部淡褐色,散生红褐色小点。4龄若虫体长约5 mm,体色似3龄,腹背臭腺孔区为淡黄褐色或淡黄白色,其余均暗褐色,前翅芽已可辨识。5龄若虫体长7.5~8.5 mm,体色似4~5龄,前后翅芽均明显可见,4~6节背面有臭腺孔3对。

4.15.2 发生规律

稻黑蝽在江苏、浙江(嘉兴)、贵州、四川等地一年发生1代,湖南长沙、江西南昌和广东广州一年发生2代。主要以成虫群集在稻田附近的杂草根际、石块下、落叶间以及稻桩中越冬,丘陵山区则常在避风向阳的杂草丛中,或林地的枯枝落叶、苔藓下越冬。近虫源地田埂、沟渠塘坝、丘陵荒地等向阳高坡处为主要越冬场所。广州除成虫外,尚有少数以若虫越冬。

稻黑蝽的发生期各地差异较大。一代区的江苏、浙江等地，越冬成虫5—7月迁入稻田取食产卵。据江苏仪征观察，越冬成虫于3月初出土活动，5月上、中旬迁入秧田，随秧苗移栽于6月中旬开始迁入大田，6月下旬为迁入高峰，7月20—25日为产卵高峰，8月底至9月初为成虫羽化高峰，9月下旬随着水稻成熟陆续迁出大田。江西南昌二代区，越冬成虫5月中旬、下旬迁入稻田，6月上旬至7月中旬产卵，7月上旬至7月下旬成虫陆续死去。一代若虫期为6月中旬至7月中旬，7月中旬开始羽化成虫，8月初至9月中旬产卵，二代若虫期为8月上旬至9月中旬，8月末至9月下旬羽化成虫，10月中下旬越冬。在温度26～28℃时，卵期为6 d，1龄若虫历期5 d，2龄若虫9 d，3龄若虫7 d，4龄若虫9 d，5龄若虫12 d，成寿命达40～50 d。

成虫和若虫均畏惧阳光，白天常隐蔽于稻株下部近水处，傍晚和阴天爬至稻株上部活动取食。越冬成虫通常在迁入稻田10 d后开始交配，交配以6:00—8:00和16:00—17:00为最多，雌虫一生可交配4～5次，交配后7 d开始产卵。卵多产于稻株近水面的叶鞘处或稻茎上，卵块常有10～14粒排成两排，也有3～4排。少数卵产于叶尖或杂草上。每雌虫产卵60～70粒不等。若虫孵出后先围聚于卵壳4周，2龄后始行分散，潜伏稻株下部为害取食。成虫趋光性弱，遇惊扰或侵袭，有假死性和逃逸现象，成虫行动迟缓，在田间扩散距离短，有明显的为害中心。

稻黑蝽在播种早、插秧早、生长茂密以及沿堤塘和山麓的稻田发生较多，为害也较重。一般田畔杂草丛生的稻田受害较重。夏季降雨少的年份，发生较多。该虫多发生于丘陵、山区的坑田。

4.15.3 防治方法

a. 冬春结合积肥，铲除田边、沟边等地杂草，清洁田园，消灭越冬成虫。

b. 稻黑蝽的防治适期为低龄若虫期，药剂可选用：每公顷90%敌百虫晶体1.5 kg，10%吡虫啉可湿性粉剂300 g，兑水750 L喷雾。吡虫啉效果虽慢，但持效期可达16～31 d，可与稻飞虱兼治。

4.16 稻螟蛉

稻螟蛉（*Naranga aenescens* Moore）属鳞翅目夜蛾科，又称双带夜蛾。稻螟蛉分布广，南起海南岛，北至黑龙江，西北及东部各地均有发生，随水稻轻型栽培技术的推广、水稻栽培面积的扩大等，在我国东半部稻区、东北稻区有为害加重的趋势。稻螟蛉在国外分布于朝鲜、日本、印度、斯里兰卡及东南亚一带。

稻螟蛉以幼虫食害稻叶，1～2龄将叶片食成白色条纹，3龄后将叶片食成缺刻，严重时将叶片咬成破碎不堪，仅剩中脉。秧苗期受害最重，严重时秧苗吃成刀割状。

稻螟蛉除为害水稻外，还为害高粱、玉米、粟、甘蔗、茭白及多种禾本科杂草。

4.16.1 形态特征

稻螟蛉的形态特征见图4-16。

(1) 成虫 雄成虫体长6～8 mm，翅展16～18 mm，头、胸深黄色，腹部暗褐色，前翅深黄色，翅面有2条暗褐紫色宽斜纹，1条从前缘中央至内缘中央，1条从翅尖伸达臀角附近；后翅暗褐色，缘毛黄褐色。雌成虫体长8～10 mm，翅展21～24 mm，前翅黄褐色，翅面也有2条斜带，但近外缘1条较细，仅在近顶角处明显，内面1条稍粗，2条斜带中部间断；后翅淡黄色。

(2) 卵 扁球形，直径0.5 mm，表面有纵横隆起线形成许多小方格，初产淡黄色，近孵化时灰紫色，表面环纹暗紫色。

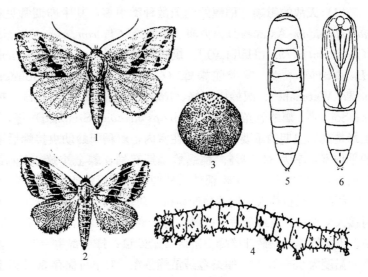

图4-16 稻螟蛉
1. 雌成虫 2. 雄成虫 3. 卵 4. 幼虫 5. 蛹背面 6. 蛹腹面
(仿西北农学院，1981)

(3) 幼虫 多为6龄。老熟幼虫体长20～26 mm，深绿色，头黄绿色或淡褐色，背线及亚背线白色，气门线黄色，第1～2对腹足退化，故行动似尺蠖。

(4) 蛹 体长9～10 mm，初时黄绿色，后转褐色。头顶有角状突起，前胸前缘有数排较密的小刻点，中胸前缘有稀疏的小刻点；腹部第1～7节背面及第5～7节腹面前缘有数列小刻点，其中第4～6节背面的刻点较大，腹末有臀刺4对，中央1对最长。稻螟蛉常在纵卷成三角形的叶苞内化蛹。

4.16.2 发生规律

(1) 生活史 稻螟蛉年发生代数自南向北递减，在福建和广东1年发生6～7代，于7—8月晚稻秧田发生较多；在湖南和江西1年发生5～6代，在湖北1年发生5代，均以7—8月为害晚稻秧苗为主；在江苏和浙江1年发生4～5代，以6—7月发生较多；在黑龙江1年发生2代，主要以第2代幼虫为害。该虫均以蛹在田间稻丛或稻秆中、杂草叶包、叶鞘间越冬。各虫态在26～28 ℃时历期，卵期为5 d，幼虫期为13～15 d，蛹期为5～6 d，产卵前期为2～3 d，产卵期为2～3 d。

(2) 习性 稻螟蛉成虫白天潜伏于水稻茎叶或杂草丛中，夜间活动交尾产卵，趋光性强，且灯下多为未产卵的雌蛾。卵多产于稻叶中部，叶片正反两面均有，每块卵有卵3～5粒，排成1行或2行，也有单产的，每雌平均产卵250粒左右。稻苗叶色青绿，能招引成虫产卵。卵多于清晨孵化，初龄幼虫取食叶肉，留下叶脉和表皮。幼虫3龄后食叶成缺刻，幼虫遇惊动即落水，再游水爬到别的稻株上为害。老熟幼虫常将叶片卷粘成棱形的叶苞，再从苞隙伸出头部把稻叶咬断，叶苞落于水面，幼虫即在叶苞内化蛹。

幼虫田间空间分布属于聚集分布中的奈曼分布，垂直分布幼虫多集中在稻株中上部叶片。

(3) 天敌的影响 稻螟蛉的天敌种类很多，其中卵期常见有稻螟赤眼蜂（*Trichogramma japonicum* Ashmead）、拟澳洲赤眼蜂（*T. confusum* Viggiani）；幼虫期有螟蛉盘绒茧蜂［*Cotesia ruficrus*（Haliday）］、螟蛉绒茧蜂［*Apanteles ruficrus*（Haliday）］、螟蛉姬小蜂（*Euplectrus* sp.）、横带驼姬蜂（*Goryphus basilaris* Holmgren）、螟黑纹茧蜂（*Bracon onukii* Watanabe）、螟蛉内茧蜂（*Rogas narangae* Rohwer）、螟蛉黄茧蜂（*Meteorus narangae* Sonan）、螟蛉悬茧姬蜂（*Charops bicolour* Szépligti）等，其中螟蛉盘绒茧蜂和螟蛉绒茧蜂是其幼虫期的重要寄生蜂。在室内，对稻螟蛉幼虫接蜂后逐日解剖观察，螟蛉盘绒茧蜂的平均寄生率为84.54%。稻螟蛉蛹期有稻弄蝶金小蜂（*Eupteromalus parnaxyl* Gahan）。江西修水1992—1993年晚稻秧田期调查，稻螟蛉卵期赤眼蜂寄生率可达88.81%～93.22%。

螟蛉盘绒茧蜂人工饲养简便易行。通过室内大量饲养黏虫、稻螟蛉等，在寄主幼虫4日龄时接入交配过的螟蛉盘绒茧蜂雌成蜂产卵，25℃下，10 d左右即可得到大量的螟蛉盘绒茧蜂茧。人工饲养时，最佳接蜂虫龄为2龄幼虫，蜂：寄主＝2：20，寄生时间长于30 min，最佳寄生温度为25～27℃。螟蛉盘绒茧蜂茧在5℃下可保存30 d以上，借此可调节放蜂时间。

此外还有步甲类、蜘蛛类、青翅隐翅虫、侧刺蝽、蛙类、鸟类等捕食性天敌，捕食其幼虫，也是抑制此虫大发生的重要因素。

4.16.3 防治方法

目前对稻螟蛉的防治上应采取以农业防治为主、化学防治为辅的综合治理措施。在化学防治时，应抓住2～3龄幼虫高峰期及时用药进行防治。

(1) 农业防治 采取适时早播、增加有机肥和磷钾肥施用量的措施，使水稻生长健壮。同时清除田埂、池边、沟边杂草，减少稻螟蛉的适生寄主，以减少虫源的积累。化蛹盛期摘去并捡净田间三角蛹苞，盛蛾期装灯诱蛾。

(2) 物理防治 可采用黑光灯、频振式杀虫灯、扇吸式高压杀虫灯，于羽化期间使用。

(3) 化学防治 凡百穴有虫100头以上的稻田或田间白条斑明显增加的田块，或于稻螟蛉发生盛期，在水稻边行连续调查3～5穴，每穴幼虫达10头以上即可立即用药防治。常用药剂为10%吡虫啉可湿性粉剂、20%三唑磷乳油等。

(4) 生物防治 做好稻螟蛉天敌保护工作，也可在稻螟蛉产卵高峰期释放稻螟赤眼蜂或拟澳洲赤眼蜂，或幼虫孵化高峰期释放螟蛉盘绒茧蜂、螟蛉绒茧蜂控制稻螟蛉的发生为害。

思 考 题

1. 在稻田生态系中，影响水稻害虫种类变化或优势种群演替的主要因素有哪些？并举例说明。
2. 试分析影响水稻迁飞性害虫种群消长的关键因素。
3. 什么叫栽培治螟？其提出的依据是什么？
4. 试分别比较3种稻螟（三化螟、二化螟和大螟）和3种稻飞虱（褐飞虱、白背飞虱和灰飞虱）生活习性的异同。
5. 当前用于防治水稻害虫的主要农药有哪些？各有何特点？使用时应注意哪些问题？

第 5 章

小 麦 害 虫

　　小麦是我国，尤其是北方地区的粮食作物之一。我国已知为害小麦的害虫（包括螨类）有230多种，分属11目57科，对生产影响较大的重要种类约有20种。其中地下害虫主要有蛴螬、蝼蛄、地老虎和金针虫，在北方旱作地区发生普遍，为害后造成缺苗断垄。黏虫是全国性的禾谷类作物重要害虫，在江淮1代多发区主要为害麦类作物，2012年和2013年连续两年在全国大发生，2012年总损失达 6.578×10^6 t，其发生面积之大，虫口密度之高，损失之重，均属历史罕见，对小麦、玉米、水稻等粮食作物生产安全造成了严重威胁。麦蚜分布遍及全国麦区，尤其在黄河流域和西北地区，不仅大发生的频率高，且蚜害常伴随小麦黄矮病毒病的流行，给小麦生产带来严重威胁。小麦吸浆虫在我国历史上曾多次猖獗发生，20世纪50年代中后期经大力防治，在较长的时间内基本得到控制。麦螨在我国大部分麦区都有发生，但以黄淮流域冬麦区为害最重，大发生年份，可波及玉米、大豆、甘薯、花生、蔬菜、绿肥等许多作物。此外，局部地区发生的种类有新疆的麦双尾蚜、小麦皮蓟马、冬麦地老虎、麦穗金龟甲，四川的麦水蝇，陕西的小麦沟牙甲，内蒙古、西藏等地的秀夜蛾，华北和内蒙古的麦秆蝇和麦茎叶甲，甘肃的麦种蝇，内蒙古、山西、山东、吉林、陕北和河北的麦根蝽，甘肃和青海的麦茎蜂，青海的麦穗夜蛾，华中、华东和黄河中下游部分冬麦区的麦叶蜂等。灰飞虱在北方麦区除刺吸为害外，还能传播小麦丛矮病，常造成不同程度的为害。

　　由于耕作制度的改革、品种的更换、水肥条件的改善、农药的使用等因素，导致了麦田生态系统的变化，从而使各麦区主要害虫的种类及其为害程度发生相应的变化。例如麦蚜自1980年以来已成为黄淮海和长江中下游麦区的常发性害虫；小麦吸浆虫20世纪70年代后在黄淮流域的主要麦产区又为害成灾，并逐年扩展至沿江麦区；90年代后，棉铃虫在山东、河北麦田中大量发生。又如黏虫在长江中下游在20世纪70年代大发生的频率高，但自80年代以来，由于华南冬小麦面积压缩，虫源地发生数量少，其发生为害程度除个别年份局部地区较重外，一般均不需防治。麦螨的为害，近年来也有所减轻，发生面积呈下降趋势，但麦岩螨（麦长腿蜘蛛）的分布则有向淮河以南扩展的势头，例如安徽的淮南、寿县已发现为害。因此，对小麦害虫的发生、发展动态必须加强监测，注意防治。

　　近年来，我国小麦害虫的研究在麦田植物保护系统工程、麦田生物群落、黏虫迁飞的机制、黏虫测报数据库、知识库和人工智能专家系统的研究、麦田害虫自然种群生命表、为害损失率测定、品种的抗虫性、生物防治的途径及高效、低毒、低残留农药新品种的筛选等方面，均取得了较快的进展。一个以作物丰产保健栽培为基础，抗虫品种为主体，严格掌握防治指标，合理使用农药，注意保护利用自然天敌控制作用的小麦害虫综合治理体系已基本确立。综合治理水平的提高，将对促进我国小麦高产、优质及保护农田生态环境的良性循环发挥更大的作用。

5.1 麦蚜

我国为害小麦的蚜虫主要有麦二叉蚜 [*Schizaphis graminum* (Rondani)]、麦长管蚜 [*Sitobion avenae* (Fabricius)] 和禾谷缢管蚜 [*Rhopalosiphum padi* (Linnaeus)] 3 种，均属半翅目蚜科。3 种麦蚜皆为世界性分布的害虫；在我国南北麦区均有发生，其中麦二叉蚜分布偏北，在西北和华北冬春麦区为害严重，麦长管蚜在南北麦区都可造成为害，禾谷缢管蚜在南方冬麦区常易成灾，是长江流域麦区的优势种。此外，北方的麦无网蚜 [*Metopolophium dirhodum* (Walker)]，重庆地区的红腹缢管蚜 [*R. rufiabdominalis* (Sasaki)]，浙江、广东等地的玉米蚜 [*R. maidis* (Fitch)] 也能在局部田块大量繁殖，造成为害。

麦蚜的寄主除麦类作物外，还有玉米、高粱、糜子、雀麦、马唐、看麦娘等多种禾本科植物。禾谷缢管蚜在北方尚能为害稠李、桃、李、榆叶梅等李属植物。麦蚜以刺吸式口器刺吸麦株茎、叶和嫩穗的汁液。麦苗受害后，轻的叶色发黄，生长停滞，分蘖减少，重则枯萎死亡；穗期受害后麦粒不饱满，品质下降，严重时麦穗干枯不能结实。此外，麦二叉蚜和麦长管蚜在长江流域、黄河流域及西北麦区还能传播大麦黄矮病毒（Barley yellow dwarf virus，BYDV），引起小麦黄矮病的流行，造成比刺吸为害更大的损失。麦蚜分泌的蜜露粘在小麦叶片上能影响小麦的光合呼吸作用以及招引病菌。

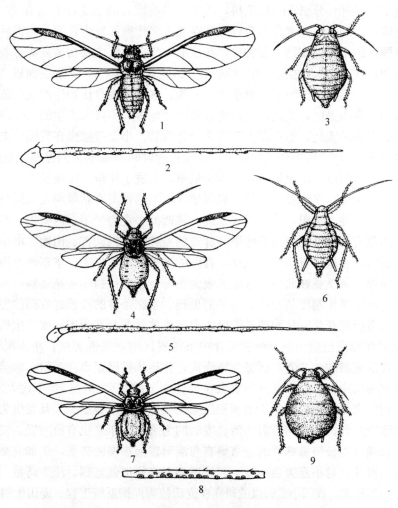

图 5-1 麦 蚜

1～3. 麦二叉蚜（1. 有翅胎生雌蚜 2. 有翅胎生雌蚜触角 3. 无翅胎生雌蚜）
4～6. 麦长管蚜（4. 有翅胎生雌蚜 5. 有翅胎生雌蚜触角 6. 无翅胎生雌蚜）
7～9. 禾谷缢管蚜（7. 有翅胎生雌蚜 8. 有翅胎生雌蚜触角第 3 节 9. 无翅胎生雌蚜）

5.1.1 形态特征

麦二叉蚜、麦长管蚜和禾谷缢管蚜成蚜的形态区别见图5-1和表5-1。

表5-1 3种麦蚜形态的主要区别

项 目		麦二叉蚜	麦长管蚜	禾谷缢管蚜
有翅胎生雌蚜	体长	1.8~2.3 mm	2.4~2.8 mm	1.6 mm左右
	体色	绿色,腹背中央有深色纵纹	黄绿色,背腹两侧有褐斑4~5个	暗绿带紫褐色,腹背后方具红色晕斑2个
	触角	比体短,第3节有5~8个感觉孔	比体长,第3节有6~18个感觉孔	比体短,第3节有20~30个感觉孔
	前翅中脉	分二叉	分三叉	分三叉
	腹管	圆锥状,中等长,黑色	管状,很长,超腹末,黄绿色	近圆筒形,黑色,端部缢缩如瓶颈状
无翅胎生雌蚜	体长	1.4~2.0 mm	2.3~2.9 mm	1.7~1.8 mm
	体色	淡黄绿至绿色,腹背中央有深绿色纵线	淡绿色或黄绿色,背侧有褐色斑点	浓绿色或紫褐色,腹部后方有红色晕斑
	触角	为体长的一半或稍长	与体等长或超过体长,黑色	仅为体长的一半

5.1.2 发生规律

(1) 生活史和习性 麦蚜每年发生的代数、越冬虫态因种类和地区而异。据测定,麦长管蚜和麦二叉蚜全若虫期的发育起点温度分别为3.45 ℃和2.76 ℃,有效积温分别为140.3 d·℃和120.5 d·℃。因此在同一地区麦长管蚜发生的代数要比麦二叉蚜少。有关资料报道,麦二叉蚜在甘肃张掖和庆阳1年发生20~22代,在新疆喀什1年发生30代,用有效积温公式推算,在陕西武功1年平均可发生31代;麦长管蚜在浙江临安1年发生20代左右。

麦长管蚜在1月0 ℃等温线(大致沿淮河)以北不能越冬,在淮河至长江流域以成虫和若蚜在麦苗基部越冬,个别年份在麦叶上还能查到少量越冬卵,在华南地区可周年繁殖。麦二叉蚜在北纬36°以北较冷的北部麦区,多以卵在麦苗枯叶上、土缝内或多年生禾本科杂草上越冬,愈向北以卵越冬率愈高;在南方则以无翅成虫和若蚜在麦苗基部叶鞘上、心叶里或附近土缝中越冬,天气温暖时越冬虫仍能活动取食;在华南冬季无越冬期。禾谷缢管蚜在北方营异寄主全周期型生活,有明显的世代交替现象,春夏季为害麦类、玉米、高粱等禾本科作物,秋后产生性蚜,交配后在李属植物上产卵越冬;在南方则营同寄主不全周期型生活,全年在同一科寄主植物上营孤雌生殖,不产生雌雄性蚜,以无翅成若蚜在麦苗根部、近地面的叶鞘上或土缝内过冬。

麦蚜在麦田的生活习性因种类而有不同。麦长管蚜性喜阳光,耐潮湿,作物成株期大多分布于上部叶片正反面,抽穗后集中在穗部为害,遇有震惊,有坠落习性。另据研究,麦长管蚜在我国沿海地区有南北往返迁飞现象,即春夏季(3—6月)随着小麦成熟期逐渐推迟由南方逐渐向北方迁飞,为害春麦,麦收后在禾本科杂草上繁殖;秋季(8—9月)再南迁至黄淮海冬麦区为害秋苗，波及长江流域冬麦区，并能使部分晚稻受害。麦二叉蚜畏光、喜干旱，作物成株期多分布在下部叶片背面为害，且耐低温，故在长江流域冬前秋苗受害时间长，早春为害早，致害能力强，刺吸时有时分泌有毒物质，破坏叶绿素而形成黄色枯斑。但由于开春后禾谷缢管蚜种群数量的回升，麦二叉蚜的种群密度呈下降趋势。禾谷缢管蚜冬季和春季有相当长的一段时间在麦苗下部叶鞘、叶背、根茎部为害，小麦抽穗后虫口密度猛增，并迁移到麦株上部和麦穗上繁殖为害，成为小麦穗期几种麦蚜为害的主要种类。

麦蚜在麦田内多混合发生。长江中下游麦区发生的优势种为禾谷缢管蚜，其次为麦长管蚜，麦二叉蚜发生数量少且主要在苗期为害，玉米蚜在个别年份和局部地区也能造成一定的为害。根据麦蚜在小麦全生育期的变化规律，可将它们的发生过程分为4个阶段：a. 零星发生期，即从小麦出苗至返青拔节期，麦田蚜量较少；b. 麦蚜缓增期，即从小麦拔节至小麦抽穗，随着温度的回升，麦株上的蚜量渐增，个别暖冬少雨年份此时的百株蚜量已超过防治指标，田间有明显的蚜虫为害状；c. 蚜量剧增期，即从小麦扬花至灌浆中期末，麦田蚜量激增，也是生产上防治麦蚜的关键阶段；d. 麦蚜锐减期，即从小麦灌浆后期至成熟，随着麦株营养条件的恶化，蚜虫也逐渐发育成有翅蚜迁离麦田。

麦蚜的世代历期在适温范围内，随着温度的升高而缩短。例如麦二叉蚜完成1个世代，10 ℃时为16.8 d，15 ℃时为11.3 d，20 ℃时为7.2 d，25 ℃时为5.2 d。一般无翅成蚜生殖力强于有翅成蚜，而有翅蚜的发育历期则比无翅蚜长。例如麦二叉蚜1头有翅胎生雌蚜在23 ℃时平均产若蚜43头，而1头无翅胎生雌蚜在同样温度条件下可产若蚜52头。

(2) 发生与环境条件的关系 麦蚜属间隙性猖獗的害虫，其发生的盛衰与越冬基数、苗蚜数量、气候条件、天敌和栽培制度关系密切。

①气候条件 麦蚜种类不同，对温度和湿度要求各异。麦二叉蚜抗低温能力最强，其卵在旬平均气温3 ℃左右开始发育，在5 ℃左右孵化，13 ℃时可产生有翅蚜；胎生雌蚜在5 ℃时就可以发育和大量繁殖；最适温区是15～22 ℃，温度超过33 ℃则生育受阻。麦长管蚜适温范围为12～20 ℃，不耐高温和低温，在7月26 ℃等温线以南的地区不能越夏。禾谷缢管蚜在湿度适宜时，30 ℃左右发育最快，但不太耐低温，在1月平均温度为-2 ℃的地区不能越冬。

在湿度方面，麦二叉蚜最喜干燥，适宜的相对湿度为35%～67%，大发生地区都分布在年降水量250～500 mm或以下的地带。麦长管蚜耐湿范围略广，适宜相对湿度为40%～70%，适宜发生区为年降水量500～750 mm的地带，但在降水量虽超过1 000 mm但小麦生育阶段雨水较少时亦能成灾。禾谷缢管蚜既怕潮湿又不耐干旱，在年降水量250 mm以下地区不致严重发生。

通常，冬暖、春旱时麦蚜有猖獗可能，主要是冬暖延长麦蚜繁殖时间，增加了越冬基数。春旱提早了麦蚜的活动期，增加了繁殖机会，可为穗蚜发生累积更多的虫源。就湿度而言，春季持续干旱，是几种麦蚜发生猖獗的一个重要条件；风雨的冲刷常使蚜量显著下降，并能洗刷麦株上蚜虫分泌的蜜露。

②栽培制度 栽培制度或作物布局的变化，影响麦蚜为害的轻重。例如西北单纯春麦区，麦蚜在禾本科杂草上越冬，翌春孵化后即在越冬寄主上繁殖，春麦出苗后才迁入麦田为害，麦蚜为害和病毒病流行都受到限制。扩种冬小麦后，形成混种区，麦蚜由夏寄主迁入秋苗上为害，并传播病毒，成为建立越冬种群和发病中心的基地，翌年春麦播种出苗后，麦蚜

再由冬麦田迁入春麦田，由于小麦苗期最易感染病毒病，因此常造成春麦黄矮病的大流行而严重减产。再如南方麦区扩大夏秋玉米面积，有利于禾谷缢管蚜从夏寄主向秋播麦苗上过渡，增加越冬基数，因而使为害加重。

同一地区不同地块间蚜害轻重程度，常与小麦播种期、施肥、灌水和品种密切相关。一般早播麦田，蚜虫迁入繁殖早，越冬基数大，为害重；晚熟品种穗期受害比早熟品种重；麦二叉蚜在缺氮素营养的瘠田为害重，而麦长管蚜和禾谷缢管蚜在肥田、通风不良的麦田发生较重；品种受害程度取决于叶色、小穗间隙大小和有芒无芒的影响，一般有芒的受害重。

③天敌　麦蚜的天敌种类较多，主要类群有瓢虫、草蛉、蚜茧蜂、食蚜蝇、蜘蛛、蚜霉菌等，尤以瓢虫和蚜茧蜂最重要。瓢虫在小麦乳熟期前后常大量集中穗部捕食；蚜茧蜂在乳熟期的寄生率常达20%左右，高者可达50%以上；在夏、秋多雨年份蚜霉菌的寄生率也很高。天敌是影响麦蚜种群数量的重要原因。

5.1.3　虫情调查和预测预报

一般在冬麦开始拔节及春麦出苗后，每5d调查1次；孕穗后，当蚜量急剧上升时，每3d调查1次，以适时指导大面积防治。

(1) 田间消长调查　根据品种、播期、地势、作物长势等条件，选择当地有代表性的麦田2~3块，每块不少于0.3 hm²。固定田块，每块以对角线随机5点取样，每点50株（茎），当百株（茎）蚜量超过500头，株（茎）间蚜量差异不大时，每点可减至20株，蚜量特大时，每点可减至10株（茎）。记载有蚜株（茎）数、有翅蚜及无翅蚜量，统计平均百株（茎）蚜量。也可调查蚜害指数，再折算成百株蚜量。即将麦株单茎上的蚜量分为4个等级：0级为无蚜，Ⅰ级为每茎（穗）有蚜1~10头，Ⅱ级为每茎（穗）有蚜11~50头，Ⅲ级为每茎（穗）有蚜50头以上。据此计算蚜害指数（X），其计算公式为

$$X = Ⅰ级茎（穗）数 \times 1 + Ⅱ级茎（穗）数 \times 5 + Ⅲ级茎（穗）数 \times 10$$

依照蚜害指数即可计算百茎蚜量（Y_1，头）和百穗蚜量（Y_2，头），计算公式为

$$Y_1 = -72.83 + 4.726\,0X \qquad (s_{Y_1/X} = 83.9\text{头/百茎}, r=0.979\,4)$$
$$Y_2 = -62.46 + 4.621\,6X \qquad (s_{Y_2/X} = 77.4\text{头/百穗}, r=0.977\,4)$$

(2) 天敌调查　在蚜虫进入盛发期及盛末期分别进行天敌调查，可与蚜虫田间消长调查同时进行，取样点和取样方法也相同，调查瓢虫时样点可扩大至2 m²。将查到的天敌种类及数量折算为百株（茎）天敌量（捕食性天敌均指有效虫态）。参照下列标准将天敌折算成天敌单位。

异色瓢虫、七星瓢虫、大突肩瓢虫等食蚜量大的成虫和幼虫，都以1个虫体作为1个天敌单位。

草蛉、食蚜蝇幼虫及食量大的草间小黑蛛、环纹狼蛛以2个虫体作为1个天敌单位。

龟纹瓢虫成虫和幼虫、黑襟毛瓢虫及一般食量的蜘蛛，以4个虫体作为1个天敌单位。

受寄生蜂所寄生的蚜虫以120头作为1个天敌单位。

(3) 防治适期预测　一般当有蚜株（茎）率超过25%，百株（茎）蚜量500头左右，气象预报适期内无中到大雨，应立即发出防治预报。3d后调查，如蚜量明显上升，小麦抽穗前百茎蚜量超过1 500头，小麦抽穗后百茎蚜量达1 000~1 200头，天敌单位与蚜虫数比例小于1:150，应立即发出防治警报，迅速开展防治。

5.1.4 防治方法

麦蚜的防治应以农业防治为基础，必要时采用化学防治，并注意保护天敌。在黄矮病流行区，要做到治蚜防病，重点抓好苗期的防治；非流行区，重点是控制穗期蚜虫的为害。

(1) 农业防治 清除田边杂草寄主、早春耙磨镇压、适时冬灌，对防止早期蚜害有一定的作用。此外，注意选育推广抗病耐蚜的丰产品种，冬麦区适当迟播，春麦区适当早播，增施基肥和追施速效肥等，促进麦株生长健壮，增加抗蚜的能力，都是防蚜增产的有效措施。

(2) 化学防治

①种子处理 在小麦黄矮病流行地区，种子处理是大面积治蚜防病的有效措施。可用40%甲基异柳磷乳油100 mL或70%吡虫啉拌种剂100～150 g，兑水10 L，与100 kg小麦种子搅拌均匀，摊开晾干后再播种。

②土壤处理 在小麦黄矮病流行地区，每公顷用3%克百威颗粒剂20～25 kg于小麦播种前预先处理土壤，然后播种，可有效地防治苗蚜的为害。

③田间喷药 穗期治蚜要选用速效、低残留的农药，以减少对谷物的污染和对天敌的杀伤作用。每公顷可选用50%抗蚜威可湿性粉剂150～300 g、10%吡虫啉可湿性粉剂150～300 g、3%啶虫脒乳油375 mL、40%乐果乳油600～900 mL、50%敌敌畏乳油900 mL、2.5%溴氰菊酯乳油300～600 mL、20%丁硫克百威乳油450～750 mL，兑水900 L喷雾。喷药适期掌握在小麦扬花后麦蚜数量急剧上升期，但扬花期防治增产效果优于灌浆期防治，应提倡适期早治。在蚜虫暴发年份和地区，于小麦扬花期防治后还应视灌浆期的虫口密度进行必要的补治。

5.2 麦螨

为害小麦的麦螨主要有麦叶爪螨（又名麦圆蜘蛛）[*Penthaleus major* (Dugés)]和麦岩螨（又名麦长腿蜘蛛）[*Petrobia latens* (Müller)]，二者均属于蛛形纲蜱螨亚纲真螨总目绒螨目前气门亚目，前者属真足螨总科叶爪螨科，后者属叶螨总科叶螨科。

麦叶爪螨分布于北纬29°～37°，主要发生在江淮流域的水浇地和低洼麦地。麦岩螨主要分布于北纬34°～43°，主害区为长城以南黄河以北的旱地和山区麦地。安徽和江苏的淮北地区是两种麦螨的混发区，有些地区和年份麦岩螨发生也重。

麦螨的寄主植物除大麦和小麦外，麦叶爪螨还可为害豌豆、蚕豆、油菜、紫云英及小蓟、看麦娘等杂草，而麦岩螨尚能为害棉花、大豆和桃、柳、桑、槐等树木以及红茅草、马绊草等。

麦螨以吸食麦叶汁液为害，叶面呈现黄白色小斑点，后斑点合并成斑块，使麦苗逐渐枯黄，初期田间出现黄叶塘，后扩散至全田，重者可使麦苗整片枯死。

5.2.1 形态特征

麦螨的形态特征见图5-2。

5.2.1.1 麦叶爪螨

(1) 雌成螨 体长0.60～0.80 mm，背面椭圆形，腹背隆起，深红色或黑褐色。足4

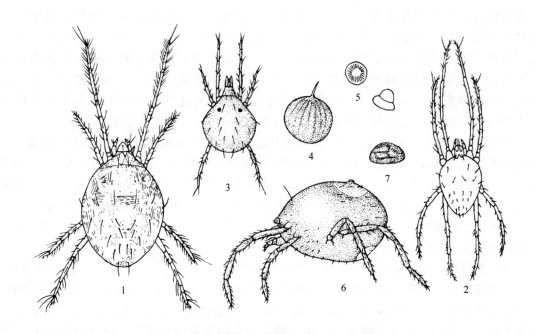

图 5-2 麦 螨

1~5. 麦岩螨（1. 雌成螨 2. 雄成螨 3. 幼螨 4. 繁殖期卵 5. 滞育期卵的正面和侧面）
6~7. 麦叶爪螨（6. 雌成螨 7. 卵）

对，淡红色，几乎等长，足上密生有短刚毛。肛门位于末体部背面。

(2) 雄成螨 尚未发现。

(3) 卵 长约 0.20 mm，椭圆形，初产时暗红色，表面具光泽；后淡红色，表皮皱缩，外有 1 层胶质卵壳，表面有五角形网纹。

(4) 幼螨 圆形，初孵时淡红色，取食后草绿色至黑褐色；足 3 对，红色。

(5) 若螨 分前若螨和后若螨 2 个时期；足 4 对，体色、体形似成螨。

5.2.1.2 麦岩螨

(1) 雌成螨 体长 0.62~0.85 mm，背面阔椭圆形，紫红色或褐绿色。背毛 13 对，粗刺状，有粗茸毛，不着生在结节上。足 4 对，第 1 对足短于体长，第 2~3 对足短于体长的 1/2，第 4 对足长于体长的 1/2。各足端有 4 根黏毛。肛门着生在腹部腹面。

(2) 雄成螨 体长 0.46 mm，背面梨形。背刚毛短，纺锤形，具茸毛。

(3) 卵 有二型。其一为红色的非滞育卵，长约 0.15 mm，圆球形，表面有 10 多条隆起纵行纹；另一为白色的滞育卵，长约 0.18 mm，圆柱形，表面被有白色的蜡质层，顶端向外扩张，形似倒放草帽，顶面上有放射状条纹。

(4) 幼螨 圆形；足 3 对；体长和宽皆约 0.15 mm；初鲜红色，取食后暗褐色。

(5) 若螨 分第 1 若螨和第 2 若螨 2 个时期，足 4 对，似成螨。

5.2.2 发生规律

5.2.2.1 生活史和习性

(1) 麦叶爪螨 麦叶爪螨在河南北部、山西南部、陕西关中等地 1 年发生 2~3 代，以雌成螨、卵和若螨在麦根土缝、杂草或枯叶上越冬，以成螨为主。翌年2月中下旬成螨开始活动并产卵繁殖，越冬卵也陆续孵化。若螨期为10~25 d。3月下旬至4月上旬田间虫口密度最大，因正值冬小麦拔节期，为害严重。通常4月中下旬田间密度开始减退，至小麦孕穗后期成螨已极少见，此时出现大量越夏卵，10月中旬越夏卵开始孵化，在秋播麦苗或田边杂草上取食。11月上旬出现成螨并陆续产卵，11月下旬至12月上中旬随气温下降进入越冬阶段。完成1代需时46~80 d，平均为57.8 d。

麦叶爪螨成螨和若螨行动活泼，爬行能力强，且有受惊落地的习性。该螨稍受惊动，便迅速向下爬行或落入土面隐藏于根际或土缝内，以此保护自己。3—4月间多在9:00前和18:00以后在麦株上活动为害，尤其是傍晚活动最盛；遇到阴天或温度较低，以及冬天晴暖天气，则多在中午前后到麦株上活动，有群集为害的习性，早晚潜伏于麦株基部或土缝中。麦叶爪螨多行孤雌生殖，每雌平均产卵量为20粒左右。卵散产或成堆，常连成一串，多产于根际土表或土缝中。麦叶爪螨性喜阴凉湿润，怕高温、干燥。

(2) 麦岩螨 麦岩螨在山西北部1年发生2代，在新疆焉耆1年发生3代，在晋南、山东渤海地区、河北和安徽北部1年发生3~4代年。发生3~4代的地区，除北疆以卵越冬外，其他地区主要以成螨或卵越冬。越冬场所因地而异，春麦区叶岩螨在麦田附近的杂草上越冬，冬春麦混栽区和冬麦区叶岩螨在杂草和冬麦田内越冬。越冬雌螨在11—12月遇到无风暖和的天气，仍能出来活动取食。翌年3月上中旬，越冬雌螨开始产卵，此时越冬卵也相继孵化，到4月上中旬，完成第1代。第2代发生于5月上中旬，第3代发生于5月下旬至6月上旬。第3代雌螨产滞育卵越夏。大部分越夏卵在当年10月上中旬开始孵化，10月下旬至11月上旬为孵化盛期，少数未孵化的越夏卵可到翌春孵化，甚至滞育多年不孵化。第3代发育快的雌螨，能产第4代卵，大部分发育为成螨后直接越冬。

(3) 两种螨的比较 这两种麦螨的共同习性：都以成螨和卵越冬，以滞育卵越夏；春秋两季为害，以春季为害严重；有群集性和假死性和弱的负趋光性；在叶背为害；可借风力、雨水和爬行传播。不同处：麦叶爪螨性喜阴湿，怕高温干燥；麦岩螨性喜温暖干燥。在一天内的活动时间上，麦叶爪螨于6:00—8:00和18:00—22:00出现2次活动为害高峰，小雨天仍能活动；麦岩螨一般多在9:00—17:00活动，其中以14:00—16:00时麦株上数量最大，14:00左右气温较高时麦岩螨在麦株上的分布相对偏下，多集中在倒2~3叶上。麦螨对大气湿度较为敏感，遇小雨或露水大时即停止活动。

此外，麦岩螨滞育卵在卵壳上覆有一层较厚的白色蜡质，能耐夏季的高温多湿和冬季干旱严寒，具有多年滞育习性。麦叶爪螨至今尚未发现雄螨，营孤雌生殖，卵多集聚成堆或成串产于麦丛分蘖茎近地面或干叶基部或土块上。麦岩螨主要营孤雌生殖，但也有营两性生殖的。卵多数产于硬土块、土缝、砖瓦片、干草棒等物上，产滞育卵时有登高上树、上墙、在直立物上产卵的习性，阳面的卵量显著高于阴面的卵量。麦岩螨活动和产卵有一定的趋光性，常栖息在地形开阔，植株稀，阳光足，地势高，干燥、阳坡的农田，在干旱季节、年份大发生，多在麦叶正面为害。

5.2.2.2 发生与环境条件的关系

麦叶爪螨喜阴湿，怕干热，发生的最适温度为8~15 ℃，最适湿度在80%以上，故水浇地、地势低洼、秋雨多、春季阴凉多雨以及在壤土、黏性土壤麦地易成灾，气温超过20 ℃大量死亡。麦岩螨发生的最适温度为15~20 ℃，最适湿度在50%以下，因此秋雨少、春暖干旱以及在砂壤土麦田发生为害严重。

麦螨在连作麦田、靠近村庄、堤堰、坟地等杂草较多的田块发生为害重,水旱轮作和麦后耕翻的田块发生轻;推广免耕有加重为害的趋势。

麦螨的天敌有小花蝽、七星瓢虫、龟纹瓢虫、黑襟毛瓢虫、深点食螨瓢虫、黑带食蚜蝇、草间小黑蛛、食虫瘤胸蛛、绒螨、塔六点蓟马等,尤以小花蝽最活跃,几乎每2~3 min即可捕食1头害螨。在安徽萧县和砀山,春季麦田天敌十分丰富。据实验室测定,在24 ℃条件下,1头七星瓢虫高龄幼虫一昼夜可取食150头麦岩螨成螨,是麦岩螨的优势天敌种类。

5.2.3　螨情调查和预测预报

春季小麦返青后,选择当地历年发生较重的小麦田2~3块,每5 d查1次,每块田面积不少于1 333 m^2。每块田对角线5点取样,每点调查33 cm单行长;返青期用目测计数;拔节后将33.3 cm×17 cm有框固定的白瓷盘或白纸或白塑料布铺在取样点的麦根际,将麦苗轻轻压弯拍打,然后计数,可重复数次。

5.2.4　防治方法

(1) 农业防治　结合当地栽培制度,因地制宜地尽可能实行轮作倒茬,避免小麦多年连作,可显著减轻麦螨为害。安徽淮北和江苏沿江地区,实行夏季旱作改种水稻后,麦螨的为害可得到根本控制。麦收后浅耕灭茬,或及早深耕,能大量消灭越夏卵及成螨,压低秋苗的虫口密度。冬春合理进行麦田灌溉,同时振动麦株,可有效地减少麦螨的种群数量,也可减轻为害。此外,及时增施速效肥以促进麦株恢复生长,可提高抗(耐)害性。

(2) 化学防治　在小麦黄矮病流行区结合防蚜避病,于小麦播种时进行种子处理和颗粒剂盖种,对小麦害螨有明显的控制效果。种子处理时,可用50%辛硫磷乳油按种子量的0.2%拌种,将所需量药剂加种子质量的10%水稀释后,喷洒于种上,搅拌均匀,堆闷12 h后播种。小麦秋苗期,每33 cm行长有螨50头或撒播麦田每33 cm×33 cm面积有螨75头以上;小麦返青期,每33 cm行长有螨200头或撒播麦田每33 cm×33 cm面积有螨350头以上,立即喷药防治。每公顷用2%混灭威粉或1.5%乐果粉22.5~30.0 kg喷粉,或拌细土450 kg撒施。也可用每公顷40%氧乐果乳油450~600 mL、50%马拉硫磷乳油450~600 mL、40%毒死蜱乳油900 mL、20%三氯杀螨醇乳油600 mL、20%哒螨灵可湿性粉剂150~300 g、1.8%阿维菌素乳油150~300 mL、5%甲维盐可溶性颗粒剂45~60 g、40%甲基异柳磷乳油400~500 mL、有效成分联苯菊酯18~30 g,兑水900 L喷雾。此外,还可喷0.3~0.5波美度的石硫合剂或50%硫悬剂,每公顷用3~6 kg兑水喷雾,能兼治小麦白粉病、锈病等。尽量选择晴暖无风天气进行防治,以麦螨活动旺盛喷药防治效果较好,其中麦叶爪螨应在9:00以前和16:00以后施药,麦岩螨应在中午前后施药,喷药时要对准小麦基部均匀喷雾,以提高防治效果。

5.3　黏虫

黏虫[*Mythimna separata* (Walker)]属鳞翅目夜蛾科,又称五色虫、行军虫等,为世界著名的为害禾谷类作物的迁飞性害虫，广泛分布于多个国家和岛屿，北至中国东北部和俄罗斯东部，南到澳大利亚和新西兰，西起巴基斯坦，东达萨摩亚群岛，地跨热带、亚热带和温带广大地区。黏虫在我国，除新疆未见有报道外，其他各地均有分布，1950—2013年的60多年中有20年全国黏虫发生面积在 6.667×10^6 hm^2 以上。

黏虫为典型的食叶性害虫，而且具有暴食性，大发生时，常将作物叶片全部吃光，将穗部咬断，造成严重减产甚至绝收。在分析黏虫在我国发生为害演变情况后，姜玉英等将其发生大致分为4个阶段。第一阶段为1950—1965年，年平均发生面积和防治面积分别为 2.586×10^6 hm^2 和 1.444×10^6 hm^2，发生面积和防治面积最大的是1960年，分别达 5.871×10^6 hm^2 和 3.896×10^6 hm^2。第二阶段为1966—1991年，为历史上总体发生严重的时期，26年平均发生面积为 7.209×10^6 hm^2，只有1968年发生面积少于 4.0×10^6 hm^2，其中17年发生面积超过 6.667×10^6 hm^2，1976年近 1.2×10^7 hm^2（为历史最高值），年平均防治面积为 5.255×10^6 hm^2，有5年防治面积超过 6.667×10^6 hm^2。第三阶段为1992—2011年，比上一阶段发生与为害有所回落，为常年发生水平，年平均发生面积为 4.587×10^6 hm^2，20年期间仅有1998年发生面积超过 6.667×10^6 hm^2，年平均防治面积为 3.902×10^6 hm^2。第四阶段为2012年以后，其中2012年发生面积为 9.383×10^6 hm^2（居于1950—2013年中的第4位），防治面积为 9.472×10^6 hm^2，挽回损失为 5.586×10^6 t，实际损失为 9.92×10^5 t，三者均位于历年首位。2013年，发生面积为 8.054×10^6 hm^2，防治面积为 7.437×10^6 hm^2，挽回损失为 2.115×10^6 t，实际损失为 3.93×10^5 t，总损失仅次于2012年，为历史第2高值年份。2012—2013年总体讲为历史上为害最严重的时期，预示着我国黏虫发生进入一个新的发生阶段。

黏虫食性较杂，可取食16科100多种植物，主要为害麦类、玉米、水稻、谷子、高粱、甘蔗、燕麦、青稞等禾谷类粮食作物，也为害禾本科牧草和芦苇；野生寄主有狗尾草、画眉草、马唐、稗等禾本科杂草；其他寄主有树木（柳、榆等）、果树（苹果、柑橘等）、蔬菜（白菜、辣椒等）、油料（大豆、花生等）、麻类、棉花、绿肥（苜蓿等）等。在吉林发现黏虫为害西洋参。

5.3.1 形态特征

黏虫的形态特征见图5-3。

(1) 成虫 体长15～20 mm，翅展35～45 mm。全体淡黄色至灰褐色，雄蛾体色较深，有的个体稍显红色。前翅中央近前缘处有2个淡黄色圆斑，外方圆斑下有1个小白点，其两侧各有1小黑点，顶角具1条伸向后缘的黑色斜纹。后翅暗褐色，向基部色渐淡。雄蛾腹部较细，用手指轻捏，腹端可伸出1对长鳞片状抱握器；抱握器顶端具1根长刺，这个特征是区别于其他近似种的可靠特征。雌蛾腹部较粗，手捏时伸出1个管状产卵器。

(2) 卵 半球形，稍带光泽，表面有网状脊纹，直径0.5 mm。卵初产时乳白色，后黄白色，孵化前灰黑色。卵常产于叶鞘缝内，或枯卷叶内，单层排列成行，形成卵块。

(3) 幼虫 共6龄。老熟时体长30～40 mm。头部黄褐色，沿蜕裂线有棕黑色八字纹。体背具各色纵条纹；背中线白色较细，边缘有细黑线；亚背线红褐色，上下镶有灰白色细条。气门黑色，气门线黄色，上下有白色带纹。腹足基部外侧各有1个黑褐色斑。趾钩单序中带，排成半环状。2～3龄幼虫黄褐至灰褐色，或带暗红色。4龄以上的幼虫多是黑色或灰

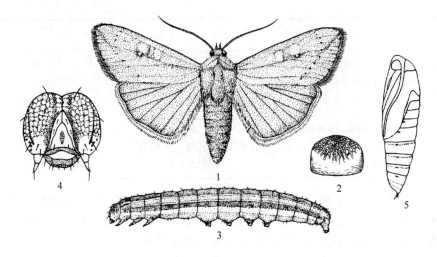

图 5-3 黏 虫
1. 成虫 2. 卵 3. 幼虫 4. 幼虫头部 5. 蛹

黑色，因身上有五条彩色背线，所以又称为五色虫。

(4) 蛹 体长 18~22 mm，红褐色，有光泽。腹部背面第 5~7 节近前缘有马蹄形刻点。中央刻点大而密，两侧渐稀。尾刺 3 对，中间的 1 对大而直，两侧的细小而弯曲。雄蛹生殖孔位于腹部第 9 节，雌蛹生殖孔位于第 8 节。

5.3.2 发生规律

(1) 生活史和习性 黏虫无滞育特性，在我国东半部地区的越冬界线为 1 月 0 ℃等温线或北纬 33°。在 1 月 0 ℃等温线与 4 ℃等温线之间（北纬 30°~33°），冬季黏虫以蛹和幼虫越冬；在 1 月 4 ℃等温线与 8 ℃等温线之间（北纬 27°~30°），冬季黏虫虽能取食，但种群稀少；在 1 月 8 ℃等温线（北纬 27°）以南，黏虫可终年繁殖为害。在越冬界以北的地区，每年初发世代虫源均由南方随气流远距离迁飞而来。

黏虫在我国 1 年发生 1~8 代。我国东半部地区按其越冬状况、主要为害世代、为害时期以及种群突增突减的变动规律，划分为 5 个发生区，见表 5-2。

表 5-2 我国东半部地区黏虫发生区的划分

发生区	地理位置	主害代	为害时期	受害作物
6~8 代区	北纬 27°以南，主要包括广东、广西、福建等省份的中部、南部及台湾省	第 5（或 6）代和越冬代	9—10 月 1—3 月	水稻 小麦
5~6 代区	北纬 27°~30°，主要包括湖南、江西、浙江、湖北中部和南部及广东、广西、福建等省份北部	第 5 代（次为第 1 代）	9—10 月 （3—4 月）	水稻 （小麦）
4~5 代区	北纬 30°~36°，主要包括浙江北部、江苏、安徽、河南中部和南部、山东南部、湖北西部和北部等	第 1 代（个别年份 3~4 代亦有为害）	4—5 月 （8—9 月）	小麦、谷子、玉米、高粱 水稻等

(续)

发生区	地理位置	主害代	为害时期	受害作物
3~4代区	北纬36°~39°，主要包括河北西部、中南部，山东西部和北部，山西东部，河南省东部和北部，天津等	第3代（1~2代亦有为害）	7—8月 (5—7月)	谷子、玉米、高粱、水稻等 （小麦、玉米、谷子）
2~3代区	北纬39°以北，主要包括辽宁、吉林、黑龙江、北京、内蒙古、河北东部和北部、山西中部和北部等	第2代（有些地区3代发生也重）	6—7月 (7—8月)	谷子、玉米、小麦、高粱等 有的年份亦为害水稻

全国农业技术推广中心按照季节性发生规律（即代次），将全国黏虫发生区域分为南方、江淮、黄淮、华北、东北、西北和西南7个地区：a. 南方地区包括湖南、江西、福建、广东、广西和海南6个省份，是北纬30°以南黏虫的越冬代发生区；b. 江淮地区，包括湖北、安徽、江苏、浙江和上海5个省份，是黏虫1代发生区；c. 黄淮地区包括河南和山东2省，其中河南中南部和山东南部为1代黏虫发生区，河南北部、山东北部和东部为2~3代黏虫发生区；d. 华北地区包括河北、山西、内蒙古、北京和天津5省份，为2代和3代黏虫发生区；e. 东北地区包括黑龙江、吉林和辽宁3省，常年以第2代发生数量最多，一些年份第3代发生也严重；f. 西北地区包括陕西、甘肃、宁夏和青海4个省份，此区域主要发生2代；g. 西南地区包括云南、四川、贵州和重庆4个省份，发生较为复杂，大部分主要发生2代，云南大部区域可发生越冬代和1代。黄淮和华北地区是全国发生面积最大的两个区域。

黏虫具有异地迁飞为害的习性。在我国每年有4次较大规模的迁飞为害活动。具有两种迁飞方式，春季和夏季从低纬度向高纬度地区或从低海拔向高海拔地区迁飞为害，秋季回迁时，又从高纬度向低纬度地区或从高海拔向低海拔地区迁飞为害。在东半部地区，其南北往返水平迁飞的途径如下。

第1次迁飞，发生在2—4月，主要是华南6~8代区，其次是华中5~6代区的越冬代和部分第1代成虫羽化后，除一小部分留在本区继续繁殖外，大部分北迁飞到江淮流域4~5代区，形成第1代多发区的虫源，由于4—5月的气候和小麦等作物长势等条件比较适合黏虫发生，所以常引起第1代大发生。也有一部分继续向北迁飞到华北3~4代和东北2~3代区，成为这些地区第一代黏虫的外来虫源，但因作物发育期偏晚，故一般发生较轻。

第2次迁飞，发生在5月上中旬至6月上中旬，4~5代区及部分3~4代区第1代成虫羽化后，大部分成虫北迁至东北、西北和西南2~3代区繁殖为害，形成该区第2代主害代的外来虫源。

第3次迁飞，发生在7月中下旬至8月上中旬，2~3代区第2代成虫羽化后，大部分南迁至3~4代区，形成该区第3代主害代的虫源。

第4次迁飞，发生在8月下旬至9月上中旬，3~4代区第3代成虫羽化后，绝大部分南迁至5~6代及6~8代区繁殖为害，形成该区9—10月为害水稻的外来虫源。

江淮流域属4~5代黏虫发生区。幼虫在4—5月为害小麦，呈明显的第1代多发。早发蛾2月中旬始见，通常在3月上中旬，终见期为4月下旬至5月上旬，发蛾期长，3月中旬至4月上中旬常出现2个蛾峰，有些年份还有第3次蛾峰。产卵盛期为3月下旬至4月上旬。幼虫4月上中旬孵化，5月上中旬进入暴食期，此时正值小麦抽穗之后。5月中下旬幼虫老熟后入土化蛹。5月下旬至6月中旬成虫羽化后陆续迁出。此后田间很难发现，但有些年份在8—9月出现第3~4代黏虫为害水稻的现象，其中以杂交稻和晚熟粳稻受害最重。

黏虫成虫昼伏夜出，白天隐蔽在作物丛中、草堆等处，夜间常出现3个活动高峰：傍晚日落后、半夜前后和黎明前，分别与成虫取食、交尾产卵和寻找隐蔽场所的活动有关。成虫羽化后，须经取食并在适宜的温度和湿度条件下才能正常发育和交配、产卵。成虫喜好的蜜源植物很多，主要有桃、梨、杏、苹果、刺槐、紫穗槐、大葱、油菜、小蓟、苜蓿等30多种；也取食蚜虫、介壳虫等昆虫分泌的蜜露等，对糖、醋、酒混合液和杨、柳树枝把有强烈的趋性，也喜食甘薯、酒糟、粉浆等含有淀粉和糖类的发酵液。黏虫趋光性较弱，但对黑光灯有一定的趋性。成虫飞翔能力强，在风速3 m/s的情况下，逆风飞行速度可达14.4 km/h，顺风可达28.4 km/h。黏虫在羽化后前2 d很少发生交配行为，4日龄黏虫交配率达到高峰，交配发生在暗期，具有明显的昼夜节律和时辰节律，交配高峰期发生在凌晨3:00—5:00。成虫羽化全天发生，多在20:00—23:00。

成虫产卵成块，每块含卵20~40粒，多的可达200~300粒，每雌可产卵1 000~2 000粒，最多可达3 000粒。在麦田卵多产在植株中下部枯黄叶片的尖端、叶背或叶鞘内；在谷子上多产在枯心苗和中下部干叶的卷缝或上部的干叶尖上；在玉米上产在玉米穗的苞叶、花丝等部位；在水稻上，则在枯黄的叶尖处产卵最多，但也有发现产于叶鞘内侧的。

幼虫孵化后先吃掉卵壳，后爬至叶面分散为害。初龄幼虫多潜伏在寄主的心叶、叶鞘、叶腋、茎叶丛间或干枯叶缝内，一经触动，即吐丝下垂，随风飘散，或沿丝爬回原处。3龄后有假死性和潜入土中习性，受惊动时，立即落地，蜷曲不动，安静后再爬上作物，或就近钻到松土里。低龄幼虫在小麦上常躲在心叶或中下部干叶中，在谷子上常躲在心叶、穗轴或裂开的叶鞘内或中下部茎叶丛间。在玉米、高粱等高秆作物上，黏虫幼虫常躲在喇叭口、叶腋和穗部苞叶内。若温度较高气候干燥，幼虫常潜伏于作物根旁土块下，但在阴天老龄幼虫也爬至麦穗上栖息。幼虫为害状和食叶量随龄期增大而不同。1~2龄幼虫啃食叶肉形成透明条纹状斑；3龄后沿叶缘啃食成缺刻；5~6龄进入暴食期，食叶量占整个幼虫期的90%以上，大发生时，可将植株吃成光秆，可咬断穗子，在食料缺乏时，大龄幼虫则成群列纵队迁到另一块田为害，故又称为行军虫。幼虫老熟后，在植株附近钻入表土下3 cm左右处筑土室化蛹，但在水田多在稻桩中化蛹。

(2) 发生与环境条件的关系 黏虫发生数量受虫源基数、气候条件、蜜源植物和天敌因素的综合影响。在同一年度不同田块间受害的程度，则取决于农田生态环境、小气候和作物生长状况。

①气候条件 黏虫发生数量的消长与气候有非常密切的关系，在很多情况下，气候往往是决定其发生消长的主导因素。黏虫为喜中温、高湿的害虫。据研究，幼虫发育起点温度为6.4~9.0 ℃，适宜温度为10~25 ℃，较为合适的相对湿度为75%以上；成虫产卵适温为19~22 ℃，较为合适的相对湿度为75%。温度低于15 ℃或高于25 ℃，相对湿度低于65%，对成虫产卵、幼虫孵化和成活都有明显的影响。江淮流域早春气温影响成虫的始见期和蛾峰出现的迟早。一般当日平均气温升至5 ℃时，成虫开始出现，当日平均气温度稳定在10 ℃以上时，成虫盛发。盛发期如遇寒流侵袭，气温下降至10 ℃以下，蛾量会显著减少，一旦气温回升，蛾量又复增加。3—4月是成虫产卵和幼虫孵化期，若温度较常年偏高，多阴雨，则有利于黏虫的发生。因此群众中有"阴雨连绵生黏虫"之谚语。如果碰到强寒流入侵，出

现低温降雨天气或长期干旱，则会导致产卵量减少和幼虫死亡率增加。气候条件时空变化导致黏虫年度和区域间的发生分布和为害程度有明显差异。

②生态环境　黏虫成虫喜凉好湿，对生态环境有较强的选择性。农田生境影响小区域的发生为害程度。一般沿江河、沿湖、地势低洼、田间湿度大的田块受害重。麦田密植、多肥和灌溉条件好的，麦田小气候温度偏低，湿度偏高，有利于黏虫的生长发育，发生数量多。

③食料条件　黏虫具有广食性为害特点，在自然条件下，取食植物范围有禾本科、十字花科、豆科、蔷薇科等16科植物，当大发生时其将主要寄主禾本科植物吃光后，可为害林木、果树、蔬菜、油料和绿肥等。但黏虫也有一定的食物专化性，试验证明以禾本科最嗜好，取食小麦等禾本科植物的幼虫发育好、发育速度快、成活率高，蛹体质量大，成虫繁殖力强。因此小麦、玉米、水稻等禾本科植物是黏虫的优异寄主，其分布的广泛与否对种群数量增减起到重要的作用。黏虫产卵前为补充卵巢发育所需要的营养，需取食植物花蜜或蜜腺分泌物或蚜虫、介壳虫、木虱等排泄的蜜露。这些营养条件的好坏将直接关系到成虫的寿命和产卵量。

近年来，我国水稻、玉米和小麦3大主粮作物种植结构发生变化，特别是南方地区冬小麦种植面积大幅度下降，极大压低了每年迁入到江淮流域的越冬代成虫数量，同时，由于第1代区发生区域扩大，第1代黏虫较为分散。因此第1代黏虫已不再是主害世代。相反，经第1代黏虫的繁殖积累，第2代黏虫的基数明显扩大，而华北和东北地区玉米种植面积大幅度增加正好为第2代黏虫提供了丰富的食物。因此近年来，我国黏虫重发生世代也从第1代演变为第2代和第3代黏虫。

全国农业技术推广中心统计分析发现，1950—1985年小麦上黏虫发生面积大于玉米，1986年玉米上黏虫发生面积开始大于小麦，1987—1994年，小麦和玉米上黏虫发生面积互有高低，1995年以后玉米上黏虫发生面积均大于小麦，2004—2013年玉米黏虫发生面积占总寄主作物发生面积在86%以上。由此可见，玉米已成为黏虫最主要的寄主作物。

④天敌　黏虫天敌有150余种，其中江淮流域麦田第1代黏虫的天敌有80余种。其优势种天敌早期为黏虫中华卵索线虫，一般年份寄生率为20%～40%，有的年份高达90%以上。此外，黏虫的主要天敌，卵期还有黏虫赤眼蜂和黏虫黑卵蜂；幼虫期还有螟蛉绒茧蜂、螟蛉悬茧姬蜂、黏虫绒茧蜂、黏虫白星姬蜂、黏虫缺须寄生蝇及颗粒体病毒和痘病毒等，其中以螟蛉绒茧蜂寄生的比例较高；蛹期还有寄生蝇和黏虫白星姬蜂。捕食性天敌有金星步甲、蜘蛛、草蛉、蚂蚁、蛙类、鸟类等。

5.3.3　虫情调查和预测预报

(1) 发生期预测

①糖醋酒液诱蛾　诱液配比为红糖1.5 kg、醋2 kg、白酒0.5 kg、水1.0 kg、90%敌百虫晶体5 g。按统一规定的办法设置和管理。0.13～0.20 hm² 放1盆，盆高出作物约30 cm，诱剂深度保持约3 cm，每天早晨取出蛾子，白天将盆盖好，傍晚开盖。5～7 d换诱剂1次。逐年统计全代蛾量和雌雄性比。根据蛾量消长可用期距法和历期法预测田间3龄幼虫防治适期。

②稻草把诱卵　当成虫始见后，一般从3月上旬开始至全代产卵基本结束时为止，按统一标准用稻草扎成小把，定田定量插好，隔日检查草把上的卵块数。可用历期法预测3龄幼虫盛期，即田间防治适期。此方法简便易行，用于短期预测，准确性较高。

(2) 发生量预测　根据黏虫历年诱蛾和诱卵量资料，按其发生面积、密度，将发生程度划分为不同等级：轻发生、中等发生（可分偏轻和偏重）、大发生和特大发生，再按当年的发生量结合气候和作物长势等进行综合分析，可对其为害趋势做出定性预测。例如山东经验，4月自蛾量激增日起，连续5 d诱蛾500头，百束草把累计诱卵400块以上，为大发生年；诱蛾量不足300头，百束草把累计诱卵200块以下，为轻发生年。

5.3.4　防治方法

黏虫具有远距离迁飞习性，各发生区又互为虫源基地。因此防治黏虫的策略应采取控制为害与压低虫源基数相结合，狠治4～5代区的一代和2～3代区的第3代黏虫，超过防治指标的点片及时挑治。依据现有的防治技术，江淮地区可采用稻草把诱卵，结合化学防治低龄幼虫；华北地区可采用高粱或玉米干叶把诱卵、锄草防虫、人工采卵和化学防治相结合的措施。

(1) 农业防治　华北第3代黏虫发生区，在玉米、高粱田进行中耕培土，铲除地头、地边杂草，可减少黏虫食源，同时除草可将部分幼虫翻入土下，不利于黏虫的滋生。徐州地区结合夏收夏种及时耕耙，能消灭残余虫蛹。

(2) 诱卵和采卵　4～5代区防治麦田黏虫，在成虫产卵盛期前，选叶片完好的稻草8～10根扎成小把，每公顷插450～750把，或每公顷设300～450个杨树枝把，在第1次产卵高峰出现后及时更换，以后每隔5～7 d更换1次，并把换下的草把或杨枝把集中烧毁，若草把用40%乐果乳油20～40倍液浸渍，可减少换草把次数。华北第3代黏虫发生区，谷田用高粱、玉米干叶把，每把20张叶片，每公顷插把900个左右，3 d换1次，诱集第3代黏虫卵，可将黏虫密度压低50%左右。在玉米、高粱高秆作物上采卵，可显著减轻田间虫口密度。

(3) 诱杀成虫

①糖醋液诱杀　取红糖350 g、酒150 g、醋500 g、水250 g、90%敌百虫晶体15 g，制成糖醋液，放在田间1 m高的地方诱杀成虫。

②性诱捕器诱杀　用黏虫性诱芯和船形诱捕器诱杀，每667 m^2安置1个诱捕器，挂在玉米田诱杀雄虫。

③杀虫灯诱杀　在成虫交配产卵期，田间安置频振式杀虫灯，灯间距为100 m，晚上20:00至次日早上5:00开灯，诱杀成虫。

(4) 化学防治　依据大田调查，小麦每公顷黏虫量15万头以下，不致造成多大灾害，在这些麦田内可进行挑治。每公顷有虫高于15万头的列为防治田块。防治适期应掌握在2～3龄幼虫盛期。

用于防治黏虫的化学药剂种类很多。喷粉每公顷可选用2.5%敌百虫粉或5%马拉硫磷粉或3.5%甲敌粉22.5～37.5 kg。喷雾每公顷可选用50%辛硫磷乳油600～900 mL、80%敌敌畏乳油600～900 mL、48%毒死蜱乳油600～900 mL、40%氧化乐果乳油600～900 mL、20%丁硫克百威乳油600～900 mL、1.8%阿维菌素乳油600～900 mL、50%巴丹可湿性粉剂 750～1 125 g、25%甲萘威可湿性粉剂 1.5 kg、5%甲氰菊酯乳油 300～600 mL、5%氰戊菊酯乳油 300～600 mL、2.5%高效氯氟氰菊酯乳油 300～600 mL、10%氯氰菊酯乳油 300～600 mL、2.5%溴氰菊酯乳油 300～600 mL、25%灭幼脲悬浮剂 450～600 mL 等，兑水 1 125 L 常规喷雾。在黏虫应急防控中，应用 5%甲氨基阿维菌素苯甲酸盐乳油或 20%氯虫苯甲酰胺悬浮剂 3 000 倍液，可以提高防治效果。另外，Bt 乳剂 400～500 倍液，每公顷 22.5～30.0 kg，防治效果也达 90%以上，且对天敌杀力较小。施药时间应在晴天 10:00 以前或 17:00 以后，若遇雨天应及时补施，要求喷雾均匀周到，田间地头、路边的杂草都要喷到。遇虫龄较大，要适当加大用药量。

5.4 小麦吸浆虫

小麦吸浆虫属双翅目瘿蚊科，为世界性害虫。我国发生的小麦吸浆虫主要有麦红吸浆虫 [*Sitodiplosis mosellana* (Géhin)] 和麦黄吸浆虫 [*Contarinia tritici* (Kirby)] 两种，其中以麦红吸浆虫发生较普遍，为害较重。麦红吸浆虫多分布在沿江、沿河平原低湿地区，例如陕西渭河流域，河南伊河流域和洛河流域，淮河两岸，长江、汉水和嘉陵江沿岸的旱作区。麦黄吸浆虫主要分布在高原地区和高山地带，例如青海、甘肃、宁夏等地。两种吸浆虫的并发区则多分布在高原地区的河谷地带。

小麦吸浆虫主要为害小麦，亦为害大麦、青稞、黑麦、燕麦等，鹅观草、野燕麦、雀麦、野大麦和节节麦等也是其寄主。为害麦类时，小麦吸浆虫以幼虫为害花器和吸食麦粒的浆液，造成瘪粒而减产，为害严重时几乎造成失收。历史上小麦吸浆虫曾多次酿成灾害。20 世纪 50 年代中后期通过采用推广抗虫品种、六六六药剂土壤处理等有效措施，在短期内就控制了小麦吸浆虫为害。但到了 70 年代后，因小麦品种更换频繁，新推广的品种大多高产不抗虫，另外，水利条件的改善，复种指数的提高，加之 1983 年六六六停产以及长期放松对吸浆虫的监测和防治，使土壤中的虫源基数逐年增加，为害显著回升，形成"老虫成新害，小虫成大灾"的局面，再次对小麦生产构成严重威胁。例如小麦吸浆虫 2006 年在河南省总体偏重发生，全省发生面积 1.41×10^6 hm^2，为 40 年来发生面积最大的一年，比 2005 年增加 6.1×10^5 hm^2，发生特点为基数高、分布广、出土早、程度重、面积大。据河北省 2015 年冬前和早春虫口基数调查，小麦吸浆虫总体发生面积高达 9.0×10^5 hm^2，较 2014 年又有所增加，其分布范围遍布 200 个县（市、区），涵盖全省各个麦区。小麦吸浆虫造成的为害程度远超其他害虫，一般减产轻则达 20%～30%，重则达 70%以上甚至绝收，所以它是一种毁灭性害虫。

5.4.1 形态特征

5.4.1.1 麦红吸浆虫（图 5-4）

(1) 成虫 雌虫体长 2.0～2.5 mm，橘红色，密被细毛。头小，复眼大，黑色，两复眼在上方愈合。触角 14 节，各节长圆形膨大，上面环生两圈刚毛。中胸发达；足细长。前翅宽卵形，基部收缩，膜质，薄而透明，并带紫色闪光，翅脉 4 条；后翅退化为平衡棒。腹部 9 节，第 9 节细长，形成伪产卵器。雄虫体稍小，触角较雌虫长，亦为 14 节，每节有两个球形膨大部分，每个球体除环生 1 圈刚毛外，还生有 1 圈环状毛；腹部末端略向上弯曲，交

第5章 小麦害虫

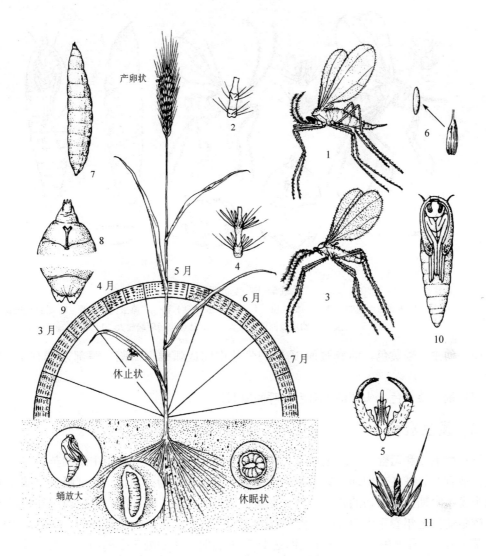

图5-4 麦红吸浆虫及其生活史
1. 雌成虫 2. 雌成虫触角的1节 3. 雄成虫 4. 雄成虫触角的1节 5. 雄虫交尾器
6. 卵及产卵部位 7. 幼虫侧面 8. 幼虫腹面前端放大 9. 幼虫腹面后端放大 10. 蛹 11. 为害状

尾器中的抱握器基节内缘和端节均有齿,腹瓣末端稍凹入,阳茎长。

(2) 卵 长椭圆形,长0.32 mm,约为宽度的4倍;淡红色透明,表面光滑。

(3) 幼虫 长2.0~2.5 mm,扁纺锤形,橙黄色。头小,无足蛆状,前胸腹面有1个Y形剑骨片,前端作锐角凹入,腹末有2对尖形突起。

(4) 蛹 裸蛹长约2 mm,橙褐色,头前方有两根白色短毛和1对长呼吸管。

5.4.1.2 麦黄吸浆虫(图5-5)

麦黄吸浆虫的形态特征与麦红吸浆虫极似,其主要区别如下。

(1) 成虫 姜黄色。雌成虫伪产卵器极长,伸出时约与腹部等长,末端呈针状。雄虫抱握器光滑无齿,腹瓣明显凹入分裂为两瓣,阳茎短。

(2) 卵 香蕉形,前端略弯,末端有细长的卵柄附属物。

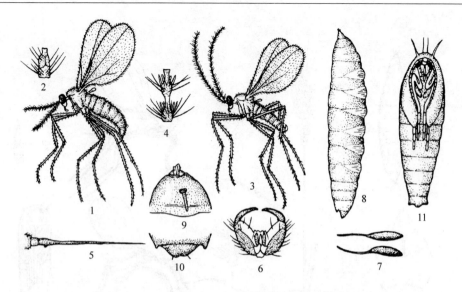

图 5-5 麦黄吸浆虫
1. 雌成虫 2. 雌成虫触角的1节 3. 雄成虫 4. 雄成虫触角的1节 5. 雌虫伪产卵器 6. 雄虫交尾器
7. 卵 8. 幼虫 9. 幼虫腹面前端放大 10. 幼虫腹面后端放大 11. 蛹

(3) 幼虫 姜黄色,前胸腹面 Y 形剑骨片中间成弧线形凹陷。腹部末端有1对突起,圆形。

(4) 蛹 淡黄色。头部前1对毛比呼吸管长。

5.4.2 发生规律

(1) 生活史和习性 小麦吸浆虫1年发生1代,以老熟幼虫在土中结圆茧越冬。翌年早春气候适宜时,越冬茧中幼虫破茧为活动幼虫上升土表化蛹、羽化。麦红吸浆虫的发生期与当地小麦生育期具有密切的物候联系。在黄淮地区,包括安徽北部、河南西部和陕西关中一带,越冬幼虫翌年春季当10 cm 土温上升到 7 ℃左右时,正值小麦拔节期,越冬茧中幼虫开始破茧上升;4月上中旬当 10 cm 土温达 15 ℃左右时,小麦处于孕穗期,幼虫陆续在约3 cm 的土层中做土室化蛹;4月下旬当 10 cm 土温达 20 ℃左右时,正值小麦抽穗期,成虫盛发;幼虫孵化期往往又与扬花灌浆期相吻合;小麦渐近黄熟,大部分幼虫老熟,后离穗入土结圆茧休眠。各地多年的历史资料表明,麦红吸浆虫成虫盛发期,常年相对稳定在4月下旬到5月上旬。

麦红吸浆虫成虫以 7:00—10:00 和 15:00—18:00 羽化最盛。成虫羽化后先在地面爬行一段时间,后爬至叶背或杂草上隐蔽栖息。麦红吸浆虫成虫性畏强光和高温,故以早晨和傍晚的 18:00—20:00 活动最盛,大风大雨或晴天中午常藏匿在植株下部。雄虫多在麦株下部活动,而雌虫多在高出麦株 10 cm 左右处飞舞,可借风力扩散蔓延。雌虫羽化后释放一种外激素表现出召唤行为,其粗提物具有明显的诱集活性。成虫羽化的当天即可交尾产卵,于 18:00—22:00 选择抽穗而未扬花的麦穗产卵,已扬花的麦穗上很少产卵。这种对小麦生育阶段有严格选择的产卵习性,常是构成同一地区不同田块和品种间为害轻重差别的主要原因。卵多散产于外颖背上方,也有少数在小穗间、小穗柄等处。雌虫每次产卵 1~3 粒,一生可产卵 50~90 粒。成虫平均寿命为 6~7 d,因成虫连续发生,故产卵期可延续 15~20 d。

一般雌稍多于雄,但雄蛹常比雌蛹早1d羽化。卵期为3~5d。幼虫孵化后从内外颖缝隙间侵入,贴附于子房或刚灌浆的麦粒上吸食浆液。幼虫有3龄,约经20d蜕皮2次而老熟,停留在第2次蜕皮内呈休眠状态,遇雨露立即从颖壳蜕皮内爬出,多随水滴流落地面,少数爬至芒端,反卷身体弹跳落地,随后钻入土中,在6~10cm深处经3~10d结圆茧(休眠体)越夏、越冬,至翌年春季在近地面1~3cm处化蛹,蛹期为8~12d。在土壤湿度大或被寄生蜂寄生时皆做长茧化蛹。化蛹前幼虫有避水性,土壤水分过多时,常大量爬出土面,等水分散失后再回到表土下准备化蛹。越冬幼虫破茧上升后,遇上长期干旱,仍可入土结茧潜伏。此外,室内试验表明,越冬幼虫即使在最适宜的温度条件下,仍有2%左右不破茧化蛹,据认为很可能与遗传有关。幼虫有2~3年的滞育期是很正常的现象,最长可达12年之久,以致有隔年和多年羽化的现象。

麦黄吸浆虫的生活习性与麦红吸浆虫大致相似,唯成虫发生较麦红吸浆虫稍早,在春麦产区为害青稞较重。雌虫主要选择初抽麦穗上产卵,卵产在内颖与外颖间,一般每次产卵5~8粒,一生可产卵100粒左右,卵期为7~9d。幼虫侵入后主要为害花器,后吸食子房和灌浆的麦粒,幼虫期为15d左右,老熟幼虫不停留在第2次蜕皮内,所以离穗时间较早,抗旱力也较弱。

(2) 发生与环境条件的关系

①气候条件 小麦吸浆虫的发生与湿度和降水量的关系非常密切。小麦吸浆虫喜湿怕干。据试验,幼虫浸水20d以上仍能存活。春季少雨土干,土壤含水量在10%以下时,幼虫不化蛹;土壤含水量低于15%时,成虫很少羽化;土壤含水量达22%~25%时,成虫才大量发生。同样,成虫产卵、幼虫孵化和侵入以及老熟幼虫离穗入土均需较高的土壤含水量。据安徽、河南和陕西的多年资料,4月中下旬的降水量与当年的发生程度呈明显的正相关。根据春季和麦收前降水量的多少及分布情况,可预测当年和来年的发生趋势。

②小麦品种和生育期 不同小麦品种对小麦吸浆虫的为害具有不同程度的抗感性。一般认为,小麦穗型是决定小麦吸浆虫幼虫侵入数量多寡的主要因素。20世纪50年代推广的"南大2419"和"西农6028"、60年代推广的"丰产3号"和70年代推广的"阿勃"等品种由于穗密度小,小穗宽,排列稀疏或左右歪斜,表现出较好的抗虫性。而麦芒长、颖壳坚硬、扣合紧密、植株高则不是主要的抗虫性能。研究还表明,扬花时内外颖张开角度与为害虫量呈极显著的负相关。

生化抗性上,品种对小麦吸浆虫的抗性表现为以诱导抗性为主的多方面综合抗性。可溶性蛋白电泳分析表明,抗虫品种受害后,新出现1条分子质量为39.2ku的蛋白带,这条新蛋白带是小麦吸浆虫为害后诱导产生的,可能与品种的抗虫性有关。此外,品种的抗性与小麦籽粒中的酚类化合物、鞣质、还原糖、类黄酮等有关,其中总酚含量与品种抗虫性关系最显著,其次是鞣质和还原糖。

成虫产卵对小麦生育阶段有严格的选择性。凡抽穗整齐、灌浆迅速、抽穗盛期与成虫盛发期两期不遇的品种,受害轻;反之,则受害就重。

免疫型品种不受小麦吸浆虫的为害,高抗品种不需要化学防治就能控制住小麦吸浆虫的为害,对小麦吸浆虫表现出较稳定的抗性,且农艺性状较好,各地可根据当地气候条件、品种的特性,在适宜种植地区的小麦吸浆虫发生地作为更新换代品种,在生产上进一步示范推广和作为育种材料加以利用。而感虫品种在小麦吸浆虫发生区应限制种植。

③轮作与栽培措施 轮作倒茬、土地耕翻、灌溉、播种时期、播种方式等,都会直接或间接地影响小麦吸浆虫的发生。

从作物茬口来看,旱作田、小麦连作和小麦与大豆轮作的麦田受害重,水旱轮作或改为二年三熟制(小麦—大豆—棉花)的地区受害轻。在灌溉区,冬小麦收获后随即播种作物,因地面有覆盖,能保持一定的湿度,并降低了土壤温度,幼虫越夏死亡率低;麦收后耕翻曝晒,则幼虫死亡率高;撒播麦田郁闭,田间湿度比条播麦田高,温差常比条播麦田小,发生数量比条播麦田多,受害较重。

④土壤与地势 小麦吸浆虫幼虫在土壤中生活长达 10 月以上,土壤结构、性质和地势因影响其保水性能、含水量、温度和酸碱度,从而对小麦吸浆虫的分布和发生密度产生直接的影响。壤土因团粒结构好,土质松软,有相当的保水力和透水性,而且温差小,有利于小麦吸浆虫的生活,因此发生比黏土和砂土重。从地势来看,通常低地发生比坡地多,阴坡发生又比阳坡多。在土壤酸碱度方面,麦红吸浆虫适宜于碱性土壤发生,而麦黄吸浆虫则较喜酸性土壤。

⑤天敌 小麦吸浆虫卵期寄生蜂有宽腹姬小蜂和尖腹黑蜂,寄生率可达 75%,1 头寄生蜂足够控制 1.5 头吸浆虫所产的卵,即虫蜂比达 1.5∶1 时,下年度就不致造成严重为害。幼虫期天敌有真菌,特别在高温高湿条件下,很容易在幼虫体上寄生,致其死亡。捕食成虫的天敌主要有蚂蚁、蜘蛛、蓟马、舞虻等。

5.4.3 虫情调查和预测预报

(1) 查幼虫密度和上升活动及化蛹进度 选当地有代表性的麦田,自 3 月中下旬小麦拔节后至始见前蛹时止,每 3 d 查 1 次,采用对角线或棋盘式取样 5~10 个,每样点 10 cm 见方,深 20 cm,分层(0~7 cm、7~14 cm 和 14~20 cm)取样,淘土,用 80 目的尼龙纱滤去泥水后,用湿毛笔粘取虫体,分别记载幼虫和各级蛹的数量,统计比例。注意结茧幼虫,以免浸水时间过久会破茧而出,变为活动幼虫,影响数据的准确。

表 5-3 麦红吸浆虫蛹的分期及至羽化历期

发育阶段	特征	至羽化历期(d)
前蛹期	幼虫准备化蛹,头缩入体内,体缩短,不活跃,胸部白色透明	8~10
蛹初期	蛹体橘黄色,翅芽淡黄色,前胸背面 1 对呼吸管显著伸出	5~8
蛹中期	化蛹后 2~3 d,复眼和翅芽变红色	3~4
蛹后期	复眼、翅、足和呼吸管变黑色,腹部变橘红色	1~2

根据每样方平均虫口密度划分 5 个发生程度区:2 头以下为轻发生区,2~15 头为中等偏轻发生区,15~40 头为中等发生区,40~90 头为中等偏重发生区,90 头以上为大发生区。

(2) 调查化蛹发育进度 始见前蛹时(黄淮地区约在 4 月 5 日)开始,至蛹盛期过后为止,隔天淘土 1 次,不分层,每次调查的总虫数不得少于 30 头。当查到前蛹期占总虫数的 16%~20% 时,结合天气预报(主要为降水),采用历期法预测成虫羽化盛期(表 5-3),据此可预报成虫防治适期。

(3) 成虫观测 成虫观测,从淘土中发现蛹或小麦开始抽穗时开始,到成虫羽化盛期过后止。具体方法有以下 3 种。

①网捕　每天18:30左右，用网径33 cm，柄长1 m的捕虫网，在田间常步前进，于麦穗上往返兜捕10复网次，计数捕获虫数。平均网捕10复次有成虫10~25头时，为药剂防治适期。

②观察笼粘捕　在系统观察田内按对角线设置5个观测笼。笼架（30 cm×30 cm×10 cm）用10号铁丝焊接，笼罩用普通纱布缝制，使用时笼顶内侧纱布上涂一薄层凡士林，笼架入土3 cm，四周压实，每日下午定时检查记载羽化成虫数。观察笼粘捕成虫累计达5头时，即为化学防治适期。

③黑光灯诱集　取3根竹竿，两根竖立，第三根横在竖立的两根上，用铁丝固定。竖立的两根竹竿撑起白色纱布，纱布前挂一排黄色粘板（15 cm×20 cm）10块，黑光灯设置距粘板30 cm，底部距地面2 m。天气晴朗的傍晚17:00后装置于麦田地头开灯，在黄色板上刷上一层机油，利用机油的黏性粘住小麦吸浆虫，统计其数量，确定成虫盛期（即化学防治适期）。

(4) 剥麦穗查幼虫　自小麦扬花后10 d至老熟幼虫脱穗入土前进行剥麦穗查幼虫，每块田5点取样，每点任选10穗，置于纸袋带回室内逐穗逐粒剥查，计数麦粒。其目的在于了解虫口密度分布，调查为害损失及防治效果。

5.4.4　防治方法

应针对小麦吸浆虫幼虫钻入麦壳内为害、长期在土中潜伏和成虫在土面活动的特点，采取相应的措施。防治策略要贯彻以农业防治为基础、推广抗虫品种为主与化学防治相结合的综合防治措施。

(1) 栽培防治　调整作物布局，实行轮作倒茬、麦茬耕翻暴晒等，避免小麦连作。

(2) 推广抗虫品种　历史经验证明，选种抗虫品种是从根本上控制小麦吸浆虫为害的最有效措施。据近年的筛选鉴定，较抗虫的品种，安徽淮北有"徐州211""马场2号"和"烟农128"，河南有"徐州21""洛阳851""新乡5809""许06"和"偃农7664"，陕西有"咸农151"和"武农99"，河北有"河农825""冀麦24""冀麦23""早丰1号""冀麦27""冀麦22"等。

(3) 化学防治　目前化学防治仍是防治小麦吸浆虫的重要手段。最佳用药时期在化蛹盛期和成虫盛期。

①播前土壤处理　对每样方有幼虫10头以上的田块，在播前用毒土处理土壤，可兼治地下害虫子、麦螨等。每公顷用40%甲基异柳磷或50%辛硫磷乳油3 L，加水75 L稀释后，喷拌300 kg细土。或每公顷用3%甲基异柳磷颗粒剂22.5~30.0 kg，拌细土300 kg。拌和均匀后，边撒边耕，翻入土中。

②幼虫期防治　3月下旬至4月上旬小麦拔节期，土中幼虫破茧上升活动后，每样方有幼虫5头以上时，每公顷用40%甲基异柳磷或50%辛硫磷乳油2.25 L，或用上述颗粒剂配制成毒土（用量同上），均匀撒于麦垄土面，结合锄地将毒土混入表土层。

③蛹期防治　在小麦抽穗前3~5 d，每样方平均有蛹1头以上时，即需防治。在蛹盛期每公顷用敌敌畏有效成分1 500 g或啶虫脒100 g或辛硫磷1 200 g，拌细土300 kg于傍晚均匀撒于麦垄土面。此时小麦为已孕穗后期，麦株高，不能结合锄地将毒土浅锄入土，可于露水干后撒药，紧跟着用绳或竹竿把麦叶上的药土抖落地面，若施药后结合灌水，或抢在雨前施下，则可提高防效。

④成虫期防治　抽穗（70%~80%）扬花前为成虫期防治的适期。药剂可每公顷用4.5%高效氯氟氰菊酯乳油750 mL加12.5%戊唑醇乳油450 mL加99%磷酸二氢钾1 500 g混配，能确保控制小麦吸浆虫不造成为害，一次喷药，多重防控。或每公顷选用40%氧化乐果、50%辛硫磷或80%敌敌畏乳油450 mL，兑水900 L常规喷雾。也可用上列药剂每公顷1.5 L或2.5%溴氰菊酯150~200 mL或20%氰戊菊酯乳油150~200 mL，加水225 L低容量喷雾。若撒施敌敌畏毒土，每公顷用80%敌敌畏乳油1.5 L，加水15~30 L，喷拌300 kg细土，于下午均匀撒于麦田。

5.5　麦叶蜂

为害小麦的叶蜂主要有小麦叶蜂（*Dolerus tritici* Chu）和大麦叶蜂（*D. hordei* Rohwer）2种，同属膜翅目叶蜂科。其中发生普遍为害较重的是小麦叶蜂。

麦叶蜂发生于华北、东北、华东等地区，安徽、江苏仅在局部地区发生为害，常与黏虫同时发生。20世纪90年代，小麦叶蜂在山东潍坊、商河等局部地区麦田为害逐年加重，已上升为小麦主要害虫。近年来，麦叶蜂在全国范围内总体上轻发生或中等发生。例如2006年麦叶蜂在河北中南部中等发生，局部中等偏重发生，发生面积为7.6×10^5 hm²；在河南偏轻发生，北部地区中等发生，全省发生面积6.1×10^5 hm²，比2005年增加2.4×10^5 hm²；在山东也属轻发生，发生面积达7.9×10^5 hm²。2012年，河北滦南县大部分麦田都有小麦叶蜂发生，虫口密度一般每平方米有虫2~3头，最多有虫7头。

麦叶蜂以幼虫咬食麦叶，从叶的边缘向内咬食成缺刻，或全部吃光仅留主脉。严重发生年份，麦株可被吃成光秆，仅剩麦穗，使麦粒灌浆不足，影响产量。麦叶蜂寄主植物除麦类外尚有看麦娘等禾本科杂草，但以小麦为主。

5.5.1　形态特征

5.5.1.1　小麦叶蜂（图5-6）

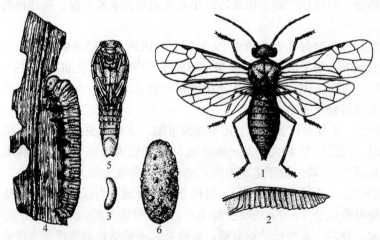

图5-6　麦叶蜂
1.成虫　2.雌虫产卵器　3.卵　4.幼虫和麦叶被害状　5.蛹　6.茧

(1) 成虫 雌蜂体长 8.6～9.8 mm，雄蜂体长 8.0～8.8 mm，大部黑色微有蓝光。前胸背板赤褐色，中胸背板两侧（前盾板和翅基片）各有 1 个菊黄色斑，后胸背板两侧各有 1 个白斑。翅膜质，透明。雌蜂腹末有锯齿状产卵器。

(2) 卵 长 1.8 mm，宽 0.6 mm，肾形，淡黄色，表面光滑。

(3) 幼虫 老熟幼虫体长 17.7～18.8 mm，圆筒形。头褐色，后头后缘中央有 1 个黑点。胸部较粗，腹部较细，各体节有多条横纹。具腹足 7 对和尾足 1 对。

(4) 蛹 体长 9.0～9.5 mm。体色淡黄到棕黑色。顶端圆，头胸部粗大，长几乎占体长一半，腹部细小，末端分叉。

5.5.1.2 大麦叶蜂

大麦叶蜂成虫与小麦叶蜂相似，不同点是：雌蜂中胸前盾板除后缘赤褐色外，其余黑色，而盾板的两叶都为赤褐色。雄蜂全体黑色。其余各虫态与小麦叶蜂相似。

5.5.2 发生规律

麦叶蜂 1 年发生 1 代，以蛹在土中 20 cm 左右处越冬，翌年 2—3 月羽化为成虫。雌虫用锯状产卵器将卵产于叶背主脉两侧的组织中，在叶面上呈现长 2 mm、宽 1 mm 的突起，可由此检查发现。每叶着卵 1～2 粒或 6～7 粒，连成一串。卵期为 10 d。成虫活动时间为 9：00—15：00，飞翔力不强，有假死习性。

麦叶蜂幼虫共 5 龄。1～2 龄幼虫日夜在麦叶上取食，3 龄后畏惧强阳光，白天常潜伏在麦丛里或附近土表下，傍晚后开始为害麦叶至翌日 10：00 下移躲藏。幼虫 4 龄后食叶量大增，可将整株麦叶吃光。4 月中旬是幼虫为害最盛期。幼虫也具假死性。小麦抽穗时，幼虫老熟入土滞育越夏，至 9—10 月才蜕皮化蛹越冬。

冬季温暖，土内水分充足，3 月雨水少，而春季气候冷湿时，则麦叶蜂发生为害重。若冬季严寒、土壤干旱、3 月又降大雨，则麦叶蜂发生少。此外，砂性土麦田比黏性土麦田受害重。

5.5.3 虫情调查和预测预报

从 2 月中下旬起，注意调查麦田内成虫活动情况，4 月上旬起对成虫发生多的田块，检查初孵幼虫发生密度。调查方法和防治指标可参考黏虫的虫情调查和预测。

5.5.4 防治方法

(1) 深耕轮作 上年发生麦叶蜂多的田块，秋播前深耕翻土，将尚未化蛹的休眠幼虫翻到地面，破坏其化蛹越冬场所。有条件的地区要实行水旱轮作，进行稻麦倒茬，可大大减轻麦叶蜂的为害，甚至能彻底根治。

(2) 人工捕杀 可结合农事活动，利用幼虫的假死习性，于早晨或傍晚人工捕杀。

(3) 化学防治 防治适期掌握在幼虫 3 龄前。可选用 50％辛硫磷乳油 1 500 倍液、2.5％高效氯氟氰菊酯乳油 2 000 倍液、20％敌百虫可湿性粉剂 2 500～3 000 倍液喷雾，每公顷用药液 900 kg 左右。也可用 2.5％敌百虫粉，每公顷喷 22.5～37.5 kg，或拌细干土 300～375 kg 顺麦垄撒施。化学防治时间宜选择在傍晚或上午 10：00 前，可提高防治效果。

思 考 题

1. 调查你所在地为害小麦的蚜虫种类、有蚜株率和百株蚜量,并决定是否防治。如要防治,打算采取何种措施?
2. 麦叶爪螨和麦岩螨的生活习性有何不同?
3. 黏虫为何又称为行军虫?其为害有何特点?
4. 将黏虫在我国东半部地区的迁飞途径和发生区的划分绘制成一简图,用于表明虫源(迁出和迁入)、主害代及其为害时间之间的相互衔接情况。
5. 小麦吸浆虫的发生与小麦生育期有何关系?化学防治应采取何种策略和具体措施?

第 6 章

杂 粮 害 虫

杂粮作物主要指禾谷类的玉米、高粱、粟（谷子）和甘薯，主要分布于淮河以北的旱作区。由于杂粮富含多种营养，也成为人们喜食的助餐副食品。随着产业结构的调整和畜牧业的发展，杂粮种植面积近年迅速增大。

杂粮作物害虫的种类很多。禾谷类苗期常遭受地老虎、蝼蛄、金针虫、蛴螬等地下害虫为害，2005 年以来，二点委夜蛾在河北、山东、河南、安徽、江苏、山西、北京等地的夏播玉米区暴发为害。生长期食叶性害虫有东亚飞蝗、土蝗类、棉铃虫、斜纹夜蛾、黏虫等，刺吸类害虫有蚜虫、高粱长蝽、二斑叶螨等，蛀食性害虫有玉米螟、条螟、桃蛀螟、大螟、粟灰螟、粟穗螟、高粱穗螟等。甘薯害虫中，甘薯天蛾在安徽淮北和湖北襄阳地区，常间歇性突发为害；斜纹夜蛾在 20 世纪 50 年代曾在全国许多地区大发生过，1980 年后亦多次暴发成灾；甘薯麦蛾的发生甚为普遍，蛴螬等蛀食块根的现象也很严重。

禾谷类害虫以玉米螟和东亚飞蝗最为重要。玉米螟为玉米、高粱上的蛀食性害虫，发生普遍，为害严重，在玉米与棉花夹种地区，亦能转害棉花，甚至成为影响棉花生产的重要害虫之一。

东亚飞蝗为历史性大害虫，在有文字记载的历史中，曾发生过数百次大面积暴发成灾。20 世纪 50 年代我国采取了"改治并举，根治蝗患"的治蝗方针，以改造蝗区生态环境为基础，结合药剂杀灭蝗蝻，有效地控制了蝗害，取得了国际公认的成就。但自 20 世纪 80 年代后，尤其是近年以来，由于气候异常，旱涝不均，农村抛荒土地增多，加上河、湖治理滞后等，飞蝗为害又有一定程度的回升，例如 1998—2001 年连续 4 年中，在海南、天津、河北、山东等地先后形成了群居型迁飞种群，新的蝗患威胁逐步加剧。因此必须加强蝗情监测工作，坚持蝗害可持续控制的策略，以控制蝗害的发生和蔓延。

6.1 东亚飞蝗

飞蝗 [*Locusta migratoria* (L.)] 是洲际性农业重大害虫，俗称蝗虫或蚂蚱，属直翅目斑翅蝗科。已知有 10 个亚种，在我国有 3 个亚种：东亚飞蝗（*L. migratoria manilensis* Meyen）、亚洲飞蝗（*L. migratoria migratoria* Linnaeus）和西藏飞蝗（*L. migratoria tibetensis* Chen）。东亚飞蝗在国外分布于菲律宾、印度尼西亚、越南、泰国、缅甸、新加坡、柬埔寨、朝鲜（南部）、日本（南部）等；在我国分布区的海拔高度一般在 200 m 以下，分布南自海南，北达北纬 42°，西起四川、甘肃南部，东至海滨及台湾省，常发、重害区在黄淮海平原及毗邻地区，包括河北、河南、山东、安徽、江苏、天津等地。近年来，海南省已形成了东亚飞蝗的新蝗区，成为重害地区。张德兴等（2003 年）根据分子遗传学研究结果认为，飞蝗应被重新划分为青藏种群、海南种群和北方种群 3 大类群，它们之间存在显著的遗传分化。这里仍按传统的分类方法进行介绍。

亚洲飞蝗分布于我国蒙新高原的盆地、湖泊及河谷低湿地带，包括新疆、甘肃河西走廊及内蒙古的哈素海和乌梁素海等地。西藏飞蝗分布于西藏雅鲁藏布江沿岸、阿里的河谷地带、横断山谷等地区和青海南部。

飞蝗食性很广，寄主以禾本科和莎草科为主，嗜食芦苇，其次是玉米、高粱、小麦、水稻、粟等农作物，也喜取食荻、狗尾草、稗、莎草科的三棱草等杂草，大发生缺乏食料时，也能为害及棉花、大豆和蔬菜等。飞蝗以成虫和若虫（蝗蝻）咬食植物的叶、嫩茎、幼穗，即可取食寄主全部地上部分的绿色组织，成群迁飞为害时，可将作物吃成光秆，造成历史上记载的"飞蝗蔽日，禾草一空""赤地千里，饿殍载道"的悲惨局面。20 世纪 80 年代以后，随着六六六等一批有机氯农药的禁用，以及退耕还湖等生态环境的改变，东亚飞蝗在华北和华东部分地区又暴发成灾。

6.1.1　蝗区

蝗区是指飞蝗适宜的群居地，为常发地区，我国东部的蝗区一般多在海拔 50 m 以下的平原沿河、沿湖、内涝及沿海低地，根据其地貌和生态环境特点，可分为大陆温带蝗区和海南热带蝗区两大类型。

6.1.1.1　大陆温带蝗区

大陆温带蝗区的共同特点是：处于沿河、湖周围及近海和内涝低洼地区，水位涨落不定；土地荒芜，耕作管理粗放，杂草丛生；土壤瘠薄，以黏土和冲积壤土为主，含盐量较高，一般为 0.2%～1.2%，以 0.5% 左右最为适宜。此蝗区是我国飞蝗重要发生基地，可划分为下面 4 种类型。

（1）滨湖蝗区　滨湖蝗区分布在山东、江苏和安徽的湖泊周围，例如洪泽湖、微山湖、高邮湖等的蝗区。

（2）沿海蝗区　沿海蝗区包括江苏灌云、赣榆、连云港的沿黄海的蝗区和河北、山东沿渤海湾的蝗区。

（3）河泛蝗区　例如淮河中下游，黄河、永定河及江苏邳县大运河两侧，常因河水泛滥而形成适宜飞蝗发生的地区。

（4）内涝蝗区　内涝蝗区的特点是地势低洼，易涝易旱，土地利用率低，耕作粗放，草荒严重，例如分布于江苏东海、海州、睢宁和安徽灵璧、宿县、泗县、五河及河南商丘的蝗区。

6.1.1.2　海南热带蝗区

海南热带蝗区主要分布于海南省西部和南部地区，其特点是：干湿季节分明，从 11 月至次年 4 月为干季，5—10 月为湿季，森林稀疏，荒草丛生，飞蝗和土蝗混合发生。

6.1.2　形态特征

东亚飞蝗的形态特征见图 6-1。

第6章 杂粮害虫

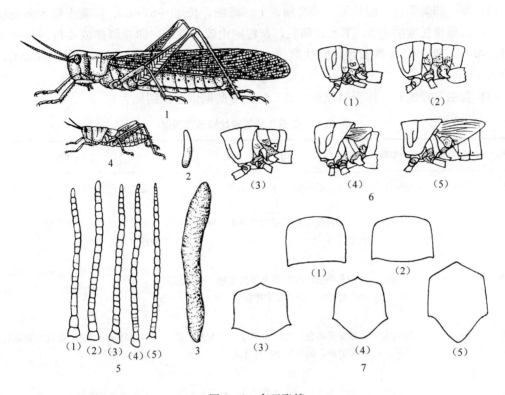

图6-1 东亚飞蝗
1. 成虫 2. 卵 3. 卵块 4. 若虫 5. 各龄若虫的触角（括弧内数字示龄期，下同）
6. 各龄若虫翅芽的发育情况 7. 各龄若虫的前胸背板

(1) 成虫 雄虫体长33.5～41.5 mm，雌虫体长39.5～51.2 mm，通常黄褐色或绿色，可因型别、性别、成虫期时间及环境的不同而变异。头顶宽短，与颜面交接呈圆形，颜面垂直。复眼长卵形。触角丝状，刚好超过前胸背板后缘。前胸背板马鞍形，隆线发达。前翅超过后足胫节的中部，褐色，具许多暗色斑；后翅无色透明。后足股节内侧基半部黑色，近端部具黑环，后足胫节红色。群居型和散居型成蝗的形态区别见表6-1。

表6-1 东亚飞蝗群居型和散居型成蝗的形态区别

比较项目	群居型	散居型
体色和斑纹	体常为赤褐色、黑褐色，体色和斑纹较固定。黑褐色斑纹较多，色深	体色随周围环境而异，草绿色或淡褐色。黑褐色斑纹少而色淡。头、前胸背板及后足腿节常为绿色
头胸高度比	头顶稍高于前胸背板	头顶低于前胸背板
前胸背板	中隆线侧面观平直或中部微凹	中隆线侧面观呈弧形
后足腿节	稍短于或约等于前翅长度的一半	通常稍长于前翅长度的一半
前翅长/后足腿节	通常等于或稍大于2（雄为2.0～2.17，雌为1.78～2.22）	通常不大于2（雌雄均为1.8～1.96）

(2) 卵 卵囊褐色，圆柱形，稍弯曲，上部略细，长 53~67 mm。卵囊上端为海绵状胶质物，约占卵块长度的 1/5，下部含卵粒，卵粒间由胶质黏结，卵粒斜排成 4 行。每个卵囊一般含卵 50~80 粒。卵淡黄色，圆柱形，一端稍尖，一端微圆，略弯曲，长 6~7 mm，直径约 1.5 mm。

(3) 若虫（蝗蝻） 体形似成虫，共 5 龄，各龄期形态识别见表 6-2。

表 6-2 东亚飞蝗各龄蝗蝻形态识别

龄期	体长（mm）	触角节数	翅芽	前胸背板
1 龄	5~10	13~14	很小，不明显	后缘呈直线
2 龄	8~14	18~19	翅芽初现，前后翅相差不大，翅尖略指向后下方	背板背面开始向后延伸，但后缘多少还成直线
3 龄	10~20	20~21	翅芽明显，前翅芽显著比后翅芽小，后翅芽略呈三角形，翅尖指向后下方	背板背面的前缘开始向前延伸，后缘显著向后延伸并掩盖中胸，后缘呈钝角
4 龄	16~25	22~23	翅芽黑褐色，长达腹节第 2 节左右，且向背靠拢，翅尖开始指向后方	后缘更向后延伸，掩盖中胸和后胸背面，后缘角度减小
5 龄	26~40	24~25	翅芽黑褐色，并显著增大，长达腹部第 4~5 节，向上合拢，翅尖指向后方	后缘掩盖中胸和后胸背面，比 4 龄更明显

群居型和散居型蝗蝻的主要区别表现体色上。群居型蝗蝻体黑色或红褐色，体色稳定；散居型蝗蝻体绿色或黄褐色，体色常随环境而异。此外，散居型蝗蝻前胸背板较群居型的大，且隆起较高。

6.1.3 发生规律

(1) 生活史和习性

①年生活史 东亚飞蝗无滞育现象，1 年发生代数和发生时间因南北地区而不同，在北京以北 1 年发生 1 代；在渤海湾、黄河下游和江淮流域 1 年发生 2 代，少数年份可发生 3 代；在广东、广西和台湾 1 年发生 3 代；在海南可 1 年发生 4 代。东亚飞蝗在各地均以卵在土内越冬。

山东、安徽、江苏等 2 代区，第 1 代称为夏蝗，第 2 代称为秋蝗。越冬卵于 4 月底至 5 月上中旬孵化为夏蝻，经 35~40 d 羽化为成蝗，羽化盛期在 6 月中下旬至 7 月上旬。夏蝗寿命为 55~60 d。羽化后约经 7 d 交尾，交配后 4~7 d 产卵，卵囊多位于地下 4~6 cm 处，产卵盛期为 7 月上中旬。卵经 15~20 d 孵化为秋蝻，孵化盛期在 7 月中下旬，秋蝻历期为 25~30 d，于 8 月上旬至 9 月上中旬羽化为秋蝗，羽化盛期为 8 月中下旬。秋蝗寿命约为 40 d。秋蝗羽化后 15~20 d 开始交尾产卵，9 月为产卵盛期。2 代区即以秋蝗所产的卵越冬，但逢高温干旱年份，8 月下旬至 9 月下旬部分卵可孵化为第 3 代蝗蝻，但多因冬季低温降临而冻死，仅极少量能羽化为成虫产卵越冬。

东亚飞蝗在我国各地的发生期见表6-3。

表6-3 东亚飞蝗在我国各地的发生期

流域	地点	发生代数	第1代		第2代		第3代		第4代		第5代
			孵化期	羽化期	孵化期	羽化期	孵化期	羽化期	孵化期	羽化期	孵化期
黄河	聊城	2	5月上旬	6月上中旬	7月上中旬	8月中下旬					
	惠民	2	5月中旬	6月下旬至7月上旬	7月下旬至8月上旬	8月下旬至9月上旬					
	微山湖	2	5月中旬	6月中旬	7月下旬	8月中下旬	9月中旬*	10月下旬*			
淮河	灌云	2	5月中下旬	6月中下旬	7月中下旬	8月中下旬					
	洪泽湖	2+	5月上旬	6月上旬	7月上旬	8月中上旬	9月上中旬*	10月中下旬*			
长江	南京	2+	4月下旬至5月上旬	6月上中旬	7月上中旬	8月中旬					
	杭州	2+	4月下旬至5月上旬	6月上旬	7月上旬	8月上旬					
珠江	柳州	3	4月中下旬	5月下旬至6月上旬	6月下旬至7月上旬	8月上旬	9月上旬	10月中下旬			
	湛江	4	2月中下旬	4月下旬	5月下旬	6月下旬	7月中旬	8月下旬至9月上旬	10月上中旬	10月下旬至11月中下旬	
南渡江	乐东	4	2月中下旬	4月下旬	5月下旬	6月下旬	7月下旬	8月下旬	9月中下旬	10月下旬至11月上旬	12月上中旬*

* 仅在干旱年出现。

②取食 东亚飞蝗嗜食芦苇,其次是禾谷类作物。每头东亚飞蝗一生平均取食芦苇60 g或玉米80 g。1~3龄蝗蝻取食量小,4龄后蝗蝻食量大增,成虫取食量占一生总食量的70%~85%。取食受天气情况影响甚大,通常晴天除晚上和黎明温度最低时不取食外,几乎全天取食,取食高峰在日出后1~2 h和17:00至日落前。下雨、刮风、遇大雾及露水较重时停止取食,炎夏中午温度过高时也停止取食。东亚飞蝗在交尾前一段时期食量最大,交尾产卵期间食量较小。

③产卵 东亚飞蝗成虫产卵对地形、土壤理化性状、土面坚实度以及植物覆盖度有明显的选择性,喜在温度较高的向阳坡地、植被稀疏、土壤含水量适中、土面较坚实的地块产卵。东亚飞蝗雌虫以锥状产卵器钻入土下产卵,卵块产。每头雌蝗通常产4~5个卵块,每块卵平均含卵65粒左右,一生产卵300~400粒。产卵完毕后即用后足拨动泥土将产卵口堵封。产卵最适宜的土壤含水量为10%~20%,低于5%或高于25%时产卵量明显降低。产卵适宜的土壤含盐量为0.2%~1.2%,以0.5%左右最宜,高于1.2%则无卵分布。

④群集和迁移 群居型蝗蝻有合群迁移习性。开始活动时,常先由少数蝗蝻跳动,然后周围的蝗蝻也随着跳动,逐渐地由小群合成大群,迁移方向有向着阳光照射方向的特点。蝻群碰到障碍可分散迂回,越过障碍物后再合并成大群继续前进,若遇河流便下水游泳,水流速度太急时,则蝗蝻相抱成球浮泅而过。

蝗蝻的迁移活动受温度及光线的影响较大。一般多在晴天9:00—16:00活动,遇阴雨天、有浓云突然遮住阳光、中午阳光直射温度过高时及下午日落后，均停止移动。

蝗蝻夜晚有聚集到植物上部的习性，所以调查蝗蝻最好在早晨太阳初出时，容易发现密集的蝻群。

群居型成蝗有远距离迁移的习性，迁飞多发生在羽化后 5～10 d 性器官成熟前，其迁飞过程也是性器官发育成熟的过程。蝗群开始迁飞时，先有少数个体在空中盘旋，然后大多数飞蝗随着起飞，在空中做历时稍长和较大范围的盘旋后，再向一定的方向飞去。在飞行中，亦能诱发地面其他蝗群合群起飞，一般可持续飞行 1～3 d 之久。微风时呈迎风或半迎风状态飞行，大风时则前进方向与风向成一钝角，向顺风方向飞去。散居型飞蝗当每 11 m² 达 10 头以上，往往就会出现迁飞的现象。

东亚飞蝗迁飞的能量主要由消耗体内脂肪所提供，为了提高飞行效率，体内气囊扩张膨大。东亚飞蝗在迁飞过程中均不取食，即使遇降雨等下沉气流而被迫降落时亦不取食。东亚飞蝗迁飞结束后，为补充体内营养而大量取食，造成迁入区的严重受害。

⑤变型　东亚飞蝗与别的飞蝗一样，在低密度下为散居型，但当密度增加时，由于个体之间的接触，通过感觉的彼此作用，逐渐产生群居性的条件反射而互相靠拢，转变为群居型。相反，当群居型种群经防治后密度被压低或大部分蝗群迁移后，残留在蝗区的密度很稀时，则又能转化为散居型。可见引起变型的原因与种群密度有直接关系，同时也受到环境条件影响。这种变型现象不仅发生在两代之间，也可因同一代蝗蝻密度的增减而引起。随着两型生活习性的改变，在形态和生理上亦发生相应的变化（图 6-2）。

两种生活型飞蝗在生理特性上也存在明显差异。群居型蝗体内脂肪含量多，水分少，活动力强，新陈代谢旺盛，适应于迁飞，但雌虫卵巢小管数少，产卵量低，而散居型则相反。因此群居型东亚飞蝗的产生具有调节种群数量的作用，有利于种群的繁衍生存，它是经过长期自然选择而遗传下来的作为生活史的一种对策，在生态适应上具有进化意义。中国科学院动物研究所康乐团队发现，相比于散居型蝗虫，群居型蝗虫的卵孵化事件更加一致，在群居型蝗虫的卵巢和卵子中 microRNA-276 呈显著高水平表达。

⑥孤雌生殖　研究表明，东亚飞蝗具有孤雌生殖习性，1953—1954 年在微山湖蝗区检查了东亚飞蝗孤雌产卵 20 块，孵化的幼蝻均为雌性。1958 年在北京实验室检查孤雌生殖的东亚飞蝗卵，孵出 2 230 头幼蝻，亦均为雌性。孤雌生殖是东亚飞蝗自我调节种群数量和繁衍后代的重要形式。

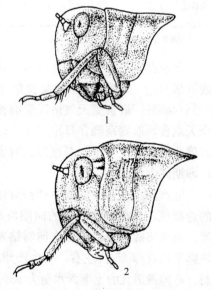

图 6-2　东亚飞蝗变型的头和胸部侧面形态比较

1. 群居型　2. 散居型

(2) 发生与环境条件的关系　东亚飞蝗种样的数量消长取决于气候、水文、地势、土壤、植被、人为活动等综合因素，其中以旱、涝等水文的关系最为密切。

①温度　温度决定东亚飞蝗的分布北界，东亚飞蝗发育的适温范围在 25～35 ℃，冬季

平均气温低于－4 ℃的地方，东亚飞蝗则不可能安全越冬。

②土壤和植被　土壤理化性质和结构影响东亚飞蝗产卵，以壤土对其产卵最有利，土质过于黏重和抛沙均不利于产卵和卵的成活。土壤含盐量（氯离子含量）在0.2%～1.2%有利于东亚飞蝗产卵。

植被稀疏，耕作管理粗放或抛荒地，芦苇、茅草、莎草、盐蒿等杂草丛生的环境有利于东亚飞蝗取食和繁殖。

③雨水与旱、涝　东亚飞蝗的发生和种群数量的变化与旱、涝因素有密切的关系。沿海、湖、河及内涝低洼地，水位涨落不定，土壤含水量适中，这样的环境往往伴随着土地荒芜，形成特殊的植被条件，有利于东亚飞蝗的产卵和取食。

我国年降水量超过1 000 mm的地区，则不利于东亚飞蝗的发生。在东亚飞蝗发生区，不同年份间种群数量的差异主要受降雨的影响。研究表明，连续大旱有利于东亚飞蝗的发生，因此群众有"大旱起蝗灾"的经验总结。

④天敌　东亚飞蝗卵期的天敌主要有黑卵蜂、寄生蝇以及捕食性的芜菁幼虫、长吻虻幼虫。蝻期和成虫期的天敌有鸟类、蛙类、蜘蛛类、步甲、线虫、寄生蝇等。沿海和滨湖蝗区以鸟的捕食作用最大。蜘蛛类在夏蝗发生期间，捕食3龄以前蝗蝻的作用较为显著。低洼地及稻田附近，捕食蝗蝻以蛙类为主。

6.1.4　虫情调查和预测预报

开展群众性的蝗情侦察，主要是进行"三查"：查残、查孵化和查蝻。

(1) 查残　调查防治后的残留量，以便了解防治效果和确定下代防治任务。夏蝗查2次，一次在防治后，另一次在产卵盛期。秋蝗因产卵期长，查3次，分别在防治后、产卵盛期和产卵末期进行。滨湖和沿海蝗区，每3.33～6.67 hm² 取1点，内涝蝗区每0.67～1.33 hm² 取1点，每点取样11 m²，步行目测或框查法调查飞蝗数量，算出每11 m²平均头数。

(2) 查孵化　查孵化的目的是掌握蝗蝻孵化出土期，预测防治适期。夏蝗从4月中旬开始，对历年查治的重点区，每10～15 d查1次，共查2次，每次挖卵5块，将卵粒充分混合，从中取50粒，在烧杯煮沸片刻，用刀片纵切，肉眼观察各卵粒的发育期，按发育级别算出比例，估测孵化期。

(3) 查蝻　查蝻的目的是了解蝗情，确定防治面积和时期。取样方法同查残。查蝻时可带药侦查，发现小面积、零星分散的高密度蝗区，当场即行消灭。

马建文等研究和报道了利用遥感技术监测蝗区东亚飞蝗的种群密度及发育进度，有望大大降低飞蝗调查的工作量和进一步提高东亚飞蝗动态监测的准确性。

6.1.5　防治方法

贯彻"改治并举，根除蝗患"的方针，采取"植物保护、生物保护、资源保护、环境保护"相联合的生态学治理对策，使东亚飞蝗得以可持续控制。即改造治理飞蝗的发生基地，创造不利于飞蝗发生的生态环境，从根本上控制蝗害，保护利用自然天敌，开发微生物制剂，必要时及时用药防治，抑制群居型种群的形成。康乐团队完成的东亚飞蝗基因组，为蝗灾治理和直翅目昆虫研究提供了重要基因组信息基础。

(1) 兴修水利 从治本入手，要求疏浚河道，稳定水位，搞好排灌配套系统，达到旱、涝无灾，变水患为水利，为综合开发蝗区经济打下基础，以便从根本上切断水涝、旱灾和蝗害的联系。

(2) 兴建湿地 在滨湖等不宜种植作物的地区，建设湿地公园，改造地表植被结构，配植东亚飞蝗不喜食的乔木和草种，或开挖鱼塘，恶化飞蝗的生态环境，彻底改变蝗区的面貌。

(3) 植树造林 开展路旁、堤坝、沟埂、高岗地的绿化，可以减少东亚飞蝗产卵的适生场所，并可调节小气候，有利于农业的发展。

(4) 扩建盐田 沿海蝗区，可在大面积的盐碱荒滩上兴建盐田或发展对虾等水产养殖业。

(5) 化学防治 化学防治指标为 0.5 头/m^2，防治适期掌握在蝗蝻 3 龄以前。药剂可选用 50% 马拉硫磷乳油或 50% 稻丰散乳油等，兑水弥雾或超低容量喷雾。在发生面积大，地面无法控制的情况下，可采用飞机防治。

飞机防治一般每公顷用 75% 马拉硫磷油剂 825～900 mL 或 40% 敌马乳油 1.5～2.0 L 进行超低容量喷雾。

(6) 生物防治 使用生物农药，如亚蝗微粒子虫（*Nosema locustae*），制成每千克含 $1×10^{12}$ 个孢子的麦麸毒饵，按每公顷 30 kg，于 2 龄蝗蝻期施用，14 d 内防治效果可达 87.8%。也可放鸭啄食或放鹅啄食草根，翻土破坏蝗卵。近年人们开发试验了绿僵菌油剂和特异性苏芸金芽孢杆菌（H-13）等防治东亚飞蝗，取得了较为理想的结果，有望在生产中推广应用。在改造的蝗区植被中，进行林下养鸡，亦可有效的控制蝗蝻。

6.2 玉米螟

在我国为害的玉米螟有两种：亚洲玉米螟［*Ostrinia furnacalis*（Güenée）］和欧洲玉米螟［*O. nubilalis*（Hübner）］，属鳞翅目螟蛾总科草螟科。亚洲玉米螟分布极广，在我国除西藏、青海未见报道外，其他各地均有发生，其中以黄淮平原春玉米区、夏玉米区和北方春播玉米区发生最为严重。而欧洲玉米螟则分布在西北新疆等地。

亚洲玉米螟俗名玉米钻心虫，为多食性害虫，自然状态下可取食 40 科 181 属 200 多种植物，主要为害玉米、高粱、粟等禾谷类旱粮作物和棉花、麻、向日葵等作物及苍耳等杂草，以幼虫钻食茎秆和果实，也为害叶片。玉米心叶期受害，初孵幼虫啃食心叶叶肉，留下表皮使叶面呈现许多细碎的半透明斑，通称花叶，后将纵卷的心叶蛀穿，心叶展开后，形成整齐的横排圆孔，4 龄后蛀食茎秆；穗期被害，幼虫先取食雄花，雄穗抽出后，即转移钻蛀雄穗柄使其遇风易折断，雄穗呈黄白色枯死，雌穗膨大抽丝时，幼虫取食嫩穗的花丝、穗轴，虫龄大后直接咬食乳熟的籽粒，并引起霉烂。高粱受害情况与玉米相似。为害粟时，幼虫从茎基部蛀入，苗期造成枯心，穗期造成折茎而影响结实。幼虫为害棉花，一是蛀食嫩头和叶柄基部组织，造成倒头（折心）和挂叶；二是钻蛀茎秆，易造成棉秆折断；三是从棉桃基部蛀食蕾铃，引起蕾铃脱落或腐烂，是江苏南通、盐城及山东部分玉米、棉花混作区为害较重的钻蛀性害虫之一。

6.2.1 形态特征

玉米螟的形态特征见图6-3。

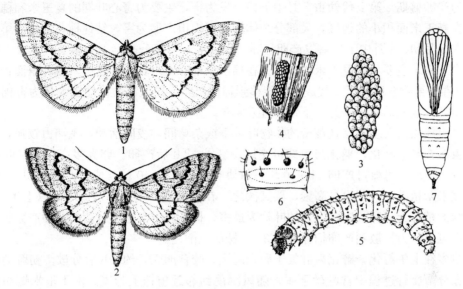

图6-3 玉米螟
1. 雌成虫 2. 雄成虫 3. 卵块 4. 产于玉米叶背的卵 5. 幼虫 6. 幼虫第2腹节背面 7. 蛹

(1) 成虫 体长13～15 mm，翅展22～34 mm。雄蛾前翅黄褐色，内横线波状，外横线锯齿状，均为暗褐色，内横线与外横线之间有2个深褐色小斑，外横线与外缘线之间有1条褐色宽带；后翅灰黄色，中央及外缘附近各有1条褐色带状纹。雌蛾翅色较雄蛾浅淡，前翅呈鲜黄色，内横线、外横线及斑纹不及雄蛾明显，后翅黄白色；腹部较肥大。

(2) 卵 椭圆形，稍扁，长约1 mm。由数粒至数十粒呈鱼鳞状排列成卵块，形状不规则。卵粒初产时乳白色，渐变淡黄色，孵化前端部附近出现小黑点（幼虫头部）。如被赤眼蜂寄生则卵粒整个漆黑。

(3) 幼虫 老熟幼虫长20～30 mm。头深褐色。体色深浅不一，多为淡褐色或淡红色。体上毛片圆形，明显。中后胸背面每节有毛片4个；腹部第1～8节每节6个，分成2排，前排4个较大，后排2个较小。腹足趾钩为三序缺环式。

(4) 蛹 体长15～19 mm，黄褐色，腹背密布横皱纹。腹末尾端臀棘黑褐色，顶端有5～8根钩刺，并有丝缠连。

6.2.2 发生规律

(1) 生活史和习性 玉米螟在我国1年发生1～6代，由北向南代数逐渐增多，同一地区亦因海拔高度而异，例如湖北省西北部恩施、宜昌为3代区，但海拔1 000 m处为2代区，海拔1 500 m的高山地1年仅发生1代。玉米螟在各地都以末代老熟幼虫在玉米、高粱秆内越冬，其次是在玉米穗轴、棉花枯铃、茎秆及枯枝落叶中越冬。

玉米螟在河南、山东、安徽、江苏等地1年发生以3代为主，在湖北1年发生3～4代，在浙江1年发生4代。在江苏，越冬幼虫于4月中旬开始化蛹，5月中旬进入化蛹高峰，

5月下旬至6月初越冬代成虫盛发，在春玉米（或高粱）上产卵。第1代幼虫6月上中旬盛发为害，此时春玉米处于心叶期，为害很重；在棉花、玉米混种区，若春玉米面积小，则有相当一部分个体在棉田产卵为害棉花，造成倒头和挂叶。第1代成虫7月上中旬盛发，7月中下旬为产卵盛期，第2代幼虫7月中下旬盛发为害，主要为害心叶期的夏玉米和穗期的春玉米；在春玉米面积小的地区，大部分个体转移到棉田产卵为害，钻蛀棉花蕾铃。第2代成虫出现在8月初，8月中下旬盛发产卵，卵产在夏玉米和部分高粱上。第3代幼虫为害盛期在8月中下旬，主要为害夏玉米穗和茎。在棉区只种春玉米，不种夏玉米或种植面积小的地区，8月春玉米收获后，第2代成虫就转移到棉田产卵，导致第3代幼虫大量为害棉花青铃和钻蛀茎秆。老熟幼虫于9月中下旬后进入越冬。

玉米螟成虫白天多潜藏在茂密的作物叶片下或杂草间，夜间活动，飞翔力较强，具趋光性。成虫多在晚上羽化，羽化当晚即可交尾，经1~2 d后产卵。卵大多产在玉米叶片背面中脉附近，成块，每雌可产卵14~20块，每块有卵粒35~40粒。成虫产卵有明显选择性，最喜产在玉米植株上，其次是高粱，粟又次之。在玉米上，多选择高50 cm以上生长茂密、叶色浓绿的植株上产卵，以中下部的叶片为最多。棉花以下部主茎叶片的背面产卵较多。幼虫孵化后可借风力扩散到产卵棉株周围3~5株的范围内。

幼虫多在上午孵化，孵化后群集于卵壳周围，咬食卵壳，约1 h后分散。初孵幼虫爬行敏捷，在分散爬行过程中常吐丝下垂，随风飘荡到邻近植株上为害。由于玉米螟幼虫有喜糖、好湿习性，故在玉米植株上最后选择定居的部位，一般都在含糖量最高、潮湿阴暗又便于潜藏的处所，例如心叶期的心叶丛、抽苞露雄期的雄穗苞、穗期的雌穗顶端花丝基部以及叶腋等处。故幼虫为害有3个较集中的时期：心叶期、抽雄初盛期和雌穗抽丝吐露期。据观察，第3代幼虫在夏玉米穗期为害，初孵幼虫有70%~80%或以上都集中在雌穗顶端花丝的基部，为夏玉米穗期防治提供了依据。

玉米螟幼虫多数5龄，少数6龄。1~3龄有转移为害习性，老熟后大多在玉米茎秆内化蛹，少数在穗轴苞叶和叶鞘内化蛹。

不同饲料对幼虫的个体发育乃至滞育有明显的影响。饲以玉米穗轴的比饲以棉花嫩铃、嫩茎的幼虫历期要分别短6 d和1 d，单个蛹体质量分别多60 mg和30 mg，成虫产卵量多1倍以上。同时，饲以玉米穗轴、棉花青铃和棉花嫩茎的幼虫，第2代滞育率分别为16%、9%和6%，第3代滞育率则分别是74%、30%和7%。据在江苏南通饲养观察，以棉花作为饲料，第1~3代卵期一般为3~5 d，幼虫期为17~24 d，蛹期为6~10 d，雌蛾寿命为8~14 d，产卵前期为2~4 d。在江苏徐州以玉米在室内饲养的第1~3代各虫态历期，第1代卵期为4.9 d，第2代卵期为4.0 d，第3代卵期为4.3 d；第1代幼虫期为23.6 d，第2代幼虫期为15 d，第3代幼虫期为27 d（越冬）；第1代蛹期为8.1 d，第2代蛹期为6.5 d，第3代蛹期为11.5 d。

(2) 发生与环境条件的关系

①气候 大气湿度和雨水对玉米螟的发生量影响很大。越冬幼虫复苏后需咬嚼潮湿的秸秆或吸食露滴方能化蛹。在成虫交尾产卵和幼虫孵化阶段都需较高的相对湿度。在此期间，如雨水充沛、均匀，相对湿度高，气候温暖，则适于玉米螟的发生；反之，少雨干燥、湿度过低、气温偏高，对成虫交尾、产卵不利，产卵量少，孵化率低且初孵幼虫死亡率高。但雨水过多，遇到连续大雨或暴雨，则不利于成虫交尾产卵、卵的孵化以及初孵幼虫的存活，对

其发生有明显的抑制作用。

温度对玉米螟的影响主要是影响其发生代数和发生期。凡温度在25~30℃范围内，旬平均相对湿度60%以上，越冬幼虫基数大时，有利于玉米螟后继世代的发生为害。

②耕作制度　在春夏玉米混种地区，由于食料充足，一般比单作玉米地区发生重。耕作改制，大面积改春播为夏播玉米地区，使第1代玉米螟食料不足，缺乏繁殖场所，会压低基数，从而减少第2~3代的发生量。在玉米面积缩小和新种植玉米的地区，常会导致玉米螟相对集中并加重为害。在玉米、棉花混栽地区，玉米螟为害棉花可分为4种类型：在远离玉米区的棉区，棉花被害属于全年轻发型；夏玉米与棉花混种区，属第1代主害型；而在春玉米与棉花混种区，则为第2~3代主害型；邻近春玉米区的稻棉区或纯棉区，玉米螟为害棉花则是逐代加重型。棉田间作春玉米，也有利于玉米螟转移为害棉花。

③玉米品种　玉米不同品种的抗螟性有显著差异。抗螟性的强弱与玉米植株内的抗虫素含量有关。据研究，抗螟玉米品系中含有抗螟素甲、乙、丙3种，其中以抗螟素甲和抗螟素丙（又名丁布）最重要。抗螟素甲的化学结构为6-甲氧基-2（3）-间氮杂茚满酮，抗螟素丙为2,4-二羟基-7-甲氧基-1,4-氧氮杂萘-3-酮。如果在幼龄幼虫为害期的心叶或穗部含有一定量的抗虫素，幼虫就表现厌食、生长发育受抑、甚至死亡。抗螟素在植株内含量随玉米生育阶段而变化，苗龄愈小，含量愈高，随着植株生长而减少，至抽丝授粉期含量最低，而含糖量最高。抗螟素的有毒作用可被植株中的糖分所抵消，含糖多则抗螟性减弱。因此心叶末期幼虫成活率高于心叶初期，穗期以抽丝授粉期成活率最高，随着花丝干枯，进入乳熟期，成活率又趋于下降。抗螟素的含量因品种而异，并能遗传，故可通过杂交育种来培育抗螟品种。

④天敌对玉米螟的影响　我国已知玉米螟天敌有70多种，卵期主要有玉米螟赤眼蜂和玉米螟黑卵蜂，幼虫和蛹期主要有玉米螟厉寄蝇、白僵菌、细菌等，捕食性天敌有瓢虫、步甲、食虫虻、蜘蛛等。其中以卵寄生蜂和白僵菌为最重要。

6.2.3　虫情调查和预测预报

(1) 冬后幼虫存活率及残虫量调查　在春季4月中旬越冬幼虫化蛹前，选择代表性的寄主秸秆，每点随机取样剥查100~200秆，分别记载死虫和活虫量，了解越冬期间的死亡情况，然后根据有效虫口基数与历年情况进行比较，结合气象预报，预测当年的发生趋势。

(2) 各代化蛹、羽化进度调查　越冬代调查在幼虫化蛹前。选含虫量大的秸秆，每隔5d剥查1次，每次剥查30~50头活虫，直至羽化达90%以上止。生长期调查在各代幼虫老熟时进行，每隔5d在田间植株上调查1次，每次剥查活虫30头，直至羽化率达50%时停止。剥查方法：在被害株蛀孔的上方或下方，用小刀划1纵向的裂缝，撬开茎秆，将虫取出。根据调查得出的初蛹、盛蛹期，用历期法推算幼虫的始孵和盛孵期。

(3) 两查两定

①查卵块密度或花叶率，定防治田块　成虫发生盛期开始，在选定的代表性田块中进行调查，每3d调查1次，每块田按对角线5点取样，每点20株，共100株，定株逐叶检查卵块数，同时记载被寄生的和已孵化的卵块数及花叶株数。

②查玉米生育期，定防治日期　春玉米心叶末期和抽雄吐丝盛期是第1代玉米螟的防治

适期。调查玉米心叶末期有手捏法和数叶片法两种。手捏法：当雄穗苞开始进入喇叭口时，用手捏感觉到穗苞的前半部，但从口顶向下看，还看不到雄穗的痕迹。数叶片法：选有代表性的玉米3~5株，将喇叭口中卷成筒状尚未展开的叶片拔出，把叶片层层剥开，逐叶计数，直到露出雄穗，如剥2~3叶即见雄穗为心叶末期，也可根据心叶末期的叶片数约等于这个品种全部叶片数减去2来确定，此法简便，容易掌握。

6.2.4 防治方法

我国多数地区采取的综合防治措施是：选用抗螟品种、处理秸秆、耕作改制、改进种植方式、种植诱杀带、积极开展生物防治、化学防治和玉米螟性诱剂的应用等，可因地制宜地加以合理组配。在棉花被害重的地区，则采取狠治玉米田保棉花田的防治策略。

(1) 农业防治

①秸秆处理，压低虫源基数　结合各地生产、生活的需要，按秸秆作饲料、燃料、肥料、工业原料等用途，采取粉碎、烧、沤、铡、泥封等办法，彻底处理越冬间玉米秸秆；利用白僵菌进行秸秆封剁处理，5月中旬前（越冬幼虫苏醒期）用50亿~100亿孢子/g的白僵菌粉封剁。

②耕作改制　春夏玉米混种地区，压缩春玉米，扩大夏玉米种植，切断第1代玉米螟的食料，减轻第2~3代的为害，在一般发生年可控制其为害。

③诱杀　推广应用频振式诱虫灯和玉米螟性诱剂诱杀玉米螟。

④种植诱集田或诱集地带　玉米螟成虫有趋向生长茂密、植株高大的玉米产卵习性，利用此习性可以有计划地种植玉米早播诱集田或诱集带，诱集成虫产卵，集中消灭。在玉米棉花混种及棉田玉米螟为害较重的地区，可在棉田四周分期种植少量玉米，以引诱玉米螟产卵，减轻对棉花的为害。

⑤选用抗虫品种　玉米抗螟性鉴定和抗螟品种的选育工作，已如前述。这些抗虫品种（系）可在生产上推广、试种。

(2) 生物防治　生物防治主要是利用赤眼蜂和白僵菌、Bt乳剂。

①以菌治螟　以每克含孢子量50亿~100亿的白僵菌粉0.5 kg，拌炉渣颗粒5 kg，于心叶末期施入心叶内，每株施2 g左右。或以每毫升含孢子量120亿的Bt乳剂，每公顷用2.25 L加细沙40~60 kg配制成颗粒剂，最好在心叶末期前施用。有可能时使用飞机大面积喷白僵菌或Bt乳剂及使用白僵菌封垛消灭越冬玉米螟，均有良好的防治效果。但是白僵菌能使家蚕、柞蚕致病，故在蚕区应谨慎使用。

②赤眼蜂治螟　放蜂时间一般在各代玉米螟卵始见、始盛和高峰期，每次每公顷放蜂12万~15万头，每公顷设放蜂点75~150个，将蜂卡挂在玉米第5~6叶背面，距地面约1 m。放蜂量也可依田间百株卵量而定。放蜂时须注意：a. 将蜂卡折在玉米叶片内，夹在叶腋处，不使蜂卡掉落，并应注意避免日晒雨淋；b. 选晴天无露水时放蜂；c. 放蜂前要检查蜂卡的寄生率和重寄生，以确定单位面积所需蜂卡数量。应用赤眼蜂治螟，必须大面积、连片地大量放蜂才能收到预期的效果。

(3) 化学防治　以心叶末期施用颗粒剂治螟为主，并在穗期适当进行保护。春玉米心叶末期，花叶株率（包括花叶和排孔）达10%时进行普治，10%以下酌情挑治。如心叶中期花叶株率超过20%，或累计百株卵量30块以上，须在心叶中期增加1次防治。穗期，当虫穗率达10%，或百穗花丝内有虫50头时，应在抽丝盛期防治。在虫穗率超过30%时，除在抽丝盛期防治1次外，过6~8 d再防治1次。

①心叶末期颗粒剂防治　目前常用药剂为辛硫磷。用50%辛硫磷乳油20 mL，加水少许，均匀地喷拌在10 kg细煤渣或细河沙上，配制成0.1%辛硫磷毒渣，在玉米心叶末期于每株喇叭口内施2 g，0.5 kg颗粒剂可防治250株。也可用溴氰菊酯、25%甲萘威可湿性粉剂等配成的颗粒剂。还可用90%敌百虫晶体或50%敌敌畏乳油1 500倍液灌心叶，每株灌药液10 mL左右。但高粱对敌百虫、敌敌畏异常敏感，应禁止使用。也有用3%呋喃丹，每公顷20~25 kg加煤渣制成颗粒剂灌心。

②穗期施药保护　穗期施药于"一顶四腋"（雌穗顶部花丝和雌穗上、下2节叶腋处），重点保护雌穗不受螟害。仍用上述颗粒剂，但药量应比心叶期适当增加。当穗部严重受害时，可用剪花丝抹药泥的方法，即在花丝干枯时，齐穗顶剪去花丝带出田外处理，以防止花丝内幼虫逃出，并随即用麻刷在剪口处抹上药泥。药泥可用90%敌百虫晶体1份加水300份加黏土540份，拌和成糊状。或用2.5%敌百虫粉在玉米花丝上和叶腋内扑粉，或在雌穗顶端花丝基部滴注50%敌敌畏乳油或50%辛硫磷乳油600~800倍液，也可用2.5%溴氰菊酯1 000倍液滴注。

棉田化学防治玉米螟应掌握在幼虫孵化盛期，防治标准为百株卵量：第1代为9块，第2代为4块，第3代为5块，药剂可选用2.5%三氟氯氰菊酯或溴氰菊酯乳油每公顷600 mL，兑水900 L喷雾。

6.3　条螟

条螟［*Proceras venosatus* (Walker)］属鳞翅目螟蛾科，又名高粱条螟、甘蔗条螟，俗称高粱钻心虫。条螟在我国分布甚广，东北、华北、华东和华南大部分地区均有发生。其寄主植物有高粱、玉米、粟、麻、甘蔗等。条螟在北方旱粮地区，主要为害高粱、玉米，并常和玉米螟混合发生，钻茎为害，而且在高粱的蛀茎类害虫中，条螟所占比例最高；在广东、广西和台湾，主要蛀害甘蔗，也是甘蔗的重要害虫之一。

条螟以幼虫为害。初孵幼虫潜入高粱、玉米心叶，造成花叶，以后蛀茎或蛀穗颈为害，被害茎秆和穗遇风易折断。

6.3.1　形态特征

条螟的形态特征见图6-4。

(1) 成虫　雌蛾体长10~14 mm，翅展24~34 mm；雄蛾较小，体长12 mm，翅展24~26 mm。体和翅灰黄色。前翅翅尖显著尖锐，翅面有20多条暗色纵带，翅中央有1个小黑点（雄较明显），外缘有小黑点7个。

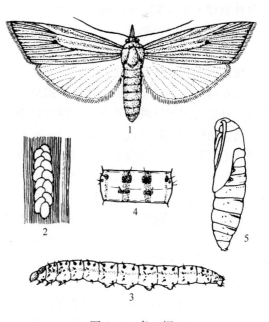

图6-4　条　螟
1. 成虫　2. 卵块　3. 幼虫　4. 幼虫第2腹节　5. 蛹

雌蛾后翅银白色，雄蛾后翅淡灰黄色。

(2) 卵　卵粒扁平，椭圆形，长1.3～1.5 mm，宽0.7～0.9 mm。初产时乳白色，后变黄褐色。卵块由双行卵粒呈人字形排列而成，每块卵一般有卵10多粒。

(3) 幼虫　老熟幼虫体长20～30 mm。头棕褐色。前胸背板和末节硬皮板淡黄褐色。体淡黄色或黄褐色，背面有明显的淡紫色纵纹4条；腹部各节背面近前缘有4个暗褐色毛片，横排成1列，其中中间2个较大，近圆形；近后缘另有2个小型近长方形的毛片，与前列中间2个毛片成方形排列，此为夏型幼虫。冬型幼虫和化蛹前茧内的老熟幼虫，体背的4条纵纹为紫褐色，各节黑褐色斑点消失，毛片变为白色。

(4) 蛹　体长12～16 mm，红褐或暗褐色，有光泽。腹部第5～7节背面前缘有深褐色的不规则网纹；腹部末端较钝圆，背面有2对尖锐的小突起。蛹外有薄茧。

6.3.2　发生规律

(1) 生活史和习性　条螟在长江以北旱作地区通常1年发生2代，以老熟幼虫在玉米、高粱茎秆内越冬，少数在玉米穗轴中越冬。在安徽淮北，越冬幼虫于5月上旬开始化蛹，5月中旬进入化蛹盛期，越冬代成虫于5月中旬初见，越冬代成虫盛发期在5月下旬至6月上旬，产卵盛期为6月上中旬，幼虫于6月中下旬为害春玉米、春高粱的心叶。第1代成虫于7月下旬至8月上旬盛发，产卵盛期在8月中旬，幼虫于8月中下旬为害夏玉米、夏高粱的穗部，直至玉米、高粱收获，幼虫留在寄主茎秆内越冬。条螟在我国西南地区，主要为害春玉米，为害程度已超过玉米螟、桃蛀螟、大螟等害虫。根据在重庆市的系统调查，高粱条螟主要在春玉米秸秆中越冬，翌年4月下旬为越冬幼虫化蛹高峰期，5月中旬为羽化高峰期。条螟在春玉米上1年发生2代。第1代幼虫为害盛期为6月中旬，正值春玉米抽雄扬花期。第2代幼虫发生期已近玉米收获，幼虫蛀入茎秆，连续越夏和越冬，成为下一年的虫源。在混合种植春玉米和夏玉米的地方，则可发生第3代甚至第4代幼虫。成虫昼伏夜出，有一定趋光性。成虫产卵前期为2～3 d，卵产于寄主叶片，玉米上以叶背为多，高粱上以叶面为多。每雌一生产卵170～200粒。卵期为5～8 d。条螟在广东1年发生4代，每个世代都会对甘蔗造成为害，且为害时间长。条螟在甘蔗苗期以越冬代和第1代幼虫主要为害蔗苗，为害生长点部位，造成枯心苗；中后期以第2代和第3代幼虫蛀食蔗茎，破坏蔗茎组织形成螟害节，且易出现风折蔗或枯鞘蔗，降低甘蔗产量和影响甘蔗品质。

条螟初孵幼虫爬行迅速，常群集于寄主心叶内啃食叶肉，留下表皮，待心叶伸展时，呈现网状小斑和许多不规则小孔，但不呈排孔。幼虫在心叶内生活10 d左右发育至3龄，不待玉米抽雄或高粱抽穗，便由叶鞘蛀入茎秆，蛀入的部位多在节的中间，与玉米螟通常在茎节附近蛀入不同，且进行环状蛀食，致茎秆遇风如刀割般折断。被害茎秆内常有数头幼虫在同一孔道内。幼虫的生活习性和为害状与玉米螟有所不同。

幼虫龄期相差很大，少的4龄，多的可达9龄，一般以6～7龄居多。幼虫经20～30 d老熟，第1代幼虫期可长达50 d。条螟在进化过程中形成了较独特的越冬、越夏习性，以老熟幼虫兼性滞育越冬。条螟幼虫不耐高温，气温连续3 d达35 ℃以上时死亡率达100%，因此具有越夏现象。亦发现上一年没有解除滞育的越冬幼虫，可直接进行越夏的现象。

条螟老熟幼虫在玉米、高粱等寄主茎秆内或叶鞘内吐丝结薄茧化蛹。蛹期约为10 d。

(2) 发生与环境条件的关系　一般越冬幼虫基数大，越冬死亡率低，春季雨水多、湿度大，第1代条螟发生即较重。条螟的天敌主要有赤眼蜂、黑卵蜂、绒茧蜂、稻螟瘦姬蜂等，其中以玉米螟赤眼蜂对第2代卵的寄生作用最大。

6.3.3 防治方法

春播玉米、高粱应于心叶期重点防治第1代螟害。夏播玉米、高粱除心叶期防治外，还应注意穗期防治。

条螟的防治方法与玉米螟基本相同，主要措施是春季处理越冬寄主秸秆，心叶期施用颗粒剂、释放赤眼蜂等。心叶期化学防治适期为条螟幼虫蛀茎之前，即幼虫集中于心叶内为害时。应注意条螟蛀害茎秆较早的特性，心叶期防治不能以心叶末期为准，否则会失去防治有利时机。须注意高粱对敌百虫、敌敌畏、辛硫磷、杀螟硫磷、杀螟丹等药剂极敏感，生产中不能使用，以免造成药害。防治条螟可选用1.5%辛硫磷颗粒剂、1%西维因颗粒剂、2.5%螟蛉畏颗粒剂或25%甲萘威可湿性粉，500 g药剂拌细沙土7.5～10.0 kg灌心。也可用25%甲萘威可湿性粉剂200倍液灌心，每株10 mL。还可以用Bt乳剂（100亿孢子/mL）100～200 mL加细土3.5～5.0 kg，每株3～5 g，在高粱心叶期灌心。此外，每公顷可选用50%杀螟松乳油900 mL、5.7%氟氯氰菊酯乳油600 mL、50%马拉硫磷乳油600～900 mL，兑水900 L喷雾。近年人工合成了条螟性诱剂，在生产实践中亦取得较理想的防治效果。

6.4 高粱蚜

高粱蚜［*Melanaphis sacchari*（Zehntner）］属半翅目蚜科，又名甘蔗蚜，全国性分布，是北方高粱产区的重要害虫。高粱蚜在东北、内蒙古、河北和山东常大量为害成灾，在淮河以南间歇性发生，局部地区为害较重。在南方，高粱蚜主要为害甘蔗。高粱蚜第1寄主为荻草，第2寄主为高粱、甘蔗。高粱蚜以成蚜和若蚜群集于高粱叶背刺吸为害，由下部底叶逐渐向上部叶片蔓延，严重时蚜虫盖满叶背，受害叶片发黄或变红，甚至使茎秆弯曲，不能抽穗；分泌的蜜露污染叶片，发光似涂油，俗称起油，严重影响光合作用。

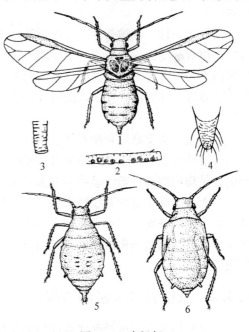

图6-5 高粱蚜
1. 有翅胎生雌蚜 2. 触角第3节 3. 腹管
4. 尾征 5. 无翅胎生雌蚜 6. 有翅若蚜

6.4.1 形态特征

高粱蚜的形态特征见图6-5。

(1) 有翅胎生雌蚜 体长2.0 mm，长卵形。头和胸部黑色，腹部淡黄色。触角6节，长度为体长的2/3，第3节有感觉圈8～13个，单行排列，不整齐。翅脉粗黑。腹管圆筒形，黑色。尾片圆锥形，黑色，具毛5～10根。

(2) 无翅胎生雌蚜 体长1.8 mm，长卵圆形。体黄色或淡紫红色。触角6节，长度为体长的3/5。第8腹节背板具中横带，有时后胸或第7腹节亦有横带。腹管圆筒形，黑色。尾片圆锥形，黑色，有曲毛8~18根。

(3) 无翅有性雌蚜 体长2.16 mm，卵圆形，紫褐色。触角6节，较体短。腹部肥大，腹管短小。尾片圆锥形，具毛4~5对。

(4) 有翅有性雄蚜 体长1 mm，长椭圆形，灰黑色。触角6节，黑色。腹管短小，末端逐渐膨大呈喇叭状。尾片圆锥形，具毛3~4对。

(5) 卵 长卵形，初产时黄色，不久变为绿色，后变为黑色，有光泽。

6.4.2 发生规律

(1) 生活史和习性 高粱蚜世代短、繁殖快，在东北地区1年发生10多代，以卵产在荻的叶鞘或叶背上越冬，其他地区的越冬情况尚不明确。翌年4月中下旬，当地面温度达10 ℃左右时，越冬卵相继孵化为干母，沿根际土缝爬入地下为害荻的嫩芽，繁殖1~2代后，5月下旬至6月上旬高粱出苗后，便产生有翅胎生雌蚜迁移到高粱上为害。开始呈点片发生，后经几次迁飞扩散蔓延至全田。在高粱上，早期多集中在下部叶片背面为害，后逐步扩展到中上部或穗上，7月中下旬为害最重，9月上旬以后，随着高粱植株衰老，气温下降，便以有翅蚜迁回到越冬寄主上，产生无翅产卵雌蚜。同时，在夏寄主上产生有翅雄蚜，飞到越冬寄主上与无翅产卵雌蚜交尾，后者产卵越冬。在高粱茬上产的卵，次年孵化后往往因食料缺乏而死亡。

高粱蚜繁殖力甚强，1头无翅胎生雌蚜可繁殖70~80头若蚜，多的达180头，在夏季适宜气候条件下，3~5 d即可繁殖1代，所以很易在短期内猖獗成灾。

(2) 发生与环境条件的关系 高粱蚜大发生与否，主要取决于当年的气候和天敌数量。

①气候条件 气候条件以湿度对高粱蚜的影响最大，一般6—8月天气干旱，气温偏高，例如旬相对湿度为60%~70%，旬降水量在20 mm以下，旬平均气温24~28 ℃时，适于高粱蚜的繁殖，常常大发生。在高粱未封垄之前，降雨强度大，或在蚜虫发生后期，因降雨引起气温降低，相对湿度在75%以上，旬降水量超过50 mm，会抑制其繁殖蔓延，就不会大发生。

②寄主 杂交高粱和甜高粱有利于其取食和为害，种群数量明显增加。研究表明，植株中的可溶性总氮、可溶性总糖和必需氨基酸的含量是高粱抗蚜性的主要制约因子，这3类物质的含量均同植株抗蚜性呈明显的负相关。

③天敌 高粱蚜的天敌种类很多，常见的有瓢虫类、食蚜蝇类、草蛉类、蜘蛛类、蚜茧蜂等，是抑制其发生的重要因素，当天敌单位与蚜虫比大于1∶100时，有明显的控制作用。瓢虫中以异色瓢虫和龟纹瓢虫较为重要。食蚜蝇出现早的年份，对控制早期蚜量有较大的作用。

6.4.3 虫情调查和预测预报

在高粱出苗后，选择有代表性的高粱田2块，5点取样，每点10株，共50株。每3 d调查1次，检查有翅蚜、无翅蚜和天敌的数量，结合气象预报，预测当年高粱蚜的发生时期和为害程度。例如江苏徐州地区，7—8月的温度对高粱蚜的发生和蔓延是适宜的，但若雨水，尤其是 30 mm 以上的暴雨多，持续时间长，就能推迟其发生期，而后期暴雨多，则能控制其发生量。因此根据 6—7 月雨量分布的预报，就可以大致估计出当年高粱蚜的发生趋势。

为便于分析天敌对蚜虫的制约作用，可将各种天敌折算成统一的天敌单位。一般以七星瓢虫每日食蚜量 120 头作为一个标准天敌单位，其他天敌则根据日食蚜量进行折算。当天敌单位占高粱蚜蚜量的 1%～3% 时，即可抑制蚜虫的增长。因此调查天敌种类及数量也可对高粱蚜是否大发生做出预报。

6.4.4 防治方法

(1) 栽培防蚜 采用 6∶2 高粱与大豆间种，可显著减轻蚜害。因间作田可降低田间温度，高粱蚜发育速度相对缓慢，同时大豆上蚜虫发生较早，天敌发生亦早，起到以害繁益、以益控害的作用。间作田由于改善了田间小气候，亦有利于高粱生长健壮，增强抗蚜能力。

另外，有些地区推行冬小麦套种高粱，利用麦田蚜虫繁殖起来的天敌来控制高粱蚜。

(2) 化学防治 在高粱蚜点片发生阶段，及时挑治早期蚜害中心株，或田间有蚜株率 30%～40%，出现起油株时即开始防治。

每公顷可选用抗蚜威 200 g、吡虫啉可湿性粉剂 60 g、吡蚜酮 75 g、啶虫脒 30 g、氟啶虫胺腈 15～20 g，兑水 900 L 喷雾。由于高粱品种的抗药性不同，大面积施用药剂喷雾前，应先做药害试验。

为充分保护和利用天敌的自然控制作用，在高粱生长初期，高粱蚜点片发生阶段，应尽量控制不用药，或采取挑治，以利于天敌繁殖，控制蚜害。蚜害关键时期即高粱孕穗打苞期，如蚜害严重，要打好速决战，力争一次施药就能奏效。由于高粱蚜为害前期集中于下中部叶片，后期集中于中上部叶片，因此施药时应重点喷洒到其为害部位。

6.5 甘薯天蛾

甘薯天蛾 [*Herse convolvuli* (Linnaeus)] 属鳞翅目天蛾科，又名旋花天蛾、虾壳天蛾，全国各甘薯种植区均有发生，以淮河流域为害较重。其寄主有甘薯、蕹菜、牵牛花、月光花等旋花科植物及扁豆、赤小豆、绿豆等。幼虫食害甘薯叶片，严重发生时，将叶片吃光，仅留下叶柄，甚至咬食嫩茎；成虫能吸食葡萄、番茄等成熟果实。

6.5.1 形态特征

甘薯天蛾的形态特征见图 6-6。

(1) 成虫 大型蛾，体长 43～52 mm，翅展 90～120 mm。体、翅暗灰色。前翅内横线、中横线和外横线为锯齿状的黑色细线，翅尖有

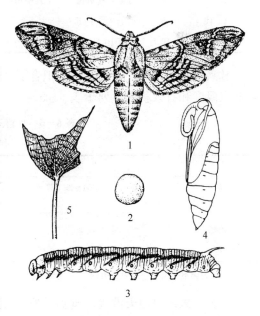

图 6-6 甘薯天蛾
1. 成虫 2. 卵 3. 幼虫 4. 蛹 5. 被害状

1条曲折斜走的黑褐色带；后翅有4条黑褐色横带。腹部各节两侧，顺次有白色、红色和黑色的横带3条，故整个腹部似煮熟的虾壳。

(2) 卵 球形，直径约2 mm，初产时蓝绿色，孵化前黄白色。

(3) 幼虫 各龄间体色存在变化。其中1~3龄幼虫体黄绿色至绿色。4~5龄体色可分3型：a. 体绿色、头黄绿色，两侧各有2条深褐色斜纹；气门杏黄色，中央及外围深褐色。b. 似前型，但腹部两侧斜纹为黄白色。c. 体暗褐色，密布黑点，头黄褐色，两侧各有2条黑纹，腹侧斜纹黑褐色，气门黄色。幼虫第8腹节背角有1个光滑而末端下垂呈弧形的尾角。老熟幼虫体长约83 mm，中胸、后胸及腹部第1~8节背面有许多皱形环纹，侧面皱纹也多。

(4) 蛹 体长56 mm，红褐色。喙长，卷曲成象鼻状。

6.5.2 发生规律

(1) 生活史和习性 甘薯天蛾在北京1年发生1~2代，在安徽淮北和湖北襄阳地区1年发生3~4代，以蛹在土下10 cm深处越冬。安徽阜阳地区，5—6月越冬蛹羽化为成虫，第1代幼虫发生于5月下旬至6月下旬，此后约每隔30 d左右发生1代。甘薯天蛾各代发生期及各虫态历期见表6-4。

表6-4 甘薯天蛾各虫态发生时期
(安徽临泉，1965)

代次	卵	幼虫	蛹	成虫
越冬代				5月上旬至6月中旬
第1代	5月中旬至6月中旬	5月下旬至6月下旬	6月上旬至7月上旬	6月下旬至7月下旬
第2代	6月上旬至7月下旬	7月上旬至8月上旬	7月下旬至8月下旬	8月上旬至9月上旬
第3代	8月中旬至9月上旬	8月下旬至10月上旬	9月上旬至10月上旬	9月下旬至10月下旬
第4代	10月上旬至10月下旬	10月上旬至11月上旬	11月上旬（越冬）	

林兴生等（1999）室内测定并拟合了甘薯天蛾各虫态历期与温度的关系方程，测定了发育起点温度和有效积温，列于表6-5。

表6-5 甘薯天蛾各虫态历期方程
(引自林兴生，1999)

虫态	历期方程	发育起点温度（℃）	有效积温（d·℃）
卵	$y_1=1/0.261-6.661\times 10^7 e^x$	14.4	62.6
幼虫	$y_2=3.252e^{43.294/x}$	10.7	268.5
预蛹	$y_3=0.205e^{75.241/x}$	17.0	31.5
蛹	$y_4=1.435e^{61.093/x}$	14.3	173.5

注：x为温度（℃），y_1为卵历期，y_2为幼虫历期，y_3为预蛹历期，y_4为蛹历期，e为自然对数的底。

甘薯天蛾成虫白天潜伏，黄昏后外出进行觅食、交尾和产卵等活动，吸吮棉花、芝麻、南瓜等植物的花蜜作补充营养。大部分成虫羽化后1 d即行交尾，交尾的当天或隔天开始产卵。卵散产，多产在甘薯嫩叶的叶背边缘处，少数也可产在叶面、叶柄上。每雌蛾一生可产卵 1 000 粒以上。成虫具趋光性，对黑光灯趋性很强，以下半夜扑灯最盛；飞翔力强，干旱时趋向低洼潮湿地带或降雨地区；若连续降雨、湿度过大，则飞向高地，故常形成局部地区大发生。成虫产卵具有趋嫩绿习性，因此叶色嫩绿、生长茂密的薯田，落卵量高，受害严重。

甘薯天蛾幼虫共 5 龄，有取食卵壳的习性。1 龄幼虫食叶成小孔，2 龄后幼虫蚕食叶缘成缺刻，1～4 龄幼虫食量不大，5 龄为暴食期。据安徽五河县测定，1～4 龄幼虫平均食叶 2.58 片，占总食量的 7.74%，5 龄幼虫平均食叶 28.9 片，占总食量 92.26%。当虫龄较大，每平方米有幼虫 15 头以上时，在短短的 2～3 d 内能把全田薯叶吃尽，严重影响甘薯产量。当 1 块田的薯叶被食尽、食料严重不足时，幼虫常成群爬行至邻近薯田为害。幼虫老熟后钻入 5～10 cm 深的土层内做土室化蛹。

(2) 发生与环境条件的关系　甘薯天蛾发生的轻重除与越冬虫口基数有关外，与气候关系也很密切。山东省资料显示，高温低湿的气候条件适宜于甘薯天蛾的发生，夏季雨水多寡为影响发生轻重的重要因素；在安徽，如果 5—8 月雨水偏少，有轻微旱情，此虫即有可能大发生为害；而雨水过多，或过于干旱，发生为害则轻。湖南资料显示，甘薯天蛾发生期发现 18 种寄生性天敌和一种虫生真菌（虫霉），其中绒茧蜂、稻螟蛉、悬茧蜂和螟黄赤眼蜂是优势种群，在自然状态下对该虫卵和幼虫均有较高的寄生率。

6.5.3　虫情调查和预测预报

(1) 越冬基数调查　冬前（12 月上中旬）、冬后（3 月中下旬）在上年寄主田选取 5～10 点，每点 1 m^2，挖查 15 cm 土层，记载越冬蛹量及死亡率；

(2) 成虫调查　从 5 月上旬开始至末代成虫结束为止，利用频振式诱虫灯，确定各代成虫发生高峰，推测各虫态发生时期。

6.5.4　防治方法

(1) 化学防治　根据安徽阜阳经验，一般自蛾量激增日往后推延 13～14 d，即为田间 3 龄盛期，可作为化学防治适期。也可在百叶平均有幼虫 2 头时，立即施药。每公顷可选用 2.5% 溴氰菊酯乳油 300～450 mL、75% 拉维因可湿性粉 600～900 g、50% 辛硫磷乳油 450～600 mL、45% 马拉硫磷乳油 450～600 mL、80% 敌敌畏乳油 450～600 mL，兑水 900 L 喷雾。喷粉可用 2.5% 敌百粉，每公顷用 22.5～30.0 kg。也可选用 48% 乐斯本乳油 1 000～1 500 倍液喷雾。

(2) 生物防治　用 Bt 制剂每克含孢子 100 亿的菌粉，每公顷用 1.5 kg，兑水 900 L 喷雾。

(3) 其他防治措施　结合薯田田间操作，捕捉幼虫。在蛾子盛发期，用黑光灯诱杀，或于傍晚在棉花、南瓜等蜜源植物上捕杀成虫。收获后或薯苗扦插前，多犁多耙，杀伤越冬蛹及破坏其越冬场所。

6.6　甘薯麦蛾

甘薯麦蛾（*Brachmia macroscopa* Meyrick）属鳞翅目麦蛾科，又名甘薯卷叶虫，在我国分布甚广,除新疆、宁夏、青海和西藏外,其他各地均有报道,而以南方各地发生较重。其寄主植物有甘薯、蕹菜、山药、五爪金花、月光花、牵牛花等旋花科植物。以幼虫吐丝卷折甘薯叶片,并匿居其内取食叶肉,形成薄膜状斑。虫量大时,大量甘薯叶片被卷食,极大地影响甘薯产量。

6.6.1 形态特征

甘薯麦蛾的形态特征见图6-7。

(1) 成虫 体长4~8 mm,翅展13~15 mm。头和胸部暗褐色。前翅狭长,暗褐色或锈褐色;中室内有2个暗褐色小点,内方的圆,外方的较长,其周缘均为灰白色,外缘有1列黑点;缘毛甚长。后翅淡灰色,缘毛也甚长。

(2) 卵 椭圆形,长0.5~0.6 mm,初产时乳白色,后淡黄褐色。

(3) 幼虫 老熟幼虫体长15 mm。头黑褐色,前胸背板褐色,中胸至第2腹节背面漆黑色,但中胸和后胸前缘及第1~2腹节的前侧方均为白色。第3腹节以后,底色为乳白色。亚背线黑色,第3~6节每节又有1条从亚背线分出的向后斜伸的黑纹。全体生有稀疏的长刚毛,着生于漆黑色的圆形小毛片上。

(4) 蛹 体长7~9 mm,纺锤形,头钝尾尖;黄褐色,全体散布细长毛;臀棘末端有钩刺8根,呈环形排列。

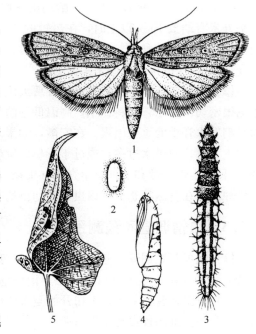

图6-7 甘薯麦蛾
1. 成虫 2. 卵 3. 幼虫 4. 蛹 5. 被害状

6.6.2 发生规律

(1) 生活史和习性 此虫在北京1年发生3~4代,在湖北1年发生4代,江西和湖南1年发生5~7代,在福建南部1年发生8~9代,田间世代重叠。在湖北武昌,各代幼虫为害期,第1代为5月中旬,第2代为6月中旬至7月上旬,第3代为7月下旬至8月中旬,第4代为9月上旬至10月,全年以第3代为害最烈。越冬虫态各地不一,例如在湖北以蛹和成虫在残株落叶下越冬,在江西、湖南和福建以成虫在枯落的薯叶下、杂草丛中以及屋内阴暗处越冬,在广东以老熟幼虫在冬薯或田边杂草内越冬。

甘薯麦蛾成虫昼伏夜出,白天栖息于薯田荫蔽处所,受惊做短距离飞翔,夜晚飞出交尾、产卵。羽化的当晚或第2天进行交尾,隔天晚上产卵。卵散产,通常产于甘薯嫩叶背面的叶脉间,少数产在新芽和嫩茎上。每雌产卵140~170粒。成虫性活泼,飞行活跃,具强趋光性。未经交配的雌蛾有明显的引诱雄蛾的表现(一经交配即丧失引诱能力)。成虫寿命,雌蛾一般为13~18 d,雄蛾为11~15 d。卵期在18℃左右时为6~7 d,在29℃时为4~5 d。

甘薯麦蛾幼虫共6龄。1龄幼虫有吐丝下坠习性,在薯叶叶背啃食叶肉,不卷叶。2龄起缀丝卷叶,并匿居其中,随幼虫食叶量增加,卷叶亦增大,卷叶内有排泄的粪便。3龄后常转移重新卷叶为害。严重发生时,薯叶被害殆尽,则转而食害嫩梢和嫩茎皮层。幼虫在2龄后,触动时,虫体剧烈跳跃,落地逃逸。老熟幼虫在卷叶内或土缝中化蛹。幼虫期,在21.3℃时为21～24 d,在28～29℃时为10～15 d。蛹期,在21.7℃时为7～12 d,在29℃时为5～8 d。

(2) 发生与环境条件的关系 温度偏高、湿度偏低是甘薯麦蛾严重发生的重要因子。气温25～28℃、相对湿度60%～65%的条件下,有利于其发育与繁殖;30℃以上的高温则繁殖率显著下降。成虫有补充营养的习性,蜜源植物的多寡对成虫产卵量影响很大。甘薯麦蛾的为害损失程度与甘薯的生育阶段密切有关。当甘薯生长前期需充足养分供应时遭受严重为害,对甘薯产量影响较大;而在生长中后期,薯块已开始膨大,累积了一定的养分,这时为害对产量影响较小,故早期防治很有必要。

6.6.3 防治方法

(1) 农业防治 秋后要及时清洁田园,消灭越冬蛹,降低田间虫源。
(2) 人工防治 薯田初见幼虫卷叶为害时,要及时捏杀新卷叶中的幼虫或摘除新卷叶。
(3) 物理防治 在大面积种植田,利用成虫的趋光性用杀虫灯诱杀成虫。
(4) 化学防治 在幼虫发生初期施药防治,施药时间以16:00—17:00最好。药剂可选用阿维菌素、虫酰肼、卡死克、Bt乳剂、杀灭菊酯、溴氰菊酯等,收获前10 d停止用药。

6.7 草地螟

草地螟[*Loxostege sticticalis* (Linnaeus)]又名甜菜网螟、黄绿条螟等,属鳞翅目草螟科,主要分布在北纬34°～54°的森林和草原地区,在欧洲、亚洲和北美洲均有分布;在我国分布于吉林、内蒙古、黑龙江、宁夏、甘肃、青海、河北、山西、陕西、江苏等地,属间歇性发生、为害严重的暴发性农作物和牧草害虫。

自1949年以来,草地螟曾在1953—1959年和1978—1983年2次暴发成灾,给当时农牧业生产造成了巨大的损失。从1996年以后种群开始回升,并形成第3个暴发周期,发生面积、为害程度都超出前2个暴发周期,分别在1999年、2002年、2004年和2008年暴发成灾。2002年,河北、山西、宁夏、内蒙古、黑龙江、吉林和辽宁7个省份草原草地螟发生面积达$2.1×10^6$ hm^2以上,平均幼虫密度达100头/m^2以上。2004年,除了经常发生为害的河北、山西、内蒙古、黑龙江和吉林外,还涉及辽宁、陕西、宁夏、天津和北京,其大面积的成虫发生范围比常年南扩纬度1.0°～1.5°,发生面积近$1.1×10^7$ hm^2。2006年是河北省连续严重发生的第10个年头,发生范围广、迁入数量大、发生条件适宜、幼虫数量高,农田成虫发生$2.0×10^5$ hm^2,幼虫$1.8×10^5$ hm^2。内蒙古越冬代成虫发生面积为$2.98×10^5$ hm^2,较2005年增加28.5%。2012年全国草地螟成虫共发生$1.143×10^6$ hm^2,主要集中在新疆和内蒙古,大于轻发生的2010年和2011年,但远远小于大范围暴发的2008年,也明显小于局部重发的2009年。2013年、2014年和2015年发生范围小(成虫发生面积分别是$1.294×10^6$ hm^2、$4.51×10^5$ hm^2和$2.22×10^5$ hm^2)、发生程度轻、发生区域集中(内蒙古和新疆),继续维持轻发生态势,是1996年开始的第三个暴发周期以来发生最轻的

3年。

草地螟幼虫食性广，可取食为害35科200多种植物，寄主植物以双子叶植物（例如豆类、麻类、蔬菜、药材、向日葵、灰菜、蒿蓄、马铃薯、甜菜等）为主，也可为害枸杞、榆树幼苗、苹果树等植物。2龄前幼虫的食量很小，仅在叶背取食叶肉，残留表皮；3龄以后幼虫食量逐渐增大，可将叶肉全部食光，仅留叶脉和表皮。

6.7.1 形态特征

草地螟的形态特征见图6-8。

（1）成虫 体色灰褐，体长8~10 mm，翅展18~22 mm。前翅灰褐色，其边缘有1条黄白色的波状条纹，翅中央近前缘处有1个黄白色的斑纹，在前缘近顶角处有1个黄白色的短剑状纹。后翅灰褐色，其外缘亦有1条黄白色波状纹，且近外缘处还有2条黑色波状纹。挤压雌虫腹部时，腹末呈1个圆形的开口，其内伸出产卵器。挤压雄虫腹末时，腹末端向左右分开两片状结构，为抱握器，并可见钩状的阳具。

（2）卵 乳白色，有珍珠光泽，椭圆形，长0.8~1.2 mm，宽0.4~0.5 mm，多3~5粒或7~8粒串状粘成覆瓦状的卵块。

（3）幼虫 初孵幼虫体长仅1.2 mm，淡黄色，后渐浅绿色。老熟幼虫体长为16~25 mm，胸部和腹部黄绿色或暗绿色，有明显的纵行暗色条纹，周身有毛瘤。

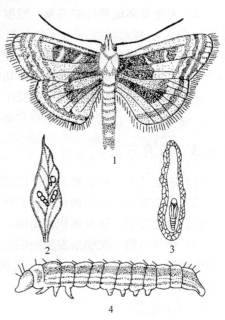

图6-8 草地螟
1. 成虫 2. 叶上的卵 3. 茧及蛹 4. 幼虫

（4）蛹 体长8~20 mm，黄色至黄褐色，背部各节有14个赤褐色小点，排列于体两侧。腹部末端由8根刚毛构成锹形。蛹为口袋形的茧所包住，茧长20~40 mm，直立于土表下，上端开口以丝状物封盖。

6.7.2 发生规律

（1）生活史和习性 草地螟在年等温线0℃以北地区（主要包括黑龙江北部和内蒙古北部地区）为1代区；在年等温线0℃与8℃之间的地区（即东北大部、华北大部和西北北部）为2~3代区，也是我国草地螟的主要发生和为害的地区。另外，内蒙古大部、山西大部和河北北部等地区，还发生不完全3代。草地螟具有周期性暴发成灾的特点，大发生周期为10~13年，平均11年。

草地螟在我国北方1年发生2~3代，因地区不同而不同，但以第1代为害严重；以老熟幼虫在滞育状态下于土中结茧越冬。其越冬基地大致位于北纬36°~52°的地区。在春晚、夏热、秋短的年份，草地螟常以第2代幼虫在高寒山区越冬。越冬场所为农田、草原、林地、荒地等，尤其是以草原、林地、荒地越冬虫量多。

草地螟发生时期随地区而异。在内蒙古赤峰北部地区，越冬代成虫5月中下旬出现，

6月盛发。第1代幼虫发生在6月中旬至7月末，6月下旬至7月上旬为严重为害期。第1代成虫发生于7月中旬至8月。第2代幼虫于8月上旬开始发生，一般为害不大，陆续入土越冬。少数第2代幼虫可在8月化蛹，羽化为2代成虫，但不再产卵而死。

在内蒙古呼伦贝尔草原，草地螟1年发生2代，越冬代成虫始见于5月中下旬，6月初为盛发期。第1代卵发生于6月上旬至7月下旬，第1代幼虫发生于6月中旬至8月中下旬。第2代幼虫发生在8月上旬至9月下旬，以后陆续越冬。

在甘肃河西地区，草地螟一般1年发生2代，以老熟幼虫在地表下5 cm左右深处做土茧越冬。越冬代成虫于5月下旬始见，6月中旬为成虫羽化高峰期，卵始见于6月上旬，6月中旬为越冬代成虫产卵高峰期。卵经5~6 d孵化为第1代幼虫，于6月中旬初始见幼虫，6月中旬末为幼虫出现高峰期，初孵幼虫经20~25 d即入土化蛹，蛹期约20 d左右。第1代成虫于7月中旬始见，8月中旬达到高峰，经10~15 d即可产卵。第2代幼虫取食活动55 d左右后以老龄幼虫于9月上中旬入土作茧越冬。

草地螟成虫白天潜伏在草丛或作物田内，具较强的飞翔能力，如遇惊扰，常做近距离迁移扩散，飞行高度为0.5~5.0 m，飞行距离为3~5 m。成虫夜间活动，取食、交尾、产卵，活动盛期在夜间20:00—24:00，具强烈的趋光性，尤其是对黑光灯、白炽灯趋性更强；无趋化性。成虫产卵前，需吸食花蜜和水分以补充营养。成虫产卵具选择性，对气候、植被、地形、地势、土壤的理化性质都有很强的选择性，在气温偏高的条件下，选择高海拔冷凉地区产卵；在气温偏低条件下，选择低海拔背风向阳暖区产卵。成虫选择在幼虫喜食的双子叶植物上产卵，作物与杂草相比，选择杂草上产卵，杂草种类中，选择灰菜、猪毛菜、碱蒿类产卵，也喜欢在蓼科、伞形花科、豆科等作物上产卵。在适宜的环境内，草地螟产卵对植物群落中的优势杂草种及杂草密度有较强的选择性。卵多产于株高5 cm以下的低矮的幼嫩植株茎基部及叶片背面接近地表的部位。卵单产或块产，卵块一般2~6粒卵排在一起，紧贴植物表面覆瓦状排列。卵多产于寄主植物的叶背近叶脉处。在同一株寄主植物上，中部叶片的着卵量均比下部和上部叶片大；幼嫩寄主上的着卵量比老化寄主大，叶背的着卵量大于叶正面。产卵时间多集中在0:00—3:00进行，一般每头雌虫产卵83~210粒，最多可达294粒。有时也可将卵产在叶柄、茎秆、田间枯枝落叶及土表。成虫产卵后多在24 h内相继死亡。卵期为4~6 d。产卵量与幼虫期发育、成虫补充营养及温湿度有关。

许多研究已经证明，草地螟成虫具有远距离迁飞的习性。1981—1983年山西成功地进行了成虫标记回收实验，收到标记成虫的最远距离为150~230 km。2009年内蒙古成功进行了成虫标记回收实验，证实了我国越冬代草地螟能从华北迁飞往东北为害。吉林省农业科学院植物保护研究所1984年春季应用雷达监测了主要越冬区越冬虫口密度极大的山西应县，结果发现，当地成虫羽化盛期为6月9—15日，随着西南气流的出现，气温升至20 ℃以上时，成虫大量起飞和迁飞，其迁飞方向多随西南气流向东北方向，迁飞高度距地面80~400 m，大多数集中在80~240 m高度层。迁飞速度在风速为5~10 m/s时，与风速相近。每夜迁飞距离可达300~500 km。因此认为：辽宁、吉林、黑龙江和内蒙古东部等地区的春季成虫来自主要越冬区的迁入。

草地螟幼虫共5龄。初孵幼虫即具吐丝下垂的习性，常群集于寄主叶背为害，稍遇触动即后退或前移，无假死性，先为害杂草，后为害作物。进入2龄前便扩散于全株，一旦进入

3龄,便暴食为害。幼虫也有吐丝结苞为害的习性,被结苞的叶片受害后变褐干枯或仅剩叶表皮的茧包,其内充满黑色虫粪,具转株或转叶为害的习性。3~4龄前幼虫靠吐丝下垂后借微风摆动在株间迁移,当接触到植株的任一部位后,便紧伏其上,稍停片刻便开始活动,寻找取食场所。4~5龄幼虫一般不吐丝下垂,分散为害。当遇到振动或触动时,迅速掉落于植株其他部位或地表,掉在植株上的幼虫一般静止不动或移动有限,而掉在地表的则很快钻入土缝或土块下。幼虫老熟后,钻入土层4~9 cm深处,做袋状丝茧,竖立土中,茧内化蛹。

(2) 发生与环境条件的关系

① 气候条件 草地螟的发生程度与温、湿度和降水关系密切,特别是越冬代成虫盛发期。能够正常生存、发育和繁殖的温度范围为16~34 ℃,湿度为50%~85%,越冬幼虫在茧内可耐-31 ℃低温。但春季化蛹时如遇气温回降,易被冻死,因此春寒对成虫发生量有所控制。夏季当旬平均气温达15 ℃时成虫始见,平均气温达17 ℃时即进入盛发期。成虫发育最适温度为18~23 ℃,最适相对湿度为50%~80%。雌蛾寿命随相对湿度的提高而延长,同时产卵前期相对缩短,在长时间高温干旱条件下,成虫不孕率增加,卵孵化率降低。在连续低温高湿条件下,雌蛾产卵量减少,死亡率增加。在湿度、食物相同的条件下,20~28 ℃温度范围内,卵孵化和幼虫发育进度随温度的升高而加快,卵至幼虫的历期可缩短2~3 d。湿度大时卵和幼虫的发育速度加快,在卵和1龄幼虫上表现尤为明显。

② 寄主 营养条件影响幼虫、蛹的生长发育及成虫产卵量,取食藜科植物的幼虫生长发育快死亡率低,蛹体大质量也大。若蛹体质量在30 mg以下,羽化的成虫又得不到充分补充的花蜜营养时,雌虫不能产卵,即使产卵也不能孵化。

③ 天敌 天敌也是影响发生的重要因素。草地螟的天敌种类很多,主要有寄生蜂、寄生蝇、白僵菌、细菌、蚂蚁、步行虫、鸟类等。其中幼虫的寄生蜂有7种,寄生蝇有7种,例如伞裙追寄蝇[*Exorista civilis* (Rondani)]、双斑截尾寄蝇[*Nemorilla maculosa* (Mergen)]、代尔夫弓鬃寄蝇(*Ceratochaelops dellphinensis* Villenuve)、草地螟帕寄蝇(*Palesisa aureola* Richter)、草地螟追寄蝇(*Exorista pratensis* Robineau-Desvoidy),其中伞裙追寄蝇和双斑截尾寄蝇为优势种,这些天敌对草地螟种群数量的消长有一定的抑制作用。

6.7.3 虫情调查和预测预报

(1) 越冬基数调查 越冬基数调查一般在10月上中旬进行,一般掌握在幼虫已入土,而寄主植物尚未干枯前,最晚应在牧草和大田作物收获前进行。调查工具采用四齿铁耙(由8号铁丝制成,齿距为2.5 cm,齿高为4 cm,全长为30 cm)、铁筛、铁锹、卷尺等。

调查时,按33 cm×33 cm或50 cm×50 cm取样(土茧密度大时用后者),用铁耙扒松样点内0.5~1.0 cm的表土,再将表土轻轻移出,即可显现竖立在土层中的虫茧。用小土铲将虫茧逐个挖出,装在已分类编号的纸袋内,带回室内。或将样点内0~6 cm深的土壤挖出过筛,拣出虫茧装入纸袋,带回室内。在室内观察虫茧外壁是否有孔洞,然后由上(羽化口处)而下轻轻剖开,检查茧内幼虫状态。分别统计总茧数、活茧数、死茧数,计算越冬基数、冬前成活率。汇总调查表格,估计出不同生态类型的越冬面积。

(2) 春季越冬幼虫成活率调查 春季越冬虫成活率调查,在翌年3月下旬至4月上旬，越冬幼虫化蛹之前进行，物候为多年生禾本科牧草的返青始期。调查在上年秋季调查越冬基数的基础上进行，参照上述秋季越冬基数调查方法进行，计算越冬幼虫冬后成活率。

（3）预测预报

①中期预报　依据步测百步蛾量结果发布中期预报。当百步观测蛾量为 1～500 头时，预报幼虫为轻发生（15 头/m² 以下）；当百步观测蛾量为 501～1 500 头时，预报为偏轻发生（16～100 头/m²）；当百步观测蛾量为 1 501～3 000 头时，预报为中等偏重发生（101～300 头/m²）；当百步观测蛾量为 3 000 头以上，预报为重发生（301 头/m² 以上）。

②短期预报　依据田间卵量调查的结果发布短期预报。把 1 m² 的卵量视为未来幼虫发生量，再按照中期预报划分的发生级别做出预报。同时，预测 3 龄防治期，1～2 幼虫龄期一般为 7 d 左右。

（4）发生程度分级　根据草地螟不同发生为害年度、不同世代、主要寄主作物上平均幼虫量按以下方法划分 5 个不同发生级别。

1 级：轻发生。当地主要寄主作物需化学防治面积与作物总面积比例等于或小于 5% 的平均幼虫数量。

2 级：偏轻发生。当地主要寄主作物需化学防治面积与作物总面积比例在 6%～10% 范围的平均幼虫数量。

3 级：中发生。当地主要寄主作物需化学防治面积与作物总面积比例在 11%～30% 范围的平均幼虫数量。

4 级：偏重发生。当地主要寄主作物需化学防治面积与作物总面积比例在 31%～40% 范围的平均幼虫数量。

5 级：大发生。当地主要寄主作物需化学防治面积与作物总面积比例在 41% 以上的平均幼虫数量。

6.7.4　防治方法

草地螟发生范围广，具有迁飞性，为害植物种类多，食性杂，适应性强，在同一生态区内并存，每次暴发有当地虫源和异地虫源的空间连续性。因此在防治上必须认真贯彻"预防为主，综合防治"的植物保护方针。实行综合治理，采用农业技术、生物技术和化学技术相结合的办法。

完善草地螟预测预报技术装备，提高其实效性及准确性。加强虫情监测体系建设，及时准确地开展草地螟预测预报，是搞好草地螟防治的关键。运用计算机预测预报、病虫电视、声像预报、病虫灾害预警系统等现代手段，提高了草地螟预测预报技术水平及草地螟灾情预警的实效性和准确性，及时有效地指导了田间防治。

（1）农业防治

①中耕除草　根据草地螟成虫喜将卵产在杂草上，及早或适时开展农作物中耕除草，破坏产卵场所，可起到避卵和灭卵的作用。

如卵进入孵化盛期或幼虫期，对高密度田块应先施药后中耕除草，否则作物受害更重。提倡二次中耕除草，不仅可抗旱增产，而且因为草地螟幼虫入土结茧主要分布在垄间，适时二次中耕除草可大量杀死虫茧内的幼虫和蛹，有效地降低下代发生基数。

②早秋深耕、灭虫、灭蛹 第1~2代幼虫主要发生为害和越冬在农田。无论是第1代滞育幼虫还是第2代越冬幼虫,农田成了草地螟的主要越冬场所,开展大面积深耕,使翻入深土层虫茧内的幼虫窒息而死。分布在浅土层虫茧内的幼虫即使来年能化蛹、羽化也不能出土而死。分布在地表的虫茧被鸟类、田鼠等取食或失水干瘪而死。

(2) 物理防治 可利用黑光灯诱杀成虫。草地螟成虫对黑光灯有很强的趋光性,通过诱杀成虫,可起到"杀母抑子"的作用。据测算,1盏黑光灯可以使方圆6.7 hm² 范围内虫口减退率达85%~90%。

(3) 生物防治 草地螟的天敌种类很多,在控制草地螟发生程度和种群数量中发挥着不可替代的作用。因此应严格筛选化学药剂的种类,控制使用时间和次数,对保护田间的天敌种群十分重要。据田间和室内观察,1头步甲1 d可取食10余头大龄幼虫。寄生性天敌寄生率高达9.5%~22.3%。

(4) 化学防治 化学防治草地螟仍是有效地控制暴发性害虫的重要措施。为了提高草地螟的防治效果,应把幼虫消灭在3龄前,一般掌握在成虫高峰期后7~10 d进行化学防治。防治上应采取"围圈"施药,集中歼灭,要尽量统一时间,统一用药,以防止大龄幼虫转移为害。但草地螟幼虫大面积严重发生年份应在卵孵高峰期开始用药。防治中应实行交替用药,合理轮用,科学混用,以达到科学用药,提高防治效果,延缓抗性产生的目的。

可用90%敌百虫晶体1 000倍液或4.5%高效氯氰菊酯乳油1 500~2 000倍液喷雾,用量为600~675 kg/hm²。也可用2.5%敌杀死(溴氰菊酯)或5%来福灵(S-氰戊菊酯)或2.5%功夫菊酯的3 000倍液喷雾,用量为525 kg/hm²。还可用40%辛硫磷乳油1 000~2 000倍液喷雾或80%敌敌畏乳油1 000~1 500倍液喷雾,用量为525 kg/hm²。均有较好的防治效果。使用Bt可湿性粉剂16 000 IU/mg,用药量为525~600 g/hm²,兑水30 kg喷雾,选择在傍晚或阴天喷雾效果比较好。

6.8 粟灰螟

粟灰螟(*Chilo infuscatellus* Snellen)属鳞翅目螟蛾总科草螟科,南方称为甘蔗二点螟或二点螟,俗称谷子钻心虫等。粟灰螟在国外分布于朝鲜和印度,在我国广泛分布于东北、华北、内蒙古、西北、华东北部等北方谷子产区,以及安徽、福建、广东、广西、台湾和四川的一部分甘蔗产区。

谷子苗期受粟灰螟为害后造成枯心株;谷株抽穗后被蛀,常常形成瘪穗和秕粒,穗而不实,或遇风雨,大量折株造成减产。粟灰螟是北方谷区的主要蛀茎害虫。一般年份谷子苗期受害后造成的枯心株率常达到10%~20%,严重年份和地区可高达50%以上。当谷子与玉米混播或与玉米高粱间作时,玉米、高粱等也可受其为害。粟灰螟有时也为害黍、薏米、糜黍、狗尾草、谷莠子等禾本科作物和杂草。

在南方甘蔗产区,粟灰螟幼虫为害甘蔗苗期长点,致心叶枯死形成枯心苗;萌发期、分蘖初期造成缺株,有效茎数减少;生长中后期幼虫蛀害蔗茎,破坏茎内组织,影响生长且含糖量下降,遇大风蔗株易倒。此外,伤口处还易诱发甘蔗赤腐病。

6.8.1 形态特征

粟灰螟的形态特征见图6-9。

(1) 成虫 体长8.5~10.0 mm，翅展18~25 mm。雄虫体黄褐色，额圆形，不突向前方；复眼黑褐色，无单眼；下唇须发达，浅褐色，向前下方直伸；胸部暗黄色；前翅近长方形，黄褐色杂有黑褐色细鳞片，中室顶端及中室里各具小黑斑1个，有时只见1个，前翅沿外缘翅脉末端有7个小黑点；后翅灰白色，外缘淡褐色。雌蛾色较浅，前翅小黑点不明显。

(2) 卵 长0.8 mm，宽0.65 mm，扁椭圆形，表面生微细网状纹。卵初产时乳白色，孵化前灰黑色。与玉米螟卵相似，粟灰螟卵常数粒至数十粒排列成鱼鳞状卵块，但卵粒较薄，且卵粒间重叠部分较小，排列较松散。

(3) 幼虫 长15~23 mm；头红褐色或黑褐色；前胸盾片近三角形，黄褐色；中胸至腹末背面具5条明显的紫褐色纵线：1条背线、2条亚背线和2条气门上线，背线略细。中胸和后胸背面各有4个毛片，其上各生细毛2根。腹部第1~8节的背面近中央有1个细横皱，其前方各生毛片4个，排成横列，其后方各有较小毛片2个，各生细毛1根。腹足趾钩为三序缺环型。

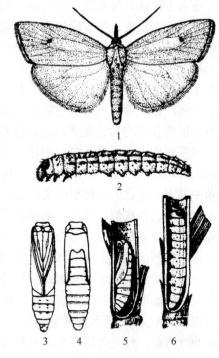

图6-9 粟灰螟
1.成虫 2.幼虫 3.蛹腹面 4.蛹背面
5.在被害谷茎内的蛹 6.被害茎内的幼早

(4) 蛹 体长12~14 mm，黄褐色，腹部第7节后瘦削，末端平。第5~7节背面和第6~7节腹面的近前缘均有横列不规则褐色突起数个，其中第6腹节腹面不很明显。在第5~6节腹面各有1对腹足痕迹。蛹初化时乳白色，羽化前变成深褐色。

6.8.2 发生规律

(1) 生活史和习性 粟灰螟在长江以北1年发生1~3代，以老熟幼虫在谷茬内越冬，少数在谷草、玉米茬和玉米秆内越冬。在南方蔗区，粟灰螟1年发生4~6代，世代重叠，以老熟幼虫在蔗头、秋笋和残茎内越冬。

在内蒙古、东北及西北地区，粟灰螟越冬幼虫于5月下旬化蛹，6月初羽化，一般6月中旬为成虫盛发期，随后进入产卵盛期，第1代幼虫于6月中下旬为害。8月中旬至9月上旬进入第2代幼虫为害期，收获前幼虫转移到谷子根茬内越冬。在华北地区和安徽淮北，越冬幼虫于4月下旬至5月初气温18℃左右时化蛹，5月下旬成虫盛发，5月下旬至6月初进入产卵盛期，5月下旬至6月中旬为第1代幼虫为害盛期，7月中下旬为第2代幼虫为害期，第3代产卵盛期为7月下旬，第3代幼虫为害期为8月中旬至9月上旬，以老熟幼虫越冬。北方谷子产区，粟灰螟1年可以发生1~3代，一般以2~3代发生区为害较重。在2代区，第1代幼虫集中为害春谷苗，造成枯心；第2代主要为害春谷穗和夏谷苗。在3代区，第1~2代为害情况基本与2代区相同，第3代幼虫主要为害夏谷穗和晚播夏谷苗。

在南方蔗区，粟灰螟通常以第1～2代幼虫为害宿根蔗苗和春植蔗苗，造成枯心，其中以第2代为害较重；第3代以后为害成长蔗，以6—9月的田间密度较高。例如福建莆田1年发生5代，第1代发生期在4月上旬至6月上旬，第2代发生期在5月中下旬至7月中旬，第3代发生期在7月上中旬至8月下旬，第4代发生期在8月中下旬至10月上旬，第5代发生期在9月下旬至翌年3月。其中第1～3代发生量大，第1～2代发生期正值甘蔗苗期，为害严重。第1代为害主茎苗，第2代为害主茎苗、无效分蘖苗和蔗茎，造成枯心和螟害节，以后各代均为害蔗茎，造成螟害节。

粟灰螟成虫多于日落前后羽化。成虫白天潜栖于谷株或其他植物的叶背、土块下或土缝等阴暗处，傍晚活动，有趋光性。交尾后，雌蛾把卵产在谷叶背面，第1代成虫多产卵于春谷苗中及下部叶背的中部至叶尖近部中脉处，少数可产卵于叶面。第2代卵在夏谷上的分布情况与第1代卵相似，而在已抽穗的春谷上多产于基部小叶或中部叶背，少数产于谷茎上。每雌产卵约200粒。成虫寿命为5～8 d。卵期为2～5 d。在甘蔗产区，卵多产在蔗苗下部叶片背面。初孵幼虫爬至茎基部从叶鞘缝隙钻孔蛀入茎里为害，完成上述过程需时1～3 d。

粟灰螟幼虫共5龄，初孵幼虫行动活泼，爬行迅速。大部分幼虫于卵株上沿茎爬至下部叶鞘或靠近地面新生根处取食为害；部分吐丝下垂，随风飘至邻株或落地面爬于其他株。幼虫孵出后3 d，大多转至谷株基部，并自近地面处或第2～3叶鞘处蛀茎为害，约5 d后被害谷苗心叶青枯，蛀孔处仅有少量虫粪或残屑。低龄幼虫喜群集，发育至3龄后表现转株为害习性，一般幼虫可能转害2～3株。除越冬幼虫历期较长外，一般为19～28 d，在茎内为害15 d左右。

粟灰螟为害甘蔗时，幼虫孵出后即爬至叶鞘内侧取食为害，3龄后再蛀入蔗茎组织，形成隧道，为害生长点，造成枯心苗或螟害节，幼虫蛀入孔口周缘不枯黄，茎内蛀道较直而过节。老熟幼虫在被害茎内化蛹。

(2) 发生与环境条件的关系 粟灰螟发生为害的轻重取决于越冬基数和气候条件，特别是降水量和湿度对粟灰螟的影响最大。

①气候条件 冬季低温和越冬幼虫复苏后特别是化蛹前后，春夏之际的相对湿度或降雨对其发生消长最重要。冬季低温是造成越冬幼虫死亡的主要因素。一般常以秋耕后暴露于地表枯茬内的幼虫死亡率最高。一些研究表明，根茬、茎秆冬季存放位置对幼虫的越冬死亡率影响较大，在室外堆放的死亡率为75.5%，在室内堆放的死亡率仅31.8%。1月平均气温在-8.5 ℃以下时，暴露在地表根茬内的幼虫死亡率可达90%以上，埋在土中的越冬幼虫死亡率仅30%左右。

越冬幼虫如遇雨水较多，湿度大有利于化蛹、羽化和产卵。可依据5月的降水量对第1代螟害做出发生程度的估计。据山东聊城调查，百茬越冬活虫10头左右，5月中旬至6月上旬温度20～25 ℃，相对湿度70%，降水量不低于25 mm时，第1代发生重；相对湿度低于50%则轻。7月上中旬相对湿度在70%以上，第2代发生重。在河南新乡，当5月降水量超过40 mm，降雨8次以上时，便有可能大发生。在冀中南5月中旬至6月上旬温度在20～25 ℃，相对湿度70%以上，降水量为40～60 mm时，为大发生年，第1代粟灰螟发生就严重；如果相对湿度低于50%，降水量30 mm以下，粟灰螟发生轻，则为小发生年。

粟灰螟越冬幼虫耐干旱能力较强。在长期干旱的条件下，仍能保持相当的生活力。如果在复苏后，特别是化蛹前，遇到天旱少雨，大气干燥，则幼虫表现皱缩，不能及时化蛹。此时如果有降雨或灌溉,则化蛹和羽化数量急剧上升而集中,此间,如下中雨,通常1周左右幼虫大量化蛹,半月后将出现蛾高峰。如果此时持续干旱,同时地表温度迅速升高,不仅导致化蛹和羽化时间推迟而分散,常由于地表干热而致使大量幼虫死亡,也降低已经羽化成虫的产卵量、卵的孵化率和初孵幼虫的存活率,从而显著压低第1代发生数量和为害程度。

②越冬基数 越冬基数对粟灰螟的发生轻重也是重要的因素。研究表明,在河北,越冬幼虫活虫数达到1500头/hm²,第1代通常可以造成10%的枯心率;平均活虫数达2100头/hm²时,枯心率可达25%左右,结合5月的降水量分析,一般谷茬遗留率10%左右,百茬活虫平均3头以上,降水量在15 mm左右时,田间枯心率可达10%左右;若降水量为25 mm左右,则枯心率可达20%以上;降水量低于10 mm时,田间发生较轻,枯心率为5%左右。

③品种、生长状况和种植结构 品种特性和生长状况对粟灰螟发生与为害程度也有密切关系。一般茎叶色深、叶鞘茸毛稀疏的品种受害重,茎秆粗而柔软的品种比茎秆细而坚硬的品种受害重,单秆品种比分蘖力强的品种受害重,如果粟灰螟产卵盛期与谷子拔节期吻合则受害重。此外,播种越早,植株越高,受害越重。春谷区和春夏谷混播区发生重,夏谷区为害轻。

④天敌 粟灰螟的天敌因发生的地区不同对害虫的控制作用不同。在河北、山西等地已发现的幼虫天敌主要有螟甲腹茧蜂(*Chelonus munakatae* Munakata)、螟黑纹茧蜂(*Bracon onukii* Watanabe)、寡节小蜂、寄生蝇、白僵菌等,其中螟甲腹茧蜂和螟黑纹茧蜂在山西和北京对幼虫的寄生率有的年份分别可高达61.3%和93.4%。此外,在云南的甘蔗田间发现的一些寄生蜂有广黑点瘤姬蜂(*Xanthopimpla punctata* Fabricius)、中华钝唇姬蜂[*Eriborus sinicus* (Holmgren)]、夹色姬蜂(*Centeterus alternecoloratus* Cushman)、螟黄足绒茧蜂[*Apanteles flavipes* (Cameron)]、中华茧蜂(*Bracon chinensis* Szepligeti)、白螟黑纹茧蜂(*Stenobracon nicevillei* Bingham)和甘蔗二点螟卵赤眼蜂(*Triochogramma* sp.)。

6.8.3 虫情调查和预测预报

(1) 发生程度预测 一般可依据5月的降水量和降雨次数,对第1代粟灰螟做出发生程度的预测。一般在冬前选择有代表性的春谷田、夏谷田3～5块,每块5点取样,每点20 m²,检查地表和埋土的谷茬数和幼虫数,估算每公顷遗留的谷茬数和幼虫总数,初步预测第2年的发生程度。冬后,一般4月中旬前后选择有代表性田块3～5块,剖查百茬计算活虫和死亡率,预测当年可能的发生程度。如此积累多年资料后,可逐步制定预测指标。

(2) 发生期预测 一般在4月底至5月初开始选择有代表性的田块,或者秋收后收集大量的虫茬,参照地下茬的自然部位埋土保存,每5 d剖查幼虫、蛹和蛹壳数,每次查虫不少于50头,计算化蛹和羽化盛期。一般以10%、40%～50%和80%分别界定化蛹或羽化的始期、盛期和末期。根据化蛹进度,推算成虫羽化和产卵盛期,通常化蛹盛期后10 d左右为羽化盛期,此后7 d内为田间防治适期。第2～3代发生期,可根据第1～2代化蛹、羽化进度推算。

(3) 甘蔗产区幼虫、蛹发育进度调查和预测 预测甘蔗田第1～2代幼虫、蛹发育进展,分别于越冬代、第1代的化蛹始盛期(一般分别为3月下旬和5月下旬)开始,到盛蛹末期进行，在丘陵旱地和水田蔗园，选择有代表性的虫源田，剖取蔗头、秋笋、冬笋、枯心、枯鞘的虫、蛹30头以上，每5～7 d查1次，预测第1代以宿根蔗为主，预测第2代以冬植蔗、春植蔗和宿根蔗为主，尽量做到不漏虫，记载各龄幼虫、各级蛹、蛹壳数，计算蛾始盛、蛾高峰和蛾末期分别为化蛹率达到25%、50%和80%左右的日期，加上达到该比例的某级蛹所未经过的蛹的历期，再分别加上产卵前期、卵期，即为卵孵化始盛期、高峰期和末期。

6.8.4 防治方法

(1) 农业防治 结合秋耕耙地，拾净谷茬集中销毁。谷草要求在4月底前铡碎或堆垛泥封，以消灭其中越冬虫源。田间出现枯心苗时，要及时拔除，还要结合间苗、定苗拔除枯心苗。拔除的枯心苗要及时带出田外，作饲料或深埋。因地制宜地适当调节播种期，使宜产卵苗期避开螟蛾羽化产卵盛期，可减轻为害。推广抗虫品种；种植早播谷诱集田集中防治，减轻大面积受害；拔除枯心苗控制第2代螟害等措施，均有显著防治效果。

在南方甘蔗产区，选用抗虫能力较强、高产的甘蔗品种。留宿根蔗田，低斩蔗茎，及时处理蔗头及枯枝残茎，消灭地下部越冬幼虫。提倡因地制宜进行稻蔗水旱轮作，能有效地降低粟灰螟对甘蔗的为害。合理布局甘蔗的种植结构，冬植蔗和春种植甘蔗尽量避免在秋植蔗田附近，以减少该虫传播蔓延。

(2) 生物防治 保护和利用自然天敌类群是控制粟灰螟为害的重要途径。在北方种植谷子等寄主作物区，甲腹茧蜂、螟黑纹茧蜂、寡节小蜂、寄生蝇、白僵菌等是粟灰螟的重要天敌，其中螟甲腹茧蜂和螟黑纹茧蜂在山西和北京对幼虫的寄生率分别可高达61.3%和93.4%。

在南方甘蔗产区，人工释放赤眼蜂可有效地控制螟害。一般在1～2代产卵期释放赤眼蜂各2次，甘蔗伸长期1次或2次，每公顷每次放15万头，安排5～6个释放点。

利用性外激素诱杀，每公顷安放15个诱集盆，可诱杀雄蛾，降低有效交配率，从而减少卵的孵化率和幼虫的为害。

(3) 化学防治 当谷田每500株谷苗有粟灰螟卵1块或千株谷苗累计有5个卵块时，可采用毒土药带防治。每公顷用48%毒死蜱乳油3 000 mL，拌细土375 kg制成毒土，撒在谷苗根际，形成药带；或者用5%西维因粉剂22.5～30.00 kg，拌细土300 kg制成毒土，撒在谷苗根际，效果都很好。

粟灰螟卵盛孵期可采用药剂喷雾防治。可选用90%敌百虫晶体500～800倍液、50%杀螟丹可湿性粉剂1 000倍液、50%杀螟硫磷乳油1 000倍液、1%甲基阿维盐1 500倍液、2.5%三氟氯氰菊酯乳油2 500倍液喷雾；也可用50%杀虫环（易卫杀）可溶性粉剂100 g，兑水40～50 kg喷雾。

6.9 甘薯小象甲

甘薯小象甲 [*Cylas formicarius* (Fabricius)] 属鞘翅目蚁象虫科，亦称为甘薯小象虫，是国际和国内检疫性害虫，分布甚广，在我国目前分布于江苏、浙江、福建、江西、湖南、广东、广西、云南、贵州、四川、重庆和台湾。成虫可为害甘薯、蕹菜、野牵牛、登瓜薯、月光花等旋花科植物,是我国南方各地甘薯生长期和储藏期的重要害虫。

甘薯小象甲的野生寄主有30余种,栽培植物中甘薯为其嗜食寄主。其成虫和幼虫均能为害,但以幼虫为害损失大。成虫咬食薯块、藤头、茎、叶柄、嫩梢、幼芽。薯块被害后,水分散失干缩,其伤口还容易使甘薯黑斑病、甘薯软腐病等病菌侵入而发病、腐烂,造成更大损失。幼虫钻蛀薯蔓和薯块,造成许多不规则的纵横潜道,并排粪其内。薯块被害后,呈蜂窝状,变为黑色或黑褐色,并诱发病害,容易腐烂,产生一种特殊的腥辣味(故称臭薯),完全不能食用,作为饲料则能引起家畜中毒死亡。甘薯小象甲在发生地区,常年损失为15%~20%,严重时可达50%,甚至绝产。

6.9.1　形态特征

甘薯小象甲的形态特征见图6-10。

(1) 成虫　体细长,光亮,形如蚂蚁,雌成虫体长4.8~7.9 mm,雄成虫体长5.0~7.7 mm。全体除触角末节、前胸和足橘红色外,其余均蓝黑色而有金属光泽。头部延伸成细长的喙,状如象鼻,故有象鼻虫之称;口器咀嚼式,着生于喙的末端。

(2) 卵　椭圆形,长约0.65 mm,初产时乳白色,后淡黄色,表面散布许多小凹点。

(3) 幼虫　老熟幼虫体长6~8.5 mm,圆筒形,两端略小,稍向腹面弯曲。头部淡褐色,胴部乳白色,胸足退化成细小的革质突起。

(4) 蛹　体长4.7~5.8 mm,裸蛹,初化蛹时乳白色,后淡黄色,复眼褐色。

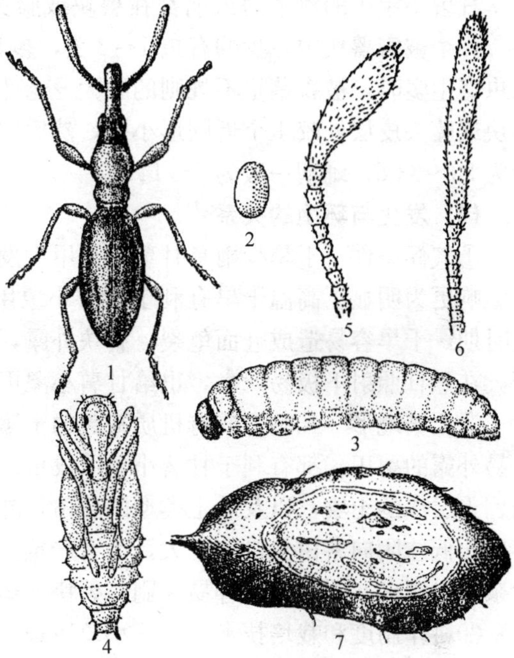

图6-10　甘薯小象甲
1. 成虫　2. 卵　3. 幼虫　4. 蛹　5. 雌虫触角
6. 雄虫触角　7. 被害状

6.9.2　发生规律

(1) 生活史和习性　甘薯小象甲在台湾和广东1年发生6~8代,在广西1年发生4~6代,在福建1年发生5代,在湖南1年发生4代,在浙江1年发生3~4代,有明显的世代重叠现象。福建同安各代成虫盛发期,第1代为6月上中旬,第2代为7月中下旬,第3代为8月中下旬,第4代为9月中下旬,第5代为10月至11月中旬,全年以4—6月及7月下旬至9月上旬为害最烈。浙江温州成虫出现期,第1代为6月下旬,第2代为8月上旬,第3代为9月上中旬,第4代为10月中旬。在浙江各省全年以7—10月为为害最严重时期。

甘薯小象甲以成虫、幼虫、蛹各虫态在臭薯和藤头内越冬。此外,尚有相当数量的成虫分散在甘薯迹地的杂草、石隙、土缝、田间残藤枯叶下度过冬季。在广东、广西及福建南部温暖地带,冬季成虫能继续产卵繁殖,在其他地区也无明显的滞育现象。当春季气温达17~18 ℃以上时,在薯块或藤头内越冬的幼虫和蛹,逐渐发育羽化为成虫。

成虫羽化后一般经2周才能产卵。卵多产于藤头和薯块表皮下。产卵时用口器在薯块或藤头表皮上咬1个小孔，产卵其中，一般1孔1粒卵，极少数1孔2粒卵。每雌虫能产卵30～200粒，平均80粒左右。成虫取食露出地面或因土壤龟裂而外露的薯块，咬成许多小孔，还可取食幼芽、嫩叶、嫩茎和薯蔓的表皮，妨碍薯株正常生长发育。成虫善爬行，不善飞翔，畏阳光，一般多躲在茎叶荫蔽处，所以藤头部位受害较重。成虫喜干怕湿，当薯地潮湿或下雨后，则爬出活动，有假死性，耐饥力强，趋光性弱。成虫寿命很长，雄虫一般能生活30～51 d，最短为17 d，最长达82 d；雌虫一般能生活30～50 d，最短为22 d，最长达123 d。卵期一般为7～12 d。

甘薯小象甲的整个幼虫期都在薯块或藤头内生活。蛀食薯块的，形成弯曲无定形的隧道。一个被害薯块中，少的有虫1～2头，多者有170余头。蛀食藤头的，形成较直的隧道，幼虫寄生多时，被害茎呈不规则的肿大。老熟幼虫在隧道内化蛹，化蛹之前向外蛀食，到达薯块或藤头皮层处咬1个近圆形小孔，然后在小孔的内侧附近化蛹。幼虫共5龄，幼虫期一般为20～33 d；蛹期一般为7～14 d。

(2) 发生与环境的关系

①气候条件　干旱少雨是甘薯小象甲大发生的主导因素，尤其夏秋7—8月连续干旱的年份影响更为明显。高温干旱有利于甘薯小象甲发育繁殖，加重为害程度。7—8月是薯块膨大时期，干旱容易造成畦面龟裂，薯块外露，有利于成虫产卵为害，同时其天敌白僵菌的孢子，在烈日照射下极易死亡，也给甘薯小象甲的猖獗发生创造有利条件。

②土壤地形　凡黏重或有机质缺乏的土壤、保水力差的土壤、容易龟裂以及土层薄薯块容易外露的薯田，都有利于甘薯小象甲成虫产卵繁殖为害。凡土壤有机质多、疏松、保水力强、土层深的土壤，以及砂土类型的薯田，畦面不易龟裂，为害轻。从地形来看，高燥向阳薯田比低洼阴向薯田虫口密度大，为害严重；同一块薯田则四周比田中间受害重，因四周接近杂草虫源多，同时土壤容易冲刷，薯块外露多。

③耕作制度和栽培技术　甘薯小象甲寄主范围较窄，凡是连作区，虫源连绵不断，为害严重，例如实行轮作，可大大减轻受害。例如浙江实行甘薯与甘蔗或甘薯与花生轮作，福建采取花生、小麦、甘薯等轮作，受害较轻。在有水源地区实行水田和旱地轮作，则受害更轻。

早插的薯田易诱集越冬成虫群集产卵，比迟插的薯田为害重。此外，中耕松土可以防止土壤龟裂，培土可避免薯块外露，这些都可减少成虫产卵，所以不培土比培土的受害重，迟培土的比早培土的受害重。肥足苗壮，早期封行，可以减少土壤水分散失，防止土壤龟裂，从而减轻受害。

④品种　甘薯不同品种间因质地和生长特性不同，受害程度有所差异。凡薯块组织疏松，含水量多，淀粉少的品种受害重；薯蒂较短，着生较浅的品种受害重。反之，则受害轻。

6.9.3　防治方法

甘薯小象甲的防治必须贯彻"预防为主，综合防治"的植物保护方针。首先采取检疫措施，并以农业防治和生物防治为主，化学防治为辅，把虫害控制在经济允许水平之下。

(1) 加强检疫 禁止从疫区调运种薯、种苗、薯蔓和商品薯。

(2) 农业防治

①清洁田园，处理臭薯坏蔓 这样，可大大减少越冬虫口基数，减轻翌年为害。

②合理轮作，选育壮苗 各地可因地制宜采用甘薯与花生、甘蔗、玉米、高粱、大豆等旱作物进行轮作，抑制此虫的发生。水利条件好的地区，若实行水旱轮作，则效果更显著。要选用抗虫品种或无受害的种苗种植。

③改、培结合，改良土壤 黏重土壤加砂或畦面盖砂；土层薄、含砂过多的土壤加河泥、垃圾或牛栏土；有机质缺乏的土壤，可增施有机肥料；酸性强的土壤，可多施草木灰或消石灰。这些土壤改良措施，以及适时中耕培土，可使土层加厚，土质疏松，防止土壤龟裂与薯块外露，可减少成虫侵入产卵繁殖机会，并有利于甘薯的生长。

(3) 诱杀防治

①小薯片诱杀 在甘薯收获时，大部分成虫落在田间，因此可以在初冬和早春越冬成虫活动期，用薯块切片在90%敌百虫、50%毒死蜱或杀螟松500~800倍液中浸24 h，取出晾干后撒在薯地四周诱杀，可以大大降低虫口基数。

②性信息素诱杀 用大型可口可乐塑料瓶制作诱捕器，在诱捕器顶上放一支装有甘薯小象甲性信息素的诱芯，瓶内装水。在薯蔓长至6~10 cm时，每公顷放置30个诱捕器。2~5 d换1次水，2月换1次诱芯。可在整个生长季节诱杀。

(4) 生物防治 Bb-1白僵菌菌株对防治甘薯小象甲具有明显的防治效果。据福建省农业科学院植物保护所报道，利用Bb-1白僵菌菌粉（含孢量$5\times10^9/g$），在6月上旬和下旬各施1次，每次使用量10 kg/hm^2，防治效果可达到59%~64%。

(5) 化学防治

①药液浸苗 扦插时用亚胺硫磷1 000倍液浸苗1 min，取出晾干后扦插，能保护薯苗不受为害。

②夏秋季保薯 夏秋季是薯块膨大时期，也是甘薯小象甲繁殖为害盛期。为取得甘薯丰产丰收，必须在结薯初期进行化学防治。可选用40%速扑杀乳油1 500倍液、40%毒死蜱乳油800倍液、52.5%高氯·毒死蜱乳油1 000倍液、2.5%氯氟氰菊酯1 000倍液喷雾。

6.10 马铃薯块茎蛾

马铃薯块茎蛾［*Phthorimaea operculella* (Zeller)］又名烟草潜叶蛾、马铃薯麦蛾、番茄潜叶蛾等，属鳞翅目麦蛾科。马铃薯块茎蛾原产于中美洲和南美洲的北部地区，世界上最早的记载是1854年在澳大利亚为害马铃薯，此后不断扩展蔓延，目前已传播到亚洲、欧洲、北美洲、非洲、大洋洲、中美及南美洲的90多个国家，发展成为一种世界性害虫；在我国对马铃薯块茎蛾的记载始于1937年，陈金壁报道该害虫在广西柳州为害烟草，现已广泛分布于四川、云南、贵州、广东、广西、湖南、湖北、江西、安徽、甘肃、陕西及台湾，且发生较为普遍。该虫为多食性害虫，主要为害茄科植物，其中以马铃薯、茄子、烟草、番茄、辣椒等受害最重。马铃薯块茎蛾以幼虫为害叶片，潜入叶内，沿叶脉蛀食叶肉，仅留上下表皮，呈半透明状，严重时嫩茎、叶芽也被害枯死，幼苗可全株死亡。在田间和储藏期间马铃薯块茎蛾可钻蛀马铃薯块茎，造成弯曲的潜道甚至整块被蛀空，外表皱缩，并引起腐烂或干缩。

6.10.1 形态特征

马铃薯块茎蛾的形态特征见图 6-11。

(1) 成虫 小型蛾，灰褐色微具银灰色光泽，体长 5.0~6.2 mm，翅展 14~16 mm。下唇须很长，向上弯曲超过复眼；共3节，第1节短，第2节略常于第3节。前翅狭长，尖叶状，黄褐色或黑褐色，缘毛长。雌蛾前翅左右合并时，在臀区有1个明显的黑色大斑纹；腹末尖细，有马蹄形短毛丛成环；后翅翅缰3根，前缘基部无毛束。雄蛾前翅后缘有不明显黑褐色斑纹4个，腹末有向内弯曲的长毛1丛；后翅翅缰1根，前缘基部有1束长毛。

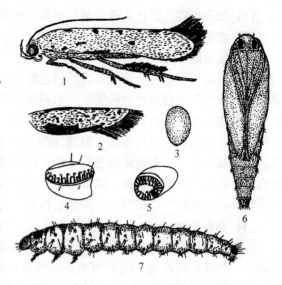

图 6-11 马铃薯块茎蛾
1. 成虫 2. 雌成虫前翅 3. 卵 4. 幼虫尾足趾钩
5. 幼虫腹足趾钩 6. 雄蛹 7. 幼虫

(2) 卵 椭圆形，长约 0.51 mm，宽 0.38 mm，乳白色，略透明，孵化前黑褐色，有紫色光泽。

(3) 幼虫 成熟幼虫体长 10~13 mm，白色或淡黄色，取食叶肉的幼虫绿色。头棕褐色，前胸盾板及胸足黑褐色，臀板淡黄色。末龄幼虫腹部第5节可见肾形睾丸1对。

(4) 蛹 圆锥形，棕色，体长 6~7 mm，外被灰白色茧，茧外常附有泥土。额唇基缝明显，中央向下突出呈钝圆角形。腹部共10节，第8~10节分节不明显。第10节背面中央有1个向上弯曲的角状突。尾端中部向内凹入，臀棘短，臀节背面有8根横列刚毛。

6.10.2 发生规律

(1) 生活史和习性 马铃薯块茎蛾的发生期及1年的发生代数因地区、海拔高度及气候条件不同而有明显的差异。在环境适宜条件下，马铃薯块茎蛾可以整年活动，最活跃的季节在4月下旬至8月下旬。一般高温潮湿条件对其发生不利，在干旱少雨多风的地方往往发生较重。马铃薯块茎蛾在四川1年发生6~9代，在贵州福泉地区1年发生5代，河南和山西1年发生4~5代。在云南昆明，越冬代成虫于1月中旬至5月中旬出现，第1代成虫于5月中旬至6月下旬出现，第2代成虫于8月上旬至8月下旬出现，第3代成虫于9月中旬至11月中旬出现。若第4代幼虫化蛹较早，11—12月温度又在12℃以上，则仍可羽化为第4代成虫，产卵于烟草植株上，第5代幼虫即在嫩叶上取食并越冬。马铃薯块茎蛾繁殖能力很强，在田间及薯块的储藏期都能繁殖，具有分布广，食性杂，世代多，为害重的特点。

马铃薯块茎蛾的卵在马铃薯块茎上多产于芽眼及破皮或粗糙的表皮上；在烟草上卵多散产于基部第1~4片叶的背面或正面中脉附近，有时也产于烟茎基部。幼苗期则多产于心叶的背面，有时也产于土缝间。马铃薯植株上初孵化的幼虫四处爬散，吐丝下垂，随风飘落到邻近植株叶片上潜入蛀食为害。幼虫有极强的耐饥力，因此幼虫可随调运材料、工具等远距离传播。幼虫老熟后由薯块、叶片内爬出，即在薯堆间、薯块凹陷处、土表、土缝或枯叶上结茧化蛹，据眼点颜色的变化可将其分为黄眼蛹、早期红眼蛹、中期红眼蛹、晚期红眼蛹和黑眼蛹5个阶段。茧灰白色，外面常附泥土或黄色排泄物。成虫有较强的趋光性。

马铃薯块茎蛾并无严格的滞育现象，只要温度湿度适宜，又有适宜的食料，冬季仍能正常生长发育。在我国南方，此虫的各个虫态均能越冬，但主要以幼虫在田间的烟草残枝败叶或残留的薯块内越冬，在北方只有少数蛹可以越冬。春季越冬代成虫出现后，首先在春播马铃薯或烟苗上繁殖，春薯收获后，一部分虫体随薯块茎进入仓库内繁殖为害，另一部分迁移到烟草大田繁殖为害。若田间播种秋薯，还可以迁移到秋薯田间继续繁殖为害。该虫为害马铃薯、烟草等植物叶片时，以幼虫潜入叶内，沿叶脉蛀食叶肉，叶片被害初期，出现线形隧道，以后叶肉被食尽仅留上下表皮，呈半透明状，严重时嫩茎、叶芽也被害枯死，幼苗可全株死亡。在田间和储藏期间幼虫可钻蛀马铃薯块茎，造成弯曲的潜道甚至整块被蛀空，蛀孔外有深褐色粪便排出，致使马铃薯块茎外表皱缩，并引起腐烂，失去食用或种用价值。

(2) 发生与环境条件的关系

①耕作栽培制度　随着马铃薯种植面积不断扩大，栽培技术向多品种、多层次、周年生产方向发展，以及作物布局不合理，为害虫的生存繁殖提供了充足的食料和有利的环境条件。例如云南一些地方在种植马铃薯时，由于不注意薯田的合理布局，薯田、烟田和蔬菜地相连的情况比较常见，使得害虫在薯田和烟田之间辗转为害，使害虫的发生越来越重。

②气候条件　马铃薯块茎蛾的发生与温度和湿度关系密切。一般夏季高湿环境，不利于其发生，在较干旱的情况下，往往发生较重。

③品种的抗虫性　据云南的资料，近年来云南省马铃薯加工产业的迅速发展，对加工型马铃薯的原料需求大大增加，但由于目前生产上采用的加工型马铃薯品种都是从国外和北方引进的，在云南的适应性较差，导致虫害发生严重。

6.10.3　防治方法

马铃薯块茎蛾的防治应加强检疫，采取田间与仓内防治相结合，进行综合治理。

(1) 加强检疫　此虫主要靠交通工具通过种薯调运，进行传播。因此必须进行仓库与交通工具的检疫以及产地检疫。不从疫区调运种薯和未经烤制的烟叶，如需调运必须熏蒸处理。在室温10～15℃时，用溴甲烷35 g/m³熏蒸3 h；室温为28℃以上时，溴甲烷用量为30 g/m³，熏蒸6 h。也可用二硫化碳7.5 g/m³，在15～20℃下熏蒸75 min。

(2) 农业防治

①合理布局和耕作制度　马铃薯种植要进行合理布局，进行合理轮作、套种、间作能有效地控制马铃薯块茎蛾。在薯田附近不要种植烟草等茄科植物，以减少马铃薯块茎蛾迁飞辗转为害。特别是在马铃薯块茎蛾为害严重地区，马铃薯种植区应该与其他茄科作物进行隔离。

②合理水肥调节和中耕　例如冬灌、中耕能有效地破坏虫害的生存环境，抑制或破坏害虫的正常生长发育，达到控制害虫发生为害的目的。

③选种　在种植马铃薯时,必须采用健康合格种薯,淘汰受马铃薯块茎蛾为害的块茎。马铃薯块茎蛾喜欢在芽眼及粗糙的表皮上产卵,因此应尽量选择块茎芽眼较少、表皮光滑的品种。

④栽培和管理　种植时,要尽量深埋块茎。在马铃薯生长期,要进行中耕培土以免薯块外露,灌溉时多以喷洒和滴灌为佳,并且要增加灌溉次数,以防止土壤板结开裂,能有效地减少马铃薯块茎蛾的为害。此外,加强田间管理,清除薯田杂草,也可减轻马铃薯块茎蛾的为害。

⑤科学收获　马铃薯成熟后应及时收获,特别是春播马铃薯,及时收获可避免马铃薯块茎蛾的为害。新收获的马铃薯不能用绿叶残枝覆盖,以防止马铃薯块茎蛾在块茎上产卵。收获马铃薯时力求做到不留遗薯在田间,以减少越冬虫态的食物来源。储藏前及时挑除被害块茎,被淘汰的块茎应进行深埋或焚烧。

(3) 生物防治　马铃薯块茎蛾的捕食性天敌昆虫主要有加州草蛉和镰螯螨属的一种螨。寄生性天敌主要来自小茧蜂科和姬蜂科,一般是寄生马铃薯块茎蛾的卵,其中又以对初产的卵寄生效果尤为显著。此外,苏云金芽孢杆菌可湿性粉剂 1 000 倍液对低龄幼虫有很好的控制作用。松毛虫病毒和线虫也能对马铃薯块茎蛾有一定的防治效果。印楝素、滇杨和烟草提取物及马铃薯块茎蛾幼虫粪便对马铃薯块茎蛾产卵具有抑制作用。释放不育雄虫和在块茎的储藏期用性信息素诱集马铃薯块茎蛾也能有效控制马铃薯块茎蛾的暴发。

(4) 化学防治

①入库种薯处理　可选用 80% 敌百虫可湿性粉剂或 25% 西维因可湿性粉剂,稀释 200～300 倍喷洒,晾干后运入库内平堆 2～3 层储藏。

②成虫盛发期喷药　可选用 5% 甲维盐水分散粒剂 4 000～5 000 倍液、15% 茚虫威悬浮剂 2 000～3 000 倍液、200 g/L 氯虫苯甲酰胺 5 000～6 000 倍液、50% 辛硫磷乳油 1 000 倍液、50% 杀螟松乳油 1 000 倍液、80% 敌百虫可溶性粉剂 1 000 倍、2.5% 溴氰菊酯乳油 2 000 倍液、20% 氰戊菊酯乳油 2 000 倍液、2.5% 功夫菊酯乳油 2 000 倍液、5% 顺式氰戊菊酯(来福灵)乳油 2 000 倍液、10% 氯氰菊酯乳油 2 000 倍液喷雾,还可用 50% 巴丹可溶性粉剂 1 500～2 250 g/hm^2 加水喷洒。

思 考 题

1. 比较东亚飞蝗和黏虫的迁飞有何不同。
2. 试分析近年来东亚飞蝗大发生的原因。应如何治理?
3. 试述东亚飞蝗的蝗区类型及其特点。
4. 玉米螟和条螟在生活习性上有何差异?
5. 玉米螟的发生和栽培制度有何关系?
6. 草地螟近年来在我国北方地区发生严重的原因是什么?治理上应该采取什么措施?

第7章 大豆害虫

大豆是我国栽培的重要油料作物，又是一种能通过根瘤菌固定空气中氮素的养地作物，因此在栽培上占有重要地位。我国大豆产区可划分为东北春大豆区，黄淮平原和长江流域夏大豆区，浙江、江西、台湾等省秋大豆区和全年都可播种的华南大豆区，其中以东北的松辽平原和黄淮流域为主产区。

大豆在生长发育过程中会遭受多种害虫的为害。例如黄淮平原和长江流域夏大豆区，苗期主要有蛴螬为害，造成缺苗断垄。分枝期害虫种类较多，刺吸茎叶的主要有蚜虫、叶螨和椿象，使叶片失绿、皱缩或畸形，其中大豆蚜虫还是传播大豆花叶病毒的主要媒介昆虫；为害叶片的有金龟甲、豆天蛾、大豆毒蛾、豆芫菁、大豆造桥虫、豌豆潜叶蝇等，前5种为害造成孔洞、缺刻，甚至吃光叶片，仅余叶脉；潜叶蝇在叶内潜食，形成虫道。花荚期除多种食叶害虫继续为害外，发生的主要害虫是大豆食心虫和豆荚螟，二虫皆以幼虫蛀食籽粒。此外，从大豆苗期到生长后期都会有豆秆黑潜蝇蛀食茎秆。

当前大豆害虫发生的动向是：大豆食心虫、蛴螬仍是大面积连年多发的害虫；豆秆黑潜蝇、大豆蚜在黄淮流域和东北大豆产区发生较重；豆天蛾为害呈上升趋势；豆荚螟为间歇发生，但重发年份分布广，为害重；入侵害虫烟粉虱在黄淮流域也开始为害大豆。此外，暴发性害虫甜菜夜蛾和斜纹夜蛾的为害也值得引起重视。

20世纪90年代以来，黄淮流域夏大豆区在大面积上进行了大豆害虫综合治理的开发研究，取得了成功的经验。实施综合治理的主要措施如下。

(1) 农业防治 首先从改善豆田生态环境出发，改革耕作制度，推行小麦—大豆—棉花轮作换茬制度或实施水旱轮作，因而有效地控制了蛴螬和大豆食心虫等的为害。实行玉米和大豆间作套种，通过改变农田小气候，可使大豆小造桥虫为害减轻。其次是选种抗（耐）虫品种，例如"豫豆2号"，不仅具有抗蚜性能，也表现较好的对豆秆黑潜蝇的抗性。在栽培技术上，注意播前选种、合理密植、加强管理，以增强豆株自身的抗逆性。在播种时间上，错开大豆幼荚期与成虫产卵高峰期。

(2) 化学防治 在掌握害虫为害盛期的基础上，力求做到一药兼治。例如在7月下旬至8月上旬用毒死蜱兼治大豆蚜虫和豆秆蝇，在8月上中旬用拟除虫菊酯类、毒死蜱、马拉硫磷兼治豆天蛾和大豆造桥虫。对食叶性害虫用拟除虫菊酯、毒死蜱、氯虫苯甲酰胺与辛硫磷、氧化乐果交替使用，并注意使用有效低浓度，以便保护天敌和延缓害虫抗药性的产生。对金龟甲类害虫，主要是充分利用其特殊的习性或趋性进行诱杀。例如利用暗黑鳃金龟成虫出土后交尾前喜在灌木和矮小榆、杨树上活动的习性，及时进行喷药或插药枝进行诱杀，将成虫消灭在产卵以前。

(3) 物理防治　在成虫发生期，利用黑光灯或人工捕捉的方式防治蝼蛄、金龟甲、豆天蛾等害虫，亦可利用成虫产卵选择性、补充营养习性进行诱杀。

(4) 生物防治　近年来对天敌的种类开展了系统调查，例如山东初步查明大豆主要害虫的自然天敌有72种，江苏、安徽明确了控制害虫的优势种类，在预测预报中增加了天敌调查的内容，放宽了害虫防治指标，注意改进施药方法和时期，因而减少了化学农药使用的次数和面积，充分发挥了天敌的自然控制作用。

在上述有效防治技术的基础上，各地区根据具体情况，组合并推行了综合治理的配套技术，进行大面积的示范推广，取得了明显的经济效益、生态效益和社会效益。

7.1　大豆食心虫

大豆食心虫［*Leguminivora glycinivorella*（Matsumura）］又名大豆蛀荚螟、豆荚虫，属鳞翅目卷蛾科，是我国黄淮平原和东北大豆产区的重要害虫。大豆食心虫在国外分布于日本、朝鲜和俄罗斯的远东沿海；在我国分布南限约在北纬31°，西至东经104°左右，安徽、江苏、湖北、浙江、江西、河南、山东、华北等地均有分布，以东北三省、河北、山东、安徽、河南的大豆受害较重。大豆食心虫在以幼虫蛀入豆荚食害豆粒，形成破瓣豆，荚内充满虫粪，对产量、品质影响较大。据研究，虫食率达6%时，每公顷产量降低120 kg以上；虫食率超过16.3%时，大豆质量就降为等外级。虫食率因地区、年度、大豆品种差别而不同，常年虫食率在10%～20%，严重时可达30%～40%。因此该虫已成为影响大豆生产的一大障碍。

大豆食心虫食性单一，仅为害大豆一种作物，野生寄主有野生大豆（*Glycine ussuriensis*）、苦参（*Sophora flavescens*）等，但其成活率很低，发生量极少。

7.1.1　形态特征

大豆食心虫的形态特征见图7-1。

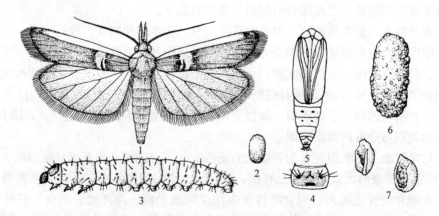

图7-1　大豆食心虫
1. 雌成虫　2. 雄成虫外生殖器　3. 卵　4. 幼虫
5. 蛹　6. 雌蛹腹部末端　7. 雄蛹腹部末端　8. 被害状

(1) 成虫 体长5～6 mm，暗褐色或黄褐色。前翅暗褐色，前缘有向外斜走的10条左右黑紫色短纹，外缘于近顶角下方向内略凹，稍下有银灰色微带闪光的长椭圆形斑1个，斑内有3个黑色小斑。雄蛾前翅色较淡，有翅缰1根，腹部末端具抱握器和显著毛束。雌蛾色较深，有翅缰3根，腹部末端产卵管突出。

(2) 卵 稍扁平，椭圆形，长径0.42～0.61 mm，短径0.25～0.27 mm，略有光泽，刻纹不明显。卵初产时乳白色，2～3 d变橘黄色，至4～5 d时中间现出半圆形红带，孵化前卵的一端呈现出1个小黑点，为幼虫的头部。

(3) 幼虫 共分4龄。初孵幼虫体长1～2 mm，淡黄色，入荚脱皮后乳白色。2龄幼虫尾部有1个褐色小圆斑。3龄幼虫体色黄白，各节背面出现黑色刻点和稀疏短黄毛，尾端的褐色圆斑更为明显，末端先淡黄，渐变鲜红色，刻点和圆斑均消失，仅留稀疏短黄毛，脱荚入土后体色变为杏黄色。末龄幼虫体长8～9 mm，略圆筒形，从腹部背面观察，第7～8节上显现1对紫红色小斑（睾丸）者为雄虫，无此小斑者为雌虫。

(4) 蛹 长纺锤形，体长5～7 mm，红褐色或黄褐色，羽化前黑褐色。腹部第2～7节的背面于近前缘和后缘处各有1横列刺状突起，第8～10腹节仅有1列较大的刺。腹部末端有半弧形锯齿状尾刺8～10根。蛹外有土茧，土茧长椭圆形，长7.5～9.0 mm，宽3～4 mm，茧外附有泥土，呈土色，由幼虫吐丝缀合土粒而成。

7.1.2 发生规律

(1) 生活史和习性 大豆食心虫为专性滞育昆虫，在我国各大豆产区1年均发生1代，以末龄幼虫在豆田或晒场及附近土内做茧滞育越冬。各虫态出现时期因地区、年度不同稍有变动。在安徽、江苏、河南和山东，常年越冬幼虫于7月下旬至8月上旬上升至土表，并重新结茧化蛹，8月上中旬为化蛹盛期，7月下旬至8月上旬成虫开始羽化，8月中下旬为羽化盛期，8月下旬为产卵高峰期，8月末至9月初为幼虫孵化盛期。幼虫孵出后，一般当天就蛀入豆荚为害，为害期为8月中下旬至9月下旬，为害盛期为9月中旬。一般9月中下旬至10月上旬，幼虫老熟后脱荚，潜入土中结茧越冬。

在湖北江汉平原，发生期较安徽和山东晚1～2旬，越冬幼虫在8月下旬化蛹；9月上旬大量羽化为成虫；9月上中旬孵化为幼虫，为害中晚熟夏大豆；10月上中旬脱荚入土越冬。在黑龙江，成虫盛发期一般在8月中旬，夏季温度较高的年份，发生期会提前。大豆食心虫在部分地区的发生期见表7-1。

表7-1 大豆食心虫在不同地区各代幼虫和成虫发生期

地区	化 蛹	成虫羽化	产 卵	幼虫入荚	幼虫脱荚
吉林	7月中旬（7月上旬）	7月末至8月末（8月中旬）	8月上旬至8月下旬（8月中下旬）	8月中旬至8月末（8月中旬）	9月上中旬（9月上旬）
山东	7月下旬至8月上旬（8月上中旬）	（8月中下旬）	（8月下旬）	8月末（9月初）	9月下旬至10月上旬
湖北	8月下旬	8月末至9月中旬（9月上旬）	—	（9月中旬）	10月上中旬

注：括号内为成虫发生期。

大豆食心虫成虫多在7:00—12:00羽化,飞翔力不强,飞行距离一般不超过6 m。上午多潜伏在豆叶背面或茎秆上,午后15:00—16:00开始活动,多在离豆株顶端上方16.5 cm左右,时高时低呈波浪形飞行,以午后17:00—19:00或落日前2 h左右活动最盛。性诱现象强烈,盛发期性比大致为1:1,雌蛾分泌性外激素引诱雄蛾追逐,田间可见"打团飞"现象,依此可估测田间成虫盛发期,指导防治。成虫有弱趋光性,对黑光灯有较强趋性。成虫寿命平均为5.7 d。交配后次日产卵,产卵时间多在黄昏。产卵对部位、豆荚大小、品种特性等有明显的选择性。卵绝大多数产于嫩绿豆荚上,以3.1~4.6 cm长的豆荚居多,尤以3.6~4.1 cm长的豆荚着卵频次最高,2.6 cm以下及5 cm以上长的豆荚产卵很少,少数产于叶柄、侧枝及主茎上;幼嫩荚上产卵较多,老熟荚上较少;荚毛多的品种比荚毛少的产卵多,毛多毛直的着卵多,毛少毛弯的着卵少;距离地面25~32 cm高的豆荚上着卵频次最高,离地面20 cm以下及60 cm以上的豆荚上着卵频次很低;极早熟或过晚熟品种比一般品种着卵少,受害轻。每荚上多产1粒卵,部分荚上产2~3粒,4粒以上极少。雌蛾产卵期为5 d左右,一生可产卵80~200粒。卵期为5~8 d。

大豆食心虫初孵幼虫行动敏捷,在豆荚上爬行时间一般不超过8 h,个别可达24 h以上。幼虫多从豆荚边缘合缝附近蛀入,先吐丝后结成细长白色薄丝网,于其中咬破荚皮,穿孔蛀入荚内,1头幼虫可咬食1~3个豆粒,通常只咬成兔嘴状缺刻,全部吃光者极少。幼虫自吐丝结网至入荚,需3~4 h。幼虫入荚时,荚面丝网痕迹长期留存,可作为调查幼虫入荚数的依据。幼虫入荚过程中的死亡率因大豆品种不同差异很大,这一特点为选育抗虫品种提供了依据。

大豆结荚盛期至始粒期是大豆食心虫易侵入豆荚的时期,豆荚太小或鼓粒太满,幼虫都不易侵入。幼虫在荚内为害20~30 d后老熟,时正值大豆成熟,即在荚上咬1个长椭圆形脱荚孔,脱荚后入土做茧越冬。垄作豆地以垄台上入土幼虫为多,约占75%。入土深度因土壤种类而异,砂壤土为4~9 cm,黏性黑钙土多为1~3 cm。据吉林省观察,幼虫入土后随着土壤温湿度变化,略有上下移动现象。移动时咬破茧壳爬出,后重新结茧。一般早熟品种脱荚早,晚熟品种脱荚迟,脱荚时间多在温暖的晴天的10:00—14:00。一般在大豆收割时,尚有部分未脱荚幼虫,如收割后放置田间,仍能继续脱荚,故随割随运可减少田间越冬虫源,如被带至晒场,可爬至附近土内越冬,成为来年虫源之一。

越冬幼虫于次年7—8月上升至土表3 cm以内化蛹,3 cm以下化蛹极少,也不能正常羽化出土。蛹期为10~12 d。

(2) 发生与环境条件的关系

①气候条件 温度、湿度和降水量是影响大豆食心虫发生和为害的重要因素,特别是在7月幼虫上升结茧化蛹的关键时期。成虫产卵最适温度为20~25 ℃,最适相对湿度在90%以上。在35 ℃高温和相对湿度40%条件下,卵不能孵化。温度影响荚内幼虫生长发育,东北地区若8—9月气温低,大豆贪青晚熟,可造成幼虫发育迟缓、脱荚延迟、越冬死亡率增高。适宜的土壤含水量为10%~30%,低于10%对化蛹和羽化会产生不良影响;土壤含水量在5%以下时,则成虫不能羽化;土壤含水量达50%时对化蛹亦不利,甚至不能羽化。降雨与大豆食心虫发生关系密切,幼虫上升结茧化蛹期,若雨水偏多、土壤湿度大,有利于幼虫转移及化蛹;幼虫脱荚期,若雨水较多、土壤湿润,有利于幼虫入土及越冬;成虫盛发

期，若遇大雨或暴雨，成虫活动、蛾量及卵量均减少。安徽淮北夏大豆产区，幼虫脱荚期（9月中下旬至10月上旬）降水量累积值在95 mm以上有利于幼虫脱荚入土，越冬幼虫的生命力也强。5—6月，当0～10 cm土温达21℃以上时，幼虫即开始活动；在此期间，如气温偏高，2个月的旬平均气温累积值在134℃以上，幼虫化蛹提前，成虫发生期也相应提早，27～31℃的土温最适于化蛹。化蛹期间，土壤湿度影响化蛹进度。6—7月干旱，会使幼虫死亡率增高，成虫羽化推迟，特别是7月下旬和8月上旬干旱，影响更大。原安徽阜阳县植物保护站提出，在淮北地区，大豆食心虫成虫高峰日（y）的早迟与7月至8月上旬5 mm以上降雨日数（x）呈负相关，预测回归式为：$y=29.908-1.1664x\pm105$（$r=-0.956$）。

光周期影响幼虫的滞育率，并可影响化蛹和成虫羽化。据研究，光照时间在15 h以下幼虫全部滞育。

②耕作栽培条件　大豆连作比轮作受害重，在其他条件相似情况下，轮作地可减低虫食率10%～40%。由于大豆食心虫成虫飞翔能力弱，轮作田距离连作田越远，受害越轻。大豆单作或和其他作物间作两种种植方式同时存在时，间作一般比单作受害轻。

适当调整播期，栽植极早熟或较晚熟品种，错开大豆结荚期与成虫产卵盛期，可减轻大豆食心虫的为害。秋季翻耕时，对大豆食心虫虫源地加大中耕，亦可减轻翌年虫害。此外，地势不同，大豆食心虫的发生亦有差异。一般低洼地比平地、岗地发生重，旱年尤为明显。

③大豆品种　不同大豆品种由于豆荚的形态和解剖特征不同，被害程度有显著差异。例如豆荚有毛品种着卵多，裸生型无荚毛大豆着卵极少，荚毛直立的比弯曲的着卵多。大豆荚皮由表皮、薄壁组织、维管束和隔离层组成，木质化的隔离层能影响幼虫的蛀入。据研究，表皮细胞呈近圆形、直径小或表皮下小细胞层数多、有特长形细胞的品种抗性强；隔离层细胞为近圆形或短椭圆形、直径小、紧密、横向排列的品种抗性强；大豆百粒重与虫食率呈正相关，荚皮硬度及荚皮黑色素含量与虫食率呈负相关。另外，植株分枝少、株型收敛、直立型、无限结荚的品种亦表现出一定的抗虫性。

④天敌　已知寄生于大豆食心虫卵的有拟澳洲赤眼蜂（$Trichogramma\ confusum$ Viggiani）；寄生于幼虫的有中国齿腿姬蜂（$Pristomerus\ chinensis$ Ashmesd）、食心虫白茧蜂［$Phanerotoma\ planifrons$（Nees）］、喜马拉雅聚瘤姬蜂［$Iseropus\ himalayensis$（Cameron）］、红铃虫甲腹茧蜂（$Chelonus\ pectinophorae$ Cushman）等，前两种为次年化蛹前后引起死亡的原因之一，其寄生率可达17%～65%。此外，幼虫也被病原微生物寄生，例如白僵菌的寄生率可达5%～10%。捕食性天敌有步甲、蚂蚁、猎蝽、花蝽、农田蜘蛛等。

7.1.3　虫情调查和预测预报

(1) 脱荚虫孔数量调查　在大豆收割前3 d，选当地种植的主要品种以及防治与否等有代表性的田块5块，每块田5点取样，每点取1 m^2，割取样点内所有植株，按地块分样点，逐荚调查脱荚孔数，以确定幼虫入土越冬的基数（大豆食心虫脱荚孔位于豆荚侧面近合缝处，长椭圆形，较小，豆荚螟脱荚孔位于荚面中部，圆形，较大）。

(2) 成虫发生期调查　选当地有代表性的大豆品种，固定2块豆田，于8月10日开始，每天16:00—18:00进行调查，每块田查5点，每点为100 m×1 m，用1 m长的细棒轻拨豆株,目测计数点内被惊飞的蛾数,如蛾量骤增和见到少数成虫交配时,表明成虫已进入发生盛期,一般 2~3 d 后出现成虫高峰期,此时即为防治成虫的适期。以成虫高峰期为起点,加产卵前期,再加当时温度下卵的历期,即可预测幼虫孵化高峰期,也就是防治幼虫的适期。通常幼虫孵化高峰期在成虫高峰期后 6~9 d。成虫调查还可利用性诱剂诱测,每站放 2 只直径 30 cm 的诱杀盆,盆放在三脚架上高出豆株 10 cm 左右,盆内放满水并加入 2 g 左右洗衣粉。然后将诱芯用铁丝串好固定在水盆上,使诱芯距盆内水面 1 cm。从成虫始发期开始,每天 15:00 放盆,第 2 天早晨查数诱集的雄蛾数量,根据逐日诱集结果,可推测田间成虫的消长规律。

(3) 田间查卵和幼虫 从 8 月中旬大豆刀片荚期开始,选有代表性的豆田 2 块,每 2~3 d 查 1 次,定点不定株抽查 500 个荚,逐荚检查卵粒数、幼虫数和幼虫入荚率,根据卵高峰期加当时温度下卵的历期,即可准确预测幼虫孵化高峰期。

黄淮平原夏大豆区,成虫高峰期多出现在 8 月中下旬,幼虫孵化高峰在 8 月底至 9 月初,此两期分别为防治成虫和防治幼虫的适期。

7.1.4 防治方法

(1) 农业防治

①选用抗虫或耐虫品种 大豆品种对大豆食心虫的抗虫性表现在两个方面,一是回避成虫产卵,二是使幼虫入荚死亡率高。目前,在各大豆产区表现较好的抗虫品种,安徽淮北有"商丘 197""小油豆"等,河南高抗品种有"豫豆 6 号""鲁豆 2 号""鲁豆 4 号""鲁豆 13""八八抗 084""商丘 7608"等,东北抗虫品种有"铁荚四粒黄""吉林 1 号""黑河 3 号""东农 8004""黑农 40""垦农 4 号""垦丰 8 号"等。各地可因地制宜地选用。

②合理轮作 有条件的地区,实行大豆远距离轮作,当年大豆田距上年豆茬地 1 000 m以上,可降低虫食率 87%~96%。水源条件较好的地区,如能采取水旱轮作,对压低越冬虫口更为有利。

③及时耕翻 豆茬和豆后麦茬地及时翻耙,可提高越冬幼虫死亡率。此外,增加虫源田中耕次数,特别是在化蛹和羽化期增加铲耥,可降低成虫羽化率,减轻为害。

④大豆随割随运 大豆收割后仍有少量幼虫残留豆荚内,如收割后暂时放置田间可继续脱荚,因此,大豆的随割随运可减少田间越冬虫量。

(2) 化学防治 安徽淮北地区,8 月中旬成虫始盛期,100 m^2 蛾量为 50 头的田块,列为防治对象田。黑龙江研究结果显示,田间出现 1 对/m^2 成虫即达到防治指标;出现 4 对/m^2 若不防治,收获大豆商品等级为等外。

①敌敌畏熏杀防治成虫 用 2 节长的高粱秸、麻秆或其他秸秆,1 节去皮留瓤沾药,1 节留皮以便插入,每 200 根浸沾 500 mL 药剂原液,每公顷用 600~750 根药秸,均匀分插于豆垄台上,或用玉米穗轴作载体,吸收药液,卡在豆株中上部枝杈上,也可用其他颗粒或块状载体吸入药液,均匀撒布在田间垄沟中。由于敌敌畏对高粱有药害,高粱间种大豆时不宜采用。

②其他农药喷雾 每公顷选用 2.5% 溴氰菊酯乳油 300~450 mL、4.5% 高效氯氰菊酯乳油 300~450 mL、25% 氰戊菊酯乳油或高效氯氟氰菊酯乳油 300~450 mL、40% 毒死蜱乳

油 1 200～1 500 mL，兑水 900～1 125 L 喷雾，或兑水 22.5 L 超低容量喷雾，将喷头向上，从大豆根部向上喷，注意结荚部位要着药，对大豆食心虫成虫和幼虫的防治效果都在 85% 以上。也可用 14% 氯虫·高氯氟微囊悬浮剂 3 000 倍液喷雾。

(3) 物理防治 据研究，室内以 120 Gy 的剂量于羽化前 2～3 d 处理雄蛹，可以获得不育雄虫。田间释放辐射不育雄虫，干扰正常雌雄虫的交配，降低田间有效卵量，可以使大豆虫食率降低 87%。

(4) 生物防治

①利用赤眼蜂灭卵 于大豆食心虫成虫产卵盛期放螟黄赤眼蜂 (*Trichogramma chilonis* Ishii) 1 次，每公顷放蜂 45 万头，防治效果可达 90%。

②利用白僵菌防治脱荚越冬幼虫 在大豆成熟，大豆食心虫幼虫脱荚之前，每公顷用 22.5 kg 白僵菌粉，每千克菌粉加细土或草木灰 9 kg，均匀喷在豆田垄台上，落地幼虫接触白僵菌孢子，在适宜温度和湿条件下会发病致死，可降低羽化率 50%～70%，起到预防作用。在喷白僵菌粉制剂前，应做好虫情检查，当大豆食心虫幼虫脱荚率超过 10% 时，即可使用。

③性诱剂诱杀 大豆食心虫性诱剂的主要活性组分为 E, E - 8, 10 -十二碳二烯醇乙酸酯，采用水盆诱捕器，盆内盛 3/4 水，水中加少量洗衣粉 (0.5%)，将诱芯用铁丝固定在水盆上方距水面 1 cm 处，用支架置于大田内，盆高出豆株 10 cm，每公顷设置诱芯 60 个，呈直线排列，诱芯间距 12 m，田间防治效果可达 50% 左右。也可以在大豆食心虫盛发期前 5 d 利用性诱剂与赤眼蜂协同防治大豆食心虫。

7.2 豆荚螟

豆荚螟 [*Etiella zinckenella* (Treitschke)] 属鳞翅目螟蛾科，又名豆荚斑螟、豆蛀虫、豆荚蛀虫、大豆荚螟。豆荚斑螟为世界性分布的豆类害虫，在我国南至海南省，北至东北南部均有发生，以华东、华中、华南为害最重。豆荚螟为寡食性，寄主限于豆科植物，除主要为害大豆外，还为害豌豆、扁豆、绿豆、猪屎豆、菜豆、豇豆、苕子、蓖麻、决明、刺槐等 60 多种植物，秋大豆比春大豆受害更重。该虫以幼虫在豆荚内蛀食豆粒，荚内堆满虫粪，轻则造成残破，重则全荚豆粒被吃空、变褐色以至腐烂。幼虫期每头能蛀食 3～5 粒，当一荚被食空后还能转荚为害，豆荚蛀食率一般为 15%～30%，个别干旱年份的旱地秋大豆豆荚蛀食率可高达 80%。豆荚螟为害不仅影响大豆的产量和品质，而且还是夏季绿肥留种蓖麻的重要害虫。

7.2.1 形态特征

豆荚螟的形态特征见图 7-2。

(1) 成虫 体长 10～12 mm，翅展 20～24 mm，全体灰褐色。复眼大，黑褐色。下唇须长而向前伸出。触角丝状，雄蛾鞭节基部有 1 丛灰白色鳞毛。前翅狭长，混生黑褐色、黄褐色及灰白色鳞片，沿前缘有 1 条狭长的白色纵带；近翅基 1/3 处有 1 条金黄色宽横带，此带内缘的鳞片厚而色深。后翅黄白色，沿外缘褐色。雄蛾腹部末端钝形，有长鳞毛；雌蛾腹部末端圆锥形，鳞毛少。

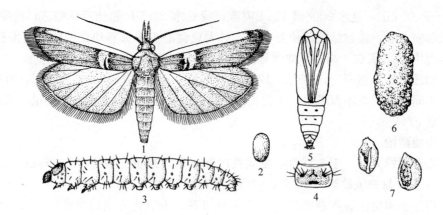

图 7-2 豆荚螟
1. 成虫 2. 卵 3. 幼虫 4. 幼虫前胸背板 5. 蛹 6. 土茧 7. 被害状

(2) 卵 椭圆形，长径 0.5～0.8 mm，短径约 0.4 mm，表面密布不规则的网状刻纹。卵初产时乳白色，渐变红色，孵化前 1 d 红斑消失，淡黄色。

(3) 幼虫 共 5 龄。初孵幼虫体长 0.6～2.0 mm，淡黄色。2 龄幼虫体长 2～6 mm，黄白色，前胸背板与头壳相连。3 龄幼虫体长 6～9 mm，灰白色，前胸背板与头壳分离。4 龄幼虫体长 9～13 mm，灰绿色。5 龄幼虫体长 14～18 mm，体背紫红色，腹面及腹部背面两侧青绿色。4～5 龄幼虫前胸背板近前缘中央有人字形黑斑，两侧各有黑斑 1 个，后缘中央有 2 个小黑斑。老熟幼虫体毛长，褐色，背线、亚背线、气门线、气门下线均明显，腹足趾钩双序全环。幼虫结茧后体色转为黄绿色。

(4) 蛹 体长 9～10 mm，宽约 3 mm。初化蛹绿色，后变粉红色，2～3 h 后黄褐色；翅芽黄绿色，羽化前深褐至黑褐色。触角和翅伸达第 5 腹节后缘，腹端有钩刺 6 根。

7.2.2 发生规律

(1) 生活史和习性 豆荚螟 1 年发生代数因地区和气候条件而异，在山东、陕西和辽宁南部 1 年发生 2～3 代，在河南、湖北、湖南、江西、浙江、江苏和安徽 1 年发生 4～5 代，在福建 1 年发生 5～6 代，在华南 1 年发生 7～8 代，世代重叠严重。豆荚螟在各地多以老熟幼虫在寄主田内入土结茧越冬，未脱荚幼虫可被带至晒场附近土下越冬，少数以蛹越冬。

在 7～8 代区，越冬幼虫于翌年 3 月下旬开始化蛹，4 月上中旬化蛹最多，4 月下旬至 5 月中旬成虫陆续羽化出土。第 1～3 代在豆科绿肥及豌豆上发育繁殖，7 月下旬第 4 代转害大豆，至 10 月下旬大豆收割，幼虫入土越冬，11 月至翌年 3 月仍有成虫发生。

在湖北的 1 年发生 5 代区，越冬代豆荚螟成虫羽化后在豌豆、箭筈豌豆、毛叶苕子、野豌豆等豆科植物上产卵繁殖为害。第 2 代幼虫主要为害春大豆、泰兴黑豆和刺槐。第 3 代幼虫主要为害迟播春大豆、早播夏大豆、早播绿豆和柽麻。第 4 代幼虫主要为害夏播大豆、早播秋大豆、绿豆及留种柽麻。第 5 代幼虫主要为害迟播夏大豆、秋大豆及猪屎豆等。9 月下旬至 10 月中下旬幼虫老熟后入土结茧越冬。豆荚螟以第 2～3 代为害春大豆和早播夏大豆为防治重点，第 4～5 代由于夏播大豆种植面积大，虫口相对分散，为害率较低，一般不需防治，但第 4 代在柽麻留种田能造成严重为害，应注意防治。

在山东3代发生区，第1代豆荚螟为害刺槐，第2代为害春大豆，第3代为害夏大豆。豆荚螟在陕西南部1年发生2代，第1代为害豌豆和赤豆，第2代为害大豆。豆荚螟在辽宁南部1年发生2代，8月上旬为害大豆。各地豆荚螟各代幼虫和成虫发生期见表7-2。

表7-2 豆荚螟在不同地区各代幼虫和成虫发生期

地点	越冬代		第1代		第2代		第3代		第4代	
	幼虫	成虫	幼虫	成虫	幼虫	成虫	幼虫	成虫	幼虫	成虫
山东惠民	9月下旬至翌年4月中旬	6月上旬	6月上中旬	7月上中旬	7月下旬至8月上旬	8月下旬至9月上旬	9月上旬至9月中旬	—	—	—
江苏徐州	10月中旬至翌年3月下旬	5月下旬至6月上旬	6月中旬	6月下旬至7月上旬	7月中旬	8月上旬	8月中旬	9月上旬	9月中下旬	10月上旬
河南郑州	9月下旬至翌年4月上旬	4月中旬至5月中旬	4月下旬至6月上旬	6月上旬至7月上旬	6月上旬至7月下旬	7月上旬至8月中旬	7月上旬至8月下旬	8月中旬至9月中旬	8月下旬至10月上旬	9月下旬至11月上旬
安徽芜湖	10月下旬至翌年3月下旬	5月中下旬	5月下旬至6月上旬	6月中旬至7月上旬	7月下旬至8月上旬	7月中旬至8月上旬	8月中旬	8月下旬至9月下旬	9月下旬	10月下旬
湖北荆州	10月下旬至翌年3月下旬	5月中下旬	6月上中旬	6月中旬至7月初	7月下旬	8月上中旬	8月中旬	8月下旬至9月上旬	9月上中旬	10月中旬
江西吉安	11月上旬至翌年4月中旬	4月下旬至5月中旬	5月中旬至6月中旬	6月中旬至7月上旬	7月下旬	8月上中旬	8月下旬	9月上旬至10月中旬	9月下旬	10月下旬

豆荚螟成虫白天潜伏于寄主叶背或杂草间，夜晚活动，对黑光灯有趋性，飞翔力弱，遇惊后仅做短距离飞翔。成虫羽化后当天即可交尾，隔日开始产卵，卵多数产于植株上中部的荚上，产出的卵以雌蛾分泌的黏液斜插而黏附于豆荚毛之间。大豆上卵主要产于荚表面和萼片下面，一般每荚只产1粒，少数有2~3粒，豆荚多毛的品种着卵量比无毛或少毛的品种多；在毛苕子上卵主要产于荚的表面，每荚1~2粒；在豌豆上，卵多产于荚的萼片内而不产在荚面上，花器上亦极少产卵；在柽麻上，卵主要产在荚的萼片内，荚上较少，也有少数产于花柄杈、叶腋和果柄上。单雌一生平均产卵88粒，最多达226粒，产卵期平均为4~5 d，雌蛾寿命平均为7.33 d；雄蛾寿命仅1~5 d，一般交尾后即死亡。但不同世代及取食不同寄主的产卵量差异很大。

豆荚螟卵期一般为4~6 d，多在6:00—9:00孵化，初孵幼虫先在荚面爬行1~3 h，后在荚面吐丝结1个白色薄茧（丝囊）藏身其中，6~8 h后咬穿荚面蛀入荚内。幼虫入荚孔多在豆荚侧面或豆粒间凹陷处，外面留有丝囊，可以此作为此虫初期为害的标志。幼虫入荚后即蛀入豆粒内为害，3龄后转移到豆粒间取食；4~5龄食量大增，每天可食害1/3~1/2豆粒；一生平均可食豆4~5粒。一般1荚1头幼虫，在荚内食料不足时，可以转荚为害，每幼虫可转荚为害1～3次，转荚入孔处皆留有丝囊，囊上有时附有虫粪。豆荚螟幼虫在豆株上的分布一般以上部为最多。幼虫除为害豆粒外，有时还蛀食叶柄和豆茎。老熟幼虫即在荚上咬1个圆形脱出孔，爬出后入土0.5～4.0 cm处做茧化蛹，茧外粘有土粒。越冬幼虫在秋大豆成熟前就脱荚入土，亦有随收割而爬出在晒场附近入土越冬，少数还能随种子储存而在仓库内结茧越冬。越冬幼虫死亡率高达90%以上。

豆荚螟各代各虫态历期见表7-3。

表7-3 豆荚螟各代各虫态历期（d）

虫态	湖北武汉						安徽芜湖					山东惠民				江西吉安				
	越冬代	第1代	第2代	第3代	第4代	第5代	越冬代	第1代	第2代	第3代	第4代	越冬代	第1代	第2代	第3代	越冬代	第1代	第2代	第3代	第4代
卵	—	7.4	3.2	3.3	3.8	6.2						—	6.5	4.5	4.5～6.0		5.4	3.4		4.1
幼虫	—	17.7	11.6	12.6	11.9			12	14.1	18.5	19.7	—	13～15	8～10	12～17	8.3	7.3	8.5	11.4	
蛹	25.4	12.7	8.6	8.2	12.1	—	35.8	21	10.6	13.5		19～23	10.5～12	10.5～13.5	—	14～15	9.6～10.2	10.5～11	11.2～11.7	17.4～18.2
成虫	16.7	11.9	9.4	7.2	16.1	—		7～10	10～14	9～20			9～10			5.1～4.0	6.5～5.3	10.3～9.2	12.7～11.0	

（2）发生与环境条件的关系

①温度和湿度 豆荚螟对温度的适应性较强，在15～30 ℃范围内皆能正常生长发育，以日平均温度28～30 ℃、相对湿度70%～80%、温湿系数为2.4～2.7时最适宜。卵发育起点温度为13.9 ℃，卵期的有效积温为44.8 d·℃。幼虫的发育起点温度为17.1 ℃，幼虫期的有效积温为100.2 d·℃。通常高温干旱是促使豆荚螟猖獗发生的重要因素，江苏有"旱年生虫，雨年虫少"的农谚。温度高可加速各虫态发育，发生期提前。发生期多雨水，土壤水分饱和，会影响幼虫化蛹和成虫羽化，因此田间蛾、卵量减少，为害轻。

②大豆品种 品种特性和品种生育期影响豆荚螟为害的轻重。一般结荚期长的品种比结荚期短的受害重，荚无毛的品种不利于落卵，荚毛密而长的品种也不利于初孵幼虫钻蛀。荚期与成虫产卵盛期相吻合时受害重，不吻合时受害轻。

③寄主 豆荚螟有转移寄主为害的特点，全年各世代发生期如均存在适宜的寄主植物，发生就重。尤其是早春世代，在春大豆开花结荚前，豆荚螟必须先在其他豆科植物上发生，如这类寄主面积大，种植时间长，则转入豆田为害的虫源增多。在同一地区，播种春、夏、秋不同熟性的大豆品种，也有利于豆荚螟世代的连续繁衍和虫量积累，使为害加重。在江西吉安，就全年不同播种季节大豆被害情况看，夏豆受害最重，秋播豆次之，春播豆较轻。不同海拔地区播种和结荚期差异小，食料丰富时有利于其发生；同一田块植株生长不整齐、荫蔽、湿度大的发生严重。

④土壤和地势 豆荚螟发生轻重与土质、地势有一定关系。一般壤土地比黏土地受害重；地势高土壤湿度低的田块受害重，地势低湿度高的田块受害轻。土壤含水量在10%～15%有利于化蛹，土壤含水量高于20%则不能化蛹，达到50%时幼虫死亡率达100%。幼虫入土结茧之前，如土壤湿度过大，幼虫不能结茧而死。

⑤天敌 已知寄生豆荚螟卵的有赤眼蜂；寄生幼虫的有小茧蜂（体外寄生）和2种姬

蜂，其中一种为黄眶离缘姬蜂 [*Trathala flavo-orbitalis* (Cameron)]；寄生蛹的有豆荚螟姬蜂 [*Itamoplex viduatris* (Fabricius)] 等。在自然条件下，也发现有真菌、白僵菌等病原微生物寄生于豆荚螟幼虫或蛹。

7.2.3 虫情调查和预测预报

(1) 虫荚率调查 在大豆收割前，选当地种植的主要品种及防治与否等有代表性的田块5块，每块田调查5点，每点取10株大豆，带回室内观察被害豆荚数，剥查幼虫数，计算虫荚率。以此虫量基数，结合气候、栽培条件、大豆品种等因素综合分析豆荚螟发生趋势。

(2) 查成虫发生期，定防治适期 选有代表性的田块，从大豆开花后7~10 d开始，至豆荚变黄绿色时为止，用赶蛾法隔日调查1次，于傍晚日落前，用竹竿拨动豆株，顺垄逆风前进，点数起飞的蛾量，每次查5点，每点查50~100 m长的双垄豆株，点与点之间相距10~20 m。蛾量突然增多的2~3 d后即进入盛发期。当蛾量进入高峰期时，即可用历期法预测幼虫盛孵期。成虫盛发期至幼虫盛孵期前为田间化学防治适期。也可用网捕法查成虫。于傍晚在豆田中均匀扫捕50网，点记成虫数。凡100 m双垄蛾量超过100头，或50网成虫量达20~25头的田块，应列为防治成虫的对象田。

(3) 查卵量和幼虫数量，定防治田块 从成虫盛发期或大豆进入刀片荚时开始调查，至豆荚变黄绿色时为止，选有代表性的豆田1~2块，每3 d查1次。每块田采用5点取样，每点查上中部豆荚20~50个，仔细检查花萼下的卵量和豆荚内的幼虫数，百荚卵数激增时为产卵盛期，此时百荚卵量达20粒的田块，应立即进行防治。

7.2.4 防治方法

(1) 农业防治

①选育和推广良种 选育推广早熟丰产、结荚期短、豆荚毛少或无毛的抗虫品种，如"河南三光豆""东农4号""吉林16"等。

②采用合理耕作制度 避免大豆与紫云英、苕子等豆科植物轮作或邻作，实施大豆与水稻轮作或与玉米间作，后者能阻碍成虫迁移扩散，受害比纯豆田轻。

③种植诱集植物 豆荚螟成虫对柽麻趋性强，在大豆种植区可适当种植小面积柽麻，以引诱豆荚螟成虫产卵，然后及时采摘受害荚角烧毁。

④科学田间管理与收获 大豆生长季节，豆荚螟化蛹盛期，结合抗旱进行灌溉，既是消灭虫蛹的有力措施，又能增产。集中防治第1代幼虫，切断桥梁寄主，减少大豆受害。大豆收获时，在不影响产量的前提下早收，收获后立即翻耕，压低越冬虫口密度。

⑤调节播种期，错开大豆幼荚期和成虫产卵盛期 例如湖北孝感春大豆提早至3月下旬播种，6月上旬第2代成虫产卵高峰期，春大豆已进入鼓粒期，不利于初孵幼虫的侵入为害。河南改春播大豆为夏播大豆或晚春播，使结荚期推迟到7月下旬，落在豆荚螟第2代卵盛期后面，也可避过第2代幼虫的为害。

(2) 化学防治

①田间防治 在成虫盛发期至幼虫盛孵期前或大豆刀片荚期，当虫量达防治指标时，进行化学防治。每公顷可选用50%辛硫磷乳油450~750 mL、20%氰戊菊酯乳油300~450 mL、

10%氯氰菊酯300~450 mL、2.5%溴氰菊酯乳油300~450 mL、200 g/L氯虫苯甲酰胺悬浮剂90~180 mL,兑水900~1 125 L喷雾,并注意喷在豆荚上,尽量掌握在6:00—9:00进行。

防治成虫每公顷可喷3%克白·敌百虫颗粒剂45~60 kg。也可每公顷用50%敌敌畏乳油1.5 L,加适量水,喷拌300 kg锯末或麦糠,在成虫盛发期顺垄撒施于地面,杀虫效果也较理想。

②晒场防治 大豆收割后,在晒场堆垛地周围挖沟,沟内撒施药粉或毒土,可使脱荚爬出的幼虫触药致死。

(3) 物理防治 可利用豆荚螟的趋绿性,采用绿板诱杀成虫。将18 cm×9 cm的硬纸板双面涂成绿色,晾干后刷机油,田间顺行每平方米插放绿板1~2块,高度依植株而定,一般7~10 d补涂1次机油。亦可利用成虫的趋光性,于5—10月夜晚设置黑光灯、频振式杀虫灯等诱杀成虫。

(4) 生物防治 豆荚螟的天敌有小茧蜂、豆荚螟白点姬蜂、赤眼蜂、寄生性微生物等。老熟幼虫脱荚入土前,当田间湿度较高时,可施用白僵菌粉剂45 kg/hm²,均匀撒在豆田垄台上,可有效防治脱荚落地幼虫。

7.3 豆秆黑潜蝇

豆秆黑潜蝇[*Melanagromyza sojae*(Zehnter)]属双翅目潜蝇科,又名豆秆蝇、豆秆穿心虫。豆秆黑潜蝇世界性分布,是热带、亚热带豆科作物上的重要害虫,在国外分布于日本、印度、斯里兰卡、马来西亚、以色列、埃及、巴西、澳大利亚等国,在我国吉林、河北以南,四川、陕西以东各地均有分布,以山东、河南、江苏、安徽等地发生最重,是黄淮流域、长江流域以南及西南大豆产区的重要害虫。豆秆黑潜蝇的寄主除大豆外,还有赤豆、绿豆、四季豆、大青豆、野生大豆、野生绿豆等豆科植物。该虫从苗期开始为害,以幼虫潜食大豆的叶柄、分枝、主茎的髓部和木质部,影响植株水分和养分的输导,增强了叶片的蒸腾强度和荚的呼吸强度,植株生长缓慢,引起早衰,最终导致荚粒数减少,粒重减轻而降低产量。由于水分、养分输送受阻,有机养料累积,刺激细胞增生,使得根颈部肿大,全株铁锈色,比健株显著矮化、分枝减少。我国黄淮、长江流域每年夏大豆的株害率几乎高达100%,减产10%~30%,高的可达50%,苗期受害重的植株,甚至全株枯死。

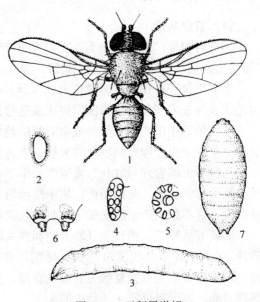

图7-3 豆秆黑潜蝇
1.成虫 2.卵 3.幼虫 4.幼虫前气门
5.幼虫后气门 6.幼虫腹部末端 7.蛹

7.3.1 形态特征

豆秆黑潜蝇的形态特征见图7-3。

(1) 成虫 体长2.5 mm,黑色。胸腹部具蓝绿色金属光泽。复眼暗红色。触角第3节背中央有长芒1根。前翅膜质透明,具淡紫色光泽,r-m脉位于中室中偏端部,翼瓣具黄白色缘缨。平衡棒黑色。

(2) 卵 长0.31~0.35 mm,椭圆形,乳白色,稍透明。

(3) 幼虫 共3龄,初孵时乳白色,后淡黄色。3龄幼虫体长3~4 mm。口钩黑色,端齿尖锐。前气门1对,着生在第1胸节上,指形,具6~9个开孔,排成2列。第8腹节上有后气门1对,棕黑色,烛台形,具5~9个开口,沿边缘排列,中部有几个黑色骨化尖突。

(4) 蛹 体长2~3 mm,长桶形,黄棕色。前气门短,向两侧伸出。后气门烛台状,中部有几个黑色尖突。

7.3.2 发生规律

(1) 生活史和习性 豆秆黑潜蝇在各地1年发生代数不一,在广西柳州1年发生10代,在福建建阳和浙江慈溪1年发生6代,在江苏、安徽、河南、山东等地1年发生5代,在辽宁和陕西1年发生3代,世代重叠明显。各地各代豆秆黑潜蝇的成虫和幼虫发生期见表7-4。

表7-4 豆秆黑潜蝇在各地各代成虫和幼虫盛发期

地 点	1年发生代数	越冬代成虫	第1代	第2代	第3代	第4代	第5代	第6代	第7代
福建福州	7	—	4月上中旬	5月中下旬	6月下旬至7月上旬	7月中旬至8月上旬	8月下旬至9月上旬	9月下旬至10月上旬	10月下旬至11月中旬
福建建阳	6	(4月中下旬)	(5月下旬至6月上旬)	(7月上中旬)	(8月中旬)	(9月上旬)	(9月下旬至10月上旬)		
江苏江浦	5	(5月下旬至6月上旬)	6月上中旬(6月下旬至7月上中旬)	7月上中旬(7月底至8月上旬)	8月上旬(8月中下旬)	至9上旬(9月)	9月底至10月初		
安徽阜南	5		6月上中旬	7月上中旬	8月上中旬	9月初			
山东惠民	5	(6月中下旬)	7月上旬(7月中下旬)	7月底至8月上旬(8中旬)	8月下旬(8月下旬至9月上旬)	9月上旬(9月中旬)	9月中旬		
河南郑州、周口	5	(5月底至6月上旬)	6月上中旬(6月下旬至7月上旬)	7月上旬(7月中旬)	8月上旬(8月上旬至9月上旬)	9月上旬(8月下旬)	9月中旬		

注:无括号的为幼虫盛发期,有括号的为成虫盛发期。

豆秆黑潜蝇在广西柳州冬季各虫态都有,在长江流域和黄淮流域以蛹在豆秆(也有少量在其他寄主的茎秆)中越冬,但在江淮区通过大量剥查饲养,越冬蛹翌年陆续羽化出来的几乎都是寄生蜂，因此认为不能排除有迁飞的可能性。

豆秆黑潜蝇在大豆 2~2.5 个复叶期开始为害，春大豆和夏大豆整个生长期分别可完成 3~4 代。第 1 代为主要为害营养生长期，第 2 代主要为害花期，第 3~4 代主要为害花荚期和鼓粒期。江淮区春豆 5 月播种，豆秆黑潜蝇因初发代虫量少，繁殖第 2 代虫量增高时，最易遭害的花期已过，同时花期后的成虫多转向夏大豆产卵，因此受害比夏大豆轻。夏豆 6 月播种，田间成虫主要发生在 7 月中旬至 8 月中旬，虫量高峰期通常出现在 7 月底至 8 月上旬，幼虫相应的高峰在 8 月上中旬（为全年发生的第 3 代或在夏豆上发生的第 2 代），此时夏豆处于花期，是受害影响产量最大的阶段，也是防治的关键时期。8 月下旬后，由于天敌寄生和不羽化的蛹逐渐增加，虫量随之逐渐下降，同时，寄主茎秆粗壮，组织老化，耐虫力也相应增强，因此对产量的影响较小。

豆秆黑潜蝇喜温，怕风和阳光直射，成虫飞翔能力较弱，多集中在豆株上部叶面活动，多在晴天 10:00—12:00 羽化。羽化后需补充营养以促进性器官的成熟，成虫除喜食花蜜外，取食时多在叶背基部以腹端刺破表皮，以口器吸取汁液，被害嫩叶的正面边缘常出现密集的小白点和伤孔，严重时可呈现枯黄凋萎；亦有吸食蚜虫蜜露的。南京观察结果表明，7—8 月，凡少云、多云、阴、小雨的天气，整日均有成虫活动，大发生期间，即使是无云的晴天中午也有成虫活动；9 月上旬，无论多云天还是晴天，白天活动均有 2 个高峰：6:00—9:00 和 16:00—18:00。雌虫羽化后 2~3 d 内交配，一生交配 1 次，个别有 2 次，交配多在 6:00—8:00 进行，每次交配历时 1 h，少数长达 3~4 h。雌蛾交配后 24 h 内即开始产卵，产卵喜选择营养期（主茎出现 9 节）和花期（花开至顶部第 2 节）的植株，卵多散产于中上部叶片背面靠基部主脉旁表皮下，离叶片基部 0.1~0.7 cm，平均为 0.6 cm，并用黑褐色黏液覆盖伤口。产卵量与食料条件有关，室内饲养，喂以 10% 蜂蜜水时每雌平均产卵 52.2 粒，喂以清水和空白对照的分别为 48.2 粒和 9.3 粒。卵的孵化率和初孵幼虫的钻蛀率很高，一般都在 95% 以上。幼虫孵化后即潜食叶肉，后经叶脉进入叶柄、分枝和主茎，蛀食后形成弯曲的虫道，粪便排泄于虫道内，初呈黄褐色，后为红褐色。幼虫为害大致可划分为过渡、扩散和重发 3 个阶段，其程度与日龄有关，初孵 1~2 d，潜道细如丝线，每天延长 0.4~1.0 cm，外表不易透见幼虫。幼虫渐大，为害逐步加重，1 条幼虫蛀食的隧道可达 10.3~16.7 cm。大豆生长后期，幼虫多在叶柄和分枝中蛀食。豆株受害程度表现为主茎＞叶柄＞分枝。幼虫老熟后，花期前多在近地面的茎壁上咬 1 个羽化孔，尔后化蛹，蛹体多位于羽化孔的下方；花期后羽化孔多位于中上部的茎秆、分枝或叶柄上。

豆秆黑潜蝇的成虫寿命与营养条件有关，室内条件下，不给饲喂的雌虫仅能存活 3~8 d（平均为 5.4 d），雄虫存活 2~3 d（平均为 2.4 d）；喂以 10% 蜂蜜水的雌虫能存活 2~22 d（平均为 10.7 d），雄虫能存活 1~13 d（平均为 6.4 d）。产卵前期一般为 1 d 左右，7—8 月份卵期为 1.5 d，幼虫期为 9 d，蛹期为 8 d，完成 1 代为 21 d 左右。

(2) 发生与环境条件的关系

①气候条件　豆秆黑潜蝇发生的最适温度为 25~30 ℃，高于 30 ℃ 或低于 25 ℃ 或有风雨且风力达 3 级以上时，成虫隐藏不动；而相对湿度低于 80% 时，活动亦受到抑制。降水量对越冬蛹的滞育有明显影响，例如山东惠民地区，5 月下旬至 6 月上旬的旬降水量在 30 mm 以上，越冬蛹的羽化率高，增加了 1 代的有效虫源，发生则重；若气候干燥，部分蛹可延迟到 7 月中下旬羽化。当地以第 2 代幼虫为害最盛，如果第 1 代百株虫量 15 头以上，

6月下旬或7月上旬降水多于40 mm时，即会大发生。河南调查发现，在羽化阶段的10～20 d内，累计降水量在50 mm以上，相对湿度持续在80%左右，则有利于大发生。江淮区7月下旬的降水量与成虫发生也有一定的关系，影响夏豆上第2代为害程度的轻重。在西北地区，大豆开花期前后轻度干旱，晴天多，对发生有一定抑制作用，反之则有利于发生。

②大豆品种　目前尚未发现高抗性大豆品种，但品种间受害程度有一定的差异。凡分枝偏少、节间较短、叶色偏深、茸毛密而斜生、夏播品种前期生长较快的类型，均表现有较好的抗性。河南报道，当地以"豫豆2号"抗性强，"徐豆4号"抗性也较强。

③播种期　与豆秆黑潜蝇有需要补充营养及选择营养生长期和花期产卵习性有关，此外还受上第1代种群基数的影响。一般是春豆受害轻，夏、秋豆受害重；早播受害轻，晚播受害重。例如河南省春豆5月5日、5月15日、5月25日播种的，以5月25日播种的受害最重；夏豆6月5日、6月15日、6月25日播种的，以6月25日播种的受害最重。

④天敌　据在南京调查，寄生豆秆黑潜蝇幼虫和蛹的寄生蜂有8种：豆秆蝇瘿蜂（*Gronotoma* sp.）、豆秆蝇茧蜂（*Bracon* sp.）、长腹金小蜂［*Chlorocytus spicatus*（Walker）］、两色金小蜂（*Sphegigazter* sp.）、黑绿金小蜂（*Syntomopus incurvus* Walker）、豆秆蝇广肩小蜂（*Eurytoma* sp.）、潜蝇柄腹金小蜂（*Halticoptera circulus* Walker）和包腹金小蜂（*Cryptoprymna* sp.），前2种为优势种。寄生蜂对于豆秆蝇的寄生率极高，例如1978年在江苏省江浦县（现为南京市浦口区）调查，5—10月田间蛹的平均寄生率为57.7%，在大豆生育后期几乎高达100%。

7.3.3　虫情调查和预测预报

夏大豆上发生的第2代是防治重点，因此要做好第1代虫情调查。调查的内容和方法如下。

(1) 查化蛹盛期或高峰期　化蛹盛期或高峰期的调查，自7月10日开始，至7月底结束。选好各种类型田块，每3 d调查1次，每次随机拔取豆株50～100株，剥查主茎内的幼虫、蛹和蛹壳数，分别记载。当化蛹达盛期或高峰时，加8 d左右蛹期，即可预报成虫盛发期或高峰期。

(2) 查成虫发生量　成虫发生量调查，自7月20日至第1次防治前结束。选代表性田块，固定150 m²，每天6:00—8:00仔细目测叶面成虫数，或用口径为33 cm、长为57 cm的捕虫网在豆田随机选5点，沿豆叶来回扫网，每点10网，共50网，统计落网虫数。当目测150 m²有成虫45～80头，或网捕50网总虫10～15头时，立即开展防治。

防治指标：在江淮豆区，第3代虫株率达16%～18%，百株幼虫量达8～10头时；第4代虫株率达21%～23%，百株幼虫量达10～12头时，应立即进行防治。

7.3.4　防治方法

(1) 农业防治　选用高产早熟、有限结荚习性、分枝少、节间短、主茎粗、前期生长快封顶快的品种。适当调节播种期，抢时播种，避开虫量较大的第2代幼虫。利用豆田深翻，增施基肥，加强保健栽培措施，提高寄主的抗耐力。合理轮作，尽量避免连作。于4月底在越冬蛹羽化前处理豆秆，减少虫源。

(2) 化学防治　采取治成虫兼治初孵幼虫的策略，结合大豆初花期喷第1次药，以后视虫情每隔 7 d 再防治 1~2 次。叶面常规喷雾每公顷可选用 40%毒死蜱乳油 450~600 mL、1.8%阿维菌素乳油 150 mL、10%氯氰菊酯乳油 600 mL、兑水 900~1 125 L 喷雾。

(3) 物理防治 利用成虫产卵前补充营养的习性，在盛发期，盆内放红糖 375 g、醋 500 mL、白酒 125 mL、敌百虫 0.5 g，加开水 500 mL，溶化拌匀后置于田间，每公顷放 1 盆进行诱杀，可减轻为害。

(4) 生物防治 江淮区可考虑采取措施保护越冬蛹的寄生蜂。

7.4 豆天蛾

豆天蛾（*Clanis bilineata* Walker）属鳞翅目天蛾科，又名豆虫、豆丹。豆天蛾只发生在亚洲，在我国分布于河北、河南、山东、安徽、江苏、湖北、四川、陕西等地。其主要寄主为大豆，也能为害绿豆、豇豆、刺槐等。该虫以幼虫食害大豆叶片，轻则吃成网孔，重则将豆株吃成光秆。据安徽省涡阳县病虫预测预报站观察报道，1 头幼虫能吃光 3~4 株豆叶，每公顷有幼虫 1.2 万头就会将全田豆叶吃光，造成减产 40%。河北省新安县植物保护站试验报道，大豆叶片损失 1/4，产量降低 15%左右；若叶片损失 1/2，产量可降低 50%左右。

7.4.1 形态特征

豆天蛾的形态特征见图 7-4。

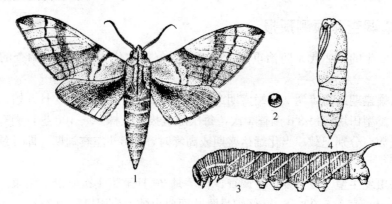

图 7-4 豆天蛾
1. 成虫 2. 卵 3. 幼虫 4. 蛹

(1) 成虫 体长 40~45 mm，翅展 100~120 mm。体和翅黄褐色，多绒毛。头胸部背中线暗褐色。腹部背面各节后缘具棕黑色横纹。前翅狭长，前缘近中央有较大的半圆形褐绿色斑，翅面上可见 6 条褐绿色波状横纹，顶角有 1 条暗褐色斜纹。后翅小，暗褐色，基部上方有赭色斑，后角附近黄褐色。

(2) 卵 近圆球形，直径 2~3 mm，坚硬，表面似包有一层蜡质。卵初产时浅绿色，渐变黄白色，孵化前颜色变深。

(3) 幼虫 末龄幼虫长约 90 mm。头绿色，体青绿色，全身密生黄色小颗粒。从腹部第 1 节起，体躯两侧有 7 对黄白色斜纹。尾角短，青色，向下弯曲。各龄幼虫特征见表 7-5。

表7-5 豆天蛾幼虫各龄特征及历期

龄期	体长（mm）	头宽（mm）	头部形状	尾角形状	历期（d） 安徽阜阳	历期（d） 河南驻马店
1	5～15	1～1.1	头部近圆形，无头角	黑褐色，长约为2 mm，呈斜直形	3～5	7.2
2	11～17	1.8～2.0	头部近三角形，有头角	淡褐色，长约为3 mm，呈斜直形	3～6	6.5
3	15～30	3.0～3.1	头部近三角形，有头角	淡黄褐色，长约为4 mm，呈斜直形	3～6	7.8
4	25～40	5.5～6.0	基本同3龄	淡黄绿色，长约为6 mm，基部粗，端部稍向下弯曲	6～9	9.7
5	46～90	8.5～9.0	基本同4龄	黄绿色，长约为6 mm，基部粗，端部向下弯曲呈弧形，尖端下垂	11～14	12.3

（4）蛹 体长40～50 mm，红褐色，纺锤形。喙明显突出，略呈钩状，与身体贴紧，末端露出。腹部第5～7节气孔前各有1横沟纹。臀棘三角形，表面有许多颗粒状突起，末端不分叉。腹端部5节能活动。

7.4.2 发生规律

（1）生活史和习性 豆天蛾在河南、河北、山东、安徽、江苏北部等地1年发生1代，在长江沿岸和江南地区1年发生2代，以老熟幼虫在土中9～12 cm深处越冬。越冬场所多在豆田及附近土堆边、粪堆边、田埂等向阳处。越冬幼虫的虫体呈马蹄形蛰伏于土中。次年春暖后幼虫上升至土表做土室化蛹。蛹期为10～15 d。

豆天蛾在江苏和安徽1代发生区，越冬幼虫于5月上旬开始化蛹，6月下旬至7月上旬为化蛹盛期，7月中下旬至8月上旬成虫盛发，7月下旬至8月上旬为产卵盛期，8月大豆开花结荚期为幼虫暴食期，尤其在8月上中旬发生量最大，老熟幼虫于9月上旬以后陆续进入越冬状态（表7-6）。

表7-6 豆天蛾发生时期

地点	蛹 始期	蛹 盛期	成虫 始期	成虫 盛期	产卵盛期	幼虫 3龄盛期	幼虫 5龄盛期
安徽阜阳（1代区）	5月上旬	6月下旬至7月上旬	5月下旬	7月中下旬	7月下旬	8月上旬	8月中旬
河南驻马店（1代区）	5月上旬	7月上旬	5月中下旬	8月上旬	7月下旬至8月上旬	8月中旬	8月下旬

在湖北2代区，豆天蛾越冬幼虫5月上中旬开始化蛹羽化，5月上旬至10月上旬均有成虫出现，以7—8月最多。第1代幼虫发生在5月下旬至7月中旬，为害春播大豆；第2代幼虫发生在7月下旬至9月上旬，为害以夏播大豆为主。全年以8月中下旬为害最烈，9月中旬后老熟幼虫入土越冬。当表土温度达24 ℃左右时越冬后的幼虫开始化蛹。

豆天蛾的成虫昼伏夜出，白天隐藏在豆田和附近生长茂密的谷子、高粱、玉米等作物田里，傍晚开始活动，飞翔力强，能远距离飞行，也可在高空以翅急振，悬空不动，20:00

后活动逐渐下降,至 22:00 后又恢复活动直到黎明。豆天蛾成虫喜食花蜜,对黑光灯有较强的趋性。成虫羽化后 1.0~1.5 h 展翅,3 h 后可以飞翔,寻找配偶进行交配,黎明前交尾最盛。雌蛾一生只交尾 1 次,雄蛾有多次交尾习性。雌蛾交尾后 3 h 即可产卵,卵多散产于生长茂密的豆株中部叶片背面,少数产于叶面、叶柄及枝茎上。每叶产卵 1~2 粒。雌蛾一生可产卵 200~450 粒,平均 350 粒。成虫寿命为 7~10 d,雌蛾长于雄蛾。产卵期为 2~5 d,以头 3 d 产卵最多,可占总产卵量的 95% 以上。卵期为 4~7 d,孵化率为 70%~100%。

豆天蛾的幼虫孵出后先取食卵壳,有负趋光性,白天潜伏于叶背。1~2 龄幼虫多在叶片边缘取食,一般不转移。3~4 龄幼虫食量增加,将叶片吃去 1/3~2/3 即转移为害。5 龄幼虫将叶片吃去 4/5 或全部吃光后才转移到另一叶片取食。在密度大的田块,老龄幼虫将中上部叶片吃光后,有成群外迁的习性。5 龄为暴食期。幼虫日夜均取食,尤以夜间为甚。各龄幼虫历期,1 龄为 4~5 d,2 龄为 2~5 d,3 龄为 5~9 d,4 龄为 7~12 d,5 龄为 9~15 d。

(2) 发生与环境条件的关系 豆天蛾的发生为害除与越冬虫源基数有关外,还受到气候条件、作物品种、播种期、长势、天敌因素等所左右。

①气候条件 气候条件以雨水对豆天蛾的影响较大。若 6—8 月雨水适中,分布均匀,则有利于豆天蛾的发生;过于干旱或雨水偏多,对其发生不利。

②作物品种 一般以早熟、茎秆柔软、含蛋白质和脂肪量多的品种受害重,而晚熟、秆硬、抗涝性强、品质较差的品种受害轻。同一品种以播期早、植株生长茂密的田块落卵多,受害重。

③天敌 据安徽淮北调查,豆天蛾卵期寄生蜂有 3 种赤眼蜂:松毛虫赤眼蜂 [*Trichogramma dendrolimi* (Matsumura)]、拟澳洲赤眼蜂 (*Tr. confusum* Viggiani) 和舟蛾赤眼蜂 [*Tr. closterae* (Pang et Chen)],两种黑卵蜂:豆天蛾黑卵蜂 (*Telenomus* sp.) 和落叶松毛虫黑卵蜂 [*Te. tetratomus* (Thomson)],综合 10 年的调查结果表明,两类卵寄生蜂在豆天蛾产卵始期、盛期和末期的寄生率分别达 33.05%、68.35% 和 94.13%。据山东调查,豆天蛾天敌,卵期有赤眼蜂,8 月上旬寄生率为 10%;低龄幼虫期有寄生蝇,寄生率为 20%;越冬老熟幼虫还可被白僵菌寄生,寄生率最高可达 70%。此外,还有多种捕食性天敌,如蜘蛛、瓢虫、草蛉等,对豆天蛾的发生都有明显的控制作用。

7.4.3 虫情调查和预测预报

(1) 虫口基数调查 在大豆收割前,选当地主要品种及防治与否等代表性田块 5 块,每块田 5 点取样,每点挖长为 1 m、宽为 1 m、深为 0.15 m 的土样,调查入土虫量,翌年春季再调查 1 次冬后虫量,结合气候条件、品种等作综合分析预测。

(2) 成虫调查 用黑光灯诱测成虫,从 6 月上旬至 8 月上中旬逐日诱集,分雌雄记载。或在田间直接调查,选豆田、玉米、高粱田各 1 块,每田查 66.7~133.4 m² 面积或 5 点取样查 250~500 m 双垄,每 3 d 调查 1 次,在日落前仔细检查点内成虫量。当成虫进入高峰后,后推 15 d 左右,即为 3 龄幼虫盛期,也就是防治适期。

(3) 卵和幼虫调查 选代表性豆田 2~3 块,从 7 月中旬开始 3~5 d 调查 1 次,每块田取 5 点,每点 20~30 株,记载卵量、幼虫数量和龄期。根据卵盛期出现时间,用历期法预测 3 龄幼虫盛期。百株有幼虫 5~10 头列为防治对象田。

7.4.4 防治方法

(1) 农业防治 结合豆天蛾幼虫的取食习性，选用晚熟、秆硬、皮厚、抗涝性强的品种。在秋冬季大豆收货后，及时深耕翻土，能有效降低土中越冬虫口基数。避免豆科作物连作，提倡轮作，尤其是水旱轮作。

(2) 物理防治 利用豆天蛾成虫趋光性，采用黑光灯诱杀成虫，可有效降低田间落卵量。

(3) 化学防治 掌握幼虫 3 龄前施药，喷药时间以下午为宜，力求均匀、喷洒叶背。每公顷可选用 2.5% 溴氰菊酯乳油 300~600 mL、10% 氯氰菊酯乳油 300~600 mL、50% 氯氰·毒死蜱乳油 900~1 200 mL、21% 氰戊·马拉松乳油 450~600 mL，兑水 900~1 125 L 喷雾。也可选用 Bt 乳剂（每毫升含 100 亿个活孢子），每公顷 1 200~1 500 mL，兑水 1 000 L 喷雾。

(4) 人工捕捉 在 4 龄以上幼虫发生期，摘除豆叶上的卵和幼虫，也可在秋翻时随犁随拾杀灭土中的幼虫，以减少越冬虫源。

思 考 题

1. 大豆食心虫和豆荚螟的生活习性有何不同？
2. 大豆食心虫和豆荚螟的防治适期应掌握在什么时期？如何预测？
3. 分析豆秆黑潜蝇的发生与环境因素的关系，并给出综合治理的措施。

第8章

棉 花 害 虫

棉花是我国重要的经济作物，长期以来有多种害虫适应在棉株上取食生活。世界棉花害虫已记载的有1 300余种，我国有300多种，常见害虫约30种。在棉花的生育期内，棉株的根、茎、叶、花、蕾、铃和种子各部分都能遭受不同种棉虫的为害，每年造成的损失通常在15%以上。

棉花害虫的分布、发生为害程度与棉区的自然条件以及栽培耕作制度密切相关，不同地区棉花害虫的种类组成和主要为害种类不尽相同，随着转基因抗虫棉的大面积种植，棉花上发生和为害的害虫种类发生了很大的变化。除多数棉区均有分布的广布种（例如棉蚜、棉铃虫、红铃虫、棉叶螨等外），许多种类属分布于个别棉区的地方性种。我国棉区根据自然条件可分为以下5个。

(1) 西北内陆棉区 西北内陆棉区包括新疆、甘肃河西走廊和内蒙古西端的黑河灌区，主要产区在新疆。西北内陆棉区年平均温度为10~12 ℃，年降水量在200 mm以下，昼夜温差大，有利于养分的积累，有利于棉花的生长和后期采摘。20世纪90年代以来，新疆棉田面积平均每年以15.1%的速率增加，目前已成为我国最大的产棉区和最大的优质棉生产基地（也是我国唯一的长绒棉产区），2014年种植面积达$1.978×10^6$ hm^2（占全国种植总面积的47%），产量达$3.68×10^6$ t（占全国总产量的60%）；2015年种植面积达$2.30×10^6$ hm^2，产量达$4.28×10^6$ t，占全国比例进一步上升。此区主要棉花害虫有棉蚜、棉铃虫、棉叶螨、棉蓟马、棉盲蝽等。

(2) 黄河流域棉区 黄河流域棉区包括甘肃黄河以南、陕西、山西、山东、河北、河南及安徽淮河以北、江苏灌溉总渠以北的棉区。黄河流域棉区属温带气候，年平均温度在11 ℃以上，年降水量为400~750 mm，热量充足，无霜期适宜，日照好于长江流域棉区，但是初夏多旱，伏雨较集中，且降水变率大，易导致花铃脱落。此区主要棉花害虫有棉蚜、棉铃虫、棉叶螨、地老虎、苜蓿盲蝽、绿盲蝽、烟粉虱、红铃虫、蓟马等。

(3) 长江流域棉区 长江流域棉区包括四川、湖北、湖南、江西、上海、浙江以及安徽淮河以南、江苏苏北灌溉总渠以南的棉区。长江流域棉区气候温暖湿润，年平均温度在15 ℃以上，年降水量为750~1 500 mm，由于春末夏初有梅雨、秋季会出现连阴雨，所以日照时数少，会导致棉花吐絮不畅、烂铃。此外，夏季的高温、高湿还会引起较多的病虫害，往往影响所产棉花品级，近年来，其种植面积呈逐年下降趋势。此区主要棉花害虫有棉蚜、棉铃虫、棉叶螨、斜纹夜蛾、甜菜夜蛾、红铃虫、绿盲蝽、中黑盲蝽、蜗牛、小地老虎等。

(4) 辽河流域棉区 辽河流域棉区以辽河流域为主，也包括晋中、陕北和甘肃的黄河以东棉区。辽河流域棉区年平均温度为8~10 ℃，年降水量为250~800 mm，一年一熟，只能种植早熟陆地棉。此区主要棉花害虫有棉蚜、棉铃虫、小地老虎、苜蓿盲蝽、三点盲蝽、绿盲蝽等。

(5) 华南棉区 华南棉区包括云南、海南、广东、台湾等棉区。华南棉区气候较高温而多雨，年平均温度为18~24℃，年降水量为800~2 000 mm。此区主要棉花害虫有翠纹金刚钻、红铃虫、棉叶蝉、棉红蜘蛛、埃及金刚钻等。

从棉株受害的主要时期来看，棉花害虫大致可分为苗期害虫和蕾铃期害虫两大类。

苗期害虫的为害期为播种到现蕾前，为害种子和幼苗根部的有种蝇、金针虫、蛴螬、蝼蛄等；咬断嫩茎和咬食叶片的有地老虎、蜗牛、蛞蝓等；刺吸汁液的有棉蚜、棉蓟马、棉叶螨等，为害后造成叶片卷缩、变色及棉株畸形等症状。

蕾铃期害虫的为害期为现蕾到收花期，刺吸嫩头、嫩叶和蕾铃的有棉盲蝽；刺吸棉株汁液的有棉叶螨、棉叶蝉等；蛀食蕾铃的有棉铃虫、红铃虫、金刚钻、玉米螟等，后两个还钻蛀嫩茎和叶柄；蛀食棉茎的有棉茎木蠹蛾；食叶为害的有棉小造桥虫、棉大卷叶螟、斜纹夜蛾、甜菜夜蛾、棉蝗、负蝗、灯蛾、蓑蛾等，为害后造成叶片变色、脱落、破叶、卷叶、枯头（茎）、落花、落蕾、落铃、棉铃僵瓣和烂桃等。

从主要棉虫食性、寄主范围，棉花害虫大致又可分为两类。一类是以为害棉花为主的锦葵科植物的害虫，其中需从早春寄主过渡后侵入棉田的有金刚钻、棉大卷叶螟等，越冬后直接侵入棉田的有红铃虫。另一类属多食性害虫，寄主种类复杂，其发生受棉田外寄主植物组成的影响很大，其中有迁飞性害虫（例如小地老虎）也有非迁飞性害虫，非迁飞性害虫中多数种类是要先在早春寄主上繁殖后再转入棉田为害，如棉铃虫、棉蚜、棉盲蝽、棉蓟马、棉叶螨等。

棉花害虫的防治应贯彻"预防为主，综合防治"的植物保护工作方针，从改善农业生态系统的全局出发，以棉花的高产、优质、低成本为目标，充分认识害虫与棉花、天敌和环境的生态关系，以农业防治为基础，协调运用各种有效措施，妥善处理化学防治和生物防治的矛盾，充分发挥自然天敌的作用，安全、有效、经济地把棉花害虫控制在最低限度。

随着科技的进步，新的防治理论和防治技术的出现，棉花品种布局的改变，棉花害虫的防治工作将不断面临新的挑战，其中最值得关注的就是转Bt基因抗虫棉了。转Bt基因抗虫棉是利用现代生物技术将苏芸金芽孢杆菌（Bt）的杀虫蛋白基因导入棉花植株体内而培育出来的抗虫新品种。转Bt基因抗虫棉1997年开始商业化种植，当年在国内种植面积仅为1.0×10^5 hm^2，随后迅速增长，2003年增加到2.8×10^6 hm^2；2014年扩增至3.9×10^6 hm^2，占当年全国棉花总种植面积的93%，其中，长江流域棉区和黄河流域棉区Bt棉花种植比例接近100%，Bt棉花的种植给棉花害虫的防治带来新的希望和问题。由于转Bt基因抗虫棉自身能产生杀虫蛋白，对棉铃虫等鳞翅目害虫有较好的抗性，减少了化学农药的用量和使用次数，降低了植棉成本，减少了农药对农田生态系的破坏，展现出良好的发展势头。但随着种植年限的延长，棉田昆虫群落组成和结构发生明显变化，一些次要害虫上升为主要害虫。棉蚜、棉叶螨、棉蓟马、棉盲蝽、叶蝉、白粉虱等刺吸式害虫种群数量上升，转Bt基因抗虫棉田伏蚜、棉叶螨、棉盲蝽的发生程度普遍重于常规棉田，中国农科院植保所棉花害虫室研究人员，历经十余年的监测研究显示，广泛种植转基因Bt棉花，虽然可以有效控制棉铃虫的为害，但由于农药喷洒次数和用量都明显减少，间接导致盲蝽泛滥成灾。相关研究结果发表在2010年5月14日出版的《Science》杂志上。

8.1 蜗牛和蛞蝓

我国为害棉花的软体动物主要有灰巴蜗牛（*Bradybaena ravida* Benson）、同型巴蜗牛（*Bradybaena similaris* Ferussac）和蛞蝓（*Agriolimax agrestis* Linnaeus）。前两个属软体动物门腹足纲柄眼目巴蜗牛科，最后一个则属蛞蝓科。

灰巴蜗牛为广布种类，除西北内陆棉区外，其余各棉区均有分布。同型巴蜗牛分布于华东、华南、西南、西北的17个省份，以沿江、沿海发生量大。蛞蝓在各棉区均有分布，但以东南沿海发生最重。蜗牛和蛞蝓除为害棉花外，还为害绿肥、豆类、麦类、油菜、玉米、高粱、薯类及蔬菜等作物。蜗牛和蛞蝓以舌面上的尖锐小齿舐食棉叶，造成孔洞和缺刻。为害严重时，能吃光棉叶，咬断棉茎，爬过时遗留下来的白色胶质和排泄的粪便，也能影响棉苗生长，甚至造成死苗。

8.1.1 形态特征

蜗牛和蛞蝓的形态特征见图8-1。

8.1.1.1 灰巴蜗牛

灰巴蜗牛贝壳中等大小。壳质稍硬、坚固，呈圆球形。壳高19 mm，宽21 mm，有5.5～6.0个螺层，前几个螺层缓慢增长，膨大。壳面黄褐色或琥珀色，有细致密集的生长线和螺纹。壳顶尖，缝合线深。壳口椭圆形，口缘完整，略外折，锋利，易碎。轴缘在脐孔处外折，略遮盖脐孔，脐孔窄小，呈缝隙状。本种个体大小、颜色变异较大。

8.1.1.2 同型巴蜗牛

同型巴蜗牛贝壳中等大小。壳质硬、坚固，扁球形。壳高12 mm，宽

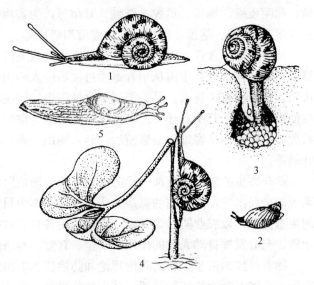

图8-1 灰巴蜗牛和蛞蝓
1～4.灰巴蜗牛（1. 成体 2. 幼体 3. 产卵状
4. 棉苗被害状） 5. 蛞蝓成体

16 mm，有5～6个螺层，前几个螺层缓慢增长，略膨胀。螺旋部低矮，体螺层增长迅速，膨大。壳顶钝，缝合线深。壳面呈黄褐色、红褐色或梨色，有稠密细致的生长线，在体螺层周缘或缝合线上，常有1条暗褐色带。壳口呈马蹄形，口缘锋利，轴缘上部和下部略外折，遮盖部分脐孔。脐孔小而深，呈洞穴状。本种个体形态变异较大。

8.1.1.3 蛞蝓

蛞蝓体长20～25 mm，爬行时体长30～36 mm，体宽4～6 mm。体躯裸露，没有外壳，全体灰褐色。头前端有2对触角，第1对在头部前下方，称为前触角，较短，长约1 mm，具感触作用；第2对在它的后上方，称为后触角，较细长，长约4 mm，端部有黑色的眼。前触角下方的中间是口，由颚片及齿舌刮取并磨碎食物。背部中段略前方有1外套膜，具有保护头部及内脏的作用。在右后触角的后侧方约2 mm处，是生殖孔，也是交配孔。外套膜

的中后部下方是1个外套腔，右侧方有1个开口，内有呼吸气管、心脏、直肠和肛门，外套膜后方的花纹呈树皮纹状。腹足扁平，两侧边缘明显。

8.1.2 发生规律

8.1.2.1 生活史和习性

(1) 蜗牛 灰巴蜗牛和同型巴蜗牛在长江流域1年发生1代，寿命一般不超过2年；以成贝或幼贝在绿肥、蔬菜根部或草堆、石块、松土下越冬。

蜗牛为雌雄同体，但必须经异体交配后才能受精产卵。成贝从交配到产卵需8~23 d，平均为15 d。春季交配愈早，至产卵时间愈长，反之亦然，故产卵期相对集中。成贝交配产卵每年2次，第1次在4—5月，第2次在9—10月，以9月田间产卵量最高。成贝产卵后即死亡，因此相应出现两个成贝自然死亡高峰，以9月死亡量最大。

蜗牛卵呈球形，直径1.0~1.5 mm，初产时乳白色，光亮湿润，后淡黄色，孵化前土黄色。卵粒表面有黏液，常相互黏结成堆，一般每堆有卵30~40粒。卵多产于作物根部较疏松湿润的土下1~3 cm深处，干燥板结土壤多在6~7 cm深处。卵壳质地坚硬，但如将卵堆暴露在日光或空气中，卵壳不久就爆裂。

初孵幼贝贝壳淡黄色至淡褐色，半透明，有光泽，乳白色肉体隐约可见。壳顶不高，具有1.5~2.0个螺层，高1 mm，宽1.5 mm。幼贝孵化后5~6 d内群集取食，15 d后分散为害作物。初孵幼贝食量小，仅食叶肉；稍大时食量增加，造成孔洞或缺刻；发育至5~6螺层后食量激增，为害甚大。初孵幼贝生长迅速，增加1螺层只需20 d。6月下旬至9月初越夏期生长缓慢，只增加0.5螺层，越夏后发育又加快，增加1螺层约需30 d。10月以后发育渐止，增加1螺层需60 d，越冬期停止发育。幼贝孵化至螺层发育完成需6~7月。幼贝除性未成熟外，其他生活习性与成贝基本相同。

越冬蜗牛于翌年3月初开始活动，先为害绿肥、豌豆、蚕豆、油菜及麦类的嫩叶，4月下旬以后，转到棉田开始为害棉苗子叶、嫩茎，5月中旬左右食害真叶，一直为害到6月底。蜗牛性喜潮湿，露水越大，为害越凶，阴天整天为害，晴天仅早晚活动取食，白天蛰伏不动。在7—8月高温干旱季节，蜗牛常隐藏在农作物的根部或土下，分泌薄膜封闭壳口越夏。8月底至9月初，越夏蜗牛又开始活动取食，当气温降到10 ℃以下时，在作物根际附近入土越冬。据生命表分析，灰巴蜗牛种群数量变动较大的关键虫期为3旋幼贝期和1旋幼贝期，致死的主要原因是夏季的高温和冬季的低温。

(2) 蛞蝓 蛞蝓以成体或幼体在大麦、小麦、紫云英、黄花苜蓿等作物根部越冬。翌年惊蛰后，当日平均气温达到10 ℃以上时开始活动，早春主要取食蚕豆、豌豆和豆科绿肥的嫩叶，4月底5月初开始食害棉苗、蔬菜，在棉麦套作棉田，还能爬上麦秆取食麦粒内的嫩浆。7月，当日平均气温上升到30 ℃以上时，蛞蝓即很少外出取食，而潜入植株根部等阴暗潮湿处越夏，但并不夏眠，当气温下降到26 ℃以下时，又活动为害，这时主要的食料为萝卜、芥菜、白菜、花生等。从10月中旬起，蛞蝓转入为害越冬豆科作物和绿肥等，11月中旬气温大幅度下降后，以成体和幼体逐渐进入越冬。

蛞蝓1年中有2次活动盛期，第1次在4月中旬至6月中旬，是全年活动最盛的一次，由越冬幼体逐渐发育为成体，进行交配、产卵；第2次在10月上旬至11月中旬。春秋两季繁殖，春季以4—5月最盛，秋季在10月份约1月左右的时间。由于蛞蝓是雌雄同体、异体授精动物，所以任何一个成体都能繁殖后代。成体交配后 2～3 d 产卵，每次产 1 个卵堆，隔 1～2 d 再产 1 个卵堆，每个成体一般可产 3～4 个卵堆。卵堆含卵量不一，少的 5 粒左右，多的 20～30 粒，由胶状物质粘在一起。卵产在作物根部 2～4 mm 的土层里，或土壤缝隙及凹洼处。卵直径为 2～2.5 mm，呈椭圆形，卵核清晰可见。春季卵期为 16～18 d，夏秋季卵期为 12～14 d，冬季卵期在 30 d 以上。卵的孵化率一般为 70% 左右，翻出土表的卵在日光暴晒下容易死亡。幼体孵出后即能取食，经 157～188 d 发育为成体。成体寿命在 13 月以上。

蛞蝓性喜隐蔽，畏光怕热，常生活在农田的阴暗、潮湿、多腐殖质的地方，白天隐藏在枯枝落叶下及作物根部的土缝中，黄昏后爬出觅食和交配；通常夜晚有两次活动高峰，分别在 20:00—21:00 和 4:00—5:00。

8.1.2.2 发生与环境条件的关系

蜗牛以地势平坦的沿江、沿湖及滨海棉区发生较多，尤以低洼潮湿杂草多及新开垦的棉田受害重，遇有高温干燥条件，蜗牛常把壳口封住，潜伏在潮湿的土缝中或茎叶下，待条件适宜时外出取食。蜗牛的发生为害与茬口的关系十分密切，容易多发和受害的田块主要有两类，一类是上年发生多的连作棉田，另一类是菜地、纯蚕豆地及绿肥地。

蛞蝓发育最适温度为 10～20 ℃，最适土壤湿度为 80%～90%。阴雨天持续时间长，有利于繁殖为害，相反，高温干旱则不利于其发生。

蜗牛和蛞蝓的捕食性天敌有步甲、虎甲、隐翅虫、螳螂、蛙类、鸟类、鸡、鸭、鼠等。

8.1.3 调查和预测预报

原江苏省江宁县（现南京市江宁区）植物保护站根据 9 月田间 6 旋成贝的发生基数（x），参照气候条件预测翌年的发生量（y），其预测式为

$$y = 40.885x - 4.475 \quad (r = 0.997\ 3)$$

蜗牛的发生程度可分为 4 级，见表 8-1。

表 8-1 蜗牛的发生程度分级

发生程度	蜗牛密度（头/m²）	占当时该类棉田面积比例（%）
特大发生	100 以上	20 以上
大发生	50～100	20 左右
中等发生	20～50	20 左右
轻发生	20 以下	85 以上

8.1.4 防治方法

(1) 农业防治

①沤 利用蜗牛和蛞蝓白天喜欢躲藏在草丛中的习性，铲除田边、沟边、坡地、塘边杂草，沤制堆肥，以消除蜗牛、蛞蝓的滋生地。

②锄 4月下旬至6月初，是蜗牛、蛞蝓的产卵盛期，应抓紧久雨天晴的时机锄草松土，使卵暴露在土表爆裂而减少其密度和为害。

③捉 利用蜗牛、蛞蝓昼伏夜出、黄昏和夜间为害的规律，进行人工捕捉，或者把瓦块、树叶、树枝、青草等，放到蜗牛、蛞蝓为害的田间、地头或果园进行诱集，以便集中捕捉。

(2) 放鸭啄食 在果园和某些作物的地里，可以放鸭啄食。1只1.5kg重的鸭子1d最多可吃蜗牛1.2kg，有400～500个同型巴蜗牛。放鸭啄食蜗牛，可以大大减轻蜗牛对作物的为害，同时还可以促进鸭子生长，提高鸭子的产蛋率。

(3) 化学防治 药剂毒杀是防治蜗牛的重要措施。

①阻隔 把生石灰撒在农田沟边、垄间，形成封锁带，每公顷用75～150kg，可短期内阻止蜗牛、蛞蝓进入农田。

②撒施药剂 8%灭蜗灵颗粒剂对蜗牛有很强的胃毒作用，用量为每公顷7.5～15.0kg，拌细土75kg，于17:00—18:00撒于作物行间。使用灭蜗灵应在晴朗无雨的天气进行，用药后若连续阴雨会影响药效。2%灭旱螺饵剂，防治蜗牛每公顷用150～180g，防治蛞蝓每公顷用100～150g，拌细土撒施。6%四聚乙醛颗粒剂每公顷360～490g撒施。上述处理均能达到理想的灭螺和保苗效果。防治指标为百株有蜗牛130头，施药时间应掌握在棉苗4片真叶前和蜗牛进入5龄暴食阶段以前。

8.2 棉蚜

我国为害棉花的蚜虫主要有棉蚜（*Aphis gossypii* Glover）、棉黑蚜（*Aphis atrata* Zhang）、棉长管蚜（*Acyrthosiphon gossypii* Mordvilko）、豆蚜（又名苜蓿蚜）（*Aphis craccivora* Koch）等，均属半翅目蚜科。其中棉长管蚜仅分布于新疆，棉黑蚜主要发生于西北内陆棉区，豆蚜已知分布于黄河流域和长江流域。这里仅介绍棉蚜。

棉蚜是世界性害虫，在我国各棉区均有分布和为害，但以北方棉区常发而严重，黄河流域棉区又是棉蚜发生为害最严重的区域，不仅在棉苗期普遍而严重发生，而且在有些年份引起夏季伏蚜暴发，对棉花生产影响很大。长江流域棉区为害次之，华南棉区干旱年份发生较重，一般年份较轻。

棉蚜是多食性害虫，全世界已知寄主植物74科285种，我国有113种，其中常见越冬寄主（第1寄主）有花椒、鼠李、石榴、木槿、芙蓉、夏枯草、车前、苦荬菜、月季、菊花等，侨居寄主（第2寄主）有棉花、瓜类、麻类、豆科、菊科、茄科、苋科等植物，其中以棉花和瓜类为最重要的寄主。

棉蚜以成虫和若蚜群集于棉花嫩头、叶片背面刺吸汁液，受害棉株形成"龙头"和叶片卷缩，导致根系发育不良、生长停滞，并推迟现蕾、开花和吐絮的时间。此外，棉蚜在吸食过程中排出大量蜜露，招致霉菌寄生，影响棉株光合作用的正常进行。棉蚜还能传播蔬菜、油料、烟草等作物的病毒病害，造成更大的为害和损失。

8.2.1 形态特征

棉蚜的形态特征见图8-2。

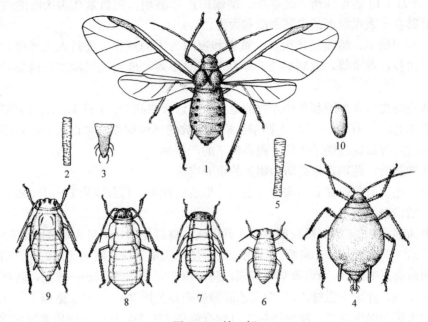

图 8-2 棉 蚜
1～3. 有翅胎生雌成蚜（1. 成虫　2. 腹管　3. 尾片）　4～5. 无翅胎生雌成蚜（4. 成虫　5. 腹管）
6～9. 有翅胎生雌蚜 1～4 龄若虫　10. 卵

(1) 干母　体长 1.6 mm，茶褐色；触角 5 节，约为体长之半；无翅。

(2) 无翅胎生雌蚜　体长 1.5～1.9 mm，卵圆形。体黄绿色、深绿色、蓝黑色或棕色，表皮有明显的网纹。前胸、腹部第 1～7 节有缘瘤。触角 6 节，稍超过体长之半，第 3 节无感觉圈。腹部第 5 节两侧各有 1 根黑色长圆筒形的腹管，上有瓦砌纹。尾片乳头状，一般有曲毛 5 根。

(3) 有翅胎生雌蚜　体长 1.2～1.9 mm。前胸背板黑色。触角第 3 节一般有感觉圈 6～7 个。翅两对，前翅中脉分支。腹背斑纹明显，第 6～8 节有狭短黑横带，两侧有 3～4 对黑斑。余同无翅胎生雌蚜。

(4) 无翅有性雌蚜　体长 1.0～1.5 mm，草绿色、灰褐色、墨绿色、暗红色或赤褐色等。触角 5 节。后足胫节膨大为中足胫节的 1.5 倍，并有排列不规则的分泌性外激素的小圆点几十个。尾片常有毛 6 根。

(5) 有翅雄蚜　体长 1.3～1.9 mm，狭长卵形。体色有绿色、灰黄色、赤褐色。腹背各节中央各有 1 条黑横带。触角 6 节，第 3～5 节各有感觉圈 23 个、25 个和 14 个。尾片常有毛 5 根。

(6) 卵　长约 0.5 mm，椭圆形，初产时橙黄色，后漆黑色，有光泽。

(7) 若蚜　共 4 龄。体长 0.5～1.4 mm，形如成蚜，复眼红色，无生殖板，体被蜡粉。有翅若蚜 2 龄出现翅芽，3～4 龄在第 1、第 6 腹节的中侧和 2～5 腹节的两侧各有 1 个白蜡圆斑。

8.2.2　发生规律

(1) 生活史和习性　我国大部分地区棉蚜的生活史属于异寄主全周期型，即在 1 年中蚜虫有两性世代和孤雌世代交替出现，并且两种生殖方式的世代发生在两类不同寄主上，一类是产受精卵的越冬寄主，另一类是夏季的侨居寄主。在华南和云南宾川、潞江等部分地区为不全周期型，终年营孤雌生殖，以成蚜的若蚜在越冬寄主上过冬。

棉蚜1年发生数世代因地而异，在辽河流域棉区1年发生10～20代，在黄河流域、长江流域和华南棉区1年可发生20～30代。在适宜条件下，1头成蚜每天可胎生4～5头若蚜，最多可达18头，一生可繁殖60～70头；在早春和晚秋气温较低时，10多天繁殖1代；夏季完成1代只需5d左右。田间世代重叠。

棉蚜的越冬卵主要产在木槿等木本植物的芽腋内、树皮的裂缝中或草本植物的根际处。翌年春季当5d平均温度达6℃时，越冬卵开始孵化为干母，干母营孤雌胎生产生下一代为干雌，后继续在越冬寄主上繁殖2～3代便产生有翅胎生雌蚜，于4月下旬至5月上旬棉苗出土时，大量迁向棉田形成点片发生。在棉田内繁殖的蚜虫往往由于虫口密度拥挤或营养条件不良，便产生有翅蚜迁飞扩散。棉蚜在棉田里因地区不同常形成1～3次有翅蚜迁飞高峰（南方多为3次），这些迁飞峰与早播棉的始蕾、始花和棉铃始裂期相吻合，其中以6月上中旬棉花现蕾初期出现的第1次迁飞最为重要，这次迁飞常导致棉蚜由点片发生扩向全田，从蚜害早的田块向蚜害迟的田块及从一熟棉田向二熟棉田扩散，形成大面积发生为害。在长江流域棉区，5月中旬至6月上中旬是棉蚜为害的主要时期，一般在6月中下旬随着梅雨季节来临，蚜群密度迅速消退。北方棉区因雨季来得迟或气候干旱，棉蚜为害期较长。侨居蚜在棉田繁殖至10月中下旬，因光周期缩短、气温降低和棉株衰老，便产生有翅雌性母和无翅雄性母。有翅雌性母飞回越冬寄主，产生无翅有性雌蚜，无翅雄性母在棉田里产生有翅雄蚜，再迁飞到越冬寄主上与有性雌蚜交配产卵越冬，但在棉田里也发现有卵产在棉花枝条上。

棉株上的棉蚜，出苗阶段多集中在子叶背面，苗期多集中上部嫩叶和嫩茎上，铃期多集中于中下部老叶上，伏蚜发生重时，上部叶片的蚜量亦多，有翅若蚜多分布于下部老叶上。有翅蚜对黄色和橙色的趋性最强，其次是绿色，故可用黄皿诱蚜或用黄色粘板诱杀。无覆盖的露地对棉蚜有一定的引诱力，有翅蚜常沿土表飞行，因此一般在缺苗断垄处、边行和背风处棉蚜发生为害较重。有翅蚜对银灰色有负趋性，生产上可用银灰色薄膜覆盖法减少蚜虫的为害。

(2) 发生与环境条件的关系 棉蚜在田间的数量消长与气候条件、棉花栽培方式、天敌和蚜虫抗药性有密切关系。

①气候条件 棉蚜产卵越冬期间气温高时，有利于繁殖，越冬卵量多；如遇强寒流侵袭，越冬寄主提早落叶，则越冬卵量减少。冬季低温影响棉蚜越冬卵的孵化率。早春3月，低温对发育中的胚胎也有致死作用。干母孵化后，如寒流频繁，连续低温，寄主植物嫩芽被冻死，干母也常因低温和缺乏食物而大量死亡。

棉蚜发生的最适温度为17.6～24.0℃，最适相对湿度在70%以下。当日平均温度高于28℃，相对湿度大于80%时，繁殖数量下降。一般5—6月的温度均适于棉蚜的发生，此时如果天气干旱少雨，往往会导致棉蚜大发生。长江流域若梅雨季推迟到来，也会延长棉蚜的为害时期。因此棉花苗期的降水量、雨日和降水强度是左右棉蚜为害轻重的关键因子。在棉蚜为害初期，降水量在20～30 mm或以上，蚜量增殖缓慢；严重为害期，日降水量为50 mm或旬降水量为100 mm左右时，蚜群即受到显著抑制。大风雨对棉蚜有机械冲刷致死作用，可使蚜量骤减。

②棉花栽培方式和播种期　一熟棉田早播早出苗，棉蚜迁入早，为害期长，蚜害重于二熟套作棉田和一熟迟播棉田。套种的棉苗，由于前茬作物阻隔有翅蚜的迁飞，早期蚜量少，一般到夏收后才开始大量迁入为害，但此时棉苗已进入3叶期以后，抗蚜力增强，同时前茬作物上蚜虫的天敌迁到棉苗上捕食棉蚜，故蚜虫发生晚，数量上升慢，为害轻。

③棉花品种　不同棉花品种的抗蚜性有明显差异。棉叶多短毛的品种受蚜害轻，棉叶毛少而长的品种受害严重。鞣质及棉酚是棉花抗蚜的重要生化物质，鞣质的作用更为突出，鞣质含量高的棉花品种，对苗蚜及伏蚜均表现出较强的抗性。

④天敌　棉蚜的天敌种类很多，我国已记载的达213种，其中主要的有寄生于棉蚜体内的棉蚜茧蜂和印度蚜茧蜂；寄生于体外的内亚波利斯异绒螨和无视异绒螨；捕食性天敌有七星瓢虫、龟纹瓢虫、黑襟毛瓢虫、中华草蛉、大草蛉、微小花蝽、华姬猎蝽、四条小食蚜蝇、草间小黑蛛等；寄生真菌有蚜霉菌，在高温、高湿和蚜虫高密度时能控制棉蚜，是伏蚜的重要天敌。在生物群落复杂、生态条件良好的沿江、沿湖、丘陵棉区，天敌常能自然控制棉蚜在经济阈值以下。

⑤伏蚜发生与环境条件的关系　一些棉区通常把5—6月发生的蚜虫称为苗蚜，7—8月发生的小型蚜称为伏蚜。伏蚜是棉蚜种群在盛夏形成的生物型，体型小、色黄、耐高温。在7—8月黄河流域和长江流域棉区常发生蚜群密度急剧增长现象，有些棉株虫口数量达万头以上，蚜虫分泌的蜜露如同油腻展布，枝叶卷缩，蕾铃脱落，损失十分严重。伏蚜为害一般持续20~40 d，后因蚜霉菌的流行而结束为害。

伏蚜年度间发生程度的差异与伏蚜发生的基数、气候条件和天敌的控制能力有关。此外，棉花追施化肥过多而导致旺长，则有利于伏蚜的发生。

一般6月下旬田间残留的苗蚜为伏蚜的基数。伏蚜基数与伏蚜的为害程度呈一定的正相关关系。气候条件往往通过温度和湿度的联合作用影响伏蚜的发生。一般盛夏高温（高于29 ℃）高湿（相对湿度90%以上）或遇伏旱形成高温低湿（相对湿度50%以下）均对伏蚜有抑制作用。蚜霉菌是伏蚜的主要天敌，如有连续5 d以上的阴雨天气，田间湿度持续保持90%以上，常诱致蚜霉菌流行，伏蚜的发生数量下降，降雨的时间越长下降的幅度越大。总之，如7—8月时晴时雨，不能形成持续29 ℃以上的高温和90%以上的高湿，加之棉株生长旺盛，营养条件好，自然天敌又不足以控制时，伏蚜就有严重为害的可能。

近年伏蚜的猖獗为害与棉蚜产生抗药性和天敌被杀伤有关。20世纪50年代蚜虫未形成抗性的情况下，田间伏蚜数量很少，但自50年代后期以来，由于长期使用广谱性有机磷杀虫剂防治苗蚜，棉蚜抗性发展很快，防治效果减弱，蚜虫的残留量大；同时棉蚜产生抗性后，又增加了施药的浓度和次数，使蚜虫原有的天敌被大量杀死，破坏了生态的自然平衡，使伏蚜在失去天敌的控制作用下严重为害。

8.2.3　虫情调查和预测预报

(1) 查为害指数，确定防治指标　在棉花现蕾前，以查为害指数确定防治指标的具体做法是：按5点取样，每点顺行连续查20株，共100株，用目测法估计每株棉苗上部一顶及第2~3真叶上的蚜数，分4级记载。0级为无蚜，Ⅰ级有蚜1~10头，Ⅱ级有蚜11~50头，Ⅲ级有蚜50头以上。统计各级棉苗株数后，按下式计算为害指数。

为害指数＝Ⅰ级株数×1＋Ⅱ级株数×5＋Ⅲ级株数×10

再算出百株蚜量和卷叶株率。百株蚜量（$\hat{y}_1$）与为害指数（x）的回归式和卷叶株率（$\hat{y}_2$）与为害指数的回归式分别为

$$\hat{y}_1 = 7.49x - 229 \quad (P<0.1)$$
$$\hat{y}_2 = 0.0977x - 8.4 \quad (P<0.1)$$

防治指标：3叶期前卷叶株率为5%～10%，百株蚜量为1 000～1 500头，或为害指数为250；4～8叶期卷叶株率为20%～30%，百株蚜量为2 000～4 000头，或为害指数为350～400。

当为害指数值达200时，应注意蚜虫发展情况，如在短期内指数值增大缓慢，表示自然因子正在起控制作用，不必立即防治，等到指数值达250～300时再治。这样可以有利于发挥自然控制因子的作用，又可减少用药防治的面积和次数。

(2) 伏蚜虫情调查　伏蚜虫情调查时间从6月下旬开始，选有代表性的田块，每隔3～5 d调查1次。每块田5点取样，每点固定10株，每株取上、中、下各1片叶，调查记载各叶片上的蚜虫数及蚜霉菌的寄生率，当棉田百株3叶蚜量达10 000头，或上部单叶百株蚜量达20 000头，或棉株中下部叶片出现发亮的油点时，参照历年资料及当年气象情况，发出预报，适期开展防治。

(3) 益害比调查　有条件的地区，在进行蚜情调查时可结合调查记载主要的天敌种类和数量。一般认为瓢蚜比1∶150以下时，或天敌数量（包括瓢虫、草蛉、蜘蛛、蚜茧蜂等）与棉蚜比在1∶40时，暂不必进行防治。

8.2.4　防治方法

防治棉蚜应以农业防治为基础，充分保护和利用自然天敌的控制作用，优先应用与生物防治相协调、与化学防治相配套的综合治理措施。

(1) 农业防治　加强棉花保健栽培措施，增强抗蚜能力。在一年二熟棉区，尽可能采用麦棉、油菜棉、蚕豆棉等间作套种，或在分散棉区实行条带间插种植，改善棉区生态条件，以利于天敌向棉田转移。直播棉田结合间苗、定苗，拔除有蚜苗，带出田外集中深埋或沤肥。在在棉花出土前及时清除棉田内外杂草，以减少虫源。此外，有条件的地区可以采取水旱轮作的方式，将棉花与水稻轮作。

可在棉田种植诱集带，具体做法是：采用甘蓝型冬油菜，于3月下旬至4月上旬棉花播种前，每隔10行棉花种1行油菜，以油菜上的蚜虫招引瓢虫等天敌控制棉蚜，6月下旬气温升高后，油菜开始枯萎，可铲除作饲料或压作绿肥。但要注意防治油菜上的地老虎。

(2) 化学防治

①播种期防治

A. 药剂拌种：播种前用3%呋喃丹颗粒剂或5%涕灭威颗粒剂拌种，药剂与棉种的用量比为1∶3～4。先将棉种在50～60℃的温水内浸泡0.5 h，再用凉水浸泡6～12 h（以吸饱水为度）。捞出均匀拌入药剂，再堆闷4～5 h即可播种。此外，还可用70%吡虫啉拌种剂3.0～4.5 kg与90 kg棉种拌匀。

B. 颗粒剂盖种：每公顷用3%呋喃丹颗粒剂或5%涕灭威颗粒剂22.5～37.5 kg，均匀拌入适量细土，棉花播种时先开沟溜种，然后溜施颗粒剂，再覆土。

药剂处理棉种是防治棉花苗期蚜虫的重要措施，有利于保护天敌，并能兼治其他地下害虫，持效期可达1月以上。

②苗期防治

A. 根施：棉苗移栽时，每公顷用3％克百威颗粒剂30 kg，拌入适量细土，开沟穴施于棉苗根侧，或在移栽时撒于营养钵下面。

B. 滴心：每公顷用40％氧化乐果乳油150 mL，兑水15.0～22.5 L滴心叶，每株滴药液3～5滴。将手动喷雾器喷头用纱布裹紧，轻压手柄，即可滴出。

C. 内吸剂涂茎：用40％氧化乐果乳油1份、缓释剂（聚乙烯醇）0.1份、水5～7份，配制成涂茎剂。配制时先将水烧开，加入聚乙烯醇，不断搅动使之充分溶化，冷却后边加药边搅拌，使药剂混合均匀。涂茎时用毛笔蘸取药液，涂刷于棉苗茎红绿交界处一侧即可，涂药长度为3～5 cm（棉花现蕾后涂10～12 cm），勿环涂。此法持效期可达15～20 d，并可避免对天敌的杀伤。

D. 喷雾　当棉蚜数量达防治指标、天敌又不足以控制为害时，采用喷雾防治。大面积防治应注意药剂的交替使用，不要任意加大药液的浓度，以避免棉蚜产生抗药性。可选用10％吡虫啉可湿性粉剂3 000～4 000倍液、1.8％阿维菌素乳油3 000～4 000倍液、50％抗蚜威可湿性粉剂3 000～4 000倍液、50％敌敌畏乳油1 500～2 000倍液、2.5％溴氰菊酯2 000～3 000倍液、2.5％三氟氯氰乳油2 000～3 000倍液等。

③蕾铃期防治　用于苗期喷雾防治棉蚜的药剂和浓度同样适应于蕾铃期防治伏蚜。此外，可用敌敌畏毒土熏蒸的方法进行防治。每公顷用80％敌敌畏乳油1.5 L加水稀释成2 000～3 000倍液，喷拌112.5～150.0 kg过筛的细土或麦糠，随配随用，在气温高的晴天撒施效果更好。

(3) 生物防治　在蚜虫天敌盛发期尽可能少施、不施化学农药，或采用滴心、涂茎等方法，避免杀伤天敌，充分发挥天敌的自然控制作用。

8.3　朱砂叶螨

我国为害棉花的叶螨主要有朱砂叶螨［*Tetranychus cinnabarinus*（Boisduval）］、截形叶螨（*T. truncatus* Ehara）、二斑叶螨（*T. urticae* Koch）、土耳其斯坦叶螨［*T. turkestani*（Ugarov et Nikolski）］和敦煌叶螨（*T. dunhuangensis* Wang）等，过去统称为棉花红蜘蛛，均属蛛形纲蜱螨亚纲真螨总目前气门亚目绒螨目叶螨科。我国各棉区发生的叶螨种类和优势种不尽相同，例如长江流域棉区和黄河流域棉区的优势种是朱砂叶螨，土耳其斯坦叶螨在新疆棉区为优势种，截形叶螨在黄河流域、西北地区和辽河流域棉区常发生。需要指出的是，欧美和日本的蜱螨学家认为朱砂叶螨是二斑叶螨的红色型，不是一个独立的物种。我国习惯上认为朱砂叶螨是一个独立的种。现仅介绍代表性的朱砂叶螨。

朱砂叶螨为世界性害螨，国内各棉区均有分布。其寄主广泛，我国已记载的有32科113种植物，其主要寄主作物有棉花、玉米、高粱、小麦、豆类、瓜类、芝麻、红麻、向日葵、辣椒、茄子、苕子等，其杂草寄主有益母草、马鞭草、野芝麻、蛇莓、婆婆纳、宝盖草、风轮草、小旋花、车前、小蓟、芥菜等。

朱砂叶螨以成螨、若螨和幼螨在棉叶背面吸食棉株营养，轻者造成红叶，重者导致落叶垮秆，状如火烧，造成大面积减产甚至无收。棉花不同生育期对朱砂叶螨的耐害力和补偿力不同，以棉苗 2～3 叶期最弱，受害损失比 5～6 叶期和蕾花期分别高 1.15 倍和 0.7 倍。棉花苗期受害后，表现为棉株高度降低，果枝数和蕾铃数减少，现蕾推迟和铃重减轻。棉花蕾铃期受害则主要表现为蕾、铃数的减少与铃重的减轻。近年来，随农田生态系统的变化和转 Bt 基因抗虫棉的种植，朱砂叶螨的发生为害加重。

8.3.1 形态特征

朱砂叶螨的形态特征见图 8-3。

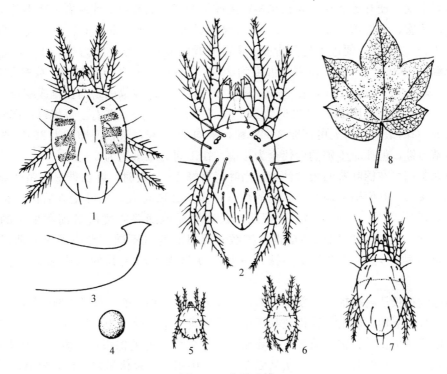

图 8-3 朱砂叶螨
1. 雌成螨 2. 雄成螨 3. 雄螨外生殖器 4. 卵 5. 幼螨 6. 若螨Ⅰ 7. 若螨Ⅱ 8. 被害棉叶

(1) 雌成螨 背面卵圆形，体长 0.42～0.56 mm，宽 0.26～0.33 mm，红色，躯体两侧各有 1 个长黑斑。螯肢有心形的口针鞘和细长的口针。须肢胫节爪强大，跗节的端感器呈圆柱状。前足体背面有眼 2 对。背面表皮纹路纤细，在第 3 对背中毛和内骶毛之间纵行，形成菱形纹。背毛 12 对，刚毛状；无臀毛；腹毛 16 对。肛门前方有生殖瓣和生殖孔，生殖孔周围有放射状的生殖皱襞。气门沟呈膝状弯曲。爪退化，各生黏毛 1 对。爪间突分裂成 3 对刺毛。

(2) 雄成螨 背面略呈菱形，比雌螨小。体长 0.38～0.42 mm，宽 0.21～0.23 mm。须肢跗节的端感器细长。背毛 13 对，最后的 1 对是移向背面的肛后毛。阳茎的端锤微小，两侧的突起尖利，长度几乎相等。

(3) 卵 圆球形，直径 0.13 mm，初产时无色透明，孵化前具淡红色。

(4) 幼螨 初孵幼螨体近圆形，长约 0.15 mm，浅红色，稍透明，有 3 对足。

(5) 若螨 分若螨Ⅰ和若螨Ⅱ。幼螨蜕皮为若螨Ⅰ，再蜕皮为若螨Ⅱ（仅雌螨有），均具 4 对足。若螨体呈椭圆形，体色比幼螨深，体侧出现深色斑点。

8.3.2 发生规律

(1) 生活史和习性 朱砂叶螨在北方棉区 1 年发生 12～15 代，在长江流域棉区 1 年发生 18～20 代，在华南棉区 1 年发生 20 代以上，以雌成螨及其他虫态在蚕豆、冬绿肥、杂草、土缝、棉田枯枝落叶及桑、槐树皮裂缝内越冬。

越冬期间若气温上升，越冬螨仍能活动取食。翌春 5 日平均气温上升至 5～7 ℃（2 月下旬至 3 月上旬）便开始活动，先在越冬寄主或早春寄主上繁殖 2 代左右，待棉苗出土后再转移至棉田为害，在棉田约发生 15 代，棉株衰老后再迁至晚秋寄主上繁殖 1 代，当气温继续下降至 15 ℃ 以下时，便进入越冬阶段。朱砂叶螨的发育起点温度为 10.49 ℃，完成 1 代的有效积温为 163.25 d·℃。在平均温度为 26 ℃ 左右时，发育历期最短。成螨平均寿命，在 6 月为 22 d，在 7 月为 19 d，在 9—10 月为 29 d，一般雌成螨的寿命比雄成螨长。雌成螨产卵前期，在日平均温度 26～31 ℃ 时为 1.5 d，在 20 ℃ 时为 3 d 左右。每雌每日产卵量以日平均温度 30 ℃ 时最高，每天可产卵 3～20 粒，平均 6～8 粒，最长产卵期为 25 d。朱砂叶螨有孤雌生殖习性，但孤雌生殖的后代全为雄螨。在田间的雌雄比为 5∶1。

成螨和若螨均在棉叶背面吸食汁液，当叶背有螨 1～2 头时，叶面即显出黄色斑点；当叶背有螨 5 头时，叶面即出现红斑。螨的数量越多，红斑越大。棉叶受害后出现黄白斑到形成红斑，需要经历一个显症期。显症期的长短明显地随着温度的升高和虫量的增加而缩短。5—6 月由于朱砂叶螨从杂草寄主扩散到棉田的螨量不同，形成了显症期迟早的差别。在挑治叶螨时，提出"发现一株打一片"就是为了防治其周围尚未显示症状的有螨株。

朱砂叶螨在长江流域棉区的发生与为害每年有 3～5 次高峰。据湖北荆州记载，第 1 次高峰常在 5 月中下旬，以蚕豆茬棉花和历年棉叶螨发生量大的棉田受害重。第 2 次高峰在 6 月中旬，以麦茬棉花受害重。第 3 次高峰在 7 月上中旬，各类棉田都可发生，是猖獗成灾、造成大面积红叶垮秆的时期。第 4 次高峰在 8 月上中旬，如果伏旱之后接着秋旱，前期防治不彻底，往往发生严重。第 5 次高峰在 9—10 月，多在嫩绿的棉田为害，一般年份影响不大。

(2) 发生与环境条件的关系 朱砂叶螨种群的消长和扩散与气候、寄主、耕作制度、施肥水平等因子有关。

①气候因子 气候因子是影响朱砂叶螨种群消长的决定因子，尤以 5—8 月降水量最为重要，而 7—8 月的南洋风对种群增长起加强作用。干旱并具备一定的风力是其繁殖和扩散最有利的条件。暴风雨连带泥水的冲刷和黏附，常使朱砂叶螨的死亡率增大。因此棉花生长期间降水量的大小往往成为衡量当年发生严重程度的重要指标。

从温度和风力来看，7—8 月正是长江流域高温和南洋风多的季节，因此是其繁殖和扩散的极有利的时机。朱砂叶螨扩散的距离和范围视风力的大小而定，一般 2～3 级南风扩散距离可达 3～4 m，5～6 级则扩散可达 8 m 左右，加上此期朱砂叶螨的繁殖速度快，每扩散 1 次只需 5～10 d，故棉区有"天热少雨发生快，南洋风起棉叶红"之说，这正好反映了朱砂叶螨在高温条件下借风力蔓延的情景。从常年该螨的扩散规律来分析，5—6月由于降雨的影响，扩散株率仅占全年总扩散株率的5%左右，7—8月则占90%以上。扩散高峰期最早出现在7月中旬，最迟在8月中旬，一般在7月下旬至8月上旬。据此规律，把朱砂叶螨控制在6月底以前，是至关重要的。

②寄主的种类、数量和分布　朱砂叶螨的螨源主要来自杂草寄主。凡杂草寄主多、分布广的地区，该螨的越冬种群基数和春季的繁殖数量就大。朱砂叶螨冬春的主要寄主和次要寄主种类各地不尽相同，但在同一地区的种类是比较稳定的。因此了解该螨在当地杂草寄主的种类和分布，采用相应的防治措施是十分重要的。

③耕作制度　棉麦三熟地区，棉花收获后，经翻耕播种小麦和大麦的田块，朱砂叶螨的发生数量少，为害轻。不经拔秆和翻耕就套播夏收作物和绿肥的田块，则发生数量多、为害严重。另外，前茬为豆类的棉田发生早而重，油菜田次之，小麦田则轻。棉田内间作或邻作豆类、瓜类、芝麻等作物的受害亦重。

④施肥水平和棉株长势　施肥水平高的棉田，棉株生长健旺，叶片浓绿质厚，一般比施肥水平差的棉田螨量少75%～80%。施肥水平差的棉田，由于棉株瘦小，郁闭度差，体内及外来水分易蒸发造成高温低湿的小气候，有利于朱砂叶螨的生存和繁殖，受害严重。

⑤天敌　朱砂叶螨的捕食性天敌主要有深刻点食螨瓢虫、黑襟毛瓢虫、塔六点蓟马、横纹蓟马、小花蝽、姬猎蝽、中华草蛉、食螨瘿蚊、草间小黑蛛、三突花蛛、拟长刺钝绥螨等。据四川资料，每株棉苗平均有棉叶螨91.6头时，接种6头塔六点蓟马若虫，10 d后棉叶螨减少67.5%，15 d后减少93.25%；每株棉苗平均有棉叶螨56.5头，不接种的10 d后则增加266.72%。可见棉田过多施药常引起棉叶螨的再猖獗，主要原因是杀伤了天敌。

8.3.3　螨情调查和预测预报

(1) 春季螨源基数调查

①调查时间　3月份，平均气温稳定通过6℃以上时进行调查，共进行2次，间隔10 d左右。

②调查对象　北方棉区主要在小麦上调查，南方棉区主要在杂草上调查。选择棉田内及棉田附近的3～5种主要杂草（常见的有婆婆纳、宝盖草、马鞭草、蛇莓、益母草、乌蔹莓、野苜蓿、蒲公英等）。

③调查取样方法　小麦调查3块田，每块田采用5点取样法，共调查50～100株。杂草采用随机取样方法，每种杂草共调查50～100株。记载有螨株率和百株螨数，以两次调查的平均值作为当年春季棉花叶螨的虫源基数。按百株3叶螨量（y）与有螨株率（x）之间的经验公式 $y=1.426x^{1.4131}$ 换算成百株螨量。当螨量显著上升时，发出防治预报，以免叶螨侵害棉田。

(2) 棉田系统调查

①调查田块　选择当地具代表性类型棉田3～5块，每块田面积在667 m^2 以上。

②调查时间　从棉花齐苗后开始，每5 d调查1次，至吐絮盛期止。

③调查方法　采用Z字形取样，按田块大小合理安排样点，每块田取50株棉花。苗期查全株；现蕾后，每株调查主茎上叶（指最上部主茎展开叶）、中部叶、下部叶（指最下果枝位叶）各1片，记载有螨株率、螨数、螨害级别，并分别于苗期、蕾花期、花铃期各定1

次调查田。

(3) 螨害分级指标 0级，叶片未受害；1级，叶面有零星斑块；2级，斑块占叶面1/3以下；3级，斑块占叶面1/3~2/3；4级，斑块占叶面2/3以上或叶片脱落。

8.3.4 防治方法

针对包括朱砂叶螨在内的棉叶螨分布广、虫源寄主多、易于暴发成灾的特点，在防治上应采取压前（期）控后（期）的策略，即压早春寄主上的虫量，控制棉花苗期为害；压棉花苗期虫量，控制后期为害；棉花与玉米间作田，压玉米上虫量，控制转移到棉花上为害。在棉田防治应加强螨情侦察，以挑治为主，辅以普治，将棉叶螨控制在点片发生阶段和局部田块，以杜绝7—8月大面积蔓延成灾。

(1) 农业防治 农业防治的主要措施有：a. 进行轮作，以水旱轮作最好；b. 清洁棉田，冬春结合积肥铲除田内外杂草；棉田零星发现为害时，人工摘除虫叶；c. 二熟套作连茬棉田秋季翻耕后播麦；d. 棉花与玉米间作田，花蕾期打去玉米下部几张老叶，携出田外销毁或沤肥；e. 结合棉田管理，高温季节进行大水沟灌抗旱，以及对受害田增施速效肥料，以促进棉株生长发育，增强抗螨能力。

(2) 化学防治

①种子处理 用3%呋喃丹颗粒剂或5%涕灭威颗粒剂拌种或盖种（具体操作参见棉蚜化学防治的播种期防治部分的药剂拌种），除预防棉蚜外，对5月上中旬侵入棉田的棉叶螨控制效果良好。特别是麦套棉或棉油、棉豆间作棉田，更要做好棉种处理工作。

②棉田喷药 掌握在5月中下旬和6月中下旬朱砂叶螨的两次扩散期，采取发现1株打1圈，发现1点打1片的办法，将害螨控制在点片发生阶段。普治田块尤要注意使用选择性农药和改进施药方法，以利保护天敌，维持棉田生态系统的多样性和良性循环。

每公顷可选用20%三氯杀螨醇乳油1 125 mL、15%哒螨酮乳油750~1 125 mL、20%双甲脒乳油750~1 125 mL、1.8%阿维菌素乳油450~600 mL、2.5%联苯菊酯450~600 mL、20%甲氰菊酯乳油450~600 mL、73%克螨特乳油600~900 mL、5%尼索朗乳油900~1 500 mL，兑水900 L，以叶片反面为重点喷雾。

8.4 绿盲蝽和中黑盲蝽

为害棉花的盲蝽是棉田常见的重要害虫，主要有5种：绿盲蝽［*Apolygus lucorum* (Meyer-Dür)］、中黑盲蝽［*Adelphocoris suturalis* (Jakovlev)］、苜蓿盲蝽［*Adelphocoris lineolatus* (Goeze)］、三点苜蓿盲蝽（*Adelphocoris fasciaticollis* Reuter）和牧草盲蝽［*Lygus pratensis* (Linnaeus)］，均属半翅目盲蝽科。

长江流域棉区发生的主要是绿盲蝽和中黑盲蝽。绿盲蝽在我国除新疆、西藏、内蒙古和广东未见报道外，其他棉区均有发生。中黑盲蝽在我国分布北起黑龙江，西界甘肃东部、陕西和四川，南至江西和湖南中南部，东达沿海各地。

绿盲蝽和中黑盲蝽均为多食性害虫。其寄主主要有锦葵科、伞形科、豆科、旋花科、十字花科、茄科、菊科、葫芦科、禾本科、蓼科、大戟科、藜科、唇形科等30多科包括多种果树林木的100多种植物。

棉盲蝽以成虫和若虫刺吸棉株的幼嫩组织和繁殖器官造成为害。棉苗子叶期，绿盲蝽和中黑盲蝽均能为害顶芽，形成无头苗和多头苗。现蕾后则表现出不同的为害习性，绿盲蝽除为害蕾铃造成脱落外，还刺吸嫩头顶芽和嫩叶，开始出现小黑点，后随叶片伸展，坏死的部位就形成破洞，使顶部叶片残缺不全，称为"破叶疯"或"破头疯"；中黑盲蝽则主要为害繁殖器官，几乎不为害营养器官，尤其是在花铃期，对幼铃的为害所造成的损失远重于绿盲蝽。幼蕾被害后，3 d内苞叶发黄，后变黑枯死脱落；大蕾受害，花不能正常开放，受害重的会引起脱落；幼铃被害，铃壳上出现黑褐色斑点，有的脱落，有的形成畸形桃或僵桃；大铃受害则产生黄褐色斑点或引起流胶。近年来随着转Bt基因抗虫棉大规模种植后杀虫剂的使用量减少，导致棉盲蝽逐渐成为主要害虫，其中绿盲蝽为主要优势种。此外，棉田绿盲蝽在山东等地因为棉花面积压缩，也能转移为害冬枣、葡萄、苹果等果树。

8.4.1 形态特征

绿盲蝽和中黑盲蝽各虫态形态特征见图8-4和表8-2。

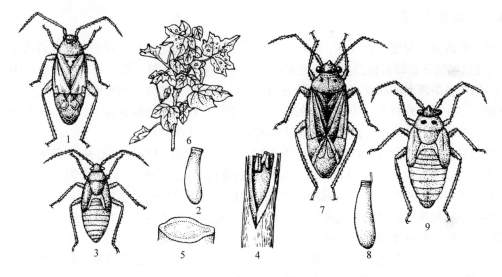

图8-4 绿盲蝽和中黑盲蝽
1~6. 绿盲蝽（1. 成虫　2. 卵　3. 若虫　4. 在苜蓿茬内越冬的卵　5. 卵盖顶面　6. 棉株被害状）
7~9. 中黑盲蝽（7. 成虫　8. 卵　9. 若虫）

表8-2 两种盲蝽各虫态形态特征比较

虫态和虫龄	绿盲蝽	中黑盲蝽
成虫	体长5.0~5.5 mm，全体绿色。触角比身体短，端部两节带褐色。前胸背板有许多刻点。前翅膜质部暗灰色，其余绿色	体长6~7 mm，黄褐色。触角比体长。前胸背板中部有2个黑色小圆斑。小盾片和前翅爪片为黑褐色。休息时在体背形成1条黑色带
卵	长1 mm，长口袋形；卵盖长椭圆形，乳黄色，前后端高起，中央稍凹，无附属丝。初产时乳白色，后变淡草绿色；孵化前色加深，颈部出现鲜红眼点，下部出现淡黄色至橘红色斑块	长1.2 mm；长圆形，稍弯曲；卵盖扁圆形，中央凹陷而平坦，卵盖有附属丝（越冬卵无）。初产时乳白色，后变淡黄色，越冬卵孵化前橘红色

(续)

虫态和虫龄		绿盲蝽	中黑盲蝽
若虫	1龄	体长约1 mm;初孵时乳白透明,后变淡绿色。复眼红色	体长1.2 mm;初孵时乳白色,后变绿色或红褐色。触角比体长。复眼黑红色,足红色
	2龄	体长1.3 mm,体色黄绿。复眼黄褐色。翅芽不明显	体长2.1 mm,体暗红色或绿色,有稀疏刚毛。触角初见细绒毛。足浅红褐色
	3龄	体长1.7 mm,体色黄绿。翅芽出现,达腹部第1节	体长2.9 mm,体色较2龄浅。后翅芽伸达腹部第1节。足同体色,有黑点和黑色刚毛
	4龄	体长2.5 mm,体色淡绿。翅芽伸达腹部第3节	体长3.6 mm,体和翅芽绿色,翅芽伸达腹部第3节,足遍布黑点和细毛
	5龄	体长3.2 mm,鲜绿色,有黑色细毛。复眼灰色。触角淡黄色,末端色渐浓。前翅芽尖端黑褐色,伸达腹部第5节	体长4.5 mm,绿色,被黑色刚毛。复眼紫红色,头部和触角赭褐色,翅芽羽化前由绿色转褐色,后变黑褐色,伸达腹部第5节

8.4.2 发生规律

(1) 生活史和习性 在江苏、浙江一带,绿盲蝽1年发生5代,中黑盲蝽1年发生4~5代,均以卵越冬。绿盲蝽的越冬卵主要产在杞柳、苕子、苜蓿、蚕豆等寄主的组织中,少数产在棉株枝条断面的栅状组织和枯铃壳内,但这部分卵多随秸秆离田而成为无效卵,因此越冬卵主要在棉田外越冬。中黑盲蝽的越冬卵主要是产在棉花的叶柄和叶脉内,随着叶片的脱落遗留在棉田土表越冬,产于其他寄主的越冬卵所占比例较小。

据测定,绿盲蝽卵的发育起点温度为3 ℃,有效积温为188 d·℃;中黑盲蝽卵的发育起点为5.4 ℃,有效积温为217 d·℃。绿盲蝽的发育起点温度和有效积温均低于中黑盲蝽,故绿盲蝽越冬卵的发育较早,以后各代的发生时期亦比中黑盲蝽早半旬到1旬。

棉盲蝽从越冬卵孵出的1代若虫,在越冬寄主或越冬场所附近的寄主上取食。绿盲蝽和中黑盲蝽各代主要寄主植物各有所侧重(表8-3),为害棉花的主害代和生育期也不同,绿盲蝽从6月中旬至7月上旬虫口密度最高,主害代为第2~3代在盛蕾期为害;中黑盲蝽为第3~4代在花铃期为害,7月下旬前棉田虫口密度不大,8月上旬由于3代成虫开始大量侵入,8月中下旬虫量激增,为害高峰又与早秋幼铃大量出现期相吻合,因而第4代成为全年为害最重的世代。这样就形成了混发区前期以绿盲蝽为害,后期以中黑盲蝽为害的交替格局。

表8-3 两种盲蝽各代主要寄主植物

代别	绿盲蝽的主要寄主植物	中黑盲蝽的主要寄主植物
第1代	杞柳、绿肥、蚕豆、胡桑等	小麦、大麦、蚕豆、豌豆、苗床棉花、杂草等
第2代	胡萝卜、苕子留种田及早栽棉,其他有蔬菜、杂草等	寄主分散,有早发棉、甘薯、花生、大豆、西瓜、蔬菜、杂草等
第3代	集中于棉花	相对集中于棉花,其他有大豆、甘薯、花生、蕹菜、薄荷等
第4代	主要分布于棉花	集中于棉花,其他有晚大豆等
第5代	棉花、野菊花、蔬菜等	

绿盲蝽和中黑盲蝽的成虫白天停栖在叶背,夜晚出来活动,进行取食和产卵,但阴雨天能整日活动;有趋光性和趋向现蕾开花植物转移产卵的习性。成虫和若虫均有趋嫩绿和繁殖器官为害的习性。绿盲蝽喜趋向含氮量高的棉花嫩头和幼蕾为害,而中黑盲蝽为害则趋向于含糖高的蕾、花和幼铃。卵主要产在棉花的叶脉、叶柄、嫩茎及枝梗里。中黑盲蝽随棉花生育期不同而变换产卵部位,苗期以叶柄为主,蕾铃期以叶脉为主;绿盲蝽卵也可产在叶片边缘组织内,末代成虫则产卵在棉枝断口处和枯铃壳内。在胡萝卜上,绿盲蝽的卵主要产在伞梗内,其次是头状花盘内,以谢花期的花序上为最多;中黑盲蝽主要产卵在头状花盘内,其次是伞梗内,以处于结果期花序上的卵量最多。雌成虫产卵量因温度和食料条件而异,变化较大,例如绿盲蝽第1代雌虫平均每头可产302粒,第2~4代依次为100多粒、80多粒和10粒。初孵若虫多隐蔽于棉株嫩头、蕾和叶背等处,高龄若虫比低龄若虫活动性大。

绿盲蝽和中黑盲蝽的各虫态历期在室内饲养条件下变化较大,根据江苏观察,绿盲蝽第2~3主害代成虫寿命为20~32 d,产卵前期为12 d,产卵期为11~13 d;在平均温度25 ℃时,卵期为10.3 d,若虫期为13 d;在30 ℃时,卵期为7 d,若虫期为10 d。中黑盲蝽第3~4代成虫产卵前期平均为5~6 d,产卵期为7.4~12.2 d,卵期为9.5 d,若虫期为13.6 d。

(2) 发生与环境条件的关系

①耕作栽培制度　绿盲蝽卵多产于冬绿肥、蚕豆、杞柳等组织内越冬,第2代发生时又集中在苕子、胡萝卜留种田。在棉、蚕豆和棉、绿肥套种地区,扩大绿肥留种田或扩大杞柳栽植面积,既有利于其越冬,又为第1~2代提供营养丰富的繁殖场所,因而有利于绿盲蝽的发生为害。

中黑盲蝽主要以卵在棉田表土越冬。棉麦连年套作时,由于播麦时进行条幅挖翻,落在麦幅中的棉叶不能被耕翻入土,棉田内外杂草又多,为中黑盲蝽越冬卵和早春繁殖创造了极有利的条件。在稻棉轮作区,棉田套种蚕豆和拔秸耕地种麦比较普遍,除减少越冬卵基数外,又抑制了旱田杂草生长,起到恶化越冬和食料条件的作用,其发生量也会受到限制。

②气候条件　这两种盲蝽为喜温好湿昆虫。绿盲蝽发生的适宜温度为18~29 ℃,适宜相对湿度为85%以上;中黑盲蝽发生的适宜温度为20~30 ℃,适宜相对湿度为80%以上。温度低于10 ℃或高于35 ℃,相对湿度50%以下,都会影响它们卵的孵化和成虫、若虫的成活。据对绿盲蝽的研究,降水量和植株着卵部位的含水量影响卵的孵化率。相对湿度70%以上有利于成虫产卵和卵的孵化,寄主植物体内含水量80%左右最有利于越冬卵的孵化。在高湿情况下,若虫行动比较活跃,为害也重。因此4—5月若温度比常年偏高,雨水充沛,有利越冬卵的孵化和第1代发生,6月的降水量与第2代绿盲蝽的为害程度呈正相关。7—8月的气候条件一般适于棉盲蝽的发生,但如出现高温干旱天气,则影响第3~4代的发生量。若8月中下旬温度比常年偏低,天气又干旱少雨,则导致中黑盲蝽第4代发生期推迟,发生量减少,为害减轻。

③棉株营养和生育状况　棉盲蝽的为害部位和为害程度与植株的含氮量密切相关。植株的幼嫩部位含氮量高,最易受害;田间发生也是以大水、高肥、生长茂密而不整枝的棉田受害最重。此外,凡早播早发、营养钵或薄膜育苗移栽、密植郁闭及后期旺长迟衰的棉田,也是棉盲蝽为害的主要对象田。

④天敌　绿盲蝽和中黑盲蝽的捕食性天敌有瓢虫、草蛉、微小花蝽、姬猎蝽等,寄生性天敌有寄生于卵的点脉缨小蜂、盲蝽黑卵蜂、柄缨小蜂、缨翅缨小蜂等,对盲蝽有一定的抑制作用。

8.4.3 虫情调查和预测预报

(1) 2 至 4 代棉田虫量调查 选择当地各代所占面积最大棉田类型和易受害的棉田各 1 块，从 6 月 10 日开始，至 9 月底结束。采用 5 点取样法，第 2、3 代每点查 10 株，共计 50 株；第 4 代每点查 5 株，合计 25 株。5 d 查 1 次，检查棉株嫩头、花蕾、幼铃上的成虫和若虫数，统计百株虫数和各龄虫所占百分比。

(2) 受害情况普查

①嫩头受害普查 在 2 代 2、3 龄若虫高峰期，普查棉株嫩头受害情况。在一、二、三类田各查 3 块，分别记载新受害株和老受害株，统计各自所占比例，并记载当地一个自然村的各类型田的面积，将其加权平均。

②蕾和小铃受害情况调查和普查 蕾和小铃是 2、3、4 代盲蝽的主要为害对象。在系统调查田内，于防治前和防治后各查 1~2 次。在大面积防治结束时普查 1 次。随机调查 100 个蕾铃，记载蕾铃受害数，并增加蕾铃总数的调查，统计蕾、铃受害率。

(3) 预测预报

①发生期预测 用历期法或期距法预测各代 2~3 龄若虫高峰期。通常参考当地卵和若虫历期。

②发生量和发生程度预测 根据残留虫量和寄主作物面积，结合当地气象预报情况，参考历史资料，应用多种预测方法，做出发生程度预测。

8.4.4 防治方法

在绿盲蝽和中黑盲蝽的防治上，应从恶化其发生的农田生态条件入手，采取控制虫源和棉田防治主害代相结合的对策。

(1) 农业防治 农业防治的主要措施有：棉田耕翻种麦，深埋中黑盲蝽越冬卵；清除田边、沟边杂草，减少虫源；掌握在若虫期打去顶心，消灭一部分若虫；及时做好多头苗的整枝工作，每株棉花保留 1~2 根主枝，可使棉花较早地现蕾，减少损失。

(2) 生物防治 绿盲蝽和中黑盲蝽的天敌有蜘蛛、寄生螨、草蛉、卵寄生蜂等，以点脉缨小蜂、盲蝽黑卵蜂、柄缨小蜂 3 种寄生蜂的寄生作用最大，自然寄生率可达 20%~30%。

(3) 物理防治 利用绿盲蝽和中黑盲蝽的趋光性，可在棉田点灯诱杀成虫。

(4) 化学防治 仔细查看棉花新被害状，嫩头上出现小黑点。当新被害株达 2%~3%，百株有成虫和若虫 1~2 头时，应进行防治。此外，河南和山东分别以百株有成虫和若虫 5 头和百株有虫量 10 头为防治指标。中黑盲蝽发生区要重点防治苗床第 1 代和狠治棉田第 3~4 代，混发区要主攻第 2 代绿盲蝽和第 4 代中黑盲蝽。

控制迁入棉田的虫源。绿盲蝽要抓好第 1~2 代寄主（例如杞柳、绿肥和胡萝卜留种田）的化学防治，因这些寄主上的虫量集中，面积小，有利于集中防治。中黑盲蝽第 1 代主要为害苗床棉苗，可用敌敌畏毒土熏蒸 1~2 次。

田间化学防治应掌握在 2~3 龄若虫盛期。每公顷可选用 50% 马拉硫磷乳油、40% 氧化乐果乳油等有机磷杀虫剂 750~1 125 mL、5% 顺式氯氰菊酯乳油 600~750 mL、1.8% 阿维菌素乳油 450~600 mL，兑水 1 125 L 喷雾。棉田内喷药以用机动弥雾机效果最好，因喷幅大，可防止成虫逃逸，如用手动压缩喷雾器，最好几架同时作业，从棉田四周向内包围喷洒。

8.5 棉红铃虫

棉红铃虫[*Pectinophora gossypiella* (Saunders)]属鳞翅目麦蛾科,为世界性棉花害虫,在我国除新疆、青海、宁夏及甘肃西部尚未发现外,其他各棉区均有发生,但以长江流域棉区发生最重。红铃虫的寄主植物有8科27属78种,其中以锦葵科为主,在锦葵科中除为害棉花外,在秋葵、洋麻、洋绿豆和木槿上均有发现。

棉红铃虫以幼虫为害棉花的繁殖器官,主要为害棉花的蕾、花、铃和种子,引起蕾铃脱落,导致僵瓣、黄花等。棉红铃虫为害蕾时,从顶端蛀入造成蕾脱落;为害花时,吐丝牵住花瓣,使花瓣不能张开,形成圆筒形或风车状的虫害花。被害青铃在铃壁内侧可见芝麻大小的瘤状突起和细小弯曲的虫道。棉红铃虫幼虫钻入铃壳后,先咬食嫩纤维,再蛀食棉籽,幼铃被害5~10 d后脱落;大铃被害后易受病菌侵入引起烂铃,造成僵瓣黄花。受害棉籽基本被吃空,不能种用和榨油。

8.5.1 形态特征

棉红铃虫的形态特征见图8-5。

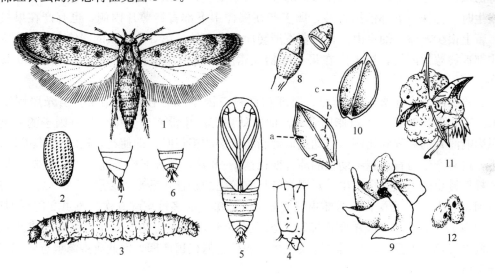

图8-5 棉红铃虫
1.成虫 2.卵 3.幼虫 4.幼虫第3腹节 5.蛹 6.雄蛹腹部末端腹面 7.蛹腹部末端侧面(示臀棘和角刺) 8.花蕾被害状(示剖开后幼虫在内食害) 9.花的被害状(示花瓣为幼虫吐丝缠缀,不能张开) 10.棉铃内被害状(a.虫道 b.突起 c.羽化孔) 11.僵瓣铃 12.被害棉籽

(1) 成虫 体长6.5 mm,翅展12 mm,棕黑色。头顶鳞片光滑;下唇须长而上弯呈镰刀状,超过头顶;触角基节有栉毛5~6根。前翅尖叶形,沿前缘有不明显的暗色斑,翅面杂有不均匀的暗色鳞片,并由此组成4条不规则的黑褐色横带,外缘有黄色缘毛。后翅菜刀形,银白色,缘毛较长。雄蛾翅缰1根,雌蛾翅缰3根。

(2) 卵 长0.4~0.6 mm,椭圆形,表面有花生壳状突起,初产时乳白色,孵化前粉红色。

(3) 幼虫 共有 4 龄。1 龄幼虫有时带淡红色,体毛清晰可见,长不到 1 mm。2 龄幼虫体长约为 3 mm,乳白色。3 龄幼虫体长 6~8 mm,多为乳白色,各节体背有 4 个淡黑色毛片。4 龄幼虫体长 11~13 mm,头棕黑色,前胸和腹部末节的臀板黑色,其余各节毛片周围红色,粗看好似全体红色,实际各红斑并不相连。雄虫腹部第 8 节背面可以看到 1 对睾丸状的黑色斑。

(4) 蛹 体长 6~9 mm,宽约 2.5 mm。腹部末端有细长钩刺 8 根。初化蛹时润红色,以后变淡黄色,再变黄褐色,有金属光泽;羽化前黑褐色。丝茧灰白色,一般椭圆形,较柔软。

8.5.2 发生规律

(1) 生活史和习性 红铃虫在我国 1 年发生 2~7 代,由北向南逐渐增加。棉红铃虫在长江流域棉区 1 年发生 3~4 代(表 8-4),以老熟幼虫在仓库的墙壁、屋顶等的缝隙处结白茧滞育越冬,也有少量幼虫在棉籽、枯铃和收、晒、运花工具里越冬。当翌年平均温度达 20 ℃左右时棉红铃虫开始化蛹,但化蛹的持续期长,最短为 40 d,最长可达 2 月以上,这是形成田间世代重叠的主要原因。越冬代成虫羽化期正值棉花现蕾期,大部分的卵产在棉株顶部的嫩头和嫩叶上,少数产在嫩蕾的苞叶或嫩茎上,幼虫孵化后侵入花蕾为害。第 1 代成虫发生时,棉株中下部已结青铃,卵多产在棉株中下部青铃萼片内侧,也有产在果枝嫩叶上,蕾上很少产卵,幼虫由为害花蕾逐渐转向为害青铃。第 2 代成虫的卵绝大部分产在棉株上中部青铃萼片内侧,极少产在果枝叶柄及蕾上。成虫在青铃上产卵均以 15~20 日龄为最多。

红铃虫的滞育主要是由光照、温度和食料三因子综合作用的结果。当光照周期短于 13 h、气温低于 20 ℃、棉籽脂肪含量高时,幼虫即产生滞育。其中任何一因子的变动,都可以影响滞育的进程和比例。当幼虫取食脂肪较多的棉籽时,即使在较长的光照和适宜的温度下,也易产生滞育。越冬幼虫的滞育期长达 7~8 月,其抗寒能力远远超过非滞育幼虫。

棉红铃虫的成虫昼伏夜出,对黑光灯具有较强的趋性,活动以凌晨 2:00—4:00 为最盛。成虫羽化后 1~3 d 交配,多数雌虫只交配 1 次,雄虫最多可交配 9 次。雌虫交配后即产卵,产卵期为 12~14 d,一般单雌产卵数十粒到百余粒,最多可达 500 粒。卵散产或几粒在一起。成虫飞翔力不强,羽化后首先飞至离虫源地近的棉田产卵,因此离虫源愈近的棉田,花蕾受害愈重。

棉红铃虫的幼虫孵化后在 2 h 内蛀入蕾铃,钻入后不再转移。一般 1 蕾只能存活 1 头幼虫,在蕾内生活的幼虫存活率较低。铃内空间大,1 铃可容纳多条幼虫,食料丰富,幼虫发育好,羽化出的成虫产卵多。棉红铃虫第 2 代发生时田间已出现青铃,具备繁殖的物质基础,因此导致第 3 代数量猛增,虫量达到全年的最高峰。

成虫寿命随气温高低而变化,一般为 11~14 d,最长为 24 d,雌蛾长于雄蛾。卵历期,第 1 代为 4~5 d,第 2 代为 3~4 d,第 3 代为 7~10 d。幼虫历期与食料条件有关,食蕾的为 11.9 d,食青铃的为 16.8 d。蛹的历期第 1 代为 7.1 d,第 2 代为 9.5 d。

非越冬期间的老熟幼虫,多数在花蕾及棉铃中化蛹。幼虫化蛹前在铃壳上咬 1 个直径为 2~3 mm 的羽化孔,孔口留有一层薄膜,成虫羽化时就穿孔而出。也有一部分幼虫钻出蕾铃在土面落叶下或钻入土内做土室化蛹,钻出的孔称为幼虫脱出孔。幼虫化蛹前均吐丝做茧。

表8-4 棉红铃虫各地各代成虫发生期

地点	越冬代	第1代	第2代	第3代
江苏南京	5月末（6月中旬至7月上旬）8月上旬	7月下旬至8月下旬	8月下旬（9月上中旬）至9月下旬	9月末至10月中旬（少数）
湖北荆州	5月下旬（6月中下旬）7月上旬	7月中下旬至8月上中旬	8月中旬（8月末至9月上旬）10月上旬	
浙江萧山	5月中下旬（6月中旬至7月初）7月中旬	7月下旬至8月上中旬	8月中旬（8月下旬至9月上旬）至10月上旬	
江西九江	5月下旬（6月上旬）7月中旬	7月中旬（8月上旬）至8月中旬	8月中旬（9月上旬）至10月上旬	
湖南大通湖	5月中下旬至7月上旬	7月下旬至8月中旬	8月中旬至9月下旬	9月下旬至10月中旬

(2) 发生与环境条件的关系 棉红铃虫在田间发生的数量消长主要取决于越冬基数、气候和食料条件。越冬基数是影响发生数量和为害程度的前提。

①气候 棉红铃虫繁殖适宜于较高的温度和湿度。有效繁殖温区为20~35℃，相对湿度为60%以上。温度25~32℃、相对湿度80%以上有利于成虫繁殖；温度在20~31.4℃时，成虫产卵量随着温度的升高而增加。越冬幼虫化蛹时适宜的相对湿度为80%左右。冬季低温影响红棉铃虫的越冬和存活率。在新疆、甘肃西北部、陕西北部、山西北部及辽宁南部，滞育幼虫在自然状况下不能越冬；在黄河流域及其他北方棉区，越冬幼虫死亡率较高，可采取冬季室外冷冻储花进行防治。在长江流域棉区，越冬幼虫死亡率不高，因此必须加强越冬防治以压低基数，还应辅以田间防治，才能控制为害。

各代发生早晚和为害轻重也受气温影响。凡气温回升早的年份，棉红铃虫的发生也早。夏秋两季高温高湿有利于第2~3代的发生，低温少雨对棉红铃虫的发生有抑制作用。低温不仅影响棉红铃虫的生长发育，而且能减少产卵量。雨日多，一则增加湿度，二则影响化学防治效果，使棉红铃虫得以猖獗为害，但卵和初孵幼虫常因大雨冲刷而致死。

②食料 棉红铃虫的繁殖与食料关系密切。幼虫喜食青铃，田间青铃出现早，伏桃或秋桃多，有利于其繁殖。第1代以现蕾早、长势好的棉田受害重，第2代以结铃早、结铃多的棉田受害重，第3代以迟衰、后劲足的棉田受害重。取食青铃比取食蕾的繁殖系数高，第2代发生期易受害的青铃多，繁殖系数居全年之最。因此长江流域棉区防治应以第2代为重点。

棉红铃虫幼虫侵入与棉铃的日龄关系密切。侵入铃的日龄越大，幼虫成活率越低。这种现象可能与棉酚的形成有关。不同的棉花品种对棉红铃虫的发生也有一定的关系。多毛、萼片紧合、棉毒素含量高、铃壳厚的品种，具有抗虫性。

③越冬虫源远近 一般愈靠近棉仓、轧花厂、收花站、棉秸堆等越冬场所的棉田，红铃虫为害愈重。

④天敌 棉红铃虫寄生性天敌种类多，寄生率高。寄生于卵的有螟黄赤眼蜂、松毛虫赤眼蜂、稻螟赤眼蜂和玉米螟赤眼蜂；寄生于幼虫的天敌有红铃虫齿腿姬蜂、黑胸茧蜂、红铃

虫金小蜂等。红铃虫捕食性天敌有44种，分属昆虫纲和蛛形纲，主要有小花蝽、胡蜂、草蛉、猎蝽、谷痒螨、赤螨、蠊蛸等。

8.5.3 虫情调查和预测预报

做好虫情调查和预测，主要是掌握棉红铃虫的发蛾、产卵和幼虫孵化期，以准确地指导防治适期。

(1) 卵量调查 从棉花现蕾初期开始调查卵量，至9月底结束。选择有代表性的一、二、三类棉田各1块，每块田采用定点定株调查，5点取样，每5 d调查1次。第1代每块田查50株，查清全株各部位；第2～3代每块田查25株，第2代查中下部，第3代查中上部及中下部外围青铃上的卵粒。调查时注意保持萼片的完整，每隔3～4次更换1次调查地点。查后将卵抹掉。计算有卵株率和百株卵量。

(2) 虫害花、羽化孔和单铃活虫数调查

①虫害花调查　每种类型田各定100株，从棉花始花期开始调查虫害花，至不出现新的虫害花为止。记载棉花株数，每天10:00前调查当日总开花数和虫害花数，以第1～2代累计虫害花数、开花总数，计算第1～2代虫害花率。

②羽化孔调查　从8月1日开始调查羽化孔，至9月30日结束。每种类型田固定25株，每次调查时将查到的新羽化孔做好标记。

③单铃活虫数和籽棉内虫量调查　从棉田出现裂口铃开始调查单铃活虫数和籽棉内虫量，至棉花吐絮结束为止。第2～3代每种类型田各固定50株，5 d采收1次裂口铃。记载铃数、活虫数，统计单铃活虫数。

(3) 成虫诱测

①性诱剂诱测　采用全国统一规定的标准诱芯进行诱集。选连片棉田，设性诱盆3只，盆距为30 m，呈三角形排列。盆径为20 cm，盆中保持2/3的水层，水中加入0.2%的洗衣粉，盆高出棉株20 cm左右，盆面要用瓦片遮盖，防止阳光直射。30 d更换1次诱芯。每天早晨捞蛾，无蛾或缺测均应记载。

②灯光诱蛾　在常年适于成虫发生的场所，设置20 W黑光灯，要求四周没有高大建筑物和树木遮挡。黑光灯的灯管下端与地表面垂直距离为1.5 m。每日统计1次成虫诱集数量，将雌蛾、雄蛾分开记载。

(4) 预测预报 第2～3代卵高峰期、发生期和发生程度的预测预报，通常根据调查数据，结合发生期气象数据，应用多种预报方法，进行预报。

8.5.4 防治方法

越冬阶段是棉红铃虫生活史中的薄弱环节，以越冬防治为基础与田间化学防治相配合，是控制棉红铃虫为害的基本途径。

(1) 越冬防治

①收花、晒花期防治　采用芦帘搭架晒花，使棉红铃虫聚集在帘架下，驱鸡啄食或人工扫杀，晒场四周挖沟撒施农药围阻幼虫向外逃逸。

②仓库防治　储花仓库收花前要严密涂缝，在墙壁上喷药或设置药槽。越冬代蛾羽化后，每隔7 d用敌敌畏50 g加水0.5 kg，拌细土5～10 kg，撒于仓库地面，或用敌敌畏棉花

球悬挂熏蒸，也可用 3W 黑光灯诱杀。春季 4 月在储花仓库内释放人工繁殖的寄生性天敌黑青小蜂，每立方米 30~50 头。

③种子处理　留种用的棉籽，在密闭条件下用溴甲烷（CH_3Br） 36 g/m^3，温度 5~15 ℃时熏蒸 3~5 d。农户储藏的棉籽可装在塑料袋内，用敌敌畏熏杀。

④枯铃和晒花工具处理　及早摘除和烧毁枯铃，对残留在晒花工具内的幼虫，也可用熏蒸或用开水浸烫 10 min 来消灭。

(2) 田间化学防治　长江流域棉区的棉红铃虫防治重点应放在第 2 代，但第 3 代达防治指标时仍须进行防治。防治适期应掌握在成虫尚未大量产卵前或产卵高峰至幼虫孵化尚未侵入蕾铃的阶段。

防治幼虫，每公顷可选用 75％拉维因可湿性粉剂 450~675 g、40％氧化乐果乳油 750 mL、2.5％三氟氯氰菊酯乳油 375~750 mL、2.5％溴氰菊酯乳油 375~750 mL、5％定虫隆乳油 450~750 mL，兑水 1 125 L 喷雾。防治第 2 代要重点喷在棉株中下部的青铃上，防治第 3 代要重点喷在棉株中上部的青铃和嫩蕾上。

防治成虫，可采用毒土熏蒸杀蛾法，掌握在第 2~3 代发蛾高峰期或性诱剂诱捕器每盆蛾量达 30 头时进行，每公顷用 80％敌敌畏乳油 750~1 125 mL，兑水 30.0~37.5 L，均匀拌和细土 300~375 kg，于傍晚撒于棉行间，隔 3 d 施 1 次，第 2 代撒 2 次，第 3 代根据蛾量定次数。

8.6　棉铃虫

棉铃虫 [*Helicoverpa armigera* (Hübner)] 属鳞翅目夜蛾科，广泛分布于世界各地，我国各棉区均有发生，但以黄河流域棉区发生为害最重，长江流域棉区当环境条件适宜时也会暴发。20 世纪 90 年代棉铃虫连续在我国主要棉区大发生，特别是 1992 年山东、河北、河南、江苏、安徽、山西、陕西、湖北和辽宁超过 $4.0×10^6$ hm^2（$6.0×10^7$ 亩）棉田的棉铃虫特大暴发，造成的直接经济损失超过百亿元；当年棉铃虫在全国棉田发生 $1.257×10^7$ hm^2 次，当年累计防治 $2.355×10^7$ hm^2 次，挽回皮棉 $8.6×10^5$ t，实际损失皮棉仍高达 $4.2×10^5$ t，约占当年棉花总产的一成。近年来，随着转 Bt 基因抗虫棉种植面积的增加，棉铃虫的发生为害有所减轻。2001—2009 年全国棉铃虫年均发生 $6.83×10^6$ hm^2，防治 $9.58×10^6$ hm^2，实际损失 $9.4×10^4$ t，挽回损失 $4.52×10^5$ t，这 4 项数据比 1991—2000 年分别下降 14.5％、25.8％、27.8％和 26.7％。统计黄河流域和长江流域棉区 31 个站点化学农药使用情况，棉铃虫平均防治次数减少 4.7 次。目前棉铃虫仍是棉花上的主要害虫。据山东省植物保护总站调查，随着棉花种植面积的下滑，棉铃虫在玉米、花生田为害逐年加重，2016 年玉米田棉铃虫发生面积达 $1.07×10^6$ hm^2（$1.6×10^7$ 亩）。

棉铃虫是一种典型的多食性害虫，寄主植物达 30 多科 200 余种，除棉花外，还为害玉米、小麦、高粱、豌豆、蚕豆、苘子、苜蓿、芝麻、胡麻、花生、油菜、番茄、辣椒、向日葵等多种栽培作物及野生植物。棉铃虫幼虫主要为害棉花的繁殖器官，造成蕾、花、铃的大量脱落和烂铃，1 头幼虫一生能为害 10 多个蕾铃，发生严重的田块，如防治失时，蕾铃脱落率可达 50％以上。

8.6.1 形态特征

棉铃虫的形态特征见图 8-6。

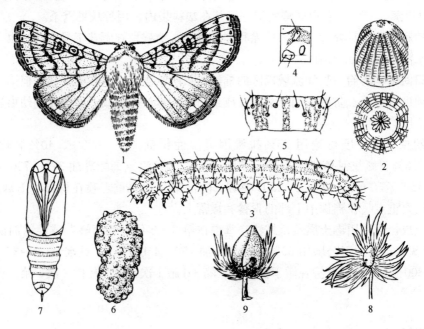

图 8-6 棉铃虫
1. 成虫 2. 卵正面和侧面 3. 幼虫 4. 幼虫前胸气门前 2 毛位与气门的关系
5. 幼虫第 2 腹节背面 6. 土茧 7. 蛹 8. 棉蕾被害状 9. 幼虫为害棉铃状

(1) 成虫 体长 14~18 mm，翅展 30~38 mm。头和胸部淡灰褐色。前翅长度约等于体长，青灰色或淡灰褐色；中横线由肾纹内侧斜至后缘，末端达环纹的正下方；外横线很斜，末端达肾纹中部后下方；亚端线的锯齿纹较均匀，距外缘的宽度大致相等。后翅灰白色，翅脉褐色，沿外缘有黑褐色宽带，宽带中部 2 个灰白色斑不靠外缘，有些个体无灰白色斑。腹部灰褐色，背面和腹面杂有黑色鳞片，个体间绝无例外。雄性外生殖器抱器瓣较短，长是宽的 4.5~5.0 倍，约与阳茎等长；阳茎细长，骨化强，末端尖；阳茎端膜很长，约是阳茎长的 1.5 倍，螺旋状弯曲，通常 7~8 个弯折。

(2) 卵 半球形，高 0.51~0.55 mm，宽 0.44~0.48 mm。卵孔不明显；花冠只 1 层，为菊花瓣形，12~15 瓣，外围光滑。纵棱达底部，每 2 根纵棱间有 1 根纵棱为 2 叉或 3 叉式。卵的中部周围有纵棱 26~29 根，纵棱间有横道 26~29 根。卵初产时乳白色，2 d 后顶部有紫黑色圈。

(3) 幼虫 老熟幼虫体长 30~45 mm。体色多变，可分为淡红色、黄白色、淡绿色和绿色 4 型。头部黄色，有不规则的黄褐色网状斑纹。背线 2 条或 4 条，气门上线可分为不连续的 3~4 条，其上有连续的白色纹。体表布满褐色及灰色长而尖的小刺，腹面有十分明显的黑褐色及黑色小刺。前胸气门下方的 1 对毛的连线穿过气门或至少与气门下缘相切。而近缘种烟青虫幼虫此线不穿过气门亦不与气门相切。各龄幼虫的头宽和体长见表 8-5。

表8-5 棉铃虫各龄幼虫头宽和体长（mm）

项目	1龄	2龄	3龄	4龄	5龄	6龄
头宽	0.21~0.28	0.38~0.46	0.59~0.79	1.10~1.27	1.44~1.86	2.56~2.80
体长	2.0~2.8	4.0~5.2	5.5~7.1	10.4~16.8	16.5~29.0	30.8~40.2

(4) 蛹 体长17~20 mm，宽5~6 mm，纺锤形，黄褐色。头部前端无乳头状突起。腹部第5~7节背面与腹面有7~8排密集而小的马蹄形刻点；腹部末端圆形，有1对很小的突起，2个突起基部分开，相距较远，每个突起上着生有长而直的刺1根。非滞育蛹后颊部的4个眼点在蛹发育至3级时全部消失，越冬代滞育蛹在冬前此眼点不消失。

8.6.2 发生规律

(1) 生活史和习性 棉铃虫1年发生的代数各地不同，在黄河流域棉区常年发生3~4代，在长江流域棉区1年发生4~5代，在华南棉区1年发生6~8代；除在华南外，均以滞育蛹在土中越冬。据吴孔明等研究，棉铃虫的越冬北界为1月平均最低温度-15℃等温线左右，可见棉铃虫在河北、山西、陕西及新疆中北部以北广大地区不能越冬，因此北部特早熟棉区棉铃虫只能从华北地区迁入。长江流域棉区越冬蛹于翌年4月底至5月上旬，当气温回升到15℃以上时开始羽化。越冬代成虫5月盛发，在早春寄主上产卵，第1代幼虫主要为害小麦、豌豆、苕子、苜蓿等。第1代成虫一般6月盛发，此时棉花正值现蕾盛期，成虫主要迁入棉田产卵，以现蕾早长势好的棉田卵量大、受害重。第2代成虫一般7月至8月上旬盛发，世代重叠明显，盛发期常出现2~3个峰次，以生长旺盛蕾花多的棉田受害重。第3代成虫一般8月中下旬前后盛发，此代发生期长、峰次多、发生量大，由于此时天敌增多、温度降低，第4代幼虫孵化率和成活率均比3代低，发育速度也较慢，以后期旺长的迟发棉田受害重。发生5代的棉区，第4代成虫发生在9—10月，此时棉株衰老，大部分蛾迁移到秋玉米、高粱、向日葵、晚秋蔬菜及其他寄主上产卵。

过去黄淮海地区主要是第4代棉铃虫为害玉米穗部，第2代棉铃虫一般不为害玉米。近年来由于棉田面积缩小，第2代棉铃虫寄主缺乏，其在玉米田的为害加重。2015年由于虫源基数增大，且因天气条件导致部分地区春玉米田抽穗期与第2代棉铃虫产卵高峰期相遇，发生较重。例如河北发生普遍，局部地块虫量偏高，一般百株虫量为2~8头，重发地块百株虫量为20~25头。第4代棉铃虫主要为害玉米叶和雌穗，例如河北沧州地区和山东省，2015年玉米穗期棉铃虫虫量普遍高于2014年。近年来黄淮地区玉米种植面积逐年扩大，棉花面积不断缩小，各代棉铃虫在玉米上都有为害。这是值得关注的新变化。

棉铃虫属兼性滞育，短光照和温度是影响滞育的两个重要条件。温度的降低会引起临界光照周期（使50%个体进入滞育的光照周期）的延长。在同一地区，光周期的变化是稳定的，因此秋季温度的高低影响棉铃虫种群中滞育个体出现的早晚，降温早时滞育个体出现早。在江苏南京棉铃虫滞育的临界光周期为12.5 h，具体时间在9月下旬，上海在9月中下旬，湖北荆州在10月上旬。感受光周期变化的临界虫态为4~5龄幼虫期。此时如幼虫发育尚处于4~5龄之前，则化蛹后多滞育越冬，如发育已超过5龄，则蛹仍能羽化为下一代。1年发生4~5代的棉区，第4代滞育蛹年度间比例的变化取决于当年秋季气温的高低。若第3~4代发生期推迟，则第4代蛹滞育的比例就高，且多集中在棉田越冬。反之，则滞育比例就低，第5代的发生量就多。但因寄主分散，第5代蛹的越冬场所也比较复杂，还有一部分第5代幼虫常因低温降临来不及化蛹而死去。因此在不同年份，调查第4代蛹越冬的比例可预测来年发生为害的轻重。

棉铃虫的成虫昼伏夜出，在19:00—21:00和3:00—4:30常出现两个活动高峰。成虫羽化后需吸食花蜜、蚜虫分泌物等作补充营养。雌虫有多次交配习性。产卵前期一般为3 d左右，产卵期为7~8 d，每雌产卵500~1 000粒，最多可达3 000粒。卵散产，有趋向作物花蕾期产卵的习性，且有明显的趋嫩性和趋表性，喜产在棉株的幼嫩部位、嫩叶和苞叶的表面。在玉米心叶期，棉铃虫卵主要产在叶面上，抽雄开花时产在雄穗上，灌浆期产在雌蕊花丝上。在高粱穗期其卵主要分布在穗上，始花期至败花期均可落卵，以扬花末期产卵最多。在番茄上卵则产于果皮上。春玉米和棉花间作，春玉米上的落卵量比棉花高7.2倍。

棉铃虫的成虫飞翔力强，对黑光灯有较强的趋性，尤以对波长333 nm的短光波趋性最强，其次为383 nm（通常用的黑光灯波长为363 nm）。棉铃虫在下半夜扑灯数量多于上半夜，在灯区表现有避光产卵的现象。黎明前，棉铃虫对半萎蔫的杨、柳、洋槐、紫穗槐等树枝把散发的气味有趋性。

棉铃虫幼虫一般6龄，也有5龄的。初孵幼虫先取食卵壳，后爬至顶芽，嫩梢或附近的嫩叶和嫩蕾上啃食，嫩蕾被害后苞叶发黄，向外张开，2~3 d后即脱落。2龄（一般在孵化后3~4 d）幼虫开始蛀食嫩蕾，3~4龄食量激增，主要食害蕾和花，并自上而下逐个转移为害，引起蕾和花大量脱落。5~6龄幼虫进入暴食期，多为害青铃，从基部蛀食，蛀孔大，孔外虫粪大而多，常诱致病菌入侵和蝇类产卵，造成烂铃。幼虫有转铃为害的习性。幼虫蛀食蕾铃时，身体后半部常留在外面，老龄幼虫阴天常盘踞在花内取食花器，是人工捕捉扫残的有利时机。3龄以上幼虫有互相残杀的习性。

棉铃虫老熟幼虫入土筑土室化蛹，雌蛹历期短于雄蛹，因此每代成虫羽化时前期雌多于雄，后期雄多于雌，高峰期雌雄性比例相近。

棉铃虫幼虫发育历期除受温度影响外，受食料条件的影响也很大。在相同温度条件下，取食豌豆、向日葵的发育最快，其次是玉米，再次是棉花，取食玉米的幼虫不仅历期比取食棉花的短，同时羽化后成虫的产卵量亦多。

棉铃虫各虫态历期见表8-6。

表8-6 棉铃虫各虫态历期（d）

地点	代别	卵期	幼虫期	预蛹期	蛹期	成虫寿命	
						雌	雄
浙江慈溪	1	3.00	14.93	2.00	10.40	10.27	—
	2	3.13	16.56	2.61	10.30	9.14	
	3	3.29	18.70	2.54	14.75	15.66	—
江苏东台	1	4.63	18.90	2.96	14.37		
	2	3.07	17.80	2.39	9.90		
	3	2.39	16.55	2.29	11.26		
	4	3.38	25.00	4.20	19.60		

(续)

地点	代别	卵期	幼虫期	预蛹期	蛹期	成虫寿命 雌	成虫寿命 雄
湖北荆州	1	4～6	18.5	—	13.4	—	—
	2	3～4	13.1	—	13.0	5.5～12.9	8.4～12.5
	3	3	10.8	—	10.6	9.1～11.4	7.3～9.4
	4	3	12.9	—	14.0	7.5～10.4	7.6～12.1
	5	2～6	18.8	—	14.8	5.5～12.1	7.7～12.5

(2) 发生与环境条件的关系

①气候条件 棉铃虫适宜偏干旱的环境条件。黄河流域棉区在棉铃虫发生期，常年气候干旱，是棉铃虫的常发区，但在幼虫入土化蛹期降水量大的年份对下一代也有明显的抑制作用。

②耕作制度 随着产业结构调整，各类经济作物种植面积的扩大，棉铃虫嗜食的寄主植物种类和数量增加，并且各种不同作物呈镶嵌式种植，使棉铃虫得以在不同作物间辗转取食，促进了棉铃虫种群的发展。尤其是冬作面积的扩大和多样化为越冬代成虫提供了丰富的蜜源植物，还为幼虫提供了丰富的食料和适宜的小气候条件，使虫源基数增大。杂交玉米和杂交高粱的推广、棉田间套作、化学除草和免耕法的推广等，都会导致棉铃虫发生为害加重。

③棉花品种和长势 棉花品种的形态学性状和生理特点与抗虫性有关。茎叶光滑毛少的品种和无蜜腺的品种，可减少棉铃虫的落卵量和繁殖率，油腺中含高棉酚会引起幼虫死亡率的增加。种植密度高、肥水条件好、棉株长势旺，棉铃虫发生就重。棉铃虫发蛾期与棉花蕾铃期配合得越好，发生就越重，例如第4代发生期，嫩蕾和嫩铃多的晚发棉田受害重。因此通过早熟栽培措施可以减轻为害。

转Bt基因抗虫棉为控制棉铃虫的猖獗为害提供了新的途径。目前主栽的转Bt基因抗虫棉品种"以新棉33B""新棉35B""双抗321"抗虫性表现较好，双价转基因抗虫棉比单价转基因抗虫棉控制棉铃虫的效果好。转Bt基因抗虫棉的抗虫性能随着棉花的生长而减弱，在棉花苗期和蕾期杀虫蛋白表达量较高，对第2代棉铃虫的抗虫效果较好；棉花生长后期，杀虫蛋白表达量下降，对第3～4代棉铃虫的抗虫效果明显降低，发生量大时，必须采取化学防治才能控制其害。另外，高温干旱的天气条件下，转Bt基因抗虫棉体内杀虫蛋白表达量低，抗虫效果不明显。同一品种，浇水比不浇水的受害轻。

④天敌 棉铃虫天敌的种类很多，卵期寄生性天敌有松毛虫赤眼蜂、拟澳洲赤眼蜂等；幼虫期天敌主要有螟蛉绒茧蜂、伏虎茧蜂、黏虫悬茧蜂、甘蓝夜蛾拟瘦姬蜂、棉铃虫齿唇姬蜂、伞裙追寄蝇、日本追寄蝇等；捕食性天敌种群数量最大的是蜘蛛，其次为草蛉（4种）、瓢虫（4种）、胡蜂（6种）、螳螂（3种）以及小花蝽、华姬蝽、大眼蝉长蝽等。

8.6.3 虫情调查和预测预报

目前常用的棉铃虫预测方法：应用杨树枝把和性诱剂诱蛾，查发蛾情况，指导大面积诱蛾；查卵和幼虫，指导化学防治的时间和田块。

(1) 杨树枝把诱蛾　杨树枝把诱蛾于6月初开始，至9月底。取10枝2年生杨树枝条，晾萎蔫以后捆成一束，竖插在棉行间，其高度超出棉株15～30 cm。选生长好的棉田，每块田1 334 m² 以上，每块田10束。杨树枝把每7～10 d更换1次，以保持诱蛾效果。

(2) 棉田查卵和查幼虫

①查卵　选有代表性的一类棉田1块，5点取样，第2代每点顺行连续调查20株，共查100株；第3～5代每点顺行连续调查10株，共查50株。第2代查棉株顶端及其以下3个枝条上的卵量，第3～5代查嫩枝和嫩叶上的卵量。每次上午调查，每3 d调查1次，查后将卵抹掉。

②查幼虫　北方棉区查第2～4代，南方棉区查第2～5代。各代分别选择一块不打药的棉田，面积不少于334 m²。采用5点取样，定点调查。第2代每点查10株，第3～5代每点查5株。每5 d调查1次。

(3) 预测　在发生期预测中可用期距法，即根据历年调查的各代卵峰期距的经验值，算出期距平均值，然后根据上代卵峰，推测下代卵峰出现的时间。此法仅作为常年预测的参考；棉田是否需要防治，应根据棉田卵和幼虫数量是否达到防治指标来决定。

8.6.4　防治方法

对棉铃虫的防治应采取以农业防治为基础、保护利用自然天敌、科学合理施用化学农药的综合治理技术，达到既控制棉铃虫的为害，又要延缓棉铃虫的抗药性，减少环境污染，保护生态平衡的目的。

(1) 农业防治

①种植抗虫品种　适度推广转Bt基因抗虫棉，提倡转Bt基因抗虫棉与常规棉有一定面积比例的种植。我国已审定抗虫棉品种14个，其中单价棉11个："GK1"（"国抗1号"）、"GK12"（"国抗12号"）、"GK19"（"国抗19"）、"GK22"（"国抗22"）、"GK30"（"鲁棉研16"）、"GK95-1"（"晋棉26"）、"GK46"（"晋棉31"）、"GKz10"（"鲁棉研15号"）、"GKz13"（"鲁RH-1"）、"GKz6"（"中棉所38"）、"GKz8"（"南抗3号"）；双价棉3个："sGK321""sGK9708"（"中棉所41"）和"sGK5"（"新研96-48"）。这些抗虫棉品种均高抗棉铃虫，具有较好的品质性状及丰产性。

②耕锄灌水灭蛹　棉铃虫在秋后以老熟幼虫入土，多在距地表2.5～6.0 cm处化蛹越冬。冬季及早春及时适度深耕，破土灭蛹，或对冬季白茬地耕翻灌水，可压低越冬虫源基数。田间化蛹期，结合锄地灭蛹或培土闷蛹，天气干旱时，结合灌溉采用灌水灭蛹。据湖北调查，在棉铃虫第2～3代化蛹盛期灌水，蛹死亡率可达70%左右。

③合理调整作物布局　调整作物布局的目的是时改变棉铃虫发生的生态条件加以控制。例如扩种高粱或晚玉米，可避免棉铃虫集中为害棉花；绿肥改种生育期较短的箭筈豌豆，使第1代棉铃虫不能完成世代发育，可压低基数，减少以后各代的发生量。

④结合田间管理，人工消灭虫和卵　在棉铃虫第3～4代发生期结合打顶、打边心等棉花整枝打尖措施，将打下的枝梢带出田外处理，能有效地压低虫口密度。这项工作可安排在产卵盛期内进行。

⑤喷施过磷酸钙、草木灰避虫　棉花的嫩尖、幼芽、幼蕾能分泌草酸和蚁酸，这两种酸对棉铃虫成虫有引诱力，所以这些部位落卵多。在棉铃虫产卵始盛期，结合根外追肥，喷施

1%～2%过磷酸钙浸出液或每公顷撒施过筛的草木灰 300～375 kg，中和草酸和蚁酸而失去对棉铃虫成虫的引诱力，可减少产卵量。

(2) 诱杀成虫

①种植诱集作物　利用成虫需到蜜源植物上取食以获得补充营养的习性，在棉田内或附近种植花期与棉铃虫羽化期相吻合的植物，进行诱杀。常用的诱集作物有芹菜、洋葱、胡萝卜等伞形科植物及可诱集棉铃虫产卵的玉米、高粱等作物。

②灯光诱杀　根据棉铃虫的趋光性，可用频振式杀虫灯、高压汞灯、黑光灯等诱杀成虫。其中频振式杀虫灯已在新疆等棉区大面积推广。

③杨树枝把等诱蛾　大面积诱蛾要抓住发蛾高峰期，用 70 cm 左右的半萎蔫杨、柳、紫穗槐等树枝，每 10 枝捆成 1 把，每公顷 105～150 把，每天日出前用塑料袋套蛾捕杀，6～7 d 更换 1 次。

④性诱剂诱杀　在棉铃虫羽化初期，田间放置水盆式诱捕器，盆高于作物约 10 cm，每 200～250 m^2 设 1 个诱捕器，每天早晨捞出死蛾，并及时补足水，约每 15 d 换 1 次诱芯。

(3) 生物防治

①保护利用自然天敌　棉铃虫天敌种类很多，尽量减少使用农药和改进施药方法，避免对天敌的杀伤，有利于发挥自然天敌对棉铃虫的控制作用。

②释放赤眼蜂　从棉铃虫产卵初盛期开始，每隔 3～5 d 连续释放赤眼蜂 2～3 次，每次 22.5 万头/hm^2，寄生率可达 60%～80%。

③喷洒菌类制剂　用 Bt 制剂（100 亿活孢子/mL）每公顷 1 L，兑水 750 L 喷雾，连续喷 2～3 次，每次间隔 3～4 d。用棉铃虫核多角体病毒（NPV）制剂 5%棉烟灵每公顷 750 mL，防治第 3 代棉铃虫也能获得良好的效果。

(4) 化学防治　化学防治适期应掌握在卵期和初孵幼虫期。黄河流域棉区重点防治第 3 代；长江流域棉区重点防治第 4 代，有的年份第 3 代亦需防治。防治指标各地不一致，例如山东建议第 3 代棉铃虫防治指标为百株有 20～25 头幼虫或者 35～40 粒累计卵量；湖北建议第 3 代为百株有 12 头幼虫，第 4 代为百株有 5 头幼虫。棉铃虫卵孵化盛期到幼虫 2 龄前，施药效果最好。第 2 代卵多在顶部嫩叶上，宜采用滴心挑治或仅喷棉株顶部，第 3～4 代卵较分散，可喷棉株四周。

每公顷可选用 15%茚虫威悬浮剂（安打）150～270 mL、2.5%溴氰菊酯乳油 450～600 mL、2.5%三氟氯氰菊酯乳油 450～600 mL、40%丙溴磷乳油 900 mL、50%辛硫磷乳油 750～1 125 mL、20%灭多威乳油 900～1 200 mL、35%硫丹乳油 1 200 mL、1.8%阿维菌素乳油 600～900 mL、5%氟啶脲（抑太保、定虫隆）乳油 450～750 mL 等，兑水 900 L 喷雾，重点喷在棉株的嫩头、顶尖、上层叶片和幼蕾上。

8.7　棉小造桥虫

棉小造桥虫 [*Anomis flava* (Fabricius)] 属鳞翅目夜蛾科，在我国除西藏不详、新疆未发现外，其他各棉区均有分布。此虫除为害棉花外，还食害木槿、冬葵、蜀葵、锦葵、黄麻、苘麻、烟草等植物。棉小造桥虫主要以幼虫咬食叶片，吃成孔洞和缺刻，甚至仅留叶脉。严重发生时，影响棉花的产量和品质。

8.7.1 形态特征

棉小造桥虫的形态特征见图 8-7。

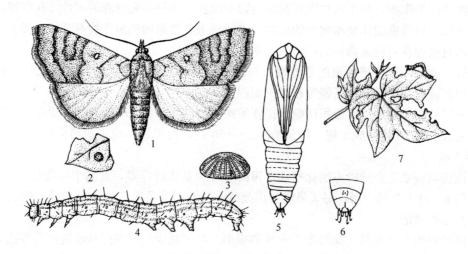

图 8-7 棉小造桥虫
1.雌成虫 2.卵 3.卵放大 4.幼虫 5.雌蛹 6.雌蛹腹部末端 7.棉叶被害状

(1) 成虫 体长 10～13 mm，翅展 26～32 mm。雄蛾触角双栉齿状，黄褐色。前翅外缘近顶角处内凹，中横线到基部之间为黄色，密布赤褐色小黑点；亚基线、中横线和外横线均不平直；肾状纹为短棒状，环状纹为白色小点。后翅淡灰黄色，翅基部色较浅。

雌蛾触角丝状，淡黄色；前翅色泽较雄蛾为淡，斑纹与雄蛾相似；后翅黄白色。

(2) 卵 扁圆形，直径约 0.6 mm，高约 0.2 mm，青绿色。卵顶有 1 个圆圈，四周有 30～34 条隆起纵线，纵线间又有 11～14 条隆起横线，交织成方格纹。卵孵化前紫褐色。

(3) 幼虫 老熟幼虫体长约 35 mm，头部淡黄色，胸腹部有黄绿色、绿色和灰绿色等色，背线、亚背线、气门上线及气门下线灰褐色，中间有不连续的白斑；毛片褐色，粗看像身体长有许多散生小黑点。第 1 对腹足退化，仅留有不明显的趾钩痕迹。第 2 对腹足较小，有齿钩 11～14 个。第 3～4 对腹足发达，有齿钩 18～22 个。臀足齿钩 19～22 个。齿钩具有亚端齿。

(4) 蛹 体长约 17 mm，赤褐色。头顶中央有 1 个乳头状突起，后胸背面、腹部第 1～8 节背面满布小刻点，第 5～8 节腹面有小刻点及半圆形刻点。腹部末端较宽，背面及腹面有不规则皱纹，两侧延伸为尖细的角状突起；角状突起上有刺 3 对，腹面中央 1 对粗长，略弯曲，两侧的 2 对较细，黄色，尖端钩状。

8.7.2 发生规律

(1) 生活史和习性 棉小造桥虫在黄河流域棉区 1 年发生 3～4 代，在长江流域棉区 1 年发生 5～6 代，以老熟幼虫在棉株间及其他寄主的枯枝落叶上结茧化蛹越冬。在长江流域，越冬蛹翌年4月下旬开始羽化为成虫，5月中下旬第1代幼虫取食木槿、冬苋菜、苘麻等，第1代成虫一般6月中下旬开始进入棉田。第2～4代为害棉花，有的地区和年份亦为害黄麻。棉田以第2～3代发生量多，为害重，在长江中下游棉区为害盛期为7月下旬至8月，在鲁西南棉区为害盛期为8月上中旬和9月上旬，鲁北棉区为害盛期为8月下旬至9月上旬。末代成虫部分转移到木槿、冬苋菜、冬葵等寄主上繁殖越冬。

棉小造桥虫的成虫多在0:00—3:00羽化，交尾则以上半夜为盛；有趋光性，对杨树枝把的趋性也很强。雌蛾产卵以黄昏后1～2 h为最多，白天不产卵，每雌可产卵200～380粒，最多可产800多粒。卵多散产于棉株中下部靠近主茎的叶片背面，少数产于叶面。幼虫多数在上午孵化，1～2龄幼虫啃食叶肉，形成薄而透明的小斑；3～4龄幼虫吃成孔洞与缺刻；5～6龄幼虫可将大部分叶片吃掉，仅留少数主脉，也害及蕾、花、铃的苞叶。幼虫3龄前食量小，只占整个幼虫期总食量的5%左右，4龄以后进入暴食阶段。1～4龄幼虫常吐丝下垂，随风飘散到附近棉株上为害，老熟幼虫在叶缘或蕾铃苞叶间吐丝做薄茧化蛹。

(2) 发生与环境条件的关系 气候条件是影响棉小造桥虫发生、消长的主要因素。平均气温在20～25 ℃，相对湿度在80%以上时，有利于成虫产卵和孵化。一般6—8月多雨的年份，棉小造桥虫发生重，特别是6月降水量在100 mm左右、7—8月降水量在100～200 mm时发生量大。此外，水肥条件好，长势旺的棉田及迟衰棉田发生较重。

棉小造桥虫幼虫和蛹长期裸露在棉株上，容易受天敌的捕食和寄生。棉小造桥虫的捕食性天敌有草蛉、食虫蝽类、瓢虫、长脚胡蜂、蜘蛛、青翅隐翅虫、拟宽腹螳螂等，寄生性天敌有拟澳洲赤眼蜂、松毛虫赤眼蜂、造桥虫绒茧蜂、日本黄茧蜂、螟蛉悬茧姬蜂等。这些天敌对棉小造桥虫的种群数量具有一定的抑制作用。

8.7.3 防治方法

收花后处理棉田内外枯枝落叶和棉秸秆上的枯铃，以减少越冬虫源。一般防治棉铃虫时，棉小造桥虫可以得到兼治。转Bt基因抗虫棉对棉小造桥虫也有较好控制效果。单独防治时，防治指标为7—8月百株有幼虫300头，防治适期为2～3龄幼虫盛期。可选用80%敌敌畏乳油450～600 mL、10%氯氰菊酯乳油300～450 mL、2.5溴氰菊酯乳油300～450 mL、其他复配剂，兑水900 L喷雾；也可用Bt乳剂（100亿活孢子/mL）600～800倍液喷雾。喷粉可用2.5%敌百虫粉剂，每公顷22.5～37.5 kg。

8.8 棉卷叶野螟

棉卷叶野螟[*Haritalodes derogata* (Fabricius)]，又称棉大卷叶螟，属鳞翅目螟蛾总科草螟科，在我国除新疆、青海、宁夏及甘肃西部外，其余各棉区均有发现，以淮河以南，特别是长江流域各地发生较多。棉卷叶野螟除为害棉花外，还为害苘麻、红麻、木槿、木芙蓉、蜀葵、梧桐、冬葵、黄秋葵、扶桑等植物。

棉卷叶野螟以幼虫为害棉叶，常使叶片卷曲呈筒状，造成棉叶残缺不全。受害轻的棉籽和纤维不能充分成熟，影响纤维品质；受害重的棉叶全部被吃光，仅留枝、茎，使棉株上部不能开花结铃，影响棉花产量。

8.8.1 形态特征

棉卷叶野螟的形态特征见图8-8。

(1) **成虫** 体长8～14 mm，翅展22～30 mm，全体黄白色，有闪光。复眼黑色，半球形。触角淡黄色，丝状，长度超过前翅前缘的一半。前翅和后翅外缘线、亚外缘线、外横线、内横线均褐色波状纹，前翅中央近前缘处有似OR形的褐色斑纹，翅的边缘生有黑褐色的缘毛。腹部乳白色，各节前缘较深，呈黄褐色带状。雄蛾腹末节基部有1条黑色横纹，雌蛾则在第8腹节后缘具黑色横纹。

(2) **卵** 椭圆形，略扁，长约0.12 mm，宽约0.09 mm。卵初产时乳白色，后变淡绿色，孵化前灰白色。

(3) **幼虫** 共5龄。老熟幼虫体长约25 mm，青绿色具闪光，化蛹前变为桃红色。头扁平，赭灰色，杂以不规则的深紫色斑点。胸腹部青绿色或淡绿色。前胸背板褐色。胸足黑色。背线暗绿色，气门线稍淡呈细线状。除前胸及腹部末节外，每体节两侧各有毛片5个。腹足趾钩多序，外侧缺环。

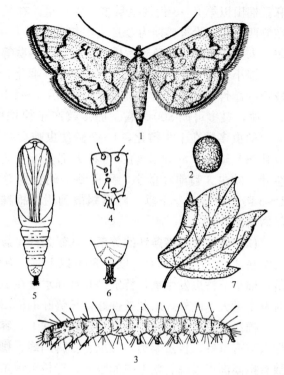

图8-8 棉卷叶野螟
1. 成虫 2. 卵 3. 幼虫 4. 幼虫第三腹节侧面
5. 蛹 6. 雌蛹 腹部末端 7. 被害叶片

(4) **蛹** 雌蛹体长约14 mm，雄蛹体长约13 mm，棕红色，第4腹节气门特大。第5～7节各节前缘1/3处有明显的环状隆起脊。第5～6腹节腹面有腹足遗迹1对，臀棘末端有钩刺4对，中央1对最长，两侧各对依次逐渐短小。

8.8.2 发生规律

(1) **生活史和习性** 棉卷叶野螟在辽河流域棉区1年发生2～3代，在黄河流域棉区1年发生3～4代，在长江流域棉区1年发生4～5代，在华南棉区1年发生5～6代。棉卷叶野螟以老熟幼虫在棉秆、地面枯卷叶、老树皮裂缝、树桩孔洞、枯铃及铃壳苞叶里越冬，也有少数在田间杂草根际附近或靠近棉田的建筑物内越冬。翌年春天化蛹，第1代在其他作物上为害，第2代有少量进入棉田。8月中旬至9月上旬是为害盛期。

棉卷叶野螟的成虫白天活动较弱，多藏在叶背和杂草丛中，受惊扰时才稍稍移动，夜晚19:00开始活动，21:00—22:00活动最盛，有趋光性。雌蛾在羽化后1 d交尾，交尾后1 d产卵。卵散产于叶背，靠叶脉基部最多，叶面较少。卵粒于主茎中上部分布较多。每雌蛾可产卵70～200粒。

棉卷叶野螟的幼虫为害棉叶，1～2龄幼虫大多聚集棉叶背面进行为害，食量小，并不卷叶，仅取食棉叶的叶肉，留下正面的表皮呈天窗状。3龄以后开始分散，吐丝将叶片卷成喇叭筒形，在筒内取食为害，将叶片咬成不规则的缺刻和洞孔，粪便也排泄在卷叶里面。发生严重时常数头幼虫存于同一卷叶内。幼虫具有吐丝下垂随风飘散转移为害的习性，常在吃光一片叶之前转移到另一叶片上为害。随着虫体的长大，食量逐渐增多，虫多时可将棉株上的叶片全部吃光。在食料不足的情况下，棉卷叶野螟亦食花蕾和棉铃的苞叶。幼虫老熟后化蛹于卷叶中，吐丝将腹部末端系牢在叶上。

(2) 发生与环境条件的关系 秋雨多的年份，靠近村庄、树林、高秆作物、偏施氮肥迟熟徒长的棉田，叶片宽大的棉花品种，均有利于棉卷叶野螟发生为害。

棉卷叶野螟天敌有从幼虫到蛹期寄生的广黑点瘤姬蜂和广大腿小蜂，以及寄生于幼虫的螟蛉绒茧蜂，此外还有螳螂、蚂蚁、草蛉、蜘蛛等捕食性天敌。

8.8.3 防治方法

(1) 消灭越冬幼虫 冬季进行深耕，把枯枝、落叶及枯铃深埋于土内，5月上旬前将棉秆加以烧毁或沤肥，可杀死大部分越冬幼虫。

(2) 消灭中间寄主上的虫源 木槿、蜀葵、冬葵、红麻、芙蓉、梧桐、木棉等为棉卷叶野螟第1代幼虫的主要寄主，采用人工捕杀或化学防治，消灭虫源，可减轻棉田为害。

(3) 人工捕杀 棉卷叶野螟初期多发生于郁闭的棉田，可结合中耕锄草、整枝打老叶、施肥等田间管理工作，用手捏杀或木板拍杀卷叶内幼虫和蛹。

(4) 化学防治 化学防治适期应掌握在幼虫1～2龄未卷叶时期。一般在防治其他害虫时可以得到兼治。如需单独施药防治，可选用有机磷或拟除虫菊酯类农药及其复配剂兑水喷雾。

8.9 棉叶蝉

棉叶蝉［*Empoasca biguttula* (Ishida)］属半翅目叶蝉科，在我国除新疆棉区外均有分布，分布北限为辽宁、山西，西到甘肃、四川，淮河以南密度渐高，长江流域及其以南地区，特别是湖北、湖南、江西、广西、贵州等地密度较高，棉花生长后期几乎每片叶均有为害。棉叶蝉以成虫和若虫在棉叶背面刺吸汁液。受害叶在叶尖和边缘出现黄白斑，后变紫红，且向叶背卷缩，俗称"缩叶病"。严重时全株叶片变红卷缩，以至枯焦脱落。受害棉株蕾铃脱落增加，影响产量和品质。棉叶蝉的寄主植物除棉花外，还有木棉、茄子、烟草、甘薯、马铃茄、番茄、萝卜、豆类、白菜、向日葵、花生、黄秋葵、锦葵、桑、茶叶、柑橘等31科77种植物。

8.9.1 形态特征

棉叶蝉的形态特征见图8-9。

(1) 成虫 体长3.0 mm。头冠部有2个小黑点，前翅端部近爪片末端有1个小黑点。头部、前胸背片、小盾片淡黄绿色，翅端部灰色。

(2) 卵 长肾形，长0.7 mm，宽0.15 mm，无色透明，孵化前为淡绿色。

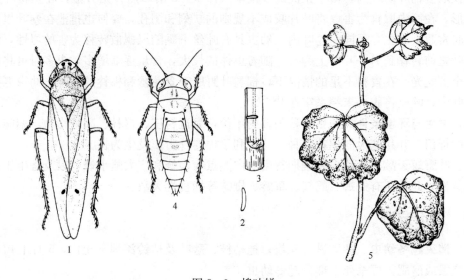

图 8-9 棉叶蝉
1. 成虫 2. 卵 3. 产于嫩芽药组织内的卵 4. 若虫 5. 被害状

(3) 若虫 头冠部复眼内侧有 2 条斜走黄色隆线。前胸背片后缘中央有 2 个黑点,黑点周围为黄色。共 5 龄,1 龄若虫体长 0.8 mm,头特大,翅芽呈乳头状突起;2 龄若虫体长 1.3 mm,前翅芽长达后胸末端,后翅芽伸至腹部第 2 节;3 龄若虫体长 1.6 mm,前翅芽达第 1 腹节的末端,后翅芽达第 2 腹节末端;4 龄若虫体长 1.9 mm,前翅芽达第 2 腹节末端,后翅芽达第 3 腹节前端;5 龄若虫体长 2.2 mm,前翅芽达第 4 腹节,后翅芽达第 4 腹节末端。

8.9.2 发生规律

(1) 生活史和习性 棉叶蝉在南方热带和亚热带棉区,全年均可发生为害,在江苏南京 1 年发生 8~9 代,在湖北 1 年发生 12~14 代,在江西南昌 1 年发生 13~14 代,在湖南 1 年发生 15~17 代;在长江流域和黄河流域不能越冬,每年初始虫源由外地迁入。该虫寄主植物很多,但偏嗜寄主植物只有茄与棉,均属热带亚热带起源作物,性喜温暖气候,二者的种子在 10 ℃ 以下不能顺利发芽,植株在 10 ℃ 以下新陈代谢失调,并终至冻死。这与 10 ℃ 以下棉叶蝉若虫冻死、成虫失去活动能力相吻合,从一个方面也证实了二者的协同进化关系。华南冬季棉叶蝉各虫态并存,并非以某一特定虫态滞育过冬。而以往"棉叶蝉在华南以成虫呈半休眠状态在多年生木棉上越冬"说法有待查证。其越冬北限,在我国 1 月平均 10 ℃ 等温线即福建福州—永安—广东曲江—广西柳州—云南玉溪—保山一线以南棉叶蝉能安全越冬。

在长江流域棉区,棉叶蝉 5 月中下旬开始迁入棉田,6—7 月繁殖不多,8 月中旬后虫量增多,9 月上中旬形成大量焦叶,9 月下旬虫量减少。在黄河流域棉区(例如山东)盛发为害期出现在 8 月中下旬。棉叶蝉在云南棉区,11 月至次年 5 月主要为害蚕豆、宿根茄子和宿根棉,7—9 月主要为害春播棉,9 月以后为害茄子。

棉叶蝉成虫多在白天羽化。羽化后次日即能交尾、产卵,卵散产于棉株上中部的嫩叶背面中脉组织内，有时亦产于侧脉及叶片组织内。棉叶蝉成虫和若虫白天在叶背为害，夜晚到叶面活动。棉叶蝉在棉田为负二项分布；在植株上的垂直分布为棉株上部占86.8%，棉株中部占12.63%，棉株下部占0.57%。成虫有趋光性。成虫和若虫受惊扰后能横行。棉叶被害后发生轻重不等的"缩叶病"，影响棉株正常生长。据原安徽省安庆地区植物保护站报道，每年8月中下旬是棉叶蝉虫量骤增阶段，如不及时防治，上部5台果枝多数不能坐桃或使秋桃结铃而不吐絮。

(2) 发生与环境条件的关系

①温度和湿度　32℃左右的平均温度适于棉叶蝉的大量繁殖，温度下降到15℃以下成虫行动迟钝，10℃以下即失去活动能力，初霜后绝大多数或全部若虫均不能成活。70%~80%的相对湿度最有利于棉叶蝉的繁殖，但大雨或久雨能影响棉叶蝉的孵化和羽化。

②土质及棉花长势　一般砂土和高燥地比冲积土和砂壤土的棉田发生为害重。如果施用足够的有机肥料，促使棉株生长良好，可增强抗虫能力，减少棉叶蝉的数量。如果施用过多的氮肥，棉株徒长，则易于招致棉叶蝉大量发生为害。稀植棉田、晚播棉田、零星分散棉田受棉叶蝉为害一般较重。易受旱的丘陵棉田、低洼排水不良及缺肥棉田，由于棉株发育不良，耐害及补偿能力差，受害严重。

③天敌　棉叶蝉的捕食性天敌有多种瓢虫、草蛉和蜘蛛，寄生性天敌有棉叶蝉柄翅小蜂等。

8.9.3　防治方法

(1) 农业防治　集中连片种植，适时早播，加强田间管理，促进早发早熟，采用科学配方施肥，做到氮磷钾肥配合使用，特别是钾肥能增强叶片抗御和忍耐棉叶蝉为害的能力，可减轻"缩叶病"的发生。

(2) 化学防治　化学防治一般与防治红铃虫、棉铃虫结合进行。若百片果枝叶上有虫70头，就必须单独防治，每公顷可选用40%乐果乳油600~900 mL、25%噻嗪酮可湿性粉剂600 g、10%吡虫啉可湿性粉剂300 g，兑水900 L于2龄若虫盛发期喷雾；喷粉可用5%甲萘威粉或1.5%乐果粉，每公顷30.0~37.5 kg。此外，20%甲氰菊酯（灭扫利）乳油1 500倍液喷雾，防治效果可达95%以上。

8.10　棉蓟马

为害棉花的蓟马属缨翅目蓟马科。主要有烟蓟马和花蓟马。

烟蓟马（*Thrips tabaci* Lindeman）又称为葱蓟马、瓜蓟马、棉蓟马，是北方棉区的优势种。随着转基因棉的推广、产业结构的调整以及蔬菜等作物种植面积的扩大，棉蓟马的发生有逐步加重、发生期延长的趋势。安徽安庆棉区、江苏沿海棉区、新疆阿克苏各棉区等均有分布为害，且日益加重。江苏沿海棉区近年为害逐步加重，发生范围进一步扩大。我国已记载的寄主植物有70多种，其中以棉花、烟草、葱、蒜、洋葱、韭菜、瓜类、马铃薯等受害最重，小麦、玉米、甜菜、豆类等也受害。

花蓟马［*Frankiniella intonsa*（Trybom）］主要分布于江苏、浙江、湖北、湖南等地，寄主有棉花、水稻、十字花科、豆科、菊科等植物，在棉花上为害棉苗，在其他寄主上多为害花器。

棉蓟马是棉花的重要害虫，以成虫和若虫用锉吸式口器锉破寄主表皮细胞吸取汁液。苗期为害部位主要是子叶、真叶、嫩头和生长点。嫩叶受害后叶面粗糙变硬，出现黄褐色斑，叶背沿叶脉处出现银灰色斑痕，严重时枯黄脱落。生长点受害后可干枯死亡，子叶肥大，形成无头苗，又称为"公棉花"，半月后再形成枝叶丛生的杈头苗，影响蕾铃发育，推迟成熟期。棉花蕾花期棉蓟马主要集中在上中部嫩叶背面及花蕊中。刺吸嫩叶，造成顶心叶片皱缩变形，上部嫩叶皱缩变厚，叶背叶脉边缘呈银灰色条斑。刺吸柱头，影响棉花的受精过程，严重时使棉花产生无效蕾并脱落，造成产量下降和质量变劣。

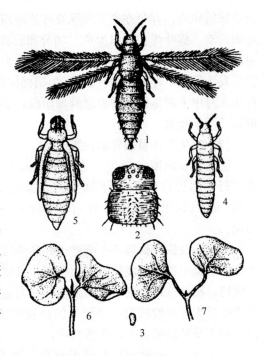

图 8-10 烟蓟马
1. 成虫 2. 头及前胸背板 3. 卵 4. 若虫
5. 伪蛹 6~7. 棉苗被害状

8.10.1 形态特征

烟蓟马（图 8-10）和花蓟马各虫态的主要特征见表 8-7。

表 8-7 烟蓟马和花蓟马形态特征比较

虫态	烟蓟马	花蓟马
成虫	雌虫体长 1.2 mm，淡棕色。触角 7 节，第 3~4 节有叉状感觉锥，第 1 节色淡，第 2 和 6~7 节灰棕色，第 3~5 节淡黄棕色，但第 4~5 节末端色较浓。翅淡黄色。腹部 2~8 节背片前缘有两端略细的栗棕色横条。头宽大于长，单眼间鬃较短，位于 3 个单眼中心连线外缘。前胸稍长于头，后角有 2 对长鬃；中胸腹片内叉骨有刺，后胸的无刺。前翅前脉基鬃 7 根或 8 根，端鬃 4~6 根，后脉鬃 15 根或 16 根。腹部第 5~8 节两侧有微型弯梳，第 8 节后缘梳完整	雌虫体长 1.3 mm，棕黄色。触角 8 节，第 3~4 节黄褐色，第 1、2、5 节（基部除外）及第 6~8 节灰褐色，第 1 节淡于第 2 节。头宽大于长，头后部背面皱纹粗，两颊后部收缩，头顶前缘仅中央稍突出；单眼间鬃长，位于 3 个单眼中心连线上。前胸前缘有长鬃 1 对，其余前缘鬃以中线向外第 2 对较长，后角有 2 对长鬃。前翅脉鬃连续，前脉鬃 20~21 根，后脉鬃 14~16 根。腹部背片第 8 节后缘梳完整。雄成虫小而黄，腹部腹片第 3~7 节有拟哑铃形腺域
卵	乳白色，侧看为肾形，长 0.3 mm	似烟蓟马，头顶上方一端有卵帽
若虫	全体淡黄色，触角 6 节	全体枯黄色，触角 7 节

8.10.2 发生规律

(1) 生活史和习性 烟蓟马在东北 1 年发生 3~4 代，在山东 1 年发生 6~10 代，主要以成虫和若虫在葱、蒜、洋葱等叶鞘内越冬，少数以伪蛹潜伏于土下越冬。烟蓟马在新疆每 1 年发生 4~6 代，一般以成虫和伪蛹潜伏在棉田四周土缝、土块、枯枝落叶及田边杂草中越冬，或以蛹在土内越冬。另外，未收获的大葱、洋葱、大蒜的叶鞘内、蔬菜地也是其越冬的主要场所。

烟蓟马早春先在越冬寄主上繁殖，棉花出苗后迁入棉田。在新疆阿克苏棉区，翌年4月中旬当气温升高到14～15℃时，伪蛹羽化为成虫，先在越冬寄主上活动一段时间后就迁移到早春萌发开花早的苦豆子、田旋花、荠菜等杂草及留种开花的葱上取食繁殖。棉苗出土后，再转移到棉苗上为害。为害盛期一般在5月上旬至6月中旬，6月中旬当棉株进入现蕾期后，该虫可在花中为害，种群数量大时往往影响棉花受精，使蕾脱落；7月上中旬后，随着棉株的快速生长，棉田湿度大，虫口密度开始下降，此时又迁移至幼嫩杂草和蔬菜等作物上为害，直到10月下旬进入蛰伏状态越冬。其他各地烟蓟马对棉花的为害稍有差异，一般5月中下旬至6中旬是为害盛期。所以棉苗2～4片真叶期是防治烟蓟马的关键时期。

烟蓟马主要营孤雌生殖，常见的多为雌虫，雄虫少见。雌虫产卵时，用锯齿状的产卵器将卵产在叶背叶肉组织和叶脉内，每雌产卵20～100粒不等。1～2龄若虫活动不强，多在棉叶背面卵孵化处附近取食，2龄若虫老熟后入土蜕皮成为3龄若虫（前蛹），再蜕1次皮即为4龄若虫（伪蛹），前蛹和伪蛹均不取食，但受惊后能缓慢爬动。伪蛹羽化为成虫。成虫活泼，善跳跃飞翔，还可借助风力远距离传播。烟蓟马怕阳光直射，白天多在叶背或叶鞘内潜藏取食。早晚或阴天才转移到叶正面为害。北方棉区5—6月，卵期为6～7 d，1～2龄若虫历期为10～14 d，前蛹期为1～2 d，伪蛹期为4～7 d，成虫产卵前期为2 d左右，完成1个世代约20 d。

花蓟马生活习性和棉蓟马相似，在江苏以成虫越冬，早春主要在蚕豆花内为害，其次是为害十字花科蔬菜的花；当蚕豆花萎蔫时开始向棉苗转移，卵产于棉叶背面叶肉组织中。

(2) 发生与环境条件的关系

①气候条件　在4—6月，较干旱的地区适合棉蓟马的发生。23～25℃的气温、44%～70%的相对湿度有利于其发生；多雨、相对湿度在70%以上，则不利于其发生。因此一般北方棉区发生较重。春季久旱不雨的年份尤其要注意防治。据新疆观察，烟蓟马成虫在日平均温度达4℃时即可活动，10℃以上时成虫取食活跃，旬平均温度到12.5℃以上时开始产卵繁殖；当旬平均气温达16.6～19.7℃时，繁殖迅速，虫口密度很快上升。

对花蓟马，中温高湿有利其发生为害，所以在南方棉区发生数量较多。

②耕作栽培制度　杂草多或靠近葱蒜、红花、向日葵、苜蓿或前作为苜蓿的棉田，早播棉田以及连茬棉田，一般发生较重；豆科作物受害较轻；禾本科作物受害最轻。在新疆阿克苏棉区，地膜田比非地膜田发生早，为害重，长绒棉比陆地棉为害重。

③土质　研究证明，砂质土壤较黏质土壤的棉田烟蓟马发生重。

8.10.3　防治方法

(1) 农业防治　棉田及时进行秋深翻和冬灌；冬春及时清除田间及四周杂草，减少虫源基数。结合定苗拔除受害苗；加强多头苗的整枝管理，其方法是在棉花现蕾初期，将多头苗和青嫩粗壮的营养枝（疯杈）整去，留下2根细弱的枝条，待形成若干果枝后提早摘心，作为开花结桃的主要果枝，可减轻棉花受害后造成的损失。

(2) 化学防治

①拌种与种衣剂的使用　可用10%百虫净乳油以种子量的0.35%（商品用量）进行拌

种，并闷种 24 h。也可用 27%吡·福·多（吡虫啉、福美双、多菌灵）悬浮种衣剂以 1：40～60 的药种比例拌种。或用 40%乙酰甲胺磷按药占种子量的 1.0%～1.5%拌种，还可用 70%高巧种衣剂（有效成分为吡虫啉）按种子量的 1.6%拌种。这些对烟蓟马均有较好的防效。

②涂茎　可用 40%氧化乐果乳油 1 份、聚乙烯醇 0.1 份、水 5～6 份，配制药液进行涂茎。具体配制方法是：开水中放入聚乙烯醇使之充分溶化后，冷却至 30～40 ℃后再按比例倒入药剂摇匀备用。涂茎时用毛笔蘸取药液涂刷棉苗茎处，具体方法参照棉蚜化学防治的苗期内吸剂涂茎。

③喷雾

A. 棉田外虫源田防治：早春在棉田邻作葱蒜作物上用 50%马拉硫磷 1 000 倍液或 20%灭扫利 2 000 倍液防治。也可每公顷选用 2.5%溴氰菊酯乳油 225～300 mL、10%氯氰菊酯乳油 225～300 mL、40%辛硫磷乳油 450～600 mL 防治。

B. 棉田防治：防治参考指标为定苗后有虫株率 5%或百株有虫 15～30 头。每公顷可选用 2.5%菜喜悬浮液（有效成分为多杀菌素）600 mL、10%吡虫啉可湿性粉剂 300 g、2.5%溴氰菊酯乳油 225～300 mL、10%氯氰菊酯乳油 225～300 mL、40%辛硫磷乳油 450～600 mL，兑水 900 L 喷雾。也可选用 50%马拉硫磷乳油 1 000 倍液、20%甲氰菊酯（灭扫利）2 000 倍液、40%氧化乐果乳油 2 000 倍液、50%久效磷乳油 1 500～2 000 倍液喷雾。此外，在苗期防治棉蚜时可兼治棉蓟马。

8.11　金刚钻

我国为害棉花的金刚钻有鼎点金刚钻（*Earias cupreoviridis* Walker）、翠纹金刚钻（*E. fabia* Stoll）和埃及金刚钻［*E. insulana* (Boisduval)］3 种，均属鳞翅目夜蛾科。鼎点金刚钻除西北内陆棉区外，其他棉区均有发生，分布北限为辽宁朝阳，以长江流域棉区为害较重。翠纹金刚钻分布北界为江苏徐州、山西运城、河南新乡，以北纬 25°以南地区发生数量较多。埃及金刚钻分布于台湾、广东和云南，为华南棉区的特有种。

金刚钻主要为害锦葵科植物（例如棉花、苘麻、木槿、木棉、木芙蓉、野棉花、蜀葵、冬葵、黄秋葵、向日葵等），为害棉花时以幼虫钻蛀棉花嫩头、蕾、花及铃，造成断头、侧枝丛生和蕾、花、铃大量脱落，并可诱致烂铃。

8.11.1　形态特征

金刚钻的形态特征见图 8-11 和表 8-8。

表 8-8　3 种金刚钻各虫态的形态特征比较

虫态	特征	鼎点金刚钻	翠纹金刚钻	埃及金刚钻
成虫	体长（mm）	6～7	9～13	7～12
	头和胸	头青白色或青黄色，胸青黄色	头白色，胸翠绿色，中央有粉白色条	头绿色，微间白色
	前翅	青黄色，前缘有红褐色或橘黄色条，翅中央有 3 个赤褐色小点排成鼎足状	粉白色，中间有 1 条翠绿色纵条纹，自翅基至外缘逐渐加宽	淡绿色、草黄色或淡褐色，有 3 条深色横纹，中室有 1 个暗色斑点

(续)

虫态	特征	鼎点金刚钻	翠纹金刚钻	埃及金刚钻
卵	形状	鱼篓形	鱼篓形	扁球形
	纵棱	分长短2类，一般不分叉	同长，不分叉	分叉
幼虫	头部额片	顶部1/3褐色，其余黄褐色	顶部1/4灰白色，其余褐色	底部1/4褐色，其余灰白色
	腹背毛突	各节都隆起而且粗大，第2、5、8节的黑色，其余灰白色	第8节的隆起粗、短小、白色，其余各节的都不隆起	各节都隆起，但细长，第2节的黑色，其余各节的白色
蛹	中足比下颚	长	约等长	长
	触角比中足	长	短或同长	短
	腹末侧面角状突起	2个，另有隆起皱2~3个	4个	4~5个

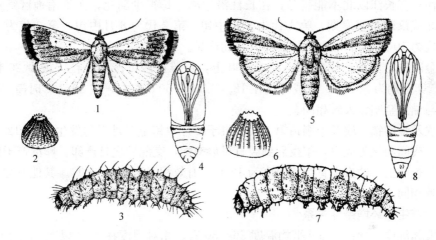

图8-11 鼎点金刚钻与翠纹金刚钻
1~4. 鼎点金刚钻（1. 成虫 2. 卵 3. 幼虫 4. 蛹）
5~8. 翠纹金刚钻（5. 成虫 6. 卵 7. 幼虫 8. 蛹）

8.11.2 发生规律

8.11.2.1 生活史和习性

(1) 鼎点金刚钻 鼎点金刚钻1年发生代数因地区而异，在黄河流域棉区1年发生3~4代，在长江流域棉区1年发生4~5代，在华南棉区1年发生5~7代，在各地均以幼虫结茧化蛹在棉秆、枯铃苞叶内、枝杈间及残枝落叶中越冬。越冬蛹在翌年5月中下旬当平均气温达22℃时开始羽化，26℃时达羽化高峰，羽化后的成虫多在早春寄主上产卵繁殖，部分于6月上中旬迁入棉田。第1代成虫发生时，由于越冬蛹羽化不一，早春寄主复杂，因此常出现两个高峰，形成以后各世代的重叠，田间难于划清界限，但盛发期仍较明显。以湖北武汉为例，1年发生5代，各代幼虫盛发期，第1代为5月下旬至6月上旬，第2代为7月中旬至8月上旬，第3代为8月中下旬，第4代为9月上中旬，第5代为10月上中旬；全年以8—9月发生为害最重；老熟幼虫于10月下旬开始结茧化蛹越冬。

鼎点金刚钻的成虫一般在夜间羽化、取食、交配和产卵，对黑光灯有一定的趋性，飞翔力弱。成虫寿命，7—8月最长为21 d，最短为9 d，平均14～18 d。雌成虫羽化后2～3 d产卵，产卵历期为8～12 d，羽化后7 d左右产卵最多。卵散产于棉株顶端的嫩叶、嫩茎、嫩蕾及幼铃苞叶上，以嫩叶最多。每雌平均产卵222粒，最多可产446粒。卵初产时天蓝色，后渐变灰褐色。日平均温度30 ℃时，卵历期为3～5 d。

鼎点金刚钻的幼虫孵化多在7:00—10:00。初孵幼虫一般先取食卵壳，而后取食嫩叶和嫩头，蛀孔处留有颗粒状粪便。虫龄稍大后则蛀食蕾铃，腹部常露在孔外。幼虫3龄前多转移为害，食量虽小造成的损失却较大；3龄后食量虽大，但活动性小，为害反而较轻。每头幼虫能为害花蕾20个，或青铃4～5个。在平均温度30.6 ℃时，幼虫历期为11～13 d，平均为11.7 d。幼虫老熟后在棉花中部蕾、花、铃苞叶内及地面落叶上吐丝结灰白色茧化蛹。从吐丝结茧到成虫羽化，历期为7～10 d，平均为8.4 d，其中包括预蛹期2～3 d。

(2) 翠纹金刚钻 翠纹金刚钻在长江流域棉区1年发生4～6代，在华南棉区1年可发生7～11代；在长江以北不能越冬，在长江沿岸越冬蛹很少羽化，在华南地区终年繁殖不断。在湖北武汉幼虫盛发期，第1代为7月中旬，第2代为8月中旬，第3代为9月中下旬，第4代为10月下旬，成虫最迟11月下旬终见。

翠纹金刚钻的卵散产于棉株顶芽或苞叶上，每雌最多可产300粒，最少20粒，平均150粒；产卵历期为5～6 d。完成1代在18.7 ℃时需50 d左右，在26.3 ℃时需27 d左右。其他习性与鼎点金刚钻大致相同。

(3) 埃及金刚钻 埃及金刚钻第1代幼虫于2月中旬至3月下旬发生，4—12月每月可发生1代。夜间羽化为成虫，午夜后到翌日早晨交配，交配后次日产卵。卵散产于嫩头、花蕾、边心及苞叶上。幼虫发育起点温度为12 ℃，有效积温为407 d·℃。其他习性与前两种金刚钻大致相同。

8.11.2.2 发生与环境条件关系

①温度和湿度 棉田内5 d平均温度26～30 ℃、相对湿度在80%以上，适于金刚钻的发生，高温干旱或降暴雨对其发生量有抑制作用；梅雨季节气温偏高或秋季8月下旬至9月多雨，金刚钻发生为害就重。

②棉花品种与长势 第2～3代为害以早发早现蕾的棉田较重，第4代为害以晚发迟熟棉田发生较重。近村庄比远村庄的棉田虫量多，田边比田中心的虫量多。棉田密植、田间郁闭有利于成虫栖息，产卵量多；棉花果枝紧凑、茎叶茸毛较多的品种，易诱集成虫产卵，为害较重。

③天敌 寄生于鼎点金刚钻幼虫的有金刚钻绒茧蜂、红铃虫甲腹茧蜂；寄生于翠纹金刚钻幼虫的有金刚钻绒茧蜂、金刚钻驼姬蜂和金刚钻窄径茧蜂；寄生于埃及金刚钻蛹的金刚钻大腿小蜂在云南棉区的寄生率很高。金刚钻的捕食性天敌有小花蝽、三色长蝽、窄姬猎蝽、华姬猎蝽、中华猎蝽、普通长脚胡蜂、草蛉、瓢虫、红蚂蚁、蜘蛛等。

8.11.3 防治方法

防治金刚钻应采取以农业防治为主，清除棉田外虫源和棉田内化学防治相结合的措施。据中国农业科学院植物保护研究所调查，转Bt基因抗虫棉对金刚钻有较好的控制作用。据报道，在印度，Bt（Cry1Ac、Cry1Ac+Cry2Ab、Cry1Ab+Cry1A）对翠纹金刚钻有很好的控制作用。在巴基斯坦，转 Bt 基因抗虫棉大面积应用后，埃及金刚钻和翠纹金刚钻等害虫为害减轻。

(1) 农业防治

a. 棉花收获后应及时翻耕，4 月底前要处理好棉秆、枯枝、落叶、落铃，以消灭越冬蛹，减少虫源。

b. 结合棉田整枝、打顶、去边心、抹赘芽，打掉棉株上顶心及上中部果枝嫩头，并及时加以处理，可直接消灭部分卵及低龄幼虫。

c. 结合根外追肥，喷 1%～2% 过磷酸钙浸出液，可减少卵量。

d. 早春于田边种植蜀葵、黄秋葵、冬葵等诱集金刚钻在其上产卵繁殖，可减轻棉田为害。

(2) 化学防治 化学防治应掌握在幼虫孵化盛期或为害初期，可选喷 50% 辛硫磷乳油 1 000 倍液、90% 敌百虫晶体 1 500 倍液、2.5% 溴氰菊酯 3 000 倍液、20% 杀灭菊酯乳油 3 000 倍液，着重喷洒棉株嫩头、蕾和幼铃。一般年份，可结合其他棉虫进行兼治。

思 考 题

1. 何谓伏蚜？导致伏蚜发生的主要原因是什么？
2. 棉蚜生活史有何特点？其关键防治技术有哪些？
3. 朱砂叶螨的发生与气候条件有何关系？根据其发生规律在防治上宜采取何种策略？
4. 绿盲蝽和中黑盲蝽的生活习性有何不同？影响其大发生的主要因素有哪些？
5. 简述棉红铃虫的为害特点、生活习性及关键防治技术措施。
6. 你认为棉铃虫的综合治理应重点抓好哪些环节？
7. 比较 3 种钻蛀棉花蕾铃的害虫（棉铃虫、红铃虫和金刚钻）的为害症状。
8. 棉蓟马和棉叶蝉是如何为害棉花的？其症状上有何不同？
9. 转 Bt 基因抗虫棉使用后害虫演替的情况如何？试分析其原因。

第9章

蔬　菜　害　虫

我国是世界最大的蔬菜生产和消费国，2012 年我国蔬菜播种面积近 $2.0 \times 10^7 hm^2$（3×10^8 亩），年产值达到 1.26 万亿元，蔬菜的总产值已超过粮食而成为第一大农产品。我国有记载的蔬菜害虫有 700 种，比较重要的有 60 余种，其中为害十字花科的主要有菜蛾、菜粉蝶、蚜虫类、黄曲条跳甲、甜菜夜蛾、斜纹夜蛾、菜螟等，为害葫芦科蔬菜的有瓜绢螟、守瓜类、瓜蚜、叶螨等；为害豆类蔬菜的有豆野螟、豆荚螟、大豆食心虫、美洲斑潜蝇等，为害茄科蔬菜的有棉铃虫、烟青虫、茄二十八星瓢虫、蚜虫、蓟马、叶螨、跗线螨等，为害百合科蔬菜的有葱蓟马、韭蛆、葱蝇等。地下害虫（例如小地老虎、蛴螬和蝼蛄等）可为害多种蔬菜。在温室及保护地蔬菜上，蚜虫、叶螨、温室白粉虱为害最严重。近年来，随着种植业产业结构调整和设施园艺的迅速发展，蔬菜害虫种类出现了新的变化，例如一些次要害虫上升为主要害虫，或者新的生物型出现，为害程度日益加重。例如烟粉虱 [*Bemisia tabaci* (Gennadius)] 在我国早就有报道，但为害较轻，均不需防治。最近研究的结果表明，烟粉虱是一个包含至少 36 个形态上难以区分的推测隐种的物种复合体，严重流行为害的主要是生物型 B 和 Q，对它们防治十分困难，应对此高度重视。此外，为害食用菌的害虫也应值得注意，这类害虫主要分布在双翅目、鞘翅目、鳞翅目、蜱螨亚纲等中，常见种类有兰氏布伦螨 [*Brennandania lambi* (Krezal)]、迟眼蕈蚊（*Bradysia* sp.）、平菇厉眼蕈蚊（*Lycoriella* sp.）、菌瘿蚊（*Mycophila* sp.）等。

由于蔬菜种类多，生产周期短，复种指数高，种植模式复杂，而蔬菜的抗逆性较弱，害虫种类又多，且常混合发生、集中为害，极易造成损失。因此及时有效地控制害虫为害是保障蔬菜优质、丰产的关键。

随着人们生活水平的提高，对蔬菜的安全性提出了更高的要求，各地均开展了无公害蔬菜或绿色食品生产技术规范的研究，使蔬菜害虫的防治工作取得了很大成就。目前，全国均已禁止高毒药剂在蔬菜上使用，包括甲胺磷、甲拌磷、甲基异柳磷、久效磷、克百威（呋喃丹）、涕灭威、毒死蜱、三唑磷、灭多威（十字花科蔬菜）等，开发、筛选了一批高效、低毒、低残留的农药品种，例如阿维菌素、吡虫啉、甲维盐（甲氨基阿维菌素苯甲酸盐）、多杀菌素等，并严格控制使用剂量和安全间隔期，以保证食品安全。生物防治在蔬菜害虫的防治中也得到了广泛的重视和应用，利用 Bt 制剂防治菜青虫、菜蛾，利用病毒防治斜纹夜蛾、菜青虫，利用丽蚜小蜂防治温室白粉虱和烟粉虱等均已取得较好的效果。在物理防治方面，各地均已大面积推广了防虫网技术和色板诱虫（主要针对蚜虫、粉虱和斑潜蝇）技术等。这些技术的推广和应用有力地保障了我国人民的食品卫生安全，同时为我国蔬菜产业走向国际提供了有力的技术支持。

9.1 菜蚜

为害蔬菜的蚜虫，据在上海地区调查有16种，主要有为害十字花科蔬菜的桃蚜[*Myzus persicae* (Sulzer)]、萝卜蚜[*Lipaphis erysimi* (Kaltenbach)]和甘蓝蚜[*Brevicoryne brassicae* (L.)]，为害瓜类的瓜蚜(*Aphis gossypii* Glover)(也称为棉蚜，详见第8章)，为害豆类的大豆蚜(*Aphis glycines* Matsumura)、豆蚜(*Aphis craccivora* Koch)(也称为花生蚜、苜蓿蚜)和豌豆蚜[*Acyrthosiphon pisum* (Harris)]，为害莴苣的莴苣指管蚜[*Uroleucon formosanum* (Takahashi)]等，均属半翅目蚜科。

菜蚜是桃蚜、萝卜蚜和甘蓝蚜的统称。前两种蚜虫的分布几乎遍及全世界，在我国也普遍发生，在江淮流域以南十字科蔬菜上常混合发生；甘蓝蚜的分布不如前两种蚜虫广，但在贵州、新疆等局部地区有时是优势种。

桃蚜的寄主很广，全世界已记录其寄主350种以上，除为害十字花科蔬菜外，还为害茄科、葫芦科、豆科、藜科、蔷薇科等植物。萝卜蚜的寄主已知有30余种，以为害十字花科为主，也可为害茄科、葫芦科、伞形花科植物，最嗜食萝卜、白菜等叶上有毛的品种。

蚜虫对蔬菜的为害，不仅直接刺吸植株汁液，而且其排泄的蜜露可诱发煤污病的发生，影响叶片光合作用，更重要的是还能传播多种蔬菜病毒病。

9.1.1 形态特征

9.1.1.1 桃蚜（图9-1）

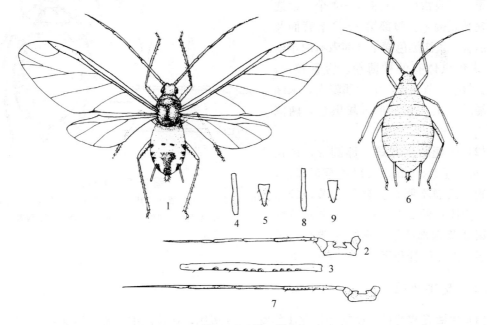

图9-1 桃 蚜
1~5. 有翅胎生雌蚜（1. 成虫 2. 触角 3. 触角第3节 4. 腹管 5. 尾片）
6~9. 无翅胎生雌蚜（6. 成虫 7. 触角 8. 腹管 9. 尾片）

(1) 有翅胎生雌蚜 体长 2.2 mm，宽 0.94 mm。头和胸部黑色，额瘤明显，向内倾斜。触角 6 节，较体短，除第 3 节基部淡黄色外，其余均为黑色；仅第 3 节外缘有小圆次生感觉圈 9～11 个，排列成 1 行。翅透明，翅脉微黄。腹部淡绿色，第 1 节背面有 1 横行零星狭小横斑，第 2 节有 1 背中窄横带，第 3～6 节各横带融合为 1 个背中大斑，第 7～8 节各有 1 条背中横带，各节间斑明显。腹管长，为尾片的 2.3 倍，呈圆筒形，向端部渐细，有瓦纹，端部有缘突。尾片圆锥形，具 3 对侧毛。

(2) 无翅胎生雌蚜 体长 2.2 mm，宽 0.94 mm，卵圆形。绿色、黄绿色、橘黄色或赭赤色，有光泽。额瘤显著，内倾。触角 6 节，较体短，无次生感觉圈。腹管、尾片与有翅胎生雌蚜相似。

(3) 无翅有性雌蚜 体长 1.5～2.0 mm，肉色或橘红色；头部额瘤显著，外倾。触角 6 节，较短。足跗节黑色，后足胫节较宽大。腹管圆筒形，稍弯曲。

(4) 有翅雄蚜 与秋季有翅胎生雌蚜迁移型相似，但腹部黑斑较大。

(5) 卵 长径 0.7 mm，短径 0.3 mm，长椭圆形，初产时墨绿色，后黑色，有光泽。

(6) 若虫 与无翅胎生雌蚜同，但较小。

9.1.1.2 萝卜蚜（图 9-2）

(1) 有翅胎生雌蚜 长卵形，体长 2.1 mm，宽 1.0 mm。头部和胸部黑色，腹部绿色至深绿色。额瘤不显著。触角 6 节，长 1.5 mm，第 3～4 节淡黑色，第 3 节有次生感觉圈 21～29 个，排列不规则；第 4 节有次生感觉圈 7～14 个，排成 1 行；第 5 节有次生感觉圈 0～4 个。翅透明，翅脉黑褐色。腹部第 1～2 节背面及腹管后有 2 条淡黑色横带（前者有时不明显）。老龄虫体有的被薄粉。腹管较短，约与触角第 5 节等长，中后部膨大，末端稍有缢缩。尾片圆锥形，灰黑色，两侧各有长毛 2～3 根。

(2) 无翅胎生雌蚜 卵圆形，体长 2.3 mm，宽 1.3 mm，灰绿色至黑绿色，被薄粉。额瘤不明显。触角 6 节，较体短，约为体长的 2/3，第 1～2 节暗黄绿色，第 3 节端部至第 6 节末端黑色，无次生感觉圈。腹管和尾片与有翅蚜相似。

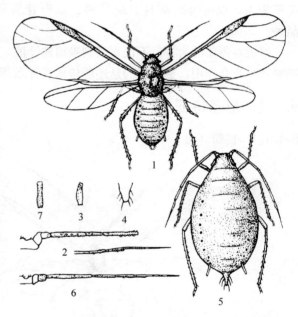

图 9-2 萝卜蚜
1～4. 有翅胎生雌蚜（1. 成虫 2. 触角 3. 腹管 4. 尾片）
5～7. 无翅胎生雌蚜（5. 成虫 6. 触角 7. 腹管）

9.1.2 发生规律

(1) 生活史和习性 桃蚜在华北 1 年发生 10 多代，在长江中下游 1 年发生 20 多代，在南方 1 年发生 30 多代；在北方以成蚜在靠近风障下的菠菜心里和接近地面的主根上越冬，也可在菠菜里及随秋菜收获进入菜窖内在大白菜上产卵越冬；在南方菜区冬季在十字花科蔬菜或菠菜上能继续繁殖，并出现有翅蚜，无明显越冬现象。桃蚜在江苏的生活周期有两种类型，一种是不全周期型，全年在蔬菜或其他寄主上胎生繁殖，无世代交替现象，以成蚜和若蚜在油菜菜心内、其他十字花科蔬菜、蚕豆及苋菜、芥菜等作物或杂草上越冬；另一种是异寄主全周期型，以卵在冬寄主桃树的芽腋、小枝杈和裂隙处越冬。在江苏，越冬卵翌年3月前后桃树萌发时孵化为干母，再行孤雌生殖繁殖3代左右，于5月前后产生有翅蚜迁至十字花科蔬菜、烟草、马铃薯等夏季寄主上营孤雌胎生繁殖，并不断产生有翅蚜扩散，至秋末（一般10月下旬至11月）产生有性母蚜，飞回冬寄主产生无翅有性雌蚜，与从夏寄主迁来的有翅雄蚜交配后产卵越冬。

萝卜蚜与桃蚜的年生活史相似，在北方以卵在菜叶上越冬，但没有木本寄主和草本寄主的交替现象。在长江以南，全年以孤雌生殖进行连续繁殖，冬季以无翅胎生雌蚜在蔬菜的心叶或杂草丛中越冬。桃蚜和萝卜蚜冬季均可以成蚜和若虫在温室和塑料大棚内越冬。

两种蚜虫均有有翅型和无翅型之分。无翅蚜产仔数较有翅蚜多。但蚜虫的为害从春菜到秋菜、从秋菜到冬菜、田块到田块，主要靠有翅蚜的迁飞扩散。菜蚜在扩散过程中，能传播多种蔬菜病毒病，所传播的病毒病多为非持久性病毒，这类病毒在植株内分布较浅，蚜虫只需很短时间的试探吸食就可获毒和传毒，其速度很快。因此将蚜虫控制在点片发生阶段尤为重要。有翅蚜对黄色有正趋性，而对银灰色则有负趋性；具趋嫩绿的习性，常聚集在十字花科蔬菜的心叶及花序上为害。

(2) 发生与环境条件的关系

①温度　桃蚜和萝卜蚜具有季节性消长的特点，即春季和秋季发生量大，夏季发生量小。之所以形成这个规律，温度是一个重要因素。适宜繁殖的温度，萝卜蚜为14～25℃，桃蚜为16～24℃，温度高于28℃则对两种蚜虫的发育均不利。桃蚜有翅型和无翅型的发育起点温度分别为4.3℃和3.9℃，自出生至成蚜的有效积温分别为137 d·℃和119.8 d·℃，种群能增长的温度范围为5～29℃；在16～24℃范围内，数量增长最快。温度自9.9℃上升至25℃时，平均发育期由24.5 d降至8 d，每天平均产蚜量由1.1头增至3.3头，但寿命由69 d减至21 d。萝卜蚜有翅型和无翅型的发育起点温度分别为6.4℃和5.7℃，自出生至成蚜的有效积温分别为116 d·℃和111.4 d·℃，种群能增长的温度范围为10～31℃；适宜繁殖的温度为14～25℃，相对湿度为75%～80%。当候平均温度在30℃以上或6℃以下、相对湿度小于40%时，会引起蚜量迅速下降。在候平均温度高于28℃和相对湿度大于80%的情况下，蚜量会下降。据报道，在9.3℃时仔蚜至成蚜的发育期为17.5 d，在27.9℃时为4.7 d。每头雌虫平均能产仔蚜60～100头，最多产143头。

萝卜蚜比桃蚜对温度的适应范围更广，但桃蚜比萝卜更耐低温，而萝卜蚜比桃蚜更耐高温。桃蚜的发育起点温度比萝卜蚜低，从而导致2种蚜虫在不同季节发生的数量比例不同，在春季为害十字花科蔬菜以桃蚜为主，在秋菜上两种蚜虫虽混合发生，但以萝卜蚜占优势。

②降水量　夏季降水量大，可促进病原菌对蚜虫的寄生，此外大雨对蚜虫还有机械冲刷作用。上海地区秋菜上萝卜蚜常年于8月下旬开始迁入，随着气温逐渐下降，繁殖量逐渐增加，到9月中旬就出现蚜量高峰。如果在9月上旬出现暴雨，能直接抑制蚜量上升，压低虫

口的基数，使蚜量高峰推迟出现，高峰期的蚜量亦显著减少。

③天敌　菜蚜的天敌种类很多，作用较大的有蚜茧蜂、草蛉、食蚜蝇，以及多种肉食性瓢虫、病原微生物蚜霉菌等。因此在治蚜时要注意保护利用，以便充分发挥自然因素的控制作用。

9.1.3　虫情调查和预测预报

(1) 黄板诱蚜　黄板诱蚜从日平均温度达到 8 ℃以上开始至日平均温度达到 8 ℃以下结束。选当地有代表性的十字花科叶菜类型田 2~3 块，放置 40 cm×25 cm 黄板 2 块，两板间隔 50 cm，每日 10:00 更换黄板，并记下所收黄板有翅蚜。

(2) 田间蚜量消长系统调查　这项调查从日平均气温达到 15 ℃以上开始，选择当地蚜虫发生有代表性的作物类型田（例如十字花科蔬菜、瓜类、豆类田）各 1~2 块。也可在越冬菜和留种菜上调查，换茬以后须注明换茬日期及品种。采用 5 点取样法，每田每点定株 10~20 株，每 5 d 调查 1 次，记载调查株数（株）、有蚜株数（株）、有蚜株率（%）、有蚜叶数（片）、蚜叶率（%）、百株蚜量（头）。

(3) 预测预报

①有翅蚜迁飞盛期预测　根据黄板诱蚜情况，参考天气预报，做出迁入盛期预报。当黄板诱蚜量出现激增时，2~7 d 后田间出现有翅蚜迁飞高峰。

②防治适期预报和防治对象田的确定　当蔬菜有蚜株率达 10%，或每株平均有蚜 10 头以上时，或苗期的蚜株率达 15%，移栽定植蚜株率达 25~35%，留种田达 20%~26%时，若气温在 12 ℃以上，1 周内无中等以上降雨，可当即做出防治适期预报。凡达到上述标准的田块，可确定为防治对象田。

9.1.4　防治方法

防治蔬菜上的蚜虫应掌握好防治适期和防治指标，及时喷药压低基数，控制为害，如果考虑到防病毒病，则必须将蚜虫消灭在毒源植物上，在有翅蚜迁飞之前。

(1) 农业防治　蔬菜收获后，及时处理残株败叶，结合中耕打去老叶、黄叶，间去病虫叶，并立即清出田间加以处理，可消灭部分菜蚜。菜田夹种玉米，以玉米作屏障阻挡有翅蚜迁入繁殖为害，可减轻和推迟病毒病的发生。

(2) 物理防治　根据蚜虫对银灰色的负趋性和对黄色的正趋性，采用银灰膜避蚜防病和黄板诱杀。

(3) 保护利用天敌　菜田有多种天敌对蚜虫有显著的抑制作用，在喷药时要选用对天敌杀伤力较小的农药，使田间天敌数量保持在占总蚜量的 1%以上。保护地在蚜虫发生初期释放烟蚜茧蜂，有一定的控制效果。

(4) 化学防治　防治菜蚜，每公顷可选用 50%抗蚜威可湿性粉剂 200~300 g、10%吡虫啉可湿性粉剂 200~300 g、25%吡嗪酮可湿性粉剂 200 g、40%乐果乳油 600 mL、50%敌敌畏乳油 600 mL、50%马拉硫磷乳油 300~400 mL、25%阿克泰（有效成分为噻虫嗪）乳油 300 mL、20%氰戊菊酯乳油 200~300 mL、2.5%溴氰菊酯乳油 200~300 mL、1.8%阿维菌素乳油 200~300 mL、20%氯虫苯甲酰胺悬浮剂 150 mL，兑水 600 L 喷雾。保护地也可用瓜蚜 1 号烟剂或 22%敌敌畏烟剂每公顷 7.5 kg 熏蒸。

9.2 菜粉蝶

粉蝶属鳞翅目粉蝶科。我国为害十字花科蔬菜的粉蝶主要有 5 种：菜粉蝶 [*Pieris rapae* (Linnaeus)]、东方菜粉蝶（*P. canidia* Sparrman）、大菜粉蝶 [*P. brassicae* (Linnaeus)]、褐脉粉蝶（*Artogeia melete* Menetries）和斑粉蝶（*Pontia daplidice* Linnaeus）。其中以菜粉蝶最为重要，分布于世界各国。菜粉蝶，又名菜白蝶、白粉蝶，在我国以华东、华中及华北南部为害较重，而在广东、台湾等省发生较轻。

菜粉蝶的幼虫称为菜青虫，嗜食十字花科植物，又偏食厚叶片的甘蓝和花椰菜等。在缺乏十字花科植物时，也可以为害莴苣、苋菜、板蓝根等。已知其寄主有 9 科 35 种之多。幼虫主要取食叶片，咬成孔洞或缺刻，为害严重时，叶片几乎被吃尽，仅留较粗的叶脉和叶柄。幼虫排出的粪便可污染菜叶，影响蔬菜品质。为害造成的伤口还有利于软腐病病菌的侵入，引起病害的流行。

9.2.1 形态特征

菜粉蝶的形态特征见图 9-3。

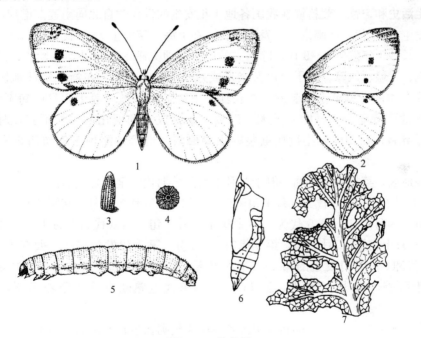

图 9-3 菜粉蝶
1. 雌成虫 2. 雄成虫前翅和后翅 3. 卵侧面 4. 卵正面 5. 幼虫 6. 蛹 7. 被害状

(1) 成虫 体长 12～20 mm，翅展 45～55 mm，黑色；胸部密被白色及灰黑色长毛。头小；复眼大，圆形，黑色。翅白色，雌蝶前翅前缘和基部大部分灰黑色，顶角有 1 个大三角形黑斑；在中室的外侧有 2 个黑色圆斑，一前一后，在后者下面有 1 条向翅基延伸的黑带。后翅基部灰黑色，前缘也有 1 个黑色斑，当翅展开时，可与前翅下方的黑斑相连接。

雄蝶体略小，翅面的黑色部分也较少，前翅的2个黑斑仅前面的1个明显。

菜粉蝶的成虫有春型和夏型之分。春型翅面黑斑小或消失；夏型翅面黑斑显著，颜色鲜艳。

(2) 卵 长约1 mm，宽约0.4 mm，竖立瓶状，初产时淡黄色，后变橙黄色，孵化前变淡紫灰色。卵壳表面有纵行隆起线12~15条，各线间有横线，相互交叉成长方形的网状小格。

(3) 幼虫 老熟幼虫体长28~35 mm。全身青绿色；背线淡黄色，细而不明显；胴部腹面淡绿而带白色。体密布细小黑色毛瘤，上生细毛，沿气门线有黄色斑点1列，每个体节有4~5条横皱纹。

(4) 蛹 体长18~21 mm。体色随化蛹时的附着物而异，有绿色、黄绿色、淡褐色、灰黄色、灰绿色等。蛹体纺锤形，两头较尖细，中间膨大。头部前端中央有1个短而直的管状突起。背中线突起呈屋脊状，在胸部的特别高而呈角状突起；腹部两侧也各有1条黄色脊，第2~3腹节上的也特别高而呈角状突起。雄蛹仅第9腹节有1个生殖孔，雌蛹第8和第9节分别有1交尾孔和生殖孔。

9.2.2 发生规律

(1) 生活史和习性 菜粉蝶在我国各地1年发生的世代数自北向南逐渐增加，在东北和华北1年发生4~5代，在南京1年发生7代，在上海1年发生7~8代，杭州和武汉1年发生8代，在长沙1年发生8~9代；除南方的广州等地无越冬现象外，各地皆以蛹在被害田附近的篱笆、屋墙、风障、树干上以及杂草或残枝落叶间越冬。在浙江宁波地区，也有以老熟幼虫在冬季的花椰菜上越冬的。在长江中下游，越冬蛹一般于3月中旬至4月羽化。由于蛹越冬的环境复杂，温度差异大，以致越冬代成虫的羽化期参差不齐，时间也拖得很长，这是导致以后田间发生世代重叠的主要原因，也给预测预报和防治带来了一定的困难。

在上海地区，菜粉蝶越冬蛹一般于3月上旬开始羽化，全年各代幼虫发生期，第1代为4月中旬至6月上旬，第2代为5月中旬至7月上旬，第3代为6月中旬至8月上旬，第4代为7月中旬至8月中旬，第5代为8月中旬至9月上旬，第6代为8月下旬至10月中旬，第7代为10月上旬至11月上旬，第8代为11月份。第1代发生量少，每年5—6月发生的第2~3代和9—10月发生的第6~7代发生量大，构成全年为害的两个高峰期，而春季为害又重于秋季。10月下旬开始至11月下旬末代老熟幼虫寻找隐蔽场所，陆续化蛹越冬。

菜粉蝶的成虫白天活动，夜间、阴天和风雨天气则在生长茂密的植物上栖息，并有趋集在白色花间停留的习性。一般在羽化当天即能交尾，尤以晴天无风的中午，常见雌雄成虫追逐飞翔和交尾。产卵前期为1~4 d，产卵期为3~7 d。白昼产卵，产卵时雌成虫飞翔于菜田内，不断停落在叶上，每停落1次就产下1粒卵。卵散产于叶片正面或背面，但以叶片背面为多。在15 ℃以下不能产卵，25~28 ℃为产卵最适温度。每头雌蝶产卵少者仅数粒，多者达500粒。产卵量多少与气候条件及补充营养有关，从春到初夏，产卵逐渐增多，盛夏气温高，产卵少，秋天产卵量又有回升。成虫以吸食花蜜作为补充营养，喜在蜜源植物和甘蓝之间往返飞行。因此在距蜜源植物较近的田边菜株上产卵最多，且喜产卵在十字花科厚叶片的蔬菜（例如甘蓝、花椰菜）上，因此类蔬菜含有芥子油苷，可吸引成虫产卵和幼虫觅食。成虫寿命为2～5周。

菜粉蝶的幼虫分5龄。孵化时间多集中在10:00—11:00和13:00—14:00，晚上不孵化。初孵幼虫先吃卵壳，然后再取食叶片，叶片被害处常仅留一层透明的表皮。幼虫2龄后在叶背或菜心内为害，叶片被吃成缺刻或孔洞；3龄后蚕食叶片为害，以4～5龄食量最大，分别占整个幼虫期食叶面积的12.89%和84.19%。幼虫的活动受气温影响较大。在炎热的夏天，白昼多栖于叶背，仅在凌晨和夜间取食；秋霜后，活动逐渐缓慢，并多栖息于叶面。受惊时，低龄幼虫吐丝下坠，大龄幼虫则有卷缩虫体坠落地面的习性。幼虫行动迟缓，但老熟幼虫能爬行很远寻找化蛹场所。化蛹位置除越冬代外，常在老叶背面、植株基部、叶柄等处。化蛹前老熟幼虫将腹部末端粘在附着物上，并吐丝带将腹部第1节缚住，然后体躯缩短，蜕皮化蛹。

菜粉蝶卵、幼虫和蛹的发育起点温度分别为8.4 ℃、6 ℃和7 ℃，有效积温分别为56.4 d·℃、217 d·℃和150.1 d·℃。菜粉蝶各虫态在不同温度下的发育历期见表9-1。

表9-1 菜粉蝶各虫期在不同温度下的历期（d）（上海 江湾）

虫期		温度范围（℃）								
		<16	17～18	18～20	20～22	22～24	24～26	26～28	28～30	>30
卵期		9.75	8.15	6.75	5.35	4.12	3.12	2.95	2.85	2.56
幼虫期	1龄	7.25	5.50	3.40	2.95	2.71	2.67	1.91	1.65	1.55
	2龄	4.00	3.67	3.15	2.51	2.03	1.83	1.44	1.40	1.39
	3龄	3.50	3.25	2.98	2.53	2.07	1.80	1.67	1.53	1.36
	4龄	4.50	3.08	3.43	2.80	2.41	2.36	2.00	1.84	1.64
	5龄	7.16	5.59	4.13	3.90	3.58	3.50	3.42	3.27	3.20
	预蛹	2.75	2.52	1.45	1.33	1.06	0.98	0.81	0.74	0.62
	合计	29.16	23.61	18.54	16.02	13.86	13.14	11.25	10.43	9.76
蛹期		16.10	14.95	10.01	9.00	7.75	7.58	6.27	5.96	5.75

(2) 发生与环境条件的关系 菜粉蝶的发生受气温、降雨、食料、天敌等因子的综合影响，因而其虫口数量出现季节性波动。

①气候 菜粉蝶田间虫口密度，春季随着天气转暖逐渐上升，春夏之交达最高峰，到盛夏或雨季迅速下降，秋季气温逐渐下降时又逐渐回升，秋冬之间再度下降。

菜粉蝶喜温暖少雨的气候条件，幼虫发育适温为16～31 ℃，适宜的相对湿度为68%～80%，以25 ℃及76%左右相对湿度为最适宜，最适降水量为每周7.5～12.5 mm。长江中下游地区常年春秋两季气候适宜，十字花科蔬菜特别是甘蓝栽培较多，食料丰富，因此其繁殖力最强，形成了一年中发生为害的猖獗时期。菜粉蝶幼虫不耐高温，盛夏季节气温常高于32 ℃，且雨水多，特别是暴雨，卵和初孵幼虫常因高温和雨水的机械冲刷作用而大量死亡，加之此时十字花科蔬菜种植面积小，食料贫乏及天敌的作用等因素的综合影响，导致菜粉蝶夏季世代种群的衰落。华南地区因高温多雨，无明显盛发期，为害较轻。

②天敌 菜粉蝶卵期捕食性天敌有花蝽，寄生性天敌有广赤眼蜂。幼虫期寄生性天敌优势种为菜粉蝶绒茧蜂，在上海地区，6—7月的自然寄生率分别为29.22%和22.20%，

对菜粉蝶幼虫的种群有一定的抑制作用；另有少数幼虫被微红绒茧蜂、蝶蛹金小蜂和日本追寄蝇所寄生。蛹期天敌优势种为蝶蛹金小蜂，在上海5—6月寄生率最高，可达57.13%～72.71%；其他还有少量蛹被舞毒蛾黑疣姬蜂、广大腿小蜂、次生大腿小蜂和两种蚤蝇寄生。捕食幼虫和蛹的天敌有猎蝽、黄蜂等。此外，寄生于幼虫的还有寄生菌。

9.2.3 虫情调查和预测预报

(1) 卵、幼虫和蛹系统调查 根据当地十字花科蔬菜种植情况，选择有代表性的早播田、中播田、晚播田各2块进行卵、幼虫和蛹系统调查。调查时间从十字花科蔬菜定植后开始，每5 d调查1次。采用Z字形取样，每块地调查10点，每点调查5株。记载卵、幼虫（分1～3龄和4～5龄分别记载）、蛹数量。

(2) 发生期预测 根据生产实际需要，一般只对当地菜粉蝶主要为害代进行预测。春季重点预测第2代和第3代3～4龄幼虫发生期，秋季重点预测第5～6代发生期。菜青虫的防治适期一般掌握在产卵高峰后1周左右或2龄幼虫高峰期，可用历期法按下式之一进行推算。

2龄幼虫高峰期＝上代化蛹高峰日＋蛹历期＋成虫产卵前期＋卵历期
＋1龄幼虫历期＋2龄幼虫历期/2

2龄幼虫高峰期＝当代卵高峰日＋卵历期＋1龄幼虫历期＋2龄幼虫历期/2

9.2.4 防治方法

(1) 化学防治 菜粉蝶的化学防治，施药适期应掌握在2龄幼虫高峰期，但因其发生不整齐，故要连续用药2～3次。防治适期也应根据田间虫量、气候、天敌发生情况和蔬菜生育期加以综合考虑后确定。据对为害情况的调查，甘蓝结球前7～8叶期，平均单棵有3～4龄幼虫3头以上时1周后叶片破碎，严重影响甘蓝生长，3头以下影响不大；结球后平均单棵有幼虫4头以下时对生产无影响，4～5头时叶片破损较多，结球疏松，7～8头时整棵叶片破碎，影响产量和质量。上述数据可作为确定防治指标的参考。

每公顷可选用50%敌敌畏乳油600 mL、50%巴丹可湿性粉剂450～600 g、5%定虫隆乳油300～450 mL、1.8%阿维菌素乳油250～300 mL、5%伏虫隆250～300 mL、5%卡死克乳油250～300 mL、2.5%溴氰菊酯50～300 mL、5%功夫菊酯水乳剂150～300 mL、10%氯氰菊酯乳油150～300 mL、20%氰戊菊酯乳油150～300 mL、2.3%高渗苦参碱水剂600 mL，兑水600 L喷雾。由于甘蓝叶面上有蜡层，药剂在叶面上不易展着，可按药剂稀释用水量的0.1%加入洗衣粉或其他展着剂，以增强药效。

(2) 生物防治 可用Bt可湿性粉剂（100亿芽孢/g）（例如千胜、杀螟杆菌、青虫菌粉或HD-1等）每公顷1.2～1.5 kg，兑水900 L喷雾，也可与低浓度的杀虫剂（例如杀虫双）混用。Bt制剂速效性差，使用时间上应比化学农药提前2～3 d。

用菜青虫颗粒体病毒感染致死的虫体3～5 g（相当于10～20头大龄病虫尸体），捣烂后加水37～50 L即可防治667 m² 菜田，费用相当于使用农药的1/3。如果从田间采回病虫来应用，费用更低。

(3) 清洁田园 每茬十字花科蔬菜收获后，特别是春季和夏季甘蓝砍去叶球后的残株老叶，应及时处理或耕翻，以减少虫源。

9.3 菜蛾

菜蛾[*Plutella xylostella*（Linnaeus）]属鳞翅目菜蛾科，又名小菜蛾，为世界性害虫，我国各蔬菜区均有发生，但以南方各地发生较重。从20世纪70年代起，菜蛾逐渐上升为长江中下游地区的主要蔬菜害虫。其寄主植物以十字花科蔬菜为主，其中甘蓝、萝卜、白菜、雪里蕻等受害最重；野生的十字花科植物也受害。菜蛾以幼虫为害叶片，初孵幼虫食害叶肉，仅留表皮，形成透明斑；高龄幼虫食叶成小孔或缺刻，在叶质厚的甘蓝叶上也常形成透明斑。该虫在我国南方为害重于北方，中北部地区以春秋两季为害严重，呈双峰型种群动态，而在华南地区全年都可以为害。

9.3.1 形态特征

菜蛾的形态特征见图9-4。

(1) 成虫 体长6～7 mm，翅展12～15 mm。头部黄白色。下唇须细长，第2节有褐色长鳞毛，末节白色。胸和腹的背部灰褐色。翅狭长，缘毛很长。前翅前半部灰褐色，中央有1条纵向的三度弯曲的黑色波状纹，其后面部分为灰白色。静止时两翅覆盖于体背呈屋脊状，灰白色部分合成3个连串的斜方块。

(2) 卵 椭圆形，长约0.5 mm，宽约0.3 mm，淡黄绿色，表面光滑。卵大部分散产，少数2～11粒堆产在一起。

(3) 幼虫 共4龄。老熟幼虫体长9 mm左右，两头尖细，纺锤形。前胸背板有淡褐色小点组成两个U形纹。臀足往后伸长超过腹端。1～4龄幼虫头宽分别为0.17 mm、0.27 mm、0.39 mm和0.59 mm，体长分别为1.08 mm、2.83 mm、4.87 mm和8.76 mm。

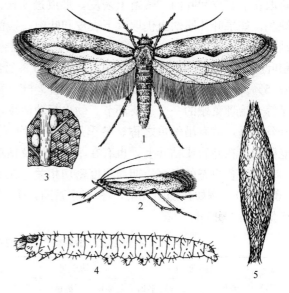

图9-4 菜蛾
1. 成虫 2. 成虫侧面 3. 菜叶上的卵 4. 幼虫 5. 茧

(4) 蛹 体长5～8 mm，初期淡黄绿色，接近羽化时变褐色。腹部2～7节背面两侧各有1个小突起，肛门附近有钩刺3对，腹末有小钩状臀刺4对。蛹体包裹在白色薄茧中。

9.3.2 发生规律

(1) 生活史和习性 菜蛾在黑龙江1年发生3代左右，在华北1年发生5～6代，在江苏扬州1年发生8～11代，在上海1年发生12～13代（包括11月至翌年3月在大棚中发生的2代），在杭州1年发生9～14代，在台湾1年发生18～19代；在北方以蛹越冬，在扬州以老熟幼虫和蛹在冬菜上过冬，在南方冬季各虫态都有，无越冬滞育现象。

在长江下游（例如南京、扬州、上海等地），全年种群消长呈双峰型，即上半年和下半年各有1个为害高峰，上半年在5月上旬至6月中旬，下半年在9月中下旬至10月，秋季为害比春季重。在北方，菜蛾以春季为害为主，每年5—6月早甘蓝和留种菜常受到严重为害。

菜蛾的成虫通常昼伏夜出，有趋光性，对黄色也较敏感。雌成虫羽化后即可交尾，有多次交尾习性，交尾后当晚就能产卵，但产卵量集中在羽化后的第2天晚上，其产卵量占总产卵量的50.6%。卵多在夜间产于叶背近叶脉的凹陷处，散产或3~5粒聚集在一起。据报道，越冬代成虫寿命为63 d，产卵期可达46.8 d，由于发生期拉得很长，导致田间发生世代重叠现象严重。产卵量与温度和补充营养有关，个体之间的差异也较大，最少的数十粒，最多的可达589粒，平均为248粒。产卵对寄主有选择性，特别是含有异硫氰酸酯类化合物的植物（例如芥菜）更能吸引成虫产卵。成虫对温度的适应性强，在0 ℃下能够存活，在10~42 ℃范围内都可产卵。成虫飞行力不强，但可随风进行远距离迁移。

菜蛾的幼虫昼夜都能孵化。初孵幼虫一般4~8 h内钻入叶片上表皮与下表皮之间，啃食叶肉或在叶柄、叶脉内蛀食，形成细小隧道。1龄末或2龄初幼虫从潜道退出，多数在叶背取食下表皮和叶肉，残留上表皮，形成透明斑。3~4龄后幼虫可将薄的叶片吃成孔洞或缺刻，如果叶片厚幼虫仍取食下表皮和叶肉，残留上表皮，形成透明斑，部分幼虫还可钻入结球蔬菜的叶球或菜心内为害。大发生时，1棵蔬菜上能群集数百头幼虫，将叶片吃光，仅留叶脉。1~2龄幼虫食量少，约占总食量的3.1%；3龄和4龄食量分别占总食量的13.4和83.5%。幼虫对食料质量要求极低，取食老叶、黄叶也能完成发育。因此清除菜田残枝落叶是综合治理菜蛾的一个重要环节。幼虫行动活泼，振动受惊后即作激烈扭动，并向后倒退或吐丝下垂，故有吊丝虫之称。冬季最冷月平均气温0.3~1.7 ℃时，幼虫在中午还能取食。老熟幼虫在叶背或枯叶上，也有在茎、叶柄及枯草上做两端开口的丝茧化蛹。

菜蛾各虫态的发育历期与温度密切相关，在16~32 ℃范围内，随着温度的升高而缩短（表9-2）。例如在扬州观察，冬季低温期，个别雌虫寿命长达75 d，而在夏季高温季节，最短只有3~5 d。

表9-2 不同温度下小菜蛾各虫态的发育历期（江苏扬州，1984年）

温度 （℃）	卵期（d）			幼虫期（d）			蛹期（d）			成虫期（d）		
	最长	最短	平均	最长	最短	平均	最长	最短	平均	最长	最短	平均
16	9.0	6.0	7.5	26.0	18.0	21.0	11.0	8.5	9.5	24.0	10.0	13.0
20	6.0	4.0	4.5	15.0	11.0	13.0	6.0	5.0	5.5	15.0	5.0	11.0
25	4.0	3.0	3.5	11.0	9.0	10.0	5.0	4.0	4.0	14.5	7.0	11.0
29	2.5	2.0	2.5	10.0	6.0	8.0	4.5	3.0	3.5	8.0	4.0	6.0
32	1.5	1.0	1.5	8.5	4.5	5.0	4.0	2.5	3.0	5.0	3.0	4.0

(2) 发生与环境条件的关系 影响菜蛾种群消长和为害程度的主要因子是气候条件、十字花科蔬菜的栽培情况和天敌发生情况。

①气候条件

A. 温度：菜蛾虽然对温度的适应性极广，既耐寒冷又耐高温，但各虫态发育与繁殖的适温为20~28 ℃，最适温度为25 ℃左右。温度影响成虫的寿命和产卵量，在相同食料条件下，温度低于20 ℃或高于29 ℃，产卵量均急剧下降。长江流域以南，夏季高温季节的日平均温度均高于 30 ℃，因此成虫寿命短，产卵量少，卵的孵化率和初孵幼虫生存率低，加之蜜源植物少，故盛夏季节虫口密度小，为害轻。

B. 雨水：低龄幼虫对雨水十分敏感，特别是夏秋两季，常因暴雨冲刷而导致卵和初孵幼虫死亡，秋季菜蛾为害程度降低。南京地区 1978—1979 年的资料表明，旬降水量 50 mm 以上对菜蛾有一定的抑制作用，90 mm 以上抑制作用更明显，若连续 4 旬降水量都达 50 mm 以上，即可将菜蛾种群密度控制在很低水平上。南京地区降雨时间从 6 月中旬至 7 月最为关键，如此间降水量大，则秋季发生轻。

②食料 菜蛾为害十字花科植物，并偏嗜甘蓝。十字花科蔬菜是一种喜凉性作物，一般适于春季和秋季生长，此时温度亦适合菜蛾的生长发育，因而在温度与食料条件的配合下，形成全年的双峰为害型。寄主是影响菜蛾种群消长的关键因素。若十字花科蔬菜周年不断，复种指数高，甘蓝种植面积大，十字花科野生寄主植物多，菜蛾的发生为害就重。

③天敌 菜蛾的天敌种类较丰富，捕食性天敌昆虫至少有 15 种，寄生性天敌昆虫至少有 18 种。据杭州调查，菜蛾有 6 种原寄生天敌昆虫，其中幼虫期的寄生蜂菜蛾盘绒茧蜂、幼虫至蛹期寄生蜂菜蛾啮小蜂和蛹期寄生蜂颈双缘姬蜂，是 3 种主要的寄生蜂。每年 6—7 月和 10—11 月出现两个寄生高峰期，寄生率一般在 20%～60%，最高时可达 80% 以上。许多国家和地区引进弯尾姬蜂用于控制菜蛾，并在高海拔地区取得了比较好的效果。此外菜蛾天敌还有青蛙、蟾蜍、菜蛾幼虫颗粒体病毒等。这些天敌对菜蛾的数量消长，起一定的控制作用。

9.3.3 虫情调查和预测预报

菜蛾的虫情调查，在十字花科蔬菜生长季节，每 5 d 进行 1 次。选择当地有代表性的主要十字花科蔬菜不同类型田（不同蔬菜种类或不同播期）各 1 块定点调查。采取对角线 5 点取样法，每块田固定 5 点，每点成株菜定 5 株，幼株菜定 10 株，记录卵、1～2 龄幼虫、3～4 龄幼虫、蛹的数量，折算各虫态百株虫量及比例。同时用黑光灯或性诱剂监测成虫的发生动态，以蛾量激增日定为发蛾盛期，当蛾量明显下降时以蛾量最多日定为发蛾高峰日。根据上述调查结果预测菜蛾卵孵盛期，田间卵孵化率达 20% 左右时为第 1 次防治适期，卵孵化率达 50% 左右时为第 2 次防治适期。在结球甘蓝上，每株菜上虫量，苗期达 2.5 头，莲座期和包心初期达 5 头，包心中后期达 20 头时应进行防治。

9.3.4 防治方法

(1) 农业防治 蔬菜收获后，及时清除残株落叶，随即翻耕，可消灭大量越夏越冬虫源。合理安排蔬菜布局，尽可能避免十字花科蔬菜的连作，消除夏季寄主桥梁田。十字花科蔬菜与瓜类、豆类、茄果类轮作，或与大蒜、番茄等间作，也有利于减轻菜蛾的为害。

(2) 生物防治 在日平均温度 20 ℃ 以上，用 Bt 制剂（100 亿芽孢/g），每公顷 750～1 500 g，兑水 600 L 喷雾，有良好的防治效果。菌液中加 0.1% 洗衣粉，可提高湿润展布性能，或与少量化学农药敌百虫混用，则可增强速效性，提高防治效果。Bt 生物复合病毒制剂（海南国际科技工业园生产）0.5～1.0 kg、兑水 450 L 喷雾，也可获得较好的防治效果。

(3) 诱杀成虫 可用菜蛾的性引诱剂诱杀成虫，有些地方将性引诱剂与黑光灯、频振式杀虫灯联合使用，取得了较好的控制效果。

（4）化学防治 目前菜蛾对有机磷、氨基甲酸酯、有机氯、拟除虫菊酯以及其他大多数农药产生了数倍甚至上千倍的抗药性。必须注意轮换使用不同类型的农药品种，以延缓抗性的产生，或与生物农药交替使用。防治适期应掌握在卵盛孵至2龄幼虫发生期。由于初孵幼虫都集中在心叶和叶背为害，喷药时必须注意喷到这些部位。

每公顷可选用5%定虫隆乳油300～600 mL、1.8%阿维菌素乳油300 mL、20%氰戊菊酯乳油300 mL、2.5%溴氰菊酯乳油300 mL、50%杀螨隆可湿性粉剂300 g、5%伏虫隆乳油600 mL、5%卡死克（有效成分为氟虫脲）乳油600 mL、20%灭幼脲1号乳油600 mL、25%灭幼脲3号乳油600 mL、40%乙酰甲胺磷乳油750 mL、25%喹硫磷乳油750 mL、25%杀虫双水剂750～1200 mL、2.5%菜喜（多杀菌素）乳油500 mL、24%米螨（虫酰肼）悬浮剂500 mL等，兑水600 L喷雾。

9.4 甜菜夜蛾

甜菜夜蛾 [*Spodoptera exigua* （Hübner）] 又名贪夜蛾、玉米夜蛾，属鳞翅目夜蛾科，为世界性、暴发性害虫。甜菜夜蛾在我国南北各地均有发生，在长江流域及以南发生普遍，在华北各地及陕西局部地区有些年份为害也很重。甜菜夜蛾的食性很广，幼虫取食的寄主范围涉及35科108属138种植物，其中大田作物28种、蔬菜32种。在蔬菜中，受害最重的是十字花科蔬菜和豆科蔬菜，茄科和葫芦科蔬菜、蕹菜、芋艿有时受害也很重。甜菜夜蛾以幼虫为害。低龄幼虫在叶背群集结网食害叶肉，使叶片仅剩一层表皮和叶脉，呈窗纱状。高龄幼虫吃叶成孔洞或缺刻，严重时除主脉外，全叶皆被吃尽。作物幼苗期受害，可导致死苗而断垄，甚至毁种。3龄以上的幼虫还可钻蛀青椒、番茄果实，造成落花落果；也可钻入葱管内为害。

9.4.1 形态特征

甜菜夜蛾的形态特征见图9-5。

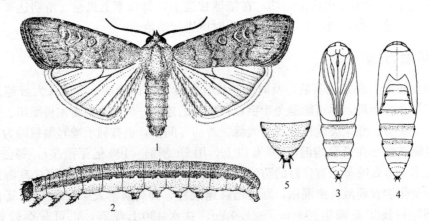

图9-5 甜菜夜蛾
1. 成虫 2. 幼虫 3. 蛹腹面 4. 蛹背面 5. 蛹末端背面

(1) 成虫 体长 8~14 mm，翅展 19~30 mm，灰褐色。前翅内横线、外横线和亚外缘线均为灰白色，但个体之间差异较大。外缘线由 1 列黑色三角形斑组成。前翅中央近前缘外方有肾形斑 1 个，内方有环形斑 1 个。后翅灰白色，略带紫色，翅脉及缘线黑褐色。

(2) 卵 圆球形，白色，表面有放射状隆起线。卵粒重叠，卵块上盖有白色疏松绒毛。

(3) 幼虫 老熟幼虫体长约 22 mm。体色多变，有绿色、暗绿色、黄褐色、褐色至黑褐色。腹部每个体节的气门后上方各有 1 个显著白点，气门下线为黄白色纵带，直达腹末，但不弯到臀足上（该特征与甘蓝夜蛾幼虫有些相似，但甘蓝夜蛾幼虫的黄白色气门下线弯到臀足上，易于区别）。

(4) 蛹 体长约 10 mm，黄褐色。中胸气门位于前胸后缘的部分显著外突；臀棘 2 根呈叉状，其腹面基部也有 2 根极短的刚毛。

9.4.2 发生规律

(1) 生活史和习性 甜菜夜蛾在华北地区 1 年发生 3~4 代，在长江流域 1 年发生 5~6 代，以蛹在土室内越冬；在华南地区无越冬现象，可终年繁殖为害；在北纬 44°以北广大区域内露地蔬菜上不能越冬。在国外该虫有远距离迁飞的报道。甜菜夜蛾在江苏 1 年发生 5~6 代，少数年份 7 代，各代发生为害时间，第 1 代为 5 月上旬至 6 月下旬，第 2 代为 6 月上中旬至 7 月中旬，第 3 代为 7 月中旬至 8 月下旬，第 4 代为 8 月上旬至 9 月中下旬，第 5 代为 8 月下旬至 10 月中旬，第 6 代为 9 月下旬至 11 月下旬；第 7 代为 11 月上中旬，这一代由于气温低，不能完成发育，为不完全世代。

甜菜夜蛾的成虫白天躲在杂草及植物茎叶的浓荫处，黄昏开始飞翔、交尾和取食，以 20:00—22:00 活动最盛，有趋光性。产卵前期为 1~2 d，产卵期为 3~5 d，卵多产在植株下部叶背面，以单层排列为主，少数多层排列，卵块上覆盖灰白色绒毛，绒毛在产卵当天排列较整齐，次日变浅灰白色而排列散乱。每雌可产卵 100~600 粒。甜菜夜蛾的幼虫共 5 龄，少数个体可以有 6 龄。初孵幼虫先取食卵壳，2~5 h 后陆续从绒毛内爬出，群集叶背。1~2 龄幼虫仅咬食叶肉，留下叶片上表皮，形成纱网状叶，幼虫稍受惊扰即可吐丝下垂，飘移分散为害。4~5 龄幼虫昼伏夜出，食量大增，其食量占总食量的 90% 左右，有假死性，虫口密度过大时，会自相残杀。老熟幼虫入表土内化蛹，深度为 0.5~3.0 cm，也可在植株基部隐蔽处化蛹。在 25 ℃下，卵期、幼虫期和蛹期分别为 3 d、18 d 和 8.5 d。

(2) 发生与环境条件的关系 甜菜夜蛾是一种间歇性大发生的害虫。田间发生轻重与当年入梅早迟和 7—9 月 3 个月的气候密切相关，凡是入梅早、夏季炎热少雨，秋季甜菜夜蛾发生往往就重。另外，甜菜夜蛾喜产卵于 10 cm 以下的杂草上，凡是大田周围或田内杂草丛生的，为害就重。秋季雨水多的年份，甜菜夜蛾幼虫被白僵菌和绿僵菌感染而发病的比例就高。土壤含水量高不利于其化蛹，蛹浸水 24 h，存活率明显下降。越冬蛹的死亡率是影响春季发生量和限制分布的重要因素。甜菜夜蛾在田间有大量的捕食性、寄生性天敌以及病原微生物。国际上已报道的捕食性天敌 25 种，寄生性天敌 62 种，病原线虫 9 种。在我国，据浙江大学调查整理，甜菜夜蛾的卵期寄生蜂有 4 种，幼虫期寄生蜂有 15 种，蛹期寄生蜂有 4 种，这些天敌对甜菜夜蛾种群起一定的控制作用。

9.4.3 防治方法

(1) 摘除卵块和人工捕杀幼虫 结合田间农事操作，及时摘除卵块和有初孵幼虫的纱网状叶片。如幼虫已经分散，可在产卵叶片的周围喷药，以消灭刚分散的低龄幼虫。

(2) 诱杀成虫 利用成虫趋光性，在田间设置黑光灯既可诱杀成虫，又可掌握成虫盛发期。也可用糖醋酒诱液诱杀，糖：醋：酒：水＝3：4：1：2。诱杀时，按诱液总量的1%加敌百虫晶体。也可以用性诱剂诱杀，目前有毛细管型诱芯、硅胶橡胶型诱芯。

(3) 药杀低龄幼虫 化学防治宜在幼虫3龄之前，且要注意轮换或交替用药。每公顷化学可选用90%敌百虫晶体900 g、48%毒死蜱乳油750 mL、20%灭幼脲1号750 mL、25%灭幼脲3号悬浮剂750 mL、5%定虫隆乳油375 mL、5%卡死克乳油375 mL、5%农梦特乳油375 mL、1.8%阿维菌素乳油250～375 mL、2.5%三氟氯氰菊酯375 mL、2.5%高效氟氯氰菊酯乳油375 mL、24%米螨悬浮剂500 mL、2.5%菜喜（多杀菌素）悬浮剂500 mL、5%茚虫威乳油500～750 mL、10%溴虫腈乳油500～750 mL，兑水750 L常规喷雾。

9.5 斜纹夜蛾

斜纹夜蛾[*Spodoptera litura*（Fabricius）]又名莲纹夜蛾，属鳞翅目夜蛾科，是世界性、暴发性害虫，在我国南北各地均有分布，以长江流域各地受害严重，有些年份暴发成灾。此虫食性很广，寄主植物已知有99科290多种。其中喜食的有90种以上，在蔬菜中有甘蓝、白菜、莲藕、蕹菜、芋芳、豆类、瓜类、茄、辣椒、番茄等，但以十字花科和水生蔬菜为主；其他作物有甘薯、棉花、大豆、玉米、烟草等。此虫以幼虫为害，初孵、低龄幼虫群集食害叶肉，受害叶仅剩一层表皮，呈窗纱状。高龄幼虫吃叶成缺刻，严重时除主脉外，全叶皆被吃尽；还可钻蛀甘蓝的心球，将内部吃空，引起腐烂失去食用价值。为害棉花时，幼虫除食叶外，还钻食棉花的花、蕾和铃。

9.5.1 形态特征

斜纹夜蛾的形态特征见图9-6。

(1) 成虫 体长16～21 mm，翅展37～42 mm。前翅黄褐色，具有复杂的黑褐色斑纹，中室下方淡黄褐色，翅基部前半部有白线数条；内横线与外横线之间有灰白色宽带，自内横线前缘斜伸至外横线近内缘1/3处，灰白色宽带中有2条褐色线纹（雄蛾不显著）。后翅白色，具紫色闪光。

(2) 卵 半球形。卵粒常3～4层重叠成块。卵块椭圆形，上覆黄褐色绒毛。

(3) 幼虫 体色变化很大，发生少时淡灰绿色，大发生时色深，多为黑褐或暗褐色。头部灰褐色至黑褐色，颅侧区有褐色不规则网状纹。背线和亚背线黄色，沿亚背线上缘每节两侧常各有1个半月形黑斑；其中腹部第1节的黑斑较大，近于菱形；第7～8节的为新月形，也较大。气门线暗褐色。气门椭圆形，呈黑色。气门下线由污黄色或灰白斑点组成。体腹面灰白色。腹足趾钩单序。

(4) 蛹 赤褐至暗褐色。腹部第4节背面前缘及第5～7节背面和腹面的前缘密布圆形刻点。气门为黑褐色，呈椭圆形。腹端有臀棘1对，短，尖端不成钩状。

第9章 蔬菜害虫

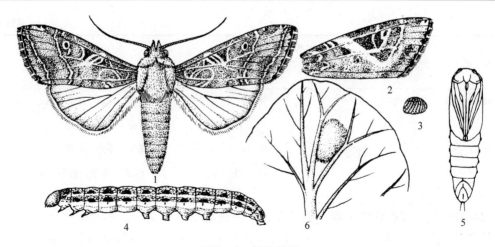

图9-6 斜纹夜蛾
1.雌成虫 2.雄成虫前翅 3.卵 4.幼虫 5.蛹 6.叶片上的卵块

9.5.2 发生规律

(1) 生活史和习性 斜纹夜蛾在福建、广东等南方地区，终年都可繁殖，冬季可见到各种虫态，无越冬休眠现象；在浙江杭州保护地内可以蛹越冬，在北纬30°以北露地越冬问题尚未明确，其虫源一般认为是由南方迁入的。斜纹夜蛾的1年发生世代数自南向北逐渐减少，在湖南1年发生5~6代，在河北1年发生3~4代；在长江流域每年以7—9月发生数量最多，在黄河流域以8—9月为害严重。此虫在国内各地发生为害概况见表9-3。

斜纹夜蛾的成虫昼伏夜出，白天隐藏在植株茂密处、土缝、杂草丛中，夜晚活动，以上半夜20:00—24:00为盛，飞翔力很强，一次可飞数十米，高可达3~7 m。成虫对黑光灯有较强的趋性，喜食糖酒醋等发酵物及取食花蜜作为补充营养。雌成虫产卵前期为1~3 d，卵多产在叶片背面，每雌能产3~5个卵块，每块卵有卵数十粒至数百粒不等，一般为100~200粒，多者达200~300粒，一生能产卵1 000~2 000粒。卵期，在日平均温度22.4 ℃时为5~12 d，25.5 ℃时为3~4 d，28.3 ℃时为2~3 d。

斜纹夜蛾的幼虫共6龄，也有7龄、8龄的。在日平均温度25 ℃时，历期为14~20 d。初孵幼虫群栖于卵块的附近取食叶肉，并有吐丝随风飘散的习性。2~3龄后分散为害，4龄后为暴食期，大发生时，当食料不足，有成群迁移习性。各龄幼虫皆有假死性，以3龄后表现更为显著。幼虫畏阳光直照，因此白天常藏伏于阴暗处，4龄后幼虫则栖息于地面或土缝，傍晚取食为害。老熟幼虫入土做土室化蛹。为害莲藕等水生植物的幼虫，老熟后可浮水至岸边，然后入土化蛹。预蛹期为1~2 d；蛹期，日平均温度29.2 ℃时为8~11 d，23.6 ℃时为10~17 d。

表9-3 斜纹夜蛾在各地发生为害概况

地 区	1年发生世代数	主要为害世代发生盛期		主要被害作物
		春季	秋季	
云南潞江	8~9代	第1~3代，5—6月	第5~9代，6—8月	冬播棉花、春播棉花
福建南平、福州	6~9代	第1~2代，12—5月	第3~7代，6—10月	蔬菜
江西彭泽	5~6代		第3~4代，7—9月	绿肥、棉花、蔬菜、甘薯

(续)

地区	1年发生世代数	主要为害世代发生盛期		主要被害作物
		春季	秋季	
湖北荆州、武汉	5~6代		第3~5代，7—9月	芋艿、莲藕、蔬菜、棉花、豆类
安徽	4~5代		7—9月	蔬菜、甘薯、棉花
江苏南京	5代		8—10月	蔬菜、芋艿、棉花、豆类
河南	5代		8—9月	甘薯、蔬菜、烟草、麻类、豆类、瓜类、棉花

(2) 发生与环境条件的关系 斜纹夜蛾是一种喜温性而又耐高温的间歇猖獗为害的害虫。各虫态的发育适温为28~30 ℃，但在高温下（33~40 ℃）生活也基本正常。斜纹夜蛾的抗寒力很弱，在冬季0 ℃左右的长时间低温下，基本上不能生存。斜纹夜蛾在长江流域各地，为害盛发期在7—9月，也是全年中温度最高的季节。

在斜纹夜蛾的发生季节，水肥条件好、作物生长茂密的田块，虫口密度往往大。7月以前成虫出现早晚（即灯下诱蛾发生早晚）和水生蔬菜上的虫口密度大小，对预测秋季8—9月是否大发生有重要意义。如果成虫出现早、虫口基数大，当年就可能大发生。斜纹夜蛾的天敌种类十分丰富，就寄生性天敌而言，据浙江大学调查，我国卵期寄生蜂有6种，卵至幼虫期寄生蜂有1种，幼虫期寄生蜂有17种，蛹期寄生蜂有5种，虽然通常情况下寄生率都不是很高，但对斜纹夜蛾的控制作用仍不容忽视。此外，斜纹夜蛾病毒和白僵菌在降雨多的月份也常引起斜纹夜蛾的大量死亡。

9.5.3 防治方法

斜纹夜蛾的防治方法参见甜菜夜蛾的防治方法。

9.6 菜螟

菜螟（*Hellula undalis* Fabricius）属鳞翅目螟蛾科，又名萝卜螟、甘蓝螟、菜心野螟、白菜螟等，俗称钻心虫等；在我国广泛分布，以南方各地发生较重。菜螟主要为害萝卜、白菜、甘蓝、花椰菜、芜菁、青菜、菠菜、油菜、芥菜等十字花科蔬菜，尤以秋播萝卜受害最严重。菜螟是一种钻蛀性害虫，1~3龄幼虫取食幼苗心叶，破坏生长点，导致植物停止生长，或者枯萎死亡。4~5龄幼虫除取食心叶外，还可蛀食生长点、茎髓和根部，造成萝卜无心苗；甘蓝、大白菜受害后，成多头菜或菜心钙化，不能结球；花椰菜受害后无花球。菜螟除直接为害外，更是传播软腐病的重要媒介。

9.6.1 形态特征

菜螟的形态特征见图9-7。

(1) 成虫 体长约7 mm，翅展15~20 mm，灰褐色。前翅灰褐色或黄褐色，外缘线、外横线和内横线灰白色，波状，内横线与外横线间有1个灰褐色肾状纹，其边缘灰白色。后翅灰白色，外缘稍带褐色。

(2) 卵 椭圆形，扁平，长约 0.3 mm；卵壳背面有不规则网纹；初产时淡黄色，后渐现红色斑点，孵化前橙黄色。

(3) 幼虫 老熟幼虫体长 12~14 mm。头部黑色。胸腹部淡黄色或淡黄绿色，背线、亚背线、气门上线明显，在体背形成 5 条深褐色纵线。前胸背板淡黄褐色，中胸和后胸各有 12 个毛瘤，横排成 1 行；腹部各节背面和侧面有 10 个毛瘤，前排 8 个，后排 2 个。腹足趾钩双序缺环。

(4) 蛹 体长 7~9 mm，黄褐色。腹部背面隐约可见 5 条纵线；腹末有刺 2 对，中央 1 对略短。体外具附有泥土的丝茧，呈椭圆形。

9.6.2 发生规律

(1) 生活史和习性 菜螟在华北和山东 1 年发生 3~4 代，在南京、上海和成都 1 年发生 6~7 代，在湖北武汉 1 年发生 7 代，在广西柳州 1 年发生 9 代；在各地多以老熟幼虫在土内做成蘘状丝

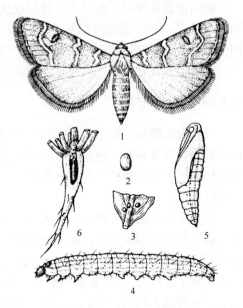

图 9-7 菜 螟
1. 成虫 2. 卵 3. 叶片上卵 4. 幼虫
5. 蛹 6. 被害状

囊越冬，翌年春暖在 6~10 cm 深的土中做茧化蛹，少数以蛹越冬。无论 1 年发生多少代，全国各地的严重为害时期都在 8—10 月。

在湖北武汉，菜螟的幼虫盛发期，第 1 代为 4 月下旬至 5 月下旬，第 2 代为 5 月下旬至 6 月下旬，第 3 代为 7 月上旬至 7 月中旬，第 4 代为 7 月上旬至 8 月上旬，第 5 代为 8 月上旬至 8 月下旬，第 6 代为 9 月上旬至 9 月中旬，第 7 代为 9 月下旬至 11 月上旬。全年以 8—9 月为害最重。

菜螟的成虫白天隐藏在植株的基部或叶背的阴凉处，夜出活动，飞翔力弱，趋光性不强。雌虫产卵前期为 1~2 d；产卵期平均为 2~3 d，最长可达 6 d。卵多散产于幼苗的心叶上，也有产于叶片、叶柄及外露根上的。每雌一生可产卵 80~330 粒，平均 200 粒左右。卵期为 2~5 d。成虫寿命为 5~7 d，最长不超过 11 d。

菜螟的幼虫共 5 龄。初孵幼虫潜食叶肉，形成小袋状隧道；2 龄后穿出表皮在叶面活动；3 龄后钻入菜心，并吐丝缠结心叶藏身其中，食害心叶基部和生长点；4~5 龄幼虫向上蛀入叶柄，向下蛀食茎和根的髓部，形成粗短的袋状隧道，蛀孔显著，孔外有细丝并排有许多潮湿的淡黄绿色粪便。幼虫有转株为害习性，1 头幼虫一生可为害 4~5 株，在转株过程中，传播蔬菜软腐病病菌。幼虫历期，5—8 月为 9~16 d，温度低时可达 21~40 d。幼虫老熟后，在菜根附近土表或土缝中吐丝结茧化蛹，少数在被害菜心里化蛹。预蛹期为 1~2 d，蛹期为 5~10 d。

(2) 发生与环境条件的关系 菜螟适宜于较高的温度和低湿的环境。24 ℃左右的温度和 67% 的相对湿度有利于其发生；30~31 ℃的温度和 50%~60% 的相对湿度较适宜；气温在 20 ℃以下，相对湿度超过 75% 时，幼虫即大量死亡。在 8—10 月主害代发生时期，一般气温适于该虫的发生，为害猖獗与否取决于降水量，若降水量比常年偏少，则发生就重，反之则轻。

据河南新乡资料，秋萝卜叶龄与成虫产卵量有关。1~2片真叶期卵量少，3~5片真叶期卵量最多，6~7片真叶期基本不着卵。如果秋萝卜3~5片真叶期与成虫产卵盛期相遇，则受害较重。因此适当调节播种期使"两期"不遇，可减轻受害。

此外，前茬是十字花科蔬菜，土壤干旱，灌溉不及时，也有利于菜螟的发生。

9.6.3 防治方法

(1) 农业防治 蔬菜收获后进行耕翻，清洁田园，可消灭虫源。根据当地害虫发生规律，适当调节播种期，使3~5片真叶期与成虫产卵盛期错开。合理安排茬口，避免寄主植物连作或田间零散种植十字花科蔬菜。干旱年份，注意早晚勤灌水，改变田间小气候，有利于减轻虫害。

(2) 化学防治 菜螟的最佳防治适期在幼虫孵化始盛期，如果没有虫情预测预报，则以生育期（幼苗3~6叶期），发现幼苗初见心叶被害时为防治适期。施药时尽量喷到心叶上，防治间隔期为7~10 d，喷雾防治1~3次，并注意药剂交替使用。药剂可选用60 g/L乙基多杀菌素水悬浮剂、240 g/L甲氧虫酰肼水悬浮剂、5%氯虫苯甲酰胺水悬浮剂、25 g/L高效氯氟氰菊酯水乳剂、150 g/L茚虫威乳油等的2 000~4 000倍液。

9.7 黄曲条跳甲

黄曲条跳甲［*Phyllotreta striolata* (Fabricius)］属鞘翅目叶甲科，在国外分布于朝鲜、日本和越南，在我国内各地均有发生。

黄曲条跳甲是十字花科蔬菜的重要害虫，其中以萝卜、青菜、油菜、芥菜受害最重，还可为害某些瓜类、茄子、番茄等蔬菜。其成虫和幼虫均能为害，成虫主要取食叶片，在叶面啃食叶肉，把叶片吃成许多椭圆形小孔洞，被害叶片老而带苦味。成虫喜食幼嫩植物，因此小青菜和鸡毛菜受害最重。幼虫在土中咬食寄主根皮，形成不规则条状疤痕，也可咬断须根，使幼苗地上部分萎蔫而死。萝卜被害后，表面蛀成许多黑斑，变黑腐烂。幼虫还可传播白菜软腐病病菌。在我国南方地区，黄曲条跳甲已经成为蔬菜生产上仅次于（小）菜蛾的第2大害虫，分布广，为害重，且有逐年加重趋势，对速生蔬菜、萝卜等蔬菜品质影响大。据报道，2012年在广东深圳龙岗小白菜、菜薹（菜心）、芥菜等菜田调查，虫田率达74.8%，平均每株有黄曲条跳甲成虫4.87头。2013年在广东、福建等部分地区，该虫的为害甚至超过（小）菜蛾，广东省黄曲条跳甲为害面积约占全省蔬菜种植面积的1/3。近年来，随着高山蔬菜的发展，该虫在湖北长阳和恩施、湖南石门、陕西安康等地对萝卜等十字花科蔬菜品质造成极大的影响。

9.7.1 形态特征

黄曲条跳甲的形态特征见图9-8。

(1) 成虫 体长1.8~2.4 mm，黑色，有光泽。触角基部3节及足的跗节深褐色。前胸及鞘翅上有许多刻点，排列成纵行。鞘翅中央有1条黄色条纹，两端大，中央窄，外侧的中部凹曲很深；内侧中部直形，仅前后两端向内弯曲。后足腿节膨大，适于跳跃。雄虫比雌虫略小，触角第4~5节特别膨大粗壮。初羽化的成虫苍白色，翅上曲条与鞘翅其他部分同色。

(2) **卵** 长约 0.3 mm，蚕茧形，初产时淡黄色而半透明，接近孵化时姜黄色。

(3) **幼虫** 老熟幼虫体长 4 mm 左右，长圆筒形，乳白色。胸足发达。头部、前胸盾片和腹末臀板淡褐色。各节都有不显著的肉瘤，其上生有细毛。幼虫多为 3 龄，各龄头宽依次为 151.6 μm、200.9 μm 和 310.1 μm。

(4) **蛹** 体长约 2 mm，纺锤形，初化蛹时乳白色，接近羽化时淡褐色。上颚、触角和各足腿节赤褐色。头部隐于前胸下，触角和足达第 5 腹节，胸部背面有稀疏的褐色刚毛，腹末有 1 个叉状突起。

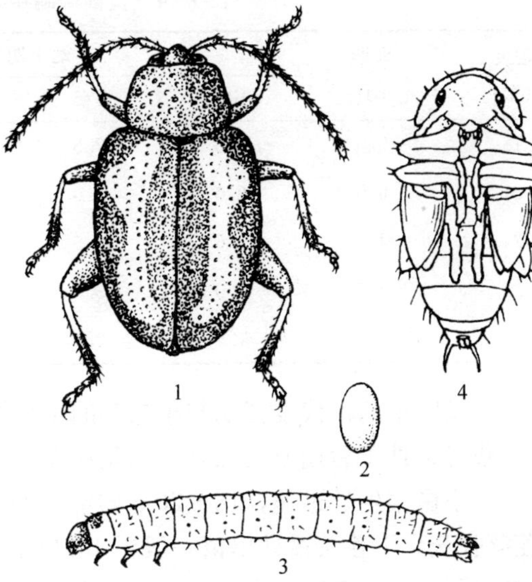

图 9-8 黄曲条跳甲
1. 成虫 2. 卵 3. 幼虫 4. 蛹

9.7.2 发生规律

(1) **生活史和习性** 黄曲条跳甲在黑龙江、青海、甘肃等地 1 年发生 2～3 代，在华北地区 1 年发生 4～5 代，在华东 1 年发生 4～6 代，在华中 1 年发生 5～7 代，在华南 1 年发生 7～8 代；在长江流域以北地区，以成虫在枯枝、落叶、杂草丛或者土缝里越冬；在华南无越冬现象，可终年繁殖。黄曲条跳甲在江苏、浙江一带以成虫在田间、沟边的落叶、杂草及土缝中越冬，越冬期间如果气温回升 10 ℃ 以上，仍能出土在叶背取食为害。越冬成虫于 3 月中下旬开始出蛰活动，在越冬蔬菜与春菜上取食活动，随着气温升高活动加强。4 月上旬开始产卵，以后约每月发生 1 代，因成虫寿命长，致使世代重叠，10—11 月，第 6～7 代成虫先后蛰伏越冬。春季第 1～2 代（5—6 月）和秋季第 5～6 代（9—10 月）为主害代，为害严重，但春季为害重于秋季，盛夏高温季节发生为害较少。

黄曲条跳甲的成虫善于跳跃，一遇惊动即跳走，多在叶背栖息；高温时能飞翔，略有趋光性，具有明显的趋黄色和趋嫩绿的习性，故可用黄盆诱集；喜取食叶色深绿的十字花科蔬菜，即使在同一田块内的同品种青菜，叶色深的比叶色浅的虫量多，受害重。成虫耐饥力差，怕干旱。卵散产于作物根部附近的潮湿土壤中，每雌平均产卵 200 粒，以越冬代成虫产卵量最高。卵孵化要求很高的湿度，相对湿度低于 90% 时很多卵不能孵化。

黄曲条跳甲的幼虫共 3 龄，初孵幼虫沿须根食向主根，剥食根皮。幼虫在土下栖息的深度与作物根部长短有关。寄主根部长，幼虫栖息深；反之，幼虫栖息活动则浅。幼虫老熟后在土中做土室化蛹。

黄曲条跳甲的各虫态发育历期因温度而异，在室内 18～30 ℃ 范围内的恒温条件下，各虫态历期见表 9-4。卵、幼虫、蛹的发育起点温度分别为 11.2 ℃、11.9 ℃ 和 9.3 ℃，有效积温分别为 55.1 d·℃、134.8 d·℃ 和 86.2 d·℃。雌成虫产卵前期为 7～10 d。全代历期最短为 25 d，最长为 47 d（越冬代除外）。

表 9-4 黄曲条跳甲在不同湿度下的历期

温度 (℃)	卵期 (d)	幼虫期 (d)				预蛹期 (d)	蛹期 (d)
		1龄	2龄	3龄	全期		
18	8.0	5.5	7.5	9.0	22.0	7.0	9.3
21	6.0	3.0	5.0	6.5	14.5	6.0	7.0
24	4.0	2.5	3.5	5.5	11.5	4.5	6.0
27	3.5	2.0	3.0	4.0	9.0	3.0	4.7
30	3.0	1.5	2.5	3.5	7.5	3.0	4.2

黄曲条跳甲的世代发育期与小白菜的生育期似有同步现象，即小白菜出苗时成虫迁入产卵，收获时蛹处于后期或成虫处于羽化初期，到下茬小白菜出苗时下代成虫又开始产卵。高温季节，小白菜生长迅速，18~20 d 即能收获，此时黄曲条跳甲完成 1 代也仅需 22 d 左右（上茬菜收获到下茬菜播种出苗一般要 4 d 以上），低温季节，二者发育同时减慢。因此连作小白菜有利于该虫发生为害。

（2）发生与环境条件的关系

①湿度 湿度对黄曲条跳甲的发生数量影响最大，特别是产卵期和卵期。成虫产卵喜潮湿土壤，含水量低的极少产卵。相对湿度低于 90% 时，卵孵化极少。春秋季雨水偏多，有利于该虫发生。

②温度 黄曲条跳甲的适温范围为 21~30 ℃，低于 20 ℃ 或高于 30 ℃ 时成虫活动明显减少，特别是夏季高温季节，食量剧减，繁殖率下降，并有蛰伏现象，因而发生较轻。

③食料 黄曲条跳甲属寡食性害虫，偏嗜十字花科蔬菜。一般十字花科蔬菜连作地区，终年食料不断，有利于该虫大量繁殖，受害就重。若与其他蔬菜轮作，则发生为害轻。

9.7.3 虫情调查和预测预报

可采用黄盆诱测成虫和用淘土法查发育进度的方法进行黄曲条跳甲的虫情调查和预测预报。

（1）黄盆诱测 选择有代表性的茬口、主栽品种，在露地观察点放置 30 cm×30 cm×10 cm 的黄色方形诱杀盆 3 只，各盆间隔距离 10 cm 以上，在盆深 2/3 左右处开 5~8 个直径为 2 mm 的溢水孔，盆中加入少量敌百虫农药，并加水至溢水孔且拌匀将盆直接置于地面，自当地冬春季温度达到 10 ℃ 左右时开始至秋季温度回落到 10 ℃ 以下时止。每日上午同一时间调查隔日的投盆虫数。黄盆诱测基本上能反映出成虫的消长规律，可用于指导田间防治。

（2）田间虫情系统调查 田间虫情系统调查，从黄盆诱虫始见后 10 d 开始至黄盆诱虫终见止。直播的叶菜或萝卜从播种出苗后 10 d 开始，至采收前 10 d 止；移栽定植的大田自活棵后 10 d 开始，至采收前 5 d 止。采用大 5 点取样法，每隔 5 d 1 次，每点取样 10 株，共调查取样 50 株。记载虫害株数和被害叶率。

（3）大田虫情巡回普查 这项调查从当地黄曲条跳甲发生盛期开始至年度的发生末期止。采用对角线 5 点取样法，每 10 d 查 1 次，每点取样 20 株。调查虫害株率。

(4) 预测预报

①短期预报　根据黄盆诱虫系统调查，在成虫盛发期前5～7 d，向主要生产区发布大田虫情防治适期预报。

②防治适期及防治对象田预报　防治适期为成虫始盛至高峰。防治对象田为大田虫情普查发生程度属中等以上和连茬种植的萝卜类型田。

9.7.4　防治方法

黄曲条跳甲的防治对策是以农业防治为主，压低虫源基数，再辅以必要的化学防治。

(1) 农业防治　合理轮作，避免十字花科蔬菜，特别是青菜类连作。前茬蔬菜收获后立即进行耕翻晒垄，待表土晒白后再播下茬青菜。保持田园清洁，清除杂草及残株落叶，控制基数，压低越冬虫量。

(2) 化学防治　化学防治适期掌握在成虫尚未产卵时，重点在蔬菜苗期。在5片真叶前，每平方米有80头成虫（即每4株菜苗有1头成虫）以上可作为防治的指标；6片真叶以上的生长期，防治指标可适当放宽。

①土壤处理　连作青菜在耕翻播种时，可均匀撒施0.5%噻虫胺颗粒剂60～75 kg/hm²。也可以撒施5%辛硫磷颗粒剂30～45 kg/hm²，可杀死幼虫和蛹，残效期在20 d以上。

②蔬菜生长期防治　防治成虫每公顷可选用90%敌百虫晶体750 g、80%敌敌畏乳油750 mL、50%辛硫磷乳油750 mL、10%氯氰菊酯乳油225～375 mL、20%氰戊菊酯乳油225～375 mL、2.5%溴氰菊酯乳油225～375 mL、2.5%高效氯氟菊酯水乳剂500 mL、1%甲氨基阿维菌素苯甲酸盐悬乳剂250 mL、50%巴丹可溶性粉剂375～750 g、25%杀虫双水剂750 mL，兑水750 L喷雾。发现幼虫为害根部，还可用上述药液灌浇。注意在4月中下旬用药剂消灭产卵前的越冬成虫，是控制全年发生为害的关键措施。因越冬成虫产卵量大，虫源面积小，产卵前期长，不仅有利于防治，而且对压低虫源基数，减少以后各代防治的压力有显著效果。使用杀虫双和巴丹时应注意其对十字花科蔬菜幼苗产生药害。

(3) 生物防治　斯氏线虫（A24品系）和异小杆线虫（86H-1）每公顷70×10⁹条线虫的用量，能有效地控制黄曲条跳甲种群的为害。

9.8　茄二十八星瓢虫和马铃薯瓢虫

茄二十八星瓢虫［*Henosepilachna vigintioctopunctata* (Fabricius)］、马铃薯瓢虫［*H. vigintioctomaculata* (Motschulsky)］属鞘翅目瓢甲科。前者因两鞘翅上有28个黑斑而得名，在我国分布于河北、河南、山东、陕西、台湾、西藏、华东、华中、华南、西南等地，在国外主要分布于朝鲜半岛、日本、越南、尼泊尔、印度等地。

茄二十八星瓢虫主要为害茄子、番茄、马铃薯、辣椒、瓜类等蔬菜及野生作物的龙葵，其中茄子受害最重。马铃薯瓢虫主要为害马铃薯、茄子、辣椒、番茄、豆类和瓜类蔬菜，其中以马铃薯和茄子受害最重。两种瓢虫均以成虫和幼虫在叶背啃食下表皮和叶肉，残留一层上表皮，形成许多不规则的透明斑，后枯死变褐色，严重时只剩残茎，有时还害及果实和嫩茎，被害果实变硬有苦味，不堪食用；也能严重为害甜椒，取食叶片、果柄和果肉。

9.8.1 形态特征

9.8.1.1 茄二十八星瓢虫（图9-9）

(1) 成虫 体长5～7 mm，半球形，黄褐色。前胸背板有6个黑斑，中间2个常连成一横斑。每个鞘翅上各具14个黑斑，互相对称，共28个黑斑，其中基部3个黑斑后方的4个黑斑几乎在同一条直线上，两翅合缝处黑斑不相连。翅端角状，翅毛着生于鞘翅表面的凹陷边缘，雄性阳基中叶无锯状小齿。

(2) 卵 长约1.2 mm，弹头形，初产乳白色，后变褐色。卵块中卵粒排列较密集。

(3) 幼虫 老熟幼虫体长约7 mm，纺锤形。初龄淡黄色，后变白色，体节具白色枝刺，枝刺基部具黑褐色环纹。

(4) 蛹 体长约5.5 mm，椭圆形，黄白色。背面有黑色斑纹，色较浅。尾端往往包着幼虫末次蜕皮的皮壳。

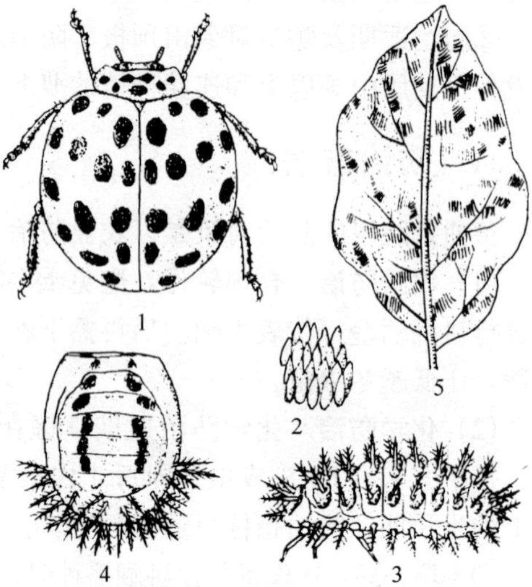

图9-9 茄二十八星瓢虫
1.成虫 2.卵 3.幼虫 4.蛹 5.被害状

9.8.1.2 马铃薯瓢虫

马铃薯瓢虫的形态特征与茄二十八星瓢虫相似，但成虫略大。

(1) 成虫 体长7～8 mm，半球形，赤褐色，全体密被黄褐色细毛。前胸背板中央有一个较大的剑状纹，两侧各有2个黑色小斑（有时合并成1个）。鞘翅基部3个黑斑后面的4个斑不在一条直线上，两鞘翅合缝处有1～2对黑斑相连。翅端圆突。马铃薯瓢虫翅面的凹陷深于茄二十八星瓢虫，鞘翅表面的毛着生于凹陷中心；雄性阳基中叶有齿。

(2) 卵 长约1.4 mm，初产时鲜黄色，后黄褐色；卵块中卵粒排列较松散。

(3) 幼虫 老熟幼虫体长约9 mm，淡黄色，纺锤形，背面隆起。体表有黑色枝刺，枝刺基部有淡黑色环纹。

(4) 蛹 体长约6 mm，椭圆形，淡黄色。背面有稀疏细毛及黑色斑纹，尾端包着末龄幼虫蜕的皮。

9.8.2 发生规律

9.8.2.1 生活史和习性

(1) 茄二十八星瓢虫 茄二十八星瓢虫在江苏和安徽1年发生4～5代，在福建1年发生6代，各地均以成虫在背风向阳的树皮下、树洞内、墙壁间隙、各种秸秆、杂草堆中及土缝内滞育越冬。茄二十八星瓢虫以散居为主，偶有群集现象。由于越冬代成虫产卵期长达2月之久，最长达3月，故世代重叠。在江苏扬州，越冬代成虫翌年4月上中旬开始活动，相继飞到离越冬场所较近的春马铃薯、茄子田中为害。5月中下旬马铃薯开始陆续收获，越冬代成虫、部分第1代幼虫转移到离马铃薯较近的茄子、番茄、辣椒地为害。幼虫盛发期，第

1代为5月下旬,第2代为6月下旬至7月上旬,第3代为7月下旬至8月上旬,第4代为8月中下旬。一般越冬代虫源数量较少,故越冬代、第1代为害较轻,该虫的主害代为第2～4代,由于此期正值6—8月,夏季的茄科蔬菜生长茂盛,食料丰富,害虫数量陡增,为害加剧,1株茄子上,幼虫和成虫多达数十头,数天后整个植株被啃食精光。8月底至9月初茄科蔬菜陆续收获、翻耕,此时食料渐趋缺乏,田间虫口大减,幼虫、成虫开始向野生寄主龙葵、酸浆等转移,少量转移到刀豆、豇豆、秋黄瓜上,但数量少,不造成为害。10月上中旬开始,成虫陆续飞向越冬场所滞育越冬。

茄二十八星瓢虫的成虫羽化多在白天,羽化后3～4 d即可交配,雌雄一生均可多次交配,雌虫产卵前期8 d以上。每雌平均产卵量为300粒。产卵多在8:00—9:00进行,卵竖立成块,产于叶背,每块有卵15～40粒。卵期为3～6 d。成虫具假死性、自相残杀习性和取食卵的习性;有一定趋光性,但畏强光;能昼夜取食,偏食马铃薯和茄叶,其次是甜椒及番茄叶果。幼虫多在清晨孵化,初孵幼虫常群集停留在卵块周围静伏,5～6 h后开始扩散取食,但扩散能力较弱,同一卵块孵出的幼虫,一般在本株及周围相连的植株上为害,昼夜均能取食。幼虫比成虫更畏强光,常停于叶背处,食料缺乏时也有自相残杀及取食卵的习性。幼虫共4龄,历期为15～20 d,老熟后多数在植株中下部及叶背上化蛹。化蛹前1.0～1.5 d静伏不动,腹部末端紧贴寄主,体中部开始隆起,缩短,蜕下最后一龄的皮留于蛹的尾部。初化蛹体色乳白,上有微毛,蛹期一般为3～5 d。

(2) 马铃薯瓢虫 马铃薯瓢虫在东北和华北地区1年发生1～2代,生活习性近似于茄二十八星瓢虫,但越冬群集现象明显,成虫早晚静伏,白天取食、飞翔、迁移、交配和产卵,以10:00—16:00最为活跃。每头雌虫可产卵近400粒,卵期随温度不同而异,为5～11 d不等。幼虫孵化后,1龄幼虫多群集于叶背面取食,2龄后逐渐分散为害。幼虫共4龄,幼虫期为16～26 d,老熟后在叶背、茎上或植株基部化蛹,蛹期为4～9 d。第1代成虫于6月下旬至7月初出现,此期成虫又可产卵在各寄主叶背,所以虫口显著增多,为害也明显严重。至9月上旬第2代成虫大部分都已羽化,9月中下旬开始寻找各种缝隙,潜伏越冬。成虫具有假死性和食卵习性,幼虫也有食卵习性。

9.8.2.2 发生与环境条件的关系

茄二十八星瓢虫生长发育的最适温度为25～28 ℃,最适相对湿度为80%～85%。故在南方各地的6—8月,雨后初晴极有利于成虫活动。秋冬季节当气温低于18 ℃时,成虫便进入越冬状态。各代发生期,如其嗜食的寄主植物面积大、分布广,该虫会发生严重。

马铃薯瓢虫成虫的发育适温为22～28 ℃,低于15 ℃则不能产卵,高于35 ℃则陆续死亡。夏季高温时,成虫匿居静伏,在枝叶茂盛、较荫蔽的田块发生较严重。马铃薯瓢虫一生必须全部或部分取食马铃薯,否则不能正常发育和产卵,所以只有在马铃薯产区才能大量发生。

9.8.3 虫情调查和预测预报

茄二十八星瓢虫、马铃薯瓢虫的卵、幼虫和蛹均呈聚集分布,故在调查时采用平行跳跃式取样或棋盘式取样。在5—8月,选定有代表性的茄田,调查不少于50株,记载卵块、幼虫、蛹及成虫数,每隔3～5 d查1次。根据调查结果,用历期法预测卵孵化盛期。一般将卵孵化率达15%～20%时定为防治适期。

9.8.4 防治方法

（1）农业防治 重点消灭越冬虫源，清除越冬场所，及时处理茄科植物的残株，并铲除杂草。

（2）人工捕杀 可利用成虫假死性进行捕杀；产卵盛期摘除叶背卵块，捏杀幼虫。

（3）化学防治 化学防治适期掌握在孵化盛期至2龄幼虫分散前。可选用90%敌百虫晶体1 kg、5%高效氯氰菊酯乳油900 mL、0.3%印楝素乳油900 mL、80%敌敌畏乳油900 mL、50%辛硫磷乳油900 mL、20%丁硫克百威乳油450 mL、10%氯氰菊酯乳油300～450 mL、2.5%溴氰菊酯乳油300～450 mL、2.5%三氟氯氰菊酯乳油等乳油300～450 mL，兑水900 mL，喷雾。药剂应喷到叶背，防治成虫应在清晨露水未干时进行。

9.9 斑潜蝇类

斑潜蝇类害虫属双翅目潜蝇科植潜蝇亚科斑潜蝇属。在斑潜蝇属中，大多数种类是单食性或寡食性的，约有10种是可造成严重损失的多食性种类，可为害的栽培作物和观赏植物达150多种。我国分布的16种斑潜蝇中，有4种属于多食性种类：三叶草斑潜蝇 [*Liriomyza trifolii* (Burgess)]、美洲斑潜蝇（*L. sativae* Blanchard）、南美斑潜蝇 [*L. huidobrensis* (Blanchard)] 和番茄斑潜蝇 [*L. bryoniae* (Kaltenbach)]。

美洲斑潜蝇原产于南美洲和北美洲，1993年在我国海南、广东等地普遍发生，严重为害豆类、瓜类、茄类和十字花科蔬菜，并迅速向北扩展蔓延，到2000年已遍及全国30个省份。三叶草斑潜蝇为世界性分布种，1988年随进口非洲菊种苗进入我国台湾省，同年2月发现其在台中市为害，2005年12月在广东省中山市坦洲镇蔬菜出口基地种植的芹菜、茼蒿、小白菜和荷兰豆上首次发现，之后很快在海南和浙江也发现了其为害，在我国现已扩散至海南、广东、广西、云南、福建、上海、江苏、浙江和台湾。番茄斑潜蝇在国外分布于日本、欧洲、苏联地区和东南亚各国，在我国分布于台湾、安徽、上海、广东等地，在生产上造成一定的威胁。南美斑潜蝇原分布于美洲，1995年以来，在云南部分地区发现其对菠菜、烟苗和花卉满天星造成严重为害。目前，美洲斑潜蝇和三叶草斑潜蝇已成为我国蔬菜、观赏植物和一些经济作物的重要害虫，在生产上造成了极大的威胁。而且，美洲斑潜蝇和三叶草斑潜蝇正在我国进行着激烈的种间竞争取代。20世纪70年代在美国加利福尼亚州，三叶草斑潜蝇成功取代了当地的美洲斑潜蝇成为优势种群，主要原因是因为三叶草斑潜蝇具有更强的抗药性，在我国海南也发现三叶草斑潜蝇的抗药性强于美洲斑潜蝇。对两种斑潜蝇竞争力室内测定表明，低温和高温下三叶草斑潜蝇均具有竞争优势。两种斑潜蝇之间存在明显的生殖干扰现象，且三叶草斑潜蝇的干扰能力强于美洲斑潜蝇。美洲斑潜蝇和三叶草斑潜蝇对寄主植物选择性存在差异，三叶草斑潜蝇的寄主范围更广，同时存在寄主扩张的现象。扬州大学杜予州团队通过对江苏省斑潜蝇的调查发现，2015年全省蔬菜上的斑潜蝇发生为害较轻，苏北地区大部分蔬菜上的斑潜蝇种类是美洲斑潜蝇，而在苏中和苏南大部分地区发生为害的斑潜蝇种类是三叶草斑潜蝇。受三叶草斑潜蝇为害的有14种蔬菜，以豆科、茄科、葫芦科、十字花科、伞形花科、菊科蔬菜为主；受美洲斑潜蝇为害的有9种蔬菜，以豆科、茄科、葫芦科蔬菜为主。美洲斑潜蝇的寄主植物涉及24科120余种，其中以葫芦科、豆科和茄科作物受害最重，主要寄主有黄瓜、丝瓜、冬瓜、菜豆、豇豆、辣椒、番茄、茄子、马铃薯等，也可为害十字花科的萝卜、青菜、白菜等蔬菜。此外还为害棉花及菊花、万寿菊、大丽花等多种花卉。

美洲斑潜蝇主要以幼虫潜入叶片内取食叶肉，形成不规则的白色蛇形蛀道，蛀道两侧边缘可见交替平行排列的黑色条状粪便。雌成虫则在叶片上刺孔产卵和取食汁液，形成不规则的白点。植株受害后叶片的光合作用受阻，造成叶片早衰变黄、枯死，导致产量降低、品质下降，甚至死苗，一般减产20%～30%，严重时减产达40%～50%。南美斑潜蝇的为害习性、寄主与美洲斑潜蝇相似，但其幼虫取食所形成的蛀道在叶面和叶背均可显现，而美洲斑潜蝇幼虫取食蛀道仅见于叶面。斑潜蝇的取食和产卵造成的伤口还易使病原微生物侵入，引起多种病害的发生和蔓延。

9.9.1 形态特征

9.9.1.1 美洲斑潜蝇（图9-10）

(1) 成虫 体小型，体长1.3～2.3 mm，雌虫较雄虫稍大，体淡灰黑色。额宽约为复眼宽的1.5倍。触角和颜面为亮黄色，复眼后缘黑色。外顶鬃常着生于黑色区，内顶鬃位于暗色区或黄色区的交界处。中胸背板亮黑色，背中鬃4根；中胸侧板黄色，有1个变异黑色区。腹侧板几乎为1个大型的黑色三角形斑所充满，但其上缘常具有宽的黄色区。小盾片鲜黄色。翅长1.3～1.7 mm，腋瓣黄色，缘毛色暗。足的腿节和基节黄色，胫节和跗节色较暗，前足黄褐色，后足黑褐色。腹部背面为黑色，侧面和腹面为黄色。雌虫腹末短鞘状，雄虫腹末圆锥状，阳具端呈单托状。

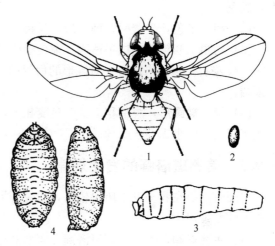

图9-10 美洲斑潜蝇
1. 成虫 2. 卵 3. 幼虫 4. 蛹

(2) 卵 椭圆形，长径0.2～0.3 mm，短径0.10～0.15 mm，米色，略透明。

(3) 幼虫 蛆状，共3龄，初孵化时无色，渐变淡黄绿色，后期橙黄色。老熟幼虫体长约3 mm；腹部末端后气门突圆锥状突起，顶端三分叉，各叉顶端具1个球状突，为后气门开孔。幼虫骨化口钩耙状。

(4) 蛹 椭圆形，围蛹，腹面稍扁平，体长1.7～2.3 mm，橙黄色，后气门突三叉状。

美洲斑潜蝇与其他类似种的辨识见下面的检索表。

1. 成虫头顶的内外顶鬃着生处黄色 ·· 2
   成虫头顶的内外顶鬃着生处暗黑色 ·· 3
2. 成虫胸背板灰黑色无光泽，前翅M_{3+4}后段为中室长度的3～4倍 ······································ 三叶草斑潜蝇
   成虫胸背板灰黑色具光泽，前翅M_{3+4}后段为中室长度的2.5倍 ··· 番茄斑潜蝇
3. 成虫头顶内，外顶鬃着生处暗黑色；各足股节暗黑色；前翅M_{3+4}后段为中室长度的1.5～2.0倍
   ·· 南美斑潜蝇

成虫头顶外鬃着生处黑色，内顶鬃着生于黄黑交界处；各足股节黄色，前翅 M_{3+4} 后段为中室长度的 3 倍 ·· 美洲斑潜蝇

9.9.1.2 三叶草斑潜蝇

(1) 成虫 体小型，体长 1.30～1.60 mm，翅长 1.80～2.10 mm，雌虫稍比雄虫大。头顶、额区和眼眶全部黄色；额宽为眼宽的 2/3 倍，不突出于眼眶；头鬃褐色，内顶鬃和外顶鬃着生处黄色；上眶鬃长，下眶鬃短，且各有 2 对；触角节亮黄色，触角芒淡褐色。中胸背板灰黑色，大部分无光泽；中鬃很弱，小中毛呈不规则 3～4 行，后方 2 行或缺失。小盾片除了基侧缘黑色外，其余为黄色。中胸侧板下缘具黑色斑点，腹侧片大部分黑色，上缘黄色。翅中室小，M_{3+4} 末段为次末段长度的 3 倍。平衡棒黄色。足基节黄色；股节大部分黄色，有时有淡褐色条纹；胫节及跗节暗棕色。腹部可见 7 节，各节背板黑褐色，第 2 节背前缘及中央常呈黄色，第 3～4 背板中央亦常为黄色，形成背板中央不连续的黄色中带纹。腹节腹板黄色，各节中央略呈褐色。雄虫第 7 腹节短钝；外生殖器端阳体淡色，分为两片，外缘缢缩中央收窄；背针突具 1 齿；精泵叶片狭小褐色，两侧对称，呈透明状。雌虫产卵鞘锥形，黑色。

(2) 卵 米色，半透明，椭圆形，长径 0.20～0.30 mm，短径 0.10～0.15 mm。

(3) 幼虫 初孵化幼虫半透明，渐变淡橙黄色，最后橙黄色。无头蛆状，成熟幼虫体长 3.00 mm 左右。腹部末端有 1 对锥形的后气门，每侧气门有 3 个气孔，有 1 个气孔位于锥形的顶端。

(4) 蛹 椭圆形，腹部稍扁。颜色变化大，随着时间的推移由最初的橙黄色渐变为金黄色或暗棕色。大小 1.30～2.30 mm × 0.50～0.75 mm。

9.9.2 美洲斑潜蝇的发生规律

美洲斑潜蝇在我国发生历史较长，研究开展得较早，研究成果比较丰富。这里介绍的仅是该虫的发生规律。

(1) 生活史和习性 美洲斑潜蝇在海南和昆明 1 年可发生 20 代左右，在广东 1 年发生 14～17 代，无越冬现象；在江苏 1 年可发生 9～11 代，在浙江温州 1 年发生 13～14 代，在辽宁 1 年发生 7～8 代，在露地蔬菜上不能安全越冬，但能以幼虫在日光温室或双层塑棚内的冬寄主上过冬。美洲斑潜蝇在各地的主要发生为害期因气温和蔬菜种植情况不同而异，在广东和福建为 5—10 月，在北京为 7 月中旬至 10 月初，在兰州为 6—9 月；在江苏、安徽、湖北等地为秋季多发型，8 月下旬至 10 月中旬形成猖獗为害期。

美洲斑潜蝇的成虫多在上午羽化，羽化当天即可进行交尾，雌成虫交尾后次日或 2～3 d 内开始产卵，羽化后第 5 天达产卵高峰。卵散产于叶面表皮下或裂缝内，有时也产于叶柄上。产卵数量随温度和寄主植物的不同而异，一般每雌产卵 60～120 粒。在 25 ℃下雌虫一生平均可产 164.5 粒卵。

美洲斑潜蝇的成虫具趋光、趋蜜、趋黄性，可取食花蜜与蜂蜜。可利用黄板诱集斑潜蝇成虫进行数量动态的监测。雌虫在寄主上取食时，以产卵器刺伤叶片组织，形成较大的扇形取食孔。雄虫不能形成刺孔，但可在雌虫造成的伤口上取食。

美洲斑潜蝇的幼虫孵化后即潜叶取食，并形成虫道，如遇较大的叶脉、叶缘或叶片伤口即转向取食，遇潜道可穿过继续取食。幼虫共 3 龄，随着幼虫的成熟，潜道逐渐增长加宽。

1～2龄虫的取食道的长度一般在2 cm以下，此时正是药剂防治适期。老熟幼虫化蛹前，在取食道的前端咬开1条缝隙，然后钻出来在叶面化蛹或掉落地面5 cm深的表土层化蛹。在大田环境中，约有95%幼虫由于气流作用而掉到地面土壤中化蛹，而在室内和大棚内则约有76%的幼虫在叶片表面化蛹。

美洲斑潜蝇世代历期短，在条件适宜的主要为害世代，一般卵期为2～4 d，幼虫期为4～7 d，蛹期为7～14 d，成虫寿命为5～10 d。

(2) 发生与环境因子的关系 美洲斑潜蝇田间种群数量和对作物的为害程度，主要受虫源数量、作物品种布局、气候等因子的影响。若是温室、大棚面积大，能为冬季提供适宜越冬繁殖条件，加上周年都种植其嗜好寄主植物，就会造成该虫猖獗为害。

①气候条件 温度对美洲斑潜蝇的生长、发育、存活和产卵有较大的影响。据华南农业大学研究，其世代发育起点温度为9.6 ℃，有效积温为285.70 d·℃。在13～31 ℃温度范围内、美洲斑潜蝇各虫态发育历期均随着温度的升高而缩短。在13 ℃时世代历期长达70 d左右，而在31 ℃时完成1个世代只需12～13 d。美洲斑潜蝇的适温区为22～31 ℃，此时其存活率高，生长发育快，繁殖力较高。种群趋势指数为22.60～54.12。当环境温度高达36 ℃时美洲斑潜蝇的卵不能孵化，蛹也不能正常羽化。

该虫发生的适宜相对湿度为30%～70%。叶面有水滴会影响成虫的羽化。降水量大时，虫口死亡率高，尤其是化蛹期，10 mm以上的降雨对蛹有影响，地面积水能将其溺死。

②寄主植物 美洲斑潜蝇嗜食寄主较多，但也有选择性。当多种豆类、瓜类、茄类、十字花科蔬菜混栽时，首先为害豆类和瓜类，其次是茄类，十字花科蔬菜受害较轻。另外，不同品种受害程度也有差异，葫芦科的苦瓜具有较强的抗虫性。

③天敌 美洲斑潜蝇的天敌主要为寄生性的天敌。在广东，已发现美洲斑潜蝇的寄生蜂有姬小蜂、茧蜂等7种，其中底比斯釉姬小蜂[*Chrysocharis pentheus* (Walker)]和丽潜蝇姬小蜂[*Neochrysocharis formosa* (Westwood)]是优势种；在武汉地区潜蝇茧蜂为优势种。上述寄生蜂的数量组成因季节和蔬菜种类的不同而有一定的差异。姬小蜂类主要寄生于3龄幼虫，而潜蝇茧蜂则可寄生于1～3龄幼虫。寄生蜂除产卵在美洲斑潜蝇幼虫体内寄生致死以外，还可通过取食和刺伤其幼虫导致死亡，对美洲斑潜蝇起着很好的控制作用。

9.9.3 美洲斑潜蝇的虫情调查和预测预报

(1) 越冬代成虫发生期调查

①调查时间 越冬代成虫发生期调查，从早春当环境温度回升到12～14 ℃时开始到环境温度回落到12 ℃时终止。

②调查方法 在主要生产基地选择隔年发生秋季美洲斑潜蝇为害较重的区域，选向阳、背风的坡面或背风向阳的田坡，观察早春（指示性寄主）龙葵（杂草）、自然落生菜等寄主植物种类上发生美洲斑潜蝇叶虫道为害状始见期及发生密度。

(2) 春季田间虫情系统调查

①调查时间 春季田间虫情系统调查，从当地旬平均温度稳定在16 ℃左右时开始到旬平均温度在30 ℃左右终止。

②调查方法 选当地主栽品种的黄瓜、番茄、豇豆、菜豆等易受害类型田早茬、中茬、晚茬各2块。自定植后15 d以后，采用对角线5点取样法，每点定株5株，共取样25株，

每5d调查1次,调查有虫株率、百叶有产卵孔叶数、百叶虫道数。发生较重时每点可只查1株,重发生时每点可只取查单株的上部1张、中部2张、下部1张共4张叶片,再按单株叶片数推算全株有产卵孔叶数、虫道数。

此外,夏季田间越夏虫情系统调查、秋季田间虫情系统调查的调查方法基本与春季田间虫情系统调查方法一致;调查时间上,前者为当地旬均温度稳定在28℃以上的时间区间,后者为当地旬均温度降到28℃以下开始至当地旬均温度稳定降到12℃以下的时间区间。

(3) 预测预报 早春主要根据越冬代成虫的发生量、始见期的早晚、大田作物上始见产卵孔的时间,推测防治适期。初秋主要根据越夏接蛹的发生量、大田作物上始见产卵孔的时间、近期有无大雨、暴雨等影响,推测防治适期。

9.9.4 美洲斑潜蝇的防治方法

(1) 农业防治 收获后清洁田园,及时将寄主植物的残余茎叶集中烧毁或深埋。收获后深翻土壤,将地表的蛹翻入深土中使其死亡。合理疏植,减少枝叶荫蔽,增强田间通透性。在害虫发生初期或保护地内及时摘除虫叶。在美洲斑潜蝇严重发生地区,最好实行轮作换茬,例如瓜果、豆类与辣椒、葱蒜和部分叶菜轮作换茬,减轻为害。也可用地膜覆盖,通过闷蛹杀死落地蛹。

(2) 物理防治 利用其成虫的趋黄习性,在棚栽蔬菜内外和露地蔬菜四周或田中设置黄色诱虫板,涂上一层机油或粘虫胶,使用时将其挂在田间略高于作物叶片顶端的位置。

(3) 化学防治 美洲斑潜蝇发育历期短、世代重叠,化学防治以成虫高峰期至1龄幼虫(初显虫斑)最为适宜。也有建议防治时使用拟除虫菊酯类等触杀性农药,防治适期为成虫发生始盛期;防治时使用灭蝇胺类等生长调节剂类农药,防治适期为卵孵盛期至初龄幼虫始盛期。每公顷可选用1.8%阿维菌素乳油450~600 mL、75%西维因可湿性粉剂300~450 g、10%三氟氯氰菊酯乳油450 mL、75%灭蝇胺可湿性粉剂90~180 g,兑水900 L叶面喷雾。

9.10 豆野螟

豆野螟(*Maruca testulalis* Geyer)又称豆荚野螟、豇豆螟、大豆螟蛾等,属鳞翅目螟蛾科,在我国主要分布在中南部地区,长江以南地区发生更为严重,寄主包括豆科、苏木科、胡麻科等6科20属35种植物。豆野螟为害豇豆、刀豆、扁豆、芸豆、大豆等豆荚表面光滑的豆科蔬菜,是豇豆上的重要害虫。该虫以幼虫蛀食蕾、花、鲜荚和种子,蛀食花器时,造成落花;蛀食豆荚,早期造成落荚,后期造成种子受害,蛀孔外堆积粪便,造成豆荚腐烂。此外,豆野螟还能吐丝缀卷几张叶片在其中蚕食叶肉或钻蛀嫩茎,造成枯梢。一般年份夏豇受豆野螟为害损失约二成,对产量和品质的影响很大。

9.10.1 形态特征

豆野螟的形态特征见图9-11。

(1) 成虫 体长约 13 mm，翅展约 26 mm，灰褐色。前翅黄褐色，前缘色较淡，在中室端部有 1 个白色透明的带状斑，在中室内及中室下方各有 1 个透明的小斑纹。后翅外缘有 1/3 面积色泽同前翅，其余部分为白色半透明，交界处有 1 条深褐色线纹，线纹近后缘处逐渐模糊，在前缘基部还有褐色条斑和 2 个褐色小斑。前翅和后翅都有紫色闪光。雄蛾尾部有 1 丛灰黑色毛，挤压后能见到 1 对黄白色抱握器。雌蛾腹部较肥大，末端圆筒形。

(2) 卵 扁平，略呈椭圆形，长约 0.6 mm，宽 0.4 mm；初产时淡黄绿色，半透明，后淡褐色；将孵化时褐色，能透见幼虫。

(3) 幼虫 老熟时体长 14~18 mm，黄绿色。头部及前胸背板褐色，中胸和后胸的背板上每节前排有黑褐色毛疣 4 个，各生细长刚毛 2 根，后排有褐斑 2 个。腹部各节背面毛片位置同中胸和后胸。腹足趾钩双序缺环。

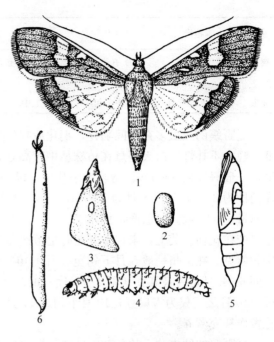

图 9 - 11 豆野螟
1. 成虫 2. 卵 3. 产于花瓣上的卵
4. 幼虫 5. 蛹 6. 被害状

(4) 蛹 体长约 13 mm，初化时黄绿色，后黄褐色。头顶突出。复眼初为浅褐色，后变红褐色。翅芽伸至第 4 腹节后缘，将羽化时能透见前翅斑纹。臀棘褐色，上生钩刺 8 枚，末端向内卷曲。蛹体被白色薄丝茧。

9.10.2 发生规律

(1) 生活史和习性 豆野螟在江苏南通 1 年发生 4~5 代，在上海 1 年发生 5 代（表 9-5），在福建和广西 1 年发生 6~7 代，在广东广州 1 年发生 9 代；在华南无明显的越冬现象；在长江流域以蛹在土内越冬，但虫源性质还有待于进一步研究。在江苏南通，越冬代成虫一般于 5 月中旬出现，第 1 代幼虫发生在 6 月至 7 月上旬，主要为害早熟刀豆和早熟豇豆；第 2 代幼虫发生在 7 月至 8 月上旬，为害早中熟豇豆；第 3 代幼虫发生在 7 月下旬至 8 月，为害中熟豇豆；第 4 代幼虫发生在 9 月前后，主要为害扁豆和少量迟熟晚豇豆；发生 5 代的年份，幼虫在 10 月仅少量为害扁豆和秋刀豆。全年以 7—8 月发生的第 2~3 代为主要为害代，田间世代有明显的重叠现象。

表 9 - 5 上海地区豆野螟各代发生期

虫态	越冬代	第 1 代	第 2 代	第 3 代	第 4 代	第 5 代
卵	上年	5—6 月	7 月中下旬	8 月上中旬	9 月中下旬	10 月中下旬
幼虫	上年	5 月中旬至 6 月下旬	7 月中旬至 8 月下旬	8 月至 9 月上旬	9 月中旬至 10 月上旬	10 月下旬至 11 月上旬

(续)

虫态	越冬代	第1代	第2代	第3代	第4代	第5代
蛹	上年至5月	6月中旬至7月上旬	7月下旬至8月上旬	8月下旬至9月上旬	10月上中旬	11月中旬
成虫	4月中旬至6月	7月中下旬	8月上中旬	9月中下旬	10月中下旬	—

豆野螟的成虫多在夜间羽化，羽化后昼伏夜出，有较强的趋光性，但在早春成虫因温度低，晚上不扑灯，白天停息在植株丛中较高处，多在茂密的豆株叶背下，稍有惊动即迅速飞散，一般只飞翔3～5 m。傍晚出来活动，以19:00—21:00最活跃。停息时前后翅平展。产卵前期为3～7 d，7—8月为3～4 d，6—10月为7 d左右。平均每雌产卵约80粒，最大单雌产卵量达412粒。卵散产，偶尔2～3粒产于一起，主要产在花瓣、花托、嫩荚和叶柄上，也可产在花梗、荚上，未现蕾开花时也可产卵于叶背的叶脉附近。上海地区灯下蛾于6月上中旬始见。在杭州一般5月下旬至6月上旬在黑光灯下开始见到成虫，11月上旬终蛾。在田间6—8月是为害豇豆（第1～3代）的严重时期，生产上，9月之后豆野螟为害明显减轻，10月之后仅为害扁豆，10月下旬或11月上旬幼虫入土以预蛹越冬。成虫产卵前需取食花蜜作补充营养。

豆野螟的幼虫共5龄。初孵幼虫先取食卵壳，然后头部频繁摆动寻找蛀入部位，从花瓣缝隙或蛀孔钻入花内，取食雌蕊和雄蕊。被害花蕾或嫩荚不久即脱落，幼虫也随花落地，但可重新爬上植株转移为害花蕾，1头幼虫最多能转移为害花蕾20～25个，转花为害多在夜间。1朵被害花中一般有幼虫1～2头，最多可达14头，但因4龄以后有自相残杀习性，故同一花、荚内很少见到2头4龄以上的幼虫。幼虫有昼伏夜出的习性，晴天白天潜伏在花和豆荚内，黄昏外出活动，晚上20:00—22:00最盛，22:00后次之，次日7:00日出时停止活动。阴雨天则白天也有零星外出活动的。1～2龄幼虫嗜好花器；3龄后的幼虫大多数蛀入果荚内食害豆粒，蛀入孔圆形，多在两荚碰接处或在荚与花瓣、叶片及茎秆贴靠处蛀入，蛀孔外堆挂有幼虫排出的粪便，被害荚在雨后常导致腐烂。4～5龄幼虫主要在荚中为害。老熟幼虫多数离开寄主，在附近的土表隐蔽处或浅土层内、豆支架中吐丝将豆叶或泥土缀成疏松的蛹室，在其中结茧化蛹。据调查，82.4%在土表化蛹，5.9%在植株上化蛹，11.7%在豆荚内化蛹。

据江苏南通市郊区植物保护植检站等单位在室温下饲养，7—8月主害代成虫的产卵前期为1～2 d，其余各虫态的平均历期见表9-6。

表9-6 豆野螟第2～3代各虫态历期（d）

代别	成虫	卵	幼虫龄期						预蛹	蛹	全代
			1	2	3	4	5	全期			
第2代	7.9	2.5～3.5	1.5	1.2	0.8	1.0	2.2	6.7	1.3	5.2	25～30
第3代	4.5	3～4	1.2	1.4	1.4	1.8	2.4	8.2	1.6	8.2	28～35

（2）发生与环境条件的关系

①温度和湿度　较高的温度和湿度有利于豆野螟发生，各虫态发育适宜温度为24～31 ℃。幼虫和蛹的发育速率以28～31 ℃最快，低于20 ℃则明显变慢，高于34 ℃幼虫发育

受抑，蛹不能羽化。幼虫期和蛹期的发育起点温度分别为 9.3 ℃和 8.7 ℃，有效积温分别为 137.5 d·℃和 172.2 d·℃。湿度影响成虫羽化和出土，7—8 月豆野螟发生为害盛期如果多雨或搭架浇水，田间湿度增高，能促使豆野螟的发生和为害程度加重。

②豆类品种和生育期　豆野螟喜蛀食光滑少毛的品种，因而少毛的品种受害比多毛品种重。就生育期而言，开花结荚期与幼虫发生高峰期相吻合的受害重，反之则轻。因此一般直立矮生有限花序的豆类，因花期短，受害轻；而蔓生无限花序的豆类，由于花期长，受害重。

③天敌　豆野螟的天敌有蜘蛛、草蛉、瓢虫、卵寄生蜂和一种寄蝇，寄生性天敌在南通地区对第 4 代幼虫的寄生率高达 56%。天敌也是影响种群消长的一个重要因子。

9.10.3　虫情调查和预测预报

重点调查预测第 2~3 代幼虫 1~2 龄高峰期，也就是防治适期，然后根据豇豆花、荚被害率和虫量确定防治对象田。测报可开展两查两定，调查方法和内容如下。

(1) 查卵量和虫龄，定防治适期　选有代表性各类型豇豆田 1~2 块，自始花期起，采用多点棋盘式取样，每点摘取 5 朵花，共查 100~200 朵，隔日查 1 次卵量和虫龄。将卵高峰后 5~6 d 或 1 龄幼虫高峰后 2~3 d 定为防治适期。

(2) 查虫害花和虫量，定防治对象田　与上面调查同时进行，增记虫害花数和幼虫数。花被害率达 20% 或百花有虫 10 头或荚被害率 5% 的田块，定为防治对象田。

据江苏南通资料，第 2 代幼虫 1~2 龄高峰到第 3 代幼虫孵化高峰的期距为 23~28 d，因此调查第 2 代幼虫 1~2 龄高峰期可用历期法对第 3 代发生期做出预报。

9.10.4　防治方法

(1) 农业防治　清洁田园，定期拾毁落地花，可减少虫源，防止幼虫转移为害。因为幼虫主要在豆荚相碰处蛀入，因此豆叶过密的要适当疏掉叶片，使之通风透光、减轻为害。

(2) 物理防治　在 5—10 月大面积种植豇豆、四季豆的田块，如有条件，可用黑光灯、高压汞灯或频振式杀虫灯诱杀成虫。灯位要高出豆架。同时记载诱集到的成虫数，作为田间幼虫调查开始日期的参考。

(3) 化学防治　豇豆花期是最易受害的生育期，也是防治的关键时期。掌握 2 龄幼虫盛期和百花虫数 10 头左右进行喷药，作为防治适期和防治对象田，重点防治期在始花期和盛花期。每公顷可选用 2.5% 溴氰菊酯 375 mL、10% 氯氰菊酯 375 mL、20% 氰戊菊酯乳油 375 mL、5% 定虫隆乳油 375~750 mL、5.7% 甲基阿维菌素苯甲酸盐 500 g、20% 氟虫双酰胺水分散性粒剂 500 g、10% 乙虫腈 500 mL、15% 茚虫威悬浮剂 500 mL、2.5% 多杀菌素悬浮剂 1 000 mL，兑水 750 L 喷雾。此外，还可用 Bt 制剂（32 000 IU/g 菌粉）500~800 倍液在盛花期喷洒，对低龄幼虫也有较好的防治效果。豆野螟低龄幼虫主要为害花器，3 龄后转移为害荚，随落花落地的幼虫可重新爬上植株转移为害花蕾，转花为害多在夜间。因此喷药部位主要是花和荚。喷药时间最好掌握在 8:00—10:00 或傍晚进行，因为 8:00—10:00 为豇豆开花的时间，可毒杀蛀入花内的幼虫，而傍晚用药可以毒杀落地花内往上转移的幼虫。一般在盛花期喷第 1 次，以后视虫情隔 7~10 d 再喷 1 次。

9.11 黄守瓜

黄守瓜[*Aulacophora femoralis* (Motschulsky)]属鞘翅目叶甲科，俗称瓜守、黄萤、黄虫等，分布于河南、陕西、华东、华南、西南等地，在长江流域以南地区为害最烈。黄守瓜食性广，可为害19科69种植物，几乎为害所有瓜类，受害最烈的是西瓜、南瓜、甜瓜、黄瓜等，也为害十字花科、茄科、豆科、向日葵、柑橘、桃、梨、苹果、朴树、桑树等，成虫和幼虫都能为害。成虫喜食瓜叶和花瓣，还可为害南瓜幼苗皮层，咬断嫩茎和食害幼果。叶片被食后形成圆形缺刻，影响光合作用，瓜苗被害后，常带来毁灭性灾害。幼虫在地下专食瓜类根部，重者使植株萎蔫而死，也蛀入瓜的贴地部分，引起腐烂，丧失食用价值。

9.11.1 形态特征

黄守瓜的形态特征见图9-12。

(1) 成虫 体长7~8 mm，长椭圆形。全体橙黄色或橙红色，有时略带棕色。上唇栗黑色。复眼、后胸和腹部腹面均呈黑色。触角丝状，约为体长之半，触角间隆起似脊。前胸背板宽约为长的2倍，中央有1条弯曲深横沟。鞘翅中部之后略膨阔，刻点细密。雌虫尾节臀板向后延伸，三角形突出，露在鞘翅外，尾节腹片末端角状凹缺。雄虫触角基节膨大如锥形，腹端较钝，尾节腹片中叶长方形，背面为1大深洼。

(2) 卵 长约1 mm，卵圆形，淡黄色，卵壳背面有多角形网纹。

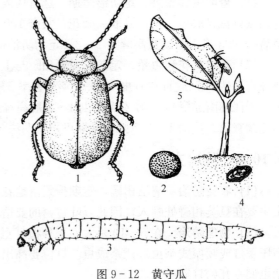

图9-12 黄守瓜
1.成虫 2.卵 3.幼虫 4.土中的蛹 5.瓜幼苗被害状

(3) 幼虫 长约12 mm，长圆筒形，初孵时白色，以后头部棕色，胸部和腹部黄白色，前胸盾板黄色。各节生有不明显的肉瘤。腹部末节臀板长椭圆形，向后方伸出，上有圆圈状褐色斑纹，并有纵行凹纹4条。

(4) 蛹 体长约9 mm，纺锤形，裸蛹，黄白色，接近羽化时浅黑色。各腹节背面有褐色刚毛，腹部末端有2个巨刺状突起。

9.11.2 发生规律

(1) 生活史与习性 黄守瓜每年发生代数因地而异，在我国北方1年发生1代；在江苏和湖北以1年发生1代为主，部分1年发生2代；在广东和广西1年发生2~4代；在台湾1年发生3~4代；各地均以成虫在草堆、土缝、落叶、瓦砾、树兜等处群集越冬，尤以背风向阳矮墙下的草堆中最多。翌年春季温度达6℃时开始活动，10℃时全部出蛰，瓜苗出土前，先在其他寄主上取食，待瓜苗生出3～4片真叶后就转移到瓜苗上为害。各地为害时间，江西为4月中下旬（幼虫5月中下旬为害瓜根），江苏和湖北武汉为4月下旬至5月上旬，华北约为5月中旬。在江苏，部分成虫可产卵发生第2代，7月中下旬为产卵盛期，7月下旬卵孵化为幼虫，10月第2代成虫越冬。秋季和冬初黄守瓜的成虫需大量取食，准备过冬，此时瓜类稀少，黄守瓜成虫便集中在十字花科蔬菜心叶上取食，尤其是萝卜。成虫越冬多集中在秋冬十字花科寄主附近的草堆中。

黄守瓜的成虫晚上隐藏在瓜田或附近作物田中。白天出来活动，以晴天10:00—15:00活动最盛，阴天活动性小，雨天不活动。成虫行动活泼，遇惊即飞，有假死性，喜温好湿，耐饥饿、耐热性强，但抗寒力差。雨后天晴时往往活动增强，为害重。成虫对黄色有较强趋性，且喜欢取食瓜类嫩叶，常咬断瓜苗的嫩茎，因此瓜苗在5～6片真叶以前受害最严重。在开花前黄守瓜成虫主要取食瓜叶，常以自己的身体为半径旋转咬食一圈，使叶片成干枯的环形、半圆形食痕及圆形孔洞，这是黄守瓜为害的典型症状；开花后还可食害瓜花和幼瓜。成虫白天交配产卵，每雌产卵量为150～2000粒，卵多产于潮湿的表土层中，散产或成堆，入土深约3 cm。雨后常出现产卵量激增现象。卵耐水不耐旱。卵期平均为10～14 d。

黄守瓜的幼虫3龄，每10 d左右蜕1次皮，经过1月左右老熟。初孵幼虫很快潜入土内为害细根；3龄以后可食害主根，将根吃成条纹状，或蛀入根的木质部和韧皮部之间，使整株枯死。幼虫也可蛀入近地面的幼瓜，食害瓜肉，引起腐烂。幼虫最喜食甜瓜，其次是菜瓜、西瓜和南瓜，而在丝瓜根中很少能完成发育。幼虫在土下活动的深度多在6～10 cm。幼虫期为19～34 d，平均为30 d左右。幼虫老熟后在寄主根部附近的土壤中化蛹。预蛹期为4 d左右，蛹期为12～22 d。

(2) 发生与环境条件的关系 黄守瓜喜温暖湿润的环境。成虫产卵与卵孵化适宜温度为25 ℃，对湿度要求很高。卵的孵化需要高湿，在温度25 ℃下，相对湿度为75%时不能孵化，相对湿度为90%时孵化率仅15%，相对湿度为100%时才能全部孵化。因此在成虫产卵期间的气温变化、降雨早晚和雨水多少是影响当年虫口数量和发生早晚的重要条件。保水性较好的壤土、黏土对其发生有利，而砂土对其发生不利。合理的间作套种可减轻黄守瓜的为害，例如瓜类与甘蓝、莴苣、芹菜等蔬菜间作时瓜类受害轻，并且间作植物的植株愈高，瓜类的受害愈轻。

9.11.3　防治方法

防治黄守瓜首先要抓住成虫期，可利用趋黄习性，用黄盆诱集，以便掌握发生期及时进行防治。防治幼虫掌握在瓜苗初见萎蔫时及早施药，以尽快杀死幼虫。苗期受害影响较成株大，应列为重点防治时期。

(1) 农业防治 合理安排播种期，以避过越冬成虫为害高峰期，可利用温床育苗，提早移栽，待越冬成虫活动为害时，瓜苗已长大，可减轻受害。合理间作，春季将瓜类秧苗间种在冬作物行间或在瓜苗周围间种早春蔬菜，可减轻为害。

(2) 阻隔成虫产卵 在瓜苗四周铺地膜或撒草木灰、麦芒、麦秆、木屑等，以阻止成虫在瓜苗根部产卵，起保护瓜苗的作用。

(3) 诱杀越冬成虫 利用成虫在草堆中越冬的习性，在萝卜地附近设置草堆，吸引取食后的成虫躲藏越冬，在隆冬时将草堆烧毁。

(4) 化学防治 瓜苗生长到4~5片真叶时，视虫情及时施药，消灭成虫和灌根杀灭幼虫是保苗的关键。防治越冬，成虫每公顷可选用90%敌百虫晶体750 g、80%敌敌畏乳油500 mL、50%巴丹可溶性粉500 g、10%氯氰菊酯乳油250~500 mL、18%杀虫双水剂750 g等，兑水750 L喷雾。此外，5%氯虫苯甲酰胺杀虫剂悬浮剂喷淋或灌根，也有较好的防治效果。幼苗初见萎蔫时，也可用上述药剂兑水灌根，杀灭根部幼虫。

9.12 烟粉虱

烟粉虱［*Bemisia tabaci*（Gennadius）］又称为甘薯粉虱、棉粉虱、一品红粉虱等，属半翅目粉虱科小粉虱属，是一种多食性世界性害虫。该虫于1889年首次在希腊的烟草上发现，并被命名为烟粉虱。由于烟粉虱在发现后的很长一段时间内为害轻微，未引起人们的关注，直到1905年印度棉花受到烟粉虱严重为害时才引起重视。目前，该虫分布在热带、亚热带和温带90多个国家和地区。我国在20世纪40年代就有烟粉虱的记载（周尧，1949），当时记载主要分布于广东、广西、海南、福建、云南、上海、浙江、江西、湖北、四川、陕西、台湾等地。根据近年的调查，吉林、河北、北京、天津、新疆、宁夏、山西、河南、湖北、山东、安徽、江苏、浙江、上海、江西、福建、台湾、海南、广东、广西、云南、四川、贵州等省份先后发现了烟粉虱的为害。

目前已知烟粉虱寄主植物有74科600多种，主要为害茄科、葫芦科、豆科、十字花科、菊科和大戟科的蔬菜、果树、花卉、园林植物以及经济作物。烟粉虱可直接刺吸植物汁液，造成植株衰弱，使叶菜类表现为叶片萎缩、黄化、枯萎；使果菜类（例如番茄）表现为果实不均匀成熟；使棉花叶片正面出现褪色斑，虫口密度高时有成片黄斑出现，严重时会导致蕾铃脱落，影响棉花产量和纤维品质。此外，烟粉虱若虫和成虫还可分泌蜜露，诱发煤污病的产生，严重影响光合作用；还可以在30多种植物上传播70多种植物病毒病，造成间接为害。据统计，在1992—2006年，烟粉虱在全球各地平均每年造成的经济损失达到5亿美元或更多，其中美国平均每年损失超过2亿美元。总之，近几十年来，烟粉虱在世界许多国家和地区的多种农作物和观赏植物上造成严重为害，已成为一种世界性的大害虫。

自20世纪90年代中后期以来，随着B型烟粉虱传入我国，该虫逐渐上升为园林花卉植物、蔬菜、棉花等经济作物的重要害虫，并在一些地区暴发成灾，对我国农业生产构成了严重威胁。

9.12.1 形态特征

烟粉虱的形态特征见图9-13。

(1) 成虫 雄虫体长0.85 mm，雌虫体长0.91 mm左右，淡黄色至白色。触角7节，复眼黑红色，分上下两部分。翅覆盖白色蜡粉，无斑点；前翅纵脉2条，1长1短，较长的一条脉不分叉；后翅纵脉1条；停息时左右翅在体上合拢呈屋脊状，通常两翅中间可见到黄色的腹部。跗节有2爪，中垫狭长如叶片。雌虫尾端尖形，雄虫尾端呈钳形。

(2) 卵 长约0.2 mm。卵初产下时白色或淡黄绿色，随着发育时间的推延颜色逐渐加深,孵化前琥珀色,有光泽。长梨形,顶部尖,端部有一小柄,与叶片垂直附着在叶背面。卵柄除有固定卵的作用外,还有从叶片中吸收水分的功能。

(3) 若虫 共4龄,椭圆形,扁平。初孵若虫（1龄）0.2~0.4 mm长,淡绿色至浅黄色、稍透明,体周围有蜡质短毛,尾部有2根长的刚毛,有足和触角。2龄以后足和触角退化至1节,体色逐渐加深至黄色,体长0.4~0.9 mm。

(4) 伪蛹 体长0.6~0.9 mm,淡黄白色至橙黄色,眼红色。椭圆形、偏平,后方稍收缩,背面显著隆起,边缘薄或自然下垂,无周缘蜡丝。伪蛹壳的背面有长刚毛1~7对或无（通常在有茸毛的叶片上,伪蛹壳有背刚毛,边缘不规则形;在光滑叶片上,多数伪蛹壳无背刚毛,边缘规则),尾部有2根长的刚毛。胸气门口明显下凹,在胸气门和尾气门外有蜡缘饰。在体近末端背面有皿状孔（或称为瓶形孔),该孔呈长三角形,孔内有长匙状的舌状突,顶部三角形,具有1对刚毛,尾沟基部有5~7个瘤状突起。

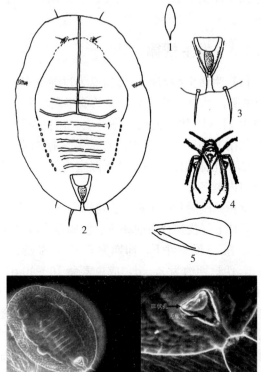

图9-13 烟粉虱
1. 卵 2. 伪蛹 3. 管状孔 4. 成虫 5. 成虫前翅
6. 伪蛹扫描电子显微镜照片 7. 管状孔扫描电子显微镜照片

9.12.2 生物型

自20世纪50年代以来,国内外研究学者相继发现,来自不同种群或不同地区的烟粉虱在寄主范围、生物学特性、传播病毒的种类和能力等方面有着较大的差别,但在外观形态上又非常相似,于是依据这些差异将烟粉虱区分为不同的生物型。到目前为止,世界上报道的烟粉虱生物型已有A型、B型、E型、J型、K型、Q型、木薯型、非木薯型、秋葵型、Sida型等24种,同时存在大量的尚未鉴定和定义的类群。我国学者近年来也对我国的烟粉虱生物型进行了研究,目前大部分地区的烟粉虱仍为B型,部分地区发现Q型,除这两种生物型外还存在一些其他未定名的生物型。

在已经报道的24个生物型中,A型和B型被研究得最为详细,而B型烟粉虱又因为其寄主范围广、产卵量大、传播病毒广泛、世界性分布等特点而成为人们研究的焦点。美国学者Bellows和Perring（1993）用形态学、交配行为、杂交试验、等位酶电泳以及RAPD-PCR等分子生物学技术对A、B两种生物型进行了深入研究,认为B型烟粉虱应该成为一个独立的种,他们将其定为新种,其拉丁学名为 *Bemisia argentifoli* Bellows et Perring,即银叶粉虱（由于该虫为害西葫芦能引起银叶病而得名)。但多数学者,特别是欧洲学者对此持有异议,认为B型和烟粉虱的其他生物型并没有脱离种的范畴,将B型烟粉虱作为一个独立的种证据不够充分。因此目前这两种名称均可使用，我国大多数学者仍称其为 B 型烟粉虱。

9.12.3 发生规律

(1) 生活史和习性 烟粉虱为过渐变态，个体发育经历卵、若虫（有 4 个龄期）和成虫 3 个虫期，其中将第 4 龄若虫的前半期成为 4 龄，后半期称为伪蛹；在热带和亚热带地区 1 年发生 11～15 代，世代重叠严重。该虫在我国北方地区，主要在温室大棚内越冬，在温度较高的南方地区一年四季均可为害。据调查，烟粉虱在江苏地区的露地寄主植物上不能越冬，江苏北部地区主要在日光温室内越冬，在江苏中部和南部地区主要在双膜塑料大棚和智能温室内越冬。

烟粉虱刚孵化的 1 龄若虫可以爬动，通常有 0.5 d 左右的爬行期，爬行的距离为 5～10 cm，当在叶片上寻找到合适的场所后便固定在叶片上取食不再移动。该虫发育的最适温度为 25～28 ℃。在 25 ℃条件下，卵期为 5～7 d，2 龄、3 龄和 4 龄若虫的历期分别约为 2.5 d、3.0 d 和 2.0 d，伪蛹期约为 2.5 d，成虫寿命 10～40 d。烟粉虱发育到伪蛹后，90% 左右都能羽化为成虫。光照对烟粉虱的羽化很重要，多数在白天羽化，其中 7:00—10:00 烟粉虱伪蛹的羽化占当天羽化总数的 85% 以上。刚羽化的成虫翅并未伸展开，过一段时间后，才完全展开，然后开始爬行或飞行，寻找配偶交配产卵。通常夏季羽化后 1～8 h 内交配，春季和秋季羽化后 3 d 内交配。卵不规则地散产，多产于叶片背面，每雌产卵 30～300 粒，在适合的寄主上平均产卵 200 粒以上，最高产卵量超过 600 头。烟粉虱成虫具有明显的喜光性，一天的活动高峰在 11:00—15:00，晴天的飞行活动明显强于阴天。在叶菜类蔬菜田，成虫多在蔬菜叶顶 5 cm 左右范围内活动。成虫飞翔能力弱，可飞翔 20 m 左右，也可在植株间和植株内短距离飞行扩散，但较大范围的扩散为害主要借助于风力的作用。此外，烟粉虱具有较强的趋黄习性，可利用黄板进行诱杀。

烟粉虱在北京地区，其盛发期在 8—9 月。在江苏淮北地区，4 月中下旬日平均气温稳定在 12 ℃以上，夜间无霜冻时温室内少量烟粉虱通过通风口迁移到附近茬草、越冬蔬菜及春季定植蔬菜上；5 月下旬至 6 月中旬温室揭膜后，烟粉虱虫量逐渐上升，出现第 1 个发生峰；7 月后，随着气温的升高，烟粉虱繁殖速度进一步加快，至 8 月中下旬虫量达到全年最高值，成虫高峰可延续到 9 月上旬；10 月底至 11 月上旬，烟粉虱向温室及少数覆盖双膜的越冬蔬菜上迁移，进入越冬。在江苏中部，露地蔬菜上在 6 月上旬始见烟粉虱，8 月下旬至 9 月上中旬出现发生高峰；11 月中下旬气温骤降，露地蔬菜上的部分烟粉虱成虫迁入温室大棚内继续为害或越冬，而露地蔬菜上烟粉虱卵、若虫、蛹及大部分成虫随低温的到来而死亡。

(2) 发生与环境条件的关系 环境因素对烟粉虱种群的发生和为害影响很大，其中主要的环境因素包括温度、湿度、光照、降雨、风等。

①温度和湿度 温度可以影响烟粉虱的生长发育、存活、繁殖。根据报道，在 15 ℃的条件下，烟粉虱从卵发育到成虫需要 105 d；而在 30 ℃时整个发育历期只需要 14 d，比在 15 ℃时缩短了 91 d。在存活率方面，烟粉虱在 26 ℃时的世代存活率最高，接近 90%；而低温和高温都对烟粉虱的存活率有负面影响，15 ℃时的世代存活率为 40%，35 ℃时的世代存活率仅为 37%，二者都不到 26 ℃时存活率的一半。在 20 ℃的条件下，烟粉虱成虫的平均寿

命为 44 d，平均单雌产卵量为 320~350 粒；而在 35 ℃时成虫的平均寿命缩短为 10 d，单雌产卵量也降低为 20~30 粒。所有的参数都表明，25~30 ℃是烟粉虱种群发育、存活和繁殖的最适宜的温度范围。所以在我国南方，烟粉虱在一年内有两个高峰期：5 月下旬至 7 月中旬和 9 月上旬至 10 月下旬，夏季的高温（>35 ℃）或冬季的低温（<20 ℃）不利于烟粉虱的发育和存活。

据报道，在 100%、80%、60% 和 40% 4 个相对湿度对烟粉虱的发育速率和子代的性比影响较小，但对成虫的寿命、产卵量和卵的孵化率影响显著。在 60% 相对湿度的条件下，烟粉虱的世代存活率最大，成虫的产卵量最多；而孵化率则表现为相对湿度 80% 时>60% 时>100% 时>40% 时，可见烟粉虱成虫在低湿的条件下产卵量多，卵的孵化率高。湿度对烟粉虱种群的增长影响显著，表现为种群增长率在相对湿度 60% 时>80% 时>40% 时>100% 时。所以烟粉虱在低湿干燥的情况下容易大量发生。总之，夏秋连续干旱高温有利于烟粉虱生长发育和繁殖，田间的种群数量大，而且增长快，如果防治不及时，则会暴发成灾。

②光照 光照可以影响烟粉虱的世代存活率、成虫寿命、产卵量和种群增长趋势。光照时间的延长对烟粉虱的存活、发育和繁殖有利，最适宜的光照时间为 14~16 h。

③降水和风 较小规模的降雨和轻微的风均有利于烟粉虱种群的发生，前者可以增加烟粉虱生境中的湿度，有利于卵的孵化，后者可以帮助烟粉虱在一定范围内传播。但大规模的降雨对烟粉虱成虫、若虫和卵都有冲刷作用，而刮风可以将植物的叶片掀起，更增加了雨水对烟粉虱的冲刷作用，所以干旱少雨有利于烟粉虱种群的增长。

④寄主 尽管烟粉虱的寄主植物范围广泛，但烟粉虱对寄主植物有一定的嗜好性，而对寄主的嗜好与不同种群或生物型有关。一般来说，烟粉虱嗜好叶片肥大、宽厚、营养丰富的植物种类。据在江苏扬州地区调查，烟粉虱主要在葫芦科、十字花科、豆科、茄科和菊科的蔬菜上为害，其中以黄瓜、豇豆、花椰菜和长茄上的发生最为严重，而其他蔬菜则发生较轻。因此某地区适生寄主多时，有利于烟粉虱种群的生长发育和繁殖，发生为害就重。

⑤天敌 目前我国已报道或研究过的烟粉虱寄生性天敌昆虫有 21 种，其中在我国在北方，烟粉虱天敌的优势种为丽蚜小蜂（Encarsia formosa）；在华南地区田间的优势种主要是桨角蚜小蜂（Eretmocerus sp. nr. furuhashii）、双斑恩蚜小蜂（Encarsia bimaculata）和浅黄恩蚜小蜂（Encarsia sophia），其中前两个在所采集到的烟粉虱寄生蜂种群中的比例接近 70%，而且这两种蚜小蜂的发生期与烟粉虱的为害期相吻合，对烟粉虱具有较强的控制作用。据有关资料报道，在全世界范围内，烟粉虱的捕食性天敌涉及 9 目 31 科 127 种，我国已知 21 种，其中日本刀角瓢虫（Serangium japonicum）、淡色斧瓢虫（Axinoscymnus cardilobus）是我国优势种捕食性天敌。除此之外，烟粉虱还要一些病原性微生物，例如球孢白僵菌（Beauveria bassiana）、蜡蚧轮枝菌（Verticillum lecanii）、玫烟色拟青霉（Paecilomyces fumosoroseus）、粉虱座壳孢（Aschersonia aleyrodis）等。以上这些天敌在自然界对烟粉虱的种群消长起着重要的自然控制作用。

9.12.4 虫情调查和预测预报

(1) 调查内容与方法

①系统调查 在烟粉虱发生期内，选择当地有代表性的 2~3 种大棚蔬菜和露地蔬菜田

各3块（棚），其中，越冬大棚从3月上旬开始、露地作物从5月上旬开始，每5~10 d调查1次烟粉虱成虫数量，观察成虫消长动态。调查时，以棋盘式或Z字形取样，每块田调查5~10点（视叶片大小、虫量大小而定），每点查上、中、下部叶片各1片，共查15~30片叶。上部叶片选第1张展平叶，不取心叶，分叶片依次记录每张叶片上的成虫数，计算百叶成虫数；同时将所查成虫的叶片摘下带回室内，在解剖镜下调查卵、若虫和伪蛹，具体调查方法为：先在每张叶片不同部位取3个1 cm^{2}大小的点，然后分别观察记录每个点内的卵数、若虫数和伪蛹数，测算每张叶片的面积，通过计算每平方厘米的卵数、若虫数和伪蛹数，折算每张叶片的成虫、卵和若虫（伪蛹）总数。

②大田普查 在成虫发生盛期进行普查，主要以成虫调查为主，成虫普查方法同系统调查，每次调查每种作物不少于10~20块（棚）。有条件的可以取部分作物叶片样本带回室内，镜检卵和若虫（伪蛹）数。

(2) 预测预报内容与方法

①发生期预测预报 根据虫量消长情况，采用期距法和历期法预测预报下代烟粉虱的发生期。

②发生量预测预报 根据田间虫量情况，结合天气条件、作物长势及天敌情况，参考历史资料，做出发生程度预测预报。通常采用为害程度分级标准为：1级，单叶虫量小于10头；2级，单叶虫量为10~30头；3级，单叶虫量为30~50头；4级，单叶虫量大于50头。

9.12.5 防治方法

(1) 农业防治

①培育无虫苗 把好育苗关，严格执行育苗管理，防止将有虫苗带入大棚定植，为温室大棚烟粉虱的防治奠定基础。

②轮作换茬 尽量避免混栽，调整好茬口。烟粉虱嗜食茄子、番茄、黄瓜、豆类等作物，所以上茬种植黄瓜、番茄、菜豆蔬菜，下茬应安排芹菜、菠菜、韭菜等茬口。此外，在一些烟粉虱发生为害重发的大棚或日光温室，可改种烟粉虱不喜好的耐寒性越冬蔬菜，例如芹菜、生菜、韭菜或大蒜、蒜薹、洋葱等，从越冬环节上切断其自然生活史，以减轻来年对大田蔬菜和棉花的为害。

③做好田园清洁 温室大棚在定植前要彻底清除前茬作物的茬、叶、残株，铲除杂草，运出室外处理，以减少前茬残留烟粉虱的为害。在受烟粉虱为害严重的番茄、茄子、大豆、瓜类、棉花等作物收获后，要彻底清除残枝落叶。对发生区附近的田边、沟边、路边杂草，特别是葎草要作为重点清除对象，也可对这些杂草喷施除草剂，以减少烟粉虱适生寄主。

④及时摘除老叶并烧毁 因老龄若虫多分布在下部叶片，在茄果类蔬菜整枝打杈时，适当摘除部分枯黄老叶携出室外深埋或烧毁，以压低烟粉虱的种群数量，减轻其为害。

(2) 物理防治

①高温和低温处理 在烟粉虱发生为害严重的温室大棚，利用12月至1月上旬寒冷冬天把温室短期敞开和春季温度还未完全回升时揭棚，可有效控制烟粉虱的越冬基数，控制该虫为害。此外，在春季大棚蔬菜收获候，采用高温闷棚，将棚内残留在的烟粉虱杀死，避免其大量传到露地作物上为害。高温闷棚还可以起到对许多蔬菜病害，特别是土传病害的高温消毒作用。

②黄板诱杀　在温室大棚内设置黄板,可诱杀成虫,减少卵虫基数,对温室大棚内的烟粉虱具有一定的控制作用。黄板的制作:用 1 m×0.17 m 的纤维板或硬纸板,涂成橙黄色,再涂 1 层机油(可使用 10 号机油加少许黄油调匀),按每 20 m² 放 1 块,置于行间,高度与植株相同,一般 7~10 d 需重涂油 1 次。也可购置商品黄板直接使用。

(3) 化学防治

①施药原则

a. 烟粉虱体被蜡质,对化学农药有一定耐性,且卵、若虫、伪蛹和成虫常同时在同一植株上,很难找到一种药能同时防治各种虫态。因此在化学防治时要选择多种无公害农药配合使用。

b. 由于烟粉虱主要在叶背活动和取食,在施药时要注意对叶背喷药,才能取得好的防治效果。

c. 根据烟粉虱的向光性,应避免在晴天中午喷药,宜选择在早上和傍晚施药。

d. 由于烟粉虱繁殖力高,田间世代和虫态重叠复杂,因此在烟粉虱大发生时,要每隔 3~5 d 喷药 1 次,连续用药 2~3 次。

e. 烟粉虱可做短距离的飞翔或随风迁移扩散,因此大发生时,有条件的地区要尽可能实行统防统治,这样可以达到较好的防治效果。

②化学防治关键时期

a. 在冬季日光温室或保暖大棚盖棚时以及来年春季(4—5 月)日光温室或保暖大棚揭棚前,进行 1 次药剂处理。盖棚时的防治,可压低大棚内的烟粉虱虫口密度,减轻其为害。而春季揭棚前的防治,可减少烟粉虱扩散到露地作物上的数量。

b. 烟粉虱飞行能力较弱,在食料丰富的地区,成虫主要在寄主植物周围 5~10 cm 范围内取食、活动,所以烟粉虱发生往往会形成明显的核心区和扩散区。因此露地防治的关键时期要选在作物虫口密度较低时或形成发生核心区时用药。

③施药方法

a. 温室大棚熏蒸:可采用烟雾剂熏蒸压低虫口。在温室大棚,每平方米应用 80% 敌敌畏 0.35 mL 和 2.5% 敌杀死 0.05 mL 与消抗液 0.025 mL 混合,在密闭棚室的地面上,用两块砖架 1 块凹形铁皮,下面放上蜡烛点燃,倒入定量配制的药液,每公顷设 60~75 个点,使药液蒸发熏蒸棚室。也可用商品化的敌敌畏烟雾剂或 105 异丙威烟雾剂 750 g/hm²,成虫防治效果可达 90% 以上。

b. 喷雾:用背负式机动喷雾器的烟雾发生器,把农药药油剂雾化成直径 0.5nm 的雾滴,可长时间在无气流活动的空间悬浮,有利于防治隐蔽在叶背面或飞翔的害虫。

④药剂选择　可选择 50% 噻虫嗪小分散粉剂、1.8% 阿维菌素乳油、22% 氟啶虫胺腈(福特力)悬浮剂、5% 啶虫脒乳油、10% 氟啶虫酰胺水分散粉剂、22.4% 螺虫乙酯悬浮剂、20% 吡虫啉可溶液剂、25% 噻嗪酮(扑虱灵)可溶性粉剂、1.2% 苦参碱烟碱乳油、0.3% 印楝素乳油、棚虫畏(烟雾剂)等药剂。在实际应用上述药剂时时,通常以阿维菌和其他药剂混配使用,也可与一些拟除虫菊酯农药(例如 1.5% 精高效氯氟氰菊酯和 10% 高效氯氟氰菊酯)混配使用,可对成虫起到较好的触杀作用。各种药剂的用量,参考其在各种作物上的使用要求。

9.13 温室白粉虱

温室白粉虱［*Trialeurodes vaporariorum* (Westwood)］属半翅目粉虱科蜡粉虱属，是一种多食性的世界性害虫。温室白粉虱起源于南美的巴西和墨西哥一带，后随寄主植物传至美国和加拿大，再由此传入欧洲。20世纪60年代初，温室白粉虱传入西亚，70年代在印度和日本报道发现有该虫。目前温室白粉虱在南北美洲各国、夏威夷群岛、欧洲、非洲、亚洲西部、东南亚及整个大洋洲等均有分布。

在我国，20世纪40年代末在北京地区就有温室白粉虱分布的记载；20世纪60年代初在天津发现温室白粉虱，70年代迅速扩展到内蒙古一带，1976年在北京大暴发，并发展成为我国北方保护地和露地蔬菜的重要害虫；90年代在新疆、兰州等地也造成严重为害。目前已知该虫在我国的东北、华北、华东和西北近20个省份发生为害，在南方偶尔也能发现。

温室粉虱为害的寄主植物十分广泛，目前已知121科900多种，包括蔬菜、果树、花卉、观赏植物、中药材、大田经济作物等。受害最重的蔬菜主要是菜豆、番茄、黄瓜等。该虫以成虫、若虫集中在寄主叶片背面刺吸汁液，使叶片生长受阻变黄，影响植株正常发育。由于成虫和若虫能分泌大量蜜露，堆积于叶面和果实上，往往引起煤污病的发生，影响叶片正常的光合作用，造成叶片萎蔫，植株枯死。此外，温室白粉虱还能传播病毒病而造成间接为害。

9.13.1 形态特征

温室白粉虱的形态特征见图9-14。

(1) 成虫 雄虫体长约1.3 mm，雌虫体长约1.5 mm，淡黄色。触角7节；基部2节粗短，淡黄色；鞭节细长，褐色；各节有10个环纹，末端具1根刚毛。复眼哑铃形，红褐色。喙3节，口针细长，均褐色。翅覆盖白色蜡粉，前翅纵脉2条，1长1短，较长的一条脉在中部有一个极短的分叉；后翅纵脉1条；停息时左右翅合拢平覆于腹部上，不呈明显的屋脊状，通常腹部被遮盖。足基节膨大，粗短，跗节2节，具2爪。雄虫腹末的黑色阳具明显。

(2) 卵 长0.22～0.26 mm，宽0.06～0.09 mm。表面覆盖有较明显的蜡粉，顶部较尖，端部有卵柄插入叶片中。卵初产时呈淡黄白色，后逐渐变黑褐色，孵化前可透见2个红色眼点。

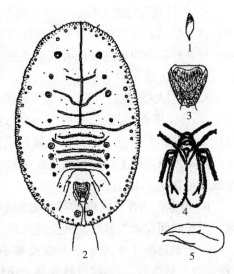

图9-14 温室白粉虱
1. 卵 2. 伪蛹 3. 管状孔 4. 成虫 5. 前翅

(3) 若虫 共4龄，椭圆形，扁平。1龄若虫体长0.29 mm，有发育完全的胸足和触角，可爬动，尾部有2根长的刚毛。2～4龄时均固定取食，胸足和触角消失，体长分别为0.38～0.45 mm、0.50～0.55 mm和0.65～0.75 mm。温室白粉虱若虫体缘有许多长短不一的蜡丝，蜡丝的长度可以达到体宽。

(4) 伪蛹 即 4 龄若虫的后半期,长 0.7~0.8 mm,椭圆形,乳白色或淡黄色,半透明。伪蛹壳边缘厚,蛋糕状,周缘排列有均匀发亮的细小蜡丝;背面亚缘区有 1 圈短小的蜡刺,排成放射状,另有几对粗而长的蜡刺分布在亚缘区小蜡刺之间及背盘上。尾部有 2 根长的刚毛。长蜡刺是伪蛹表面乳头状突起上蜡质的累积物,易断裂,往往个体之间有不同的数目,并且长蜡刺数目随寄主不同而改变。一般在无茸毛光滑的叶面的伪蛹,在背面无乳头状突起,也就无长蜡丝,且伪蛹体较大;在茸毛多的叶面则反之。皿状孔心形,侧面内缘具不规则池,盖片盖覆皿状孔的 1/2,舌状突短、轮廓呈三叶草状。

温室白粉虱和烟粉虱的形态区别见表 9-7。

表 9-7 温室白粉虱和烟粉虱的形态区别

虫态	温室白粉虱	烟粉虱
卵	卵初产时淡黄色,孵化前黑褐色。在光滑叶片上卵排成半圆形或圆形;在多毛叶片上卵散产	卵初产时白至淡黄色,孵化前琥珀色,但不变黑。卵散产在叶片上
若虫	体缘一般具蜡丝	体缘无蜡丝
伪蛹壳	壳边缘厚、蛋糕状,不向边缘扩展;周缘排列有均匀发亮的细小蜡丝;皿状孔心形,舌状突短、轮廓呈三叶草状	边缘扁薄、向边缘扩展;周缘蜡丝少或无;皿状孔长三角形,舌状突长匙状
成虫	体型较大;虫体黄色;前翅 1 条脉分叉,左右翅合拢较平坦	体型较小;虫体淡黄色到白色,前翅 1 条不分叉,左右翅合拢呈屋脊状

9.13.2 发生规律

(1) 生活史和习性 温室白粉虱在我国北方温室等保护地中 1 年可发生 10 余代,在北京可发生 9 代(包括冬季温室内发生的 3 代),世代重叠严重,以各虫态在温室内的寄主上越冬,在室外不能越冬。翌年春末夏初,气温升高,温室白粉虱可随着蔬菜或花卉的移栽、搬运转移到温室外面或由成虫飞出温室,成为大棚和露地作物上的虫源。从温室由点到面向四周扩散,由近及远,离温室愈近虫口密度愈大,随时间的推移,扩散范围越来越大。在北京郊区,4 月露地蔬菜开始出现成虫,但增长缓慢,7—8 月大量繁殖,8—9 月为害严重,10 月中下旬以后虫口数量逐渐减少,并开始向温室内转移,继续繁殖为害并越冬,从而完成全年的侵害循环。温室白粉虱进入温室内越冬的虫源主要有 3 条途径:a. 温室内混载的蔬菜,蔬菜收获后的残枝败叶以及温室周围的杂草上寄生有温室白粉虱;b. 露地寄主植物上的温室白粉虱成虫通过温室通风口、门窗或玻璃、纱网之间的缝隙进入温室;c. 蔬菜、花卉露地育苗时幼苗受温室白粉虱侵染,移栽时随寄主进入温室。

温室白粉虱的成虫羽化多集中在 7:00—9:00。成虫对黄色有强烈的趋性,但忌白色、银灰色、不善飞翔。成虫喜群集植株上部嫩叶背面为害和产卵,随着植株生长,成虫也不断向上部叶片转移。雌虫羽化后 1~3 d 产卵,产卵期较长。卵散产或排列成环状,卵柄插入寄主组织内,卵面覆盖有白色蜡粉。1 头雌虫产卵 100~500 粒。刚孵化的若虫,在叶背爬行活动数小时后,即固定在叶背刺吸为害。进入 2 龄后触角和足均退化,不再活动,营固定生活。这样植株上各虫态的分布形成一定规律，最上部的嫩叶上以成虫和初产的淡黄色卵为最多，稍下部叶片上多为初龄若虫，再向下为中老龄若虫，最下部叶片上伪蛹较多。各虫态历期因温度而异。在20～25℃时，卵期为6～8 d，若虫期为7.0～9.5 d，伪蛹期为5～6 d，成虫期为12～47 d。

(2) 发生与环境条件的关系　温室白粉虱生长发育的最适温度为20～28℃，30℃以上时，卵、若虫死亡率高，成虫寿命短，产卵量少，甚至不繁殖。所以夏季凉爽，冬天越冬环境较好的地区温室白粉虱发生较多。我国南方温室白粉虱发生较少，主要与夏季高温有关。20世纪70年代前，温室白粉虱在北方地区仅少数个体在适宜的环境中越冬，因虫口基数少而未造成对蔬菜生产的威胁；70年代后，随着冬季保护地栽培面积的扩大，温室中小生境的气候极有利于其繁殖和越冬，这是造成其大发生的主要原因。

温室白粉虱的天敌有中华草蛉、刻点小毛瓢虫、小花蝽、蜘蛛、长棒角蚜小蜂及一种真菌，但数量少，自然控制作用差，因此温室白粉虱的生存率很高。

9.13.3　虫情调查和预测预报

温室白粉虱在温室中由于温度适宜，发生数量呈指数曲线增长，在很短时间内就可以达到防治指标。据调查，在番茄上60 d和90 d的增殖倍数分别为240倍和3 500倍，所以蔬菜定植后要及时进行调查，加强检测。目前国内建议使用的防治指标，黄瓜和番茄为每叶10头或每株200～400头。成虫种群的消长可用黄板诱集法进行，田间虫口密度的调查则最好采用棋盘式或Z字形取样法。具体虫情调查和预测方法与烟粉虱的虫情调查和预测相同。

9.13.4　防治方法

对温室白粉虱的防治应以建立清洁温室、定植无虫苗为基础，结合使用黄板诱杀控制成虫，释放丽蚜小蜂防治若虫，必要时使用烟剂和高效低毒的选择性杀虫剂的综合治理措施。在北方温室大棚内，可人工繁殖释放丽蚜小蜂控制温室白粉虱，每隔两周放1次，共释放3次，丽蚜小蜂与温室白粉虱成虫比例达2∶1时，能有效控制温室白粉虱的为害。其他防治技术参考烟粉虱的防治方法。

9.14　侧多食跗线螨

侧多食跗线螨［*Polyphagotarsonemus latus*（Banks）］又称为茶黄螨、茶半跗线螨、白蜘蛛等，属蛛形纲蜱螨亚纲真螨总目绒螨目前气门亚目跗线螨总科跗线螨科。

侧多食跗线螨是世界性主要害螨之一，分布遍及世界各大洲的40多个国家，在我国分布于北京、天津、江苏、四川、浙江、湖南、湖北、广东、贵州、四川、台湾等地。其寄主有30多个科70多种植物，主要有茄子、辣椒、马铃薯、番茄、菜豆、豇豆、黄瓜、丝瓜、苦瓜、萝卜、蕹菜、芹菜、根用芥菜、叶用甜菜、木耳菜等，还有茶树、柑橘、烟草、棉花及菊属的多种观赏植物。近年来，侧多食跗线螨在茄子、辣椒、黄瓜等作物上发生普遍，已成为蔬菜上的主要害螨之一。

侧多食跗线螨以成螨和若螨集中在嫩尖、花、幼果等较幼嫩部位刺吸为害，因此又称为嫩叶螨。受害叶片变硬、变脆，呈现油质光泽或油浸状。受害重时，叶片背面变灰褐或黄褐色，边缘向下卷曲，嫩茎、嫩枝、嫩花、蕾变为黄褐色、木质化，顶部干枯。茄子受害后表面木栓化、龟裂，呈开花馒头状。青椒受害后，叶片变窄，僵硬直立，皱缩或扭曲畸形。黄瓜受害后，叶片边缘卷曲，受害稍重时叶片变黄褐色或浅褐色。由于螨体较小，肉眼难以观察识别，上述为害特征常被误为生理病害或病毒病。所以生产上必须根据其为害习性和为害症状加以准确判别。

9.14.1　形态特征

侧多食跗线螨的形态特征见图 9-15。

(1) 雌成螨　椭圆形，体长 0.21 mm，宽 0.12 mm。初化成螨时淡黄色，后渐变黄褐色半透明，沿背中央有白色条纹。须肢特化成为两层鞘状物将螯肢包围，形似口器，向上有倒八字裂纹，前后各具 1 对刚毛。额具毛 1 对，身体背面有 4 块背板，第 1~3 块背板各具毛 1 对，尾部具毛 1 对。第 1 对足跗节基部有棒状毛 2 根。第 4 对足纤细，跗节末端有 1 根鞭状刚毛比足长，亚端毛刺状。腹面后足体有 4 对刚毛。

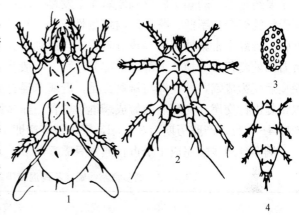

图 9-15　侧多食跗线螨
1. 雌成螨　2. 雄成螨　3. 卵　4. 幼螨

(2) 雄成螨　近六角形，体长 0.19 mm，宽 0.09 mm，淡黄色或橙黄色，半透明。体末端有 1 个锥台形尾吸盘，前足体有背毛 3~4 对，后足体有背毛 3 对，末体有背毛 2 对。体腹面，前足体有刚毛 3 对，后足体有刚毛 4 对，足强大。第 4 对足转节与腿节基部外侧略突，内侧削平，腿节末端具 1 个弯月状突，突基有 1 根相当长的内端腿毛。胫跗节弯曲，触毛与足等长。尾吸器圆盘状，形似荷叶，中间有 1 个圆孔与内部相通。尾部腹面有很多刺小突。

(3) 卵　椭圆形，体长 0.11 mm，宽 0.08 mm，灰白色。背面有 6 排白色突出的刻点，底面平整光滑。

(4) 幼螨　近椭圆形，有 3 对足，乳白色；腹末尖，具 1 对刚毛；前体透明，末体有明显的分节现象。

(5) 若螨　梭形，半透明。雄若螨瘦尖，雌若螨较丰满。末体分节消失，足 4 对。

9.14.2　发生规律

(1) 生活史和习性　侧多食跗线螨 1 年发生 20~30 代，在四川 1 年发生约 25 代，在江苏 1 年发生 20 多代，以雌成螨在避风的寄主植物的卷叶中、芽心、芽鳞内和叶柄的缝隙中越冬，在龙葵、三叶草等杂草上也可越冬。在热带及温室条件下，侧多食跗线螨全年都可发生，但冬季的繁殖力较低。

侧多食跗线螨在保护地蔬菜和露地蔬菜发生的时间差异较大。在北京地区，侧多食跗线螨在大棚内 5 月下旬开始发生，6 月下旬至 9 月中旬为盛发期，在露地蔬菜以 7—9 月为害最重,茄子发生裂果高峰在8月中旬至9月上旬;冬季主要在温室内继续繁殖和越冬,亦有少数的雌成螨在露地的叶用甜菜的根部越冬。在江苏扬州和重庆地区的辣椒上,侧多食跗线螨一般6月发生,为害盛期为7—9月,10月以后气温逐渐下降,虫口数量逐渐减少;翌年3月,越冬的雌螨开始向新抽发的嫩芽上转移,4月下旬到5月上旬在野外的龙葵草上发现该螨活动繁殖,以后逐渐向茄科植物和葫芦科植物上转移。

侧多食跗线螨在田间主要靠风传播,但成螨爬行也很敏捷,在田间往往先形成中心被害点,然后向四周扩散。侧多食跗线螨有强烈的趋嫩性,尤其喜在嫩叶背面栖息和取食。该螨一生要经过卵、幼螨、若螨和成螨4个发育阶段;主要营两性生殖,也行孤雌生殖,但未交尾受精的卵孵化率低,蔬菜地内雌雄性比为10.47:1。成螨较为活跃,特别是雄螨的活动性强。雄螨常常到处爬行寻找雌若螨,当遇到时,即用腹末锥台形的吸盘将雌若螨挑起,背负着四处爬行或向植株上部幼嫩部分迁移。一般背负1～2 h。被雄螨携带的雌若螨在雄体上蜕皮后变为成螨,并立即与雄螨交尾,若螨未经背负而化成的雌螨也可与雄螨交尾。雄螨可以重复进行交尾。交尾后的雌成螨继续取食。卵多散产于叶背、幼果凹处或幼芽上,一天可产卵4～9粒,产卵历期为3～5 d,平均每雌产卵17粒,多的可达56粒。

侧多食跗线螨完成1个世代通常只需5～12 d(表9-8)。

表9-8 侧多食跗线螨在不同温度下的发育历期(扬州,1987)

温度(℃)	卵期(d)	幼螨期(d)	若螨期(d)	产卵前期(d)	全世代(d)
18	5.21	1.69	1.79	3.38	12.07
22	3.75	1.16	0.89	2.38	8.18
26	2.94	1.02	0.65	2.08	6.69
29	2.65	0.98	0.54	1.60	5.77
32	2.38	0.63	0.48	1.17	4.66

(2)发生与环境因素的关系

①温度和湿度 温度和湿度是影响侧多食跗线螨种群消长的主要因素之一。其适宜发育的温度为18～32 ℃,相对湿度为80%～90%。高温、高湿有利其生长发育。相对湿度为80%～90%时的世代发育历期,28～30 ℃时为4～5 d,18～20 ℃时为7～10 d。温度太高对该螨有明显的抑制作用,气温超过35 ℃时卵孵化率显著降低,且幼螨和成螨的死亡率提高。据测定,34～35 ℃室温持续2～3 h后,若螨死亡率可达80%,成螨死亡率高达60%以上。温度对产卵有明显的影响。在25 ℃下,不管是日产卵量还是总产卵量都最大,日产卵量以15 ℃时最低,30 ℃时日产卵量居第2位。

侧多食跗线螨喜潮湿的环境条件,其卵的孵化要求相对湿度在80%以上。同时,高湿对幼螨或若螨的生存皆有利。因此保护地有利于发生,为害严重。

②食料 不同的食料对该螨增殖影响很大。据日本报道,茄子叶片上毛的数量和嫩老程度影响其增殖率,幼嫩而多毛的叶上产卵多,增殖力显著高;毛稀而老的叶片上产卵少,增殖率低,这与该虫喜集中栖息于植物生长点的习性是一致的。不同茄子果形对该螨的抗性也不同,表现为圆形裂果率较高,灯泡形次之,长茄形则受害相当轻。据原江苏农学院调查发现,青椒品种间侧多食跗线螨的为害存在明显的差异,例如"苏州蜜早椒"发生最重,"南

京早椒"发生较轻，"上海茄门甜椒""芜湖甜椒"和"早×甜"等品种发生中等。室内饲养也表明，以"苏州蜜早椒"饲养的侧多食跗线螨产卵量最高。

③ 天敌　目前已知侧多食跗线螨的天敌有食螨瓢虫、草蛉、食螨蓟马、钝绥螨、盲走螨、蜘蛛等，其中食螨瓢虫、钝绥螨抑制作用明显。

9.14.3　防治方法

(1) **清洁田园**　蔬菜收获后及时清除枯枝落叶，铲除田边杂草，以减少越冬虫源。早春特别要注意拔除茄科蔬菜田的龙葵、三叶草等杂草，以免越冬虫源转入蔬菜为害。温室的大棚蔬菜收获后，及时清除残枝落叶，集中烧毁，防止向露地蔬菜转移。

(2) **选栽抗螨品种**　在侧多食跗线螨为害严重的地区，注意选栽一些抗性品种，例如"南京早椒""早×甜"等青椒品种，"丰研1号"等茄子品种。

(3) **生物防治**　保护好天敌或释放德氏钝绥螨，能有效控制该螨的为害。

(4) **化学防治**　化学防治的关键是及早发现及时防治。每公顷可选用1.8%阿维菌素乳油300～450 mL、2.5%联苯菊酯乳油450～600 mL、5%氟虫脲乳油600～900 mL、73%克螨特乳油600～900 mL、15%速螨酮乳油900 mL、20%双甲脒乳油900 mL、20%复方浏阳霉素900 mL，兑水900 L喷雾，间隔10～14 d喷1次，连用2～3次。选用5%尼索朗乳油2 000倍液、15%哒螨酮乳油3 000倍液，效果也较好。喷药的重点是植株的上部，尤其是嫩叶背面和嫩茎，对茄子和辣椒还应注意花器和幼果上喷药。

(5) **冬季温室熏蒸**　在温室中可用溴甲烷或敌敌畏熏蒸，杀死幼螨和成螨。

9.15　猿叶甲

猿叶甲隶属于鞘翅目叶甲科，为害蔬菜作物的常见种包括大猿叶甲（*Colaphellus bowringi* Baly）和小猿叶甲（*Phaedon brassicae* Baly），在我国主要分布于江苏、安徽、湖北、浙江、湖南、福建、广州、台湾、四川、云南、贵州等地。它们均为十字花科蔬菜的重要害虫，主要寄主为白菜、芥菜、萝卜、芥蓝、西洋菜等。成虫和幼虫均以菜叶为食，致使菜叶成缺刻或孔洞，严重时将菜叶吃成网状，仅留叶脉，影响蔬菜的产量和品质。

9.15.1　生活史和习性

(1) **大猿叶甲**　大猿叶甲在长江流域1年发生2～3代，在内蒙古地区1年发生1～2代，以成虫在20 cm的土层中越冬。越冬代成虫5月中旬开始出蛰，成虫交尾产卵盛期在6月上中旬。第1代幼虫6月上旬始见，6月下旬至7月中旬为盛期；第1代蛹6月中旬始见，7月上旬至7月下旬为盛期；第1代成虫6月下旬始见，7月中旬至8月上旬为盛发期。只有10%的第1代成虫可产卵完成第2代。第2代卵7月上旬始见，7月中旬至8月上旬为盛期；第2代幼虫7月中旬始见，7月下旬至8月上旬为盛期；第2代蛹7月下旬始见，8月上中旬为盛期；第2代成虫8月中旬始见陆续羽化，取食后入土。成虫和幼虫都有假死习性，受惊即缩足落地。成虫有趋光性，能飞翔。卵一般成堆产于根际地表、土缝或植株心叶。幼虫共4龄，老熟幼虫在土表活动，并在表土下3～5 cm处做土室化蛹。

(2) **小猿叶甲**　小猿叶甲的寄主和生活习性与大猿叶甲基本相同，在南方常与大猿叶甲混杂发生，但成虫无飞翔能力。卵散产于叶基部，以叶柄上最多，幼虫喜集中于心叶取食。小猿叶甲在广州菜区1年发生5代，世代重叠现象严重，主要为害期在每年的5—6月和9—11月；在江苏则1年发生2代，3月下旬至7月上旬高温前及9月上旬至11月下旬，出现2次为害高峰；在浙江地区1年发生3代，成虫取食表现明显的寄主植物偏好性，在小白菜、菜薹、芥菜和甘蓝4种寄主植物同时存在时，芥菜为小猿叶甲的最嗜寄主，甘蓝为最不嗜寄主。

9.15.2 防治方法

猿叶甲一般不需单独防治，如需防治则可选择常规性农药，例如2%阿维菌素乳油1 000~1 500倍液+1%甲维盐1 000倍液混合液、40%氰戊菊酯乳油2 000~3 000倍液、50%辛硫磷乳油1 000~1 500倍液等。虫口数量少时，可在卵孵90%左右时，均匀喷雾防治1次。虫口数量大时，则可在卵孵30%和90%左右时，各防治1次。喷药时应从田边向田内围喷，以防成虫逃窜。此外，也可以采取一些农业防治措施，例如与非十字花科蔬菜合理轮作；清除菜地或植株落叶，铲除杂草，消灭其越冬场所和食料基地。播前深耕晒土，造成不利于老熟幼虫和蛹生活的环境。

9.16 棕榈蓟马

棕榈蓟马（*Thrips palmi* Kamy）属缨翅目蓟马科，别名为节瓜蓟马、瓜蓟马、棕黄蓟马，在我国主要分布于华南、华中各地，主要为害节瓜、冬瓜、苦瓜、西瓜和茄子，也为害豆科和十字花科蔬菜。此虫以成虫和若虫锉吸瓜、茄果类蔬菜的嫩梢、嫩叶、花和果的汁液，使被害叶片或组织老化变硬畸形，嫩梢僵缩，植株生长缓慢。为害叶片时主要在叶片的背面，茄子叶片受害后皱缩，背面形成失绿斑块，后呈棕黄色枯斑，叶脉变黑褐色；幼瓜和幼果受害后，表皮硬化、变褐或开裂，严重时造成落瓜；成瓜受害后瓜皮粗糙，有黄褐色斑纹或长满锈斑，使瓜的外观、品质受损，严重影响产量和质量。此外，棕榈蓟马还能以持久性的方式传播植物病毒，例如番茄斑萎病毒和花生黄斑病毒。

9.16.1 生活史和习性

棕榈蓟马在广东1年发生20多代，在广西1年发生17~18代，世代重叠，终年繁殖，繁殖力强，田间种群增长极快。3—10月为害瓜类和茄子，冬季取食马铃薯、水茄等植物。在广西早造节瓜上4月中旬、5月中旬及6月中下旬有3次虫口高峰期，以6月中下旬最烈。在广东5月下旬至6月中旬、7月中旬至8月上旬和9月为发生高峰期，以秋季严重。棕榈蓟马的发育适温为15~32 ℃，2 ℃时仍能生存，在胶东地区保护地蔬菜可常年为害，露地蔬菜7—9月为为害盛期。

棕榈蓟马的成虫活跃、善飞、怕光，有趋嫩绿的习性，多在瓜类嫩梢或幼瓜的毛丛中取食，少数在叶背为害，阴雨天、傍晚可在叶面活动。雌虫主要行孤雌生殖，偶有两性生殖。雌虫产卵期长，9—10月成虫寿命长达53 d，产卵期在30 d以上；而在8—9月日平均温度为20~31 ℃时，产卵期为12~14 d。卵散产于叶肉组织内，每雌可产卵30~70粒。初孵幼虫群集于叶片背面叶脉间为害，2龄若虫爬行迅速，扩散为害；3龄末期停止取食，落入表土"化蛹"。

9.16.2 防治方法

(1) 农业防治 清除田间残株、杂草，消灭越冬虫源。管理好苗床，培育无虫苗，控制蓟马虫源基数。采用营养土方育苗，适时移栽，避开为害高峰。加强水肥管理，使植株生长健壮，增强耐害力。定植前清除、烧毁田间及附近茄科植物，以减少虫源，防止扩散。

(2) 物理防治 露地和设施栽培的瓜田采用薄膜覆盖，可明显减少出土为害的成虫数量。棚室的通风口、门窗增设防虫网。根据蓟马成虫的趋蓝特性，每公顷悬挂300片蓝色粘虫板，规格为40 cm×25 cm，双面诱捕成虫效果好；也可悬挂黄色粘虫板进行诱杀。大棚设施栽培在换茬期间进行土壤消毒或夏季高温闷棚灭虫，减少蓟马转移到下茬作物上为害。

(3) 化学防治 药剂控制棕榈蓟马的关键是在瓜蕾期及时施药。可选用5%蚜虱净乳油、1.8%阿维菌素、10%吡虫啉可湿性粉剂、10%甲氰菊酯乳油、10%虫螨腈悬浮剂、0.3%苦参碱乳油等喷雾，应轮换交替使用。施药时要喷雾均匀，重点喷好嫩梢及叶片背面，施药后进行调查，有必要时间隔7～10 d再次施药。此外，也可用苗期灌根法防治：在幼苗定植前用内吸杀虫剂25%噻虫嗪水分散剂3 000～4 000倍液，每株用30～50 mL灌根，对蓟马类害虫具有良好的预防和控制作用。

9.17 瓜绢螟

瓜绢螟 [*Diaphania indica* (Saunders)] 又称为瓜螟、瓜野螟，属鳞翅目螟蛾科，分布于河南、江苏、浙江、湖北、江西、四川、贵州、福建、广东、广西、云南、台湾等地。该虫主要为害葫芦科植物，例如黄瓜、丝瓜、西瓜、苦瓜、节瓜、甜瓜，还可取食茄子、番茄、马铃薯、酸浆、龙葵、常春藤、棉、木槿、梧桐等。幼虫为害寄主的叶片，能吐丝把叶片连缀，左右卷起，幼虫在卷叶内为害，严重时仅存叶脉，甚至蛀入果实及茎部。

9.17.1 生活史和习性

瓜绢螟在广州1年发生5～6代，在南昌1年发生4～5代，以老熟幼虫或蛹在寄主枯卷叶中越冬。在广州地区，幼虫一般在4—5月开始出现，6—7月虫口密度渐增，8—9月盛发，以夏植瓜受害最重，10月以后虫口密度下降，11月后进入越冬期；在武汉地区以7月下旬至9月上旬为害最重；在河南也以夏秋季为害重。成虫白天潜伏在瓜叶丛中或杂草等隐蔽场所，夜间活动，趋光性弱。雌虫交配后即可产卵，卵散产或数粒在一起，多产在叶片背面，每雌可产卵300～400粒，卵期为5～7 d。幼虫孵化时，首先取食叶片背面的叶肉，被食害的叶片有灰白色斑块。幼虫3龄后即吐丝将叶片缀卷一起，躲在缀叶中为害，可吃光全叶，只剩叶脉，或蛀入幼果及花中为害，也可潜蛀瓜藤。幼虫较活泼，遇惊即吐丝下垂，转移他处为害。幼虫老熟后在被害卷叶内做白色薄茧化蛹，或在根际表土中化蛹。温度25～30 ℃时，幼虫期为9～14 d，蛹期为4～8 d。瓜绢螟喜高温湿润的气候环境，主要发生时期世代重叠现象严重，高龄幼虫具有较高的抗药性，且有缀叶或蛀入瓜内为害的习性，因此防治困难。

9.17.2 防治方法

(1) 农业防治 a. 瓜果收摘完毕后，将枯藤落叶收集沤埋或烧毁，以压低越冬虫口基数；b. 实行轮作制度，将瓜类蔬菜与玉米、花生、韭菜、芹菜等进行轮作，通过类似拆除桥梁田作用降低种群密度；c. 结合整枝，人工摘除无效子蔓、孙蔓的嫩叶及蔓顶，以及卷叶和基部老黄叶，降低田间卵、幼虫和蛹的发生数量。

(2) 生物防治 将所摘卷叶放在寄生蜂保护器中，可使害虫无法逃走，而寄生蜂能安全飞回田间。在天敌发生季节避免使用化学农药，保护利用拟澳洲赤眼蜂等天敌。

(3) 化学防治 掌握在幼虫孵化高峰施药。药剂可选用20%氯虫苯甲酰胺悬浮液、1.8%阿维菌素乳油、20%氰戊菊酯乳油、1.6亿活芽孢/g苏云金芽孢杆菌可湿性粉剂、0.36%苦参碱水剂等。

9.18 长绿飞虱

长绿飞虱［*Saccharosydne procera* (Matsumura)］属半翅目飞虱科，在我国分布很广，南起海南，北至黑龙江，东自沿海各地，西到四川和陇南，尤其在长江流域及其以南地区发生较为普遍。其寄主仅有茭白1种。长绿飞虱以成虫和若虫刺吸叶片，被害叶出现黄白色至浅褐色或棕褐色斑点，随后叶片从叶尖向基部逐渐变黄干枯，排泄物覆盖叶面形成煤污状，雌虫产卵痕初呈水渍状，后分泌白绒状蜡粉，出现伤口后失水，植株成团枯萎，成片枯死，受害严重的田块损失率可达80%以上，对茭白的产量和品质造成严重的影响。

9.18.1 生活史和习性

长绿飞虱在江苏、上海等地1年发生4~5代，以滞育卵在秋茭白或野茭白的枯叶中越冬。翌年4月初，茭白萌发后，越冬卵亦相继孵化，5月中旬越冬代成虫大量羽化，在春茭白上产卵繁殖，全年以7—8月发生的数量最多，故秋茭白受害比春茭白重。世代发生有重叠现象。

长绿飞虱成虫和若虫喜群集在嫩叶上及叶片中脉附近刺吸取食。成虫具有较强的趋光性，羽化后不久即能交尾。雌成虫产卵前期除越冬代外为3~4 d，每雌一生产卵最少26粒，最高259粒，多为109~209粒，产卵量随温度和食料条件而异。卵大多产在叶片中偏下方的中脉内，虫口密度大时，亦有产在叶鞘和老叶上。产卵时先用产卵管穿刺成圆形的产卵孔，然后将卵产于气腔内，一般每室1粒，少数2粒，卵数粒至十多粒排列成相对集中的卵块，卵孔上覆盖着白色蜡粉，抹去蜡粉，可见椭圆形的卵帽突出于表皮外，卵痕周围开始呈水渍状，后变褐色。长绿飞虱耐低温能力较强，对高温适应性较差，最适发育温度为24~28 ℃，在江淮流域以南地区，6—8月气温适宜与否，影响当年发生为害的轻重。

9.18.2 防治方法

(1) 农业防治 越冬卵孵化前及时处理茭白残株，是压低越冬虫源基数的有效措施。

(2) 化学防治 春茭在越冬成虫迁飞期防治1次；秋茭在越冬代迁飞期及第1代若虫高峰期连续防治2次，可以达到压前控后的效果。如在越冬代和第2代各防治1次，也可起到保产的作用。轮换使用噻虫嗪、噻嗪酮、啶虫脒等化学农药进行防治，每种药剂每季使用1次，交替轮换使用。此外，灯光诱杀、茭田养鸭、放置黄色粘虫板等措施也可以减轻虫害。

思 考 题

1. 为什么菜蚜、菜粉蝶和菜蛾春、秋两季发生重,夏季发生轻?
2. 菜蛾发生与寄主植物有何关系?在抗性地区如何提高化学防治的效果?
3. 烟粉虱大发生的原因是什么?防治应抓好哪些关键措施?
4. 调查附近菜地的蔬菜害虫种类及其发生为害和防治情况。
5. 当前蔬菜害虫的防治,农药残留超标是最大的问题,你有何合理化建议?

第 10 章

果 树 害 虫

我国果树害虫的种类有 1 000 多种，为害落叶果树及常绿果树中 30 多个树种，其中重要的果树害虫约有 80 多种。果树害虫按为害的果树可分为：a. 仁果类（苹果、梨、沙果、山楂等）害虫；b. 核果类（桃、李、杏、梅、樱桃等）害虫；c. 干果类（板栗、核桃、柿、枣等）害虫；d. 柑橘类害虫；e. 其他特种果树害虫。

由于我国自然地理和气候条件等的差异，各类果树有着明显的适应区域，果树害虫的种类组成极其复杂，即使属于广布种，在不同纬度其发生为害程度亦不尽相同。果树和其他农作物一样，在它生长、发育及果品运销、储藏过程都会遭受不同种类害虫的为害，因此，搞好果树害虫的防治工作，是提高果品产量和品质不可缺少的重要环节。

果园生态环境较为稳定，果树害虫的发生与农作物害虫有很大的不同，其特点是：a. 果园生态系中昆虫种类的组成相对稳定，害虫一经发生，每年就能经常发生为害；b. 果树一旦受害，不仅造成当年损失，往往影响以后几年的收成；c. 在外加措施的影响下，容易改变昆虫群落的结构，如不合理施用农药，能引起害虫的再猖獗，或使某些原属次要的害虫上升为优势种；d. 果园害虫的发生亦受到周围生态环境的影响，例如防风林周围的果树常会遭受某些森林害虫（例如舞毒蛾、天牛等）的侵袭；e. 引进天敌在稳定的果园生态系中，容易建立群落，能有效地抑制某些害虫的发生，例如引进澳洲瓢虫或大红瓢虫防治吹绵蚧、利用平腹小蜂防治荔枝蝽、释放日光蜂防治苹果绵蚜等，因而在果园中比较容易开展生物防治。这些特点在进行果树害虫综合治理和防治策略的设计时，必须加以密切注意。

由于果品是直接供人们鲜食，产值一般较高，对其品质和外观的要求常超过一般农产品，因而对果树害虫综合治理的要求更高。首先必须加强果园生态系统的研究，充分深入了解和掌握害虫和益虫的生物学特性、发生规律以及相互之间的消长动态，以便创造出更多更好的防治措施，丰富综合治理的内容，提高综合治理的水平。化学防治在现阶段依然是果树害虫防治的重要手段之一，但必须选用高效、低毒、低残留和具有选择性的农药，严格控制使用剂量和安全间隔期，并注意轮换用药，以保证果品符合安全标准，既能控制害虫在允许的密度水平之下，又能维护生态系统的良性循环。此外，在综合治理中，必须利用果园生态系统的特点，加强生物防治的研究，以充分发挥生物因素的控制作用。

10.1 大蓑蛾

蓑蛾，又称为袋蛾，属鳞翅目蓑蛾科。此类害虫种类较多，为害果树的主要有大蓑蛾（*Clania variegata* Snellen）、茶蓑蛾（*C. minuscula* Butler）和白囊蓑蛾（*Chalioides kon-*

donis Matsumura）3种。但发生最普遍和为害严重的为大蓑蛾。

大蓑蛾在我国分布于华东、中南、西南等地，主要为害梨、苹果、柑橘、桃、李、梅、枇杷、龙眼、葡萄等果树以及悬铃木、刺槐、枫杨、柳、榆、茶、油桐等林木，亦可为害玉米、棉花等农作物，在长江中下游地区常严重为害悬铃木、柳树等各种行道树，对城市绿化威胁很大。其幼虫取食为害叶片，还可啃食小枝的皮层和幼果，是果园、城市绿化、防护林、经济林的重要食叶害虫之一。

10.1.1 形态特征

大蓑蛾的形态特征见图10-1。

(1) **成虫** 体中型，雌雄异型。雄成虫体长15～20 mm，翅展35～44 mm；体和翅均暗褐色；触角双栉齿状，端部1/3处栉齿渐小；胸部背面有5条深纵纹。前翅2A和1A脉在端部1/3处合并，2A脉在后缘有数条分支，M_2与M_3脉之间，R_4与R_5脉基部之间有1个透明斑。后翅$Sc+R_1$脉在前缘有几条分支，这些分支和前翅2A脉在后缘的分支一样，但在各个体中数目有差异。后翅$Sc+R_1$脉间有1条横脉。

雌成虫体长22～30 mm，蛆形，足与翅均退化。体软，乳白色，表皮透明，腹内卵粒在体外可以察见。腹部第7节有褐色丛毛环。

(2) **卵** 椭圆形，长0.8 mm，黄色，块状，产在雌蛾护囊内。

(3) **幼虫** 共5龄。初龄幼虫黄色，少斑纹。3龄后能区别雌雄。雌性幼虫肥壮，老熟时体长32～37 mm。头部赤褐色，头顶部有环状斑。胸部背板骨化强，亚背线、气门上线附近具大型赤褐色斑，呈深褐和淡黄相间的斑线。腹部背面黑褐色，各节表面有皱纹，腹足趾钩缺环状。

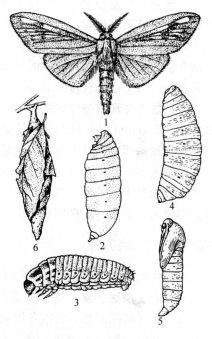

图10-1 大蓑蛾
1. 雄成虫 2. 雌成虫 3. 幼虫
4. 雌蛹 5. 雄蛹 6. 袋囊

雄性幼虫体较小，体色较淡，黄褐色，头部蜕裂线及额缝白色。

(4) **蛹** 雌蛹体长22～33 mm，枣红色，近圆筒形，胸部3节愈合，腹部第2～5节背后端各具1横列刺突。雄蛹细长，体长17～20 mm，胸背略凸起，腹部稍弯，每节后端具1列小刺突。

(5) **护囊** 护囊又称为皮囊或虫囊，枯枝色，纺锤形。成长幼虫的护囊长40～60 mm，囊外附有较大的碎叶片，有时附有少数枝梗。雌虫的护囊较雄虫的护囊大。

10.1.2 发生规律

(1) **生活史和习性** 大蓑蛾在华南地区1年发生2代，在长江中下游以1年发生1代为主，以老熟幼虫在护囊内越冬。越冬幼虫于次年5月上旬化蛹，5月中旬成虫盛发并交配产卵，卵在6月上旬孵化为幼虫，至11月上旬幼虫开始越冬。卵期为11~21 d，幼虫期为310~340 d；蛹期，雌蛹为13~26 d，雄蛹为24~33 d；成虫期，雌虫的12~19 d，雄虫的2~3 d。雌虫羽化后仍在护囊内，头向下，腹部向上，头部经常伸出护囊外，不断地分泌并释放性激素，引诱雄蛾进行交配。交配后雌虫即产卵于蛹壳内，卵堆积在一起，每雌产卵3 000~4 000粒，最高可产5 000余粒。雌虫产完卵后，从护囊末端落至地面死亡。初孵幼虫常在护囊内滞留3~5 d后，于10:00—14:00由护囊下口处蜂拥爬出，吐丝下垂后，靠风力扩散蔓延，4级风可顺风飘扬至500 m外。降落至适宜寄主后，幼虫即吐丝缀合碎叶片或少量小枝梗营造护囊，幼虫便隐匿于囊内，取食迁移时均负囊活动。幼虫具有明显的向光性，一般多聚集于树枝梢头为害。幼虫3龄后食叶呈穿孔或将叶片吃成仅留叶脉，7—9月幼虫进入老龄，食量增大，以果树受害最严重。越冬之前，多爬至果树树冠上部枝条末端，以丝束缠住树枝固定护囊，当第2年果树枝条生长增粗时，丝束处呈现明显的缢缩，幼苗期的主干，常因此极易断折。这为其他蓑蛾所少见。据观察，越冬幼虫抗寒能力很强。成虫羽化一般在傍晚前后，雄蛾在黄昏时刻较活跃，诱蛾试验表明，以20:00—21:00诱捕到的雄蛾为最多，约占全夜诱获量的80%。

(2) 发生与环境条件的关系 一般在干旱年份大蓑蛾最易猖獗成灾。6—8月降雨频繁，降水量在500 mm以上时不利于其发生，降雨后空气湿度大，影响幼虫生长及易引起疾病流行而大量罹病死亡，发生少；降水量在300 mm以下有可能会大量发生。在低矮的果树苗圃或幼龄果园内，常在局部地区或单株上虫口密度很大，造成点片猖獗，形成暴发为害中心。

大蓑蛾的天敌主要有螳螂、马蜂、蜘蛛、灰喜鹊、寄蝇、姬蜂、病毒等。其中以广腹螳螂、四斑尼尔寄蝇、灰喜鹊对幼虫的抑制作用较明显。

10.1.3 防治方法

大蓑蛾的防治一般采取园艺技术和防治相结合的综合治理。

(1) 人工摘除护囊 幼虫为害初期，虫口相对集中，护囊悬挂在果树枝叶上，易被发现，便于人工摘除护囊，尤以冬季和早春时节，树叶脱落，护囊明显，更容易采摘消灭。采摘时，要注意保护其中的寄生蜂等各种天敌。

(2) 化学防治 在幼虫孵化盛期或初龄幼虫阶段，幼虫尚未扩散前喷药的效果比较好。可选用90%敌百虫晶体100 mL、50%杀螟松乳油100 mL、80%敌敌畏乳油100 mL、50%马拉硫磷乳油100 mL、2.5%溴氰菊酯乳油50 mL、50%巴丹可溶性粉剂50~100 g、25%灭幼脲悬浮剂100 mL、兑水100 L喷雾。

喷药时以傍晚最好，因为幼虫活动多在傍晚，喷药后易接触药剂而提高防治效果。虫龄大后，喷药的浓度要适当增加，喷药量要多，必须使护囊充分喷湿。对点片发生的果园则宜挑治，消灭为害中心。在防治果树蓑蛾的同时，还要注意防治周围其他树木和防护林上的蓑蛾，以免扩散。

(3) 生物防治 Bt制剂喷洒防治，也可获很好的防治效果。

10.2 黄刺蛾

黄刺蛾[*Cnidocampa flavescens* (Walker)]属鳞翅目刺蛾科，俗称痒辣子、刺毛虫，

在国外分布于朝鲜、日本;在我国除甘肃、宁夏、青海、西藏和贵州不详外,其他各省份均有分布。其寄主植物有苹果、梨、桃、樱桃、柿、枣、杨梅、梧桐、油桐、桑、茶、樱花等22科52种。黄刺蛾以幼虫蚕食叶片,严重时叶片被吃殆尽,仅留叶柄和主脉。黄刺蛾幼虫及蜕均有毒毛,触及人体皮肤后引起红肿痒痛。

我国为害果树、城市园林树木及其他经济植物的刺蛾种类有58种,常见的有黄刺蛾、褐刺蛾、扁刺蛾、褐边绿刺蛾和丽绿刺蛾5种。黄刺蛾是其中发生普通、为害最重的种类之一。

10.2.1 形态特征

黄刺蛾的形态特征见图10-2。

(1) 成虫 雌蛾体长15~17 mm,翅展35~39 mm;雄蛾体长13~15 mm,翅展30~32 mm。橙黄色。前翅黄褐色,有1条细斜线自顶角伸向翅中室,斜线内方为黄色,外方为棕色,在棕色部分有1条褐色细线自顶角伸至后缘中部,中室部分有1个黄褐色圆点。后翅灰黄色。

(2) 卵 扁椭圆形,淡黄色,长约1.4 mm,宽0.9 mm。

(3) 幼虫 体粗壮,老熟幼虫体长19~25 mm。头部黄褐色,隐藏于前胸下。胸部黄绿色,体自第2节起,各节背线两侧有1对枝刺,以第3、4、10节的枝刺为大,枝刺上长有黑色刺毛。体背有紫黑色大斑纹,前后宽大,中部狭细,成哑铃形,末节背面有4个褐色小斑,体的两侧各有9个枝刺,体侧

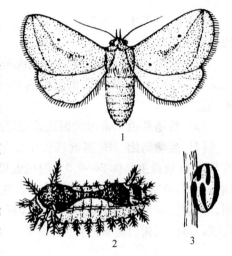

图10-2 黄刺蛾
1. 成虫 2. 幼虫 3. 茧

中部有2条蓝色纵纹,气门上线淡青色,气门下线淡黄色。胸足不明显,腹足退化,具吸盘。

(4) 蛹 椭圆形,体长约13 mm,淡黄褐色。石灰质茧灰白色,坚硬,茧壳上有暗色纵纹,形似雀蛋。

10.2.2 发生规律

黄刺蛾在辽宁1年发生1代,在长江中下游地区1年发生2代,以老熟幼虫在枝干上结茧越冬。在2代区,越冬幼虫于5月上中旬开始化蛹,5月下旬越冬代成虫开始羽化,6月上中旬盛发,延续到6月下旬。第1代幼虫在6—7月为害,为全年为害最重的世代,7月中下旬开始结茧化蛹,第1代成虫7月上旬至8月中旬羽化,8月上旬盛发。第2代幼虫在8—9月为害,9月底至10月结茧越冬。

黄刺蛾的成虫羽化多在傍晚,夜间活动,有趋光性,但不强。卵散产或数粒产在一起,在苹果树上卵多产在叶面上,在梨树上多产在叶背面,每雌可产卵49~67粒。幼虫一般白天孵出,初孵幼虫先取食卵壳,然后取食叶片下表皮和叶肉,形成圆形透明小斑,4龄时将叶片食成孔洞,5~6龄幼虫能将叶片吃光,仅剩下叶柄和主脉。幼虫共7龄,

低龄幼虫有群集为害习性,幼虫老熟后先吐丝缠绕树枝,然后吐丝和分泌黏液营石灰质茧,茧起初透明,可见到里面幼虫,后渐变坚硬,成虫羽化时顶开茧壳小圆盖而爬出。

据饲养,各虫态历期,成虫期为 4~7 d(平均温度 28.9 ℃),卵期为 5~6 d(27 ℃),幼虫期为 22~30 d(27.4 ℃),预蛹期为 12~16 d(32.6 ℃),蛹期为 15~18 d(29.4 ℃)。

黄刺蛾的天敌主要有寄生于茧内的上海青蜂和刺蛾广肩小蜂,据在安徽合肥调查,其寄生率分别达 58% 和 25%。其他天敌有姬蜂、寄蝇、赤眼蜂、步甲、螳螂等。天敌对发生量起到一定的抑制作用。

10.2.3 防治方法

(1) 人工灭虫 冬季或 7—8 月在被害树木附近采茧,集中投入寄生性天敌保护笼中,或敲毁虫茧。

(2) 药杀幼虫 可选用 20% 氰戊菊酯 25 mL、2.5% 溴氰菊酯乳油 25 mL、50% 杀螟松乳油 80~100 mL、50% 辛硫磷乳油 50~80 mL 等,兑水 100 L 喷雾。每公顷树冠覆盖面积,喷药液 2250 L。

(3) 灯诱杀虫 采用频振式杀虫灯可在害虫发生季节诱杀成虫。

(4) 生物防治 Bt 制剂(含 100 亿孢子/g 或 mL)125 g(或 mL),兑水 100 L 喷雾,若与 90% 敌百虫晶体 30~50 g 混用效果更好。采用苏云金芽孢杆菌 16 000 IU/mg 可湿性粉剂每公顷 300 g 加轻钙粉 30 倍喷粉,在水源缺乏地区和树木高大的情况下可以达到有效控制。大蓑蛾核型多角体病毒(粗提液稀释到 $1×10^6/mL$)和青虫菌(含 100 亿孢子/g)的混合液,每公顷树冠覆盖面积喷 3 000 L 左右,效果很好,能兼治大蓑蛾。

10.3 盗毒蛾

盗毒蛾[*Porthesia similis* (Fueszly)]属鳞翅目毒蛾科,又名黄尾白毒蛾、桑毒蛾,俗称桑毛虫、金毛虫,分布于欧亚各地,在我国分布于东北、华北、华东、华中、华南、四川、贵州、陕西、甘肃、青海和台湾。其寄主有桃、李、苹果、梨、梅、杏、柿、枣、樱桃等果树及榆、柳、枫杨、白杨等多种树木。盗毒蛾亦是桑树的重要害虫,在江苏、浙江、安徽等主要蚕桑区,常猖獗成灾。

盗毒蛾以幼虫为害嫩芽和叶片,为害重时能将全株叶片吃光,仅剩叶柄和叶脉。其幼虫体长毒毛,可随蜕散落或随风飞散。当人体接触毒毛时,就会引起皮肤红肿疼痛和淋巴发炎,严重时导致中毒。因此该虫不仅是果、桑、林木的害虫,还是一种重要的人体致病性害虫。

10.3.1 形态特征

盗毒蛾的形态特征见图 10-3。

(1) 成虫 雌蛾体长 18 mm,翅展 36 mm;雄蛾体长 12 mm,翅展 30 mm。全体白色。复眼黑色。触角双栉齿形,雄蛾的栉齿较雌蛾的为长。雌蛾前翅内缘近臀角处有 1 个褐色斑纹,雄蛾除此斑外,在内缘近基部常常还有 1 个褐色斑。雌蛾腹部粗大,末端具黄色毛丛;

雄蛾腹部细瘦，末端尖，第3腹节以后即生黄毛，末端毛丛短而少。

(2) 卵 扁球形，直径0.6~0.7 mm，珍珠灰色。卵块形状不定，多为长带形和长椭圆形，中央稍隆起，卵粒排列不规则，外覆有雌蛾腹部末端的黄色茸毛。

(3) 幼虫 老熟幼虫体长25~40 mm，头部黑色，胸腹部黄色。背线红色，亚背线、气门上线及气门线黑褐色，均断续。前胸背面有2条黑褐色纵纹，气门前方各有1个红色大毛瘤，上生黑色长毛，毛伸向前方，此外气门上

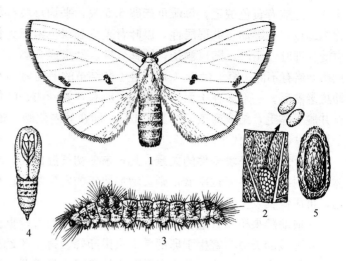

图10-3 盗毒蛾
1.雄成虫 2.卵 3.幼虫 4.蛹 5.茧

方及下方还有小毛瘤各1个。中胸、后胸及第1~8腹节在亚背线、气门上线、气门下线及基线上均各有毛瘤1个，中胸和后胸上的毛瘤均很小，腹部亚背线上的黑色毛瘤生有黑色长毛及松枝状白毛，以第1、2、8节上的较大，且显著隆起，合而为一。气门上线的毛瘤亦黑色，上生黑色及黄褐色长毛和松枝状白毛；气门下线上的毛瘤红色，基线上的毛瘤灰白色，其上均生灰白色长毛、第6、7腹节背面中央有红色盘状腺体。胸足和腹足外侧均为黑褐色。

(4) 蛹 体长9~11.5 mm，圆筒形，黄褐色，背面带褐色。胸部和腹部各节有幼虫期毛瘤遗迹，上生黄色刚毛。翅芽达第4腹节。雄蛹触角较宽而长，其末端约与中足末端平齐；雌蛹的触角较短，其末端仅约与前足基节平齐。臀棘较长，表面光滑，末端着生细刺1撮。茧长椭圆形，长13~18 mm，土黄色，茧层薄，其上附有幼虫毒毛。

10.3.2 发生规律

(1) 生活史和习性 盗毒蛾在内蒙古1年发生1代，在辽宁1年发生2代，在山东1年发生3代；在江苏和浙江以1年发生3代为主，间有发生不完全的4代；在江西1年发生4代；在广东1年发生6代；以3~5龄幼虫在枝干缝隙中和枯叶上结茧越冬。翌年早春，当日平均气温升至10.5℃、最高气温达16~17℃（江苏和浙江在4月初，江西在5月中下旬）时，越冬幼虫开始破茧而出，食害嫩芽和嫩叶。在1年发生3代区，越冬代幼虫5月化蛹，成虫6月上旬羽化，第1代幼虫在6月中旬盛发，第2~3代幼虫分别在8月上旬和9月中旬盛发，为害果、桑、林木夏秋叶片，10月中旬至11月中旬幼虫寻找适合场所结茧越冬。

盗毒蛾的成虫羽化以傍晚最盛，羽化后多栖息在附近的浅土中及树缝裂隙内，白天停伏于叶片间，傍晚飞翔，有趋光性。雌蛾羽化后当晚至次晨6:00前交尾，一生多交尾1次；雄虫可多次交尾。雌虫产卵前期平均为2~7 d，产卵期平均为7.5 d，交尾后的当天晚上产卵量即可达总量的64.3%，也有当天产完卵的。卵产在枝干上及叶片背面，数十粒聚集成

块状，上盖有黄色绒毛。每雌可产卵 6.5 块，平均每块有卵 200～558 粒。卵经历 4～7 d 孵化为幼虫。初孵幼虫有群居性，以叶背表皮和绿色组织为食，4 龄后分散取食形成缺刻。幼虫受惊即吐丝下垂，随风飘扬，转移分散。幼虫经 7 龄（间有 6 龄和 8 龄）而化蛹。各代幼虫历期略有不同，第 1 代 26 ℃时，经 6 龄结茧的平均为 27.3 d，经 7 龄结茧的平均为 33.5 d。幼虫老熟后，一般多在土面结茧化蛹，亦有在卷叶内、叶背上或裂隙中化蛹的。化蛹前先吐丝并脱下体毛，结成薄茧，结茧 1 d 后，即在其内化蛹。蛹期，第 1 代平均为 11 d，第 2 代平均为 9 d，第 3 代平均为 17.5 d。

（2）发生与环境条件的关系 凡秋末冬初气温偏高，幼虫取食时间延长，越冬推迟，虫体壮实耐寒，越冬死亡率低，则会增加翌年的发生基数；卵期如遇连续大雨，对卵有冲刷作用，可压低其发生量。

一般幼龄果树及管理粗放的果园发生普遍，为害较重。

盗毒蛾的天敌有寄生于卵的桑毛虫黑卵蜂、寄生于幼虫的桑毛虫绒茧蜂和矮饰苔寄蝇、寄生于蛹的大角啮小蜂，其中以桑毛虫绒茧蜂为最重要。此外，盗毒蛾还受到桑毛虫多角体病毒的感染。

10.3.3 防治方法

（1）清洁果园 秋季清扫果园落叶，剪除虫害枝条，结合春季刮树皮，清除越冬幼虫。

（2）诱杀 幼虫蛰伏越冬前束稻草于树干上，诱集越冬幼虫，翌年 3 月幼虫尚未活动前，把稻草解下，集中处理时注意保护寄生天敌，以利继续繁殖。

（3）人工捕杀 结合果园管理操作，摘除卵块和蛹茧，放在寄生蜂保护器内，以利天敌飞出。此外，低龄幼虫群集阶段，可进行人工捕杀。

（4）化学防治 在发生严重的桑园实行分区采叶，轮换用药灭虫；或于各代养蚕用叶结束后喷药防治。药剂可选用 50% 辛硫磷乳油 1 000 倍液或 80% 敌敌畏乳油 1 500 倍液喷雾；也可选用 Bt 可湿性粉剂（含 100 亿孢子/g）125 g、20% 氰戊菊酯乳油 25 mL、24% 米螨悬浮剂 40～80 mL，兑水 100 L 喷雾。此外，也可喷洒多角体病毒，掌握在 2 龄幼虫高峰期施用，每公顷剂量为 $6×10^7$ 个多角体病毒，但应注意对 4 龄后幼虫防治效果较差。也可通过人工饲养感染接种获得病死虫，每公顷 150～300 头病死虫，加水 225 L，用超低量喷雾器喷雾，或加水 450 L 进行常规喷雾，能取得较好的防治效果。

10.4 顶梢卷叶蛾

顶梢卷叶蛾［*Spilonota lechriaspis* Meyrick］又名芽白小卷蛾，属鳞翅目小卷叶蛾科，是我国苹果产区普遍发生的害虫，分布于东北、华北、西北、华东及华中地区。顶梢卷叶蛾主要为害蔷薇科中的苹果属及梨属的果树。苹果属中的苹果、海棠、山荆子、花红、榛子和柰子，梨属中的洋梨、白梨系统各品种均能被害。

10.4.1 形态特征

顶梢卷叶蛾的形态特征见图 10-4。

（1）成虫 体长 6～8 mm，翅展 12～14 mm，全体银灰褐色。翅基部 1/3 处及翅中部有

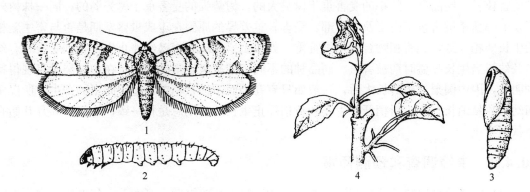

图 10-4　顶梢卷叶蛾
1. 成虫　2. 幼虫　3. 蛹　4. 被害状

1 条暗褐色弓形横带，后缘近臀角间具有 6~8 条黑褐色平行短纹。两前翅合拢时，后缘的三角形斑合为棱形。

(2) 卵　乳白色，扁椭圆形，长径 0.7 mm，短径 0.5 mm。卵壳上有明显的多角形横纹。散产。

(3) 幼虫　长 8~11 mm，污白色。头部枣红色或暗棕色至黑色，前胸背板及胸足暗棕色至黑色。

(4) 蛹　体长 6~8 mm，黄褐色，纺锤形。

10.4.2　发生规律

顶梢卷叶蛾在辽宁、山东青岛和山西 1 年发生 2 代，在黄河故道地区（河南豫东地区、江苏徐州地区、安徽宿州和淮北等地）1 年发生 3 代，在北京地区 1 年发生 3 代，以 2~3 龄幼虫主要在枝梢顶端的卷叶团中结茧越冬，少数在侧芽和叶腋上越冬，一般 1 个卷叶团中只有 1 头幼虫。越冬幼虫于早春苹果树发芽时出蛰为害嫩叶，开始大部分转移至顶部第 1~3 芽内，并且越是活动前期，幼虫越接近顶芽。越冬幼虫为害时可将数片叶卷在一起，并吐丝缀连叶背绒毛做巢潜伏，以后逐渐向下扩展。越冬代幼虫转害春梢至 5 月末，6 月上旬老熟，即在卷叶内做茧化蛹。第 1 次成虫（越冬代成虫）出现在 6 月，成虫喜欢糖蜜，略有趋光性，白天不活动，藏在叶被或者荫蔽的枝条上，晚间活动、交尾、产卵。卵散产，主要产在叶片上，以绒毛多的叶背上居多，而且选择在当年生枝梢中部的叶片上。卵期约为 6~7 d。幼虫孵化后爬至梢端，卷缀嫩叶为害，并吐丝缠缀从叶背上啃下来的绒毛做茧，幼虫取食时身体探出茧外食害嫩叶。第 1 代幼虫是为害苗木最严重的时期，第 1 代成虫出现在 7 月，第 2 代成虫出现在 8 月，继续产卵繁殖。幼虫为害至 10 月中下旬，即在顶梢卷叶团中做茧越冬。

顶梢卷叶蛾以幼虫为害，主要为害枝梢嫩叶，把嫩叶紧缀一起成团，也能为害嫩梢，生长点被害后新梢歪至一边，阻碍和延缓新梢正常生长发育，对苹果幼树提前结果、早期丰产、苗木的快速育苗和结果树的产量都有很大的影响。一般地说，苹果属比梨属受害重。梨属中洋梨比中国梨受害重。不同品种或同品种不同树龄、不同树势及同一株树不同部位的新梢受害程度都有差异。苹果品种中以"小国光""元帅"受害较重，"红玉""大旭""倭锦"

则受害较轻。同品种树龄小的受害重于树龄大的，树势强的受害重于树势弱的；同一株树外层及上部新梢被害重于内层及中下部。受害轻重差异的原因在于成虫盛发期是否与寄主新梢的生长期相一致，二者相吻合时则被害重，如成虫盛发期新梢已经停止生长，则受害轻。幼苗及幼树当生长旺盛时期被害重。同品种的不同树龄被害轻重的差别，在中国梨上表现得特别明显，因中国梨当树龄长大后，一般如只有春梢而不抽秋梢就不适于此虫的寄生。所以田间幼虫数量消长与寄主新梢开始生长和新梢停止生长的时期总是相一致，一般自6月开始直至秋季为止。

10.4.3 虫情调查和预测预报

（1）越冬幼虫出蛰期的预测 出蛰期为防治第1个关键期，可在上一年发生较多的果园进行调查。从4月中下旬开始，每隔2 d随机取样调查1次枝梢、侧芽以及叶腋上越冬茧变化情况，每次调查茧数不少于100个，调查虫茧及空茧数，计算出各自所占比例。

（2）成虫发生动态调查 6月上旬开始在果园内悬挂糖醋盆进行诱蛾，至诱不到成虫时结束。每天早晨观察记载盆中成虫数并剔除。

10.4.4 防治方法

根据顶梢卷叶夜蛾发生规律，应采用人工和药剂相结合、防治成虫和防治幼虫相结合的策略，重点消灭越冬代和第1代低龄幼虫，保护春梢和减少后期虫口密度。

（1）农业防治 人工防治结合冬季修剪，彻底剪除虫梢，集中烧毁或深埋。越冬代成虫羽化前再剪除1次，同时可以进行人工捕捉。第1代幼虫发生整齐，虫苞明显，此时可及时发现虫苞和卵块并捏杀苞内初孵幼虫和苞内大龄成虫。

（2）物理防治 可在成虫羽化期用糖醋液、黑光灯配合性引诱剂、粘虫板诱杀。

（3）化学防治 化学防治的关键时期为越冬幼虫出蛰转移期，即在第1代卵盛期、卵孵化盛期和卷叶前喷药。可选用的药剂有：5%甲维盐水分散粒剂4 000～5 000倍液、15%茚虫威悬浮剂2 000～3 000倍液、200 g/L氯虫苯甲酰胺5 000～6 000倍液、50%辛硫磷乳剂1 500倍液、50%杀螟松乳剂1 000倍液、拟除虫菊酯类药剂4 000～6 000倍液。

（4）生物防治

①植物源药剂　0.5%楝素乳油（蔬果净），幼虫2～3龄期喷布750～1 000倍液；0.88%双素碱水剂，幼虫1～3龄期300～400倍液喷雾。

②Bt-15A3（苏云金芽孢杆菌科默尔亚种）　可湿性粉剂2 000～2 500倍液或水悬剂200～400倍液或菌粉200倍液，喷施1～2龄幼虫。

③人工释放寄生蜂　在卵前至卵期，于晴朗无风、湿度较小天气释放赤眼蜂。

10.5 蚧类

蚧类，即介壳虫，是一类特殊的害虫，发生的种类很多，均属半翅目蚧总科。介壳虫食性复杂，除为害果树外，还害及茶、桑、核桃等经济林木以及园林观赏树木和花卉植物，现已上升为果、林和观赏植物的重要害虫。介壳虫的若虫活动期短，雌虫通常体被各种粉状、絮状蜡质分泌物或覆盖有各种形状的介壳，一般药剂对它杀伤力低，一旦发生，难以防治，且介壳虫多随果树苗木等的调运而传播。因此严格执行检疫制度是防止蚧虫蔓延扩散的一项重要措施。

10.5.1 桑盾蚧

桑盾蚧[*Pseudaulacaspis pentagona* (Targioni-Tozzetti)]又名桑白蚧、桑介壳虫、桃介壳虫等,属盾蚧科,在我国华北、华中、华东、华南等地均有分布;其寄主有桃、梨、苹果、柿、桑、茶、槐、枫、苦楝、柑橘、杏、樱桃、葡萄、巴旦木、花椒等多种树木,果树以为害桃树较为严重。雌成虫和若虫群集固着在枝干上吸食汁液,严重发生时,全树枝干遍布白色介壳,并重叠成层,造成枝条表面凹凸不平,枝条萎缩干枯,树势衰弱,甚至全株枯死。桑盾蚧发生后如不及时防治,可将桃园毁灭。此外,近年来桑盾蚧在冀东地区为害大樱桃日益加剧。

10.5.1.1 形态特征(图10-5)

(1) 介壳 雌介壳近圆形,直径2.0~2.5mm,灰白色;背面隆起,有明显的螺旋纹;壳点黄褐色,位于介壳正面中央稍偏旁。雄介壳长条形,长约1mm,白色,背面有3条纵脊;壳点橙黄色,位于介壳的顶端。

(2) 雌成虫 宽卵圆形,扁平,体长约1mm,橙黄色或橘红色。腹部分节明显,分节线较深。臀板较尖,臀叶3对,中对最大而呈近三角形,第2~3对臀叶分为2片,第2臀叶内瓣明显,外瓣较小;第3臀叶退化而短。肛门位于臀板中央。围绕生殖孔有5群盘状腺孔,称为围阴腺,上中群17~20个,上侧群27~48个,下侧群25~55个。

(3) 雄成虫 纺锤形,体长0.65~0.70mm,翅展1.3mm左右,橙色至橘红色。触角念珠状,约与体等长。仅有1对前翅。腹部长,末端尖削,端部具针状交配器。

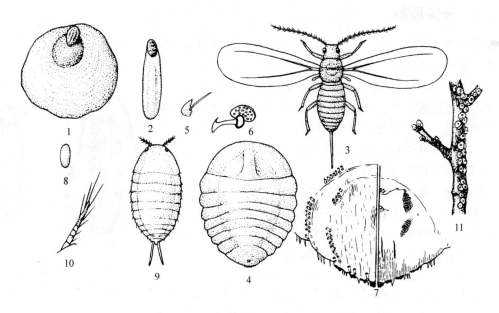

图10-5 桑盾蚧
1. 雌介壳 2. 雄介壳 3. 雄成虫 4. 雌成虫背面 5. 雄成虫触角 6. 雄虫气门
7. 雌虫臀板及其边缘放大 8. 卵 9. 若虫背面 10. 若虫触角 11. 被害状

(4) 卵 椭圆形，长径约 0.25 mm，淡橙黄色。

(5) 若虫 共 2 龄，扁卵圆形，体长约 3 mm，初孵若虫淡黄褐色。眼、触角和足俱全，能爬行。腹部末端具尾毛 2 根。蜕皮后眼、触角、足、尾毛均退化或消失，并开始分泌介壳，营固定寄生生活。

10.5.1.2 发生规律

桑盾蚧的每年发生代数因地而异，在新疆 1 年发生 2 代，在长江中下游地区 1 年发生多为 3 代，以受精雌成虫在枝条上越冬。翌年 3 月下旬雌成虫继续为害并孕卵，4 月中下旬开始产卵，卵产于母体介壳下。4 月下旬若虫开始孵化，孵化盛期约在 5 月上旬。初孵若虫善爬行，并能随风传播，多分散到 2~5 年生枝条上固着取食，以分叉处和阴面较多，经 5~6 d 后，分泌白色蜡状物，渐成介壳。雄虫喜群集，雌虫则分散。6 月上中旬成虫羽化，6 月下旬产出第 2 代卵，卵期为 10 d 左右，7 月上旬为第 2 代若虫发生期，8 月上中旬第 2 代成虫出现，并产出第 3 代卵，9 月上旬若虫始现，为害至 10 月上中旬第 3 代成虫出现。雌雄交配后，雄虫很快死亡，雌虫为害至深秋，随后在桃树枝干上越冬。第 1~2 代若虫孵化较整齐。第 1 代雌成虫产卵量较低，平均每雌产卵 50 粒左右，而越冬代雌虫产卵量较高，平均每雌产卵上百粒。一般新感染的桃树，雌虫数量较大，发生已久的植株雄虫数量渐增，雄介壳密集重叠，桃枝条上似挂一层棉絮。如初孵若虫分散转移时降暴雨，可冲刷掉大量若虫而减轻为害。越冬雌虫的死亡率因地而异，但死亡率高低与桑盾蚧栖息部位有关，一般枝干北面的死亡率比南面的高。此虫发生期不甚整齐，给化学防治带来一定难度，各地应注重预测预报，可以考虑分期挑治的办法。

桑盾蚧天敌主要有软蚧蚜小蜂、红点唇瓢虫等。其中红点唇瓢虫捕食能力强，是控制桑盾蚧的有效天敌。

10.5.2 矢尖盾蚧

矢尖盾蚧 [*Unaspis yanonensis* (Kuwana)] 属盾蚧科，在欧洲、亚洲、美洲都有分布；在我国柑橘产区普遍发生，并且日趋严重，以四川、浙江、福建尤为严重。柑橘树的枝、叶、果实均可受害，枝、叶被害后严重失绿；果实受害后影响成熟度和着色，虫体附近的果皮常绿色，商品价值受影响。大发生时，柑橘叶片干枯卷缩，成片毁园。

10.5.2.1 形态特征（图 10-6）

(1) 介壳 雌虫介壳细长，长 2~3 mm，深褐色；前端尖狭，后端宽圆，中央有 1 条明显纵脊，两面倾斜，形似屋脊；蜕皮 2 个，位于前端。雄虫介壳白色，长方形，两侧平行，壳背有 3 条纵脊；蜕皮 1 个，位于前端，淡黄褐色。

(2) 雌成虫 长形，体长 2~5 mm，橘黄色。胸部长，腹部短，前胸与中胸分节明显。第 1~2 腹节边缘突出。臀板上有臀叶 3 对，中央 1 对臀叶较大，且陷在臀板尾洼内，其内缘有小齿刻，第 2~3 对臀叶皆分裂为 2 瓣。臀缘上有缘管腺 7 对，背管腺较小而多，排列不整齐。

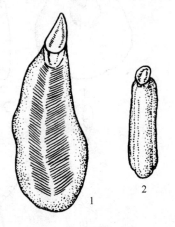

图 10-6 矢尖盾蚧
1. 雌虫介壳 2. 雄虫介壳

(3) 雄成虫 体长约 0.5 mm，橘黄色，翅 1 对，腹部末端具针状尾器。

(4) 卵 椭圆形，长约 0.2 mm，橙黄色。

10.5.2.2 发生规律

矢尖盾蚧 1 年发生 3 代，主要以受精雌成虫越冬，少数以若虫越冬。在柑橘树冠中，矢尖盾蚧主要分布在树的东、西方位，树的中下层及内膛，尤以树的下层越冬活蚧数和成活率最高。次年 5 月中下旬产卵，第 1 代若虫 5 月下旬开始孵化，多在老叶上寄生。第 2 代在 7 月中下旬出现，大部分寄生于新叶上，一部分寄生在果实上。第 3 代在 9 月上旬发生，在叶片和果实表面为害。成虫于 10 月发生，每雌成虫产卵量为 130～190 粒，卵产于母体下。矢尖蚧第 1～2 代的历期约 2 月，第 3 代可达 8 月以上。矢尖盾蚧的天敌主要有金黄蚜小蜂、矢尖蚧蚜小蜂、瓢虫、草蛉等。

10.5.3 吹绵蚧

吹绵蚧（*Icerya purchasi* Maskell）又名棉团蚧、白条蚧，属硕蚧科，为柑橘上的重要害虫。其原产地为大洋洲，现广布于热带、亚热带和温带较温暖的地区，我国除西北地区外，各地均有发生。其寄主植物超过 250 种，除柑橘外，还为害苹果、梨、桃、葡萄等果树，及桂花、梅花、广玉兰、牡丹、蔷薇、米兰等观赏树木和花卉。吹绵蚧以若虫和成虫群集于寄主叶背、嫩梢及枝干上刺吸为害。被害处，初呈黄绿色小点，逐渐扩大成黑斑，或使叶片发黄、枝梢枯萎，引起落叶、落果、树势衰弱，甚至全株枯死。其排泄物蜜露诱发煤烟病，使枝条、叶片表面盖上一层煤烟状黑色物，影响光合作用。

10.5.3.1 形态特征（图 10-7）

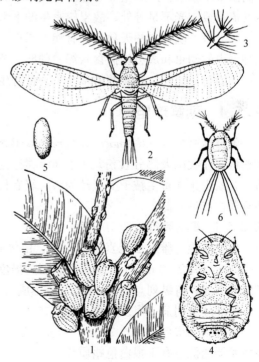

(1) 成虫 雌虫椭圆形，体长 5～7 mm，橘红色。腹面扁平，背面隆起，生有许多黑色短毛。无翅，触角和足均黑色。腹部背面附有白色半卵形卵囊，初时甚小，后随产卵而增大，卵囊上有隆脊 14～16 条。

雄成虫体长约 3 mm，橘红色。触角黑色，具环状毛。前翅发达，紫黑色，后翅退化成平衡棒。腹部末端有 2 个突起，其上各有长毛 3 根。

(2) 卵 长椭圆形，长约 0.7 mm。初产时橙黄色，后橘红色，密集于卵囊内。

(3) 若虫 雌若虫 3 龄，雄若虫 2 龄。初孵若虫的触角和足发达。体裸露，呈椭圆形，橙黄色，腹末有 6 根细长毛。随着龄期的增长，体色变深，2 龄时可区别雌雄，雄虫体长而狭，颜色亦较鲜明，体上蜡粉较少。

(4) 雄蛹 体长约 3.5 mm，橘红色，被白色薄蜡粉。茧白色，长椭圆形，由白色疏松的蜡丝组成，可透见蛹体。

图 10-7 吹绵蚧
1. 雌成虫和若虫 2. 雄成虫 3. 雄成虫触角的第 1 节
4. 雌成虫腹面 5. 卵 6. 1 龄若虫

10.5.3.2 发生规律

(1) 生活史和习性 吹绵蚧每年发生代数因地区而异,在我国南方及四川东南部1年发生3~4代,在华北1年发生2代,在长江流域1年发生2~3代,大多以若虫及雌成虫在枝条、叶背和树干上越冬,世代重叠严重。第1代成虫5—6月发生,第1代若虫盛发期在5月下旬至6月上旬;第2代成虫7—8月发生,第2代若虫盛发期在8月中旬至9月中旬;第3代则继续繁殖到10月间。其中第1代为害最重。雌成虫行孤雌生殖繁殖后代,初孵若虫在卵囊内经一段时间开始分散活动,若虫每蜕皮1次,换居1次。1龄若虫多向树冠外部迁移,一般定居于新叶背面主脉两侧。2龄后若虫逐渐移至枝干阴面、果梗等处群集为害。雌成虫固定后终生不再移动,从腹部侧面的泌蜡孔分泌蜡质形成卵囊,边分泌蜡质边产卵,卵囊发育至产卵需要2~3周。每雌产卵数百粒,多者达2000粒左右。卵期在春季为14~26 d,在夏季为10 d左右。雌虫寿命约为60 d,其中产卵期为30 d以上;若虫期,夏季为50 d左右。雄若虫行动较活泼,经2次蜕皮后,口器退化,在枝干裂缝或树干附近松土、杂草中做白色薄茧化蛹,蛹期约为7 d。在自然条件下,雄虫数量极少,越冬代雄虫稍多。

(2) 发生与环境条件的关系

①气候 吹绵蚧喜温暖高湿,生长繁殖最适宜温度为25~26 ℃,天热对其不利,温度高达39 ℃即死亡。据湖南黔阳多年观察,每年4—5月气温在20 ℃左右,湿度较大时,越冬代雌虫产卵量最大;温暖而多雨的5—6月繁殖最快,是全年发生为害的高峰期;7月以后高温干旱季节,产卵量显著减少,成虫和若虫密度骤减。介壳虫类性喜生活于阴湿及空气不甚流通或阳光不足等处,故果树密生的下部叶片上寄生较多。

②天敌 吹绵蚧的天敌主要有澳洲瓢虫、大红瓢虫、小红瓢虫、红缘瓢虫等。其中前面两种瓢虫的幼虫和成虫均捕食吹绵蚧的卵、若虫和成虫。在瓢虫数量多的情况下,能在短期内控制为害。此外,还有两种草蛉及一种寄生菌。

10.5.4 朝鲜球坚蚧

朝鲜球坚蚧(*Didesmococus koreanus* Borchs.)又名杏球坚蚧、桃球坚蚧、树虱子,属蜡蚧科,在我国大部分省份均有分布。寄主主要有桃、杏、梅、李等核果类果树。以雌成蚧、若蚧密集在寄主枝干上吸汁为害,轻者枝干发育不良,受害严重时,造成枝条枯死,树势衰弱,产量降低。

10.5.4.1 形态特征(图10-8)

(1) 成虫 雌成虫无真正的介壳,由体背、体壁膨大硬化而成伪介壳。近球形,直径3~4 mm,高2~3 mm。初期介壳软而黄褐色,后期硬化而红褐色至黑褐色,有光泽,背面皱纹不明显,有纵列点刻3~4行,或不成行。腹面与枝条接合处有白色蜡粉。体腹面淡红色,腹部体节明显,足及触角正常存在。

雄成虫赤褐色,体长2 mm,有发达的足和一对前翅,翅半透明,翅脉简单。腹部末端外生殖器两侧各有1根白色蜡质长毛。

(2) 卵 长椭圆形,底面略平,长约0.5 mm,粉红色,半透明,附着1层白色蜡粉。

(3) 若虫 共3龄。初孵时椭圆形,极扁平,体长0.5 mm左右,淡粉红色;腹部末端有2根细毛;活动力强,固着后的若虫体背覆盖丝状蜡质物。越冬后的若虫体椭圆形,体背深褐色带黑褐色,并有龟甲状纹,上被1层极薄的蜡粉。雌若虫体长2 mm,体背有若干黄白色、黑褐色相间的横纹。雄若虫略瘦小,体表近尾端1/3处有两块黄白色斑纹。雄性末龄若虫体表面的蜡壳长椭圆形,表面光滑,长约1.8 mm,宽约1 mm。近化蛹时,蜡壳与虫体分离。

(4) 蛹 体长1.8 mm,裸蛹,赤褐色,腹末有1对黄褐色的刺突。

10.5.4.2 发生规律

(1) **生活史和习性** 1年发生1代,以2龄若虫在枝条的缝隙、叶痕处或枝条上覆盖的白色蜡层下越冬。翌年3月上中旬越冬若虫开始活动,从蜡堆里的蜕皮中爬出,另觅固着地点,喜群集在枝条上为害。若虫爬行期是防治的关键时期。4月上旬虫体固定,排泄黏液,雌雄开始分化。雌虫体背渐膨大;雄若虫

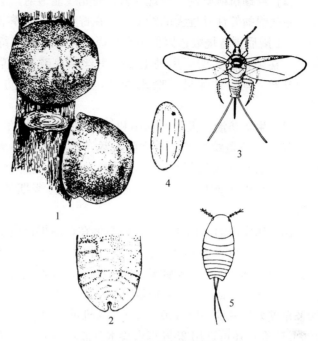

图10-8 朝鲜球坚蚧
1. 雌成虫寄生状 2. 雌成虫腹部末端
3. 雄成虫 4. 卵 5.1龄若虫

分泌白色蜡质形成蜡壳,在蜡壳内化蛹,蛹期约为2周,4月中旬开始羽化为成虫。4月下旬到5月上旬为雄成虫羽化和雌雄交配盛期,雄成虫寿命为2 d,交尾后即死亡,雌虫有多次交配的现象。交配后的雌虫体迅速膨大成球形,并逐渐硬化,颜色变深,此时也是为害盛期。雌成虫5月上旬开始产卵,5月中旬进入产卵盛期,产卵期约为2周,卵产于母体介壳内,每雌虫平均产卵千余粒。卵期为7 d左右,5月下旬至6月上旬为孵化盛期,初孵若虫很活泼,在枝条上爬行2~3 d寻找为害点,多分散到小枝、叶背为害,6月中旬形成蜡层,发育缓慢;果树落叶前多转到枝条的皱褶、芽腋处,10月间蜕一次皮,在蜕皮下越冬。夏、秋两季该虫生长发育较慢,为害较轻。3月下旬越冬代蜕皮后至雌虫产卵前,生长发育快,为害最烈。

(2) **天敌** 朝鲜球坚蚧的寄生性天敌有赖食软蚧蚜小蜂、球蚧花翅跳小蜂,捕食天敌主要有二双斑唇瓢虫、红点唇瓢虫、孟氏隐唇瓢虫、黑缘红瓢虫等。其中黑缘红瓢虫1~2龄幼虫取食老熟朝鲜球坚蚧若虫,3~4龄幼虫取食雌蚧成虫,1头瓢虫一生可捕食朝鲜球坚蚧2 000头左右。

10.5.5 蚧类防治

蚧类的防治方法主要有下面4类,各地可根据当地果园的实际情况选择应用。

(1) **杜绝虫源** 加强苗木、接穗和果实的检疫措施,防止蚧类扩散蔓延。育苗及栽植时,不采带蚧类接穗,不栽带蚧类苗木。有蚧类的苗木,可用溴甲烷(36~40 g/m³)熏蒸4 h,杀灭蚧类而又不影响苗木的活力。

(2) 物理机械防治 合理修剪，使光线能透射，空气能流通，造成不适于蚧类寄生的环境。除吹绵蚧等活动性大的蚧类外，在寄生蜂活动季节，将在蚧类卵孵化前剪下的虫枝集中园外，1 周后再行烧毁，以保护寄生蜂羽化外出。吹绵蚧、球坚蚧、红蜡蚧等发生不多的果园，在果树休眠期可用硬毛刷、钢丝刷、破布、草把等刷掉枝条上的越冬雌虫，降低虫口基数。同时加强果园肥水管理，增强树势，防止因蚧类为害造成树势早衰，枝条枯死。

(3) 生物防治 天敌的利用和保护对控制蚧类发生尤为重要。瓢虫（红点唇瓢虫、黑缘红瓢虫）都是蚧类害虫的重要天敌。要在果园中创造一种有利于捕食者和寄生蜂的良好环境，若果园天敌很少，可以从外地引进；若天敌量大，能控制蚧类为害就不应使用药剂，如暂时不能控制为害，则应选天敌隐蔽期使用，或使用选择性农药，采用挑治方法。

(4) 化学防治 用药适期一般掌握在若虫孵化盛期。因为初孵若虫体上没有介壳或蜡质分泌物，药液可直接杀死若虫。可选用 22.4% 螺虫乙酯水悬浮剂 4 000～5 000 倍液、40% 速扑蚧杀乳油 1 500 倍液喷雾；也可选用 10% 吡虫啉可湿性粉剂 20～40 g、25% 噻嗪酮可湿性粉剂 50～100 g、25% 喹硫磷乳油 40～100 mL、2.5% 三氟氯氰菊酯乳油 40～100 mL、20% 氰戊菊酯乳油 40～100 mL、95% 机油乳剂 500～650 mL（防治吹绵蚧效果好），兑水 100 L 喷雾；还可选用 25% 噻虫嗪水分散粒剂 4 000～5 000 倍液、22% 氟啶虫胺腈水悬浮剂 4 500～6 000 倍液喷雾。蚧类较严重的果园，冬季可用松脂合剂或茶饼松脂合剂 8～10 倍液喷雾。

10.6 星天牛

星天牛 [*Anoplophora chinensis* (Forster)] 属鞘翅目天牛科，在国外分布于日本、朝鲜和缅甸；在我国分布甚广，长江流域以南及北方的辽宁、陕西、甘肃、山东、河北、山西等地均有分布。其寄主植物为柑橘类、梨、苹果、桃、杏、无花果、樱桃、枇杷等果树以及柳树、杨树、悬铃木等观赏树木。

星天牛以幼虫为害大树主干，造成许多孔洞。在树木根颈和根部为害，并向外排出黄白色木屑状虫粪，堆积在树干周围地面。为害轻的树木养分输送受阻，重的主干被全部蛀空，整株枯萎，易被风折而至全株死亡，造成巨大损失。成虫仅食害嫩枝皮层，或产卵时咬破树皮，造成伤口。

我国已知星天牛属（*Anoplophora*）种类有 20 余种，除星天牛发生最为普遍外，在华东地区，黑星天牛 [*A. leechi* (Gahan)] 为害板栗相当常见；在西南和华南地区，光肩星天牛 [*A. glabripennis* (Motschulsky)] 发生为害也很普遍，主要以幼虫蛀害树干，严重影响树势。

10.6.1 形态特征

星天牛的形态特征见图 10-9。

(1) 成虫 体长 19～39 mm，宽 6.0～13.5 mm，全体漆黑，具金属光泽，每个鞘翅上具小型白色毛斑约 20 个，排列不规则，有时毛斑合并或消失，以致数目减少。触角第 3～

11节每节基部有淡蓝色毛环，毛环长短不一，一般占节长的1/3；雄虫触角超出体外4~5节，雌虫触角超出体外1~2节。前胸背板两侧各具粗短刺突1个，中部有3个瘤状突起，中间1个瘤状突起明显。鞘翅基部具大小不一的颗粒，其余部分光滑。

(2) 卵　长椭圆形，长5~6 mm，初产时白色，后渐变淡黄色，近孵化时黄褐色。

(3) 幼虫　老熟幼虫体长45~60 mm，扁圆筒形，淡黄白色。前胸盾后部有凸字形纹，色较深，其前方有黄褐色飞鸟形纹。胸足全部退化。中胸腹面、后胸及腹部第1~7节的背面和腹面中央均有移动器，背面的椭圆形，中有两条横沟，周围具褐色微小刺突。

(4) 蛹　体长30 mm，宽14 mm，乳白色，翅芽超过腹部腹面第3节后缘。

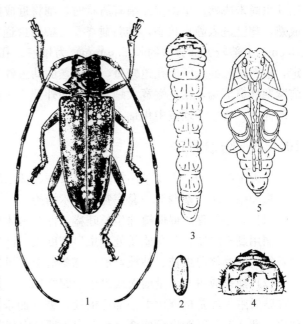

图 10-9　星天牛
1. 成虫　2. 卵　3. 幼虫　4. 幼虫前胸背面　5. 蛹

10.6.2　发生规律

星天牛1年发生1代，少数地区2年发生1代或2~3年发生1代，11—12月以幼虫在树干近基部木质部隧道内越冬，翌年4月中下旬化蛹。蛹期，短者为18~20 d，长者约为30 d。5月上旬至6月上旬（最迟7月下旬）成虫陆续羽化、交尾和产卵。6月上旬幼虫开始孵出，幼虫期甚长，约10月。7月下旬后成虫停止产卵。雌成虫寿命为40~50 d，雄虫较短。

星天牛的成虫羽化后在蛹室停留5~8 d，待虫体由软变硬后，方从树干近根处的羽化孔爬出，飞至枝梢，咬食树枝皮层，或食叶成缺刻。一般晴天上午及傍晚活动、交尾、产卵，午后高温时多停息于枝梢上，夜晚停止活动。成虫飞翔力较强，一次可飞行20~50 m；常在砧木或外露根上交尾，雌虫交尾后10~15 d在树干近根处产卵。8年生以上或主干直径7 cm以上的树方被其产卵。雌虫产卵时常在枝上向下爬行，触及地面后，爬行至附近主干上产卵。产卵位置一般离地3.5~5.0 cm最多，先以口器在树干上咬破树皮成裂口，然后于树皮下产卵1粒，产卵处外表隆起呈T或Γ状的裂口。每雌一生可产卵20~80粒。卵期为1~2周。

星天牛的幼虫孵出后在主干基部树皮里向下蛀食，初呈狭长沟状而少迂回弯曲，抵地平线以下始向干基周围扩展迂回蛀食。星天牛一般不为害枳，以枳作砧木的橘树当幼虫向下蛀食到枳砧接口部位时，便横向围绕树干皮层内蛀食。幼虫在皮下蛀食1~2月后，方蛀入木质部内，蛀入木质部的位置多在地面下3~6 cm处。初时直入，至一定深度即转而向上，直至上部木材死亡时，方向下蛀食。当虫体全部进入木质部后，一部分虫粪阻塞孔口，一部分挤破树皮排出树外，树干基部周围地面上，常见有成堆的虫粪。排出的虫粪，若纯为屑状，则幼虫尚未成熟；呈条状并杂有屑状时，则将近成熟；无虫粪排出时，幼虫已成熟，或虽未成熟，却已进入静止状态，准备越冬。1 条幼虫通常仅作 1 条直行孔道，孔道一般长 10～15 cm，上部较大部分（约长 5.6 mm）为蛹室。孔道的长短主要由蛀入时幼虫虫龄大小决定，成熟幼虫蛀入所成孔道较短，未成熟的幼虫蛀入后仍继续取食，故孔道较长。幼虫化蛹前紧塞蛀道下端，在上端宽大蛹室顶端向外开 1 个羽化孔，直达表皮为止，然后静止不动，头部向上，直立于蛹室中化蛹。

10.6.3 防治方法

星天牛的防治，主要采用加强栽培管理、捕杀成虫、刮除虫卵和初期幼虫、钩杀蛀道内的幼虫和蛹、施药塞洞等一套完整的技术措施。

(1) 栽培管理 促使植株生长旺盛，保持树体光滑，以减少星天牛成虫产卵的机会。枝干孔洞用黏土堵塞，及早砍伐处理虫口密度大、已失去结果能力的衰老树，以减少虫源。合理栽培，冬季修剪虫枝、枯枝，消灭越冬幼虫。树干涂白避免星天牛产卵。

(2) 捕杀成虫 尽量消灭成虫于产卵之前。在星天牛成虫盛发期，发动群众开展捕杀。可在晴天中午经常检查树干基部近根处，进行捕杀。也可在天黑后，特别是在闷热的夜晚，利用火把、电筒照明进行捕杀，或在白天搜杀潜伏在树洞中的成虫。

(3) 刮除虫卵和初期幼虫 在 6—8 月，经常检查树干及大枝，发现星天牛的卵可用刀刮除，或用小锤轻敲主干上的产卵裂口，将卵击破。当初孵幼虫为害处树皮有黄色胶质物流出时，用小刀挑开皮层，用钢丝钩刺皮层里的幼虫。在刮刺卵和幼虫的伤口处，可涂浓石硫合剂。

(4) 钩杀幼虫 幼虫蛀入木质部后可用钢丝钩杀。钩杀前先将蛀孔口的虫粪清除，在受害部位用凿凿开一个较大的孔洞，然后右手执钢丝接近树干，左手握钢丝圈（钢丝粗细随蛀孔大小而定），右手随左手转动，把钢丝慢慢推进。由于钢丝弹性打击树干内部发出声响，如转动时有异样的感觉或无声响时，即已钩住幼虫，然后慢慢转动向外拖出。

(5) 施药塞洞 幼虫已蛀入本质部则可用小棉球浸 80％敌敌畏乳油或 40％乐果乳油 5～10 倍液塞入虫孔，或用磷化铝毒棉签塞入虫孔，再用黏泥封口。遇虫龄较大的天牛时，要注意封闭所有排泄孔及相通的老虫孔。隔 5～7 d 查 1 次，如有新鲜粪便排出再治 1 次。用兽医用注射器打针法向虫孔注入 40％乐果乳油 1 mL，再用湿泥封塞虫孔，效果很好，杀虫率可达 100％，此法对果树无损伤。

(6) 成虫发生期施药 可选用 8％绿色威雷触破式微胶囊剂 350 g 或 2％噻虫啉微胶囊悬浮剂 70 mL，兑水 100 L，喷药液于主干基部表面致湿润，有效期在 30 d 以上。或选用 2.5％溴氰菊酯乳油 50 mL、50％杀螟松乳油 70 mL，兑水 100 L，喷药液于主干基部表面致湿润，5～7 d 再治 1 次。

10.7 葡萄透翅蛾

葡萄透翅蛾（*Paranthrene regalis* Butler）属鳞翅目巢蛾总科透翅蛾科，在我国广泛分布于陕西、河南、河北、内蒙古、吉林、山东、安徽、四川、江苏、浙江等地。其寄主主要是葡萄，其次为苹果、梨、桃、杏、樱桃等。葡萄透翅蛾是葡萄生产上的主要害虫之一，以幼虫蛀食 1~2 年生枝蔓髓部及木质部，轻者造成嫩梢、果穗枯萎，产量和品质下降，树势衰弱；重者致使大部枝蔓干枯，甚至全株死亡，对庭园葡萄发展造成严重损失。

10.7.1 形态特征

葡萄透翅蛾的形态特征见图 10-10。

(1) 成虫 体长 18~20 mm，翅展 30~38 mm，蓝黑色，体形似蜂。头顶、颈部、下唇须前半部、后胸两侧均黄色。腹部通常有 3 条黄色横带环。前翅红褐色，被有稀疏鳞片，翅脉黑色；后翅透明。雄蛾腹末有毛束。

(2) 卵 长椭圆形，略扁平，长约 1.1 mm，红褐色。

(3) 幼虫 老熟幼虫体长约 38 mm，圆筒形，紫红色。前胸背板上有倒八字形纹。趾钩单序 2 横带。

(4) 蛹 体长约 18 mm，红褐色。腹部第 2~6 节背面有刺 2 行，第 7~8 节背面有刺 1 行，末节腹面有 1 列刺。

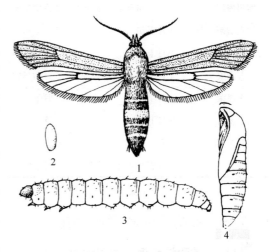

图 10-10 葡萄透翅蛾
1. 成虫 2. 卵 3. 幼虫 4. 蛹

10.7.2 发生规律

(1) 生活史和习性 葡萄透翅蛾在我国各地均 1 年发生 1 代，发生时间上存在差异（表 10-1），以老熟幼虫在粗蔓内越冬。翌年 4 月下旬幼虫开始在被害茎蔓内化蛹。5 月上旬至 6 月上中旬成虫羽化，5 月中旬为羽化高峰。成虫羽化当天或次日交配、产卵，2~3 d 卵产完。每雌产卵 40~50 粒。成虫喜在背风、气温偏高的庭院葡萄枝叶层栖息、交配、产卵。卵散产于腋芽、叶柄、穗轴、卷须、叶背等处。幼虫从卵一端破圆孔孵出，开始缓慢爬行探食，几小时后，从腋芽、叶柄、穗轴或卷须基部蛀入嫩梢。幼虫蛀入新梢后，一般从端部蛀食。6 月中旬至 9 月中旬进行 2~3 次转移为害。被害的新梢，有的局部膨大呈肿瘤状，表皮变为紫红色。从叶柄蛀入后，叶片易折断。穗轴被害后果穗萎蔫，影响坐果率。越冬前幼虫侵入 1~3 年生的粗蔓中取食。9 月下旬至 10 月上中旬，幼虫陆续老熟，在虫道末端蛀 3 cm 左右无粪便的蛹室。然后掉头在虫道和蛹室交界处由内向外咬 1 个直径约为 0.5 cm 近圆形的羽化孔，其上结一层白色的保护膜。10 月下旬开始越冬休眠。

(2) 发生与环境条件的关系

①树龄 随树龄增加株蛀害率加重。因为成虫喜欢在长势旺盛、枝叶茂密的植株上产卵，随树龄增加，主干增粗，枝梢生长旺盛，营养丰富，故受害加重。

②生育期 同一品种，不同生育期，受害不同。从萌芽生长期开始受害，以开花期和浆果期受害最重，浆果成熟采收期后受害逐渐减轻。

③天敌 室内饲养和野外调查均发现该虫蛹的寄生蜂有松毛虫黑点瘤姬蜂，幼虫期和蛹期有白僵菌寄生。

表 10-1 葡萄透翅蛾在各地发生情况

地区	化蛹期	羽化产卵期	幼虫为害期
陕西	4—5月	6—7月	6月中旬至10月
四川内江	3月中旬至4月下旬	4月中旬至5月中旬	4月底至10月（7—8月）
河南信阳	4月下旬	5月上旬	5月中旬至10月中旬（8月至9月中旬）
安徽霍山	4月上中旬	4月下旬至5月上旬	5月中旬至9月
江苏淮安	4月上旬	5月中下旬	5月底至10月
山东蓬莱	4月中旬	5月下旬至7月上旬	6—10月
山东鱼台	5月上旬	6月上旬	6—9月
湖北孝感	5月上旬	6月上旬至7月上旬	8月中旬至12月中旬
上海	3月底至4月上中旬	4月下旬至5月底或6月初	5月中旬至10月（7—8月）

注：括号内的时间为发生盛期。

10.7.3 虫情调查和预测预报

（1）有效积温预测 葡萄透翅蛾蛹在自然变温下的有效积温 $K=214.39\pm5.86$。发育起点温度 $C=11.91\pm0.17$。并据此得出，当 $(214.39\pm5.86)/\sum[T-(11.91\pm0.17)]\cong1$ 时，为成虫发生高峰期（即喷药防治适期）。

（2）利用性引诱剂预测预报 葡萄透翅蛾1年发生1代，雌雄蛾一生一般只交尾1次。未经交尾的雌蛾所产卵不能孵化，诱捕1头雄虫就等于消灭1头雌蛾，而1头雌蛾可产卵40~50粒，所以用性诱剂诱捕法防治葡萄透翅蛾效果显著，是理想的防治方法。诱捕剂采用涂干型，每个诱捕器上涂非干性黏胶20 g。以天然橡皮塞为载体，每个诱芯含性诱剂（雌性性激素）400 μg。在成虫羽化前（6月上旬）设置涂干诱芯，设置高度为1.2~1.5 m，每100 m放1个，虫口密度大时可多设几个，成虫每日羽化多集中在8:00—12:00，交尾多集中在13:00—15:00，每日傍晚定时检查蛾量，记录诱蛾总数。

（3）利用趋光性预测预报 灯光诱杀作为一种高效环保的害虫治理方法应用较为普遍，也可以利用这种趋光性来诱集害虫进行预测预报。通过在成虫羽化期（6月上旬至7月上旬）挂黑光灯诱杀成虫，以此掌握成虫发生的初发期、盛发期、末期，做到及时预报，指导防治。

（4）幼虫空间发生量预报 河南经验认为，葡萄透翅蛾每20株累计虫数超过10头时，可发出预报进行防治；累计虫数少于1头时，可不防治；累计虫口数量介于1~10时，仍继续抽样调查。

10.7.4 防治方法

在加强检疫的基础上，采取农业防治和化学防治相结合、重视孵化高峰期防治的综合治理策略。

（1）检疫控制 对引进的葡萄苗木，要严格进行检疫工作，把好控苗、剪条、扦插等环节，以有效地防止葡萄透翅蛾的传入。

(2) 农业防治

①适时修剪，摘梢　冬季修剪时，仔细搜索虫枝，剪除烧毁。此后直到葡萄萌芽前随时发现虫枝，随即剪除，以消灭越冬幼虫，降低虫源。幼虫孵化蛀入期间，发现节间紫红色的先端嫩梢枯死，或叶片凋萎，或先端叶边缘干枯的枝蔓均为被害枝蔓，及时剪除。剪除枝条要及时烧毁或深埋。

②剖茎灭虫　首先在被害枝蔓上找到幼虫排粪孔，按照幼虫一生基本上只蛀食形成1个排粪孔，大部分幼虫具有沿排粪孔向上方蛀食，并一般不超过枝蔓节柄的习性，判断幼虫在坑道内的大致部位，然后用解剖刀将排粪孔上方枝蔓一节剖开，深至坑道，发现幼虫后用金属镊子将幼虫夹出处死，最后用绳索将伤口扎紧。

(3) 化学防治　在成虫羽化盛末期，抓住产卵期、幼虫孵化盛期等时机，及时进行防治。并根据实际情况，采取不同的防治方法。

①涂药环防治　用6 cm左右扁笔蘸取2.5%敌杀死乳油500倍液在排粪孔或出屑部位做环状涂抹2～3次。

②毒泥塞孔　用细泥土或粗面粉与90%敌百虫晶体或25%敌杀死乳油按1∶50～100的比例调成毒泥塞入排粪孔。

③药液注射　用兽医注射针筒向幼虫排粪孔内注入80%敌敌畏乳油1 000～1 500倍液或25%敌杀死乳油3 000倍液，用黏土或薄膜封孔熏杀。

④棉球或熏杀棒塞孔防治　用铁丝疏通枝蔓上的蛀孔，插进一支熏杀棒或80%敌敌畏乳油100倍液棉球，用黏土或薄膜封孔熏杀。

⑤喷药防治　卵孵化高峰可选用喷施15%茚虫威悬浮剂2 000～3 000倍液、200 g/L氯虫苯甲酰胺5 000～6 000倍液、25%灭幼脲3号悬浮剂2 000倍液、20%除虫脲悬浮剂3 000倍液、50%杀螟松乳油1 000倍液、3%甲氨基阿维菌素苯甲酸盐微乳剂2 500～3 500倍液、2.5%高效氯氟氰菊酯乳油2 000～3 000倍液等。另外，喷施2%阿维菌素乳油4 000～5 000倍液对葡萄透翅蛾2龄前幼虫防治效果显著。

10.8　食心虫

食心虫是指蛀入果实的一类鳞翅目害虫，种类较多，主要有梨小食心虫 [*Grapholitha molesta* (Busck)]、桃蛀果蛾 (*Carposina niponensis* Walsingham)、桃蛀螟 (*Dichocrocis punctiferalis* Guenée) 等。其中发生最普遍的是梨小食心虫和桃蛀螟2种。

10.8.1　梨小食心虫

梨小食心虫 [*Grapholitha molesta* (Busck)] 属鳞翅目小卷叶蛾科，简称梨小，又名东方果蛀蛾、桃折心虫，俗称蛀虫、黑膏药，广布于亚洲、欧洲、美洲和大洋洲；在我国遍及南北各果区，是果树食心虫中最常见的一种害虫。梨小食心虫除为害梨外，还为害苹果、桃、李、梅、杏、枣、樱桃、山楂、海棠、枇杷等多种果树，是一种多食性害虫。早春发生的幼虫主要蛀食桃梢，造成新梢枯萎下垂，最后纵裂流胶。夏秋季发生的幼虫主要蛀食果实，蛀果直达果心，果实表面的蛀果孔常被病菌侵入，腐烂变黑，俗称黑膏药。

10.8.1.1 形态特征（图10-11）

(1) 成虫 体长4.6~6.0 mm，翅展10.6~15.0 mm，雌雄极少差异，全体灰褐色，无光泽。前翅灰褐色，无紫色光泽。前翅前缘有10组白色短斜纹。翅上密布白色鳞片，除近顶角下外缘处的白点外，排列很不规则。外缘不很倾斜。静止时两翅合拢，两外缘构成的角度较大，成钝角。

(2) 卵 淡黄白色，半透明，扁椭圆形，中央隆起。

(3) 幼虫 头褐色，体褐红色，前胸背板浅黄白色或黄褐色；臀板浅黄褐色或粉红色，上有深褐色斑点。越冬幼虫体黄白色，腹足趾钩单序环式，腹部末端具有4~7根臀棘。

(4) 蛹 长7 mm左右，纺锤形，黄褐色。腹末端有8根钩刺。茧白色，丝质，扁椭圆形，长约10 mm。

10.8.1.2 发生规律

(1) 生活史和习性 梨小食心虫分布地区广，寄主植物复杂，1年发生世代多，因此生活史比较复杂。梨小食心虫在我国从北向南世代数逐渐增多，在吉林公主岭地区1年发生2~3代，在辽宁南部及华北大部分地区1年发生3~4代，在河南1年发生4~5代，在安徽砀山1年发生5代，在福建1年发生6代，以老熟幼虫主要在树枝干的皮下或苗木嫁接口处、附近表土、草丛、石缝中结茧越冬，在果实仓库及果品包装器材中也有幼虫过冬。

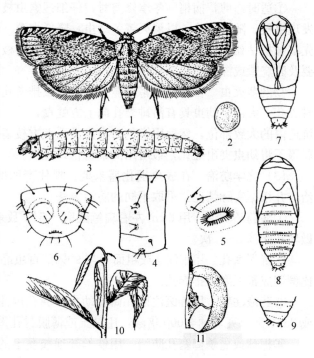

图10-11 梨小食心虫
1. 成虫　2. 卵　3. 幼虫　4. 幼虫第2腹节侧面　5. 幼虫腹足趾钩
6. 幼虫第9~10腹节腹面　7. 蛹腹面　8. 蛹背面　9. 蛹腹部末端
10. 梨梢被害状　11. 梨果被害状

在吉林公主岭地区，梨小食心虫幼虫于春季4月下旬化蛹，5月上旬至6月上旬为羽化盛期。卵产在叶正面、背面或果面上，每叶着卵1~2粒。第1代幼虫主要为害新梢、芽、叶柄、幼果或在果皮下浅层为害，粪便排出果外。第2代成虫在7月下旬为羽化盛期，发生期不整齐，成虫主要将卵产在梨、桃、山楂等果实的果面、萼洼、两果对接处，一般每果着卵1~2粒。幼虫孵化后钻入果内，为害到9月，老熟幼虫脱果发生期在9—10月。

在辽宁南部及华北地区，越冬幼虫最早于4月上中旬化蛹，越冬代成虫一般出现在4月中旬至6月中旬。这一代成虫主要产卵在桃树新梢上，第1代幼虫大部分发生于5月。第2代卵主要发生于6月至7月上旬，大部分也产在桃树上，少部分产在梨树上，幼虫继续为害新梢、桃果及早熟品种的梨。第3代卵盛发于7月至8月上旬，这时产在梨树上的卵多于桃树上。第4代卵盛发于8月中下旬，主要产在梨树上。一般来说，梨小食心虫春季世代主要为害桃等新梢，秋季世代主要为害梨果，夏季世代一部分为害新梢，一部分为害果实。第4代是一个局部的世代，主要为害采收后的果实，往往不能在当年完成发育。在河南信阳地区，越冬的老熟幼虫翌年3月开始化蛹，4月上中旬成虫羽化，4月中旬开始产卵，主要产在桃梢上。第1~3代主要为害桃梢，第4~5代主要为害梨、苹果、山楂等果实（表10-2）。

表10-2 梨小食心虫在河南各代幼虫发生为害情况

世代	为害时间	为害部位
第1代	4月下旬至5月下旬	桃梢
第2代	5月下旬至6月下旬	桃梢、杏、山楂果实
第3代	6月下旬至7月中下旬	桃梢、早熟梨果
第4代	7月下旬至8月中下旬	梨、苹果、山楂的果实
第5代	8月下旬至10月初	果实

在安徽砀山地区，3月下旬至4月上旬开始出现越冬代成虫，盛期在4月上旬，其余各代成虫的发生期，第1代为5月中旬至6月上旬，第2代为6月下旬至7月上旬，第3代为7月下旬至8月初，第4代为8月中旬，第5代为越冬代。成虫寿命一般为1周左右，完成1代历时20~40 d。第1代卵期为7~10 d，幼虫期为15~20 d，蛹期为10 d左右。气温越高，虫期越短。第1~2代多集中为害桃、苹果的嫩梢和幼果。第3代以后主要为害梨的果实。

在福建莆田地区，越冬代幼虫于10月上旬开始化蛹，翌年2月下旬至3月上中旬羽化，3月下旬出现越冬代成虫，并产第1代卵。第1代幼虫于4月上旬为害枇杷果梗，4月下旬第1代成虫羽化，并随即产卵。第2代幼虫于5月上中旬为害枇杷果实最烈，5月下旬第2代成虫羽化。第3代为5月下旬至6月中下旬，第4代为6月下旬至7月中下旬，第5代为7月下旬至8月下旬，均以幼虫为害枇杷枝梢。第6代（越冬代）为9月上旬至翌年3月下旬。第6代幼虫于9月上旬至9月下旬为害枇杷枝梢，第6代幼虫有越冬的，也有继续化蛹、羽化的。一般完成一代需要25~40 d，世代重叠严重，雨水多、湿度大的年份发生重。

梨小食心虫有转移寄主的习性，因此在桃、梨混种的果园，为害比较严重。在寄主植物种类更多的地方，生活史就更加复杂。梨小食心虫成虫白天多静伏在叶、枝、杂草等处，黄昏后活动。成虫一天内活动规律是：下午＞中午＞早晨，晴天＞阴天，高温天气＞低温天气。成虫多在上午羽化，昼伏夜出，以晴暖天气上半夜活动较盛，有明显的趋光性和趋化性，对糖醋液、果汁、黑光灯和性外激素有强烈的趋性。雌成虫夜间产卵，卵单粒散产。在桃树上以产在桃梢上部嫩梢3~7片的叶背为多，一般老叶和新发出的叶上很少产卵。每梢上产1粒卵。在梨果上卵多产在果面，尤以两果靠拢处最多，但梨的品种间产卵差异很大，以中晚熟品种上最喜产卵。李梢、杏梢和苹果梢上也能产卵，但卵数很少。在枇杷上越冬代成虫一般将卵产在叶背和幼果上，又以果面为多，且多为1果多卵，因此后期也常见1果多虫，近成熟的果实着卵量较大。

桃梢上的卵孵化后，幼虫从梢端2~3片叶子的基部蛀入梢中，不久由蛀孔流出树胶，并有粒状虫粪排出，被害梢先凋萎，最后干枯下垂。一般幼虫蛀入新梢后，向下蛀食，当蛀到硬化部分时从梢中爬出，转移他梢为害，1头幼虫可为害2~3个新梢。幼虫老熟后在桃树枝干翘皮、裂缝等处做茧化蛹，幼树上可爬到树干基部的裂缝中做茧化蛹。

梨果上的卵孵化后，幼虫先在果面爬行，然后蛀入果内，多从萼洼或梗洼处蛀入，蛀孔很小，以后蛀孔周围变黑腐烂，形成一块黑疤，形成黑膏药状，幼虫逐渐蛀入果心，虫粪也排在果内，一般1果只有1头幼虫，在果内化蛹。幼虫脱果孔大，有虫粪。

枇杷果面上的卵孵化后，幼虫先在卵粒附近啃食果皮，稍后蛀果，蛀孔部位未见明显规律。高龄幼虫蛀入果核内为害，能多次转果为害。3月为害小幼果时，蛀孔处可见褐色粪屑。5月幼果受害后几乎全部脱落造成减产。果实虫粪累累，不堪食用。果内幼虫老熟后，脱果前先咬1个脱果孔，排出少量粪便后便脱果，寻找适宜场所静止，继而吐丝做1个椭圆形茧化蛹于其中（或直接以老熟幼虫结茧进入越冬状态）。也有一部分幼虫直接在落果内做茧化蛹。

(2) 发生与环境条件的关系

①温度　梨小食心虫的成虫产卵最适温度为24～29℃，最适相对湿度为70%～100%。越冬代成虫产卵期，20:00温度低于18℃时产卵量减少，高于19℃时产卵量多。在适宜温度范围内，梨小食心虫的发育天数随温度升高而缩短。

②湿度　成虫活动、交尾要求70%以上的相对湿度。在雨水多的年份，由于湿度大，成虫产卵数量多，因而为害严重；雨少干旱年份对成虫繁殖不利，发生为害较轻。

③光照　幼虫脱果后是否化蛹，主要决定于幼虫生活期光照的长短。每天光照14 h以上不产生滞育，光照在11～13 h时90%幼虫滞育。

10.8.1.3　虫情调查和预测预报

(1) 越冬基数调查　越冬基数调查，一般在9月中旬开始，于梨小食心虫越冬前，选有代表性的幼果园、盛果园和老果园各2块。每块园面积667 m² 以上，在靠近边缘与中间部位各选1株果树，每株果树在距地面0.1～0.2 m的主干上用10 cm宽的胶带绕扎1周，一般绕2～3层，人为制造一个越冬场所，于12月下旬调查胶带下的梨小食心虫越冬数量。

(2) 成虫发生动态调查　成虫发生动态调查，从4月初开始，选有代表性的果园2～3块，至见不到成虫时结束。在每块果园内距地面约1.5 m处悬挂梨小食心虫性引诱剂口杯（杯口直径为8 cm）4个，每杯相距约50 m。每杯上部1 cm处悬挂1枚梨小食心虫性诱芯，性诱芯30 d换1次，杯中放少量洗衣粉，每天早晨记录杯中成虫数并剔除。

(3) 卵果率调查　自诱捕到成虫时开始查卵，每5 d调查1次，最好选每旬的3日和8日调查。选择幼果园、盛果园、老果园各1块，每块园面积在667 m² 以上，在靠近边缘中间部位各固定1株果树，每株树在上部、外部、内部，共查果100个，记载卵果数，计算卵果率。

(4) 桃园折梢率调查　共普查2次桃园折梢率，分别于5月上旬和6月上旬进行。选有代表性的桃园10～15个，每园选2～3株，每株普查20个梢，记载折梢数，计算折梢率。

(5) 发生期预测　当性诱剂诱集到的成虫数量连续增加时，表明已进入发蛾盛期，发蛾盛期后推3～5 d，即为产卵盛期。

(6) 发生程度预测　依据越冬基数、田间诱蛾量、卵果数及历史资料，并结合气象预报对发生程度做出综合预测。一般夏秋季节多雨，有利于梨小食心虫的发生。安徽根据全代诱蛾量将发生程度分为5个等级（表10-3）。

表 10-3 梨小食心虫发生程度划分标准（安徽，2004）

发生级别	发生程度	全代累计诱蛾量（头/杯）		第2～4代高峰日卵果率（%）
		第1代	第2～4代	
1	轻发生	<50	<25	<0.3
2	中等偏轻	50～100	25～75	0.3～1.0
3	中等发生	100～150	75～125	1.1～3.0
4	中等偏重	150～200	125～175	3.1～10.0
5	大发生	>200	>175	>10

10.8.1.4 防治方法

由于梨小食心虫寄主植物多，而且有转移寄主和为害梢及果实的习性。因此在防治上首先要了解它在不同寄主上的发生情况和转移的规律，采取农业防治和物理防治相结合，重视生物防治和化学防治的综合治理策略。

(1) 农业防治

a. 新建果园时，尽可能避免梨、桃、杏、李、樱桃等树种混栽。已混栽的果园要在梨小食心虫的前期寄主上加强防治，减少后期为害梨果的虫口密度。

b. 果树休眠期刮除老皮、翘皮。

c. 幼虫脱果越冬前，树干上束草诱集越冬的幼虫，在冬季将草束解下烧毁，减少越冬虫源。

d. 5—6月，及时剪下被害刚萎蔫的虫梢，并做深埋处理，可压低后期世代的虫口基数。

(2) 物理防治

①糖醋液诱杀 将糖∶酒∶醋∶水＝6∶1∶3∶10的混合液，装入直径约18 cm的大碗或小盆内，挂于离地面1.5～2.0 m的树枝上方诱杀成虫。诱剂每隔4～5 d加半量，10 d换1次。如遇天气炎热，蒸发量大时，应随时补充。

②性诱剂诱杀 用直径为16～18 cm的碗作诱捕器，挂于离地面1.5～2.0 m的树枝上方，碗内加入洗衣粉水，将梨小食心虫诱芯悬挂于碗的水面上方1～2.0 cm处。每天早晨注意打捞诱捕到的雄虫，傍晚注意加水，以保持要求水量，每公顷挂75～150个诱芯。

③迷向防治 迷向丝是利用性信息素来干扰昆虫雌雄交配的产品，该技术是通过在田间释放高浓度的梨小食心虫性信息素，使雄虫难以感受到雌虫信息素，导致雄虫产生迷向，不能准确定位雌虫的位置，使雌虫交配推迟或不能交配，不能产生有效卵或有效卵的数量大幅减少，从而达到防虫的目的。该技术操作简单，果园生产季节悬挂2次，就能在整个生长季大大减少梨小食心虫的为害。梨树开花时，在梨园悬挂第1次迷向丝，每棵树悬挂1根，悬挂于果树树冠上部1/3处的稍粗且通风较好的枝条上。在整个防治区外侧边界的3排果树上，迷向丝用量加倍，每棵树可以悬挂2根。第1次悬挂后2.5月左右，在每棵树上再悬挂第2根迷向丝。

(3) 生物防治 梨小食心虫卵高峰期释放赤眼蜂，4～5 d放1次蜂，每次每公顷放蜂45万～75万头，共放蜂2～3次。

(4) 化学防治 各代卵的发生高峰期和幼虫初孵期是化学防治的关键时期。可选用药剂有35%氯虫苯甲酰胺水分散粒剂6 000～8 000倍液、25%灭幼脲3号悬浮剂1 000～1 500倍液、20%虫酰肼悬浮剂1 000~1 500倍液、20%杀铃脲悬浮剂8 000倍液等。

10.8.2 桃蛀果蛾

桃蛀果蛾（*Carposina sasakii* Matsumura）又名桃小食心虫，属鳞翅目蛀果蛾科；其同物异名 *Carposina niponensis* Walsingham 常被误认为是该虫学名。桃蛀果蛾在国外分布于日本、朝鲜、俄罗斯；在我国内在北纬31°以北、东经102°以东的苹果、梨、枣产区都有发生。其寄主有苹果、梨、枣、桃、李、梅、山楂、榲桲、木瓜等。该虫以幼虫蛀果为害，蛀入时蛀孔小，1~2 d 后由蛀孔流出果胶，呈水珠状，极易识别。不久果胶干涸变成白色蜡状物，擦去蜡状物即可见1个黑褐色小眼，略凹陷。幼虫蛀入后纵横串食果肉并为害心室和种子，使果实不能均匀膨大，造成果面凹凸畸形，称为猴头果。后期已膨大的果实被害后，果内充满褐色虫粪，所以称为豆沙馅，果肉变质，不堪食用。桃蛀果蛾广泛分布于我国各枣、苹果、桃等产区，其中枣树受害最严重，大部分地区近90%的枣园受害，虫果率可达50%~70%，为害严重的枣园甚至绝收。该害虫是我国北方地区枣园中发生历史最长、为害最严重的害虫。

10.8.2.1 形态特征（图10-12）

(1) 成虫 体长5~8 mm，翅展13~18 mm。雌蛾下唇须长而直，向前伸出如剑状，雄蛾唇须短而向上弯曲。全体淡灰褐色，复眼红褐色。前翅灰白色，中央近前缘有近似三角形的蓝黑色大斑1个，基部和中部有7簇蓝黑色斜立的鳞片。后翅灰色，中室后缘有成列的长毛。

(2) 卵 长0.42~0.43 mm，椭圆形，初产时黄白色或黄红色，渐变桃红色。卵壳顶部有微细的Y状刺毛2~3圈，壳面具不规则的椭圆形网状纹。

(3) 幼虫 老熟幼虫体长12~16 mm，桃红色，腹面淡黄色，体肥胖，头尾较细，纺锤形。前胸有侧毛2根，垂直排列于圆形毛片上，腹足趾钩单序全环，无臀棘。

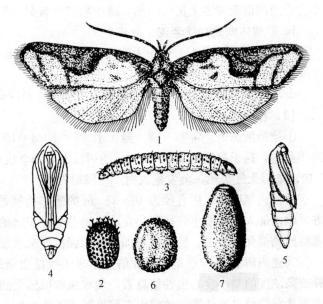

图10-12 桃蛀果蛾
1. 成虫 2. 卵 3. 幼虫 4. 蛹 5. 蛹侧面 6. 冬茧 7. 夏茧

(4) 蛹 体长7~8 mm，淡黄白色至黄褐色，近羽化前黑褐色，复眼深黄色至红褐色，体壁光滑无刺，足伸达第5腹节，包被在茧壳内。

10.8.2.2 发生规律

(1) 生活史和习性 桃蛀果蛾在辽宁1年发生1~2代，在河北大部为1年发生2代，在山东青岛1年发生2~3代，在江苏沿江地区1年发生3代，均以老熟幼虫结扁圆形茧在土内滞育越冬。越冬场所和分布，因果园地形、地貌及耕作管理情况而不同。如果树冠下土壤平整，无杂草植被，脱果幼虫则多背光爬向树干附近入土越冬，因而70％以上的冬茧多集中在树干周围1 m直径内。如果树冠下有间作物或杂草，或土面疏松，土块、石块多，脱果幼虫就在落地处入土越冬。另外，还有少量在堆果场所及果实内越冬，在果内越冬的各龄皆有，尤以3～5龄较多。越冬茧在土壤中的垂直深度，多在0～13 cm的土层内，以3 cm左右为最多。

北方1～2代区，桃蛀果蛾的越冬幼虫5月中旬开始出土，在树干基部附近的砖石、土块、土表裂隙及草根旁再结纺锤形茧化蛹，经半个月左右羽化为成虫，6月中旬至7月上旬为羽化盛期，第1代成虫发生期为7月下旬至9月中旬。江苏3代区，越冬幼虫5至6月出土化蛹，成虫于5月中旬至7月中旬羽化，第1代成虫在6月下旬至8月羽化，第1～2代幼虫皆有部分入土做冬茧越冬，第2代成虫在8月至10月上旬羽化，第3代幼虫在8月下旬开始害果，9—10月幼虫老熟后脱果入土做冬茧越冬。

桃蛀果蛾的成虫夜间羽化，清晨日出前飞到树冠上，白天静伏，夜出活动，无趋光性。在21～27 ℃下，雌虫寿命平均为4～7 d，产卵前期为1～3 d，每雌平均产卵50粒左右，卵多产于果实萼洼处。卵期约1周。幼虫孵出后在果面爬行一段时间后，多在胴部咬破果皮蛀入果内。在苏南地区，第1代幼虫5月下旬始见蛀果，6月为蛀果盛期，幼虫在果内蛀害12～18 d后老熟脱果，但因果树品种和蛀入同一果内虫数的多少而不同。第1代幼虫自脱果到成虫羽化需经9～13 d，平均11 d。桃蛀果蛾是长日照型害虫，滞育临界光周期为14.3 h左右。北方地区凡越冬幼虫出土时期正常而集中的年份，多数第1代幼虫都接受长日照效应，幼虫进入滞育态的少，第2代的发生数量就多；若幼虫出土期干旱，因出土期推迟，第1代幼虫发生期迟，接受短日照的幼虫较多，进入滞育越冬的比例高，第2代发生的数量就少。

（2）发生与环境条件的关系

①气候　桃蛀果蛾发生的适宜温度为21～27 ℃，适宜相对湿度为75％～95％。温度适中，湿度偏高时，产卵量大；温度高于30 ℃，相对湿度低于70％时，不利于其产卵和卵的孵化，气温超过30 ℃常不能产卵。

越冬幼虫出土时间与温度呈正相关，并受5—6月降水量的影响。出土期遇降雨的当日或次日即有大量幼虫出土；若干旱少雨，则出土推迟，时间延长，出土虫量分散，已出土的幼虫在干燥的土壤中（含水量3％），也不能结茧而死亡。因此越冬幼虫出土期，降水量和降雨时间的早晚对其发生有很大的影响。

②品种　桃蛀果蛾成虫产卵对不同苹果品种有一定的选择性，喜产在茸毛多、萼洼深的品种上，因此一些品种如"红玉""青香蕉""金冠"等产卵量多于萼洼平浅、光滑无毛的品种，受害相应较重。不同品种亦影响幼虫的发育历期和成活率，如为害"金冠"和"红玉"品种的幼虫发育历期为23 d左右，为害"国光"的为28 d左右，为害鸭梨的为27～31 d。幼虫在晚熟品种"国光"果内为害的成活率比中熟品种"金帅"低30％～40％，且历期延长。

③天敌　桃蛀果蛾的主要天敌有桃小甲腹茧蜂、齿腿姬蜂、真菌、线虫等，对桃蛀果蛾的发生有一定的控制作用。

10.8.2.3　虫情调查和预测预报

（1）查越冬幼虫出土期，定地面施药时间　在上年发生严重和果园，随机选定10～20株，铲除树干周围杂草，拍平地面，再放上一些砖、瓦碎片，苏南从4月中旬末，北方从5月上旬开始，每隔1~2 d，检查记载出土幼虫数。根据幼虫出土的始期和盛期，可用历期法预测成虫产卵期。

(2) 查卵果率，定果园喷药时间 当始见成虫羽化时，或在幼虫出土后2周开始查卵。在果园视面积大小，取样选定10~20株，每株树查树冠中部果实50个，共查500~1 000个，3 d调查1次，当卵果率达1%~2%时，即进行喷药防治。

(3) 性诱剂诱测 可利用桃蛀果蛾性外激素进行诱测。采用口径约16 cm的盆缸，将含有0.5 mg剂量的性外激素诱芯横架在盆面上，盆内放0.1%洗衣粉水，水面距离诱芯1 cm。在果园中部选5株树，于成虫即将羽化前将诱盆挂在树冠枝条上，盆距地面约1.5 m，每天上午检查1次，统计数量，掌握成虫消长动态。

10.8.2.4 防治方法

桃蛀果蛾的防治策略是以地面防治为主，结合树上防治初孵幼虫和摘除虫果。

(1) 人工防治 摘除虫果及拾毁落果。

(2) 诱杀 苹果园内可种植该虫喜为害的枣树、桃树等引诱植物，便于集中喷药消灭。在树干基部束草或在地面堆积砖、石、土块，诱集幼虫爬入做茧，定期捕杀。

(3) 地面施药 越冬幼虫出土至始盛期，可用25%辛硫磷胶囊剂，或5%甲拌磷颗粒剂、3%甲基异柳磷颗粒剂22.5~30.0 kg/hm^{2}撒施，也可用50%辛硫磷乳油1 L配制成50 kg的细毒土撒施，或兑水300 L地面喷雾。发生重的果园，可在施药后2~3周再施用1次。施药宜在傍晚时进行，施药后结合中耕锄草，将药剂翻入浅土层中，以免药剂因阳光分解失效。

(4) 树冠喷药 重点防治第1代，喷药适期掌握在成虫产卵至幼虫盛孵期，当卵果率达1%~2%时开始喷药防治。可选用80%敌敌畏乳油66.7~100 mL、40%氧化乐果乳油66.7 mL、50%辛硫磷乳油100 mL、2.5%溴氰菊酯乳油33~50 mL、20%甲氰菊酯乳油33~50 mL、5%定虫隆乳油50~100 mL，兑水100 L喷雾。

生物农药可用Bt乳剂（含100亿活芽孢/mL）150~200 mL，兑水100 L喷雾。

10.8.3 桃蛀螟

桃蛀螟（*Dichocrocis punctiferalis* Guenée）属鳞翅目螟蛾科，又名桃蠹螟、桃斑蛀螟，在我国在北纬25°~40°均有发生，是一种重要的果实害虫。桃蛀螟除为害桃外，也能为害梨、李、苹果、杏、石榴、板栗、山楂、枇杷、龙眼、荔枝、无花果、杧果等多种果树的果实，还可为害向日葵、玉米、高粱、蓖麻等经济作物及松、杉、桧、法国梧桐等树木，是一种多食性害虫。

桃蛀螟在长江流域及以南地区为害桃极其严重，以幼虫蛀食桃果，使果实不能发育，常变色脱落或果内充满虫粪，不可食用，对产量和品质的影响都很大，有"十桃九蛀"之说。

10.8.3.1 形态特征（图10-13）

(1) 成虫 体长11~13 mm，翅展21~28 mm，全体淡黄色。头部圆形，触角丝状；复眼发达，紫黑色，近球形。胸部、腹部及翅上都有黑色斑点，前胸两侧的被毛上各有1个黑点。前翅上的黑斑有25~28个，后翅上的黑斑有15~16个，大小不等，且个体间有差异。腹部第1节和第3~6节背面各有3个黑斑，第7节有时只有1个黑斑，第2节和第8节无黑斑。雄蛾腹部第9节末端黑色，甚显著，较钝，有黑色毛丛。雌蛾腹部末端圆锥形，末节仅背面端部有极少的黑色鳞片。

（2）卵 椭圆形，长 0.6～0.7 mm。卵面粗糙，密布细小圆形刻点或网状花纹。卵初产时乳白色，后米黄色，孵化前橘红色。

（3）幼虫 老熟幼虫体长 18～25 mm，是果树食心虫类中最粗大的一种。头部暗褐色，体背暗红色，腹面淡绿色，前胸背板和臀板深褐色；中胸、后胸及第 1～8 腹节上各有黑褐色毛片8个，排成2列，前列6个较大，后2个较小。3龄后雄性幼虫第5腹节背面出现2个暗褐色性腺。幼虫趾钩缺环式，2～3序。

（4）蛹 体长 10～14 mm，纺锤形。初化蛹时淡黄绿色，后变深褐色。头部、胸部和腹

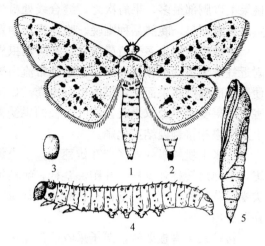

图 10-13　桃蛀螟
1. 雌成虫　2. 雄成虫腹部末端
3. 卵　4. 幼虫　5. 蛹

部第 1～8 节背面密布细小的突起，第 5～7 腹节前缘有 1 条由小齿状突构成的突起线。腹部末端有细长卷曲的钩刺6根。

10.8.3.2　发生规律

桃蛀螟在我国北方1年发生2～3代，在重庆和南京1年发生4代，在江西和湖北1年发生5代；以老熟幼虫越冬，在长江流域一带多在向日葵遗株、玉米和高粱茎秆内过冬，在北方则于果树翘皮裂缝里、树洞内、堆果场或随采收的果实、种子（板栗、向日葵、杂交高粱）带入果仓的各种缝隙中越冬，或在玉米、蓖麻茎秆或于板栗种包（栗蓬）中做茧越冬。在长江流域，越冬幼虫于次年4月开始化蛹，但化蛹期很不整齐，第1代发蛾期长，造成以后世代重叠现象严重。各地桃蛀螟成虫发生期见表 10-4。

表 10-4　桃蛀螟各代成虫发生期

地　区	越冬代	第1代	第2代	第3代	第4代
辽宁南都	5月下旬至6月中旬	7月下旬至8月上旬			
山东泰安	5月上旬至6月上旬	8月上旬至9月下旬			
江苏南京	5月上旬至7月上旬	6月中下旬至8月上旬	7月末至8月下旬	9月上旬至10月下旬	
湖北武昌	4月下旬	6月上中旬	7月下旬至8月上旬	8月中下旬	9月中下旬
四川重庆	4月中旬至6月中旬	6月中旬至7月下旬	7月下旬至8月上旬	8月下旬至9月	
江西南昌	4月中旬至6月上旬	6月中旬至7月中旬	7月中旬至9月上旬	8月中旬至9月末	

桃蛀螟的成虫羽化多在 19:00—22:00，以 20:00—21:00 最盛。白天及阴雨天时成虫常停歇在桃叶背面和落叶丛中，傍晚以后开始活动，除取食花蜜外，还可吸食桃、葡萄等成熟果实的汁液。成虫有趋光性，对黑光灯的趋性强于普通灯光，对糖醋液也有趋性。成虫羽化 1 d 后开始交尾，产卵前期为 2～3 d，产卵时间多在 21:00—22:00，喜产在枝叶茂密处的桃果上或两个以上桃果相互紧靠的地方。卵散产，每果上的卵数多者可达 20～30 粒。在 1 个

桃果上以胴部最多，果肩次之，缝合线处最少。成虫产卵对果实成熟度有一定的选择性，早熟品种着卵早，晚熟品种则晚。晚熟桃比中熟桃上着卵多，受害重。

桃蛀螟的幼虫多于清晨孵化。初孵幼虫先在果梗、果蒂基部吐丝蛀食果皮，然后从果梗附近蛀入为害幼嫩核仁和果肉。蛀孔常流出透明的胶质，并排出褐色颗粒状粪便，流胶与粪便黏结而附贴在果面上，果内也有虫粪。1个桃果内常有数头幼虫为害，部分幼虫可转果为害。单果受害不及双果或紧贴叶、枝的果受害严重。幼虫共5龄，老熟后多在果内、结果枝上及两果相接触处结茧化蛹。

玉米上桃蛀螟的卵多产在雄穗上，幼虫孵化后多从雄穗的小花、花梗及叶鞘部位蛀入为害，老熟后转移到雄穗、叶鞘、茎秆、雌穗轴中化蛹。在向日葵上，卵多产于蜜腺盘和萼片尖端，花丝和花冠管内壁也有，孵化后幼虫蛀入种子为害，老熟后在花下子房上化蛹，少数在茎秆内化蛹。

桃蛀螟为害板栗时，栗子采收前都生活在种苞（栗蓬）内为害蓬壁，在栗子堆积脱蓬阶段幼虫才开始蛀入果实，及至栗子进仓储藏后还继续为害种仁。

桃蛀螟各代各虫态平均历期如表10-5。

表10-5 桃蛀螟各代各虫态平均历期（d）（江苏南京）

世代	卵期	幼虫期	蛹期	成虫寿命
第1代	6	18.4	9.6	14.8
第2代	5.1	15.5	8.6	9.4
第3代	5	12.5	8.8	7.5
第4代（越冬代）	—	—	19.6	—

在长江流域桃蛀螟的第1代幼虫主要为害桃果，少数为害李、梨、苹果等果实。第2代幼虫大部分为害桃果，部分转移为害玉米等作物，以后各代主要为害玉米、向日葵等作物。在无果树地区桃蛀螟则全年为害玉米、向日葵等作物。

桃蛀螟的发生与当年雨水有一定的关系，一般4—5月多雨有利于越冬幼虫的化蛹和成虫羽化。桃蛀螟的天敌主要有寄生于幼虫的黄眶离缘姬蜂［*Trathala flavo-orbitalis* (Cameron)］。

10.8.3.3 虫情调查和预测预报

掌握成虫发生期，预测田间产卵期。

(1) 越冬代成虫发生期预测 在上年玉米、向日葵收割后，收集玉米秆或向日葵种子盘中越冬幼虫300头左右，连同秸秆放在玻璃器皿中，翌年5月，每3d检查1次，记载化蛹数和成虫羽化数，预测成虫羽化始盛、高峰和盛末期，加上成虫产卵前期，即可预测田间产卵始盛、高峰和盛末期。

(2) 第1代成虫发生期预测 6月收集被害桃果中的幼虫200头左右，连同被害果放入有盖的玻璃器皿中，每3d检查1次，记载化蛹数和成虫羽化数，预测成虫发生期及产卵的始盛、高峰和盛末期。

在桃园内装设黑光灯，根据诱蛾数量变化，亦可预测成虫的发生期，此法简单易行。

10.8.3.4 防治方法

由于桃蛀螟寄主多，且有转换寄主的特点，在防治上应结合果园管理，以消灭越冬幼虫为主。桃果不套袋的果园,要掌握关键时期喷药防治。同时注意对果园周围的向日葵、玉米、高粱、蓖麻等寄主植物进行全面防治。

(1) 清除越冬寄主,消灭越冬幼虫 在长江流域一带,桃蛀螟多在向日葵、玉米、高粱、蓖麻等遗株上越冬,在早春越冬幼虫化蛹前(4月前),将上述遗株用作燃料或沤肥,并将桃树、石榴等树干的老翘皮刮净后,集中进行处理,以消灭其越冬虫源。这是综合治理桃蛀螟的重要环节。

(2) 果实套袋 套袋时间应在第1代未发生时进行,一般是在5月初桃果有拇指大、第2次自然落果后进行,太迟则幼虫已侵入为害,会降低防效。套袋前应喷药1次,全面防治病虫害包括早期桃蛀螟所产卵和幼虫。

(3) 诱杀成虫 利用桃蛀螟成虫喜欢在玉米、向日葵上产卵的习性,可在果园散种少量的玉米或向日葵,以引诱成虫产卵,然后集中在玉米、向日葵上防治,或秋冬将玉米、向日葵遗株集中烧毁,以消灭其中的幼虫。或5—9月在桃园内可结合诱杀梨小食心虫设置黑光灯或糖醋液(糖∶醋∶水体积比为1∶1∶10,内加少量敌百虫混匀)诱杀成虫。

(4) 摘除虫果 加强果园管理,发现树上带有新鲜虫粪的虫果要及时摘除,同时要拾净地上的落果,进行深埋或沤肥,以消灭果内幼虫。

(5) 束草诱杀 果实采收前,在树干上束一圈稻草或其他杂草,以诱集一部分幼虫、蛹和成虫,然后集中把束草烧毁。

(6) 化学防治 第1代幼虫孵化初期为化学防治有利时机,可选用20%甲氰菊酯40 mL、2.5%三氟氯氰菊酯乳油40 mL、75%拉维因可湿性粉剂66.7~100.0 mL、50%杀螟松乳油100 mL、80%敌敌畏乳油100 mL、50%巴丹可溶性粉剂100~200 g,兑水100 L喷雾。1周后再喷1次,可取得良好的防治效果。在第2代幼虫孵化期可用同样药剂处理。

(7) 其他治理措施 板栗要注意及时采收和脱粒,脱苞后的栗果采用热水(50~55 ℃)浸果10~15 min杀虫,以减轻幼虫蛀果为害。

10.9 柑橘螨类

为害柑橘的螨类在我国主要有柑橘全爪螨[*Panonychus citri* (McGregor)]、柑橘始叶螨[*Eotetranychus kankitus* Ehara]、橘皱叶刺瘿螨[*Phyllocoptruta oleivora* (Ashmead)]和柑橘瘤瘿螨[*Aceria sheldoni* (Ewing)] 4种,前2种属于叶螨科,后2种属于瘿螨科。

10.9.1 柑橘全爪螨

柑橘全爪螨属真螨总目绒螨目前气门亚目叶螨总科叶螨科,又名柑橘红蜘蛛、瘤皮红蜘蛛。它是一种世界性的柑橘害螨,主要分布于中国、美国、日本、印度、南非和地中海国家。它是我国橘区普遍发生,为害最严重的害螨,在四川、重庆、浙江、福建、江西、湖南、广西等地,其猖獗为害给农业生产造成了重大损失。

柑橘全爪螨的寄主有30科40多种植物,主要危芸香科植物。柑橘全爪螨的成螨、若螨和幼螨群集于嫩叶枝梢及果实上刺吸汁液,但以叶片受害最重,被害叶片呈现许多灰白色小斑点，失去光泽，严重时全叶灰白，造成大量落叶、落果，影响树势和果实产量，以柑橘苗木和幼树受害较重。

10.9.1.1 形态特征（图10-14）

（1）**雌成螨** 体长0.3～0.4 mm，卵圆形，暗红色；有背毛13对，全着生在瘤状突起上，粗刚毛状。肛后毛2对。足4对，足Ⅰ跗节上的2对双毛十分接近。爪退化，各生黏毛1对；爪间突爪状，腹面有刺毛3对。

（2）**雄成螨** 体较雌成螨小，鲜红色，菱形，后端较狭窄。阳茎无端锤，钩部与柄部背缘的长度约相等。

（3）**卵** 直径约0.13 mm，球形略扁，红色有光泽，顶部有1根垂直长柄，从柄端向四周散射10～12根细丝，粘于叶面。

（4）**幼螨** 体长约0.2 mm，淡红色，有足3对。

（5）**若螨** 体形和色泽近似于成螨，但体较小，足4对。幼螨蜕皮后为前期若

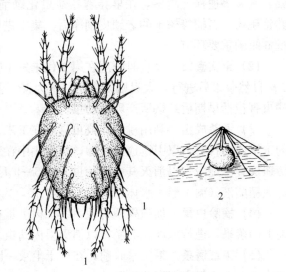

图10-14 柑橘全爪螨
1. 雌成螨 2. 卵

螨，体长0.20～0.25 mm；第2次蜕皮后为后期若螨，体长0.25～0.30 mm；第3次蜕皮后为成螨。

10.9.1.2 发生规律

（1）**生活史和习性** 柑橘全爪螨1年发生代数，随各地温度高低而异，年平均气温15 ℃地区1年发生12～15代，年平均气温18 ℃地区可1年发生16～17代，世代重叠，多以卵和成螨在叶片背面或枝条裂缝及潜叶蛾为害的卷叶内越冬，冬季温暖地区无明显越冬休眠现象。柑橘全爪螨全年以春秋两季发生严重，特别是春季发生更重；一般在3月上旬开始为害，4—5月春梢抽发，新叶伸展，柑橘全爪螨从老叶转移到新梢、新叶上为害，由于嫩叶营养丰富，加上这个时期环境温度适宜，天敌不多，使全爪螨迅速繁殖，易暴发成灾。6—7月，当旬平均温度超过25 ℃时，螨口即明显下降。7—8月高温季节发生量更少。9—10月秋季螨口又复上升，若秋季长期干旱，也能成灾。

柑橘全爪螨繁殖方式以两性生殖为主，其后代绝大多数为雌螨；也能行孤雌生殖，但后代绝大多数为雄螨。雌螨出现后即交配，一生可交配多次。每雌螨日平均产卵2.9～4.8粒，一生平均产卵31.7～62.9粒，春秋世代产卵多，夏季世代产卵少。卵多产于叶片及嫩梢上，叶片正面和背面均有，但以叶背中脉两侧居多。卵的发育起点温度为8.2 ℃，有效积温为109.6 d·℃，孵化的最适温为25～26 ℃，最适湿度分别为60%～70%。柑橘全爪螨各虫态发育历期与温度有密切关系，卵期在夏季为4.5 d，在冬季可达2月以上；雌成螨寿命，夏季平均为10 d左右，冬季平均为50 d。

幼螨孵化后即取食为害。成螨行动敏捷，在叶背和叶面均有分布。在夏季高温时有越夏习性，越夏场所主要在枝干裂缝、上翘的树皮下及树冠内部的夏梢基部等处。柑橘全爪螨亦

有喜阳光和趋嫩绿习性，多在向阳方向为害，因此以树冠中上部和外围叶片受害较重，并常从老叶转移到嫩绿的枝叶、果实上为害。

(2) 发生与环境条件的关系　柑橘全爪螨的发生和消长，受气候、越冬虫口基数、食料、天敌和生产活动（如施用农药、栽培管理）等诸多因素影响，其中温度和湿度常起主导作用。

①气候　柑橘全爪螨发育和繁殖的适宜温度一般为20～30℃，25℃为最适温度，低于20℃时活动减弱。春季高温干旱少雨是柑橘全爪螨猖獗发生的重要因素之一，而夏季高温（温度超过30℃）则对柑橘全爪螨生存繁殖不利。据安徽省观察，气温30～32℃时卵的孵化率只有61.97%～69.37%，气温25～28℃时孵化率可高达80.49%～81.14%。在温度条件适宜时，若降雨频繁，则对其发生也不利。降雨强度大时，对该螨有直接冲杀作用；而且降雨提高了相对湿度，有利于致病微生物蔓延流行；同时降雨使柑橘叶片表面在相当长的时间保持着水膜，在水的物理性质和表面张力作用下，阻碍柑橘全爪螨的取食和爬行及其生殖行为，使死亡率上升。

②食料　柑橘全爪螨在柑橘树上的分布，常随枝梢的抽发而转移，这是由于新梢、新叶组织柔软，可溶性糖类和水解氮化物含量高，对害螨生长和繁殖有利。因此凡是抽梢早，或因栽培管理粗放抽梢不整齐的苗木和橘园，一般受害较重。

③越冬基数　若卵基数较大，越冬螨量每叶超过1头以上时，又遇上冬春干旱常造成来年柑橘全爪螨严重为害。

④天敌　柑橘全爪螨的主要天敌有多种食螨瓢虫、捕食螨、中华草蛉、亚非草蛉、日本方头甲、六点蓟马、塔六点蓟马、草间小黑蛛、虫霉菌、芽枝霉等，其中食螨瓢虫和捕食螨抑制作用显著。

⑤农药　近30年来，由于一些柑橘园长期连续使用单一的高毒有机磷农药杀死大量的有效天敌，因而导致害螨的再猖獗发生。另外，经常施用溴氰菊酯、氰戊菊酯等拟除虫菊酯类农药，因能延长雌成螨寿命，增加其产卵量，加快卵的孵化速率，也能诱发柑橘全爪螨的大发生。因此必须注意科学、合理地轮换使用各类农药。

10.9.1.3　螨情调查和预测预报

(1) 越冬虫口基数调查　在采果后至春梢抽发前进行越冬虫口基数调查。选有代表性果园2个，每隔7 d调查1次。采用棋盘式取样法，每园查10株，每株按东、南、西、北、中5个方位，每个方位按上、中、下随机分别取2片叶，共30片。用10倍手持放大镜检查每叶上的成螨、卵及天敌数量。

(2) 系统调查　选择种植当地主栽品种的有代表性的果园进行系统调查，11月至翌年2月每隔15 d调查1次，3—10月每隔7 d查1次。采用棋盘式取样定树10株，每株按东、南、西、北、中5个方位，每个方位按上、中、下随机分别取2片叶，共30片。用10倍手持放大镜检查每叶上的各虫态及天敌数量。

(3) 冬卵盛孵期调查　选择红蜘蛛虫口密度大的果园进行冬卵盛孵期调查，每果园选有代表性柑橘5株，每株查有虫卵叶片10片，共查50片，总虫卵数在200～300头。从2月下旬至4月上旬，每隔7 d调查1次，调查叶片上卵粒数、卵壳数、若螨数和成螨数，统计其虫（卵）叶率、孵化率、虫卵比等。

在冬卵孵化调查中，当虫卵比连续上升，幼螨大量出现，虫卵比达1左右时，就是冬卵盛孵期，即防治关键时期。当平均每叶有螨5～8头时，列为防治对象果园，未达指标的进行挑治，或视天敌数量而定。

10.9.1.4 防治方法

防治全爪螨的关键时期是春芽萌发至开花前，后期提倡自然控制，不宜普遍用药。

(1) 生物防治 一些柑橘产区采取保护、利用捕食螨防治柑橘全爪螨获得成功，有效地控制了害螨的发生为害。目前在橘园中利用的捕食螨有德氏钝绥螨、胡瓜新小绥螨、尼氏钝绥螨、纽氏钝绥螨等。保护利用的方法是在橘园中种植藿香蓟（白花草），或在橘园套种苏麻、紫苏、芝麻、豆类、绿肥等作物。例如种植藿香蓟，清明前后每公顷橘园播种7.5 kg，柑橘树周围0.5 m内不种，3月即可长至40 cm高，可覆盖橘园，一年可收割几次，可作肥料或鱼饲料；藿香蓟的花粉可以作为捕食螨的食料，捕食螨又喜欢在藿香蓟绒毛上产卵、栖息、繁殖，使整个橘园的捕食螨种类和数量大大增加，同时降低夏季园内地温，提高相对湿度。

(2) 化学防治

a. 采果后至春芽萌发前的低温季节，施用1～2波美度的石硫合剂，以压低越冬螨口基数。

b. 开花前温度较低（20 ℃以下），可选用20%速螨酮可湿性粉剂25～50 g、5%尼索朗（噻螨酮）乳油40.0～66.7 mL、5%氟虫脲乳油66.7～100.0 mL、10%螨即死（喹螨特）乳油33～50 mL、95%机油乳剂500～650 mL，兑水100 L喷雾。

c. 开花后使用速效、对天敌杀伤作用较小的药剂，可选用的农药有1.8%阿维菌素乳油20～33 mL、25%三唑锡可湿性粉剂50～100 g、5%霸螨灵（唑螨酯）悬浮剂50～100 mL、73%克螨特乳油33～50 mL、50%托尔克（苯丁锡）可湿性粉剂40～50 g，兑水100 L喷雾。

10.9.2 柑橘始叶螨

柑橘始叶螨属真螨总目绒螨目前气门亚目叶螨总科叶螨科，俗称柑橘黄蜘蛛，分布于浙江、江西、湖北、四川、重庆、广西、陕西等柑橘产区。其寄主植物除柑橘外，还有桃、葡萄、豇豆、小旋花、蟋蟀草等。柑橘叶片、嫩梢、花蕾、幼果等均可被害，以春梢嫩叶受害最重。成螨、幼螨和若螨喜群集在叶背主脉、支脉、叶缘处为害。老叶片被害后形成黄斑；春梢嫩叶受害凹陷扭曲、畸形，凹陷处常有丝网覆盖，叶螨常在网下活动和产卵。果实被害常在果萼下或果皮低洼处形成灰白色斑点，并引起落果。严重时引起大量落叶、落花、落果、枯枝，影响树势和产量。

10.9.2.1 形态特征

(1) 雌成螨 体长0.384 mm，椭圆形，浅白色或黄绿色，前足体和末体的两侧各有1个小黑斑点。须肢端感器呈柱形，其长约为宽的2倍；背感器呈小柱状。气门沟末端向内侧膨大，短钩形。足Ⅰ爪间突具3对针状毛。

(2) 雄成螨 体较雌成螨小。须肢端感器呈短锥形。足Ⅰ跗节爪间突呈1对粗大的爪状。阳具向后方逐渐收窄，呈45°下弯，其末端稍向后方平伸。

(3) 卵 直径0.12～0.14 mm，扁球形光滑，初产时乳白色而光滑透明，后橙黄色，近孵时灰白色，浑浊。卵顶端有1根较粗的柄。

(4) 幼螨 近圆形，长约 0.17 mm，有足 3 对，初孵时淡黄色，在春、秋季节，经 4 d 天后雌性背面就可见 4 个黑斑。

(5) 若螨 体形与成螨相似，较小，有足 4 对。前若螨体色与幼螨相似，后若螨颜色较深。

10.9.2.2 发生规律

柑橘始叶螨在我国南方 1 年发生 13~20 代，世代重叠。在年平均温度 18 ℃左右地区，1 年发生 16 代以上；在年平均温度 15~16 ℃地区，1 年发生 12~14 代；以卵和雌成螨在树冠内膛、中下部的当年生春梢和夏梢叶背凹陷处越冬，以潜叶蛾为害的僵叶上螨数最多。春梢抽发后，柑橘始叶螨即向春梢叶片转移，秋后向夏秋梢转移。一年中以开花前后，在春梢叶片上发生为害多，6 月以后虫口急剧下降，10 月后略回升。成螨在气温 1~2 ℃时静止不动，3 ℃以上时开始活动，14~20 ℃时繁殖最快。发育和繁殖的最适温度为 20~25 ℃。25 ℃以上时虫口下降，30 ℃以上死亡率高，故 7—8 月发生量少。该螨主要行两性生殖，也有孤雌生殖现象。卵多产于叶背主脉、支脉两侧或叶背丝网下。柑橘始叶螨的发生盛期一般比柑橘全爪螨早半个月左右，故其防治适期为春梢芽长约 1 cm 时，此时螨的空间分布与柑橘全爪螨相似，2—3 月为核心分布，4 月以后为邻接分布，早春也有中心虫株。

此螨的发生与气温、降水量和树势强弱有密切关系。柑橘始叶螨喜阴湿，果园荫蔽、树冠内部、中下部、叶背光线较暗的地方发生较多。其天敌种类与柑橘全爪螨相似。

柑橘始叶螨防治关键时期是在春芽萌发至开花，后期则提倡自然控制，不应普遍用药。所用药剂及方法参照柑橘全爪螨。

10.9.3 橘皱叶刺瘿螨

橘皱叶刺瘿螨属真螨总目绒螨目前气门亚目真足螨总股瘿螨总科瘿螨科，俗称柑橘锈壁虱、柑橘锈螨，是重要的柑橘害螨；广泛分布于世界各柑橘产区，例如美国、中国、意大利、马耳他、塞尔维亚、伊朗、以色列、约旦、肯尼亚、印度、日本、越南、澳大利亚、巴西、阿根廷、哥伦比亚、委内瑞拉等国；在我国，分布于全国各柑橘产区，其中四川、湖南、湖北、浙江、广东、广西、福建、台湾、重庆等柑橘产区受害最重。其寄主植物仅限于柑橘类，其中以柑、橘、橙和柠檬受害较重，红橘和甜橙特别受害严重，柚、金柑受害较轻。受害严重的树，叶片枯黄脱落，树势弱。橘皱叶刺瘿螨以成螨和若螨群集于叶、果和嫩枝上刺吸汁液。叶片上多在叶背出现许多赤褐色的小斑，逐渐扩展到全叶，从而引起叶片卷缩、叶面粗糙，以至于枯黄脱落，削弱树势。果实受害后，在果面凹陷处出现赤褐色斑点，逐渐扩展整个果面而呈黑褐色，果皮粗糙、果小、味酸、皮厚，品质变劣，产量降低。广东、闽南称受害果为黑皮果，福州称之为紫柑，四川称之为象皮果，湖南称之为油它子。

10.9.3.1 形态特征

(1) 雌成螨 纺锤形，体长 0.158 mm，橙黄色。喙长为 0.026 mm，斜下伸。背盾板有前叶突；背中线不完整，并有两处与侧中线相连；侧中线完整，前端 1/3 处形成菱形图案，并有横线与亚中线相连；背瘤位于盾后缘之前，背毛内上指。前基节间具腹板线，基节刚毛 3 对，基节光滑。足具模式刚毛，羽状爪单一，5 支，爪具端球。大体具宽背中槽，两边有侧脊，背环 31 个，光滑；腹环 58 个，有微瘤。侧毛 1 对，腹毛 3 对，尾体由 5 个环组成，尾毛 1 对，副毛 1 对。雌外生殖器盖片基部有粒点，中端部有纵肋 14~16 条，生殖毛 1 对。

(2) 雄成螨 纺锤形，体长 0.135 mm，宽 0.054 mm。雄外生殖器宽 210.021 mm，生殖毛 1 对。

10.9.3.2 发生规律

橘皱叶刺瘿螨 1 年发生 18~30 代，世代重叠。橘皱叶刺瘿螨的越冬虫态和越冬场所因各地冬季的气温高低而有所不同，在四川和浙江以成螨在柑橘腋芽内、潜叶蛾和卷叶蛾为害的僵叶或卷叶内、柠檬秋花果的萼片下越冬，在福建以各种螨态在叶片和绿色枝条上越冬，在广东多在秋梢叶片上越冬，在湖南主要以雌成螨群集在枝梢上的腋芽缝隙中和病虫为害的卷叶内越冬。

橘皱叶刺瘿螨一般营孤雌生殖。其繁殖力特别强。卵一般为散生，多产在叶片背面和果面凹陷处。初孵若螨静伏不动，后渐活跃，2 龄若螨活动较强，成螨活跃；如遇惊扰迅速爬行，还可弹跳。成螨和若螨均喜阴畏光，在叶上以叶背主脉两侧较多，叶面较少；在柑橘树上，先在树冠下部和内部的叶上发生，然后转移至果面和外部的叶片上为害。

橘皱叶刺瘿螨终年在柑橘树上活动，其发生和消长的规律随地理环境、气候条件和柑橘品种不同而异，当白天温度达 15 ℃以上时，便可活动取食。日平均温度达 15 ℃左右，春梢萌发时开始产卵，4 月上旬开始爬上新梢嫩叶，聚集在叶背的主脉两侧为害，5 月中旬以后虫口密度迅速增加，5—6 月蔓延至果面上，7—8 月螨口发展到当年的最高峰，7—10 月为发生盛期，多时单叶和单果有螨、卵数达几百至千余头。在叶和果面上附有大量虫体和蜕皮壳，好似一薄层灰尘，在这个时期以前，是药剂化学的适宜时期。8 月以后部分螨口转移至当年生秋梢叶上为害，直到 11 月仍能见到其在叶片和果实上取食，在 7—9 月高温、低湿条件下常猖獗成灾。橘皱叶刺瘿螨个体小，可借风力、昆虫、鸟、器械及苗、果的运输传播蔓延。该螨的天敌有多种，其中多毛菌是最重要的天敌之一。

10.9.3.3 螨情调查和预测预报

(1) 系统调查 系统调查时，选有代表性的果园 2~3 个，从柑橘谢花期开始至第 2 次生理落果，每 10 d 调查 1 次，以后每 5 d 调查 1 次，至果实着色为止。主要在 4—7 月，橘皱叶刺瘿螨转移到春梢及果实上为害的两个时期。

(2) 新梢叶受害调查 按当地实际情况，选有代表性果园 2~3 个，在柑橘春梢抽发后 5~10 d 起，每个果园固定 3 株，每株每次随机检查下部或内部叶片 10 片，每叶用 10 倍手持放大镜观察叶背脉两侧的中部一个视野的虫口数量，统计其每个视野橘皱叶刺瘿螨的数量，作为化学防治的依据。

(3) 果实螨害调查 按当地实际情况，选有代表性果园 2~3 个，从 6 月中旬开始，用以上方法检查柑橘果实。每株调查 4 个方位和中部 5~10 个果。每果在果蒂和果脐附近各查 1 个视野。观察各视野中橘皱叶刺瘿螨的数量（活或死），统计其平均每视野橘皱叶刺瘿螨的数量和天敌数量。以橙为主的地区，中后期以果为主；以橘为主的地区，中后期叶果结合。

(4) 发生趋势与防治适期预报 橘皱叶刺瘿螨的发生程度与柑橘园虫口密度、气候和天敌有密切关系。一般冬、春气温偏高，夏季降雨偏少，有利于其发生。虫情调查中，当每个视野有螨 2~3 头时，立即发出防治预报。

10.9.3.4 防治方法

橘皱叶刺瘿螨的防治主要采取下列措施。

(1) 加强柑橘园的肥水管理　增施有机肥,增强树势,提高植株的抗虫能力。

(2) 保护利用天敌　在多毛菌流行时尽量少用铜制剂防治柑橘病害,注意使用选择性农药并合理用药,以保护天敌。

(3) 局部发生时药剂挑治中心虫株　在5—8月每10 d左右巡视1次柑橘园,当螨口密度达到10倍扩大镜下每视野3~5头或发现个别树有少数黑皮果和个别枝梢叶片黄褐色脱落时立即喷药防治。注意喷射树冠内部、叶背和果实的阴暗面。可选药剂有:0.3~0.5波美度石硫合剂、多毛菌菌粉(7万菌落/g)300~400倍液、25%单甲脒水剂3 000~4 000倍液、73%克螨特乳油4 000~5 000倍液、20%双甲脒(螨克)乳油3 000~5 000倍液。

10.9.4　柑橘瘤瘿螨

柑橘瘤瘿螨属真螨总目绒螨目前气门亚目真足螨总股瘿螨总科瘿螨科,又名柑橘瘤壁虱、柑橘芽壁虱,为世界性柑橘害螨,在我国分布于四川、重庆、云南、贵州、广西、湖南、湖北、安徽、江苏、陕西等地。柑橘瘤瘿螨的寄主植物仅限于芸香科植物,以柑橘属及枳属为主。在柑橘属中以红橘为主,甜橙次之,柚、柠檬及四季柑再次,枳壳受害较轻。柑橘瘤瘿螨主要为害柑橘春梢的腋芽、花芽、嫩叶、新梢果蒂等幼嫩组织。春芽受害形成胡椒状的虫瘿,使枝梢变为扫帚状,叶片稀少,受害严重时植株完全不能正常抽梢和开花结果,严重影响树势。

10.9.4.1　形态特征

(1) 雌成螨　纺锤形,体长0.170~0.180 mm,宽0.035~0.042 mm,黄色至橘黄色。背盾板纹线模糊,有主要纵线3条,中线间断,在背盾板后缘前方有1个箭头纹。侧中线完整,亚中线向后延伸至背瘤,并在背瘤前与1条横曲线相遇。背瘤位于背盾板后缘,背毛后指。大体有背腹环65~70个,腹环较背环略少。腹环具椭圆形微瘤。生殖器盖片有纵肋10~12条。羽状爪5支。

(2) 雄成螨　体形同雌螨,但较小,体长0.120~0.130 mm,宽约0.030 mm。

10.9.4.2　发生规律

柑橘瘤瘿螨1年发生10多代,主要以成螨在虫瘿内越冬。春天柑橘萌芽时,成螨从老虫瘿内爬出,为害春梢的新芽、嫩枝、叶柄、花苞、萼片和果柄,受害处迅速产生愈伤组织,形成新虫瘿。出瘿始期与春梢萌芽物候期基本一致。3—4月当红橘萌发抽梢时,旧瘿内的成螨因营养不良而被迫迁移,使虫口密度迅速下降,新芽受害形成虫瘿,成螨潜伏其中继续产卵繁殖。非越冬的生长季节,瘿内各种虫态并存。在4—7月繁殖高峰时,新虫瘿内虫口增加,最多达680头左右,而老虫瘿内的虫口数则慢慢下降至约280头;5—6月生长发育快,几天可完成1个世代;7月以后发生量逐渐减少,故秋梢受害较春梢轻。

10.9.4.3　防治方法

柑橘瘤瘿螨防治采取的措施包括以下几方面。

(1) 加强检疫　该螨可随苗木接穗调运而传播,不到疫区调运苗木和接穗,可避免其扩展蔓延。

(2) 农业防治　受害重的柑橘园,在夏梢抽发前,第1次生理落果期后进行重修剪,清除大部分有虫瘿的枝叶集中烧毁。并对重剪植株加施速效肥,使其及早恢复树势,并保证秋梢健壮抽发。冬季采果后再修剪1次,进一步清除残余的害螨。

(3) 化学防治　柑橘萌芽到开花之间（3—4月），选用0.5～1.0波美度石硫合剂或20%哒螨酮3 000倍液喷雾，每15 d喷1次，连续2～3次。

10.10　落叶果树叶螨

落叶果树主要分布在北方，以苹果、梨和桃树为主，其上的主要害螨包括山楂双叶螨［*Amphitetranychus viennensis*（Zacher）］、二斑叶螨（*Tetranychus urticae* Koch）、苹果全爪螨［*Panonychus ulmi*（Koch）］和果苔螨［*Bryobia rubrioculus*（Scheuten）］。

10.10.1　山楂双叶螨

山楂双叶螨［*Amphitetranychus viennensis*（Zacher）］在我国曾长期被称为山楂叶螨（山楂红蜘蛛），属蛛形纲蜱螨亚纲真螨总目前气门亚目叶螨科，广泛分布于河北、北京、天津、辽宁、山西、山东、陕西、河南、江苏、江西、湖北、广西、宁夏、甘肃、青海、新疆、西藏等地，是仁果类和核果类果树的主要害螨之一，主要寄主有苹果、梨、桃、李、杏、沙果、山楂、海棠、樱桃等果树，也可为害草莓、黑莓、法国梧桐、梧桐、泡桐等植物。

10.10.1.1　形态特征（图10-15）

(1) 成螨　雌成螨卵圆形，体长0.55～0.59 mm，宽0.35～0.39 mm，有冬型和夏型之分，冬型体红色，夏型体初红色，取食后暗红色。雄螨体菱形，体长0.42～0.45 mm，第3对足基部最宽，末端较尖；第1对足较长。体背刚毛细长，有12对，腹毛16对，毛基无瘤状突起。

(2) 卵　圆球形，直径约0.15 mm，初产时黄白色或浅橙黄色，孵化前橙红色，多产于叶背面。

(3) 幼螨　有足3对，近圆形，长约0.19 mm，初孵时黄白色，取食后卵圆形浅绿色，体背两侧出现深绿色长斑。

(4) 若螨　足4对，椭圆形，体长约0.22 mm，浅绿色至浅橙黄色，体背出现刚毛，两侧有深绿斑纹，后期与成螨相似。

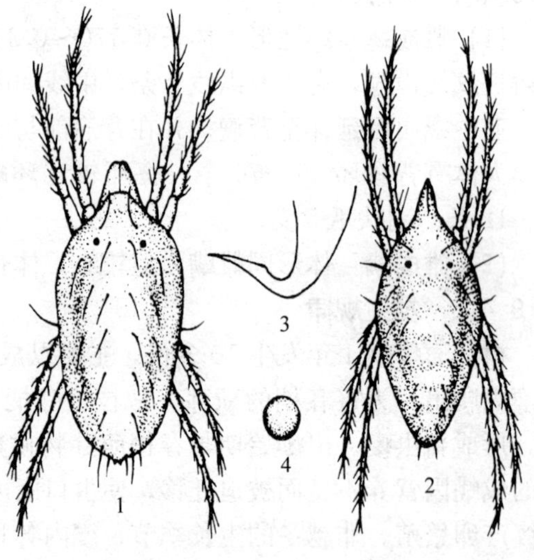

图10-15　山楂双叶螨
1. 雌成螨　2. 雄成螨　3. 阳具　4. 卵

10.10.1.2　发生规律

(1) 生活史和习性　各地山楂双叶螨年发生代数，主要受气候条件和营养条件的影响而有差异。山楂双叶螨在北方果区1年发生5～13代，例如在辽宁1年发生5～6代，在山西1年发生6～7代，在山东青岛1年发生7～8代，在安徽和河南1年发生12～13代；均以受精雌成螨在枝干树皮裂缝内、粗皮下及靠近树干基部3 cm深的土块缝里越冬，在大发生的年份，还可以潜藏在落叶、枯草或石块下面越冬。山楂双叶螨的年生活史（以在苹果树上为害为例)大致如下：翌春日平均气温达 9~10 ℃，苹果芽膨大露绿时出蛰为害芽，展叶后到叶背为害，此时为出蛰盛期，整个出蛰期达 40 d。取食 7~8 d 后开始产卵，产卵盛期通常与果树的盛花期相一致。卵期为 8~10 d，落花后 7~8 d 卵基本孵化完毕，同时出现第 1 代成螨，第 2 代卵在落花后超过 30 d 达孵化盛期，此时各虫态同时存在，世代重叠。一般 6 月前温度低，完成 1 代需 20 d 以上，虫量增加缓慢；夏季高温干旱，9~15 d 即可完成 1 代，其中卵期为 4~6 d。全年为害高峰在 7 月中旬至 8 月中下旬。9 月下旬可见越冬成螨，11 月中旬后全部越冬。

山楂双叶螨的成螨、若螨和幼螨喜在叶背群集为害，有吐丝结网习性，并可借丝随风传播，卵产于丝网上。山楂双叶螨行两性生殖或孤雌生殖，田间雌螨占 60%~85%。春季和秋季世代平均每雌产卵 70~80 粒，夏季世代每雌产卵 20~30 粒。非越冬雌螨的寿命，春季和秋两季为 20~30 d，夏季为 7~8 d。

山楂双叶螨以刺吸式口器刺吸寄主植物绿色部分的汁液，主要为害叶片、嫩梢和花萼，破坏气孔构造、栅栏组织和海绵组织以及叶绿体，使果树在生理上表现下列特征：气孔开张不正常，影响呼吸作用；蒸腾作用加剧，大大减少叶组织内的水分，削弱抗旱性，叶片易干枯；降低叶绿素含量，抑制光合作用，减少光合产物；在一定程度上减少糖类和氮化合物的含量，使二者比例失调；增加了镁的含量等。山楂双叶螨只在叶片的背面为害，主要集中在叶脉两侧。树体轻微被害时，树体内膛叶片主脉两侧出现苍白色小点，进而扩大连成片；受害较重时被害叶片增多，叶片严重失绿。当螨的数量较大时，在叶片上吐丝结网，全树叶片失绿，尤其是内膛和上部叶片干枯脱落，甚至全树叶片落光。

(2) 发生与环境条件的关系

①气候条件 山楂双叶螨喜高温干旱，北部果区春季干旱，有利于其繁殖为害，如果遇到夏季干旱的年份，容易暴发为害。山楂双叶螨的适温范围为 25~30 ℃，一般在 7—8 月，气候干旱有利于其生长发育，为害更重。

②天敌 山楂双叶螨的天敌种类很多，主要有食螨瓢虫、六点蓟马、中华草蛉、小花蝽、捕食螨等。天敌对其发生具有一定的控制作用。

③农药、化肥和水 浇水、施肥、修剪、中耕除草、施药、耕作制度的变更等，都能引起山楂双叶螨种群的变化。如果果树施氮肥过多，树体内的有机氮增加，会刺激山楂双叶螨使其产卵量大，密度增加很快。浇水多，使果园内的小气候相对湿度增大，不利于其生活繁殖。不合理地使用广谱性杀虫剂，杀死叶螨的大量天敌，破坏生态平衡，使山楂双叶螨得不到自然控制而发生严重，同时还容易使其对农药产生抗性，造成防治上的困难。

10.10.1.3 螨情调查和预测预报

(1) 越冬基数调查 3 月上中旬进行越冬基数调查。选有代表性的果园 3~5 个，每园按双对角线 5 点取样，每点取 1 株，从茎基部向上取 10 cm 长、10 cm 宽的面积内，查翘皮下越冬雌成螨数量及天敌数量。

(2) 花前调查

①越冬雌成螨出蛰期调查 越冬雌成螨出蛰期调，从苹果萌芽前开始至出蛰结束止。选当地主栽品种 2~3 个苹果园，每园按 5 点取固定 5 株树，每株在树冠内膛枝和基部三主枝中部各标定 10 个顶芽，共 20 个。从苹果萌芽前开始每 2 d 调查 1 次，观察记载爬上芽的螨量。记载后将螨挑除。

②越冬雌成螨调查 当出现出蛰数量明显增加时，每隔 1 d 在果园内随机调查内膛芽

（或嫩梢）50~100个，统计平均每芽（梢）上山楂双叶螨数。当山楂双叶螨数达到每芽1~2头时，应发出出蛰盛期及喷药防治的预报。

(3) 落花后系统调查 苹果谢花后至10月初进行系统调查。选当地主栽品种2~3个苹果园，每园按5点取固定5株树，每周调查1次，每次从树冠内膛和基部三主枝中部分东、西、南、北、中各随机调查4片叶，每株20片叶，5株共调查100片叶，统计卵、幼螨、若螨和成螨数。7月份及其以后，每株加查树冠外围叶片10个。

(4) 预测预报

①花前防治适期预测 根据花前调查，发现第1头螨上芽时，立即发出出蛰预报，做好防前准备。当芽上螨量剧增（一般在开花前1周），百芽有螨100~200头时，即为出蛰盛期，并开展防治的预报。

②落花后防治适期预测 从落花后至7月中旬，当平均百叶有成螨200头，或有活动的幼螨、若螨和成螨共400头，即为防治适期。7月中旬以后，当平均百叶有活动螨量为700~800头，且益害比值在50以上时，应立即防治。成螨和若螨较少，而卵和幼螨比达50%时，即为卵孵化高峰，应开展防治。

10.10.1.4 防治方法

山楂双叶螨的防治，应坚持以调节果园生态环境和保护利用自然天敌为基础，合理用药，加强农业防治的综合治理策略。

(1) 生物防治

①释放捕食螨 5月下旬至6月中旬，根据果树的不同树龄和山楂双叶螨的基数，释放西方静走螨、胡瓜新小绥螨控制害螨。

②释放草蛉 在山楂双叶螨幼螨、若螨期，将宽4 cm、长10 cm的草蛉卵卡（每张卡上有卵20~50粒），用大头针别在叶螨量多的叶片背面，待草蛉幼虫孵化后自行取食山楂双叶螨，每株放蛉卵1 000~3 000粒。若叶螨数量密度过大，宜先用1次杀螨剂，压低叶螨基数，再放蛉卵效果较好。

③保护天敌 尽量减少杀虫剂的使用次数或使用不杀伤天敌的药剂以保护天敌，特别是花后大量天敌相继上树，如不喷药杀伤，往往可把害螨控制在经济损害允许水平以下，个别树严重，平均每叶达5头时应进行挑治，避免普治大量杀伤天敌。

(2) 农业防治

①刮除老皮和销毁枯枝落叶 树木休眠期刮除老皮，重点是刮除主枝分杈以上老皮，主干可不刮皮以保护主干上越冬的天敌。清扫枯枝落叶集中销毁，并进行树干涂白。

②培土和施肥 在树干基部培土拍实，防止越冬螨出蛰上树。合理修剪，冬、春季增施有机肥，以增强树势。

③诱杀 雌成螨下树越冬前，在树干、主枝基部绑缚草把诱集雌成螨越冬，冬季解下烧毁，消灭越冬雌螨，降低虫口基数。

(3) 化学防治 化学防治时应抓住关键时期。

①发芽前防治 发芽前结合防治其他害虫可喷洒5波美度石硫合剂或45%晶体石硫合剂20倍液、含油量3%~5%的柴油乳剂于主干和主枝，特别是刮皮后施药效果更好，可消灭部分越冬雌螨。

②花前防治 花前是进行化学防治山楂叶螨的最佳施药时期，在做好虫情测报的基础上，

及时进行化学防治，可控制在为害繁殖之前。可选用43%联苯肼酯悬浮剂3 000倍液、240 g/L螺螨酯4 000~6 000倍液、110 g/L乙螨唑5 000~6 000倍液、0.3~0.5波美度石硫合剂、45%晶体石硫合剂300倍液、50%硫黄悬浮剂200倍液、50%抗蚜威超微可湿性粉剂2 000~3 000倍液、50%溴螨酯乳油1 000倍液、73%克螨特乳油3 000~4 000倍液、25%除螨酯（酚螨酯）乳油1 000~2 000倍液。选用3种以上杀螨剂轮换使用，可延缓叶螨抗药性产生。

③麦收前防治　麦收前（5月底至6月初）即第2代若螨盛期，也是全年防治的关键时期，此时害螨集中在树冠内堂为害，便于防治。可选用43%联苯肼酯悬浮剂3 000倍液、240 g/L螺螨酯4 000~6 000倍液、110 g/L乙螨唑5 000~6 000倍液、5%阿维菌素乳油8 000~10 000倍液，均有较好防治效果，还可兼治梨网蝽、旋纹潜叶蛾等其他害虫。

10.10.2　二斑叶螨

二斑叶螨（*Tetranychus urticae* Koch）又名二点叶螨，世界性分布，是许多果树、蔬菜、花卉等植物的重要害螨，主要在寄主叶背取食和繁殖。苹果、梨和桃等果树受害，初期叶面沿叶脉附近出现许多细小失绿斑痕，随着害螨数量增加，为害加重，叶背面逐渐变褐色，叶面呈苍灰绿色，变硬变脆，被害严重时造成大量落叶，其被害状与山楂叶螨为害状相似。害螨密度过高时，则出现大量个体垂丝拉网，借风传播扩散。二斑叶螨在我国由董慧芳等于1983年在北京市天坛公园的一串红上首次发现，推测为随入境的活体花卉植株带入国内的，目前北京、河北、山西、天津、山东、辽宁、陕西、河南、江苏、安徽、云南、福建等省份有报道。在重要的苹果产区山东省，1989年首先在烟台的招远市果树上发现，后在烟台、临沂两市的10多个县相继发现，目前已遍布烟台、临沂、青岛、菏泽、潍坊、泰安、淄博等多个县（市），且部分果园已泛滥成灾。在苹果生产大省辽宁，自1997年传入后，蔓延速度极快，并连年在果区大发生，目前遍布全省，发生面积约1.5×10^5 hm²。在北方一些果园，二斑叶螨、苹果全爪螨和山楂双叶螨成为优势种。

10.10.2.1　形态特征（图10-16）

(1) 雌成螨　椭圆形，体长0.428~0.529 mm，宽0.308~0.323 mm，除越冬代滞育个体体色橙红色外，均乳黄色或黄绿色。该螨体躯两侧各有1块黑斑，其外侧3裂，内侧接近体躯中部呈横山字形。

(2) 雄成螨　身体比雌成螨略小，体长0.365~0.416 mm，宽0.192~0.220 mm，体末端尖削，体色与雌成螨相同。

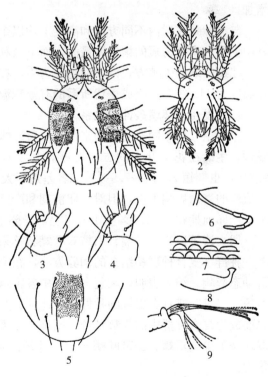

图10-16　二斑叶螨
1. 雌螨背面　2. 雄螨背面　3. 雌螨须肢跗节
4. 雄螨须肢跗节　5. 末体背面　6. 雌螨气门沟
7. 背面表皮纹突　8. 阳茎　9. 雌螨Ⅰ足爪和爪间突
（仿忻介六，1988）

(3) 幼螨和若螨 均乳黄色或黄绿色。

(4) 卵 圆球形，有光泽，直径 0.1 mm，初产时无色，后淡黄色或红黄色，临孵化前出现 2 个红色眼点。

10.10.2.2 发生规律

(1) 生活史和习性 二斑叶螨 1 年发生代数，在辽宁为 8～9 代，在华北地区为 12～15 代，在南方为 20 代以上，以雌成螨在土缝、枯枝落叶下、树皮裂缝等处吐丝结网潜伏越冬。3 月中旬～4 月中旬，当平均气温上升到 10 ℃左右时，越冬雌成螨开始出蛰；当平均气温升至 13 ℃左右时，开始产卵，平均每雌产卵 100 多粒；卵经过 15 d 左右孵化，4 月底至 5 月初为第 1 代孵化盛期。幼螨上树后先在长枝叶片上进行为害，然后再扩散至全树冠。7 月螨量急剧上升，进入大量繁殖和发生期，发生为害高峰在 8 月中旬至 9 月中旬。进入 10 月，当气温下降至 17 ℃以下时，出现越冬雌螨，当气温进一步下降至 11 ℃以下时，即全部变成滞育个体。山东省的调查发现，二斑叶螨田间种群的年中消长曲线为两端平缓、中央陡然升高的单峰曲线，一般在 6 月至 7 月上旬为高峰期。

短日照和低温是诱导二斑叶螨发生滞育的主要因子。二斑叶螨属于长日照发育短日照滞育型。在实验室条件下，当温度为 15 ℃，每日光照超过 13 h 时该螨不发生滞育个体，当每日光照时间缩短至 12 h 时开始出现滞育个体，以后随着日照时间的缩短，滞育率逐渐增加。

二斑叶螨在树内不同方向和高度上均以个体群的形式存在，个体群的分布为聚集分布，其中上层和南面树冠的聚集度最高，而下层和内部树冠的聚集度最低。

二斑叶螨的生殖方式以两性生殖为主，在无雄螨时也可以进行孤雌生殖。该螨的发育起点温度为 11.65 ℃，完成 1 代所需的有效积温为 162.19 d·℃。

(2) 发生与环境条件的关系

①寄主 用不同寄主植物来饲养二斑叶螨，其发育历期存在不同程度的差别。顾耘研究发现，生活在花生叶上的二斑叶螨，其发育历期比苹果叶上二斑叶螨的卵期短 6.2%～9.2%，虫期短 2.5%～7.9%，二者差别不大。在雌成螨的生殖力的各项指标上，不同寄主对成螨的寿命影响不大，但对产卵前期和产卵量具有显著的影响。在 25 ℃和 30 ℃恒温条件下，产卵前期相差 82.2%至 1 倍以上，产卵量相差 88.8%～94.4%。

闫文涛等以二斑叶螨、山楂双叶螨和苹果全爪螨为研究对象，以苹果幼树为寄主，采用单一种群、复合种群相结合的饲养方法，在室温 25 ℃条件下研究种群复合对 3 种害螨的种群动态影响。结果表明，在复合种群中各害螨的种群增长均受到显著抑制，害螨间存在种间竞争。二斑叶螨具有更快的种群增长速度、为害速度和转移速度，有更强的主动转移能力，总能成为复合种群中的优势种群；明确 3 种害螨的种间竞争优势排序为：二斑叶螨＞山楂叶双螨＞苹果全爪螨。二斑叶螨与朱砂叶螨的种间竞争也表明，二斑叶螨具有更强的种间竞争力。

②气候 二斑叶螨发育的最适温度为 24～25 ℃，最适相对湿度为 35%～55%，高温对发育不利。顾耘等研究了高温对二斑叶螨和朱砂叶螨致死作用，发现在 32 ℃、35 ℃、38 ℃、42 ℃这 4 种温度处理 4 h 后，两种叶螨的卵、若螨和雌成螨 3 个不同发育阶段均表现出不同程度的死亡，其死亡率随着温度的升高而提高；在相同温度下其死亡率高低顺序为卵＞若螨＞雌成螨；高温条件下，二斑叶螨的死亡率要明显高于朱砂叶螨。

10.10.2.3 螨情调查和预测预报

(1) 越冬雌成螨出蛰期调查 在苹果树萌芽至开花时（在2月下旬至3月上中旬）开始进行雌成螨出蛰期调查。选上年发生重的果园3~5个，按对角线5点取样法选定5点，每点选根部有萌蘖的树2株，每树只保留1根萌蘖，调查记载雌成螨出蛰情况。每天调查1次，用放大镜仔细检查各萌蘖的所有新叶和茎干上的二斑叶螨越冬雌成螨，发现后计数，并剔除。

(2) 第1代卵孵化期调查 从苹果树萌芽，第1代卵临近孵化之前开始调查第1代卵孵化期，至越冬卵全部孵化结束。选择上年发生较重的果园3~5个，每个果园按对角线5点取样法在果园中选取5棵苹果树。每棵树上截取有越冬卵的5~10个3 cm长的小段，把每段钉在5 cm×10 cm长的白色小木板上，在每段的周围涂1 cm宽的凡士林油，防止幼螨逃逸，将小木板挂在树木的背阴处。从卵开始孵化之日起，每日早晨统计孵化的幼螨数，并剔除，计算第1代卵累计孵化率。

(3) 发生量消长调查 从苹果树开花到8月下旬进行发生量消长调查。选有代表性果园3~5个，每个果园按对角线5点取样法在果园中选取5棵苹果树，每周调查1次，每树在树冠东、南、西、北、中5部位各随机抽取4个树叶，5株树共100张叶片。分别统计其上活动螨和夏卵的数量。

(4) 预测预报 越冬雌成螨出蛰期调查时，当连续3 d发现有出蛰雌成螨时发出预报，进行喷药防治。第一代卵孵化期调查时，当累计卵孵化率达50%时发出预报，及时喷药防治。

10.10.2.4 防治方法

二斑叶螨防治指标为：苹果花前，可在越冬卵基本孵化后进行化学防治；花后至7月中旬，当二斑叶螨的百叶活动螨量达500头时，开展防治；7月中旬后，百叶活动螨量达900头时，开展防治。天敌与叶螨比为1∶50时，二斑叶螨将会受到控制，可不进行化学防治。

(1) 农业防治 结合各项农事操作，秋后清除枯枝落叶并集中烧毁，以消灭越冬雌。秋深耕、冬灌也可消灭大量越冬雌成螨。在越冬期间，刮除树干上的老翘皮和粗皮，消灭其中的越冬雌成螨。可在二斑叶螨越冬前，在根颈处覆草，并于3月上旬前将覆草收集并烧毁，以降低越冬基数。此外，果园应尽量避免间作豆科作物。

(2) 生物防治 二斑叶螨的天敌种类繁多，可分为捕食性天敌和寄生性天敌两大类。寄生性天敌主要是各种菌类、病毒等，捕食性天敌包括捕食性昆虫、捕食性蜘蛛、捕食性螨类等，例如食螨瓢虫、小花蝽、草蛉、蓟马、捕食螨等10多种捕食性天敌。顾耘等用深点食螨瓢虫以及张新虎等用芬兰钝绥螨来防治二斑叶螨都取得不错的效果。尼氏钝绥螨对二斑叶螨若螨和成螨的捕食量较小，对卵的捕食量较大。美国、英国、荷兰已工厂化大规模生产植绥螨，荷兰有60%的温室用智利小植绥螨防治黄瓜上的二斑叶螨，英国为75%，芬兰、瑞典和丹麦为70%~75%。

(3) 化学防治 孟和生等发现二斑叶螨对药剂的敏感度显著低于苹果全爪螨，所以防治起来更为困难。赵业霞等发现1.8%爱福丁乳油防治二斑叶螨效果在95%以上。爱福丁的作用机制与已产生了较强抗药性的有机磷类和拟除虫菊酯类药剂的作用机制完全不同，可以作为新型农药来防治二斑叶螨。王开运等指出，应该在冬季和早春施用一些杀成螨活性比较高的杀螨剂（例如虫螨腈和阿维菌素）以降低其越冬雌成螨的数量，越冬代成螨出蛰后便及时喷洒一些杀卵效果好的药剂，以压低第1代卵；夏秋成螨盛发期则应该把杀成螨活性好的与杀卵活性好的药剂混合使用，否则，单用任何一种杀螨剂均不会达到理想的效果。

10.10.3 苹果全爪螨

苹果全爪螨［*Panonychus ulmi* (Koch)］又称为欧洲红叶螨，原产于欧洲，后传入世界各地，是欧洲、美洲、亚洲等地苹果、梨、一些核果树上的重要害螨。苹果全爪螨在苹果树上为害常使叶色变褐，严重时会引起落叶，从而导致果实变小、产量降低。苹果全爪螨在我国吉林、甘肃等地发生较重。

10.10.3.1 形态特征（图10-17）

(1) 雌成螨 体长0.381 mm，宽0.292 mm，圆形，背部隆起，侧面半球形。体色深红；背毛白色，着生于黄白色的毛瘤上。须肢端感器长略大于宽，顶端稍膨大。背感器小枝状，与端感器等长。刺状毛较长，约为端感器的2倍。口针鞘前端圆形，中央微凹。气门沟端部膨大，呈球形。背表皮纹纤细。背毛粗壮，具粗茸毛，着生于粗大的突起上，共26根。足Ⅰ爪间突坚爪状，其腹基侧具3对棘毛簇，与爪间突爪近于相等。足Ⅰ跗节2对双毛相距近。

(2) 雄成螨 体长0.246 mm。须肢端感器柱形，长宽略等。背感器小枝状，其长大于端感器。足Ⅰ爪间突同雌或螨。足Ⅰ跗节双毛近基侧有3根触毛和3根感毛，双毛腹面有2根触毛。足Ⅱ跗节双毛近基侧有2根触毛和1根感毛。阳具末端弯向背面，S形弯曲，末端尖细。

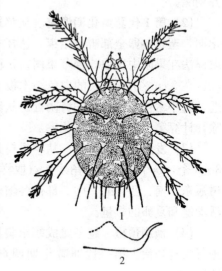

图10-17 苹果全爪螨
1. 雌螨背面 2. 阳茎
（仿忻介六，1988）

(3) 卵 葱头形，顶部中央有1根刚毛，夏卵橘红色，冬卵深红色。表面布满纵纹，直径0.13～0.15 mm。

10.10.3.2 发生规律

(1) 生活史和习性 苹果全爪螨在英国南部1年发生5代，在美国1年发生5～8代；在中国吉林延边1年发生5～6代，在辽宁兴城地区1年发生6～7代，在河北省昌黎地区1年发生9代；均以卵在短果枝、果台和2年生以上的枝条上越冬。苹果全爪螨卵的发育起点温度是7.79 ℃，有效积温是113.49 d·℃；全世代发育起点温度是9.78 ℃，有效积温为202.16 d·℃。完成1代所需时间为10～14 d。

苹果全爪螨的幼螨、若螨和雄螨多在叶片背面活动、取食；静止期多在叶背基部主脉和侧脉的两旁，以口器固着于叶上，不食不动；而雌螨多在叶片正面活动为害；一般不吐丝结网。受害叶片在正面呈现失绿斑点，严重时致使叶片枯焦。在虫口密度过高而营养条件不利时，成螨常大批垂丝下降，随风飘荡，借以扩散。

苹果全爪螨雌成螨产两种类型的卵，夏卵产在叶片上，是非休眠卵；越冬卵主要产在树皮上。越冬卵为深红色，夏卵为橘红色。卵的类型由光周期、温度和雌成螨的营养条件所决定。与山楂叶螨和二斑叶螨不同，苹果全爪螨是以卵越冬的。苹果全爪螨的越冬卵从8月中旬开始出现，进入9月中旬数量显著上升，至9月底达到高峰。冬卵主要来自第5代和第6代成虫。冬雌的产生主要决定于光周期变化和寄主植物的营养条件，后者的影响极为显著，当取食它们已取食衰老或被害严重的叶片时，即使在足以抑制滞育发生的长光照和高温条件下，也能产生大量冬雌。因此寄主植物的被害程度，可以影响冬卵的出现时期。

(2) 发生与环境条件的关系

①气候条件　早春干旱对此螨繁殖有利。从全年种群数量消长的情况来看，以越冬代、第1代和第2代的螨量为多，以后各世代的螨量显著减少，这主要与前期（5—6月）气候干旱、天敌很少，后期（7—8月）雨季来临、天敌活动频繁有关。其适宜的生长温度为25～28℃，适宜的相对湿度为40%～70%。雨水冲刷是种群消长的限制因素。

②天敌　苹果全爪螨的天敌有深点食螨瓢虫、束管食螨瓢虫、陕西食螨瓢虫、异色瓢虫、大草蛉、小草蛉、小黑花蝽、六点蓟马、长须螨、芬兰真绥螨等。它们在田间对苹果全爪螨有一定的控制效果。

10.10.3.3 螨情调查和预测预报

(1) 越冬基数调查　3月上中旬进行越冬基数调查。选有代表性的果园3～5个，双对角线5点取样，每点1株，从树冠中外部随机选20条枝，共选100条枝（长枝∶中枝∶短枝=1∶2∶7），调查芽痕处越冬卵量和天敌数量。

(2) 越冬卵孵化期调查　在苹果树萌芽，越冬卵临近孵化之前开始调查越冬卵孵化期，至越冬卵全部孵化结束。选有代表性果园3～5个，按对角线5点取法在果园中选取5棵苹果树，每棵树上截取有越冬卵的5～10个3cm长的小段，把每段钉在5cm×10cm长的白色小木板上，在每段的周围涂1cm宽的凡士林油，防止幼螨逃逸，将小木板挂在树木的背阴处。当卵开始孵化之日起，每日早晨统计孵化的幼螨数。

(3) 数量消长调查　从苹果树开花到9月底调查数量消长。选有代表性果园3～5个，按对角线5点取样法在果园中选取5棵苹果树，每周调查1次，每树在树冠东、南、西、北、中5部位各随机抽取4个树叶，5株树共100张叶片。分别统计其上活动螨和夏卵的数量。

(4) 预测预报　果树萌芽前，根据越冬基数及气象条件，发出苹果全爪螨长期预报。谢花1周后和麦收前后根据调查情况及天气预报分别发出中短期预报。

10.10.3.4 防治方法

苹果全爪螨防治指标为：苹果花前，可在越冬卵基本孵化后进行化学防治；花后至7月中旬，百叶当全爪螨活动螨量达300头时，开展防治；7月中旬后，百叶全爪螨活动螨量达800～900头时，开展防治。天敌与螨比为1∶50时，苹果全爪螨将会受到控制，可不进行化学防治。

(1) 人工防治　人工防治主要措施有：a.彻底清园，彻底清除树干粗皮、老翘皮，并集中烧毁；b.刮除树上越冬卵；c.树干涂抹粘虫胶，于春天、夏初在树干中下部涂抹5～10cm宽的粘虫胶，可有效防治红蜘蛛为害。

(2) 化学防治　抓住用药的关键时期，第1次防治的关键时期在越冬卵孵化盛期，第2次防治的关键时期在第1代卵孵化盛期，第3次防治的关键时期在各世代重叠发生时期。防治效果较好的药剂有阿维菌素、尼索朗、克螨特、四螨嗪、喹螨醚等。

(3) 生物防治　一方面要重视本地天敌的保护和利用，另一方面可以释放天敌。据甘肃、宁夏等地研究,在苹果示范园释放胡瓜新小绥螨、巴氏钝绥螨,能有效控制苹果全爪螨的种群增长。

10.11 柑橘潜叶蛾

柑橘潜叶蛾（*Phyllocnistis citrella* Stainton）属鳞翅目叶潜蛾科,是柑橘新梢期最重要的害虫之一,分布于世界各大洲,在我国分布于长江流域及其以南各地。其寄主植物有柑橘、枳壳等。柑橘潜叶蛾以幼虫潜入新梢嫩叶、嫩茎的表皮下蛀食叶肉,形成不规则白色虫道,因此广东果农称之为鬼画符。被害叶片卷缩畸形硬化,易脱落,使新梢生长停滞,使光合作用受阻,严重影响树势及来年开花结果。同时,幼虫为害造成的伤口,有利于柑橘溃疡病病菌的侵染,被害卷叶也常成为柑橘螨类、卷叶蛾等多种害虫越冬和聚集的场所。一般春梢受害较轻,夏梢受害较重,秋梢受害最为严重,尤以苗木、幼树上发生更重。据调查,柑橘潜叶蛾在贵州北部各柑橘产区均有发生,夏梢虫梢率可达90%～100%,晚秋梢虫梢率为80%～90%,虫叶率高达15%～100%。

10.11.1 形态特征

柑橘潜叶蛾的形态特征见图10-18。

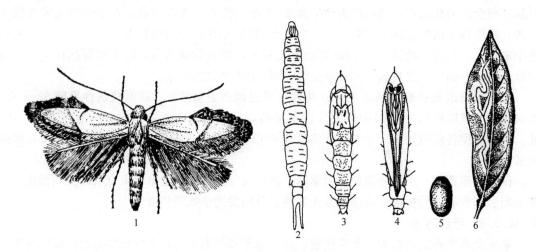

图10-18 柑橘潜叶蛾
1. 成虫 2. 幼虫 3. 蛹的背面
4. 蛹的腹面 5. 卵 6. 叶片被害状

(1) 成虫 小型蛾类,体长2 mm,翅展5.3 mm,银白色。前翅狭长,披针形,翅基部有2条褐色纵纹,约翅长之半。翅中部有2条黑纹,形成Y形。翅尖缘毛形成1个黑色圆斑。后翅为针叶形,银白色,缘毛极长。

(2) 卵 椭圆形,长0.3～0.6 mm,无色透明,散产于叶主脉附近。

(3) 幼虫 老熟幼虫体长4 mm,扁平,纺锤形,黄绿色。头部尖。胸部和腹部每节背面在背中线两侧有4个凹孔,排列整齐。足退化。腹部末端尖细,具1对细长尾状突起。

(4) 蛹 纺锤形，体长 2.8～3.5 mm，初淡黄色，后渐变黄褐色。腹部可见 7 节，第 1～6 节两侧各有 1 个瘤状突，并着生 1 根长刚毛；末节后缘两侧有明显肉质刺 1 个。

10.11.2 发生规律

(1) 生活史和习性 柑橘潜叶蛾在贵州 1 年发生 7～8 代，在四川、重庆、浙江、江苏等地 1 年发生 9～10 代，在福建 1 年发生 11～14 代，在广西和广东 1 年发生 12～15 代，世代重叠。在广东，每年中发生主要有 4 个高峰期，分别在 4 月下旬至 5 月中旬、6 月中旬至 7 月上旬、8 月中旬至 9 月中旬、10 月中旬至 11 月上旬，以 8 月下旬至 9 月下旬虫口密度最大。柑橘潜叶蛾多数以蛹、少数以老熟幼虫在晚秋梢或冬梢上越冬；在广西岑溪等部分地区无越冬休眠期，终年可发生为害。

柑橘潜叶蛾的成虫多在清晨羽化，晚上活动，具趋光性，飞翔敏捷，羽化后即可交配，雌虫交配后 2～4 d 开始产卵。卵多散产于嫩叶背面中脉两侧。成虫产卵对柑橘嫩叶的长度有较严格的选择性，蕉柑为 1～3.3 cm，芦柑为 0.3～4 cm，夏橙为 0.8～3.6 cm，橙类为 1～4.5 cm。极少在以上长度范围以外的嫩叶上产卵。幼虫孵化后即由卵壳底面潜入叶表皮下蛀食叶肉，边食边前进，逐渐形成弯曲的白色虫道。幼虫共 4 龄。1 龄时虫道宽为 0.3 mm，2 龄时虫道宽为 0.5～1.0 mm；3 龄为暴食期，虫道宽达 1～2 mm；4 龄后期停止取食，潜至叶缘附近将叶边卷褶包围身体，吐丝结茧、化蛹。成虫羽化后从茧端飞出，蛹衣一半在外面，一半仍留在褶叶处。

26～29 ℃时发育历期，产卵前期为 2 d，卵期为 2～3 d，幼虫期为 5～6 d，蛹期为 6～8 d，世代 15～20 d；成虫寿命 5～10 d，单雌产卵量为 20～81 粒。

(2) 发生与环境因子的关系

①食料因素　因柑橘潜叶蛾成虫产卵对嫩叶长度有严格选择性，因此适合的嫩叶数量多少明显影响该虫的种群数量。因缺乏食料等原因冬季该虫死亡率常达 95% 以上。

②气候条件　气温 26～28 ℃最适合柑橘潜叶蛾生长发育，超过 29 ℃则受到抑制，20 ℃以下生长缓慢，11 ℃以下停止发育。冬季气温低尤其是冷冬大大降低柑橘潜叶蛾存活率，次年虫源数基数量小，不易暴发；而夏季高温抑制该虫存活，发生数量降低。

③天敌　柑橘潜叶蛾天敌有寄生蜂、草蛉、蚂蚁、病原微生物等 10 多种。幼虫期有多种小蜂寄生，其中以白星姬小蜂 [*Citrostichus phyllocnistoides* (Narayanan)] 为优势种，喜好寄生 2～3 龄幼虫，对柑橘潜叶蛾有明显的控制作用。9—10 月幼虫被寄生率达 83.3%～89.7%。

10.11.3 虫情调查和预测预报

(1) 调查内容与方法 从 5 月初夏梢开始到 9 月底秋梢定型，根据当地柑橘品种、树龄或不同生态果园，每类型果园选择有代表性的果园 2～3 个，每 5 d 调查 1 次（11 月至次年 2 月每次调查时间可适当延长）。每个果园按 5 点取样调查 5 株，每株按不同方位查 10 个梢，每次调查嫩梢 50 枝，主要检查当季的新嫩梢叶顶部 5 片嫩叶的卵及低龄幼虫。分别记载调查梢数和叶片数、受害叶片数、各虫态的虫数，统计新梢虫卵率。

(2) 发生期预测预报

①夏梢潜叶蛾产卵高峰期预测预报　可按如下公式推算高峰期。

卵高峰期＝调查化蛹率 45%～50%日期＋1/2 蛹期＋产卵前期

②秋梢潜叶蛾发生期预测预报　当平均每叶的卵数由多变少时,即卵高峰开始下降时,即为放梢适期,放梢后 5～7 d,当嫩梢的卵（虫）率为 3%时,开始喷药防治,必要时隔 7 d 喷第 2 次药。

10.11.4　防治方法

在夏梢和秋梢抽发期（7 月中旬至 9 月下旬）全园 20%枝梢抽出嫩芽,有虫卵率 20%左右,新梢芽长 1～2 cm 时进行第 1 次喷药,以后每隔 7～10 d 喷 1 次,连喷 2～3 次,直至秋梢老熟为止。

(1) 农业防治　投产树结合栽培管理措施进行抹芽控制夏梢、早发秋梢和冬梢；通过水肥管理,使新梢抽发健壮整齐,减少着卵量,中断幼虫食物来源,以抑制虫源是防治柑橘潜叶蛾的根本措施。冬季结合修剪,剪除被害梢,以减少越冬虫口基数。但要注意将摘下的嫩梢、虫叶和剪下的被害枝梢集中处理,以直接消灭其中的害虫。另外,做好预测工作,掌握在成虫发生低峰期统一放梢,是防治柑橘潜叶蛾的关键。成虫低峰期可通过观察新梢顶部 5 片叶来掌握,当卵或初孵幼虫数量显著减少时,抹净最后一次芽,然后统一放梢。在广东,大暑前后为柑橘潜叶蛾低峰期,此时放梢很少受其为害。

(2) 性诱剂诱杀　据报道,柑橘潜叶蛾的性信息素是由（Z,Z,E）- 7,11,13 -十六碳三烯醛、(Z,Z)- 7,11 -十六碳二烯醛和（Z）- 7 -十六碳烯醛组成。以性诱剂为诱芯制成诱捕器悬挂于橘园或园外 20 m 以内,可干扰柑橘潜叶蛾雌雄交配以及诱集成虫,使虫口密度下降,有效降低其为害,并可用于预测预报。

(3) 化学防治　掌握重点保护夏梢和秋梢的原则。一般在新梢萌发不超过 3 mm 或嫩芽被害率达 5%左右时,开始喷药。以后每隔 7 d 左右喷 1 次,连续 2～3 次。重点防治成虫和初孵幼虫。防治成虫时,喷药宜在傍晚进行,防治初孵幼虫时宜在晴天午后用药,效果较好。可选用 1.8%阿维菌素 2 000～3 000 倍液、3%啶虫脒 1 500～2 000 倍液、20%叶蝉散 50～800 倍液、25%西维因可湿性粉剂 600～800 倍液、50%敌敌畏乳油 1 000 倍液、25%喹硫磷乳油 600～750 倍液、25%杀虫双水剂 600～800 倍液、5%定虫隆（抑太保）乳油 2 000～3 000 倍液、5%氟虫脲（卡死克）乳油 1 500～2 500 倍液、2.5%三氟氯氰菊酯（功夫）乳油 4 000～6 000 倍液、10%联苯菊酯（天王星）乳油 3 000～5 000 倍液、20%除虫脲悬浮剂 1 500～2 500 倍液等。注意轮换使用药剂。化学农药加 0.25%的矿物油乳剂保梢效果更好,因为油乳剂对潜叶蛾成虫产卵有显著的驱避作用,并对化学农药有明显的增效作用。

10.12　橘小实蝇

橘小实蝇 [*Bactrocera dorsalis*（Hendel）] 属双翅目实蝇科果实蝇属,是水果重要害虫。该虫原产于我国台湾及日本九州、琉球群岛一带,现分布于东南亚、澳大利亚北部、美洲等 20 多个国家和地区；在我国内主要分布于长江以南地区,严重为害多种水果和蔬菜。其寄主多达 250 余种,主要有柑橘类、柚子、台湾青枣、杜果、杨桃、枇杷、杏、桃、香果、无花果、李、胡桃、橄榄、柿、番茄、西瓜、番石榴、番莲、番木瓜、樱桃、香蕉、葡萄、辣椒、茄子、鳄梨等。雌蝇产卵于果皮下,幼虫常群集于果实中取食果瓤汁液,使果瓤干瘪收缩，造成果实内部空虚，常常未熟先黄，早期脱落，严重影响产量。雌蝇产卵后，在果实表面留下不同的产卵痕迹。近年华南局部地区该虫发生严重，应加强检疫、防治，防止蔓延成灾。

据中国农业大学和广东出入境检验检疫局评估，橘小实蝇、瓜实蝇和南亚果实蝇每年对广东省社会经济造成的经济损失总值在 33.67 亿元以上。其中，由于橘小实蝇为害造成果蔬产量下降的经济损失值约为 23.32 亿元，农户投入的橘小实蝇防治成本约为 6.84 亿元，对果蔬加工造成的损失值约为 2.33 亿元。

10.12.1 形态特征

橘小实蝇的形态特征见图 10-19。

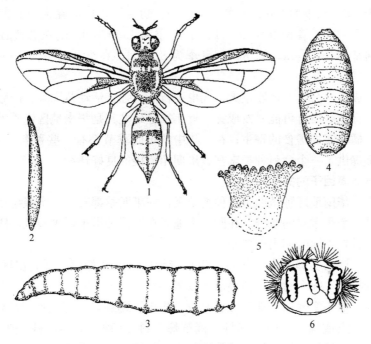

图 10-19 橘小实蝇
1. 成虫 2. 卵 3. 幼虫 4. 蛹 5. 臀叶 6. 果实被害状

(1) **成虫** 体长 6~8 mm，黄褐色至黑色。额上有 3 对褐色侧纹和 1 个在中央的褐色圆纹。头顶鬃红褐色。触角细长，第 3 节为第 2 节长的 2 倍。胸部鬃序为：肩鬃 2，背侧鬃 2，中侧鬃 1，前翅上鬃 1，后翅上鬃 2，小盾前鬃 1，小盾鬃 1。足黄褐色，中足胫节端部有红棕色距。翅透明，前缘及臀室有褐色带纹。腹部椭圆形，上下扁平。雄虫略小于雌虫。雌虫产卵管大，由 3 节组成，黄色扁平。

(2) **卵** 梭形，长约 1 mm，宽约 0.1 mm，乳白色。精孔一端稍尖，尾端较钝圆。

(3) **幼虫** 老熟 3 龄幼虫体长 7~11 mm，平均 10 mm；头咽骨黑色，口钩长 0.27~0.29 mm，稍细。前气门具 9~10 个指状突。肛门隆起明显突出，全都伸到侧区的下缘，形成一个长椭圆形的后端。臀叶腹面两外缘弧形。

(4) **蛹** 椭圆形，体长约 5 mm，宽约 2.5 mm，淡黄色。前端有气门残留的突起；后端后气门处稍收缩。

10.12.2 发生规律

(1) 生活史和习性 在我国橘小实蝇1年发生3~10代,在广东中部1年发生6~7代,世代重叠。同时同地各种虫态并存,以5—9月虫口密度最高。在广东7—10月发生较多,主要为害番石榴、杨桃、杧果、青枣、枇杷、柚子、柑橘等。成虫集中在午前羽化,并在8:00前羽化量最多。成虫羽化后需经历一段时期性成熟后方能交配产卵,产卵前期的长短随季节而有显著差异,夏季世代成虫产卵前期为10~15 d,秋季为25~30 d,冬季需3~4月。橘小实蝇一般选择硬度在50~70度的水果产卵,而水果中橘小实蝇的幼虫数量与糖度、卵的数量与水果硬度呈正相关。单雌产卵量为912~1634粒,分多次产出。卵产于近成熟水果果皮内,产卵时雌成虫在果实上形成产卵孔,每孔产卵5~10粒不等,多的可达30余粒。卵历期,夏季为1 d,秋季为2 d,冬季为3~6 d。幼虫孵化后即在果内取食为害。幼虫历期,一般夏季为7~9 d,春秋季为10~12 d,冬季为13~20 d。幼虫老熟后即脱果入土化蛹,入土深度通常为3~7 cm。蛹历期,夏季为8~9 d,春季和秋季为10~14 d,冬季为15~20 d。

橘小实蝇的成虫寿命长、产卵量大、成虫飞行能力强、活动范围大、产卵和为害等生物学特性使其在适宜地区极有可能暴发成灾。近年来各地尤其是华南地区优质水果种类不断增加,大部分都是橘小实蝇嗜食的寄主;在一年中的不同季节都有一些种类水果处于挂果期。这些为橘小实蝇提供了一个食料种类丰富、果期相衔接的良好环境。

(2) 发生与环境因子的关系

①食料因素 华南地区种植的水果种类繁多,一年四季都有橘小实蝇嗜食的寄主,这对于该虫的成灾是一个很重要的基础。在同一个地区在不同种类果树果园里,橘小实蝇的种群数量会有差异,且在不同时期出现变动。

②气候因素 橘小实蝇分布于热带、亚热带地区,不耐低温,适宜温区在20~30 ℃,温度低于15 ℃或高于35 ℃时橘小实蝇活动较弱。

③天敌因素 橘小实蝇捕食性天敌有蚂蚁、步甲、螳螂等;寄生性天敌包括34种寄生蜂,可寄生卵、幼虫或蛹,其中茧蜂科潜蝇茧蜂亚科20种、金小蜂科5种、小蜂科4种、姬小蜂科3种、跳小蜂科2种。繁殖释放寄生蜂来防治橘小实蝇已在多个国家和地区获得成功,取得了很好的防治效果。华南农业大学引入了前裂长管茧蜂并建立了成熟的室内饲养繁殖技术,田间释放试验表明该蜂对橘小实蝇具有较好的寄生效果。

④土壤因素 橘小实蝇的老熟幼虫入土化蛹,土壤的理化性状对其有一定影响。蛹被水淹后明显影响其羽化,土壤的疏松或坚实程度会影响化蛹的深度。

10.12.3 虫情调查和预测预报

由于不同挂果成熟度的果园橘小实蝇发生数量不同。因此在进行橘小实蝇田间种群动态调查时应了解调查果园不同成熟度类型果树的比例,在不同成熟度果园中设点调查。一般用性诱剂对橘小实蝇成虫进行监测。监测点应设在当地有代表性的果园及其附近区域,每个监测区域设置6个点(果园内3个点、附近区域3个点),监测点覆盖范围要较大,诱测瓶添加诱剂采取多次添加的方法,首次添加6瓶(果园内及其附近区域各3瓶),每隔6 d后再添加6瓶,共添加3次,其后当各瓶诱剂使用18 d即添加的新诱剂。诱测瓶悬挂于果园边缘离地约1.5 m的荫蔽树枝上，间隔20 m以上。诱测瓶可用矿泉水瓶自制，也可用所购的诱笼，每瓶放入2 mL性引诱剂和1 mL杀虫剂（可用敌敌畏或马拉硫磷，诱测笼无需放农药）。各监测点从3月到10月每3 d检查1次虫量，从11月到翌年2月每2周检查1次虫量。还可采用过筛冲洗法调查树冠下表土层橘小实蝇蛹的密度和发育进度，推算成虫发生量和发生期，采用取样法调查落果内幼虫发育进度，确定下代成虫盛发期。

10.12.4　防治方法

经过多年研究，曾玲等提出了"农业措施为基础，诱杀防治为主，化学防治抓应急"的橘小实蝇的防治策略，具体如下：虫情监测作依据，清除虫果为基础；性诱毒饵抓早期，科学保果最关键；套袋防虫效果好，施药正当果膨时；低毒药剂再加糖，点喷条施省用药；坚持性诱拾落果，统一行动很重要；科学技术要推广，人员培训是保证；各项措施齐落实，控制虫害保丰收。在橘小实蝇防治实践中要注意以下几点。

(1) 抓好调运检疫　橘小实蝇的幼虫能随果实的运销而传播，特别是成熟期早的品种或果实在后期受害，幼虫在果内没有老熟脱出就随果运销，因此其幼虫有可能在新区脱果落地而成活下来，导致新的分布和为害。所以从橘小实蝇为害区调运各类水果时必须经植物检疫机构严格检查，一旦发现虫果必须经有效处理后方可调运，以防止橘小实蝇蔓延扩展而在新区造成为害。

(2) 清园拾落果要及时、彻底　落果中有大量橘小实蝇幼虫，每个果可能几头到几十头，多拾一个落果就可减少几十头虫。受害果落地后，橘小实蝇的老熟幼虫很快就会钻到表土化蛹，因此应每3 d摘除果园内虫果，拾落果、烂果，并集中埋入深度50 cm以上的土坑内，用土严实覆盖。或将虫果、落果、烂果倒入水中水浸泡、沤肥不少于8 d；或用拟除虫菊酯类农药5 000～10 000倍液浸泡1～2 d。

(3) 性诱杀和毒饵诱杀要抓早期　橘小实蝇成虫羽化后要经过10 d后性成熟，才趋向性引诱瓶。在挂果期果园每公顷挂放45个性诱捕器，悬挂于离地约1.5 m的荫蔽树枝上，间隔约50 m。当诱捕到的雄虫数大量增加时，田间的雌虫也开始进入产卵高峰期。一般早春期开始连续使用效果更好。此外，甲基丁香酚与水解蛋白混合有机磷杀虫剂马拉硫磷置于专用诱捕器对橘小实蝇进行田间诱杀也具有良好效果。

(4) 套袋防虫保果要适时　套袋防虫保果是最安全的措施。对经济价值较高的水果（例如柚子、杧果、杨桃、番石榴等）在果实膨大软化前（硬度为90度以上）使用纸质或塑料袋套袋，套带前应进行1次病虫害的全面防治。

(5) 药剂加诱饵进行防治　橘小实蝇成虫飞行能力较强，当果园进行喷药时，有部分成虫会飞走逃离，从而影响防治效果。当在药剂中加入3%的红糖水或糖蜜时，田间虫口减退率可提高20%。目前对橘小实蝇效果最好较安全的药剂是阿维菌素类，其次是敌百虫。在同一地区处于挂果期的果园要统一施药，可在药剂中加糖蜜，采取隔行条施或隔几棵树进行点喷的方式施药。由于药剂加入了诱饵，会引诱橘小实蝇飞来取食，既提高毒杀效果，又节省农药用量，减少对环境和果实的污染。

(6) 不育技术的应用　用放射性同位素钴（^{60}Co）对橘小实蝇蛹进行辐照处理使其不育，将羽化后的不育雄成虫释放到果园，不育雄成虫与野生雌成虫交配，产下的卵不孵化，释放足够数量的不育实蝇后，野生群体实蝇数量将会大量减少。美国夏威夷和日本的诸多小岛都应用不育昆虫技术（sterile insect technique，SIT）防治实蝇类害虫，防治效果十分显著。

浙江大学和福建农林大学还尝试将3种防治方法结合起来防治橘小实蝇，首先通过悬挂甲基丁香酚（methyl eugenol，ME）诱捕器诱杀橘小实蝇雄成虫，以降低其种群数量，然后释放不育雄虫，不育雄虫和田间雌虫交配产下不能孵化的卵，进一步降低田间实蝇的种群数量，对于田间残留的橘小实蝇，则通过释放寄生蜂来追踪寄生，达到持续控制该虫的目的。

10.13 亚洲柑橘木虱

亚洲柑橘木虱（*Diaphorina citri* Kuwayama）属半翅目木虱科，常简称为柑橘木虱，是柑橘嫩梢期重要害虫，分布于广东、广西、福建、海南、台湾、云南、贵州、四川等地，以及湖南、江西、浙江的南部。其寄主有柑、橙、橘、柠檬、柚、黄皮、九里香等多种芸香科植物。亚洲柑橘木虱成虫群集于叶片和嫩芽上吸食汁液，若虫群集于嫩梢、嫩叶和嫩芽上吸食为害。被害新叶扭曲畸形，严重时嫩梢、嫩芽干枯萎缩。若虫排泄物易诱发煤烟病，影响叶片光合作用。亚洲柑橘木虱产生更严重的为害是传播柑橘黄龙病（*Candidatus Liberobacter asiaticus*），该病通过取食病树的柑橘木虱成虫带病菌扩散传染，对柑橘生产带来毁灭性威胁，至今在广东、浙江、江西、湖南、云南、贵州、海南等11省份均证实有黄龙病发生，已摧毁累计数万公顷的柑橘园；其中广东省有 2.4×10^5 hm^2 橘园，年产值约 250 亿，现约 1/3 橘园感染该病，年损失上百亿。目前柑橘黄龙病与亚洲柑橘木虱在我国的发生北界均为北纬 $29°29'$。

10.13.1 形态特征

亚洲柑橘木虱的形态特征见图 10-20。

(1) 成虫 体长 2.8～3.2 mm，青灰色，体表密布褐色斑，薄被白粉。头部突出，灰褐色，有3个褐色斑点，品字形排列。触角10节，灰黄色，端部2节黑色，末端有硬毛2根。前翅半透明，散布褐色斑纹，近外缘有5个透明斑。后翅无色透明。

(2) 卵 长约 0.3 mm，杧果形，橙黄色，表面光滑，具1根短柄，插于嫩芽组织中。

(3) 若虫 共5龄，扁椭圆形，背面略隆起。体黄色，复眼红色。自3龄后各龄后期体色变黄褐相间。2龄开始具翅芽。腹部周缘分泌有短蜡丝。5龄若虫体长约为 1.6 mm。

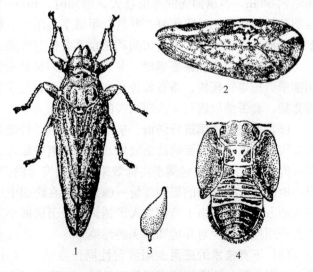

图 10-20 亚洲柑橘木虱
1. 成虫 2. 成虫前翅 3. 卵 4. 若虫

10.13.2 发生规律

(1) 生活史和习性 亚洲柑橘木虱1年发生多代，世代重叠，在广东1年发生8~14代，在福州1年发生8代，在广西1年发生7~14代，在浙江1年发生5~7代，主要以成虫在寄主叶背面群集越冬，在广东、海南等地冬季无明显滞育。翌年3—4月，当气温达18℃以上时，越冬成虫开始活动、交尾和产卵，卵产在新梢和嫩芽缝隙里。卵散产或聚生，每雌产卵630~1230粒。若虫孵化后聚集、吸食新梢和嫩芽汁液。成虫羽化后继续吸食为害。成虫具有趋嫩、趋黄和趋光性，飞行能力较弱，取食和停息时腹部与寄主植物呈45°角翘起。

在广东夏季，卵历期为3~4 d，若虫历期为12~13 d。在浙江，一般春梢上产卵高峰期为4月，夏梢上5月下旬、6月下旬和7月下旬为产卵高峰期，秋梢上卵高峰期在8月中旬至9月上旬，10月中旬是成虫全年发生第2个高峰期。在福州，该虫卵历期为3~14 d，若虫历期为12~34 d，春夏季完成1个世代需23~24 d，秋末冬初完成1代约需53 d。温暖季节成虫寿命约1.5月，越冬成虫寿命长达半年。在福建、广西和贵州，橘园内的亚洲柑橘木虱田间种群数量一年中出现了3个高峰，且均发生在柑橘新梢抽发期。例如在福州，第1个高峰期在3月中旬至4月，为柑橘春梢的主要抽发期；第2个高峰在5月下旬至6月下旬，为夏梢主要抽发期；第3个高峰在7月底至9月，为秋梢抽发期。

在湖南宜章，亚洲柑橘木虱一般从4月中下旬随气温升高虫口开始逐渐增加。当气温上升到20℃以上，春梢大量抽生时虫口急剧上升，至5月中旬达到高峰。7月上旬至8月中旬，正值夏梢、秋梢抽生期，木虱大量发生，是全年最高峰。8月下旬以后秋梢老熟，虫口开始下降。至10月中下旬后，温度下降至20℃以下，虫口密度急剧下降。

柑橘园存在感染黄龙病植株时，亚洲柑橘木虱3龄和3龄以上若虫在柑橘植株垂直和水平位置的嫩梢之间转移明显，但在感病植株上转移速度较在健株上慢，且嫩梢间的转移速度受虫口密度影响，密度越高转移速度越快，且水平位置转移过程中若虫更趋向于感病植株。此外，健株上的亚洲柑橘木虱若虫有明显向植株下部转移的现象，向下部转移的若虫个体数显著高于感病植株。因此亚洲柑橘木虱若虫的扩散规律和感病植株对柑橘木虱转移和扩散产生的影响，对防控柑橘木虱和黄龙病具有重要指导意义。

亚洲柑橘木虱获黄龙病病原菌的时间很短，于病树韧皮部取食1 h即能检测到病原菌，若虫和成虫均可获菌，若虫获菌能力最强，病原菌可跨龄传递给4~5龄若虫或成虫。成虫可终身带菌，取食5 h以上才获得传菌能力，但成虫体内的病菌不能经卵传给后代。亚洲柑橘木虱取食获菌后，经7 d潜伏期方能传菌。此外，分析发现不同地区亚洲柑橘木虱成虫传菌能力存在差异，例如我国亚洲柑橘木虱带菌若虫羽化的成虫传菌能力较强；美国、日本亚洲柑橘木虱无菌若虫羽化的成虫饲菌后不传菌，但目前对不同地区亚洲柑橘木虱传菌能力存在差异的原因尚不清楚。

(2) 发生与环境因子的关系

①寄主食料　亚洲柑橘木虱对寄主食料选择性强，主要取食为害嫩梢、嫩芽，无嫩芽补充营养时不能产卵，因此其数量消长与寄主新梢抽发同步，抽梢期长有利于其发生为害。一年中以秋梢期虫量最多，其次为春梢和夏梢。苗圃和幼年树经常抽发嫩芽新梢，容易发生亚洲柑橘木虱为害。

②气候条件 该虫活动与温度密切相关，11℃以上开始活动，13~15℃时活动较多，18℃以上开始产卵繁殖，22℃以上活动频繁，24~29℃时有较多个体进行跳跃活动。如果1月平均气温在4.5℃以下，成虫会死亡。如果12月至翌年2月平均气温为8.8℃，成虫的存活率仅50%左右。此虫喜欢在空旷透光处活动，果树暴露、树冠稀疏、弱树、病树（尤其黄龙病树）上虫口密度特别大。此外，雨水多对该虫发生不利。

③天敌 亚洲柑橘木虱常见的天敌有柑橘木虱啮小蜂、阿里食虱跳小蜂、四斑月瓢虫、六斑月瓢虫、七星瓢虫、龟纹瓢虫、十斑瓢虫、双带盘瓢虫、异色瓢虫、草蛉、蜘蛛、致病微生物等，常年对亚洲柑橘木虱的控制作用很大。据原广东省昆虫研究所在广州橘园的调查，亚洲柑橘木虱从卵开始发育至羽化为成虫，其自然存活率在春梢期、夏梢期、秋梢期仅分别为0.68%、2.72%、3.27%，其中寄生所导致的死亡占总死亡量的0.43%、14.71%、16.10%，捕食及其他原因所导致的死亡占总死亡量的88.45%、81.78%、83.62%。

10.13.3 防治方法

防治亚洲柑橘木虱宜采取"治虫防病，重点抓住越冬期和抽梢期"的策略。

(1) 检疫技术 严禁从柑橘黄龙病病区引进（运出）苗木，防止柑橘黄龙病菌和亚洲柑橘木虱随苗木传播。在尚无柑橘栽培的地方如果栽植柑橘，应建立无病虫苗圃，培育无病虫苗木。

(2) 农业防治 a.清除橘园周围的九里香、黄皮等亚洲柑橘木虱的寄主植物，防止亚洲柑橘木虱从这些寄主转移到柑橘上为害。b.橘园周围种植防风林或高于橘树的绿篱，可阻隔亚洲柑橘木虱迁移传播，同时增加橘园的荫蔽度，减少亚洲柑橘木虱发生。c.一个橘园种植同一个柑橘品种、同一树龄的苗木，避免因多个品种混栽和树龄不同造成抽梢时间不一致。d.加强栽培管理，增施有机质肥料，增强树势可以减少亚洲柑橘木虱的发生。e.通过修剪、施肥、灌溉促进新梢抽发整齐一致，并摘除零星嫩梢，缩短抽梢时间，促进新梢老熟。投产果园控制夏梢、冬梢的抽发。f.橘园间种番石榴等对木虱有驱避作用的非寄主植物。

(3) 生物防治 亚洲柑橘木虱天敌种类较多，控制作用较强，因此在天敌数量较大的时期，注意慎用农药，保护利用天敌。在橘园行间种植藿香蓟等杂草，可达到改变橘园生态环境、保护利用天敌的目的。

(4) 化学防治 重点抓冬季清园和采果后至春芽以及新梢抽发期或者亚洲柑橘木虱3龄若虫前喷药防治。可选用20%丁硫克百威乳油1500~2000倍液、4.5%高效氯氰菊酯1000倍液、80%敌敌畏500~600倍液、90%敌百虫500~600倍液、48%毒死蜱（乐斯本）1000倍液、10%吡虫啉可湿性粉剂2000~3000倍液、22%臭杀螨1000倍液等。此外，挖除病树前必须先喷药清除亚洲柑橘木虱，防止带黄龙病菌亚洲柑橘木虱迁移到健康树为害。

10.14 荔枝蒂蛀虫

荔枝蒂蛀虫（*Conopomorpha sinensis* Bradley）属鳞翅目细蛾科，分布于广东、广西、福建等地，为害荔枝和龙眼，是荔枝和龙眼的重要蛀果害虫，有"十果九蛀"之说。该虫主要为害果实，也可为害花穗和嫩梢幼叶；果实膨大期蛀食果核，导致落果；果实发育后期（着色后），种核坚硬，不能入侵，则仅在果蒂为害，遗留虫粪，影响果实品质；为害花穗、新梢则多钻蛀嫩茎近顶端和幼叶中脉，被害叶日后表现中脉变褐，表皮破裂；花穗和梢轴受害，顶端枯死，但常不易觉察。近年来随着荔枝、龙眼种植面积的扩大，该虫的为害程度有加重的趋势。在广东的一些荔枝园，成熟期果实受害率高达60%～80%，产量损失30%～40%，且大大降低果品质量和商品价值，影响产品的贸易，造成巨大经济损失。

10.14.1 形态特征

荔枝蒂蛀虫的形态特征见图10-21。

(1) 成虫 体小型、细长，体长4～5 mm，翅展9～11 mm，全体灰黑色，腹部腹面白色，触角丝状，约体长的1.5倍。前翅灰黑色、狭长，从后缘中部至外缘的缘毛甚长，缘毛亦灰黑色；并拢于体背时，左右前翅翅面两度曲折的白色条纹相接呈乂字纹。后翅灰黑色，细长如剑，后缘中部的缘毛甚长，约翅宽的4倍。前翅最末端的橙黄色区有3个银白色光泽斑。成虫这个特征可与只蛀食幼叶中脉但不蛀果的近缘种尖细蛾（*Conopomorpha litchiella* Bradley）相区别。

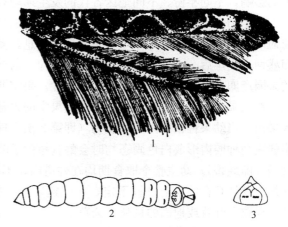

图10-21 荔枝蒂蛀虫
1. 成虫前翅 2. 幼虫 3. 卵

(2) 卵 单个散产于果壳龟裂片缝间，直径0.2～0.3 mm，椭圆形。卵壳上有刻纹，三角形至六边形不等，有微突，纵向排列成约10列。初产下的卵淡黄色，后橙黄色。

(3) 幼虫 末龄幼虫体长9 mm，扁筒形，乳白色，除3对胸足外，腹部第3～5节及第10腹节各具有1对，第6腹节腹足退化，腹足趾钩二横式，臀足趾钩单序横带。蛀食果核、果蒂的幼虫体色乳白，蛀梢幼虫体色淡绿。老熟幼虫中后胸背面各有2个肉状突。

(4) 蛹 体长4.5 mm，纺锤形，初化蛹时淡黄色，后转黄褐色，近羽化时灰白色，额区有向前方凸出的刺状破茧器。触角为体长的1.2倍。茧扁平椭圆形，长径10～13 mm，短径7～10 mm，淡黄白色而透明，结于叶上，多在叶背。羽化后，尚可见蛹衣半露于茧外。

10.14.2 发生规律

(1) 生活史和习性

①发生世代多，世代重叠　荔枝蒂蛀虫在广东1年发生10～12代（其中广州及珠江三角洲地区1年发生10～11个世代），在广西玉林1年发生12代，在福建同安和漳州1年发生9～10代，在福建福州1年发生8～9代。在粤西高州荔枝开花至果实成熟期发生5～6个世代（表10-6、表10-7、表10-8）。以幼虫在荔枝、龙眼冬梢上和早熟品种的花穗上越

冬。在广州该虫1年约发生11代，第1代成虫在3月底至4月初出现，第2代成虫在5月上旬出现，第3代成虫在5月底6月初出现，第4代成虫在6月中下旬出现，第5代成虫在7月上中旬出现，第6代成虫在7月下旬到8月初出现。为害果实时1个世代历期为21~24 d，其中卵期0.2~2.5 d，幼虫期为7~8 d，蛹期为8~9 d，雌虫产卵前期为3~4 d。雄虫寿命为5~9 d；雌虫寿命为6~16 d，一般为13 d。第1代幼虫盛发期是3月下旬至4月上旬，主要为害荔枝早熟品种"三月红""四月红"等的幼果；第2代幼虫于4月下旬孵出，为害早熟荔枝接近成熟的果实和中迟熟荔枝幼果；第3代幼虫于5月上中旬为害成熟的早熟荔枝果实和中熟荔枝将近成熟的果实；第4代幼虫于5月下旬至6月上旬为害中熟荔枝成熟的果实和迟熟品种将近成熟的果实；第5代幼虫于6月中下旬为害迟熟荔枝成熟的果实。由于气候的影响，不同年份、不同地区各代的发生期均有所不同。

②生物学习性　荔枝蒂蛀虫的成虫多夜间羽化，飞翔力不强，昼伏夜出，白天多静伏在树冠内枝干上，受惊扰则做短暂飞舞后再停息。多在羽化后第3天早晨交尾，晚上产卵，产卵盛期在交尾后3~5 d。每雌产卵130多粒。荔枝蒂蛀虫喜欢在荫蔽、潮湿、通风透光较差的果园产卵，具有明显的趋果性和趋嫩性。果实期荔枝蒂蛀虫主要产卵于荔枝果实龟裂片缝间，在幼果中下部果皮或近成熟和成熟果实的果蒂上着卵较多。幼虫孵化后多自卵壳底面蛀入果内。当幼果种核腔内为液状物（即第2次生理落果之前）时，幼虫不会蛀食种核；而果实膨大期种腔内形成白色固态物时会蛀食核内子叶，果实内种核坚硬（接近成熟后）则取食种柄（即蛀蒂）。幼虫整个取食期均在蛀道内，不破孔排粪，不转移为害。幼虫老熟后爬出化蛹，其蛀孔在幼果上位置不定，在成熟果上一般位于果蒂附近。常在叶片正面结薄茧化蛹，少数在叶背或地面的枯枝、杂草上。

荔枝蒂蛀虫为害嫩梢、花穗时则产卵于小叶柄与复叶柄之间或花穗上；蛀食木质部，形成黑色蛀道，导致嫩梢、花穗枯死；为害叶则产卵于叶背中脉附近，蛀食中脉，使变褐干枯。

表10-6　荔枝蒂蛀虫的发育起点温度和有效积温

(引自谢钦铭，2001)

虫　态	卵	幼虫	蛹	世代
发育起点温度（℃）	8.79	5.72	9.04	9.04
有效积温（d·℃）	40.15	184.97	123.45	467.12

表10-7　不同温度下荔枝蒂蛀虫各虫态历期

(引自谢钦铭，2001)

温度（℃）	卵期（d）	幼虫期（d）	预蛹期（d）	蛹期（d）	成虫寿命（d）
12	6.5	28.7	2.2	25.8	16.9
18	4.3	16.3	1.8	17.2	13.1
24	3.2	9.3	1.6	8.6	12.2
30	2.2	7.5	1.0	5.8	8.1
33	1.5	7.1	0.8	5.1	6.8

表 10-8　荔枝（龙眼）开花至果实成熟期荔枝蒂蛀虫发生世代　（广东高州市）

世代	成虫盛发期		成虫高峰期		物候期
	2002 年	2004 年	2002 年	2004 年	
1	3月1日至5日	3月3日至8日	3月3日至4日	3月4日至6日	早熟品种幼果期，中晚熟品种盛花期
2	4月1日至5日	4月5日至10日	4月3日至4日	4月6日至8日	早熟品种果实膨大期，中晚熟品种幼果发育及生理落果期
3	4月21日至26日	4月27日至5月2日	4月22日至23日	4月28日至30日	早熟品种果实转色至成熟采收期，中晚熟品种果实膨大期
4	5月12日至17日	5月16日至20日	5月13日至15日	5月17日至19日	中晚熟品种果皮转红，开始成熟；晚熟品种果实膨大
5	5月31日至6月4日	6月3日至7日	6月1日至3日	6月4日至6日	荔枝晚熟品种成熟采收期，龙眼果实膨大期
6	6月24日至25日	6月21日至25日	6月22日至23日	6月22日至24日	龙眼早熟品种成熟采收，中晚熟品种果实膨大期

③一年中虫口消长陡升陡降现象明显　一般于荔枝第 2 次生理落果后荔枝蒂蛀虫的虫口密度不断升高，采果后，虫口密度急剧下降。早熟品种于 4 月底到 5 月初，中晚熟品种于 5 月中下旬虫口密度显著增加。

(2) 发生与环境因子的关系　荔枝蒂蛀虫的发生与荔枝品种、生育期以及气候条件密切相关，其中与食料因素、与物候期的配合是影响该虫为害程度主要因素。

①气候条件　冬季低温、春季至初夏多雨不利于该虫发生。近年来华南地区冬春季低温期较短，一些地方荔枝蒂蛀虫无明显冬眠现象，加上冬梢、早熟花穗较多，使其能在早春季节生长、发育。如果春季雨水偏少，越冬虫源的存活率大大提高，当年虫口基数较大。

②食料因素　荔枝蒂蛀虫仅取食荔枝、龙眼等几种植物，寄主的嫩梢、花穗、果核、果蒂是该虫赖以生存的营养食料。近年来南方大力发展荔枝、龙眼生产，仅广东省荔枝、龙眼的种植面积就已达 4.6×10^5 hm²。荔枝、龙眼种植经营规模小，栽培品种多，管理水平参差不齐，挂果、抽发新梢期不整齐。这为荔枝蒂蛀虫的虫口累积、种群暴发等提供了丰富的食物。

③天敌　荔枝蒂蛀虫的天敌很多，对该虫有一定控制作用。捕食性天敌有蜘蛛［优势种群有草间小黑蛛（*Erigonidium graminicolum*）、园蛛（*Araneus* sp.）、蚁蛛（*Myrmarachne* sp.）］、蚂蚁、草蛉等，寄生性天敌有啮小蜂（*Tetrastichus* sp.）、蒂蛀蛾绒茧蜂（*Apanteles* sp.）、甲腹茧蜂（*Chelonus* sp.）、茧蜂（*Bracon* sp.）、蒂蛀蛾白茧蜂（*Phanerotoma* sp.）、无后缘姬小蜂（*Sphanolepis* sp.）、扁股小蜂（*Elasmus* sp.）等，还有病原真菌。在自然条件下 5—6 月，荔枝果实成熟期荔枝蛀蒂虫蛹被捕食率可达 16% 以上，落果中幼虫被寄生率可达 10% 以上。

④栽培管理　该虫喜欢在荫蔽、潮湿、通风透光较差的果园生活。适时对荔枝采收后修

剪、整形、冬季清园、控制冬梢等,特别是对挂果期的虫害落地果的清理,对该虫影响很大,可明显减少虫源,降低为害。

10.14.3 虫情调查和预测预报

准确的虫情预测预报是做好荔枝蒂蛀虫防治的关键环节。这为抓准防治时机、科学防治提供了可靠依据。预测预报的任务一是准确测定每一代发生时间,二是明确成虫羽化和幼虫孵化这两个防治适期。

(1) 虫情调查

①田间越冬调查 于每年1—2月进行1次田间越冬调查。选择有代表性的早、中、晚熟品种果园,每类型果园调查按对角线5点取样,每点各调查1株,共5株,每株按东、南、西、北4个方位,每个方位各调查10梢,早熟品种调查花穗,中晚熟品种调查晚冬梢或早春梢,剥检受害花穗(梢),记录受害花穗(梢)的总虫数,换算百花穗(梢)活虫数、死虫数,作为当年虫源基数,为中长期发生程度预测提供依据。

②荔枝蒂蛀虫的田间发生调查

A. 发生程度调查 从谢花至收获期,在每代幼虫盛发期进行发生程度调查1~2次。选择有代表性的早、中、晚熟品种果园,按对角线5点取样,每点定点检查1株,每株按东、南、西、北4个方位,每个方位各定点调查树上果20个,即每品种查果400个,记录蛀果数、计算蛀果率。

B. 发育进度调查 发育进度的调查时间为幼虫盛末期至蛹高峰期,每代调查1~2次。选择当地有代表性的早、中、晚熟品种果园各1个,每个果园采用对角线5点取样,每点定点调查1株,每株按东、南、西、北4个方位,每个方位各查5~10个枝条和剥检果50个,调查幼虫数、预蛹数、各级蛹数及蛹壳数,调查总虫数应达到50头以上,如不能达到要求,则每点调查2株以上,计算羽化率。

(2) 预测预报

①发生期预测 根据发育进度,结合气象资料,参考荔枝蒂蛀虫各虫态历期,推算发生盛期和防治适期。

②发生程度预测 以调查的蛀果率为依据,结合品种、气候等因素并根据发生程度分级标准进行发生程度预测(表10-9和表10-10)。

③防治适期 先进行虫期预测,其预测式为

成虫羽化高峰期＝化蛹高峰期＋蛹历期

幼虫孵化高峰期＝化蛹高峰期＋蛹历期＋成虫产卵前期＋卵历期

依据实地预测预报,在成虫羽化始盛期(即羽化率累加至20%)喷药,隔5 d再喷1次,务必将害虫消灭在成虫产卵之前。

表10-9 荔枝蒂蛀虫发生程度划分标准(以树上果调查为标准)

发生程度	1	2	3	4	5
蛀果率(X,%)	$0<X<2$	$2 \leqslant X<5$	$5 \leqslant X<10$	$10 \leqslant X<30$	$X \geqslant 30$
发生面积比例(%)	>80	≥20	≥20	≥20	≥20

表 10-10 荔枝蒂蛀虫虫蛹的分级标准

(引自姚振威,1987)

级别	特 征	历期 (d)
1	体淡绿色至浅黄绿色;复眼乳白色,其上有1个黑点	2
2	体蜡黄色;复眼橘黄色,其上有1黑点	1.5
3	体蜡黄色,复眼褐色	2
4	体蜡褐色,复眼黑色,翅及足缀有黑斑纹	1.1

10.14.4 防治方法

对荔枝蒂蛀虫的防治不能单纯依赖化学农药,要注意发挥农业措施和其他一些措施的作用,科学合理地使用农药、保护天敌、保护生态环境,做到综合治理。挂果期防治蒂蛀虫是保证丰产丰收、获得经济效益的关键。荔枝上荔枝蒂蛀虫第3～6代为害严重,在防治上要根据品种成熟期和挂果情况,"三月红"等早熟品种以防治第2代成虫为主,"黑叶""妃子笑"等中熟品种以防治第3代为主,"桂味""糯米糍""淮枝"等晚熟品种以防治第4代为主,特晚熟或晚采收的品种还要注意第5～6代的防治。同时,还要注意幼果期防治。采果后,种群数量低,天敌等自然控制作用高,一般不进行化学防治。

(1) 农业防治 果期尤其是荔枝第2次生理落果后及时清理销毁地下落果,以减少下代虫源。在荔枝、龙眼采收后认真做好清园工作,把枯枝、落叶、落地果清理干净;把病虫为害的枝条、阴枝等剪去,使果园通风透光。适时攻放秋梢、控冬梢,短截早熟品种"三月红""妃子笑""黑叶"等花穗,从而减少冬春季的虫源。

(2) 物理防治 在第2次生理落果后,喷施防荔枝蒂虫及防荔枝霜疫霉病的农药后再用无纺布袋套住"妃子笑""三月红""黑叶"等品种果穗。但这种方法对"糯米糍""桂味"等品种不适用,会增加酸度及裂果。

(3) 生物防治 保护和利用田间自然的天敌。在收获后和第2次生理落果前尽量不要使用化学农药,以保护天敌,提高自然控制作用。化学防治时切忌滥用化学杀虫剂,应选用低毒、选择性强的农药或施药时对准靶标。

(4) 化学防治 结合预测预报,在荔枝蛀蒂虫成虫羽化高峰期、产卵高峰期及幼虫孵化高峰期施药防治。成虫羽化高峰期可选用拟除虫菊酯类的药剂,例如4.5%高效氯氰菊酯乳油(绿福)1 000倍液、10%顺式氯氰菊酯乳油(安绿宝、灭百可)1 500倍液、氟氯氰菊酯(百树德)1 500～2 000倍液进行内膛喷雾防治,整个生长季节使用3～5次,施药间隔时间为10～15 d。成虫产卵高峰期可选用0.3%印楝素乳油1 000～1 500倍液、荔保(10%飞机草提取物微乳剂)1 500倍液树冠及内膛喷雾,整个生长季节使用次数为3～5次,施药间隔为5～7 d;或用25%灭幼脲胶悬剂1 500～2 000倍进行树冠喷施,整个生长季节使用3～5次,施药间隔为5～7 d。幼虫孵化高峰期可选用复配制剂,例如52.25%农地乐1 000～1 500倍液、16%三唑磷·氯氰乳油(杀得死、蛀虫清)1 000～1 500倍液、22%荔虫清乳油1 000倍液等,进行树冠及内膛喷药,整个生长季节使用3～5次,施药间隔时间为7～10 d。

此外,在没有预测预报的情况下,可选用20%氯虫苯甲酰胺2 000倍液、15.5%甲维·毒死蜱2 000倍液、能有效防治荔枝蒂蛀虫的为害,施用方法为:从荔枝小果期开始喷药

（喷树冠外部和内膛），10～15 d 施药 1 次，共喷药 3 次。发生严重的果园可适当增加施药次数。

10.15 荔枝蝽

荔枝蝽（*Tessaratoma papillosa* Drury）属半翅目蝽科，俗称臭屁虫，是荔枝和龙眼的主要害虫之一。该虫在我国分布于海南、广东、广西、福建、江西、云南、贵州、台湾等地，在国外分布于越南、泰国、老挝等地；主要为害荔枝和龙眼，还为害无患子等其他无患子科植物。成虫和若虫刺吸嫩梢、花穗、幼果汁液，使新梢生长受到影响、甚至枯萎，导致落花、落果，若虫的为害比成虫更为严重。受惊扰时，臭腺射出臭液自卫，臭液触及人眼睛或皮肤可引起辣痛，也可灼伤嫩叶、花穗和果实，造成焦褐色状。此外，该虫还可传播龙眼鬼帚病，为害造成的伤口有利于荔枝霜疫霉病和炭疽病的发生。该虫为害常年造成 10%～20% 产量损失，大发生时严重影响产量，甚至造成失收。

10.15.1 形态特征

荔枝蝽的形态特征见图 10-22。

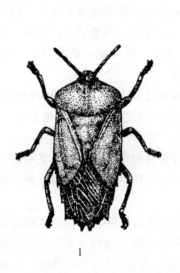

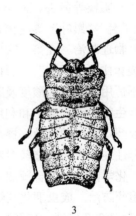

1　　　　　　　　　　2　　　　　　3

图 10-22　荔枝蝽
1. 雌成虫　2. 叶片上的卵　3. 若虫
（仿中国果树病虫志）

(1) 成虫　雌成虫体长 24～30 mm，宽 13～15 mm；雄成虫体长 23.5～27.5 mm，宽 11.5～14.5 mm。体黄褐色，近似盾形，胸部和腹部腹面被白色蜡质粉状物，新羽化成虫蜡粉明显，越冬交尾后蜡粉明显减少。触角线状，共 4 节，黑褐色。复眼半球形，黑褐色。单眼 1 对，鲜红色，位于两复眼之间。前胸背板前半部向前方倾斜，前缘略隆起。臭腺 1 对，位于胸部腹面中胸与后胸交界处。小盾片舌状。腹部背面紫红色。雌虫第 8 腹板腹面中央具 1 条纵缝将腹板分开成两片；雄虫无缝，但第 9 腹板背面具 1 个下凹的交尾构造。

(2) 卵 近球形，长 2.5~2.7 mm，初产时淡绿色或淡黄色，后黄白色、灰褐色，将近孵化时紫红褐色，中部围绕 1 条白纹。卵块产，常 14 粒排成 2 行。

(3) 若虫 共 5 龄。1 龄若虫略椭圆形，体长 4~5 mm；体色由鲜红变深蓝色，无翅芽，触角 4 节；复眼深红色；前胸背板鲜红色，宽阔，前端略凹入，几成半圆形，大小等于中后胸；喙延长至中足基节；触角 4 节，基节最短；腹部背面第 4 节与第 5 节及第 5 节与第 6 节间各具臭腺孔 1 对，能喷射臭液；第 3 节与第 4 节及第 6 节与第 7 节之间亦有 1 对臭腺孔，但不能喷射臭液。2 龄后若虫体长方形，体长 7~8 mm，橙红色；头部中央凹陷，体背具紫红色、黑褐色或深蓝色纵纹；前胸长方形，中胸发达，后胸背板略小，后胸背板外缘可伸达体侧外缘。3 龄若虫体长 10~12 mm，头部中央微凹入，翅芽出现但不发达，后胸背板外缘为中胸和第 1 腹节所包围。4 龄若虫体长 14~17 mm，头部中央前端凹陷极微，中胸背板两侧末端向下发展与第 1~2 腹节相接，后胸背板缩小，翅芽稍长。5 龄若虫体长 19~22 mm，体盾形，灰蓝色；头部略延长，其前端亦微凹陷；前胸背板发达，长方形；中胸背板两侧特别发达，并向下发展，几乎达腹部第 3~4 节间处；翅芽伸至第 3 腹节中部；体表被白色蜡粉。

10.15.2 发生规律

(1) 生活史和习性 荔枝蝽在华南地区 1 年发生 1 代，以成虫在荔枝、龙眼树上较稠密的树冠叶丛中，少数在树皮下、树洞内或地面土缝、屋瓦下等处越冬。成虫越冬以树株东南部为最多，西部次之，北部为最少；在垂直分布方面，以下层最多，中层次之，上层最少。次年 2 月中旬至 3 月上旬，当气温上升至 15 ℃以上时，越冬成虫开始活动，常在春梢、花穗上取食；日平均气温达 20 ℃以上且持续数天时，开始交尾，交尾后 1~2 d 产卵。成虫可多次交尾。卵多产在树冠中下部的叶背上，少数产在花穗、树干、枝条上或果树附近的其他场所。卵单产，并聚集成块，每块 14 粒卵。单雌一生一般产卵 5~10 块，多的可达 17 块。卵期历期，3 月中旬平均气温 18 ℃时为 20~25 d，4 月上旬（清明前后）气温 20 ℃时为 17~19 d，4 月中下旬（谷雨前后）气温 22 ℃时为 7~12 d，5 月上旬（立夏前后）以后为 8~10 d。产卵期长，龙眼园 3 月上旬至 8 月中下旬、荔枝园 3 月上旬至 7 月中旬均有新鲜卵块，3—5 月为产卵盛期，常年 4 月至 5 月上中旬为卵盛孵期。若虫盛期常与荔枝花果盛期相遇，为害导致落花落果严重。初孵若虫先聚集在卵壳上静息 12~24 h，然后分散活动，常三五成群在嫩芽、花穗和幼果上取食。若虫期最长的为 100 d，最短的为 58 d，平均为 82 d。5 月下旬至 10 月老熟若虫陆续羽化为成虫，7 月为羽化高峰期。新羽化成虫多取食果树新梢，以积累脂肪，准备越冬。越冬成虫则于 7 月大量死亡。成虫寿命长，平均为 310 d。成虫和若虫具假死性，受惊扰时射出臭液自卫，或即行下坠，不久后再爬回树上。越冬成虫和 3 龄前若虫抗药性较弱，3 龄后若虫及当年羽化成虫抗药性较强。因此防治越冬成虫是化学防治的关键时期。

据广东省高州市观察，2 月中旬越冬成虫开始在枝梢、花穗活动取食，2 月下旬末至 3 月上旬初成虫开始交尾产卵，产卵高峰期多在 3 月上旬至 3 月下旬，卵孵化高峰期多在 4 月上旬至 4 月中旬。据福建省报道，若虫历期为 63~75 d，其中 1 龄若虫历期为 5~9 d，2 龄若虫历期为 6~10 d，3 龄若虫历期为 12~25 d，4 龄和 5 龄若虫历期均为 20~30 d，成虫寿命为 203~371 d。

在龙眼上，荔枝蝽成虫和3龄以上若虫均可成为龙眼鬼帚病传播介体，每年4—11月均能传病。

(2) 发生与环境因子的关系

①气候　越冬期间10 ℃以下低温时荔枝蝽成虫因冷冻而麻痹。在早春，气温越高，卵期越短，若虫出现就越早，荔枝、龙眼受害也就越严重。在春季，一旦遇到12 ℃以下低温天气或出现30 ℃以上高温干旱天气数日，成虫即中断产卵活动，待气温正常后再继续产卵。

②品种　凡在大造品种的高大荔枝和龙眼树上，越冬成虫较多。而在3—4月，在荔枝大造品种、龙眼高糖品种，或抽发新梢、花穗较早的树株上，越冬后成虫数量也比较多。在同一树株上，着卵量以树干中下部、树干和花穗上较多。

③天敌　荔枝蝽的天敌有多种，寄生性天敌有平腹小蜂（*Anastatus japonicas* Ashmead）、跳小蜂（*Ooencyrtus corbetti* Ferr.）等，病原真菌有淡紫青霉（*Penicillium lilacinum* Thom.）等，捕食性天敌有变色树蜥、华南雨蛙、锥盾菱猎蝽、一些鸟类等。

10.15.3　虫情调查和预测预报

(1) 虫情调查

①系统调查　每年3月上旬（平均气温15 ℃以上）至6月下旬进行系统调查。选择当地有代表性的早、中、晚熟品种各1~2个果园，每个果园按对角线5点取样法随机调查10株，每7 d调查1次。每株按东、南、西、北4个方位，每个方位随机查5个梢（或花穗）。全园共查200个梢。观察记录各梢上的成虫和若虫数，计算百梢虫量。

②果园卵块普查　卵块普查从成虫盛发高峰期起，一般从4月上旬开始至5月中旬为止，每5 d查1次。选择有代表性果园2~3个，每个果园随机调查5株。每株查东、西、南、北4个方位，每个方位随机查5个梢，共20个梢。观察记载各梢卵块数、孵化或寄主情况。计算百梢卵块数和孵化率。

③成虫和若虫普查　成虫盛发高峰期和若虫盛孵高峰期各普查1次。取样方法同果园卵块普查，计算百梢虫量。

(2) 预测测报

①发生期预测　根据田间发育进度，结合气象资料，参考相关卵期资料进行发生期预测预报。

$$1\text{龄若虫孵化高峰期}=\text{成虫盛发高峰期}+\text{产卵前期}15\text{ d左右}+\text{卵期}$$

$$2\text{龄若虫高峰期}=1\text{龄若虫盛发高峰期}+1\text{龄若虫期}$$

②发生程度分级　以百梢虫量为依据，划分试行发生程度分级标准。百梢虫量（头）<5时为1级，百梢虫量为5~15时为2级，百梢虫量为16~25时为3级，百梢虫量为26~45时为4级，百梢虫量>45时为5级。

③防治适期　主要有2个防治适期，一是成虫越冬后，即在每年的3月下旬至4月上旬；二是5月初，以1~2龄若虫盛发期。

10.15.4　防治方法

对荔枝蝽的防治，应根据虫害发生情况，采取综合治理措施进行防治，特别要注意化学防治和生物防治措施的协调。

(1) 人工防治 在冬季或早春,越冬成虫不活跃,可采用人工突然摇动树株使成虫落地,然后捕而杀之。亦可通过人工摘除卵块、捕杀成、若虫的方法降低园内荔枝蝽种群密度。

(2) 生物防治 利用平腹小蜂防治荔枝蝽,是我国在害虫生物防治方面取得的重要成果之一。

平腹小蜂属膜翅目旋小蜂科,为荔枝蝽卵寄生蜂,但在果园中种群密度低,不能有效地控制荔枝蝽种群数量。因此如何利用中间寄主或人工寄主解决该蜂大量繁殖问题是一个重要的环节。原广东省昆虫研究所等单位已成功利用蓖麻蚕卵和人工寄主卵大量繁殖平腹小蜂。

A. 平腹小蜂散放适期和散放量:平腹小蜂散放适期应控制在目标害虫产卵盛期。在早春需定期对荔枝蝽越冬雌虫卵巢进行解剖,根据卵巢发育进度和气象资料,预测荔枝蝽产卵盛期。在广州地区,常年以3月中旬为散放适期。放蜂量根据荔枝蝽种群数量、树株大小而定。对中等大小树株,平均每株荔枝蝽成虫密度为200头以下,且无杂树间种时,每株树放蜂量为雌蜂600～700头,分2～3批散放,分3批散放时各次蜂量比为2∶2∶1,分2批散放时各次蜂量比为1∶1,放蜂间隔为8～10 d。如果每株害虫密度超过200头时,可先用敌百虫喷杀1次,以降低种群密度,喷药5～7 d后再放蜂。

B. 平腹小蜂散放方法:将纸剪成长7 cm、宽4～5 cm的纸片,用毛笔将乳胶涂抹于纸片中下部(约占2/3面积),然后撒上寄生卵,制成卵卡,散放时将卵卡用订书机钉在荔枝树冠下层叶片上即可。放蜂时要避开低温和雨天。

(3) 化学防治 春季恢复活动的越冬成虫,在经过取食、交尾,卵巢发育后,脂肪消耗,呼吸代谢旺盛,对药剂抗性降低。因此3月上中旬为防治成虫的关键时期。4—5月初孵若虫出现盛期也是化学防治的适期。此时虫体个体小、蜡质少,抗药性差,易于防治,喷药1～2次即可。防治用药主要是拟除虫菊酯类农药,例如2.5%高效三氟氯氰菊酯(功夫)乳油、2.5%溴氰菊酯(敌杀死)乳油、5%高效氯氰菊酯乳油、10%氯氰菊酯乳油、20%甲氰菊酯乳油等,用2 000～3 000倍液喷雾。此外,烟碱类杀虫剂(例如50%噻虫胺水分散粒剂和5%啶虫脒微乳剂)也有较好的防治效果。田间应用时,可交替使用这两类杀虫剂。

10.16 荔枝瘤瘿螨

荔枝瘤瘿螨[*Aceria litchi* (Keifer)]属蛛形纲蜱螨亚纲真螨总目绒螨目瘿螨科,我国以前常称之为荔枝瘿螨,别名荔枝毛蜘蛛、毛壁虱、瘿壁虱,分布于广东、广西、福建、海南、四川、云南等地,为我国各荔枝产区常发性害虫,主要为害荔枝和龙眼,营半自由生活,以成螨和若螨刺吸荔枝、龙眼的嫩叶、枝梢、花穗和果实的汁液。植物被害部位产生生理变异,初期出现稀疏的灰白色绒毛,以后逐渐变为绒毛密集的黄褐色至深褐色,形似毛毡。被害叶片正面失去光泽,凹凸不平。因此被害叶常被认为是毛毡病。被害枝梢干枯;花序、花穗被害则畸形生长,花瓣和柱头发育不全,似小绒球,不久脱落;幼果被害后极易脱落,影响产量;成熟果被害后表面布满凹凸不平的褐色斑块,影响果实品质。据在广西调查,严重受害的果枝着果数减少57.6%,叶片或果子受害均使果重减少10%。

10.16.1 形态特征

荔枝瘤瘿螨的形态特征见图 10-23。

(1) 雌成螨 蠕形，体长 0.11~0.16 mm，宽 0.03~0.05 mm，厚 0.03 mm，初淡黄色，后逐渐变橙黄色。头小，螯肢和须肢各1对，足2对，基节、股节、胫节及膝节上各具刚毛1根，无放射状毛。前体为近三角形，表面光滑，具刚毛2根。大体背腹环数相等，由 55~61 环组成，均具有完整的椭圆形微瘤。腹部末端渐细，有长尾1对。雄螨难采集到。

(2) 卵 微小，球形，直径约 0.03 mm，光滑，初产时无色透明，后逐渐变乳白色，近孵化时淡红色。

(3) 若螨 形似成螨，初孵时灰白色，后渐变淡黄色。体较小，腹部环纹不明显，尾端尖细，无生殖板。末龄若螨体长 0.10~0.11 mm。

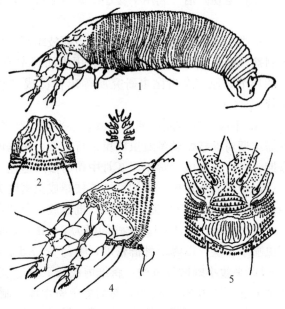

图 10-23 荔枝瘤瘿螨
1. 雌螨侧面 2. 背盾板 3. 羽状爪
4. 雌螨颚体和足体侧面 5. 雌螨足基节和生殖器
(仿 Keifer)

10.16.2 发生规律

(1) 生活史和习性 在广州地区，荔枝瘤瘿螨1年发生16代，世代重叠，以成螨在树冠内膛的晚秋梢或冬梢毛毡中越冬，无真正的休眠；3月初开始为害，4月开始大量繁殖，5—6月是为害盛期。以后各时期嫩梢亦常被害，但冬梢受害较轻。该害螨在海南周年可见到各个虫态，在田间的消长和发生受气温或大暴雨的影响较大，特别是台风雨或大暴雨对降低螨的密度有很大作用。在海南那大地区，一般5月为全年种群高峰期，其次为9月中旬至10月下旬，6—8月由于气温较高，雨量比较集中，螨的密度较低。日平均温度为 28.7 ℃时，完成1个世代约需 15 d；日平均温度为 15.48 ℃时，完成1个世代约需 55 d。

新若螨在嫩叶背面及花穗上为害，经 5~7 d 后便出现黄绿色斑块，这里的寄主组织表皮细胞因受刺激而产生众多的绒毛状物。绒毛状物初为白色透明状，后期呈黄褐色。被害处叶面突出，严重时表面呈红褐色。被害花穗花器膨大，成簇倒挂呈钟状。虫瘿生长半年以内，螨的密度最高，过后渐少。18个月后的老虫瘿几乎无螨。荔枝瘤瘿螨生活在虫瘿绒毛间，平时不甚活动，阳光照射或雨水侵袭之际则较活跃，在绒毛间上下蠕动。卵产在绒毛基部。荔枝瘤瘿螨喜欢隐蔽，树冠稠密、光照不良的环境，树冠下部和内部，密度较大；叶片上则以叶背居多。荔枝瘤瘿螨可借苗木、昆虫、器械、风力等传播蔓延。

(2) 发生与环境因子的关系

①寄主食料 食物因素是螨口消长的关键因素，每次嫩梢期，荔枝瘿螨种群数量都有所

发展。其中春梢上荔枝瘤瘿螨的峰期比较常见，夏梢期和秋梢期则常受气象因子制约。荔枝不同品种间的受害情况也有差异。据海南调查，"珍珠红""黑叶""淮枝"受害较重、"桂味""糯米糍"居中，"三月红"受害最轻。在树冠各层中，以下部和内膛叶受害重，中层次之，通风透光的上层受害轻。但树冠东、南、西、北各方向的受害情况差异不大。

②气候条件　日平均气温在24～30 ℃，相对湿度在80%以上，新梢抽发多时，荔枝瘤瘿螨种群数量上升，为害加重。台风雨期或暴雨冲刷，螨口密度则降低。枝条过密、阴枝多的果园被害较严重，树冠下部及中部受害较重。这与荔枝瘤瘿螨喜阴畏光的习性一致。

③天敌　在果园生态系统中捕食螨类是控制瘿螨的关键自然因素。在广州荔枝园，捕食荔枝瘤瘿螨的天敌有长须螨科的具瘤神蕊螨（*Agistemus exsertus* Gouzalez-Rodriguy）和植绥螨科的尼氏钝绥螨（*Amblyseius nicholsi* Ehara et Lee）两种。它们均以成螨和若螨爬行于荔枝瘤瘿螨为害部位上觅食，在荔枝上终年都可发生。这两种捕食螨的数量均随荔枝瘤瘿螨数量的上升而增加，尤以具瘤神蕊螨为明显，其高峰期往往出现在荔枝瘤瘿螨发生高峰期之后，对随后荔枝瘤瘿螨的发生数量有一定的抑制作用。汤普森多毛菌［*Hirsutella thompsonii*（Fischer）］可寄生荔枝瘤瘿螨，寄生后使螨体发褐色，行动迟缓，最终死亡。

10.16.3　防治方法

(1) 农业防治　搞好常规管理，合理施肥，增强树势，提高植株的抗逆性。选择无荔枝瘤瘿螨为害的母树进行高空压条育苗，假植苗圃不宜设在老荔枝园附近，并随时检查并摘除虫瘿叶片，苗木出圃时摘去受害枝叶。新梢抽发期及时摘除并销毁被害叶片。结合荔枝采后修剪，除去被害枝、过密的阴枝、弱枝、病枝、枯枝，使树冠适当通风透光，造营不利于荔枝瘤瘿螨的生境，减轻为害。同时清除地上残枝落叶以减少虫源。控制冬梢抽发，恶化和中断食料来源，减少越冬虫源，也是防治该虫的有效措施，而且对幼年树尤为重要。

(2) 生物防治　保护和利用自然界捕食螨等天敌对控制荔枝瘤瘿螨发生有积极作用。在果树放梢前和放梢期不要除杂草，避免影响天敌、削弱自然控制作用。在果园内及周边保留或播植良性杂草藿香蓟（又名白花臭草）有利于荔枝瘤瘿螨天敌捕食螨类的栖息和繁衍。人工释放捕食螨，可对荔枝、龙眼上的荔枝瘤瘿螨起有效的防治效果。例如利用拉哥钝绥螨（*Amblyseius largensis* Muma）防治荔枝瘤瘿螨时，最高日捕食量达37头。

(3) 化学防治　在荔枝瘤瘿螨的防治上应着重抓好开花前春梢和作为结果母枝抽发初期的化学防治工作。因为这时期螨口数量少，被害斑块绒毛稀疏，防治可收到良好的效果，其中应以开花前春梢防治为重点。药剂可选用20%三氯杀螨醇乳油800～1 000倍液、73%克螨特乳油1 500～2 000倍液、20%速螨酮可湿性粉剂3 000倍液、2.5%功夫乳油1 000～2 000倍液、0.2波美度石硫合剂喷施。喷雾时应力求均匀周到。但在高温干旱气候条件下不可使用含硫药剂，以免产生药害。对受害较重的品种和果园实行重点挑治，而对受害较轻的品种和果园应力求少喷药或不喷药，以保护荔枝瘤瘿螨天敌免受伤害。据广东省农业科学院研究报道，由7月至年底，除了秋梢抽发后有荔枝瘤瘿螨为害外，都不必喷施农药。因为这期间捕食螨数量多，基本上可控制荔枝瘤瘿螨数量的上升；若喷施农药，反而会破坏自然生态平衡而导致荔枝瘤瘿螨严重发生。在调运苗木时要认真检查，若发现苗木带有被害的叶片，应及时剪除烧毁，还可喷施三氯杀螨醇800倍液消毒苗木，以消除虫源。

10.17 龟背天牛

龟背天牛 [*Aristobia testudo* (Voet)] 属鞘翅目天牛科，在我国分布于广东、广西、海南、福建、云南、陕西等地，在国外分布于越南、泰国等地。其寄主包括龙眼、荔枝、番荔枝、橄榄、李、无患子、麻楝等。龟背天牛是荔枝和龙眼的重要害虫之一，以幼虫蛀食树株枝干皮层组织，进而钻入木质部，影响水分和养分的传导，造成树势衰弱；严重时造成枝干枯死，甚至整株死亡。成虫环形啃食植株当年生枝梢皮层，也可造成枝梢干枯，树势衰弱。成虫为害严重时，树冠出现大量干枯枝梢。

10.17.1 形态特征

(1) **成虫** 体长 20~35 mm，宽 8~11 mm，黑色，背面被黑色及黄色的绒毛斑纹。头、触角第 1~2 节、足及体腹面均被稀疏黑色绒毛。触角自第 3 节起均深黄色；第 3~5 节端部具黑色丛毛，尤以第 3 节毛丛最粗大；第 4~5 节端部有两条黑色纵纹，两侧各具 1 个粗壮的角突。雌虫触角与翅等长，雄虫触角长于翅。前胸背板赤黄色，中部具两条黑纵纹，两侧具粗壮角突，中瘤较平。鞘翅具赤黄斑和黑色条纹，后者将前者围成 13~18 个龟纹状斑块。鞘翅刻点以基部和两侧较粗，中部较不明显。足较短（图 10 - 24）。

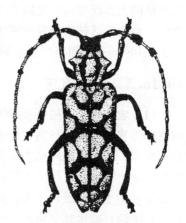

图 10 - 24 龟背天牛成虫

(2) **卵** 长椭圆形，长 4.5 mm，初产时白色，近孵化时黄褐色。

(3) **幼虫** 扁圆筒形，老熟时体长约 60 mm，乳白色。体被稀疏细长毛。头部淡黄色，胸部背板黄褐色，有明显的侧沟，背板前缘具 4 个黄褐色斑纹，后缘具黄褐色山状斑纹。胸足退化。

(4) **蛹** 裸蛹，体长约 30 mm。腹部第 1~6 节近后缘各具 1 列棕褐色毛组成的横条纹。初期乳白色，后逐渐变黄褐色，近羽化时黑色。

10.17.2 发生规律

(1) **生活史和习性** 龟背天牛在广东和广西 1 年发生 1 代，一般 12 月至翌年 2 月以幼虫在主枝或树干皮层下或蛀道里越冬。2 月以后，继续发育，钻入木质部为害。6—11 月田间均可见到成虫，以 6—8 月最多。成虫具假死性，多于白天 8:00—11:00 活动，午间多栖息于树冠阴凉处。成虫羽化后咬食当年生枝梢皮层，雌虫交尾后 10 d 开始产卵。8—9 月为产卵盛期。卵散产，多产于直径 0.6~20.0 cm 枝干皮层里，以直径 1.0~3.5 cm 树枝着卵多。产卵前先以上颚将树枝皮层咬破形新月形伤口，深度刚达木质部，然后再将卵产于其中，并分泌黄色胶状物覆盖卵上。单雌产卵量平均为 8~20 粒，卵期约为 10 d。9 月后成虫陆续死亡。幼虫 8—9 月盛孵，孵化后在成虫产卵处枝干皮层下生活，缓慢生长，直至 12 月底体长仅为 0.4~0.7 cm。翌年春天气转暖后越冬幼虫蛀入木质部取食，生长速度加快，并形成扁圆形纵向下的蛀道。在枝条表面沿蛀道每隔 10~15 cm 有 1 个通气孔，孔口附近及下方地面常有虫粪及木屑排出，较易发现并识别。至化蛹时蛀道长达 50～100 cm。幼虫期约 9 个月，6 月以后幼虫相继老熟，在坑道内用虫粪及木屑堵塞而形成蛹室化蛹。化蛹前幼虫大量取食并排出粪便。停止排粪 20～25 d 后，向下咬宽坑道后用虫粪和木屑堵塞两端形成蛹室，在其中化蛹。蛹期约为 20 d。

(2) 发生与环境因子的关系 龟背天牛的发生与寄主品种及树龄关系密切。该虫对荔枝品种具有选择性，组织疏松、木质部爽脆的品种受害较严重，例如"黑叶""水东""妃子笑""大造"等。越冬幼虫密度以"黑叶"最高，"妃子笑"和"淮枝"次之，"桂味"较少，而"糯米糍"最少。同一品种中幼虫密度低龄树较高龄树大。

10.17.3 防治方法

龟背天牛的防治采用人工捕杀与化学防治、生物防治相结合的综合治理策略。

(1) 农业防治 结合修剪，剪除枯枝、虫枝，冬季清园时，砍伐挖除无生产能力的衰老和枯死的植株，包括枯死的幼树，以减少虫口基数。对树干基部受害较轻的果树，及时杀死幼虫，并在树干基部进行松土施肥，实行高培土，促使受害处重发新根，以恢复树势。

(2) 人工防治

a. 掌握天牛成虫羽化活动期，巡视果园进行捕杀。例如 7—8 月为龟背天牛成虫羽化后补充营养期，在晴天中午的枝梢上或傍晚的树干基部上常见此成虫，应注意捕杀。

b. 龟背天牛产卵期及其低龄幼虫为害期，树皮上出现半月形的产卵伤痕，可用锤敲击受害部，杀死树皮下的卵或幼虫。

c. 在成虫羽化盛期、产卵前的 7 月，利用其假死性突然摇动树枝使其落地并及时捕杀成虫。

(3) 生物防治 用注射法将苹果蠹蛾线虫（*Steinernema carpocapsae*）Agriotes 品系（2 000～4 000 条/mL）注入受害树株的天牛蛀道内，对天牛幼虫防治效果可达 70% 以上。

(4) 化学防治

a. 在龟背天牛成虫产卵前或产卵初期，用生石灰 5 kg、硫黄粉 0.5 kg、水 20 kg 混搅成浆状，涂刷在树干、枝条分叉处，预防成虫产卵。

b. 常检查果株，一旦发现有新鲜木屑状虫粪的虫孔，用铁丝刺杀幼虫，或将蛀孔的虫粪清除，用 80% 敌敌畏乳油 50～100 倍液注入蛀道内，或用棉球浸湿药液后塞入虫孔，再用湿土堵封孔口，以毒死蛀道内的幼虫。在蛀道孔口塞入克牛灵胶丸剂（其主要有效成分是磷化锌，是专门防治蛀干害虫的新型制剂），熏杀药效更高。

10.18 杧果横线尾夜蛾

杧果横线尾夜蛾[*Chlumetia transversa*（Walker）]属鳞翅目夜蛾科，别名杧果蛀梢蛾、杧果钻心虫，是杧果的重要害虫，在我国分布于海南、广东、广西、云南、四川、台湾和福建等地，在杧果种植区普遍发生，是我国为害杧果嫩梢花序的主要害虫。该虫以幼虫蛀食杧果嫩梢和花穗主轴，导致受害部位枯死。幼树受害后树冠生长受到影响，花轴受害造成减产，秋梢被害除影响正常生长外，还影响来年产量。

10.18.1 形态特征

杧果横线尾夜蛾的形态特征见图 10-25。

(1) **成虫** 体长 9～11 mm，翅展 19～23 mm。体背黑褐色，腹面灰白色。头部棕褐色，前额被黄白色鳞片。雄蛾触角基半部栉齿状，端半部具纤毛；雌蛾触角丝状。下唇须黑褐色，但末端灰白色。颈片、翅基片和胸部背面均黑。胸部与腹部交界处有一倒 V 形白色斑纹。前翅底色茶褐色，基横线以内深褐色，如一个大三角形斑；肾形纹浅褐色，镶黑边；中横线细小，外横线宽带状，微弯，又分为3层，内层黑褐色而宽阔，中层浅褐色，外层线状而白色；亚缘线宽阔并曲折锯齿状，黑褐色；端线黑色，被翅脉分隔成6个黑色斑。后翅灰褐色，近后角有1个白色短横纹；外缘黑色，各脉端部白色。腹部第 2～4 节背中央有耸起的黑色毛簇，端部灰白色，腹部各节两侧各有1个白色斑点。

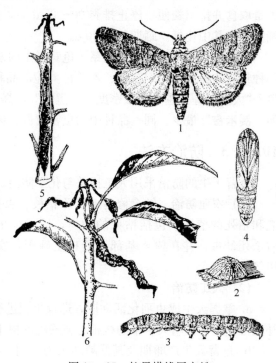

图 10-25 杧果横线尾夜蛾
1. 成虫 2. 卵 3. 幼虫 4. 蛹 5～6. 被害嫩梢

(2) **卵** 扁圆形，直径约 0.5 mm，初产时青色，后转变赤褐色，孵化前色泽转淡。卵壳表面有辐射状隆起纹 54～55 条。隆起纹上有整齐的横格 7～8 个，近顶部的横格不规则状。卵顶中央有 8～9 瓣的花瓣状。

(3) **幼虫** 一般有 5 龄，也有 4 龄或 6 龄。末龄幼虫体长 12～16 mm。头部和前胸背板均黄褐色。胴体青绿带紫红色，杂有淡黄色不规则斑块，但幼虫体色随龄期和取食杧果梢期不同而有很大差异。前胸及第 1～8 腹节的气门清晰。胸足淡褐色。腹足趾钩为单序中带式。

(4) **蛹** 被蛹，椭圆形，体长 8～11 mm，初化蛹时青褐色，后渐变褐色。胸部和腹部各体节散布着粗细不一的刻点。下唇须纺锤形。下颚须越过翅中部，略长于前足末端。中足接近翅端；后足微显露，与翅端齐平。触角短于中足。腹部末端钝圆光滑，缺臀棘。

10.18.2 发生规律

(1) **生活史和习性** 杧果横线尾夜蛾在广东 1 年发生 7～8 代，在广西南宁 1 年发生 8 代，世代重叠明显。一般于 11—12 月以预蛹和蛹在枯枝、树皮缝隙、杂草中越冬。翌年 1—3 月开始陆续羽化，一般在 2 月下旬果园就发现有卵和幼虫。每年 2—4 月为害春梢和花序，4—6 月和 8—10 月分别为害夏梢和秋梢。杧果横线尾夜蛾在海南岛 1 年发生 8～10 代，12 月至翌年 1 月为第 1 个虫口高峰期，为害花芽和嫩梢；5—6 月和 9—10 月发生量也大，分别为害夏梢和秋梢。花穗被害影响坐果和引起落果。

成虫羽化多在上午进行。成虫白天多静伏于树干上或栖息于荫蔽处，趋光性和趋化性较弱；夜间活动、交尾，交配在下半夜较盛。交配后第 2～3 d 开始产卵。产卵多在上半夜进行，连续产卵 10 多粒后稍停息，然后又继续。卵散产，多产在嫩叶背面，少数产于嫩枝、叶柄和花序上。单雌产卵量为 54～435 粒，平均为 255 粒。卵多在上午孵化。初孵幼虫刚出壳时相当活跃，到处爬行寻找侵入部位。初孵幼虫先为害柔嫩叶脉和叶柄，有时也为害嫩梢、花穗和生长点，3 龄后钻入嫩梢或花穗，还转梢为害。老熟幼虫从为害部位爬出，寻找化蛹场所，部分停留在树干伤口或烂洞中，有的钻进天牛为害过的隧道里，但更多的个体继续往下爬到树根部周围的土中化蛹。当树上被害梢开始凋萎时，其中老熟幼虫已经脱出，尚未出现凋萎状的被害梢中都有幼虫存在。这个特点为确定人工诱蛹过程中的适宜收蛹时间提供了依据。卵历期，在夏季和秋季约为 3 d，在冬季和春季约为 4 d。幼虫历期，春季约为 21 d，夏季为 12～13 d，秋季为 12～14 d，冬季为 50 d 以上。蛹历期，冬季和春季为 17～54 d，春季、夏季和秋季为 10～14 d。成虫寿命为 10～20 d。杧果横线尾夜蛾完成 1 代的时间长短因季节而异，在广西南宁，春季和秋季约需 58 d，夏季需 38～43 d，冬季约需 118 d。

(2) 发生与环境因子的关系

①寄主植物　由于该虫产卵、为害部位选择性强，幼嫩叶、梢、花穗等对其正常生长发育是必需的，田间杧果适合为害部位如果数量较少，该虫种群数量会受到明显影响。

②气候　该虫在树上化蛹的蛹量占幼虫总数的 30%～40%，而在土壤中化蛹的比例为 60%～70%。因此下一代虫源大多来自土中。化蛹期持续干旱或降雨，土壤过干或过湿时间长对该虫蛹正常羽化是不利的。

③天敌　据调查，被害梢内的幼虫被花翅跳小蜂（*Microterys* sp.）的寄生率高达 56%，蛹期被大腿小蜂（*Brachymeria* sp.）的寄生率最高可达 89%。这说明这两种蜂对杧果横线尾夜蛾具有很好的控制潜能，可望在以后的害虫防治过程中加以有效利用。

10.18.3　防治方法

(1) 农业防治　冬季结合清园，剪除枯枝、虫伤枝，填补烂树洞，在树干上涂刷 3∶10 左右的石灰水，以减少越冬虫口基数。同时要注意合理施肥，科学用水，促使抽梢整齐，减少被害。

(2) 诱杀防治　根据该虫的化蛹习性，在大发生期间，在树干基部捆扎草把或绑扎塑料薄膜包椰糠（或木糠）诱集杧果横线尾夜蛾老熟幼虫前往化蛹，然后每隔 8～10 d 收捕 1 次。应用此法捕杀老熟幼虫和蛹，效果显著，对抑制下一代虫口密度效果很好。

(3) 生物防治　杧果横线尾夜蛾有多种寄生蜂类天敌，应尽量加以保护和利用。最简便的方法是将诱集到的蛹置于筛眼为 2.0～2.0 mm 的虫笼中，再将虫笼悬挂于杧果园内。

(4) 化学防治　掌握杧果物候期，在卵期、幼虫处于 3 龄前，在杧果树嫩梢抽出 2～5 cm 时，以 2.5% 溴氰菊酯乳油 2 500 倍液连续喷雾 3 次，或用 2% 阿维菌素乳油 2000 倍液连续喷雾 3 次，每周 1 次。

10.19　香蕉假茎象甲

我国常年发生的香蕉象甲主要有 2 种：香蕉双带象甲（*Odoiporus longicollis* Oliver，亦称为香蕉扁黑象甲）和香蕉根颈象甲（*Cosmopolites sordidus* Germar，亦称为香蕉根象甲），均属鞘翅目象甲科。其中香蕉双带象甲发生较重，是香蕉上的重要害虫之一，由于该虫英文名为 banana stem borer 或 banana pseudostem weevil，所以本书中称之为香蕉假茎象甲。华南香蕉园中香蕉假茎象甲是主要钻蛀性害虫，占香蕉象甲类发生量的 90% 以上。该虫主要分布于东南亚及我国广东、广西、福建、海南、云南、台湾等地，以幼虫蛀食香蕉假茎乃至叶柄、果轴为害，在假茎内造成大量虫道，妨碍水分和养分输送，影响植株生长。成虫也取食蕉茎，但食量小。受害植株往往枯叶多，生长缓慢，干细小，结果少，果实短小，植株易受风害，有时果实不下弯或断折，严重影响产量和质量，给香蕉生产造成极大的为害。

本书以香蕉假茎象甲为例介绍该类害虫的相关知识。

10.19.1 形态特征

香蕉假茎象甲的形态特征见图 10-26。

(1) 成虫 有大黑型和双带型两种，彼此能互相交配产卵，田间出现的概率几乎相等。前者全体黑色；后者体色红褐，前胸背板两侧有两条黑色纵带纹。身体长筒形，雌虫体长平均 13.3 mm，宽平均 4.6 mm，喙长 4.0 mm；雄虫体长平均 11.9 mm，宽 4.1 mm，喙长 3.5 mm，喙圆筒形，略向下弯。复眼半月形，生于喙的基部，左眼与右眼在喙的腹面接触。触角膝状，索节 6 节。前胸背板长宽比为 1：0.7，两侧密布刻点，中部除背中线两旁分布 1~2 行不规则刻点外，其余部分平坦光滑。中胸小盾片小，近舌形。跗节 5 节，第 3 节扩大如扇形，下腹面密生短绒毛，第 4 节很小，第 5 节具两个离生爪。翅两对，鞘翅有肩，具明亮光泽；后翅膜质。

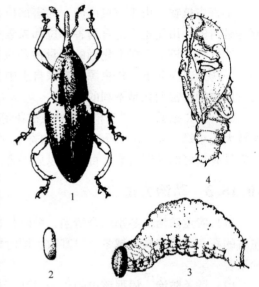

图 10-26 香蕉假茎象甲
1. 成虫 2. 卵 3. 幼虫 4. 蛹

(2) 卵 长椭圆形，表面光滑，乳白色，长 2 mm。

(3) 幼虫 大多有 5 龄，老熟时体长 14~17 mm，黄白色，肥大，无足；头壳红褐色，后缘圆形；体背多横皱。

(4) 蛹 离蛹，体长 12~17 mm，初乳白色，后变黄褐而略带红色。前胸背板前缘、腹背第 1~6 节中间和腹末均有数个疣突。

10.19.2 发生规律

(1) 生活史和习性 香蕉假茎象甲的成虫喜群居，能飞翔，畏阳光，具假死性，耐潮湿，常隐于蕉茎外层枯鞘下或潜于腐烂的叶鞘内。交配时间多在早晨和傍晚，卵产于植株中下段表层叶鞘组织的空格内，每处产 1 粒卵，产卵痕微小，初呈水渍状，后变为褐色小点，有少量胶质外溢。幼虫孵化后，将产卵痕咬成约 2 mm 见方的小孔，1~2 龄幼虫多在外两层叶鞘内纵向蛀食，3龄后多向茎心横蛀，4龄进入暴食期，1昼夜可蛀食成30 cm长的隧道，蛀食方向无规律，上下纵横穿通外鞘，植株表面处处可见长方形的大型蛀孔。幼虫在缺少食料时具自相残杀习性。老熟幼虫在蛀道内以纤维作茧，化蛹其中。茧的一端有约1 mm的圆孔1个，起透气和排水的作用。成虫羽化后，暂息茧中2~3 d，待体色由浅黄褐色逐渐变为黑褐色至黑色后，才扩大茧孔而脱出。雌成虫产卵前期较长，最长可达60 d以上，短的也有15 d，平均为30 d。在广东，不同季节卵、幼虫、蛹和成虫的历期或寿命分别为2~8 d、19~40 d、10~55 d和100~422 d。夏季温度高时历期明显较短，冬季温度低时历期明显较长。

广东、广西大部分香蕉园常年有虫株率高达50%，为害率达60%~70%，其中蛀死率5%~10%。贵州香蕉假茎象甲一年中以5月下旬到6月初、9月下旬到至10月中旬幼虫密度最高、为害最烈，香蕉和大蕉被害株率常高达67.2%~94.9%，1年发生5代，第1~5代的发生历期分别为32~44 d、28~33 d、23~26 d、30~35 d和105~148 d。在广东该虫成虫发生数量一般出现4个高峰，分别在5月初、7月初、9月、10月底至11月上旬，其中7月和9月发生量较大，卵高峰分别出现5月底至6月初、10月上旬至10月中旬。

不同季节香蕉假茎象甲种群趋势指数有较大变化。以春季为最高，秋季比春季低一些，夏季、冬季为春季、秋季的1/2以下，尤其是在冬季，香蕉假茎象甲种群增长缓慢。由以上结果可知，春季和秋季是香蕉假茎象甲种群增长较快的时期，是控制该虫的关键时期。

(2) 发生与环境因子的关系　冬后虫源和栽培管理措施是香蕉假茎象甲年度发生程度的两大因素，由于该虫是钻蛀性害虫，大部分虫态和时间生活于香蕉茎干和叶鞘内，因此其他外界因子对它影响较小。

①香蕉品种及栽培管理　不同香蕉品种上香蕉假茎象甲成虫、幼虫发生量不同。成虫在香芽蕉、龙牙蕉和大蕉上发生量较大，在粉蕉上较少；幼虫在香芽蕉和龙牙蕉上较多，在大蕉和粉蕉上较少。因此该虫对香芽蕉、龙牙蕉为害较重，对大蕉和粉蕉为害较轻。及时去除腐烂叶鞘、处理烂蕉头可明显减少该虫栖息环境，降低虫口数量。

②气候条件　蕉园温度和湿度对该虫影响较大。该虫耐湿、怕干、较耐低温。幼虫不耐水浸，泡浸12 h即大部分死亡。老熟幼虫多蛀食到表层叶鞘做茧化蛹，水浸或暴晒5~7 d即可杀死其内的蛹。成虫耐饥饿力极强，无食物、高湿条件下寿命长达2月以上，低湿环境2~3 d即死亡。该虫在12.6 ℃时能正常产卵，产卵最适温为20~25 ℃，夏季高温对产卵有抑制作用。

③天敌　影响该虫的生物因子中捕食性天敌的作用较大，还有一些病原物，一般40%~60%个体被天敌杀死。

10.19.3　虫情调查和预测预报

(1) 虫情调查

①冬后虫源基数调查　冬后虫源基数调查于2月下旬至3月上旬进行1~2次。选当地有代表性的蕉园（品种、生育期、种植地块等），调查香蕉假茎象甲冬后虫源数量。香蕉假茎象甲主要越冬场所有2个类型，一是正常生长的香蕉植株，另一类是收获果实后去除上半部留下的假茎。每类型调查3点，每点剥查30株。采取五点法取样。采用目测法，分别记

录各类型越冬场所香蕉假茎象甲的成虫、幼虫、蛹的数量，并折算单位面积（hm^2）虫量。根据调查结果结合栽培、管理、气候等条件分析，如果虫源基数大、冬后未适时处理留头蕉茎，当年香蕉假茎象甲发生会较重。

②成虫、蛹发生数量调查　选择有代表性地点3～5个，每点2～3块田。定点系统调查，采用五点法取样，每块田调查30株，12月至翌年1月每月调查1次，其他季节每10 d调查1次。记录香蕉假茎象甲成虫、蛹的发生数量，换算成百株虫口数。要求调查地块面积大于666.7 m^2，且不能使用化学农药防治害虫。平均每株香蕉上成虫数达到2头以上时采取防治措施。

③雌成虫卵巢发育进度调查　选择有代表性地点3～5个，每个地点随机采取30头雌成虫，解剖观察卵巢发育进度，冬季1月调查1次，其他季节每10 d调查1次。记录各级卵巢数量，计算出比例。

④幼虫发生数量、发育进度调查　选择有代表性地点3～5个，每个地点采用五点法取样，每块田采得50头以上幼虫，12月至翌年1月每月调查1次，其他季节每10 d调查1次。记录各龄幼虫数量，计算出比例。

⑤香蕉被害程度调查　香蕉被害程度调查与成虫、蛹发生数量调查同时进行，不同的是每点调查20株，每块田调查100株。记录被害的香蕉株数。

(2) 发生期预测预报

①发育进度预测预报　主要预测主害代的防治适期，掌握在成虫高峰期用药防治。根据主害期的之前田间各虫态比率，用各虫态历期推算成虫盛发期，做出防治适期预测。当田间主要虫态为幼虫时，应用幼虫发育进度预测成虫盛发期、产卵盛期。当田间主要虫态为成虫时，应用雌成虫发育进度预测产卵盛期、幼虫盛孵期。

②期距预测预报　根据当地的历史资料，计算两个世代之间相距天数，并计算平均值的标准差（用上一代某虫态发生期，预测下一代相应的虫态发生期）。例如深圳香蕉假茎象甲成虫消长具有明显规律，年度一般出现4个高峰，分别在5月初、7月初、8月底至9月初、10月底至11月上旬，各个高峰期期距分别为62 d、55 d和65 d。

10.19.4　防治方法

香蕉假茎象甲防治策略是"治理冬后虫源，压基数；春、秋季持续防治，控为害"。

(1) 农业防治　a. 圈蕉，每年3～4月，结合清园，圈除枯烂叶鞘，集中销毁，捕杀成虫，钩杀叶鞘蛀道内的幼虫。b. 在香蕉假茎象甲为害严重的情况下，采果后应尽早砍除残株，清除出园，集中消灭其中害虫，防止转移到健株上为害。c. 挖除隔年旧蕉头，在3月下旬至4月上旬在幼虫大量化蛹之前进行，挖除旧蕉头假茎残体，放入水中浸7 d以上，或纵切成4等份暴晒5 d以上，杀死幼虫。d. 发生严重地区，缩短宿根期，进行水旱轮作。e. 合理密植，同时可利用"巴西蕉""宝岛蕉"等香蕉品种的假茎来诱捕香蕉假茎象甲。

(2) 生物防治　香蕉假茎象甲的天敌包括捕食性天敌、病原线虫、病原真菌等。斯氏线虫对香蕉假茎象甲具有较好的防治效果，可导致幼虫死亡率73%～90%，蛹死亡率68%～92%，成虫死亡率25%～80%。在田间可通过注射法、缓释法使用斯氏线虫防治香蕉假茎象甲以达到较好的防治效果。虫生真菌对香蕉假茎象甲也具有较好的防治效果。对金龟子绿僵菌小孢变种的田间试验表明，$8×10^8$孢子/mL使用3次，可持续降低香蕉假茎象甲种群数量。

(3) 化学防治 每年 4—5 月和 9—10 月成虫发生的两个高峰期，于傍晚喷洒敌敌畏、毒死蜱、乙酰甲胺磷、嘧啶氧磷、杀虫双等杀虫剂，自上而下喷湿假茎，毒杀成虫。或在被害假茎内注入 80％敌敌畏或 40％毒死蜱乳油 1 000 倍液。也可选用 3％丁硫克百威（好年冬）、3％氯唑磷（米乐尔）、20％丙线磷（益舒宝）3 种颗粒剂，按每株 10～20 g 施于蕉根。

思 考 题

1. 果树害虫的发生有哪些特点？其与果树害虫综合治理有什么关系？
2. 蚧类害虫有哪些重要的生物学特性？在防治上应注意哪些问题？
3. 梨小食心虫是如何为害的？它的发生与寄主植物有什么关系？
4. 桃蛀螟和桃蛀果蛾的生活习性与防治方法有何不同？
5. 导致果园害螨再猖獗的主要原因是什么？在防治上应采取何种措施？
6. 简述柑橘潜叶蛾农业防治的关键技术及其生物学基础。
7. 简述橘小实蝇综合治理的策略。
8. 哪些环境因子影响亚洲柑橘木虱的发生和为害？
9. 简述荔枝蒂蛀虫的主要生物学习性。
10. 简述荔枝瘤瘿螨的形态特征及为害状。

第 11 章

甘 蔗 害 虫

甘蔗是我国重要的糖料作物。我国主要甘蔗产区分布于广东、广西、台湾、云南、福建和四川,浙江、江西、湖南、贵州、安徽等地也有栽植。甘蔗害虫是影响甘蔗产量和糖分的重要因素之一,甘蔗的不同生长期均受不同害虫的威胁。我国甘蔗害虫种类很多,已记载的超过 360 种,其中以蔗螟类、蔗龟类、甘蔗绵蚜、甘蔗蓟马、粉蚧、象甲类等发生比较普遍,引起损失较大。近年来对甘蔗害虫的调查和研究发现,一些新的甘蔗害虫发生和为害也日趋严重,例如甘蔗细平象(*Trochorhopalus humeralis* Chevrolat)、甘蔗赭色鸟喙象(*Otidognathus rubriceps* Chevrolat)、栗等鳃金龟(*Exolontha castanen* Chang)等,而且还有进一步增加的趋势。一些外来入侵害虫如褐纹甘蔗象 [*Rhabdoscelus lineaticollis*(Heller)],对甘蔗潜在为害性大。

甘蔗害虫依其为害特性可以分为 3 类:a. 为害蔗根和甘蔗地下部分,例如蔗龟类、象甲类、蔗根叩头虫、蔗根锯天牛、蔗根蚜、蝼蛄、白蚁等。这类害虫为害蔗根、蔗芽和蔗茎的基部,造成蔗根卷曲和枯心苗。b. 蛀食茎部和幼苗心叶基部,例如蔗螟类、甘蔗赭色鸟喙象、蔗木蠹蛾等,在甘蔗苗期造成枯心苗,生长期为害,可造成缺株、枯梢和茎折断。c. 为害叶片,例如黏虫、蔗龟类成虫、蝗虫类等咬食叶片及侧芽,可造成叶片缺刻;而甘蔗绵蚜、甘蔗蓟马、蔗粉蚧、甘蔗飞虱、蔗叶长蝽等则群集叶背刺吸汁液,使叶片皱缩和枯萎。

甘蔗生长期长,植株高大,食料丰富,害虫种类多,从其播种出苗到成熟收获,都有害虫发生。因此甘蔗害虫的防治必须贯彻"预防为主,综合防治"的植物保护方针。应采取以农业防治为基础,协调运用各种有效措施,充分发挥自然天敌的作用,因地、因时制宜地把害虫控制在经济损害允许水平之下,确保甘蔗稳产高产。

11.1 甘蔗螟虫

甘蔗螟虫是为害甘蔗作物的一类重要的钻蛀性害虫。在我国不同甘蔗种植区,常见的甘蔗螟虫有二点螟、条螟、白螟、黄螟、大螟和甘蔗大螟。甘蔗螟虫发生的种类和为害程度在不同地区是不同的。二点螟(*Chilo infuscatellus* Snellen)在大部分蔗区普遍发生,黄螟 [*Tetramoera schistaceana*(Snellen)] 在广东、广西和福建为害严重,白螟(*Scirpophaga nivella* Fabricius)在广东雷州半岛、海南、广西合浦地、云南曲江和德宏地区以及台湾南部普遍为害,大螟 [*Sesamia inferens*(Walker)] 在我国各蔗区均有发生,列点大螟(*Sesamia uniformis* Dadgeon)分布于西南蔗区。大螟和条螟分别在前面的水稻害虫和杂粮害虫章节里介绍过,本章不再叙述。

甘蔗螟虫在甘蔗的各个生育期均能造成为害,幼苗期蔗螟幼虫为害生长点,造成枯心苗;萌芽期和分蘖期为害,造成缺株或使有效茎数减少;在生长期,幼虫取食茎内组织,使甘蔗生长受阻,糖分降低,如遇大风常在蛀孔处折断。甘蔗螟虫的发生与为害严重影响我国甘蔗生产。据广州甘蔗糖业研究所(2001)报道,广东珠江三角洲蔗区,一般因蔗螟为害可造成13%～28%产量损失;在广东湛江旱地蔗区,产量损失达5%～22%;在广西恭城蔗区蔗苗枯心率达10%～30%。

11.1.1 二点螟

二点螟(*Chilo infuscatellus* Snellen)属鳞翅目螟蛾总科草螟科,在国外分布于朝鲜、日本、菲律宾、印度尼西亚、缅甸、印度、巴基斯坦、阿富汗和马来西亚;在我国南到海南,北止黑龙江,西起宁夏、甘肃,东至沿海和台湾都有发生,长江以南密度较大,在全国各蔗区(例如广东、广西、福建、四川、浙江、江西、湖南等),均严重发生为害。二点螟以幼虫蛀入甘蔗茎内为害,苗期造成枯心苗,严重时缺株断垄;生长期,幼虫在茎内跨节蛀道呈直线。二点螟在长江以北地区主要为害粟,也为害糜子、高粱、玉米、黍等;在长江以南地区则为害甘蔗,偶尔为害水稻。

11.1.1.1 形态特征(图11-1)

(1) 成虫 体长8.5～10.0 mm,翅展12～18 mm。雌蛾体色灰黄,雄蛾体暗灰褐色。下唇须较长,约为头长的3倍。胸部背面暗黄褐色,体腹面及腹部背面白色。前翅长三角形,顶角锐角,外缘近圆形,中室暗灰色,中室的顶端及中脉下方各有1个暗灰色斑点,外缘有成列的小点7个。后翅色白而有光泽。

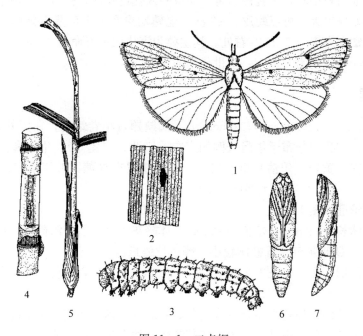

图11-1 二点螟
1. 成虫 2. 产于叶上的卵 3. 幼虫 4. 幼虫为害蔗茎 5. 被害株的枯心状 6. 蛹腹面 7. 蛹侧面
(仿华南农业大学)

(2) 卵 短椭圆形，扁平，长 1.21 mm，宽约 0.87 mm，初产时乳白色，卵壳表面有龟甲状刻纹。一般产成 2～4 列的卵块，鱼鳞状。

(3) 幼虫 老熟幼虫体长 25～30 mm，淡黄色，有暗灰色背线、淡紫色的亚背线及气门上线。头部赤褐色至暗褐色。前胸背板在幼龄时黑色，短期即转淡黄褐色，腹部有淡黄色的小毛瘤，背线两侧的毛瘤排列成梯形，腹部端臀板淡黄褐色。

(4) 蛹 体长 12～15 mm，淡黄色。腹部背面残存有幼虫期的紫红色纵线 5 条，第 5～7 腹节的前缘有显著的黑褐色波状隆起线，尾端呈截断状；肛门周缘隆起，有 2 个切凹。

11.1.1.2 生活史和习性

二点螟在浙江镇海和湖南 1 年发生 3～4 代，在福建、广西南宁和广东雷州半岛 1 年发生 4～5 代，在海南 1 年发生 6 代；以幼虫或蛹在蔗茎地上部或地下部越冬，多数在蔗茎的地上部分越冬，在地下部分越冬的大部分在地下 10 cm 以内；在我国南方蔗区，世代重叠。在广西南宁，成虫发生期，第 1 代为 3 月下旬至 4 月下旬，第 2 代为 5 月中旬至 6 月中旬，第 3 代为 7 月上旬至 8 月中旬，第 4 代为 8 月中旬至 9 月中旬，第 5 代为 9 月下旬至 10 月下旬。在南方蔗区，二点螟通常以第 1～2 代为害宿根和春植蔗苗，造成枯心，其中以第 2 代为害较重；第 3 代以后，为害成长蔗，以 6—9 月田间密度较高。

二点螟成虫一般产卵在蔗叶或叶鞘上，多产在甘蔗植株第 1～4 片叶上，以叶片背面居多，占产卵总数 82%。每雌平均产卵 56～159 粒，10～20 余粒卵集合成块，一般排列成 3～4 行。根据福建省农业科学院甘蔗研究所历年第 1～2 代二点螟发生期预报资料分析，漳州蔗区第 1 代螟卵盛孵期在 4 月中下旬，第 2 代螟卵盛孵期在 6 月中下旬。幼虫孵化后即行分散或吐丝下垂，爬行至叶鞘组织间取食，以后再蛀入蔗茎组织，为害生长点，造成枯心苗或螟害节。当为害蔗苗较小时，常转株为害。幼虫蛀入孔近圆形，孔口周缘不枯黄，茎内蛀道较直。幼虫龄期差异很大，可以蜕皮 4～9 次。老熟幼虫在为害蔗茎内化蛹。当新植蔗未培土时，化蛹位置常在离土面 7 cm 左右处。其主要为害代成虫寿命为 3～5 d，卵期为 5 d，幼虫历期为 30～35 d，蛹期为 5～7 d，全世代为 43～52 d。

11.1.2 黄螟

黄螟 [*Tetramoera schistaceana* (Snellen)] 属鳞翅目小卷蛾科，在国外分布于菲律宾、印度尼西亚等地；在我国分布于华南（例如广东、广西、福建等）、华中和西南蔗区，华东地区的浙江（瑞安、黄岩、乐清）也有发生。其寄主仅有甘蔗，近年来在云南蔗区为害甚烈，株受害率达 100%，蛀节率为 20%～30%。

11.1.2.1 形态特征（图 11-2）

(1) 成虫 体长 5～9 mm，翅长 5～8 mm。体暗灰黄色；前翅深褐色，斑纹复杂，翅中央有 Y 形黑纹；后翅暗灰色。雄蛾体较小，颜色比雌蛾深。

(2) 卵 椭圆形，扁平，长 1.2 mm，宽 0.8 mm，初产时乳白色，以后渐变黄色，孵化前可见胚胎的红毛斑纹。

(3) 幼虫 老龄幼虫长约 20 mm，淡黄色，有时内脏内容物使体色呈现灰黄色。头部赤褐色，前胸蛹背板黄褐色，腹部末节臀板暗灰黄色。体上生有小毛瘤。

(4) 蛹 体长 8～12 mm，黄褐色。腹部第 2～6 节的后缘、第 7 节的前缘、第 8 节和尾节的背面均有锯齿状突起，末端有臀棘数条。

11.1.2.2 生活史和习性

黄螟在浙江1年发生4代，在云南开远1年发生5～6代，在广东珠江三角洲、广西南宁和福建漳州1年发生6～7代，在台湾和海南1年发生7～8代，冬季在南方蔗区可发现卵、幼虫和蛹，世代重叠，年中各个时期均可发现各种虫态。在广西，黄螟对甘蔗生产的威胁主要是第1～3代幼虫（3—6月），为害宿根和春植蔗苗；早期的枯心苗多为黄螟为害所致。黄螟在广东珠江三角洲，以6月为产卵盛期，春植甘蔗一般在4月中下旬开始发现螟卵，5月起激增，6月最多，7月开始渐减，11—12月再复回升，但数量远比前期为少。在冬季和宿根甘蔗，黄螟发生比春植的约提前1个月。3—5月主要是第1～2代为害蔗苗，第3～4代于6—7月为害蔗茎。因此春植蔗苗防治工作不应迟于4月下旬，宿根蔗、冬植蔗和早春植蔗的防治工作应提早半个月至1个月开始。在福建南部，黄螟主要发生在中后期的蔗茎，为害后造成螟害节相当严重。

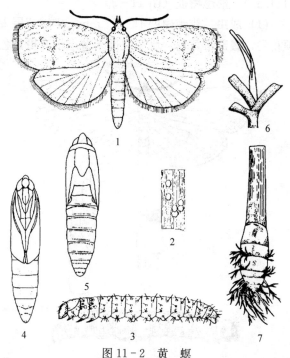

图11-2 黄 螟
1. 成虫 2. 产于叶上的卵 3. 幼虫 4. 蛹腹面
5. 蛹背面 6. 被害株的枯心状 7. 蔗茎被害状
（仿华南农业大学）

黄螟成虫多在夜间羽化，羽化后白天栖息于蔗叶及叶鞘等隐蔽处；趋光性弱，晚上活动、交尾、产卵。卵多为散产，也有2～3粒连在一起。在春植甘蔗拔节之前，卵多产在蔗苗基部的枯老蔗鞘上，也有产在叶片上的；在8月以后甘蔗长有数节时，有一半以上的卵产在蔗茎表面，一般以离地面0～60 cm处较多。每雌产卵200～500粒。卵大部分在11:00—14:00孵化。初卵幼虫最初潜入叶鞘间隙，逐渐移向下部较嫩部分，一般是在芽或根带处蛀入。甘蔗幼苗或分蘖期，幼虫常在泥面下的部位栖息，从芽或根带部分食害，把芽眼食空或在根带部形成蚯蚓状的食痕。老熟幼虫在蛀食孔处做茧化蛹。越冬代成虫寿命为13～15 d，卵期为12.4 d，幼虫平均历期为60 d，蛹期为26 d。一般世代，雌性成虫寿命为6～11 d，雄性成虫寿命为5～9 d，卵期为6～9 d，幼虫平均历期为30～48 d，蛹期为8～10 d。

11.1.3 白螟

白螟（*Scirpophaga nivella* Fabricius）属鳞翅目螟蛾总科草螟科，在广东的雷州半岛、海南、广西的合浦地、云南的曲江和德宏以及台湾南部为害相当普遍，但在其他蔗区较少发生。其寄主植物主要为甘蔗。幼虫侵害蔗苗，常从心叶侵入。甘蔗第1片受害的心叶伸展后，中脉中间出现一条褐色蛀道；第2片受害心叶伸展后，常有褐色条纹或小孔；第3片受害心叶伸展后，则有许多褐色圆形小孔或叶边呈褐色。幼虫食至生长点造成梢端枯萎，生长点被破坏而引起侧芽萌发，后期形成扫帚状的枯梢。

11.1.3.1 形态特征（图 11-3）

(1) 成虫 雌蛾翅展 15~17 mm，雄蛾翅展 12~18 mm。体色纯白，有光泽。前翅长而顶角尖，腹部带黄色，雌蛾腹部末节末端有橙黄色绒毛。下唇须约为头部的 2 倍。

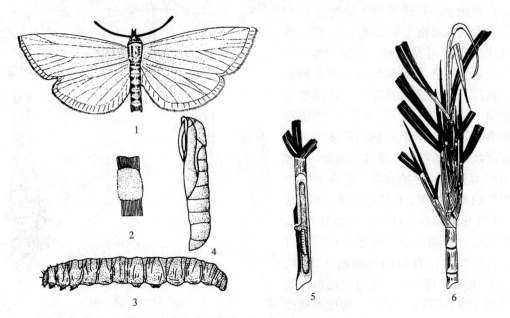

图 11-3 白 螟
1. 成虫 2. 产于叶上的卵块 3. 幼虫 4. 蛹的侧面 5~6. 甘蔗被害状
（仿华南农业大学）

(2) 卵 卵块披橙黄色绒毛。卵扁平短椭圆形，大小约 1.3 mm×1.1 mm。卵初产时淡黄色，以后变橙黄色。

(3) 幼虫 老熟幼虫体长 20~30 mm。体背淡紫色，腹面淡黄色。虫体肥大而柔软，多横皱。胸足短小，腹足退化。

(4) 蛹 雌蛹体长 16~18 mm，雄蛹体长 13~14 mm。乳黄色至乳白色，腹末宽而带略圆。雌蛹后足达第 6 腹节基部，雄蛹后足达第 7 腹节的一半。

11.1.3.2 生活史和习性

白螟在广东雷州半岛 1 年发生 4~5 代，以老熟幼虫在生长蔗株梢部隧道内越冬。一年中分别于 4 月上旬、6 月上旬、7 月下旬、9 月上旬和 10 月下旬出现 5 次为害高峰，发株早的甘蔗受害较重。第 1~2 代主要为害幼苗，第 3~4 代为害生长中后期的蔗茎，发生数量以第 3~4 代为多。成虫晚上活动，有趋光性；飞翔力较弱。成虫喜欢产卵在甘蔗幼苗上，卵产于蔗叶内侧，一般产于下面 2~5 片叶的中部，块产。卵块密度一般以田边最大。每块卵有卵 2~66 粒，平均为 14~15 粒，卵面被有橙黄色绒毛，每雌产卵 200~300 粒。初孵幼虫很活泼，分散时能吐丝下垂，一般每株甘蔗只有 1 条幼虫蛀入，幼虫最初由心叶蛀入，向下食成一条直道，初期不表现枯心，被蛀食的心叶伸长展开后，呈带状横列的蛀食孔，食痕周围呈褐色，被害重的叶片多数不能充分伸展，食痕周围逐渐枯死。老熟幼虫化蛹前，自蛀道至蔗茎外造成 1 个羽化孔，孔内有一块薄膜遮盖，幼虫即在孔口附近化蛹。

11.1.4 发生与环境的关系

(1) 气候 在我国南方蔗区，天气温暖多雨，相对湿度较大，若在蚁螟孵出期间雨水过多，遇大雨或浓雾、重露，均会使侵害率降低；蔗苗叉口处和叶鞘内积水，则对其侵入不利。风能助蔗螟分散。新羽化的螟蛾易被风带到春植蔗上产卵。故处于秋植蔗或宿根蔗等虫源田下风位置的春植蔗，螟害发生常较早而严重。蛾盛发期遇台风、暴雨时，种群急剧下降。高温对黄螟有抑制作用，处于32℃的温度条件下生殖力受到一定影响，其中以雄性最为明显，例如白天在32℃下持续8h、夜间处于27~30℃连续9d的雄蛾，与正常雌蛾交配，产下的卵有一半不育。

湿度和蔗田土质对甘蔗螟虫发生有明显影响。二点螟性喜干燥，在广东多发生于高旱地区和高地旱田，例如湛江、海南、潮汕的岗地蔗田，而在珠江三角洲的围田则较少发生，偶有发生仅在砂质土地段。江西赣州一般以沙坝土和丘陵土发生多、受害重，而泥田发生少、受害轻。福建丘陵旱地比洲地水田发生多。白螟亦是旱地甘蔗受害重，低地或水田轻。黄螟性喜潮湿，在广东围田和坝地蔗田发生较多，在广西则分布于低洼潮湿和有水灌溉的蔗区，在福建水田和洲地发生较多。

(2) 食料 不同食料直接影响二点螟的生长发育和发生量。以不同食料饲育第3代二点螟幼虫，结果表明，以蔗苗饲育的幼虫历期最长，为25~41 d，平均为31.60 d；饲以老蔗茎的次之，为22~31 d，平均为25.31 d；饲以嫩蔗茎的历期最短，为17~31 d，平均为23.10 d。二点螟各代成虫产卵量与幼虫期营养条件有关。越冬代成虫因幼虫经长期越冬，营养消耗较大，产卵量最低；第1~2代幼虫食料丰富，营养条件好，羽化后的雌虫产卵量分别为越冬代的2倍和3倍左右；第3代幼虫以无效分蘖嫩茎为食，羽化后的雌虫产卵量亦较高，为越冬代的3倍多。

甘蔗植株的形态、组织和生态特性与二点螟的为害程度有一定的关系。一般来说，叶阔而下垂的品种，适宜于成虫潜伏和产卵；蔗茎较软，纤维量少，适于幼虫蛀入，受害较重。叶狭而直立、蔗皮、蔗茎坚硬、蜡质厚和纤维量多的品种，不适于成虫潜伏、产卵和幼虫侵入，抗螟能力强，受害较轻。国内外研究表明，二点螟喜在弯曲而下垂的叶片上产卵，叶片狭而直立的着卵较少。具深绿色叶片的品种能招引螟蛾产卵。一些不能自动脱叶的品种抗螟能力较强，其原因是叶鞘像杯子一样容纳不少水分，使许多蚁螟溺死或使之浮起泻出叶鞘之外，致使约90％蔗螟死于蚁螟阶段。甘蔗品种中，印度品系的品种一般受螟害较轻，"台糖108"和"台糖134"次之，"东爪哇3016" "东爪哇2883" "华南56/12"等品种最易遭受螟害。

(3) 耕作制度 我国蔗区耕作制度复杂，春植蔗、秋植蔗、冬植蔗常混栽，甚至新植蔗和宿根蔗混栽，不但为甘蔗螟虫提供了丰富的食料，而且有利于虫源的互相转移和扩散，导致螟害严重。一般宿根蔗受害严重。连年种植甘蔗或连年宿根栽培的蔗田，二点螟、黄螟等越冬基数和螟害率常较新植蔗和前作非甘蔗的蔗田为高。宿根蔗出苗早，甘蔗螟虫越冬基数高，同时又能诱集螟蛾产卵，并为幼虫提供丰富的食料，所以螟害枯心出现比春植的早，并且受害较严重。在华南，宿根蔗4月发生黄螟和大螟造成枯心苗，4月下旬或5月上旬出现第1次黄螟为害高峰，以后6月常出现第2次黄螟为害高峰，或受二点螟为害，因此造成严重缺株现象。春植蔗因出苗迟，可以避开越冬代螟蛾产卵，受害最轻。秋植蔗在种植当年，螟害密度不大,受害较轻,而次年第1代螟蛾发生时,由于分蘖数已很多,虽受螟害,但对其分蘖影响不大。秋植蔗主要是受黄螟为害。

旱地甘蔗间种绿肥(大豆、绿豆)或冬薯套种甘蔗,可以改善蔗田小气候环境,增加田间湿度和避免中午太阳的直射,可能有利于赤眼蜂的活动与繁殖,所以可以减轻螟害。长势旺盛的蔗田比长势差的受害轻。

(4) 天敌 甘蔗螟虫卵期寄生蜂有拟澳洲赤眼蜂(*Trichogramma confusum* Viggiani)、白螟黑卵蜂(*Telenomus scirophagae* Wu et Chen)、螟卵啮小蜂和白螟黑卵蜂。根据漳州蔗区田间螟卵消长和卵寄生率调查结果,7月以前二点螟卵寄生蜂的自然寄生率低;而第2代成虫产下的卵被寄生蜂寄生的数量明显增多,一般卵寄生率为60%左右,使第3代二点螟的成虫数量明显减少,在一般发生年份,中后期可以不进行化学防治。卵至幼虫跨期寄生蜂有螟甲腹茧蜂(*Chelonus munakatae* Munakata)。幼虫期寄生蜂有螟黄足绒茧蜂(*Apanteles flavipes* Cameron)、螟黑瘦姬蜂[*Eriborus sinicus* (Holmgren)]和中华茧蜂(*Bracon chinensis* Szepligeti)。在云南,螟黄足绒茧蜂分布较广,寄生率一般在15%~25%,有的可达35%以上。幼虫至蛹跨期寄生蜂有广黑点瘤姬蜂(*Xanthopimpla punctata* Fabricius)、螟黑点瘤姬蜂(*Xanthopimpla stemmater* Thunberg)。蛹期寄生蜂有夹色姬蜂(*Centeterus alternecoloratus* Cushman)、白螟黑纹茧蜂(*Stenobracon nicevillei* Bingham)等。

捕食甘蔗螟虫幼虫、卵和蛹的有红蚂蚁[*Tetramorium guineense* (Fabricius)](又名竹筒蚁),是二点螟的优势天敌,在我国台湾、福建等省用来防治蔗螟已有长久的历史。据四川内江地区农业科学研究所谭兴业1981年观察,6—7月红蚂蚁捕食二点螟总卵量的53.7%。还有不少蜘蛛,例如四川蔗田捕食性蜘蛛有8科28种,主要有八斑球腹蛛(*Therdion octomaculatum*)、草间小黑蛛(*Erigonidium graminicolum*)等。此外,还有寄生性真菌,如绿僵菌[*Metarrhizium anisopliae* (Metschn)]、虫草菌(*Cordyceps* sp.)等。

11.1.5 虫情调查和预测预报

(1) 越冬基数调查 在冬前选择当地有代表性的蔗田若干类型(例如不同受害程度、不同宿根年限、连作或新植、不同品种和不同植期等),每种类型调查2~3块。每块田取样数一般不少于20点,每点1~2 m^2,样点以长条状较好。以二点螟为主的地区可劈桩调查,并计算各类型田每公顷越冬基数,再根据历史资料、雌雄性比、每雌产卵块数和每个卵块造成的枯心面积,结合苗情、天敌和天气情况,做出翌年第1代大致发生量和受害程度的估测。

(2) 越冬后和其他各代存活量调查 一般越冬代在当地化蛹始盛和高峰期前后各调查1~2次;其余各发生代在化蛹始盛期前后调查1~2次。取样同越冬基数调查,并计算各类型田越冬后存活虫量和当地平均每公顷存活虫量,进一步做出当年第1代发生量和受害程度的估测。

11.1.6 防治方法

(1) 农业防治

①减少越冬蔗螟数量 甘蔗螟虫除了在秋植蔗和未收获的蔗田留有一定数量外,很大数

量潜伏在地下蔗茎、田间叶鞘、残株和秋笋内。收获后如能及时处理这些部分，可以减少越冬虫源，因而可以降低明春的发生数量。一般可以采用下列方法。

a. 在不影响甘蔗发株的原则下，在甘蔗螟虫羽化前，将秋笋斩去。有白螟发生的地区，当榨季开始后，把发生枯鞘的蔗茎斩下先交糖厂制糖，对于防治越冬的白螟是一个有效方法。

b. 低斩收获蔗株。不留宿根的蔗田，可以开垄倒蔗收获；留宿根的蔗田，可以用小锄低斩，既可消除在蔗茎地下部越冬的螟虫，又可增加产量。

c. 及时处理蔗头及枯叶残茎，制成堆肥。如果作燃料应在翌年第1代螟蛾羽化前烧完。水源方便的地方，可将掘出的蔗头浸水3 d，以浸死越冬螟虫。

②浸水淹虫　据广东省珠江农场经验，在广东珠江三角洲沙围田地区水网地带的条件下，于1—4月新植蔗和宿根蔗的苗期出现黄螟、二点螟枯心较多时，可灌水浸过畦面6~19 cm，在4月前气温较低时可以浸水4 d，气温在25 ℃以上时只浸水1 d，就可淹死大量甘蔗螟虫。

③严格选择无螟害的健壮种苗　播种前应用2%石灰水浸种1 d，或流动清水浸种3 d，水温不能低于5 ℃，可以杀死种苗内的螟虫。

④适时进行剥叶　掌握当地黄螟卵的盛发期，及时剥除枯叶，一方面可以直接消灭产在叶片和叶鞘上的螟卵，另一方面可以改变幼虫入侵的环境，减低侵害率。

⑤适时提早栽植期　施足基肥，使分蘖早生快发，可以减少螟害形成的缺株。

⑥选择抗虫品种　可选用"粤甘34""云蔗03-258""粤甘26""柳城05-136""粤甘42""桂糖30"等抗虫高产品种。

⑦合理的种植布局和轮作制度　在蔗田规划时，要避免把冬植甘蔗或春植甘蔗放在秋植甘蔗地的近邻栽种，特别是下风位的近邻栽种，可以减少甘蔗螟虫的传播和扩大。此外，还要尽量减少甘蔗地插花种植或套种高粱、玉米、小麦、水稻等禾本科植物，以防止条螟、大螟加重为害。

在轮作方面，应因地制宜，提倡稻蔗水旱轮作，或与豆科、蔬菜、甘薯等作物轮作，可以减轻甘蔗螟虫的发生与为害。

(2) 生物防治

①释放赤眼蜂　应掌握在早春越冬代甘蔗螟虫刚羽化开始产卵时释放寄生蜂。例如广东的宿根蔗、冬植蔗一般在2月中下旬，春植蔗在4月上旬开始放蜂。每次放蜂15万头/hm² 以上，设5~8个释放点，全年放蜂8~9次。拟澳洲赤眼蜂的防治对象主要是二点螟和黄螟，对白螟和大螟无效。根据虫情预测，在螟虫每代产卵盛期前释放赤眼蜂，每代螟虫间隔10 d放蜂2次。释放寄生蜂的同时使用性诱剂诱杀雄虫对甘蔗螟虫防控效果较好。

②利用红蚂蚁　红蚂蚁［*Tetramorium guineense* (Fabricius)］对甘蔗害虫有一定的防治效果。据福建经验，于每年春夏间的雨天前，到蚁群集居的地方收集蚁群。可用芦苇管或蔗叶鞘造成筒状，插入蚁巢内5~7 cm，过后检查筒内有蚁即可两端塞以湿土，再运回蔗田，插于行间，打开上端泥封，放蚁6 000~7 000管/hm²（以每管200头计）。每放蚁1次，治螟效果可达数年。但由于红蚂蚁适于生活在潮湿环境，因此只适宜于水田和低湿蔗田应用。并且于放蚁后，农事操作时注意勿伤害蚁群。甘蔗收获后，要在蔗畦上覆盖蕉叶7~10 cm，以保护蚁群过冬。

③应用性诱剂和不育技术　人工合成了黄螟、条螟、二点螟、白螟和大螟等5种蔗螟的性引诱剂，例如顺-9-十二碳烯醇醋酸酯对黄螟有活性；顺-13-十八碳烯醇醋酸酯、顺-11-十六碳烯醇醋酸酯和顺-13-十八碳烯醇对条螟有活性；顺-11-十六碳烯醇醋酸酯和顺-11-十六碳烯醇对大螟效果好；顺-11-十六碳烯醇对二点螟效果好；顺-11-十六碳烯醛和反-11-十六碳烯醛对白螟有活性。在江西赣州、浙江镇海等地试验表明，用二点螟雌蛾可诱集雄蛾；后经中国科学院动物研究所和广西甘蔗研究所研究证实雌蛾腹末提取物顺-11-十六碳烯醇，诱雄蛾活性高。在广东、湖南、浙江等地田间试用，含性诱剂0.1 mg和0.2 mg的橡皮头诱芯，可诱捕大量雄蛾，试验区比对照区的枯心率降低了22.51%。

在我国先后开展了应用性引诱剂迷向法对黄螟、条螟、二点螟的防治研究。性引诱剂迷向法就是在昆虫交配层空间，通过释放大量昆虫性外激素物质或含性引诱剂的诱芯，与自然条件下昆虫释放的性外激素产生竞争，中断雌雄个体间的性信息联系，以降低虫口密度，减少后代繁殖量，起到防治害虫作用的一个技术。应用性引诱剂迷向法防治黄螟的试验结果表明，迷向干扰率达98.1%，交配抑制率达58.0%～74.1%，螟害节减少52.2%～76.1%。到目前为止，在条螟高发区，累计推广面积超过6.7×10.4 hm^2。对二点螟的迷向防治结果表明，迷向干扰率为96.8%，优于常规农药防治效果。

此外，近年来我国对应用不育技术防治黄螟也进行了一些研究工作。以^{60}Co对黄螟后期雄蛹进行辐射处理，剂量用7.74～9.03 C/kg，对羽化后雄蛾交配率无不良影响，达到不育的要求，卵孵化率为0.2%～5.7%。应用昆虫保幼激素类似物"738"[化学名称是1-(7′-乙氧基-3′,7′-二甲基-辛(2′)-烯)-4-乙苯醚]接触黄螟雄蛾，药剂量在15～30 μg/hm^2，螟蛾接触时间20 s。处理雄蛾与正常雌蛾交配，产下的卵粒几乎都不孵化。此外用六磷胺、昆虫保幼激素类似物ZR-512、ER515及喜树碱与黄螟接触，亦导致不育。

(3) 化学防治　首先要抓好虫源田和初发田的防治，其次狠治第1～2代，以减少繁殖为害。施药时间要求掌握在螟卵盛孵期。若卵量大，产卵期长，在第1次用药后每隔7～10 d再施药1次，每代施药2～3次。关于二点螟的防治指标，目前尚无统一定论，一般可以第1代每公顷查到卵块225块以上，第2代查到300块以上，作为化学防治对象田。黄螟的化学防治，在广东、广西等蔗区，主要抓住第1～3代和第6～7代的防治，3—6月的防治对象，首先是上年的秋植蔗和冬植蔗，其次是早发株的宿根蔗；9月下旬至11月的防治对象是当年的秋植蔗和冬植蔗。对主要为害世代，一般需要连续喷药2～3次。白螟一般第1代可不必单独用药，可结合二点螟和黄螟等进行兼治。重点应抓住经济损失最大的第2～3代的防治，并注意第4代的防治。可选用50%杀螟丹（巴丹）可湿性粉剂1.12 kg/hm^2（新植蔗）或1.87 kg/hm^2（宿根蔗）、25%杀虫双水剂2.25 kg/hm^2、90%敌百虫晶体1.125 kg/hm^2，兑水900 kg/hm^{2}喷雾；也可用2.5%溴氰菊酯乳油600 mL/hm^2，兑水750 kg/hm^{2}喷雾。结合下种及大培土时可土壤沟施5%杀单·毒死蜱75 kg/hm^{2}或2%吡虫啉缓释剂30 kg/hm^2，防治甘蔗螟虫效果良好。在甘蔗苗期喷施20%氯虫苯甲酰胺悬浮剂225 mL/hm^2，并以相同的剂量在药后14～30 d再次喷施，可以较好地防控甘蔗螟虫。

11.2 蔗龟

蔗龟属鞘翅目金龟子科,常见的种类有突背蔗龟(*Alissonotum impressicolle* Arrow)、光背蔗龟(*Alissonotum pauper* Burmeister)和二点褐鳃金龟(又名二点鳞鳃金龟)(*Lepidiota stigma* Fabricius),在我国分布于广东、广西、云南、福建、台湾等地。在国外分布于缅甸、印度、菲律宾等地。

蔗龟主要为害甘蔗。成虫多在幼苗基部啃食,阻碍了养分和水分的输送,严重时,受害幼苗枯死成枯心苗,减少有效茎数,直接影响产量。幼虫为害蔗根,因根部和茎基部受害,如遇台风,容易倒伏;如遇冬季干旱,蔗叶呈现枯黄。近年来,在广东、海南还发现光背蔗龟成虫为害水稻。

11.2.1 形态特征

这里介绍突背蔗龟形态特征,见图 11-4。

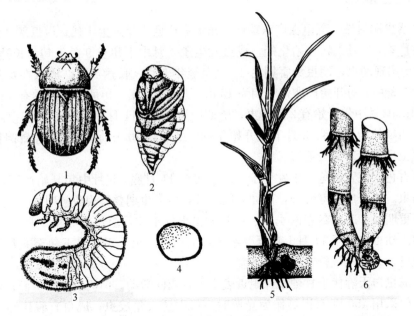

图 11-4 蔗 龟
1.成虫 2.蛹腹面 3.幼虫 4.卵 5.幼苗被害状 6.蔗茎地下被害状
(仿华南农业大学)

(1) 成虫 初羽化时淡黄白色,渐变黄褐色,最后漆黑色而带有光泽,体长 15.0~17.5 mm。头部小,近三角形,前端微开叉,并有 2 个小突起。前胸背板上密布微细刻点;小盾片成三角形,表面光滑。翅鞘上有明显的纵线 8 条。前足股节和胫节发达,胫节外侧成 3 大齿状突起,其后有 2 个小齿;中后足胫节有 3 列细毛。

(2) 卵 乳白色,有光泽,表面有网状刻纹。

(3) 幼虫 乳白色,头及足淡黄褐色,腹部末节腹面肛毛排列较分散。幼虫共 3 龄。

(4) 蛹 裸蛹,体长 18~26 mm。头部细,向下。前胸宽大,前缘较狭,前角较尖,后角较圆，外缘呈弧状，前足及后足末端左右相接，但中足离开，胫节及腿节短而粗，翅鞘将后翅及后足的胫节和腿节覆盖，末端与第 2 对足相平。尾节左右两腹板延长，成叉形。

突背蔗龟与光背蔗龟的各虫态形态特征区别见表 11-1。

表 11-1　两种黑色蔗龟的形态区别

	突背蔗龟	光背蔗龟
成虫	头部正三角形，唇基上方的两个突起距离较头部中央的 2 个小瘤的距离为狭。肛上板全面密布等大的刻点	头部扁三角形，唇基上方的两个突起距离较头部中央的 2 个小瘤的距离为宽。肛上板刻点仅在基部的较粗大
蛹	气门开口较细，腹部背面眼状突起较细	气门开口较大，腹部背面眼状突起较大
幼虫	气门环第 7～8 腹节的气门环较前方的大	气门环第 8 腹节的气门环较前方的细

11.2.2　发生规律

(1) 生活史和习性　蔗龟在广东珠江三角洲和广西 1 年发生 1 代，以低龄幼虫在土内越冬。蔗龟在广东，3 月下旬开始化蛹，成虫发生于 4 月中下旬至 9 月下旬，长达 5～6 月之久。9 月中旬出现幼虫，幼虫为害期由 11 月至翌年 3 月，长达 5 月。成虫在每年 4 月中下旬开始羽化，8 月下旬开始产卵，卵期为 15 d。幼虫共 3 龄。9 月中旬开始有 1 龄幼虫，历期约为 45 d；10 月中旬开始有 2 龄幼虫，历期约为 45 d；11 月中下旬开始至翌年 3 月是第 3 龄幼虫期，历期约为 150 d。3 月下旬开始化蛹，蛹期约 20 d。由于成虫寿命期长，产卵时间也长，故虫期叠置现象较明显。

在广西百色，突背蔗龟成虫发生于 4 月下旬至 11 月底，9 月中旬开始产卵，10 月上旬开始出现幼虫。由于成虫寿命长，产卵时间也长，故各虫期叠置现象较明显。光背蔗龟虫期的重叠现象更明显，跨过冬春两季，一般其成虫出现于 5 月上旬至翌年 3 月下旬，10 月中旬开始产卵。幼虫出现于 11 月上旬至翌年 8 月上旬，蛹出现于 3 月下旬至 8 月下旬。秋季成虫发生数量，光背蔗龟较突背蔗龟为多。

蔗龟的成虫白天静伏于甘蔗植株附近表土中，夜间活动，但极少爬出土面；对紫外光有弱趋光性，但采用 450 W 水银灯作为光源时，可引诱大量成虫；成虫有假死性。成虫取食主要在羽化初期，而 6—8 月甚少为害。成虫啃食蔗苗基部，形成近圆形的孔洞，这些孔洞距离地面 10 cm 以内，斜直伸向蔗茎基部，不弯曲且无横道。初孵蔗龟幼虫主要取食土壤中的腐殖质，2 龄幼虫开始取食一些甘蔗幼根。幼虫 3 龄后开始大量为害甘蔗根部和埋在土中的蔗茎基部，每年 11 月至翌年 3 月是 3 龄幼虫为害期。地下部的蔗芽和根部受害后，甘蔗发株减少，直接影响宿根甘蔗的产量。

(2) 发生与环境因子的关系　蔗龟的成虫在土中栖息的深度与土壤温度和湿度有一定的关系，当土温在 30 ℃ 以下，土壤含水量为 66.6% 左右时，其活动土层为 3～6 cm，即在甘蔗种苗以上的土层活动；在土温较高而土壤较干燥时，则潜入较深土层中。每年成虫出现，为害时间与降雨有密切关系，常常在降雨后成虫才出土。例如在广东珠江三角洲，成虫一般在 4 月下旬羽化，4 月中下旬在田间开始出现枯心苗，5 月上中旬为枯心苗出现盛期；如果

4月降雨少，则成虫出现期和枯心苗出现高峰期会推迟，长时间春旱会使成虫出土困难，死亡率增加。

11.2.3 防治方法

(1) 农业防治

①水淹法　灌溉方便的蔗田，每年春夏季引水入田，浸10 min，当成虫爬出浮于水面时，将成虫收集杀死，其后即将水排去。收获后不留宿根的蔗田，可以引水入田，蓄水淹浸6 d以上，可将蔗田中的幼虫全部浸死。

②轮作　甘蔗和水稻、甘薯、豆类、黄麻等作物轮作，可以大大减轻蔗龟为害。

③深耕及犁翻　蔗龟幼虫在土中分布，一般在蔗头附近10～18 cm的地方，但3月以后，化蛹入土较深，以离地面18～24 cm化蛹较多，有的可达30 cm以下。因此深耕和犁翻可杀死幼虫和蛹。深耕应在3月以前进行，其效果比较显著。

④捕捉幼虫和成虫　不留宿根的蔗田，可结合犁翻蔗头时，捡拾蔗头和泥土中的幼虫。蔗龟成虫自4月下旬羽化后，在5—6月，成虫常在晚间爬出土外活动，再复爬入泥里，因此翌晨在蔗苗附近见有松碎泥土的地方，掘开3～6 cm，即可捕捉到成虫。

(2) 灯光诱杀　在4—7月蔗龟发生为害盛期，每天19:00开灯，次日7:00关灯，诱杀成虫。

(3) 化学防治　蔗龟为害严重的蔗区，在新植蔗下种时，用2%联苯·噻虫胺颗粒剂1.00～1.25 kg/hm² （有效成分0.300～0.375 kg/hm²）进行土壤沟施，可有效防治甘蔗蔗龟。甘蔗下种时施用1次，在宿根蔗松蔸（3～4月）或甘蔗大培土（5～6月）时根据虫情也可施用，但最多不能超过2次。结合新植蔗下种、宿根蔗松蔸（3～4月）或甘蔗大培土（5—6月），使用3.6%杀虫双颗粒剂75～90 kg/hm² （有效成分2.70～3.24 kg/hm²）进行土壤深施覆土。3—5月结合甘蔗松土、培土，将15%乐斯本颗粒剂15.0～20.0 kg/hm² （有效成分2.25～3.00 kg/hm²）撒施于甘蔗苗基部并用薄土覆盖，可兼治甘蔗螟虫。

11.3　甘蔗绵蚜

甘蔗绵蚜（*Ceratovacuna lanigera* Zehntner）在我国分布于广东、广西、四川、福建、江西、浙江、云南、贵州、台湾等地，在国外分布于菲律宾、印度尼西亚、越南、印度、日本、澳大利亚等国。甘蔗绵蚜是甘蔗生长中后期的主要害虫，除为害甘蔗外，还为害芦苇、大芒骨草等。成虫和若虫吸食蔗叶汁液，受害蔗叶提早枯黄萎缩，影响甘蔗生长，降低糖分，减少产量，糖质变劣。甘蔗绵蚜分泌的蜜露黏附在叶片上，会引起煤烟病，影响光合作用。甘蔗绵蚜还是甘蔗黄叶病毒（SCYLV）传播媒介，能将病毒传至高粱、水稻、玉米等其他禾本科作物。

11.3.1 形态特征

甘蔗绵蚜的形态特征见图11-5。

(1) 无翅成虫　体长2.5 mm，宽1.8 mm。体色不一，有黄褐色、灰褐色、橙黄色、黄绿带灰色等，背面有许多白色棉絮状蜡质。第 8 节背面中央有明显蜡孔 1 对；腹管退化；触角短，由 5 节组成。

(2) 有翅成虫 体长 2.5 mm，翅展 7 mm。头部及胸部为黑褐色，腹部及足黄褐色至暗绿色。静止时两翅并置于腹部盖过腹端。触角短，共 5 节，第 3~5 节上有数个环状感觉器。腹部蜡孔退化。

(3) 有翅若虫 有翅芽 1 对，初生时淡黄略带灰绿色，第 3~4 节蜕皮后变成深褐色至黄褐色。腹部背面被有许多蜡质物。

(4) 无翅若虫 黄色或淡黄略带灰绿色，初龄时背面蜡质物很少。

11.3.2 发生规律

(1) 生活史和习性 甘蔗绵蚜在我国南方蔗区每年可发生 20 代左右，以有翅成虫在禾本科植物上（例如广西在大芒草上）或秋植蔗、冬植蔗株上越冬，完成 1 个世代需 14~36 d，世代重叠。成虫和若虫群集于甘蔗叶片背面中脉的两旁，吸食蔗叶汁液。由于近年来甘蔗实行秋植或冬植，为甘

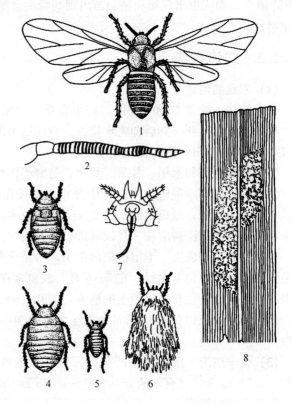

图 11-5 甘蔗绵蚜
1~3. 有翅胎生雌蚜（1. 成虫 2. 成虫触角 3. 成长若虫）
4~8. 无翅胎生雌蚜（4. 蚜 5. 若虫 6. 成虫
7. 成虫头、胸部腹面 8. 蔗叶上的甘蔗绵蚜）
（仿华南农业大学）

蔗绵蚜提供了丰富的食料和有利的越冬场所，甘蔗绵蚜有逐年加重为害的趋势。

甘蔗绵蚜行孤雌生殖。无翅成虫每雌产幼蚜 50~130 头，相继在 30~60 d 内产完，每天平均产幼蚜 1~3 头。有翅成虫每雌平均产幼蚜 14~15 头，在 20~30 min 内产完。以夏季繁殖最快。在田间，其发生规律基本上可以分为以 3 个时期。

①发生始期（3—6 月） 3 月以后，越冬的大量有翅成虫不断向蔗田迁移繁殖，产下的无翅若虫在适宜的温度条件下经 10 多天后即发育为无翅成虫，以后相继繁殖。5—6 月蔗田的甘蔗绵蚜繁殖扩大，形成较多的群体。

②大发生期（7—11 月） 6 月后，甘蔗绵蚜群体在适宜的条件下继续大量繁殖，到 7—8 月已蔓延连接成一大片。如遇干旱，其大发生期往往持续至 11 月甚至收获期，严重影响甘蔗的生长。如果 7—8 月有台风雨和特别高温，则大量虫口死亡，要到 9—10 月才重新繁殖起来。

③越冬期（11 月至翌年 2 月） 11 月后气温下降，甘蔗绵蚜群中又出现有翅成虫，迁移到越冬场所越冬，在此期间由于气温等不良条件的影响，蚜虫常大量死亡，残留下来的个体，到 2 月后成为明年发生的虫源。

(2) 发生与环境条件的关系

①温湿度　甘蔗绵蚜繁殖的最适温度为20～23℃，28℃以上和15℃以下不适宜于它的繁殖。在海南，每年2—4月平均温度为19～26℃，加上天气较旱，故此期间甘蔗绵蚜发生较多。降水量对甘蔗绵蚜消长的影响很大，在发生期如果温度合适，加上天气干旱，则大发生；如果遇上台风雨多的季节，其虫口密度明显下降。据研究认为，甘蔗绵蚜为害与甘蔗叶部细胞汁液的浓度有关，甘蔗叶部细胞汁液浓度4.5锤度是甘蔗绵蚜为害的临界点，低于此浓度则其为害减轻。因此当绵蚜为害严重时期进行灌溉，可以减轻为害。

②风　在风力较大的地方，甘蔗绵蚜发生较轻；在背风地区，蚜害较重。例如海南琼海、三亚等在岛的东南沿海地区，是全岛风力最大的地方，甘蔗绵蚜为害较轻，而琼山市的龙塘区和临高县则风力较小，甘蔗绵蚜为害严重。在台湾西部滨海地区，风力较大，有时风速达6～10 m/s，当6—10月，台风到来，风速可达15 m/s，因此甘蔗绵蚜为害很轻；而在内陆山区，尤其是背风地点，甘蔗绵蚜为害严重。

③栽培制度与品种　甘蔗的种植物期与甘蔗绵蚜的发生有密切的关系。据海南调查，秋植比春植和宿根受害严重，宿根又比新植受害严重，对同一时期同一品种调查，秋植蔗的甘蔗绵蚜感染率为65.1%，宿根蔗为10.8%，而新植蔗则未有发生。甘蔗与大豆、辣椒、花生、玉米间作可降低甘蔗田的甘蔗绵蚜种群数量。栽培制度复杂，可使甘蔗绵蚜获得充足的食料和转移为害，有利于其种群的发展。

不同品种对甘蔗绵蚜的抗性也存在差异。据广东甘蔗试验场调查，"东爪哇3061""东爪哇2876""台糖108""台糖134""印度290""印度421"等品种受害较严重，甘蔗绵蚜对甘蔗品种"SNK-754"也产生了抗性；"东爪畦2883""印度331"及"选50"受害较轻，其原因与叶片宽狭、硬度及粗糙度，叶片气孔的构造和大小有关，同时植株的抗性也与其体内的化合物酚酸和萜类化合物相关。一般叶片宽、气孔大的品种，受害严重。

④天敌　甘蔗绵蚜捕食性天敌有大突肩瓢虫［*Synonycha grandis*（Thunberg）］、双星瓢虫（*Coelophora sausia* Mls.）、食蚜蝇（*Syrphus* sp.）、中华草蛉（*Chrysopa sinica* Tjeder）等。此外，还有一种寄生菌 *Aspergillus* sp.可寄生甘蔗绵蚜，绿线螟（*Thiallela* sp.）幼虫能捕食甘蔗绵蚜。在正常情况下，当天敌数量占甘蔗绵蚜数量10%以上时，甘蔗绵蚜数量就会显著下降。

11.3.3　防治方法

(1) 农业防治　甘蔗绵蚜的防治应贯彻防重于治的原则。首先在3月有翅成虫迁飞繁殖之前，在甘蔗绵蚜越冬场所（例如秋植蔗、宿根蔗、未收获的成长蔗和屋边零星蔗地上）进行全面检查，尽可能消除甘蔗绵蚜的虫源。甘蔗砍收后及时清理蔗田，清除蔗田周围甘蔗绵蚜的越冬寄主植物，例如野生甘蔗、芦苇、杂草等。8—10月可采取灌水，或剥除蔗株枯老叶鞘，改善蔗田通风透光条件，减轻害虫为害程度。

(2) 物理防治　黄板可有效吸引蚜虫，放置在迎风面上，每公顷插挂大小为25 cm×30 cm的色板450片。黄板插挂高度以色板底部高于甘蔗顶部20 cm为宜，随着甘蔗生长移动色板位置。4—5月插挂黄色粘板对第1次迁入蔗田的有翅蚜有较好的诱杀作用。

(3) 化学防治 必须抓紧甘蔗绵蚜尚未大量发生为害、群体处于点片阶段时期进行化学防治，才能省工、省药，保障甘蔗的正常生长，不致造成严重的为害。

①喷雾 可用90%敌百虫0.5 kg，兑水500 kg，加入洗衣粉100 g喷雾。也可用80%敌敌畏乳油0.5 kg，兑水750 kg喷雾。还可选用240 g/L螺虫乙酯悬浮剂3 000～5 000倍液、40%乐果乳油1 000倍液、80%敌敌畏乳油1 500倍液、48%毒死蜱乳油1 000～2 000倍液、20%丁硫克百威乳油1 000～2 000倍液、50%抗蚜威可湿性粉剂3 000倍液、10%吡虫啉可湿性粉剂2 000～3 000倍液、25%阿克泰可溶性粒剂6 000～8 000倍液、70%噻虫嗪水分散粒剂2 000～3 000倍液、20%烯啶虫胺水分散粒剂2 000～3 000倍液、40%氯虫·噻虫嗪水分散粒剂2 000～3 000倍液喷雾。或者选用20%呋虫胺可溶粒剂180～240 g/hm² 喷雾。也可使用40%氯虫·噻虫嗪颗粒剂600 g/hm²、30%氯虫·噻虫嗪悬浮剂600 mL/hm²、8%毒·辛颗粒剂75 kg/hm²、2%吡虫啉缓释粒30.0 kg/hm² 浸种消毒。

②烟雾剂 福建蔗麻研究所经验，用敌敌畏烟剂防治甘蔗绵蚜，效果很好，可以省工、省药。烟剂配方有两种：a. 80%敌敌畏乳油20份，硝胺蔗渣45份，河沙14份，氯化铵7份（烟云高约达4～5 m）；b. 80%敌敌畏乳油20份，硝胺蔗渣50份，河沙10份，氯化铵10份（烟云高达5～6 m）。按配方a或b称出各种原料重量，先将硝胺蔗渣、河沙和氯化铵充分混合，再加入定量的敌敌畏搅拌均匀，装入纸袋或竹筒内，每包（筒）约0.5 kg，室内每立方米放烟剂3 g，插入导火线，深约8 cm，引火点燃。以在晴天早晨日出前或日落后或阴天日间风速1.5 m/s以下放烟为宜。烟熏30～50 min。对地势平坦的蔗田可在上风定点放烟，也可采用流动与定点放烟相结合的办法。

11.4 甘蔗蓟马

甘蔗蓟马 [*Fulmekiola serrata* (Kobus)] 也称为蔗腹齿蓟马、蔗褐蓟马，属缨翅目蓟马科，在我国分布于广东、广西、台湾、福建、云南、海南、四川、江西、浙江、湖南等地。在国外分布于印度、爪哇等地。其寄主有甘蔗、斑茅、芦苇等。成虫和若虫均为害甘蔗，主要栖息在甘蔗心叶内，锉吸叶片汁液。被害叶片未展开时略呈水渍状黄斑。因叶绿素被破坏，叶片展开后，呈黄色或淡黄色斑块，为害严重时，叶片卷缩萎黄，缠绕打结，甚至干枯死亡，影响光合作用，阻碍甘蔗生长并造成减产。

11.4.1 形态特征

甘蔗蓟马的形态特征见图11-6。

(1) 成虫 体长1.2～1.3 mm，黄褐色至暗褐色。头部长与宽略相等，复眼的后方具横条纹，其前端附近有1对长刚毛。复眼微突出，单眼位于其后方附近。触角7节，第1～2节暗褐色，第3～5节色淡，第6～7节褐色。前胸背板近长方形，后缘角圆形，各有鬃2条。翅密生多数小刺毛，上脉端鬃3条，下脉鬃10～11条。第2～8腹节各节的后缘生有栉状小突起。

(2) 卵 白色，稍弯曲，长椭圆形，长0.35 mm左右。

(3) 若虫 似成虫，体较小，黄白色，1～2龄无翅芽，3～4龄具翅芽。

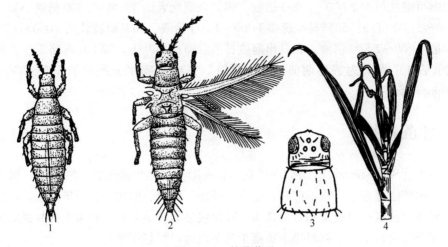

图 11-6 甘蔗蓟马
1. 若虫　2. 成虫　3. 成虫头和前胸背面　4. 心叶被害状
（仿华南农业大学）

11.4.2 发生规律

（1）生活史和习性　甘蔗蓟马在我国南方蔗区1年可发生10多代，世代重叠。在夏季10多d即可完成1个世代。成虫和若虫均在未开展的心叶内侧活动。成虫具有趋嫩习性，产卵在甘蔗心叶内侧的组织内，除早上在心叶基部外方可见有少数成虫活动外，其他时间很少在外方见到。甘蔗蓟马在心叶内分布以中部最多，基部最少，而叶尖居中。1~2龄若虫行动活泼；3龄若虫开始出现翅芽，行动迟钝，特称为前蛹；4龄具长的翅芽，基本上不活动，故称为蛹期。

（2）发生与环境因子的关系　甘蔗蓟马每年春暖开始出现，发生盛期一般在5—6月。如遇干旱或下雨积水，栽培管理不善，使甘蔗生长缓慢，甘蔗蓟马为害严重。反之，甘蔗生长旺盛，心叶展开快，不利于甘蔗蓟马的生存和取食。

甘蔗蓟马在不同甘蔗品种上的为害程度不同。一般生长缓慢，抗恶劣环境能力弱的品种，例如"东爪哇3016"等被害最重；早生快发，苗期生长快的品种，受害较轻。蓟马喜食害的品种有"华南56-12""粤糖57-413""新台糖2号"等。

11.4.3 防治方法

甘蔗蓟马的防治，一般以低洼、管理差、间种其他作物的蔗田为防治对象田，但需要根据大田虫情调查，以卷叶株率达5%以上为防治对象田。

（1）农业防治　结合深耕翻土，施足基肥，使甘蔗萌芽分蘖快，生长迅速。在干旱季节注意及时灌水和追施速效肥，促进甘蔗生长旺盛，心叶快速展开，可以减轻为害。雨天要注意排除积水及降低地下水位。选用前期生长快，丰产性能好的品种，能有效减轻甘蔗蓟马为害。

（2）化学防治　在甘蔗蓟马发生较多时，选用以下农药喷施：50%杀螟腈乳油1 000倍液、50%杀螟硫磷乳油1 500倍液、40%乐果乳油加50%敌敌畏乳油混合成1 500倍液、

10%吡虫啉可湿性粉剂 2 000~3 000 倍液、50%杀螟脂乳油 1 000~1 500 倍液、50%杀螟松乳油 1 000~1 500 倍液、50%马拉硫磷 1 000~1 500 倍液、50%磷胺乳油 1 000~1 500 倍液、50%稻丰散 1 000~1 500 倍液。在日出前或日落后喷在心叶上,隔 5 d 再喷 1 次。此外,在 5 月上旬前后甘蔗蓟马为害盛期前,每公顷用 25%噻虫嗪水分散粒剂 195~390 g,兑水 675~900 kg 喷雾。

11.5 甘蔗粉蚧

甘蔗粉蚧 [*Saccharicoccus sacchari*(Cockerell)] 又称为糖粉蚧、蔗粉蚧,属半翅目粉蚧科,在我国广泛分布于广东、广西、福建、云南、海南、四川、江西等蔗区,在国外广泛分布于世界各产蔗区;以成虫和若虫聚集在叶鞘包裹的蔗茎节部蜡粉带上或甘蔗幼苗基部吸食汁液,使蔗株生长不良,同时排泄蜜露于蔗茎表面,引起煤烟病。

11.5.1 形态特征

甘蔗粉蚧的形态特征见图 11-7。

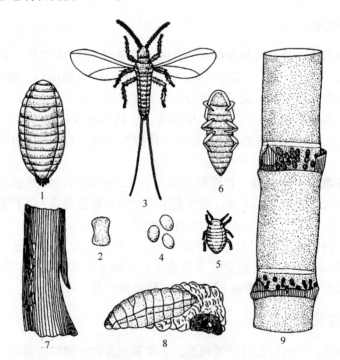

图 11-7 甘蔗粉蚧
1. 雌成虫 2. 雄成虫的脐斑 3. 雄成虫 4. 卵 5. 初孵若虫
6. 雄蛹 7. 化于枯梢内的蛹茧 8. 雌成虫的卵袋 9. 蔗茎节被害状
(仿广西植保手册)

(1)成虫 体长约 5 mm,卵形而稍扁平,暗桃红色至棕红色,被以白色蜡粉。足退化,触角 8 节,口喙由 2 节构成。雄成虫具翅,但很少发生。

(2)若虫 长椭圆形,淡桃红色,初孵化时体长约 0.5 mm,尾端有 2 对刚毛,触角及足发达。

(3) 卵 淡黄色，长椭圆形，长约 0.5 mm。

11.5.2 发生规律

甘蔗粉蚧在江西 1 年发生 4～5 代，以卵、若虫、成虫在蔗根、蔗种及残留田间的枯叶鞘和田边禾本科杂草上越冬。在广东，7—9 月为繁殖为害高峰期，到冬季低温时虫量明显减少。

甘蔗粉蚧的成虫不活动。雌虫主要行孤雌生殖，产卵或产初龄若虫，每雌产卵约 200 粒。甘蔗粉蚧的若虫一般 4～5 龄。若虫孵出 10～15 d 后出现蜡质，至 2 龄时蜡质先从尾端开始，3 龄以后逐渐向四周发展，最后被满全身。2～3 龄若虫蜕下的皮壳较完整，横格明显；3 龄以后蜕下的皮不完整，皮是一块一块地掉下来的。虫体随着取食不断由肛门排出蜜露，排出的球状蜜露黏附于肛门，虫口密度大时，甘蔗茎上常存大量蜜露，诱来许多蚂蚁取食，并引起煤烟病。初孵若虫多集中在棉絮状物附近，群集为害。剥开叶鞘，就可见到叶鞘内侧、蔗芽、蔗根带上聚集的虫体。此虫怕光，只要将叶鞘剥掉，就会转移到其他蔗株上为害。有翅成虫极少发生。卵期为 2～3 d；若虫期为 20～30 d，最长 72 d；成虫寿命为 1～2 月。

气候、寄主植物和天敌对甘蔗粉蚧发生有显著影响。冬春季温暖少雨，有利于甘蔗粉蚧的生长发育和繁殖；多雨年份或高温多雨季节，能显著抑制其发生发展；温度适宜，雨水集中的年份常大发生。生长迅速，叶鞘早开早脱落或易脱落的品种受害轻；多年宿根或多年连作的甘蔗比新植甘蔗田发生为害重；种植过密或偏施氮肥的蔗田，密闭、通风透气条件差，有利于其发生和繁殖。

甘蔗粉蚧的常见天敌有蔗粉蚧长索跳小蜂（*Anagyrus sacchricola* Timberlake）、台湾小瓢虫［*Scymnus taiwanus*（Ohta）］、黄翅绵跗螋（*Proreus simulans* Stål）、曲霉（*Aspergillus* sp.）等。

甘蔗粉蚧的传播途径主要是蔗种带虫，其次由蚂蚁搬运、风力、水流等传播。

11.5.3 防治方法

(1) 农业防治

①选用不带虫的种苗　甘蔗粉蚧一生群聚隐匿于叶鞘内生活，喷药不易触杀，应加强检疫，防止调种时远距离传播。选用无虫健壮的蔗鞘部分作种苗。带虫种苗可用 2%～3%石灰水浸种 12～24 h，或用 80%敌敌畏乳油或 48%毒死蜱乳油 800 倍液浸种 2 min 进行消毒，防止此虫传播。

②合理轮作　蔗粉蚧发生重的蔗田与其他作物轮作或改种水稻及其他作物。

③减少虫源　甘蔗收获后及时清除蔗茬和田间残茎枯叶及田埂杂草，减少越冬虫源。在蔗粉蚧盛发阶段，将老叶连同叶鞘剥去，将粉蚧捏死；剥叶后及时灌溉，促进甘蔗健壮生长，可有效减轻为害。

(2) 化学防治

①种苗消毒处理　在新植蔗放种时，于植蔗沟内先施农药，然后放置种蔗，或药剂拌细泥撒施于种植后的蔗种上，既可杀死若虫，也可杀灭地下害虫。老蔸甘蔗用 40%乐果乳油

3 kg/hm² 兑水 1 500 kg/hm² 浇蔸处理。

②及时剥叶施药 甘蔗粉蚧盛发期,可将老叶剥去和叶鞘剥开,以利田间蜘蛛等天敌的捕食,减轻为害。在虫口密度大的蔗田,在剥叶后可选用 40% 杀扑磷乳油 1 000~1 500 倍液、1.8% 阿维菌素乳油 3 000~4 000 倍液、20% 氰戊菊酯乳油 2 000 倍液、40% 毒死蜱乳油 1 500~2 000 倍液喷雾,并可兼治蚜虫。

思 考 题

1. 甘蔗重要害虫有哪些？分别有什么为害？
2. 简述蔗龟的发生为害规律及防治方法。
3. 甘蔗螟虫的发生主要受哪些环境条件的影响？

第 12 章

仓 储 害 虫

仓储害虫一般是指生活在仓储环境为害储藏物的害虫和害螨，简称仓虫，又称为产前与产后害虫，或储藏物害虫。

仓储环境具有与农田生态系明显不同的特点。

(1) 环境稳定 仓储环境是封闭或半封闭型生态系统，其小气候相对较稳定。多种剧烈气候变化（例如强烈的日光，剧变的气候如风、雨、雹、雪、霜等）对其影响不大，温度变化小。

(2) 食物充足 食物来源多样，食物丰富。

(3) 人为干扰大 人类频繁的储运、加工及贸易等经济活动，加速了害虫的迁移、传播和扩散。同时仓储环境的生物群落结构简单，食物链环节数少，系统稳定性和自我调节能力差，优势种群数量多，为害重，易暴发成灾。

(4) 害虫群落构成以鞘翅目和鳞翅目为主 由于对环境的适应，一般虫体小，色深，与生活环境颜色相似，不易发现；对环境的适应性强，能耐高温、低温、耐饥饿、抗干燥以及具有繁殖力强、食性杂和分布广等特点。

(5) 害虫种类繁多 据不完全统计，全世界已知定名的仓储害虫有 819 种，其中害虫 492 种，螨类 141 种，益虫 186 种。我国 1995 年底统计，仓储害虫有 242 种，其中储粮害虫 128 种，天敌 12 种；2004—2005 年我国进行第六次全国性储粮昆虫调查，共记录储粮昆虫 270 种，其中储粮害虫 226 种，储粮害虫天敌 44 种。这些害虫依其取食习性可分为以下 4 类。

a. 为害整粒原粮并且在仓中发生最早的种类，这类害虫称为初期性害虫，又称为第 1 食性害虫，例如玉米象、谷蠹、麦蛾等。

b. 只能为害损伤粮粒及碎屑粉末，并且多发生在初期性害虫之后的种类，这类害虫称为后期性害虫，又称为第 2 食性害虫，例如锯谷盗、扁谷盗等。

c. 既取食完整或损伤粮粒，也取食碎屑粉末的种类，例如黄粉虫、黑菌虫、螨类等。

d. 主要取食粮食尘芥粉末的种类，例如书虱等。

由于上述特点，这些害虫对储藏物能造成严重损失。据国际植物保护机构估计，储粮害虫造成粮食损失约为 10%。目前我国国家粮库损失水平一般控制在 0.2% 以下，农户的储粮损失为 6%~9%，其他部门（如食品厂、酿造车间等）则高达 15.5%。仓储害虫造成的损失除了由于取食而引起的直接损失外，还由于被仓储害虫分泌物、粪便及蜕的污染，甚至产生发热霉变所引起的间接损失，以及由于商品生虫而引起的商品信誉的损失。对于不同的仓储物，在不同的条件下，上述 3 种损失均可能造成严重的经济后果。因此为保证储藏物的安全储藏，必须对仓库害虫进行深入的认识，继而采取综合治理措施，有效地控制它们的发生与为害。

本章限于篇幅仅介绍几种常见的、为害较重的仓储害虫及其综合治理技术。

12.1 玉米象

玉米象［*Sitophilus zeamais*（Motschulsky）］属鞘翅目象甲科，分布遍及全世界，我国各地均有发生。成虫为害禾谷类种子、荞麦、花生仁、豆类、大麻种子、谷粉、干果、酵母饼、饼干、通心粉、面包等，以小麦、玉米、糙米及高粱受害最重。幼虫只在粮粒内蛀食。此虫是一种主要的初期害虫，储粮被咬食而造成的许多碎粒及粉屑，易引起后期性害虫的发生。适宜条件下，粮食储藏期所造成的损失在3个月内可达11.2%，6个月内可达35.1%。为害后还能使粮食发热及水分增高，引起粮食发霉变质。

12.1.1 形态特征

玉米象的形态特征见图12-1。

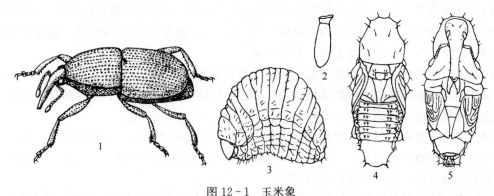

图12-1 玉米象
1.成虫 2.卵 3.幼虫 4.蛹背面 5.蛹腹面

(1) 成虫 从喙基到腹末长2.5～3.2 mm，圆筒形，暗赤褐色，有较强光泽。喙前伸，长与宽之比至少为4∶1，背面有隆起线，口器着生于末端。触角膝形；末端膨大，实际由第8节和第9节愈合而成，故看起来触角似由8节组成。前胸背板前窄后宽，与头部相连接的部分呈窄领状，中央稍向后方凹入。在领状的后缘生有1横列刻点，并生有淡黄色叶状毛。整个前胸背板着生许多圆形小刻点。每鞘翅上有数条纵行凹纹，纹间纵列着相邻的小圆点，近基部及末端各有1个橙黄色或赤褐色的近圆形斑纹。后翅发达。雄虫喙较粗短，表面粗糙，微有弯曲，色较暗淡；雌虫喙较细长，表面光滑，较下弯，具有光泽（图12-2）。

(2) 卵 长椭圆形，长0.65～0.70 mm，宽0.28～0.29 mm，乳白色，半透明。下端稍圆大，上端逐渐狭小。上端着生1个帽状圆形小隆起。

(3) 幼虫 体长2.5～3.0 mm，乳白色。全体肥大粗短，多横皱，背面隆起，腹面平

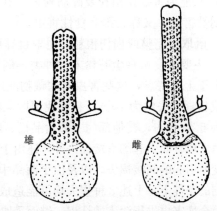

图12-2 玉米象雌成虫喙（右）和雄成虫喙（左）

坦，略半球形，无足。头小，深褐色，略楔形。口器黑褐色，上颚着生尖长形端齿2个。第1～3腹节背板被横皱分为明显的3部分，腹部各节上侧区单一，各着生2根刚毛；下侧区分为上、中、下3叶，上无刚毛。

(4) 前蛹 体长3.75～4.00 mm，狭长椭圆形，乳白色，无足。胴部第1～3节粗大，第4节以下则逐渐狭小。

(5) 蛹 体长3.5～4.0 mm，椭圆形，初化蛹时乳白色，后变褐色。头部圆形，喙伸达中足基部。前胸背板上有小突起8对，其上各生1根褐色刚毛。腹部10节，以第7节较大，其背面近左右侧缘处各有1小突起，上生1根褐色刚毛。腹末有肉刺1对。

12.1.2 发生规律

玉米象的1年发生代数随地区温度而异，世代重叠较严重。玉米象在黑龙江1年发生2代，在江苏和浙江1年发生3～4代，在湖北和湖南1年发生5代，主要以成虫在仓内黑暗潮湿的缝隙、垫席下或爬至仓外附近砖石、垃圾、松土内以及树皮缝隙内越冬；少数幼虫在粮粒内越冬。翌春天气转暖，在仓外越冬的成虫又返回到粮堆内繁殖为害。一般卵期为3～16 d，幼虫期为13～28 d，前蛹期为1～2 d，蛹期为4～12 d，成虫寿命为54～311 d。完成1代需21～58 d。

玉米象的成虫羽化后1～2 d便在晚间交配，交配后约5 d开始产卵。雌成虫产卵时，选择谷粒表面有损伤的部位，先在粮粒一端用口器咬与喙约等长的卵窝，然后在窝内产卵1粒，并分泌黏液封闭窝口。每雌每天可产卵3粒，多的达5粒，一生约产150粒，最多可达570粒。产卵一般集中在上层离粮面7 cm以内。幼虫孵化后，即在粮粒内蛀食，并逐渐蛀入内部。幼虫共4龄。在27 ℃及66%～72%相对湿度下，1～4龄的历期分别为3.6 d、4.7 d、4.8 d和5 d。被害粮粒常被蛀食一空，并引起粮食发热、水分增高及霉菌的滋生。此虫也能飞到田间为害作物，收获时又随粮进入仓内。4龄幼虫老熟后，即在粮粒内化为前蛹，前蛹再蜕皮1次化为蛹，然后羽化。成虫在粮粒内停留约5 d后蛀孔外出。成虫善于爬行，有假死、趋温、趋湿等习性，遇光则向暗处聚集。成虫具有较强的飞行能力，雄虫飞行能力明显超过雌虫。成虫在粮堆内多分布在上层，中下层数量很少。成虫还喜欢飞向有花蜜的花中活动。

温度和湿度对玉米象的生长发育及繁殖有非常显著的影响。玉米象生长繁殖的适宜温度范围为24～30 ℃，适宜的谷物含水量15%～20%，适宜的相对湿度为90%～100%。成虫活动的温度范围是15～35 ℃。当温度低于7.2 ℃和高于35 ℃时，即停止产卵。玉米象较耐低温，在−5 ℃时各虫态的致死时间，成虫为4 d，卵为12 d，幼虫为3 d，蛹为4.5 d。在一定的温度条件下，粮食水分含量愈低，玉米象的死亡率愈高。玉米象产卵最低的谷物含水量为10%，最适含水量为17.5%，最大含水量约为25%；在含水量只有8.2%时即不能生活。粮食水分在10%～20%的范围内，玉米象的发育历期随粮食水分含量的升高而缩短。此外，有报道认为粮食种类及品质也会影响玉米象的生长发育及繁殖。

玉米象的成虫在粮堆内一般随粮温的变化而迁移活动。在春末夏初气温达15 ℃时，越冬成虫大都在离粮堆面30 cm以内的上层或向阳面粮温较高的部位活动。夏季及初秋气温达30 ℃以上时，粮堆上层及向阳面的粮温超过成虫的适宜温度时，即大批向粮堆下层以及向阴面或其他比较通风阴凉的地点活动。秋凉以后，又转入粮堆中层或向阳面粮温较高的地方活动。

米象［*Sitophilus oryzae* (Linnaeus)］和玉米象在外形和生物学特性上极相似，过去国内外都把玉米象误作米象，20世纪70年代才明确。我国20世纪70年代末经过调查，明确29个省份都有分布的是玉米象。米象的耐寒力比玉米象弱，在5℃条件下，经过21d就开始死亡，在长江中下游及以南各地以及吉林均有发生，而主要分布在南方地区。在南方各地米象与玉米象常混合发生。米象主要为害稻谷、小麦、花生、玉米、植物性药材。米象与玉米象在外形上的主要区别见表12-1。

表12-1 玉米象和米象成虫形态区别

项目	玉米象	米象
触角	第3节与第4节之比为5∶3	第3节与第4节之比为4∶3
鞘翅	4个黄褐斑点较小，行间纵行点线连续	黄褐斑点较大，行间纵行点线相连不明显
后翅	近前缘中央褐色骨片呈菱角形，少数为长靴形	褐色骨片呈三角形
雄虫阳茎	背面中央有纵隆脊，其两侧有沟槽。阳茎基片呈等边三角形；阳茎横切面呈山形	背面中央无隆脊，两侧无沟。阳茎基片呈心形；阳茎横切面呈馒头形
雌虫腹末	Y形骨片两臂较狭长，略向内弯，臂端尖细，各有刚毛8～9根	Y骨片两臂粗短，臂端平圆，各有刚毛11～13根

12.2 谷蠹

谷蠹[*Rhyzopertha dominica* (Fabricius)]属鞘翅目长蠹科，分布于世界各地；在我国各地均有发现，主要分布于淮河以南。谷蠹主要为害稻谷、小麦，还为害豆类、大米、玉米、高粱、豆饼、薯干、粉类、干果、蔬菜、中药材、图书档案等。受害稻谷和小麦常被蛀成空壳，大量发生时常引起储粮发热，并有利于后期害虫及螨类发生。

12.2.1 形态特征

谷蠹的形态特征见图12-3。

(1) 成虫 体长2.0～3.0mm，长圆筒形，长为宽的3倍，赤褐色至黑褐色，略有带光泽。头部下弯，隐在前胸之下。复眼圆形，黑色。触角10节，第1节和第2节几乎等长；末端3节扁平，膨大三角形。前胸背板中央隆起，前半部有成排的鱼鳞状短齿以同心圆排列，后半部具扁平小颗瘤。鞘翅末端向后下方斜削，表面被稀疏半立状黄色弓形短毛，每鞘翅上有由刻点排成的纵线9条。足粗短，各着生胫距2个。

(2) 卵 椭圆形，乳白色，长约0.57mm，一端稍细而中间微弯，另一端稍粗。

(3) 幼虫 体长约3.3mm，初孵化时乳白色，老熟后淡棕色。头部很小，三角形，并带黄棕色。半缩在前胸内，上颚着生3个小齿；无眼；触角3节，末端着生小乳状突起及刚毛4根。胴部共12节，前端较粗，中部较细，后部又稍粗并弯向腹面。胸足3对，很细小，带灰褐色。全体疏生淡黄色细毛。

(4) 蛹 体长约3mm。头下弯。复眼、口器、触角及翅略带褐色，其余乳白色。腹部可见7节。中足及后足盖在鞘翅之下。腹部自第5节以下各节都略向腹面弯曲。腹部末节狭小，着生分节的小刺突，雌虫3节，伸出体外，雄虫2节，贴附在尾节上。

第12章 仓储害虫

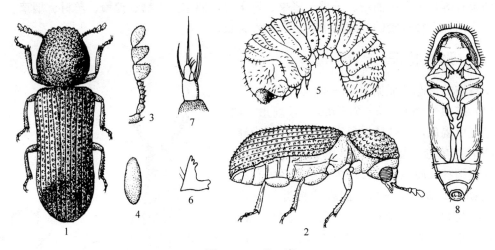

图 12-3 谷蠹
1. 成虫背面 2. 成虫侧面 3. 成虫触角 4. 卵 5. 幼虫 6. 幼虫上颚 7. 幼虫触角 8. 蛹

12.2.2 发生规律

谷蠹在湖北、江西1年发生2代，在华南地区1年发生3～5代，以成虫蛀入仓库木板或竹器内越冬，或在发热的粮堆中越冬，少数以幼虫越冬。福建曾发现成虫飞到仓外树皮下越冬。次年4月，当气温上升到13 ℃左右时，越冬成虫开始活动、交配、产卵，至7月中旬出现第1代成虫；8月中旬或9月上旬为第2代，此时为害最严重。成虫喜蛀食谷粒，羽化后一般经5～8 d才开始交配。卵单产，或2～3粒连产在粮粒蛀孔或粮粒缝隙内、碎屑中、谷颖间或包装物上。每日产卵量不超过10粒，每雌一生可产卵200～500粒。卵孵化率在95%以上。幼虫共4龄。幼虫孵出后，性极活泼，爬行于粮粒之间，然后从粮粒胚部或破损处蛀入，直至发育为成虫才钻出。未蛀入粮粒的幼虫也能在粉屑中或粮粒间生活，且能发育成熟。谷蠹飞行能力强，耐热及耐干的能力也很强，多分布于粮堆的中下层。

谷蠹的最高发育温度、最快发育温度和最低发育温度分别为38 ℃、34 ℃和22 ℃。在22～34 ℃范围内，随着温度的升高谷蠹未成熟期各虫态发育历期缩短。粮食含水量为14%时，发育的温度范围为18.2～39.0 ℃；当含水量只有8%～10%或温度为35～40 ℃仍能正常发育繁殖。产卵所需最低含水量约为8%；在18.3 ℃时产卵极慢。在温度28 ℃及相对湿度70%条件下，用全麦粉饲养，各虫态发育历期，卵期为7.1 d；幼虫4龄，共27.48 d；蛹期为5.49 d；从卵到成虫共40.07 d。用高粱（带壳）、籼米、糯米、粳米、小麦饲养，则以小麦和糯米所饲养的繁殖数量为最多。在最适条件下每4周的虫口增长可达20倍。谷蠹抗寒力弱，0.6 ℃以下只能生存7 d，0.6～2.2 ℃条件下生存不超过11 d。

12.3 锯谷盗

锯谷盗［*Oryzaephilus surinamensis* (Linnaeus)］属鞘翅目锯谷盗科，分布遍及全世界，在我国各地均有发现；为害破碎的大米、稻谷、小麦、玉米、高粱、大麦、燕麦、豆类、油菜籽等，也食害面粉、干果、坚果、椰干等，偶尔为害糖、淀粉、药材、烟草、干肉等；常生活在已被蛀食的储藏物中，为后期性害虫。

12.3.1 形态特征

锯谷盗的形态特征见图12-4。

(1) 成虫 体长2.5～3.5 mm，长扁形，暗赤褐色至黑褐色，体被黄褐色密的细毛，无光泽。头部略呈三角形。复眼小，呈黑色，圆而突出，眼后的颞颥甚大而钝，其长度为复眼直径的1/2～2/3。触角11节，呈棒形。前胸背板近长方形，上有纵隆起脊3条，中脊直，两侧的脊明显弯向外方，两侧缘各着生锯齿突6个。鞘翅长，盖住腹末，两侧近平行，后端圆。每鞘翅上有纵行细脊纹4条和刻点纹10条，并散生黄褐色细毛。雄虫后足腿节近端部内侧着生1个小刺，雌虫无。雄虫外生殖器侧叶末端具长刚毛约10根。

(2) 卵 长椭圆形，乳白色，表面光滑，长0.83～0.88 mm。

(3) 幼虫 体长3～4 mm，细长而扁平，淡褐色。头部椭圆形，淡褐色。口器赤褐色。触角3节，与头部等长度。胴部乳白色，疏生细毛，胸部各节背面左右各有1个近方形的、骨化的暗褐色大斑。腹部各节背面中央各有1块半圆形黄褐色大斑。腹部第2～7节背面黄褐色大斑的后缘各着生长刚毛4根。

(4) 蛹 体长2.5～3.0 mm，乳白色，无毛。前胸背板两侧及腹部两侧各着生指状突起6个。腹末半圆形突出，末端着生褐色小肉刺1对，刺的基部生1小毛。

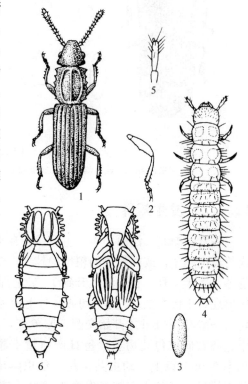

图12-4 锯谷盗
1. 雌成虫 2. 雄成虫后足 3. 卵
4. 幼虫 5. 幼虫触角 6. 蛹背面 7. 蛹腹面

12.3.2 发生规律

锯谷盗在江苏南京1年发生2～3代，在江西南昌1年发生4～5代，以成虫群集于仓库缝隙中、仓板下、仓外枯树皮下及枯竹内越冬，也有在仓外砖石下、杂物内、尘芥中、木片中越冬。次年3月气温回升后，越冬成虫爬回粮堆内交尾和产卵。卵多产在粮食碎屑内或粮堆上，散产或聚产。每头雌虫一生可产卵35～100粒，最多可达285粒。成虫性活泼，喜向上爬，多群集在粮堆高处，平时聚集于粮堆上层与表层。幼虫行动也很活泼，有假死性，只为害粮食碎屑或粮粒胚部。幼虫蜕皮2～4次，一般蜕皮3次，老熟后即在碎屑内化蛹。卵期为3～7 d，幼虫期为12～75 d，蛹期为6～12 d，雌虫寿命一般为6～10月，成虫寿命最长可达3年零3月。

锯谷盗发育温度范围为18.0～37.5 ℃，适宜发育温度范围为30～35 ℃，最适发育温度为34 ℃，相对湿度为80%～90%。完成1代25～27 ℃时需25～30 d，27～28 ℃时需22 d，30 ℃

时需 21 d，35 ℃时需 18 d。-6.7～-3.9 ℃经过1周各虫态都死亡。成虫在 47 ℃时经 1 h 即死亡。

锯谷盗一般不为害完整的粮粒，主要取食初期性害虫为害过的谷粒，是重要的后期害虫。在破碎的粮食中发育最快，在粮食碎屑中次之，在完整的粮食中发育最慢。在仓内的为害程度随破碎粒增加和粮食含水量增高而加剧。此外，它的抗药性强。

12.4 长角扁谷盗

长角扁谷盗（*Cryptolestes pusillus* Schönherr）属鞘翅目扁谷盗科，分布遍及全世界，我国各地均有发现；为害损伤、破碎及粉屑的禾谷类粮食、豆类、油菜籽，以及多种粉类、干果、药材及香料等，偶尔也取食玉米象的卵，是粮油、土特产、药材等仓库及加工厂常见的、重要的后期性害虫之一。

12.4.1 形态特征

长角扁谷盗的形态特征见图 12-5。

(1) 成虫 体长 1.35～2.00 mm，长扁形，浓赤褐色，略带光泽，被细密绒毛。头三角形，头顶中央有 1 条极细的纵隆线，唇基前端截形略凹。复眼圆形而突出，黑褐色。触角 11 节，细长。雌虫的触角长度约为体长的一半，念珠状，末 3 节向末端扩张。雄虫的触角较雌虫长，丝状，末 3 节两侧近于平行。前胸背板略扁形，宽为长的 1.2～1.4 倍，前角略圆，后角稍钝，两侧近侧缘处各有 1 条极细的纵隆线。前胸背板两侧向基部方向稍狭缩。小盾片横长方形，后缘圆形。鞘翅长不超过宽的 1.75 倍，每鞘翅上有纵行的细脊纹 5 条。

(2) 卵 椭圆形，长 0.4～0.5 mm，乳白色。

(3) 幼虫 长约 3 mm，淡黄色，扁长形。头赤褐色，扁平，头最宽部分近于中部。侧单眼 3 对，排成不规则环形。触角短小，由 3 节组成。前胸腹面有 1 对丝腺，其端部游离，略向外弯，向前伸达头部，并各有小而直的刚毛一群，排成环形，丝腺在背面完全看不见。胴部前半部扁平，后半部略肥大，末节圆锥形。末端着生 1 对褐色细长而尖的尾突，两尾突尖头末端的距离常大于尖头之长，尖头略向外弯。各腹节两侧各着生淡黄白色细毛 2 根，全体散生淡黄色茸毛。

(4) 蛹 体长 1.5～2.0 mm，淡黄白色。头顶宽大。复眼淡赤褐色。前胸背板扁形。后足伸达腹面第 4 节后缘。鞘翅狭长形，伸达腹部腹面第 5 节后缘。腹部末节狭小，近于方形，末端着生小肉刺 1 对。头部、前胸背板及各腹节背面散生黄褐色细长毛。

长角扁谷盗与锈赤扁谷盗［*C. ferrugineus* (Stephens)］和土耳其扁谷盗［*C. turcicus*

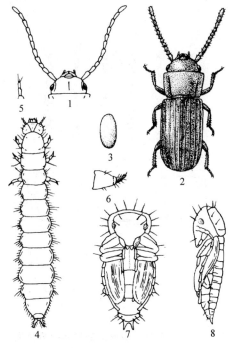

图 12-5 长角扁谷盗
1. 雄虫头部 2. 雌成虫 3. 卵 4. 幼虫 5. 幼虫触角
6. 幼虫腹部末端侧面 7. 蛹腹面 8. 蛹侧面

（Grouville）]的形态极为相似，鉴别特征详见表12-2、图12-6和图12-7。

表12-2 3种扁谷盗成虫、幼虫形态比较

比较项目		长角扁谷盗	锈赤扁谷盗	土耳其扁谷盗
成虫	体色	暗褐色至暗赤褐色，略有光泽	赤褐色，具光泽	赤褐色，显著具光泽
	触角	雄虫触角丝状，较长，末端3节两侧近于平行；雌虫的粗短，念珠状	雌雄触角短而细，均为念珠状，长度极少超过体长的1/2	雌雄均较长，雄虫触角末端3节两侧缘各自基部向端部略扩张
	前胸背板	近方形，宽度明显大于长度；但雄虫的后缘明显比前缘窄	倒梯形，后缘较端缘显著突出	近方形，前缘角略带圆形，后缘角较尖
	鞘翅	长度为宽度的1.5倍	长度为宽度的2倍	长度至少为宽度的2倍
	阳茎侧突	端部宽圆形	端部圆形	端部甚尖
	前胸腹面	中纵骨化纹的色泽介于头部与骨化舌杆之间	中纵骨化纹明显，色泽较头部深，与骨化舌杆色泽近似	中纵骨化纹的色泽略比头部深，远比骨化舌杆色泽浅
幼虫	丝腺	端部游离，略向外弯曲，向前伸达头部，并各有小而直的刚毛1群排成环形	端部位于前胸前侧角，膨大呈肩状与体愈合，端部有显著的直刚毛行排成亚圆形，在背面能见	端部游离，略向内弯，顶端的刚毛长，端部略弯曲，背面不能见
	第9腹节	腹面的环肛片中央不完整	同土耳其扁谷盗	腹面的环肛片中央完整

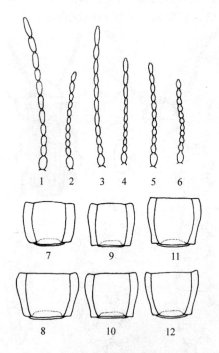

图12-6 3种扁谷盗成虫触角和前胸背板
1、2、7、8. 长角扁谷盗
3、4、9、10. 土耳其扁谷盗
5、6、11、12. 锈赤扁谷盗

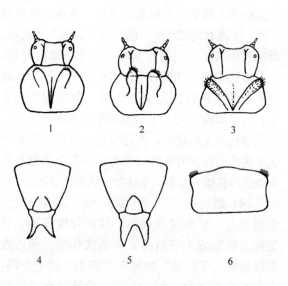

图12-7 3种扁谷盗幼虫
1、4. 长角扁谷盗（1. 头部和前胸腹面 4. 腹节腹面）
2、5. 土耳其扁谷盗（2. 头部和前胸腹面 5. 腹节腹面）
3、6. 锈赤扁谷盗（3. 头部和前胸腹面 6. 腹节腹面）

12.4.2 发生规律

长角扁谷盗在江西1年发生4～5代，以成虫在较干燥的碎粮、粉屑、底粮、尘芥或仓库缝隙中越冬。成虫羽化后，在茧内静止1至数日，便开始交尾产卵。一般卵产于粉类表层约5 mm以内，或产于缝隙内。卵散产，表面常黏附食物颗粒。每雌一生产卵20～334粒。17℃时日平均产卵不到1粒，30℃时日平均产卵4粒。在相同温度（21℃）下，相对湿度为70%时，平均产卵仅有16.7粒，相对湿度为90%时平均可产卵85.1粒。幼虫为害粉类及碎屑，还喜取食种子胚部。幼虫老熟后即连缀粉屑做成白色薄茧，在茧内化蛹。成虫善飞翔，抗寒力较弱。

该虫发育温度范围为18～38℃，最适温度为35℃；发育的相对湿度范围为45%～100%，最适湿度为90%。32.5℃及相对湿度90%最适于产卵。每月虫口最大增殖率为10倍。除温度和湿度条件外，食物质量对该虫的发育也有很大影响。在28℃及相对湿度75%时，饲喂英国小麦的生活周期平均为37.1 d，而饲喂加拿大面粉的生活周期平均为43.4 d。在不利营养条件下，会发生同类相残现象。

12.5 赤拟谷盗

赤拟谷盗［*Tribolium castaneum*（Herbst）］属鞘翅目拟步甲科，分布遍及全世界，在我国各地均有发生，常和杂拟谷盗（*T. confusum* Jacquelin du Val）混合发生。赤拟谷盗食性杂，成虫和幼虫均可为害面粉、麸皮、米糠、豆饼、干果、豆类、禾谷类、油菜籽、皮革、辣椒粉、药材、烟叶、生姜、干鱼、蚕茧、昆虫标本等，是面粉的重要害虫。赤拟谷盗除直接为害外，其成虫体表的臭腺可分泌含苯醌等致癌物质的臭液，使被害物结块、变色、发臭而不能食用，从而造成严重的经济损失。

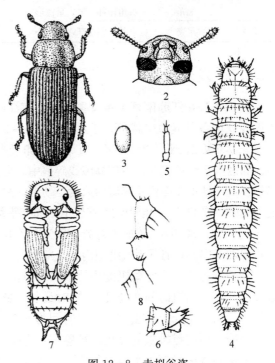

图12-8 赤拟谷盗
1. 成虫 2. 成虫头部腹面 3. 卵 4. 幼虫
5. 幼虫触角 6. 幼虫腹部末端侧面 7. 蛹腹面
8. 蛹的侧突（腹部第6～7节右侧突背面）

12.5.1 形态特征

赤拟谷盗的形态特征见图12-8。

(1) 成虫 体长3.0～3.7 mm，扁平长椭圆形，浓赤褐色，稍有光泽。头部扁阔，密布小刻点，前缘两侧扁而突出。复眼长椭圆形，黑色，着生于头部突出部的后方，从腹面观察两复眼间距约等于复眼直径。触角棒状，共11节，末端3节膨大成锤状。前胸长方形，前缘角略向下弯，密生小刻点。小盾片长方形。每鞘翅上有10条纵行线纹，纹间列生小刻点。腹部腹面可见5节。雄虫前足腿节腹侧面具1个性斑,靠近基节和转节端,雌虫无此特征。

(2) 卵 长约0.6 mm,宽约0.4 mm,椭圆形,乳白色,表面粗糙无光泽。

(3) 幼虫 老熟幼虫体长6～7 mm,细长圆筒形,略扁平。头部黄褐色,头顶略隆起,着生黑色侧单眼2对。触角3节,其长度约为头部长度的1/2,第1节粗而短,第2节粗而长,第3节细而短,末节着生数根黑褐色细毛。胸部和腹部共12节,有光泽,疏生黄褐色细毛,各节前半部为淡黄褐色,后半部及节间为淡黄白色,末节着生1对黄褐色上翘的臀叉,其腹面着生1对伪足状突起,背线很细。胸足3对,淡黄白色。

(4) 蛹 体长约4 mm,淡黄白色。头部扁圆形。复眼黑褐色,肾形。口器褐色。前胸背板上密生小突起,近前缘尤多,上生褐色细毛。鞘翅沿腹面伸达腹部第4节。各腹节后缘呈淡黑褐色,第5节以下略向前弯曲,末节着生黑褐色肉刺1对,第1～7节两侧各着生疣状侧突1个。

本种与杂拟谷盗形态相似,其区别见表12-3。

表12-3 赤拟谷盗与杂拟谷盗成虫和幼虫形态比较

	比较项目	赤拟谷盗	杂拟谷盗
	体长（mm）	3.00～3.73	3.06～3.82
	体色	黑褐色、赤锈色,有时红褐色	红褐色,有时赤锈色
成虫	头部	在头部腹面两复眼间距离等于或稍大于复眼的横直径	在头部腹面两复眼间距离为复眼横直径的3倍
	触角	触角棒部3节,呈锤形	触角棒部5节,呈棍棒形
幼虫	尾突	自基部向端部逐渐缩小	基半部较粗,端部缩小变尖

12.5.2 发生规律

赤拟谷盗在江苏南京1年发生4代,在江西南昌1年发生4～5代,以成虫群集于粮袋、苇席及仓内各种缝隙中越冬。成虫羽化后1～3 d开始交配,交配后3～8 d开始产卵,产卵期最长达308 d,平均为165 d。每雌虫产卵最多可达956粒,平均327粒,每天可产卵2～13粒。卵散产于粮粒表面、粮粒缝隙或碎屑中。卵外附有黏液,上面常黏着粉末及碎屑,因此不易被发现。幼虫在面粉及碎屑内取食。幼虫一般6～7龄,最多可达12龄。幼虫老熟后即在粉屑内化蛹。在29 ℃、相对湿度75%下,卵期平均为5.1 d,幼虫期为26.3 d,蛹期为7.1 d,完成1代平均需38.5 d。雄成虫寿命平均为547 d,雌成虫寿命平均为226 d。成虫喜黑暗,常群集在粮堆下层、碎屑下面或缝隙内,飞翔力弱,有群集性和假死性。幼虫也有群集性。

赤拟谷盗具有一定耐饥能力,成虫耐饥能力强于幼虫,雌虫耐饥能力强于雄虫。赤拟谷盗成虫和幼虫耐饥时间在处理25 ℃时最长,此时,雌虫平均耐饥时间为40.5 d,雄虫平均耐饥时间为33.1 d,幼虫平均耐饥时间为6.50 d。雄虫能产生一种高挥发性化合物4,8-二甲基癸醛,引起雌雄虫的聚集,被鉴定为赤拟谷盗的聚集信息素。

赤拟谷盗从17 ℃开始有爬行为,从25 ℃开始有飞行行为,适宜起飞温度为25～30 ℃。其生长发育受到温度和湿度的影响,温度越高,发育历期越短,但死亡率上升。发育适宜温度为27～30 ℃,温度降低于18 ℃即不适宜于发育,在20 ℃以下卵无法正常孵化。幼虫发育最佳温度为35 ℃,在40 ℃时幼虫可以化蛹,但死亡率较高。赤拟谷盗是一种喜暖的害虫,对低温较为敏感。在0 ℃下经过1周,各虫态均死亡。各虫态在45 ℃下的致死时间,成虫为420 min,

幼虫为 600 min，卵为 840 min，蛹为 1 200 min。当温度高于 50 ℃时，幼虫耐热能力最强。

12.6 豆象

全世界豆象科害虫约有 50 种，为害各类豆类。在我国，蚕豆象（*Bruchus rufimanus* Boheman）、豌豆象［*B. pisorum* (L.)］和绿豆象［*Callosobruchus chinensis* (L.)］分布广，为害严重；四纹豆象［*C. maculatus* (Fabricius)］在南部为害严重；巴西豆象［*Zabrotes subfasciatus* (Boheman)］主要为害菜豆、豇豆、豌豆、扁豆等，曾在重庆及云南局部地区发现；菜豆象［*Acanthoscelides obtectus* (Såy)］主要为害菜豆、豇豆、蚕豆等，曾在吉林延边地区发现。巴西豆象和菜豆象为害以菜豆、豇豆最重，被列为对外检疫对象。下面只介绍分布于世界各地，也是我国主要的仓储害虫的蚕豆象、豌豆象和绿豆象。

蚕豆象在长江中下游、西南及华南各地均有发生，以幼虫为害蚕豆。豌豆象在我国除黑龙江和西藏外均有发生，以幼虫为害豌豆。绿豆象在我国各地均有发生，以幼虫为害各种豆类、莲子等，其中以绿豆、赤豆、豇豆被害最重。

12.6.1 形态特征

3 种豆象的形态特征见图 12-9，它们的形态区别见表 12-4。

表 12-4 3 种豆象形态比较

比较项目		蚕豆象	豌豆象	绿豆象
成虫	体长、体色	体长 4.5～5.0 mm；黑褐色，密被黄褐色绒毛	体长 4.5～5.0 mm；黄褐色，密被绒毛	体长 2.0～3.0 mm；茶褐色至黑褐色
成虫	触角	锯齿状	锯齿状	雌虫呈锯齿状，雄虫呈梳齿状
	前胸背板	两侧中央各有尖端向外平行伸出的钝齿 1 个；后缘中央有 1 个三角形白毛斑	两侧中间稍前方有尖端向后的尖齿 1 个；后缘中央有 1 个近圆形白毛斑	两侧中央无齿；后缘中央有 2 个并列细长的白毛斑
	鞘翅	末端 1/3 处有排成八字形白色毛斑 1 列	末端 1/3 处有排成斜直线形白色毛斑 1 列	后半部横列两排白色斑纹
	后足腿节	末端有 1 个短而钝的齿突，与腿节成近直角	末端的齿突尖而长，与腿节成锐角	腹面内缘齿细长而直，末端钝
卵		椭圆形，一端略尖，乳白色透明，表面光滑	椭圆形，淡黄色，在较细的一端有长约 0.5 mm 的细丝 2 条	椭圆形，稍扁平，初为乳白色，后变淡黄色
幼虫		体长 5.5～6.0 mm，乳白色；体粗肥且常弯曲如弓；头小，淡黄白色，胸腹背面有 1 条明显的红褐色背线，上颚宽度 0.13～0.14 mm	体长 5.5～6.0 mm，黄白色，体粗肥并弯曲如弓；头小，带棕褐色，口器褐色；各体节多横皱纹；胸足 3 对；体背部无脊线；上颚宽度约 0.09 mm	体长约 3.4 mm，乳白色；体粗肥而弯曲如弓，各体节上多横皱；头小，略带黄白色，胸足退化成小型肉质突起
蛹		体长 5.0～5.5 mm；前胸及鞘翅上都密生细皱纹，前胸背板两侧各着生 1 个不明显的小齿	体长 5.5～6.0 mm；前胸及鞘翅光滑无皱纹，前胸背板两侧各着生 1 个明显的小齿	体长 3.0～3.5 mm，淡黄色，椭圆形；头向下弯曲；腹部末端颇肥厚，并显著向腹面斜削

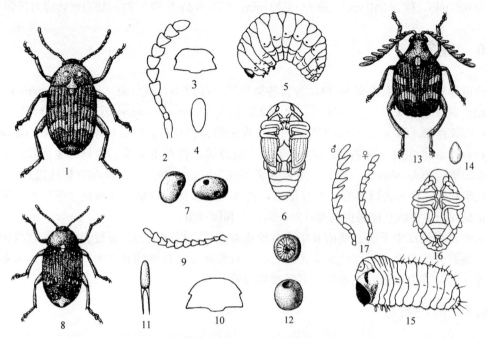

图 12-9 蚕豆象、豌豆象和绿豆象

1~7. 蚕豆象（1. 成虫 2. 成虫触角 3. 成虫前胸背板 4. 卵 5. 幼虫 6. 蛹 7. 蚕豆被害状）
8~12. 豌豆象（8. 成虫 9. 成虫触角 10. 成虫前胸背板 11. 卵 12. 豌豆被害状）
13~17. 绿豆象（13. 雄成虫 14. 卵 15. 幼虫 16. 蛹 17. 成虫触角）

12.6.2 发生规律

(1) 蚕豆象 蚕豆象1年发生1代，以成虫在豆粒内、仓库角落、包装品缝隙、田间及晒场作物遗株、杂草或砖石下越冬。在湖北武昌，蚕豆象越冬成虫于3月中下旬大量飞往豆田活动，4月为交配盛期，4月中下旬为产卵盛期，4月下旬至5月上旬为孵化盛期。成虫取食蚕豆花粉和花瓣后才能正常交配和产卵。交配多在豆花及叶片上进行。卵主要产在蚕豆植株中下部的青荚上，最喜欢在荚期为11~20 d的嫩豆荚上产卵。卵散产于蚕豆青荚表面，每荚2~6粒，最多可达34粒。每雌虫一生可产卵96粒。产卵期约为9 d。幼虫孵化后大都从卵壳下侵入荚内，再侵入豆粒为害。蚕豆收获后，幼虫随豆粒带入仓内继续为害。幼虫共4龄。豆粒被蛀后，表面留有1个小黑点（称为侵入孔）。老熟幼虫在豆粒上咬1个圆形羽化孔后在粒内化蛹。8月为化蛹盛期，8月中旬到9月上旬为羽化盛期。羽化的成虫寻找适当越冬场所越冬。各虫态平均历期，卵期为9.4 d，幼虫期为103.6 d，前蛹期为1.6 d，蛹期为5.7 d。从卵发育到羽化为成虫约需120.3 d，最长达295 d，但不能度过两个冬季。成虫飞翔力、耐饥力、耐浸力及耐寒力都较强，并有假死性。幼虫在豆粒内自然死亡率平均为39.1%，并随侵入豆粒内幼虫的增多而增高。

(2) 豌豆象 豌豆象1年发生1代，以成虫在豆粒内、仓库角落、包装品缝隙、田间及晒场作物遗株、杂草或砖石下越冬。4月下旬至5月上旬，豌豆开花结荚时，成虫飞到豌豆田取食豆花，交配产卵。产卵盛期约在5月中旬。卵散产于豆荚表面，每荚1~12粒，具有不少双重及少数三重卵。每雌虫可产卵72~380粒，平均150粒。卵期为5~18 d，平均为

8～9 d。幼虫 4 龄，初孵幼虫自卵壳下蛀入荚内并再蛀入豆粒，在豆粒内蛀食 35～40 d 后即老熟化蛹。蛹期为 14～21 d。到 7 月羽化为成虫钻出豆粒外，但仍有部分成虫留在豆粒内越冬。成虫寿命达 10 月以上。成虫飞翔力强，顺风可飞 5 km。豆粒受害后被蛀空，表面多皱纹，呈淡红色。

(3) 绿豆象 绿豆象在江苏南京 1 年发生 5 代，在浙江 1 年发生 7 代。在适宜温度条件下，每年最多可发生 11 代。绿豆象以幼虫在豆粒内越冬。越冬幼虫于次年春天化蛹和羽化。成虫交尾后在仓内豆粒上产卵，每雌虫可产卵 70～80 粒。一般完成 1 代需 20～67 d，其中卵期为 4～15 d，幼虫期为 13～34 d，蛹期为 3～18 d。成虫寿命一般为 12 d。最初的几代一般都在仓内绿豆上繁殖；田间绿豆临近成熟时，成虫从仓内飞到田间，在豆荚裂缝内产卵和繁殖；在田间繁殖数代后，又随同收获的豆子进入仓内继续繁殖，直到越冬。幼虫孵化后即蛀入豆粒内部为害，老熟后即在粒内化蛹，羽化后成虫从粒内外出。温度下降到 10 ℃ 或上升到 37 ℃，发育即停止。在 31 ℃ 及相对湿度为 68%～79% 的条件下发育最快。

12.7 麦蛾

麦蛾 [*Sitotroga cerealella* (Olivier)] 属鳞翅目麦蛾科，分布遍及世界各地；在我国除新疆、辽宁和西藏尚未发现外，其余各省份都有发生，尤以长江以南各地最普遍，为害也较严重。其幼虫为害麦类、稻谷、高粱以及禾本科杂草种子。被害粮粒大部分被蛀食一空，尤以小麦及稻谷受害最重，其次是玉米和高粱。被害的稻麦种子质量损失约达 56%～75%，玉米种子质量损失约 10.35%。麦蛾是一种严重的初期性仓库害虫。

12.7.1 形态特征

麦蛾的形态特征见图 12-10。

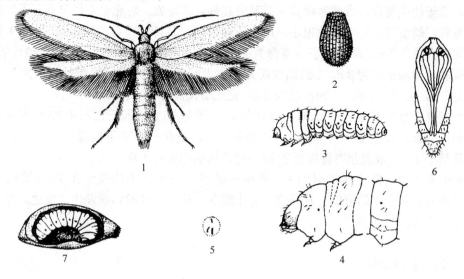

图 12-10 麦 蛾
1. 成虫　2. 卵　3. 幼虫　4. 幼虫头部、前胸中部和腹部第 4 节侧面
5. 幼虫第 6 腹节左腹足趾钩　6. 蛹　7. 被害状

(1) 成虫 灰黄色小蛾，体长 4.5~6.5 mm，翅展 12~15 mm。头顶无毛丛。复眼黑色。下唇须发达，由 3 节组成，向上弯曲超越头顶。触角长丝状。前翅呈竹叶形，后翅菜刀形。前翅和后翅的缘毛特长，几乎与翅的宽度相等。雄蛾比雌蛾小，腹部较细，腹部两侧带灰黑色，腹末钝形；雌蛾体较大，腹部较粗，腹末尖形。

(2) 卵 长约 0.5 mm，扁平椭圆形，一端较细且平截，表面有纵横的凹凸条纹，初产时卵乳白色，后变淡红色。

(3) 幼虫 老熟幼虫体长 5~8 mm；头小，淡黄白色；口器黑褐色；有单眼 6 对。胸部较粗肥，腹部各节依次向后逐渐缩小。全体光滑，略有皱纹，无斑点，刚毛细小。胸足 3 对，极短小；腹足 5 对，均退化成小突起，末端着生褐色而微小的趾钩 1~3 个。雄虫胴部第 8 节背面有紫黑色斑点 1 对（睾丸）。

(4) 蛹 体长 5~6 mm，黄褐色。前翅狭长，伸达第 6 腹节。各腹节两侧各生 1 个细小瘤状突起。腹部末节圆而小，其背面中央有 1 个深褐色短而直的角刺，其左右侧各有 1 个褐色角状突起。

12.7.2 发生规律

麦蛾在浙江 1 年发生 6 代，在江西及湖南 1 年发生 6~7 代，以老熟幼虫（极少数有蛹和初龄幼虫）在粮粒内越冬。在浙江，越冬幼虫 3 月下旬开始化蛹。羽化的成虫一部分在仓内产卵繁殖，另一部分飞到田间作物上产卵。田间卵多产于灌浆后的麦粒上；仓内卵常产在稻谷颖壳间，小麦胚部、腹沟与顶部，玉米胚部。成虫喜在粮堆表层产卵，在表层 20 cm 范围内产卵量约占总产卵量的 88%。卵散产或集产，每雌虫平均产卵 86~94 粒，多的达 389 粒。

麦蛾幼虫孵出后，多从籽粒胚部蛀入粒内，也有从胚乳蛀入的。被害的粮粒大部被蛀空。幼虫老熟后于化蛹前 1~2 d，在粮粒内蛀成 1 个直径为 1~2 mm 的羽化孔，再结薄茧化蛹。温度 30 ℃、相对湿度 70% 时，蛹期为 5 d，成虫羽化即钻出谷粒。仓储小麦未经充分干燥时，适于幼虫发育，有被害粒食完后又另蛀健粒的现象。对完整无损且充分干燥的稻米特别是谷粒，幼虫蛀入的可能性很小。成虫飞翔力弱，其持续飞翔时间平均只有 79.7 s。雄成虫平均寿命为 5.5 d，雌成虫平均寿命为 7.2 d。在温度为 30 ℃ 及相对湿度 70% 条件下，用面粉饲养，卵期平均为 3 d，1 龄幼虫期为 6 d，2 龄幼虫期为 6 d，3 龄幼虫期为 5 d，4 龄幼虫期为 7 d，蛹期为 5 d，产卵前期为 1 d，完成 1 代需要 33 d。

麦蛾发育适宜温度为 21~35 ℃。成虫在 45 ℃ 下经 35 min 即死亡，在 43 ℃ 下经 42 min 死亡。卵、幼虫及蛹在 44 ℃ 下经过 6 h 全部死亡。幼虫在 −17 ℃ 下经过 25 h 即死亡。当粮食含水量低于 8%，或者相对湿度低于 26% 时，幼虫即不能生存。

麦蛾的发生与气候条件密切相关。据国外报道，5—8 月平均气温在 12.5 ℃ 以上的地区，麦蛾都有猖獗发生的可能。凡是遇上几个暖冬以后，麦蛾即猖獗发生。反之，冬季严寒麦蛾则不至成灾。

12.8 印度谷螟

印度谷螟 [*Plodia interpunctella* (Hübner)] 属鳞翅目螟蛾科，分布遍及全世界，在我国各地均有发生。其幼虫为害玉米、大米、小麦、豆类、油菜籽、花生、谷粉、干果、米麦制品、奶粉、糖果、香料、生药材、中成药丸、昆虫标本等。其中以禾谷类、豆类、油菜籽及谷粉被害最重。

其幼虫咬食粮粒胚部及表层，并吐丝连缀粮粒成小团或长茧，藏在里面食害，或吐丝结网封闭粮面，日久被缀粮粒连成块状，并排出许多带臭味的粪便污染，以致造成储粮的严重变质。

12.8.1 形态特征

印度谷螟的形态特征见图 12-11。

(1) 成虫 雌虫体长 5～9 mm，翅展 13～16 mm；雄虫体长 5～6 mm，翅展 14 mm。头部灰褐色，头顶复眼间有 1 个伸向前下方的黑褐色鳞片丛。下唇须发达，伸向前方。前翅狭长形，内半部约 2/5 黄白色，外半部约 3/5 亮棕褐色，并带有铜色光泽。后翅灰白色，半透明。

(2) 卵 椭圆形，长约 0.3 mm，乳白色，一端尖形。表面粗糙，有许多小粒状突起。

(3) 幼虫 成熟幼虫体长 10～13 mm，淡黄白色。腹部背面带淡粉红色，头部黄褐色。前胸背板及臀板淡黄褐色。圆筒形，中间稍膨大。颅中沟与额沟长度之比为 2∶1。头部每边有单眼 5～6 个（第 1 与第 2 单眼有时愈合）。上颚有齿 3 个，中间 1 个最大。腹足趾钩为全环双序。雄虫胴部第 8 节背面可看到有 1 对暗紫色斑点。

(4) 蛹 体长约 6 mm，细长形，橙黄色，背部稍带黄褐色，前翅带黄绿色；复眼黑色。腹部常稍弯向背面，腹末着生尾钩 8 对，其中以末端近背面的 2 对最接近和最长。

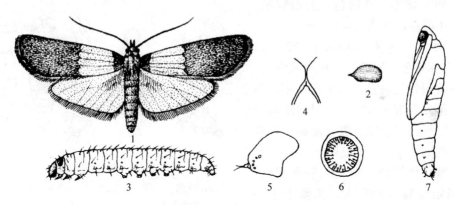

图 12-11 印度谷螟

1. 成虫　2. 卵　3. 幼虫　4. 幼虫颅中沟与额沟　5. 幼虫侧单眼　6. 幼虫腹足趾钩　7. 蛹侧面

12.8.2 发生规律

印度谷螟通常 1 年发生 4～6 代，以滞育幼虫在仓库、包装品等缝隙、墙壁及仓顶角落吐丝布网结茧越冬。在湖北武昌，越冬幼虫次年春季化蛹，4—5 月羽化为成虫。成虫产卵于粮食和其他食物表面，或包装品缝隙中；如果堆、垛表面已被幼虫吐丝成网，则产卵在网上。卵散产或聚产，产卵期为 1～18 d，产卵多在夜间，每雌蛾一生可产卵 39～275 粒，最多可达 350 粒。成虫寿命为 4～20 d。卵期为 2～17 d。初孵幼虫先蛀食粮粒柔软的胚部，再剥食外皮，最喜爱吃玉米，常蛀入玉米胚部，潜伏其内食害。幼虫期，夏季为 22～25 d，秋季为 34～35 d。幼虫老熟以后，即离开粮堆爬向仓壁、梁柱、天花板或包装物缝隙，或者在背风角落吐丝结茧化蛹,少数则在粮堆中吐丝连缀粮粒所成的小团中化蛹。蛹期为 4~33 d。

此虫生长繁殖的适温为 24~30 ℃,完成 1 代约需 36 d。幼虫暴露在 48.8 ℃下 6 h 即死亡。在低温下的致死时间,−3.9~1.1 ℃为 90 d,−12.2~−9.4 ℃为 5 d。

12.9 粉斑螟蛾

粉斑螟蛾（*Cadra cautella* Walker）（也有一些文献将其称为 *Ephestia cautella* Walker）,属鳞翅目卷蛾科,分布于世界各地,在我国亦普遍发现,为害禾谷类、豆类、油料、面粉类、干果、中药材等。

12.9.1 形态特征

粉斑螟蛾的形态特征见图 12-12。

(1) 成虫 体长 6~7 mm,翅展 14~16 mm。头部和胸部灰黑色,腹部灰白色。前翅狭长形,深灰色,上有色深和直形的内横带,约与前缘成垂直,而且较宽而连续;沿内缘有 1 条淡色的带状镶边。雄蛾前翅下面有 1 个前缘折。后翅灰白色。

(2) 卵 球形,乳白色,表面粗糙,有很多微小凹点,直径约 0.5 mm。

(3) 幼虫 老熟幼虫体长 12~14 mm,头部赤褐色,胴部乳白色到灰白色,前胸盾与臀板带黑褐色。体中部略粗,两端略细。第 8 腹节的 ε 毛与气门的距离等于或略大于气门的直径。腹足趾钩全环双序,短趾钩的长度只及长趾钩的 1/4。

(4) 蛹 体长约 7.5 mm,淡黄褐色。从前胸到第 4 腹节较宽大,两侧近于平行;以下各节逐渐细小。末节椭圆形,端

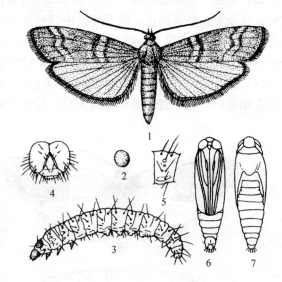

图 12-12 粉斑螟蛾
1. 成虫 2. 卵 3. 幼虫 4. 幼虫头部正面
5. 幼虫第 8 腹节侧面 6. 雄蛹腹面 7. 蛹背面

背面着生尾钩 6 个,横排成弧形,当中的 4 个比较靠近;末端腹面两侧又各着生尾钩 1 个。复眼、触角和足的末端带黑褐色。

12.9.2 发生规律

粉斑螟蛾在江西南昌 1 年发生 6 代左右。完成 1 代的时间,在 20 ℃下约需 64 d,在 25 ℃下需 41~45 d。粉斑螟蛾以幼虫在包装物上、仓库缝隙及阴暗角落处越冬。翌春化蛹、羽化为成虫,随后交尾产卵。卵多产于粮食表面或包装物缝隙内。初孵幼虫以成虫尸体及碎粮粉屑为食,稍长大后则吐丝连缀粉屑和粮粒成巢,潜伏巢中为害。幼虫老熟后,在包装物上、仓库缝隙或粮食内做白色的强韧薄茧化蛹。越冬幼虫亦有群集做茧习性。此虫抗寒力弱,在 10 ℃时,成虫即停止产卵,幼虫活动亦受到影响;在 0 ℃经过 1 周各虫态全部冻死。

12.10 书虱

书虱（booklice）是一类形体微小的昆虫，在分类地位上，主要是指啮目（Pscocptera）虱啮科（Liposcelidae）虱啮属（*Liposcelis*）的一类昆虫。该属昆虫全世界广为分布，目前已知110余种；我国已报道16种。这些种类大多生活在室内，是储藏物（例如粮食、食品、中药材、图书、档案及生物标本等）的常见害虫，大量发生时可造成严重的经济损失。近年来，该属昆虫的一些种类在我国"双低"储粮中已上升为优势种群，引起了广大储粮保护工作者的高度重视。我国分布较广的主要是嗜卷书虱。

12.10.1 嗜卷书虱

12.10.1.1 分布与为害

嗜卷书虱（*Liposcelis bostrychophilus* Badonnel）广泛分布于亚洲、非洲和欧洲，在我国分布于浙江、上海、江西、河南、湖北、四川、广东等地，为害书籍、档案、纸张、禾谷类及其加工品、油料及籽饼、干动植物标本、茶叶、生药材、衣物等。嗜卷书虱主要啃食物品中的粉屑、霉菌及淀粉等。

12.10.1.2 形态特征（图12-13）

嗜卷书虱营孤雌生殖，少见雄虫。

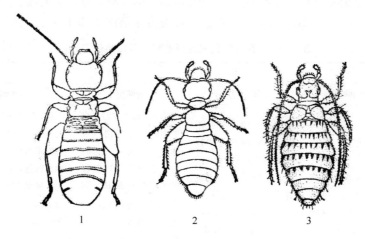

图12-13 几种书虱的形态
1. 嗜卷书虱　2. 粉啮虫　3. 大淡色书虱

（1）成虫 体长0.955～1.081 mm，平均1.022 mm。身体半透明，背面褐色，无光泽。腹部褐色，头部稍带红色，头部和胸部背腹面散生红粒。头、胸、腹的背面密布微小突起，头及腹部的腹面无突起，但有不明显的隆起的脊。头部均匀地散生细小刚毛5根，无额缝及冠缝。复眼由7个黑色小单眼组成。前胸每侧有肩刚毛1根，其长与两侧边缘的刚毛约相等。前胸腹片前端有刚毛3～5根，后端2根；中后胸腹片近前缘有刚毛6～9根，排成1列。后足腿节长为最大宽度的2倍。爪有极细的齿5个。腹节散生短毛。第1腹节背面有骨片7个，第2腹节背面有骨片2个。

(2) 卵　极小，长椭圆形，灰白色，略有光泽。卵壳表面有黏液，并常附有粉屑尘芥。

(3) 若虫　与成虫相似，仅体型较小，初孵时白色，渐变白色而半透明。头淡褐色，复眼红色，跗节为2-2-2式。腹部11节。1龄若虫触角9节，2龄虫触角3~9节，中间开始分裂，3龄完成分裂，4龄若虫与成虫一致。

12.10.1.3　生活习性

嗜卷书虱在四川以卵越冬，1年发生3~6代。成虫、若虫性活泼，行动迅速，喜在高温环境中生活，在纸张书籍中常营群集为害。

嗜卷书虱中国种群对温度的要求略低于热带、亚热带种群，是适合生于中温、高湿环境的种类。该类害虫在我国发育和繁殖的最适条件是：温度27.5~30.0℃、相对湿度80%左右。不同饲料对嗜卷书虱的各阶段发育历期影响很大，成虫产卵前期在酵素内为3d，在面粉内为2~8d。雌虫每次产卵1~4粒，一生产卵24~136粒，最高可达212粒。卵散产或集产，集产时多呈块状产于碎屑尘芥中。当温度25℃及相对湿度76%条件下，卵期为11d。若虫蜕皮4次，饲以酵素时，1~4龄虫期分别为4.7d、3.0d、2.9d及4.2d；以面粉为食时，1~4龄虫期分别为4.8d、3.4d、3.4d及5.7d，若虫期为15~18d。成虫寿命平均为175d，最长可达330d。

12.10.2　其他种类书虱

其他常见的书虱种类有嗜虫书虱（*Liposcelis entomophilus* Enderlein）、拟书虱［*L. simmulanus* (Broadhead)］、粉啮虫［*L. divinatorius* (Müller)］、大淡色书虱［*Trogium pulsatorium* (L.)］等，其分布为害、形态特征及发生情况见表12-5。

表12-5　几种常见书虱形态特征及发生情况比较

	书虱科			窃虫科
	嗜虫书虱	拟书虱	粉啮虫	大淡色书虱
成虫形态特征	体赭黄色，形态与嗜卷书虱相似，不同的是前胸背板每侧叶前缘至少有端部平截的长刚毛4根，排成一排。腹部棱形区内有明显粒突，第3~4、6~9腹背有暗褐色横带	形态与嗜卷书虱相似，不同的是前胸背板每侧叶前缘有刚毛3根，或少于3根。腹背第3~5节有不规则的四边形或五边形区，每区有许多小粒突，被淡色边缘有成列突起的片段分开	体长1mm左右，扁平柔软，体灰白色或草黄色，略有光泽。头大近方形，口器红褐色；触角丝状，19节。前胸短而狭，中胸与后胸愈合。后足腿节扁平、膨大，跗节3节。腹末有不明显的小黑斑一个	体长1.5~2.0mm，长卵形或近棱形，扁平柔软，黄褐色，头部略带桃红色，颊及唇基红色，触角暗色，足灰色，全身略生微毛。触角长丝状，27~29节。眼大而突出。头顶有1个Y形显著中纵纹。具白色极小鳞片状翅痕，各腹节前缘有桃红色横带，并中断形成三角形斑纹，自第4腹节后，各节两侧具长刚毛
分布与发生	在国外分布于东南亚、日本，在我国分布于黑龙江、上海、浙江、江西等地，为害类似嗜卷书虱	在我国分布于上海、江西、湖南等地，发生为害类似嗜卷书虱	世界广泛分布，在我国分布于大部分地区，1年发生3~4代，以卵越冬，每雌产卵20~136粒，散产或集中产于尘芥或书籍表面	在国外分布于美国、欧洲、日本等地，在我国分布于吉林、辽宁、山西、河南、湖南、江苏、福建、四川、云南、贵州等地，发生为害类似嗜卷书虱

12.11 粉螨类

广义的粉螨属蜱螨亚纲（Acari）真螨总目（Trombidiformes）疥螨目（Sarcoptiformes）甲螨亚目（Oribatida）坚甲螨总股（Desmonomatides）无气门股（Astigmatina）粉螨总科（Acaroidea）。储粮粉螨 16 种，分属于粉螨科（Acaridae）、食甜螨科（Glycyphagidae）、嗜草螨科（Chortoglyphidae）和果螨科（Carpoglyphidae），是粮食、干果、中药材等储藏物的重要害虫，又能引起操作工人的皮炎和肺螨病。其中腐食酪螨是最重要的种类之一。

12.11.1 腐食酪螨

12.11.1.1 分布与为害

腐食酪螨［*Tyrophagus putrescentiae* (Schrank)］为全世界广泛分布，在我国普遍分布，常与粗足粉螨（*Acarus siro* Linnaeus）混合发生，为害含脂肪及蛋白质较高的仓储物，例如花生、干鱼、干肉、干蛋、干酪、奶粉、油料、豆类、椰干等，也发生于米麦等谷类、面粉、干果、干草、烟草、干蔬菜、各种植物种子、干动植物标本等，并食菌类。腐食酪螨体有恶臭，大量繁殖时，被害物常带异味；其死体、活体躯及排泄物与人的皮肤接触后，能引起皮肤瘙痒、眼皮肿胀及皮疹。粮食中含有大量死螨时，食后同样能发生疹症。腐食酪螨是最重要的仓储害螨之一。

12.11.1.2 形态特征（图 12-14）

(1) 雄成螨 体长 280～350 μm，卵形，体长/第四对足跗节长 = 6.23。表皮光滑有光泽，呈灰白色。体毛光滑，仅前端的部分体毛呈疏栉状。螯肢的固定肢及活动肢各有 4 齿。前足部无背盾。内肩毛（sc.i.）、外肩毛（sc.e.）、外脾毛（h.e.）及后侧毛（l.p.），各约为体长的 50%～60%；第 3 背毛（d_3）、第 4 背毛（d_4）及体后缘的毛，各为体长的 50%～95%。外顶毛（v.e.）疏栉状，约比内顶毛（v.i.）短 1/2。sc.i. 毛比 sc.e. 毛长。假气门毛（p.s.）基半部膨大，有栉毛 3 列，每列约有长栉毛 5 根，端半部有少量极退化的栉毛。d_2 毛比第 1 背毛（d_1）长 2～3 倍，d_3 毛和 d_4 毛比 d_1 毛长 7～8 倍。前侧毛（l.a.）与 d_1 毛等长或略短，l.p. 毛约比 l.a. 毛长 6 倍。sa.e. 毛约与 d_3 毛等长，内后毛（sa.i.）比外后毛（sa.e.）略长。第 1 对足跗节的

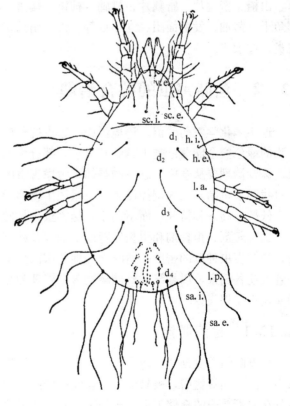

图 12-14 腐食酪螨
（仿 Roberton）

长等于或小于膝节、胫节总长，有腹端刺（v.s.）3个，无端背刺；大感觉毛（ω_1）端与近亚基毛（aa）位于跗节背中线上，背中毛（ba）在 ω_1 毛及 aa 毛稍侧方，ba 毛与 ω_1 的距离大于 ω_1 毛的长。第 4 对足的端部交配吸盘约在跗节中部。阳茎架（s.p.）的侧臂端部向外弯；阳茎粗短，弯成 s 形。

(2) 雌成螨 体长 320~415 μm。除肛毛（a）为 4 对外，其刚毛排列及长度同雄成螨。

12.11.1.3 生活习性

腐食酪螨性活泼，行动迅速，喜群集，通常活动于被害物表面，尤其是面粉，因其长刚毛妨碍爬入里层。相对湿度 70% 为卵孵化的最干燥湿度。卵在高浓度氯化苦中能生存数昼夜。在含水量 15.5% 的小麦中，低温对其有影响，9~11 ℃时 107 d 内能繁殖 4.5 倍；4~5 ℃时经 4 月后全部死亡；−1~0 ℃时呈瘫痪状态，活动阶段的螨经 26 d 全部死亡，卵经 85 d 后死亡；−10~−11 ℃时，活动阶段的螨经 10 d 后死亡，卵经 21 d 死亡；−15 ℃时卵经 24 h 死亡。

12.11.2 其他种类粉螨

粗足粉螨（*Acarus siro* Linnaeus）可大量发生于加工的粮食制品中，也可在稻谷、大米、小麦、米糠等储粮中发生。甜果螨［*Carpoglyphus lactis*（Linne）］（又称为乳果螨）全世界广泛分布，严重为害蜜饯和干果，喜食含糖高的食品（例如砂糖、红枣、黑枣、甘草、山楂、蜜桃片、蜜藕片、桃脯、柿饼、橘饼、桂圆肉、杏干、加应子、甜豆豉等）以及碎鱼干、酱油、发酵面团、红小豆等。人食用被螨害的食物后，会引起腹泻、肺螨症、螨性皮炎、过敏等。

12.12 仓储害虫的综合治理

近年来化学农药残留、环境污染、害虫抗药性等问题日益严重，仓储害虫综合治理和储藏物的绿色安全储藏已越来越受到重视，部分生态调控措施已经被用于储藏物的绿色安全储藏。综合治理要从仓库生态系的整体来考虑害虫的治理问题。因势利导地利用仓储生态系统的自我调节机制，人为调控储粮生态系统生物因子和非生物因子，使其有利于粮食储存的安全、低耗、高效和持久，而不利于仓储害虫生长发育，抑制害虫种群的发生和传播蔓延；应用昆虫驱避剂、拒食剂和生长发育调节剂以及硅藻土、植物源杀虫剂等环境友好型特异性农药，调控害虫种群的密度；适时合理地使用高效低毒的化学农药，着重于提高防治的效果。综合上述各因素，以最终达到储藏物害虫管理和绿色安全储藏的目的，以保障储藏物的数量和质量不受损失。

12.12.1 检疫防治

检疫防治是贯彻"预防为主，综合防治"植物保护方针的一项重要的预防措施。仓储害虫多生活于储藏物中，极易随同其运输而传播。为了杜绝国外危险性仓储害虫的传入以及国内分布并不普遍的仓储害虫蔓延为害，必须加强检疫。我国规定的进境检疫性仓储害虫有谷斑皮蠹（*Trogoderma granarium* Everts）、菜豆象［*Acanthoscelides obtectus*（Såy）］、巴西豆象［*Zabrotes subfasciatus*（Boheman）］、鹰嘴豆象［*Callosobruchus analis*（Fabricius）］、灰豆象［*C. phaseoli* (Gyllenhal)］和大谷蠹［*Prostephanus truncatus* (Horn)］6种。具体可查阅《中华人民共和国进境植物检疫性有害生物名录》《全国农业植物检疫性有害生物名单》等国家和相关部门（例如农业部、国家质量监督检验检疫总局和国家林业总局）颁布的植物检疫法律法规。

12.12.2　仓库结构与卫生条件

严密合理的仓房结构和整洁的仓库内外环境是仓储害虫综合治理中最重要的条件和基础。绝大多数储粮害虫由于具有负趋光性，趋向于仓库内孔洞、缝隙、杂物堆、尘埃、垃圾堆、地下坑道、包装器材间隙等比较阴暗场所越冬和隐藏，因此对粮食仓库、加工厂内的孔洞、储存物品的货场、缝隙应进行嵌补、粉刷工作，使害虫无栖息和越冬场所。对上述场所必须经常进行清扫，做到仓内面面光、仓外三不留（杂草、垃圾和物）。害虫数量多的地方要用药剂消毒和熏蒸。储粮入库时清除杂质、虫粮等，以降低虫源虫口密度。还应注意与储藏物接触的一切物品、工具、机器等的清扫和去污。经常加强检查，防止害虫的再度感染。喷布防虫线，做好隔离工作。

12.12.3　物理机械防治

物理防治常用的方法有气调杀虫、高温低温杀虫、灯光诱杀、电离辐射杀虫等。机械防治常采用风车、筛子除虫、压盖粮面、灯光诱杀、竹筒诱杀、离心撞击机治虫、抗虫粮袋等。

12.12.3.1　温度和湿度控制

调节仓库害虫所处的环境温度和湿度是仓储害虫综合治理的最有效途径之一。仓储害虫生长发育与繁殖最适温区在25～35 ℃。一般仓储害虫的停育低温为8～15 ℃以下，致死低温为－1～－4 ℃以下。储粮温度在15 ℃以下的粮仓称为低温仓，储粮温度在20 ℃以下的粮仓称为准低温仓，低温仓不仅能控制害虫的发生，还有利于储粮保质。温度每降低10 ℃，储粮的生化反应速度就减慢一半。高温对昆虫亦有抑制与致死作用。低湿度不利于仓储害虫的发生，当仓库内相对湿度低于40%时，害虫不能正常生殖；粮食含水量在8.5%～12.8%时害虫生长发育受到抑制。因此可以通过仓库温度和湿度控制，可抑制害虫和微生物的生长，以达到安全储粮和保质的目的。具体措施如下：a. 降低入库储粮含水量和控制入库后储粮含水量的变化是提高储粮抗虫性的最有效方法之一。可以通过除湿机、去湿剂处理虫粮，降低室内相对湿度和储粮含水量。b. 日光暴晒、微波处理、高频电（1～150 MHz）处理、红外线处理、热床处理和烘干等可高温杀虫，同时有利于降低粮食含水量。c. 用机械制冷法（利用制冷设备）、通风制冷法（利用鼓风机通冷空气）和自然低温法（多在北方，通过开仓等利用自然低温）等实现15 ℃以下低温储粮防虫，正如储粮民谚"冬降温，春保温，夏控温，秋抑温"，保持储粮低温，抑制害虫发生为害。此外，低温结合熏蒸处理，可提高杀虫效果，通常是先低温处理，接着用药剂熏蒸。将低温和气调方法相结合的低温密闭储粮，可提高杀虫效果，取得更好的储藏效果。

12.12.3.2　气调防治

昆虫像其他动物一样，需要进行呼吸，以完成新陈代谢。呼吸过程消耗氧气，排出二氧化碳。气调防治就是通过改变粮库内的气体组成和气压来控制仓储害虫、害螨及微生物的生长和发生，以保证储粮安全。据试验，当空气中的氧气含量下降到 2% 时，即可控制虫害。气调防治无残留，不污染环境，害虫不易产生抗性。

改变粮库内的气体组成和气压的方法和措施多种多样，常见的有以下几种。

(1) 密封储粮 通过气密性好的薄膜等压盖密封储粮，利用仓内粮食和昆虫、微生物本身的生命活动消耗仓内或容器中的氧气，排放二氧化碳，产生缺氧状态，使害虫窒息而死。

(2) 真空储粮 通过机械抽真空，达到杀虫的目的。据试验表明，在 13.332 2 kPa（100 mm Hg），22.5 ℃和 37.5 ℃条件下分别处理 96.0 h 和 23.0 h，可杀死 99% 印度谷螟的卵。在 13.332 2 kPa（100 mm Hg），22.5 ℃和 37.5 ℃条件下分别处理 98.1 h 和 20.7 h，可杀死 99% 赤拟谷盗的卵。已有应用于真空储粮的商业化产品，例如由 PVC 垫子焊接而成的可变形装具 Coccons™ 和 Volcani Cubes™，在真空作用力下，实验装具的内壁发生皱缩，紧紧包围住装具内的粮食，可实现绝对气压为 6 700 Pa 的真空水平。试验表明，在温度为 30 ℃，相对湿度 55%，真空处理的气压为 6 700 Pa 时，谷斑皮蠹、烟草甲、锯谷盗、赤拟谷盗、粉斑螟和印度谷螟达到 99% 的死亡率需要的处理时间分别为 46 h、91 h、32 h、22 h、45 h 和 49 h。

(3) 脱氧杀虫 利用脱氧剂减少仓内或容器中的氧气，产生缺氧状态，使害虫窒息而死。脱氧杀虫在美国、欧洲、日本等发达国家和地区的研究较早，早在 1943 年日本就开发铁化合物脱氧剂，用于干燥食物。我国自 20 世纪 80 年代以来，不断对脱氧剂进行研究开发。目前使用的主要是无机脱氧剂，例如铁系脱氧剂、加氢催化剂型脱氧剂和亚硫酸盐系脱氧剂。刘晓庚研究证实，铁系脱氧剂储藏大米，可使米虫迅速死亡。

(4) 仓库内输入氮气或者二氧化碳降氧储粮 低氧高二氧化碳或高氮气能够有效麻痹害虫，杀死害虫，抑制微生物的生长，同时降低粮食的自身新陈代谢，减少粮食的损耗。气调技术作为一种作用机制复杂的综合处理方法，其效果取决于环境中的气体及浓度、处理时间、温度、湿度、压强等条件。近年来多项研究表明，在粮温 20 ℃条件下，进行二氧化碳密封处理，二氧化碳起始浓度维持 70% 以上处理 10 h，然后维持在 35% 以上，保持 15 d 即可有效防治多种仓库害虫。同样地，在仓内充氮气，并维持其浓度在 98% 以上保持 20 d，也能完全杀灭常见的仓库害虫。

近年随着害虫抗药性、农药残留、环境污染等问题日益突出以及随人们生活水平的提高，对食品质量的需求越来越高，气调储粮方式越来越受到重视，成为仓储害虫生态调控的重要措施之一。澳大利亚已建成仓容达 3.0×10^5 t 的二氧化碳气调仓；我国充分利用储粮新技术成果，在中储粮绵阳库、南京库、六安库、上海库以及中谷集团九江库建设了二氧化碳绿色储粮技术的新型粮仓。其中四川绵阳直属库采用目前国际上较为先进的二氧化碳气调储粮技术，建设了 2 栋二氧化碳气调储粮示范仓。同时，近年的研究及其实践表明，与二氧化碳气调相比，氮气气调储粮具有更高的可操作性，更低的成本，推广和应用前景同样潜力巨大。

在气调防治过程中，低氧高二氧化碳或高氮气状态，对人畜生命也是危险的。在只含 10% 以下氧气的大气环境，人就会失去知觉；在 10%～14% 的氧气浓度下，多数人虽不会失去知觉，但神经会受到损害。当二氧化碳浓度达到 3% 以上时，人会感到极不舒服，达 5% 时会感到呼吸困难或作呕，达 9% 时会在 5 min 失去知觉；如果在 20% 二氧化碳浓度的大气环境中停留 20~30 min，就有死亡危险。因此在气调防治过程中，务必注意人身安全，采取必要安全防护措施。

12.12.3.3 辐照处理

利用放射性同位素 ^{60}Co 产生的 γ 射线、电子加速器产生的高能电子或 X 射线杀虫保粮，其原理是利用具有强穿透力的 γ 射线、高能电子或 X 射线破坏害虫的 DNA，导致其基本生理生化代谢受到破坏而死亡（包括虫卵和粮食内部害虫）。研究表明，一般 0.15~0.5 kGy（千戈瑞）低剂量即可达到杀灭仓储害虫的目的，而且剂量上升至 10 kGy 也不会对所处理的粮食造成不良影响和污染。尽管如此，在许多国家包括很多发达国家，辐照处理的实际应用趋近零。首要原因在于大众对辐照设备及其工厂安全性的担忧以及取食辐照处理后的食物会受到辐射污染的误解。其次，由于辐照处理并不会立即杀死所有害虫，相当一部分国家对食品加工过程中仓储害虫零容忍政策也导致不采用辐照处理来处理粮食及其加工产品。

12.12.3.4 诱集监测和诱杀

利用仓储昆虫本身的一些行为习性（例如负趋光性、栖身于隐蔽场所等习性），设计特殊的诱集装置，诱集监测仓储害虫种群数量动态和诱杀害虫。诱捕器可分为 3 种类型：空间诱捕器（例如黏胶诱捕器）、表面诱捕器（例如波纹纸诱捕器）和粮堆诱捕器（例如粮食探管诱捕器）。也有些仓储害虫种类具有正趋光性（例如蛾类、鞘翅目的长角扁谷盗、烟草甲和药材甲等），可以利用这种生物习性，应用灯光，特别黑光灯诱集监测仓储害虫种群数量动态和诱杀害虫。

12.12.4 化学防治

目前用于防治仓储害虫的化学药剂主要有保护剂和熏蒸剂两大类。

12.12.4.1 保护剂的使用

保护剂是液体或固体状态的药剂，通过胃毒或触杀使仓储害虫死亡。这些药剂要求具有毒性低、药效长、适应性强、使用范围广、对仓储和环境条件无特殊要求、施用安全等特点。施用保护剂只能阻止害虫的再侵染，但不能期望它把一个已经存在的害虫种群消灭掉，因此处理工作最好在储藏物尚未被害时进行。施用的剂型有粉剂、可湿性粉剂、乳剂、气雾剂和烟剂。现在还没有任何一种保护剂，可以防治所有的仓储害虫，特别是那些抗药的仓储害虫。一般有机磷农药对玉米象、拟谷盗、锯谷盗及长角谷盗均有效，但对谷蠹效果差，而合成的拟除虫菊酯及氨基甲酸酯则对谷蠹特别有效。所以使用混合药剂是重要的。几种常用的保护剂见表 12-6。

表 12-6 几种常用保护剂

药剂名称	用药量		使用说明
	原粮和种子粮 (mg/kg)	空仓、加工厂器材、防虫线 (g/m^3)	
马拉硫磷（防虫磷）	国库：10~20；农村粮库：15~30	0.25%稀释液	要求高纯度，不得用于成品粮。空仓等用 50%乳油 3 L 药液喷布 100 m^2，防虫线 30 cm 宽；对谷蠹、蛾类幼虫效果较差

(续)

药剂名称	用药量		使用说明
	原粮和种子粮 (mg/kg)	空仓、加工厂器材、防虫线 (g/m³)	
甲基嘧啶硫磷	5～10	0.5～1.0，处理麻袋4～5	能防治对马拉硫磷有抗性的仓储害虫，对谷蠹的防治则用20 mg/kg；对谷蠹效果差
杀螟松	5～10	0.75	抗碱性较强，能有效防治多种储粮甲虫
溴氰菊酯合剂	0.1～0.2		不可与碱性物质混用，对谷蠹有特效
惰性粉（硅藻土）	1 000		

12.12.4.2 熏蒸剂的使用

熏蒸剂具有渗透性强、杀虫效率高、易于通风散失等特点。当储藏物已经发生害虫，或害虫潜藏在不易发现和不易接触的地方，用其他防治措施不能立即收效时，便可施熏蒸剂防治。施用熏蒸剂时，要求较高的温度和良好的密闭条件，操作人员必须严格遵守操作规程，保证个人和公共安全。常用熏蒸剂的使用见表12-7。

表12-7 几种常用熏蒸剂

药剂名称		使用范围	实仓用药量（g/m³）			加工厂、器材消毒 (g/m³)	空仓消毒 (g/m³)	密闭时间 (h)	使用说明
			空间	粮堆					
				食用	种用				
磷化铝	片剂	多种粮食、油料、成品粮空仓、加工厂器材	3～6	6～9	6	4～7	0.1～0.15	120～168	种子含水量要低；熏蒸过程中严防遇水和浓度过高，以免燃烧爆炸
	粉剂		2～4	4～6	4	3～5			
溴甲烷		多种原粮、成品粮、油料、薯干等	15～20	30	15～20			24～48	种子含水量要低
		棉织品、毛织品、木材	30～38						
硫酰氟		木材、种子、文物、档案、纸张、布匹	50～70					24	适于低温下使用，不能杀卵；最近美国被登记用于干果类食品
敌敌畏		建筑物空仓、实仓空间、加工厂器材	1			0.2～0.3	0.1～0.2	48～120	使用80%乳油，不得与碱性物质混合

目前最常用的熏蒸剂是磷化铝和溴甲烷，而我国粮食部门一般多用磷化铝，目前我国储粮熏蒸每年2.46亿元中，磷化铝占2.40亿元（98%）；检疫部门则常用溴甲烷处理仓储害虫。许多仓储害虫已对磷化氢产生抗性，我国仓储害虫中以米象、谷蠹、锈赤扁谷盗和长角扁谷盗的抗性最严重，其中谷蠹广东种群抗性系数高达1149。为提高磷化铝的熏蒸效果，延缓抗性的产生和发展，近年采用一些新的施药方法。

(1) "双低"熏蒸 这是通过降低熏蒸系统中氧气浓度或提高二氧化碳浓度,以提高熏蒸效果的低氧气低剂量熏蒸方法。

(2) 环流熏蒸 此法通过熏蒸仓内空气环流设备,加速熏蒸剂在货堆中均匀扩散,以提高熏蒸效果。

(3) 间歇熏蒸 此法采用分次间隔投药来延长熏蒸剂有效浓度的维持时间。

(4) 缓释熏蒸 此法通过磷化氢气体缓释技术,延长磷化铝的分解时间,从而延长磷化氢有效浓度的维持时间,例如 QuickPHlo-C 磷化氢缓释发生器。其原理是在发生器设备中,将水喷洒在用石蜡包裹的特殊形式的磷化铝(56%)块上,控制磷化氢缓慢释放。

溴甲烷由于破坏臭氧层,污染环境,有时甚至产生致癌物质已引起广泛关注。1992 年蒙特利尔公约(Montreal Protocol)明确溴甲烷为臭氧层元凶,倡导逐渐淘汰溴甲烷:除了检疫部门及特殊情况,发达国家到 2005 年,禁止使用溴甲烷;发展中国家到 2015 年禁止使用。为此人们不断寻找溴甲烷的替代剂,如 VAPOURMATE[甲酸乙酯:二氧化碳=1:6(V/V)]、ECO2Fume(98% CO_2+2% PH_3)等新的熏蒸剂。但是由于溴甲烷熏蒸的效果很好,还没有一种新的熏蒸剂能够完全取代溴甲烷,因此检疫部门在进行检疫处理时仍然还少量使用。

12.12.5 生物防治

近年来化学药剂残留、害虫产生抗药性等问题不断加剧。利用害虫天敌、病原微生物、信息素诱杀、生长调节剂、抑制剂、遗传防治、储藏物抗虫性等广义生物防治措施日益受到重视。其中天敌昆虫、病原微生物和信息素已局部应用。

12.12.5.1 病原微生物的研究与应用

仓储害虫病原微生物种类较多,包括细菌、真菌、病毒、原生动物等。其中已登记商业化生产、应用较广的是苏芸金芽孢杆菌制剂。仓储环境苏芸金芽孢杆菌资源丰富,张宏宇等系统研究了我国仓储环境苏芸金芽孢杆菌资源种类组成及其遗传多样性,获得对印度谷螟和鞘翅目害虫高毒力的苏芸金芽孢杆菌菌株,并鉴定了其杀虫晶体蛋白(Cry)基因组成。

苏芸金芽孢杆菌制剂主要用来防治粉斑螟蛾、印度谷螟、地中海螟蛾、米黑虫、麦蛾等鳞翅目害虫,对鞘翅目害虫的防治由于高毒力菌株不多,目前仍存在一定局限性。苏芸金芽孢杆菌制剂施药方法有两种,一种是把药拌入粮堆中,另一种是表面施药。

真菌、病毒和原生动物等目前仍然处于实验室试验阶段。颗粒体病毒防治印度螟蛾非常有效,每千克大麦加入 1.875 mg 颗粒体粉剂(含 3.2×10^7 颗粒体/mg),印度螟蛾幼虫死亡率达 100%。白僵菌(*Beauveria bassiana*)对玉米象防治效果好,如用 10^9 个孢子/g 白僵菌悬浮液 20 mL 处理 1 kg 粮食,可有效防治玉米象。

12.12.5.2 寄生和捕食性天敌的研究与应用

寄生和捕食仓储害虫的天敌种类较多,世界仓储益虫名录中已有 186 种,常见的有 20 种。例如米象金小蜂寄生于谷蠹、玉米象等;仓双环猎蝽、黄色花蝽能捕食赤拟谷盗、锯谷盗、烟草甲、印度螟蛾等多种害虫的成虫、幼虫、蛹和卵;麦蛾茧蜂寄生于粉斑螟蛾、印度螟蛾、地中海螟蛾、麦蛾等多种鳞翅目害虫;麦草蒲螨可以捕食赤拟谷盗、大眼锯谷盗、烟草甲、蚕豆象、粉斑螟蛾、印度螟蛾等;普通肉食螨可捕食粉螨及多种害虫。

我国在天敌昆虫区系、引进、生物学、生态学及释放与控制效果等方面都做过较详细研究。

全国普查结果表明，我国仓储害虫天敌资源十分丰富。在捕食性天敌昆虫方面，本地天敌昆虫黄冈花蝽、仓双环猎蝽及捕食螨的生物学、生态学及捕食功能已有详细的研究；并且从美国农业部研究中心南太平洋储藏物害虫研究所引进、成功饲养繁殖黄色花蝽，并相继开展有关生物学、捕食功能及粮仓释放研究，并取得80%～95%控制效果。在寄生性天敌昆虫方面，以麦蛾茧蜂和赤眼蜂的研究报道为最多，其自然寄生率较高。麦蛾茧蜂在厦门、温州等地1年可发生10多代，主要寄生于印度谷螟、粉斑螟蛾，并有良好控制效果。

目前，国际上商业化的寄生蜂大多用于防治食品工业的鳞翅目害虫，例如麦蛾茧蜂和广赤眼蜂（Trichogramma evanescens Westwood）。在美国，麦蛾茧蜂每25～50头为一组销售，用于食品生产企业，一般不用于居民区。广赤眼蜂被制作成卵卡纸，每2000头一组出售，可将其释放在居民家中、食品加工厂和其他食品流通的场所。释放两周后，寄生蜂从纸卡内飞出寻找寄主。寄生蜂的使用数量根据商品表面积的不同而不同。例如在一个每年生产1.5 t面包和麦片的食品厂，一年中释放30万头寄生蜂。尽管在储粮中的重要害虫大多属于鞘翅目，但其相应的寄生蜂真正在粮食仓库中的实际应用还很少，相信不久的将来会有更多的、高效的寄生性天敌应用于储粮害虫的防治中。

12.12.5.3 信息素的利用

仓储环境由于属半封闭状态，利用信息素监测和防治仓储害虫，方法简单，效果明显。目前已鉴定10多科40多种仓库害虫的信息素。皮蠹科、窃蠹科和鳞翅目蛾类的信息素均属于性信息素，而其他鞘翅目昆虫的信息素大多为聚集信息素，其中印度谷螟、谷斑皮蠹、锯谷盗、米象等十几种主要仓储害虫的信息素已能够进行人工合成。

信息素的应用主要包括两方面：a. 监测仓库害虫种群数量动态，以确定防治适期和检测防治效果；b. 仓储害虫的防治。利用信息素防治仓库害虫主要有以下3种方法：a. 设置一定数量的诱捕器，大量诱捕害虫，以压低虫口密度，使之处于不造成为害的大量诱捕法；b. 通过信息素缓释剂型，大量释放性信息素，使雄虫无法对雌虫定向，降低交配率而达到防治目的的交配干扰法；c. 通过信息素与其他生物制剂（例如病毒、原生动物病原体及不育剂等）配合使用，从而引发害虫流行病或不育。

利用能人工合成的信息素制作诱芯和诱捕器，是信息素利用的主要途径。例如英国的Agrisense-BCS Ltd、Russell Fine Chemicals、Oecos等多家公司从事包括仓储害虫在内的多种类监测器诱捕器及诱芯的生产、开发与销售；美国Trece Inc生产的名为Storgrd的系列仓储害虫监测诱捕器，适用印度谷螟、粉斑螟蛾等7种仓库害虫；美国Insect Limited Inc公司，自1981年以来专门从事仓储害虫信息素的研究和生产，可供应印度谷螟、谷斑皮蠹、烟草甲等9种仓储害虫的成套诱捕器及诱芯；日本Fuji flavor公司生产的黏胶诱捕器，既可大量诱杀诱捕烟草甲、印度谷螟、烟草螟、粉斑螟蛾、地中海螟蛾等成虫，也可作为空中诱捕器使用，安放在仓库或加工厂内的墙壁、柜橱、机械设备上等处监测害虫种群动态。

12.12.5.4 生长调节剂的利用

生长调节剂（insect growth regulator，IGR）是昆虫激素类似物，能影响昆虫的生长发育进程，最终导致其种群数量下降。目前在许多国家仓储害虫治理中常用的包括烯虫酯（methoprene）、烯虫乙酯（hydroprene）以及吡丙醚（pyriproxyfen）。这类化合物对昆虫具有高度靶向性、用量极低、持效期长，相对于哺乳动物以及被处理货物极为安全。例如烯虫酯被美国环境保护局（EPA）认为无毒品，其小鼠经口 LD_{50} 大于 34 500 mg/kg，但应用于仓库防治时仅 1 mg/kg 剂量就能保持防治效果 1 年之久。因此应用生长调节剂防治仓储害虫被认为是替代溴甲烷处理的理想方法之一。在未来降低成本，改进瞬时击倒率低的缺点（比如与现有熏蒸剂复配应用于空仓熏蒸）是提高其应用效率的关键。

12.12.5.5 抗虫品种的利用

经试验发现不少粮食品种对仓储害虫有不同程度的抗性。目前研究主要集中在水稻品种方面，其次是小麦、玉米和豆类。张宏宇等报道，在不同的稻谷品种中，开裂率越大，千粒重越重，谷粒越宽，直链淀粉含量越高，品种就越感玉米象；谷壳表面颖毛越多，粗蛋白含量越高，粗脂肪含量越高，品种就越抗玉米象，其中稻谷开裂率对其抗玉米象的影响最大。选用"花粳2号""665""浙825""鄂院105"等抗虫品种和"秀水48""Ⅱ优46"等感虫品种的稻谷、糙米、精米对玉米象的抗虫差异研究结果表明，抗虫品种米型的抗虫顺序是稻谷＞精米＞糙米，感虫品种是精米＞稻谷＞糙米。水稻品种对谷蠹的抗性与裂颖率呈显著正相关，而与粗蛋白、总淀粉、支链淀粉、直链淀粉含量和糊化温度无明显相关。裂颖率是影响稻谷在储藏期抗麦蛾的主要因素，可根据裂颖率的高低估测稻种对麦蛾的抗性程度。

硬粒型玉米及近硬粒型玉米较抗玉米象，马齿型玉米表现一般，而甜质玉米表现最感虫。角质型小麦抗虫，而粉质型小麦感虫。含淀粉多、脂肪少的绿豆和菜豆比含淀粉少、脂肪多的黄豆和黑豆更感四纹豆象。

利用抗虫性状基因或者外源基因进行分子育种，培育抗仓储害虫的转基因主粮作物是未来仓储害虫综合治理中最具潜力的途径之一。尽管目前转基因主粮作物（水稻、玉米）主要针对的是大田生产环节的害虫，但其靶标特性也决定了仓储害虫类群中对应的同类群害虫也是有效的。例如我国在 2009 年已获得证书的转 Bt 基因水稻"华恢1号"，主要针对的是稻田鳞翅目螟蛾科害虫，其稻谷对仓储主要害虫印度谷螟、麦蛾也具有极高的杀虫活性。一种转抗生物素基因的玉米（transgenic advin maize）对除大谷盗以外几乎所有常见的仓储害虫均表现出抗性。此外，近年来吴跃进等一系列报道表明稻谷中脂肪酸氧化酶（LOX3）基因与稻谷耐储存性及抗虫性关系密切，LOX3 基因缺失的水稻品种稻谷陈化速度要显著低于 LOX3 基因正常的对照品种稻谷，其陈化过程中积累的戊醛是易感虫的重要物质。因此在未来大规模进行田间抗虫分子育种的同时，完全有可能通盘考虑产后防虫的目的，有针对性地改造主粮基因达到多抗的效果。

思 考 题

1. 简述主要仓储害虫的发生与为害特点。根据其取食习性，可分为哪几种类型？
2. 主要保护剂和熏蒸剂有哪些？使用时应注意哪些问题？
3. 仓储害虫的综合治理措施有哪些？简述其研究和利用现状。
4. 简述仓储环境生态特点。
5. 结合有关资料的阅读，根据麦蛾和蚕豆象的生活习性，写出具体的防治方法。

主要参考文献

全书

丁锦华,苏建亚.2002.农业昆虫学:南方本[M].北京:中国农业出版社.
洪晓月.2012.农业螨类学[M].北京:中国农业出版社.
洪晓月,丁锦华.2007.农业昆虫学[M].2版.北京:中国农业出版社.
南京农业大学,等.1991.农业昆虫学[M].南京:江苏科学技术出版社.
全国农业技术推广服务中心.2011.农作物重大病虫害测报技术规范汇编(内部资料)[M].
全国农业技术推广服务中心.2010.主要农作物病虫害测报技术规范应用手册[M].北京:中国农业出版社.
全国农业技术推广服务中心.2006.农作物有害生物测报技术手册[M].北京:中国农业出版社.
我国昆虫不育技术发展战略研究项目组.2016.中国农业害虫绿色防控发展战略[M].北京:科学出版社.

第1章 害虫调查和预测预报

胡伯海,等.1997.农作物病虫长期运动规律与预测[M].北京:中国农业出版社.
马飞,等.2001.害虫预测预报研究进展[J].安徽农业大学学报,38(1):92-97.
农业部农作物病虫测报总站.1981.农作物主要病虫测报办法[M].北京:农业出版社.
王厚振,等.1999.棉铃虫预测预报与综合治理[M].北京:中国农业出版社.
汪世泽.1993.昆虫研究法[M].北京:中国农业出版社.
吴福桢.1990.中国农业百科全书·昆虫卷[M].北京:中国农业出版社.
徐汝梅.1987.昆虫种群生态学[M].北京:北京师范大学出版.
张孝羲.2001.昆虫生态及预测预报[M].3版.北京:中国农业出版社.
张孝羲,张跃进.2006.农作物有害生物预测学[M].北京:中国农业出版社.
张孝羲,等.1995.害虫预测预报的理论基础[J].昆虫知识,32(1):55-60.

第2章 害虫综合治理

包建中,古德祥.1998.中国生物防治[M].北京:山西科学技术出版社.
陈杰林.1988.害虫防治经济学[M].重庆:重庆大学出版社.
丁岩钦,丁雷.2005.害虫管理学理论与方法[M].北京:科学出版社.
古德祥,等.2000.中国南方害虫生物防治50周年回顾[J].昆虫学报,43(3):327-335.
刘树生.2000.害虫综合治理面临的机遇、挑战和对策[J].植物保护,26(4):35-38.
盛承发.1989.害虫经济阈值研究进展[J].昆虫学报,32(4):492.
万方浩,等.2000.我国生物防治研究的进展与展望[J].昆虫知识,37(2):65-74.
王险峰.2000.进口农药应用手册[M].北京:中国农业出版社.
吴文君.2000.农药学原理[M].北京:中国农业出版社.
夏基康.1985.有关经济损害允许水平等问题的讨论[J].植物保护,2(3):27.
谢先芝.1999.抗虫转基因植物的研究进展与前景[J].生物工程进展,19(6):47-51.

许志刚.2003.植物检疫学 [M].北京：中国农业出版社.
赵善欢.2000.植物化学保护 [M].3版.北京：中国农业出版社.
邹运鼎.1986.经济被害允许水平的几种定义和释义 [J].植物保护，12（4）：44.

第3章 地下害虫

曹雅忠，等.1996.小地老虎迁出与迁入区成虫种群动态的分析 [J].昆虫知识，27（2）：90-91.
罗益镇，崔景岳.1995.土壤昆虫学 [M].北京：中国农业出版社.
魏鸿钧，张治良，王荫长.1989.中国地下害虫 [M].上海：上海科技出版社.
武三安，等.1995.限制沟金针虫向北分布的因子分析 [J].山西农业大学学报，15（1）：45-48.
张继祖，徐金汉.1996.中国南方地下害虫及其天敌 [M].北京：中国农业出版社.

第4章 水稻害虫

包云轩，等.2015.中国稻纵卷叶螟发生特点及北迁的大气背景 [J].生态学报，35（11）：3519-3533.
程家安.1991.水稻害虫 [M].北京：农业出版社.
程兆榜，等.2013.单季稻小麦轮作区灰飞虱发生规律 [J].应用昆虫学报，50（3）：706-717.
刁春友，等.2001.苏南稻区二化螟上升原因及对策探讨 [J].植保技术与推广，21（1）：7-9.
杜正文.1991.中国水稻病虫害综合防治策略与技术 [M].北京：农业出版社.
方继朝，等.1998.水稻螟害上升态势与控害减灾对策分析 [J].昆虫知识，35（4）：193-196.
顾正远.1997."八五"期间江淮稻区水稻主要病虫及综防技术研究进展 [J].植物保护，23（2）：34-35.
韩应群.2015.黑龙江西部地区稻螟蛉的防治措施 [J].吉林农业，（21）：87.
胡伯海，姜瑞中.1997.农作物病虫长期运动规律与预测 [M].北京：中国农业出版社.
纪沫，马晓慧.2015.盘锦地区中华稻蝗发生情况及防治措施 [J].北方水稻，45（1）：42-44.
姜海平，等.2014.如东县水稻黑尾叶蝉发生为害特点及防治技术探讨 [J].中国植保导刊，34（5）：32-34.
孔晓民，等.2013.灰飞虱发生消长规律与播期调控玉米粗缩病研究 [J].作物杂志，5（10）：84-89.
雷惠质，等.1996.中国水稻害虫发生与防治研究进展 [J].农药，35（1）：9-11.
李安祥，李慈厚.1996.二化螟及其防治 [M].北京：中国农业科技出版社.
李粉华，等.2015.灰飞虱传水稻病毒病综合防控技术应用 [J].江苏农业科学，43（2）：137-139.
李汝铎，等.1996.褐飞虱及其种群管理 [M].上海：复旦大学出版社.
李涛，等.2011.基于形态特征的中华稻蝗生物地理学分析 [J].动物分类学报，36（1）：125-131.
林拥军，等.2011.水稻褐飞虱综合治理研究——农业公益性行业专项"水稻褐飞虱综合防控技术研究"进展 [J].应用昆虫学报，48（5）：1194-1201.
刘光杰，等.1999.防治水稻二化螟高效、低残留药剂的筛选 [J].植物保护，25（4）：7-9.
刘光杰，等.1997.我国稻螟研究新进展（一）[J].昆虫知识，34（3）：171-174.
刘光杰，等.1997.我国稻螟研究新进展（二）[J].昆虫知识，34（4）：239-241.
刘万才，等.2016.我国南方水稻黑条矮缩病流行动态及预测预报实践 [J].中国植保导刊，36（1）：20-26.
卢家仕，等.2013.水稻叶片扫描结构与稻瘿蚊抗性的关系 [J].西南农业学报，26（6）：2289-2295.
陆振威，马琳.2010.试述水稻稻螟蛉的发生与综合防治技术 [J].现代农业，（12）：47.
农业部种植业管理司.全国蝗虫灾害可持续治理规划（2014—2020年）（上）[J].2015.农村实用技术，（1）：6-8.
屈吕宇.2013.褐飞虱内共生细菌 *Wolbachia* 与 *Arsenophonus* 的竞争关系分析 [D].杭州：浙江大学.

任应党,鲁传涛,王锡锋.2016.水稻黑条矮缩病爆发流行原因分析——以河南开封为例[J].植物保护,42(3):8-16.

谭荫初.1988.稻螟种群消长与稻耕制度关系及其发展趋势[J].昆虫知识,25(4):198-201.

谭玉娟,等.1997.褐稻虱生物型变异动态监测及抗虫品种资源推荐[J].昆虫学报,40(1):32-39.

汤金仪,等.1996.我国水稻迁飞性害虫猖獗成因及其治理对策建议[J].生态学报,16(2):167-173.

王迪轩,龙霞.2013.稻叶蝉的识别与综合防治技术[J].农药市场信息,(19):41.

王凤英,张孝羲,翟保平.2010.稻纵卷叶螟的飞行和再迁飞能力[J].昆虫学报,53(11):1265-1272.

王鹏,等.2013.我国主要稻区褐飞虱对常用杀虫剂的抗性监测[J].中国水稻科学,27(2):191-197.

魏正英,陈观浩.2014.化州市稻瘿蚊监测与综合防治技术规程[J].生物灾害科学,37(3):264-267.

吴妃华.2013.雷州半岛稻瘿蚊田间消长规律及其防治[J].广东农业科学,40(1):66-67.

肖英方,等.1999.江淮稻区白背飞虱暴发特点及预警指标体系[J].昆虫知识,36(1):1-2.

肖英方,等.1998.迁入江淮稻区褐稻虱生物型跟踪监测及分析[J].昆虫学报,41(3):275-278.

薛建.2015.褐飞虱翅型分化分子机理研究[D].杭州:浙江大学.

尹艳琼,等.2013.云南稻纵卷叶螟的发生与种群消长特点[J].应用昆虫学报,50(3):608-614.

张夕林,等.1999.中晚粳稻区褐飞虱防治策略的研究[J].昆虫知识,36(3):129-132.

钟达士,黄为民,钟永清.2015.赣南山区稻瘿蚊的防控[J].农业与技术,35(6):108.

周立阳,张孝羲.1995.江淮稻区稻纵卷叶螟异地预测预报[J].南京农业大学学报,18(4):39-45.

周社文,等.2000.二化螟种群突增机制及控制对策研究[J].植保技术与推广,20(3):5-7.

朱凤,褚姝频,田子华.2015.从2014年稻田灰飞虱再度重发谈水稻病毒病的防控对策[J].江苏农业科学,43(2):134-137.

第5章 小麦害虫

陈金安.1999.孝感地区麦田蜘蛛的种类调查[J].植物保护,25(1):45-46.

陈巨莲,等.1998.小麦吸浆虫的研究进展[J].昆虫知识,35(4):240-242.

陈阳,等.2012.标记回收法确认我国北方地区草地螟的迁飞[J].昆虫学报,55(2):176-182.

董庆周,等.1995.宁夏地区麦二叉蚜远距离迁飞的研究[J].昆虫学报,38(4):414-419.

江幸福,等.2014.我国黏虫发生为害新特点及趋势分析[J].应用昆虫学报,51(6):1444-1449.

江幸福,等.2014.我国黏虫研究现状及发展趋势[J].应用昆虫学报,51(4):881-889.

姜玉英,等.2014.我国黏虫发生概况:60年回顾[J].应用昆虫学报,51(4):890-898.

曾娟,姜玉英.2014.2013年我国草地螟轻发特点与原因分析[J].中国植保导刊,34(11):46-52.

李光博.1993.我国黏虫研究概况及主要进展[J].植物保护,19(4):2-4.

李建成,等.2000.小麦吸浆虫药剂防治技术研究[J].植物保护,26(1):30-32.

李建军,等.1999.小麦吸浆虫研究现状与展望[J].麦类学报,19(3):52-55.

李友正,等.1998.淮北地区麦蚜为害及药剂控制策略研究[J].植物保护,24(4):25-27.

刘友绍.1990.农业昆虫学[M].杨陵:天则出版社.

倪汉祥,等.1996.小麦主要病虫害及其综防技术研究5年来取得显著进展[J].植物保护,22(4):37-39.

孙四台,等.1998.小麦对麦红吸浆虫生化抗性机制研究[J].中国农业科学,31(2):24-29.

王继藏.1993.小麦越冬期麦园叶爪螨为害损失及防治指标初步研究[J].植物保护,19(6):11-12.

王兴运,等.1994.麦长腿蜘蛛种群动态及药剂防治研究[J].植物保护,20(3):17-18.

吴敏,等.2016.基于COI基因序列的11种蛀茎害虫的分子鉴定[J].植物保护,42(4):94-98.

相建业,等.1994.麦蚜发生规律及预报研究[J].西北农业学报,3(1):90-94.

徐学农,等.1992.麦岩螨实验种群特征生命表的比较研究[J].安徽农学院学报,19(3):228-233.

杨益众,等.1994.扬州地区发现麦长管蚜越冬卵[J].昆虫知识,31(4):207-209.
杨益众,等.1993.田间麦蚜计数方法的研究[J].昆虫知识,30(3):140-141.
尹青云,等.1997.旱地冬小麦害虫综合防治技术体系研究[J].山西农业科学,25(2):65-68.
袁峰.2004.小麦吸浆虫成灾规律与控制[M].北京:科学出版社.
曾娟,姜玉英.2016.2014年我国草地螟发生情况解析[J].植物保护,42(4):194-199.
曾娟,姜玉英.2014.我国2012年草地螟发生特点与原因分析[J].植物保护,40(1):142-148.
曾娟,刘杰,姜玉英.2016.2015年我国草地螟持续轻发[J].中国植保导刊,36(9):44-48.
赵菊香.1992.小麦品种抗红吸浆虫机制的研究[J].植物保护,18(2):2-4.
钟启谦,等.1963.麦圆蜘蛛及长腿蜘蛛的生物学研究[J].植物保护学报,(3):277.

第6章 杂粮害虫

陈复斌.1994.高粱一次心叶施药可控制四种害虫[J].植物保护,20(4):51-53.
丛斌,等.1995.我国二代玉米螟发生区利用赤眼蜂防治亚洲玉米螟的总体治理策略初探[J].玉米科学,(增刊):82-83.
戴志一,等.1997.亚洲玉米螟棉田为害型形成机理分析[J].植物保护学报,24(1):7-12.
丁岩钦.1995.中国东亚飞蝗新类型蝗区——海南热带稀树草原蝗区的生态地理特征及其与大沙河蝗区比较[J].昆虫学报,38(2):153-160.
高泰东,等.1997.江苏省棉田玉米螟生态特点的研究[J].华东昆虫学报,6(1):60-65.
郭海鹏,等.2014.陕西省蝗虫发生分布现状及生态治理对策[J].陕西农业科学,60(1):68-69,96.
何富刚.1992.高粱蚜在不同品种高粱上的发育[J].昆虫学报,35(3):382-384.
何富刚,等.1991.高粱抗高粱蚜的生化基础[J].昆虫学报,34(1):38-41.
江苏省棉田玉米螟防治协作组.1994.江苏省棉田玉米螟大发生原因及其防治策略[J].江苏农业科学,(1):35-37.
孔晓明,等.2013.灰飞虱发生消长规律与播期调控玉米粗缩病研究[J].作物杂志,(5)84-89.
李世良,等.1994.徐州地区东亚飞蝗的发生规律及其综合治理[J].江苏农业科学,94(4):43-44.
刘杰,等.2016.2015年玉米重大病虫害发生特点和趋势分析[J].中国植保导刊,36(10):53-58.
刘鹏举,等.1996.东亚飞蝗在海南岛的发生特点及其防治对策[J].昆虫知识,33(2):79-81.
任春光.1993.东亚飞蝗成虫活动行为的观察[J].昆虫知识,30(5):270-274.
席瑞华.1991.蝗虫产卵与气候因子关系的研究[J].昆虫知识,28(2):76-78.
杨益众,等.1996.棉田亚洲玉米螟生物学的研究[J].华东昆虫学报,5(2):46-50.
张德兴,等.2003.对中国飞蝗种下阶元划分和历史演化过程的几点看法[J].动物学报,49(5):675-681.
周大荣.1996.我国玉米螟的发生、防治与研究进展[J].植保技术与推广,16(2):38-40.
朱铖培,等.1994.作物布局对棉田玉米螟发生与为害的影响[J].江苏农业科学,(4):41-42.

第7章 大豆害虫

程媛,等.2016.性诱剂、赤眼蜂和化学药剂协同防治大豆食心虫的研究[J].应用昆虫学报,53(4):752-758.
丁克学.1994.夏大豆产区大豆食心虫防治指标研究[J].植物保护,20(1):6-8.
杜俊岭,等.1991.大豆食心虫性诱剂应用研究初报[J].植物保护,17(6):15-16.
何富刚,等.1991.大豆蚜防治适期与防治指标研究[J].植物保护学报,18(2):155-159.
胡代花,等.2014.大豆食心虫性信息素的研究及应用进展[J].农药学学报,16(3):235-244.

胡奇,等.1992.大豆叶片氮素含量与大豆蚜发生量的关系[J].吉林农业大学学报,14(4):103-104,120.
胡奇,等.1993.大豆植株内次生化合物木质素含量与大豆抗蚜性的关系[J].植物保护,19(1):8-9.
林存銮,等.1993.蚜虫数量对大豆主要经济性状的影响[J].大豆科学,12(3):252-254.
潘学锋.1997.大豆田豆秆黑潜蝇防治指标的研究[J].昆虫知识,34(1):6-8.
曲耀训,等.1997.大豆主要食叶害虫生态位的研究[J].植物保护,23(1):11-14.
任春光,等.1991.豆天蛾对大豆为害产量损失的研究[J].昆虫知识,28(5):276-279.
汪西北,等.1994.大豆苗期蚜虫为害损失与经济阈值研究[J].植物保护,20(4):12-13.
王贵福,等.1993.大豆食心虫食率对产量损失测定[J].昆虫知识,30(3):145-147.
王红,等.2014.基于线粒体COⅠ基因序列的大豆食心虫中国东北地理种群遗传多样性分析[J].昆虫学报,57(9):1051-1060.
王经伦,等.1992.大豆品种(系)对豆秆黑潜蝇的抗性研究[J].植物保护学报,19(2):153-157.
王其胜.1993.不同药剂对大豆苗期主要害虫及天敌种群数量的影响[J].昆虫知识,30(6):333-335.
王素云,等.1996.大豆蚜虫对大豆生长和产量影响的试验[J].大豆科学,15(3):243-247.
薛俊杰,等.1992.大豆抗大豆食心虫机制研究初报[J].华北农学报,7(4):91-98.
薛俊杰,等.1992.大豆抗食心虫鉴定和利用研究[J].植物保护,18(4):21-23.
颜辉煌,等.1992.大豆对豆秆黑潜蝇抗选性及抗生性的研究[J].南京农业大学学报,15(3):1-6.
杨志华.1991.豆荚螟发生规律研究[J].昆虫知识,8(6):314-344.

第8章 棉花害虫

蔡青年,等.1995.灯光诱杀棉铃虫成虫技术的研究[J].山东农业大学学报,26(1):81-85.
曹赤阳.1983.江苏棉区棉虫区域性综合防治[J].中国农业科学,15(2):71-77.
陈杰,等.2015.上海地区棉大卷叶螟在黄秋葵上的发生规律与绿色防控技术[J].中国蔬菜,(11):85-88.
关秀敏,等.2016.转基因抗虫棉种植面积变化对花生田棉铃虫种群影响[J].应用昆虫学报,53(4):851-855.
郭予元.1998.棉铃虫的研究[M].北京:中国农业出版社.
姜瑞中,等.1995.棉铃虫综合防治技术进展[M].北京:中国农业出版社.
姜玉英,等.2015.新疆棉花病虫害演变动态及其影响因子分析[J].中国植保导刊,35(11):43-48.
姜玉英,等.2010.我国Bt棉田病虫种群演变动态和监控对象[J].中国植保导刊,30(12):25-28.
李娜,等.2015.新疆北部棉铃虫寄主来源与转基因棉区庇护所评估[J].生态学报,35(19):6280-6287.
李生才,等.1998.棉田害虫综合治理[M].北京:中国农业科技出版社.
李子,等.2011.1997—2008年新疆南部地区棉铃虫种群动态研究[J].中国植保导刊,31(4):37-39.
陆宴辉.2012.Bt棉田害虫综合治理研究前沿[J].应用昆虫学报,49(4):809-819.
陆宴辉,梁革梅,等.2016.Bt作物系统害虫发生演替研究进展[J].植物保护,42(1):7-11.
农业部全国植保总站.1995.棉铃虫综合防治技术进展[M].北京:中国农业出版社.
屈西峰,等.1992.中国棉花害虫预测预报标准[M].北京:中国科学技术出版社.
孙斌,等.1994.沿江地区棉铃虫种群消长规律及影响因子[J].中国棉花,21(6):11-12.
王荷,等.1990.棉铃虫、叶螨的复合为害及防治指标初步研究:棉花病虫害综合防治及研究进展[M].北京:中国农业科技出版社.
王厚振,等.1999.棉铃虫预测预报与综合治理[M].北京:中国农业出版社.
王武刚.1993.棉铃虫防治新技术[M].北京:中国农业科技出版社.

吴孔明，等.1997.棉铃虫迁飞与滞育的研究：我国各棉区棉铃虫滞育诱导的光温反应特点［J］.中国农业科学，30（3）：1-6.

吴孔明，等.1995.棉铃虫滞育的诱导因素［J］.植物保护学报，22（4）：331-336.

夏敬源.1992.我国棉花病虫害综合治理研究进展［J］.中国棉花，19（1）：2-6.

徐文华，等.2001.江苏沿海地区转 Bt 基因棉及其生态与经济效益［J］.中国棉花，28（1）：17-20.

许立瑞.1993.棉花病虫害防治新技术［M］.济南：山东科学技术出版社.

张孝羲.1996.棉铃虫种群猖獗的剖析［J］.昆虫知识，33（2）：121-124.

中国农科院植保所棉虫组.1995.控制棉铃虫猖獗为害的区域性综合防治关键技术体系的研究［J］.中国农业科学，28（1）：1-7.

第9章 蔬菜害虫

常亚文，等.2016.江苏地区三叶斑潜蝇和美洲斑潜蝇的发生为害及种群动态［J］.应用昆虫学报，53（4）：884-891.

陈再廖，等.1998.美洲斑潜蝇［*Liriomyza sativae*（Blanchayd）］生物学研究初报［J］.浙江农业学报，10（3）：133-135.

陈再廖，等.1998.美洲斑潜蝇发生规律调查研究［J］.浙江农业科学，（3）：133-135.

官宝斌，等.1999.斜纹夜蛾的生物学和生态学研究［J］.华东昆虫学报，8（1）：57-61.

郭世俭.1997.十字花科蔬菜害虫化学防治现状与问题［J］.中国蔬菜，（2）：48-50.

韩桂仲，等.1998.美洲斑潜蝇生物学特性及防治研究［J］.河南农业大学学报，32（4）：407-409.

韩召军，等.2001.园艺昆虫学［M］.北京：中国农业大学出版社.

贺华良，宾淑英，林进添.2012.黄曲条跳甲生物学·生态学特征及发生原因研究进展［J］.安徽农业科学，40（20）：10683-10686.

贺华良，等.2012.蔬菜害虫黄曲条跳甲综合防治研究进展［J］.广东农业科学，39（12）：80-83.

黄寿山.1999.蔬菜害虫的生态控制［J］.生态科学，18（3）：47-52.

黄水金.1998.斜纹夜蛾（*Prodenia litura* Fabricius）防治研究进展［J］.江西农业学报，10（3）：65-69.

李家慧，等.2013.黄曲条跳甲的发生与综合防治技术［J］.蔬菜（4）：35-37.

陆自强，等.1992.蔬菜害虫测报与防治新技术［M］.南京：江苏科技出版社.

罗丰，等.2013.3种外来斑潜蝇入侵机理研究进展［J］.中国农学通报，29（24）：167-171.

舒晓晗，等.2015.小猿叶甲对不同蔬菜寄主的偏好性［J］.浙江农林大学学报，32（1）：123-126.

司升云，等.2014.蔬菜主要害虫2013年发生概况及2014年发生趋势［J］.中国蔬菜（3）：1-4.

田毓起.2000.蔬菜害虫生物防治［M］.北京：金盾出版社.

文礼章，等.2000.豇豆荚螟的生物学特性与防治技术研究［J］.昆虫知识，37（5）：274-278.

邢鲲，马春森，韩巨才.2013.小菜蛾远距离迁飞的证据研究综述［J］.应用生态学报，24（6）：1769-1776.

薛明，等.1997.保护地蔬菜主要病虫害的发生与防治对策［J］.农药，36（9）：14-17.

易齐.1997.我国保护地蔬菜病虫害发生概况及其防治技术措施［J］.植保技术与推广，17（5）：36-38.

张茂新，等.2000.十字花科蔬菜上黄曲条跳甲种群动态调查与分析［J］.植物保护，26（4）：1-3.

张芝利.2000.关于烟粉虱大发生的思考［J］.北京农业科学，（增刊）：1-3.

郑建秋，等.1996.中国蔬菜害虫的发生与防治技术［J］.农药，35（2）：10-12.

周国福.1997.侧多食跗线螨发生及防治研究［J］.昆虫知识，34（3）：146-148.

朱国仁.2000.中国蔬菜昆虫学研究的主要成就和展望［J］.昆虫知识，37（1）：59-64.

邹立，等.1998.南美斑潜蝇成虫的生物学特性与行为［J］.动物学研究，19（5）：384-388.

第 10 章 果树害虫

北京农业大学，等.1990.果树昆虫学（上、下册）[M].2 版.北京：农业出版社.
蔡平.1996.安徽省果树害虫与天敌的研究概况[J].华东昆虫学报，5（1）：101-103.
曹子刚.2000.葡萄病虫害看图防治[M].北京：中国农业出版社.
柴立英，等.1999.园艺作物保护学[M].北京：电子科技大学出版社.
陈丽芬，徐昭焕，王建国.2016.柑橘木虱的研究进展[J].贵州农业科学，44（6）：42-47.
陈树仁，承河元.2001.彩色图说果树害虫的识别与防治[M].合肥：安徽科学技术出版社.
程保平，等.2016.柑橘黄龙病的传播介体——柑橘木虱在广东果园的发生调查[J].植物保护，42（1）：189-192.
冯明祥，窦连登.1994.落叶果树害虫原色图谱[M].北京：金盾出版社.
郝保春.1999.草莓病虫害防治彩色图说[M].北京：中国农业出版社.
华南农业大学.1994.农业昆虫学（上、下册）[M].北京：农业出版社.
黄金萍，等.2015.柑橘木虱取食黄龙病柑橘部位与获菌效率的关系[J].华南农业大学学报，36（1）：71-74.
黄可训，等.1986.果树昆虫学[M].北京：农业出版社.
贾捷，等.1996.柑橘红蜘蛛发生期及发生量与气象条件的关系[J].中国南方果树，25（1）：7-9.
江西大学.1984.中国农业螨类[M].上海：上海科技出版社.
金方伦，等.2013.柑橘潜叶蛾发生与控制柑橘夏梢的相关性及防治技术研究[J].湖北农业科学，52（23）：5767-5770.
李桂亭，等.1996.梨园生物群落结构及其控制机制研究[J].安徽农业大学学报，23（1）：13-17.
李嘉，王小奇.2015.球孢白僵菌在香蕉象甲防治中的应用研究概述[J].热带农业科学（8）：78-82.
李科明，许桂莺，彭正强.2015.巴西蕉假茎对 2 种香蕉象甲的诱捕效果分析[J].安徽农学通报（21）：30-32.
李科明，等.2016.5 个香蕉品种的假茎对香蕉象甲的诱捕效果比较[J].果树学报（3）：350-357.
刘开启，徐洪富.1995.干果病虫害原色图谱[M].济南：山东科学技术出版社.
刘永杰.1998.山东省果树害虫的发生现状与防治[J].农药，37（7）：8-11.
陆永跃，梁广文.2004.绿僵菌防治香蕉假茎象甲的使用技术[J].华南农业大学学报，25（3）：70-72.
陆永跃，梁广文.2012.喷淋法使用斯氏线虫对香蕉假茎象甲种群的控制作用[J].广东农业科学，39（10）：105-108.
陆永跃，吕顺.2012.香蕉假茎象甲的化学防治技术研究[J].中国果树，（6）：46-48.
骆有庆，等.2000.我国杨树天牛研究的主要成就、问题及展望[J].昆虫知识，37（2）：116-122.
吕佩珂，等.2002.中国果树病虫原色图谱[M].2 版.北京：华夏出版社.
马兴莉，等.2013.橘小实蝇、瓜实蝇和南亚果实蝇对广东省造成的经济损失评估[J].植物检疫，27（3）：50-56.
马之胜.2000.桃病虫害防治彩色图说[M].北京：中国农业出版社.
孟华岳，等.2016.亚洲柑橘木虱和柑橘黄龙病的化学防治[J].世界农药，38（2）：21-31.
潘志萍，翟欣.2015.球孢白僵菌对橘小实蝇实验种群的影响[J].植物保护，41（3）：60-63.
潘志萍，等.2014.球孢白僵菌两种施用方式对侵染桔小实蝇的影响及田间的防治效果[J].环境昆虫学报，36（1）：102-107.
邱强.1994.苹果病虫实用原色图谱[M].郑州：河南科学技术出版社.
孙振华，等.2000.苹果园山楂叶螨的发生与防治研究[J].植保技术与推广，20（2）：24-25.
汪善勤，肖云丽，张宏宇.2015.我国柑橘木虱潜在适生区分布及趋势分析[J].应用昆虫学报，52（5）：

1140-1148.
王璧生, 黄华. 1999. 香蕉病虫害看图防治 [M]. 北京: 中国农业出版社.
王国平, 窦连登. 2002. 果树病虫害诊断与防治原色图谱 [M]. 北京: 金盾出版社.
王晓亮, 等. 2016. 柑橘黄龙病与柑橘木虱在我国发生情况调查 [J]. 植物检疫, 30 (2): 44.
武强, 等. 2015. 遗传控制技术在实蝇类害虫中的研究进展 [J]. 生物安全学报, 24 (2): 162-170.
忻介六. 1988. 应用蜱螨学 [M]. 上海: 复旦大学出版社.
徐国良, 刘国利. 2000. 梨病虫害防治彩色图 [M]. 北京: 中国农业出版社.
徐洪富, 刘开启. 1995. 苹果病虫害原色图谱 [M]. 济南: 山东科学技术出版社.
徐华, 等. 2016. 柑橘潜叶蛾为害对脐橙叶片几种生理指标的影响 [J]. 江苏农业科学, 44 (4): 221-223.
徐志宏, 蒋平. 2001. 板栗病虫害防治彩色图谱 [M]. 杭州: 浙江科学技术出版社.
徐志宏, 等. 1998. 柑橘病虫草害防治彩色图说 [M]. 北京: 中国农业出版社.
姚艳霞, 等. 2012. 枣园桃蛀果蛾寄生蜂种类及其与寄主的关系 [J]. 生态学报, 32 (12): 3714-3721.
益浩, 等. 2014. 三叶草斑潜蝇幼期密度效应及其与美洲斑潜蝇的种间竞争 [J]. 中国农业科学, 47 (21): 4269-4279.
张庆国, 等. 1993. 山楂叶螨成螨种群的序贯抽样及其在防治上的应用 [J]. 安徽农业大学学报, 20 (2): 162-168.
张维球. 1991. 农业昆虫学 [M]. 2版. 北京: 农业出版社.
张永毅, 等. 1999. 橘全爪螨春季高峰发生程度与气象因素的关系 [J]. 昆虫知识, 36 (5): 283-285.
郑思宁, 等. 2013. 应用寄生蜂和不育雄虫防控田间橘小实蝇 [J]. 生态学报, 33 (6): 1784-1790.
周春娜, 吴仕豪, 曹俐. 2015. 广东柑橘黄龙病发生情况与防控对策浅析 [J]. 中国植保导刊, 35 (1): 68-69.
周雅婷, 等. 2015. 柑橘重要害虫寄生性天敌的研究与利用进展 [J]. 环境昆虫学报, 37 (4): 849-856.
朱伟生, 等. 1994. 南方果树病虫害防治手册 [M]. 北京: 中国农业科学技术出版社.

第11章 甘蔗害虫

陈立君, 等. 2014. 我国甘蔗螟虫发生概况及预测预报技术研究进展 [J]. 安徽农业科学, 42 (17): 459-5461, 5532.
陈雪芳. 2010. 频振式杀虫灯诱杀甘蔗害虫试验初报 [J]. 广西植保, 23 (2): 27-28.
高远起, 等. 2016. 2%联苯·噻虫胺颗粒剂防治蔗龟田间药效试验 [J]. 化工技术与开发, 45 (10): 9-11.
龚恒亮, 等. 1998. 5%特丁磷颗粒剂 (地虫灵) 防治甘蔗地下害虫试验研究 [J]. 甘蔗糖业 (6): 20-23.
古德祥, 等. 2000. 中国南方害虫生物防治50周年回顾 [J]. 昆虫学报, 43 (3): 327-335.
管楚雄. 2001. 我国甘蔗螟性诱剂研究及其应用前景 [J]. 甘蔗糖业, (6): 8-12.
管楚雄, 等. 2012. 甘蔗条螟的预测预报及其综合防治技术研究 [J]. 热带农业科学, 32 (2): 42-46.
郭良珍, 等. 2000. 甘蔗螟虫发生为害与药剂防治 [J]. 植物保护, 26 (1): 23-25.
华南农业大学. 1991. 农业昆虫学 (下册) [M]. 2版. 北京: 农业出版社.
黄诚华. 2010. 古巴蝇人工繁殖技术及其对二点螟的寄生能力研究 [J]. 安徽农业科学, 38 (34): 19413-19415.
黄德贤, 卢炳光, 李年厚. 2004. 珠海斗门蔗区甘蔗条螟为害及其防治对策 [J]. 甘蔗糖业, 2: 19-21.
黄河清, 等. 2000. 条螟生活史初步研究 [J]. 甘蔗糖业, (2): 12-14.
黄应昆, 等. 2000. 甘蔗赭色鸟喙象生物学及防治研究 [J]. 昆虫知识, 37 (6): 327-333.
黄河清, 等. 1999. 甘蔗二点螟在湖南的发生特点 [J]. 甘蔗, 6 (2): 6-10.
黄志武, 菜连明, 林明江. 2004. 5%毒·辛颗粒剂防治甘蔗蔗龟、蔗螟田间试验 [J]. 甘蔗糖业, 4: 16-18.

黎泳年. 1999. 浅析江西甘蔗害虫的综合治理 [J]. 甘蔗, 6 (2): 49-52.
李文凤, 黄应昆. 2004. 云南甘蔗害虫天敌及其自然控制作用 [J]. 昆虫天敌, 26 (4): 156-162.
李文凤, 等. 2014. 云南蔗区甘蔗螟虫种群结构动态与防控对策 [J]. 农学学报, 4 (8): 35-38.
李云瑞. 2002. 农业昆虫学（南方本）[M]. 北京: 中国农业出版社.
廖冬晴, 等. 2012. 灯光诱杀对蔗龟种群的控制作用研究 [J]. 广西职业技术学院学报, (2): 1-3.
廖贻昌, 等. 1995. 甘蔗细平象的研究 [J]. 昆虫学报, 38 (3): 317-323.
罗志明, 等. 2014. 大螟和黄螟在蔗苗上的生态位及其种间竞争 [J]. 应用昆虫学报, 51 (4): 1046-1051.
罗志明, 等. 2011. 蔗龟防治田间药效试验 [J]. 中国糖料 (4): 52-53.
潘方胤, 等. 2011. 新型低毒农药5%杀单·毒死蜱对甘蔗螟虫防治效果试验 [J]. 甘蔗糖业 (2): 38-41.
潘雪红, 等. 2012. 桂中、桂南蔗区甘蔗条螟卵寄生蜂调查 [J]. 南方农业学报, 43 (6): 784-787.
孙玉萍, 周锋, 陈仕穆. 1999. 甘蔗粉蚧的发生与防治 [J]. 植保技术与推广, 19 (5): 20.
王果红, 陈镜华, 韩日畴. 2005. 褐纹甘蔗象生物学特性及其防治研究进展 [J]. 昆虫天敌, 27 (3): 127-133.
王助引, 等. 1995. 广西甘蔗害虫新记录及其发生 [J]. 广西农业科学, (6): 276-278.
吴小明. 2002. 利用性引诱剂迷向法防治甘蔗条螟 [J]. 甘蔗糖业, 4: 24-25.
伍苏然, 等. 2013. 甘蔗螟虫综合防治技术研究进展 [J]. 热带生物学报, 4 (3): 289-295.
许汉亮, 等. 2013. 甘蔗生长中后期条螟发生高峰期预测模型 [J]. 广东农业科学, 40 (12): 82-85.
杨雰, 李文凤, 黄应昆. 1996. 甘蔗斑点象生物学及防治的研究 [J]. 昆虫知识, 33 (6): 332-335.
杨友军. 2003. 甘蔗螟虫为害加深原因及防治对策 [J]. 甘蔗, 10 (2): 36-38.
于永浩, 等. 2013. 200/L氯虫苯甲酰胺悬浮剂对甘蔗螟虫的防效及对甘蔗产量的影响 [J]. 安徽农业科学 (34): 13230-13231.
张红叶, 等. 2011. 甘蔗玉米间作对甘蔗绵蚜及瓢虫种群的影响作用 [J]. 西南农业学报, 24 (1): 124-127.

第12章 仓储害虫

陈跃溪. 1984. 仓库害虫 [M]. 北京: 农业出版社.
李雁声, 等. 1995. 主要储粮害虫对磷化氢抗性及对策的研究 [J]. 粮食储藏 (5/6): 81-86.
檀先昌. 1995. 近十五年我国储粮害虫防治研究的进展 [J]. 粮食储藏 (5/6): 63-76.
忻介六. 1980. 贮粮害虫遗传防治的进展 [J]. 昆虫知识, 17 (3): 141.
徐国淦, 等. 1988. 植物有害生物检疫熏蒸技术 [M]. 北京: 农业出版社.
杨秀军, 何世元. 1995. 仓库害虫发生规律的研究 [J]. 安徽农业技术师范学院学报, 9 (3): 33-36.
姚康. 1986. 仓库害虫及益虫 [M]. 北京: 中国财经出版社.
于世芬, 等. 1987. 食品害虫的防治 [M]. 北京: 中国食品出版社.
张宏宇, 等. 1995. 苏云金芽孢菌防治仓储虫 [J]. 中国生物防治, 11 (4): 178-182.